普通高等教育"十一五"国家级规划教材
普通高等教育"十二五"国家级规划教材
新世纪土木工程专业系列教材

工程结构设计原理

（第 4 版）

曹双寅　吴　京　　主编

曹双寅　舒赣平

冯　健　邱洪兴　　编著

蒋永生　　主审

东南大学出版社

·南京·

内 容 提 要

《工程结构设计原理》是土木工程专业的主干专业基础课教材,将钢结构、混凝土结构、砌体结构等基本构件设计原理有机结合,以基本原理为主,实现了通用化、综合化。本书共分11章,主要内容包括以概率为基础的结构可靠性设计方法,工程结构材料的物理力学性能,构件的连接,梁、柱、板、墙等构件的设计,预应力构件的设计等。

本书突出受力性能分析,强调基本概念和原理,以现行国家相关设计规范为基础,但不过多地拘泥于规范的具体规定,不仅可作为土木工程专业本科生的教材,也可供其他相关专业学生以及从事土木工程的工程技术人员参考使用。

第4版新增二维码拓展衍生资源。

图书在版编目(CIP)数据

工程结构设计原理/曹双寅、吴京主编;舒赣平,冯健,
邱洪兴编著 . —4 版. —南京:东南大学出版社,2018.9(2025.1 重印)
新世纪土木工程专业系列教材
ISBN 978 - 7 - 5641 - 7878 - 9

Ⅰ. ①工… Ⅱ. ①曹… ②吴… Ⅲ. ①工程结构—
结构设计—高等学校—教材 Ⅳ.① TU318

中国版本图书馆 CIP 数据核字(2018)第 170964 号

东南大学出版社出版发行
(南京四牌楼 2 号 邮编 210096)
出版人:江建中
全国各地新华书店经销 广东虎彩云印刷有限公司印刷
开本:787mm×1092mm 1/16 印张:31.5 字数:786 千字
2018 年 9 月第 4 版 2025 年 1 月第 6 次印刷
ISBN 978 - 7 - 5641 - 7878 - 9
定价:68.00 元

新世纪土木工程专业系列教材编委会

序

东南大学是教育部直属重点高等学校,在 20 世纪 90 年代后期,作为主持单位开展了国家级"20 世纪土建类专业人才培养方案及教学内容体系改革的研究与实践"课题的研究,提出了由土木工程专业指导委员会采纳的"土木工程专业人才培养的知识结构和能力结构"的建议。在此基础上,根据土木工程专业指导委员会提出的"土木工程专业本科(四年制)培养方案",修订了土木工程专业教学计划,确立了新的课程体系,明确了教学内容,开展了教学实践,组织了教材编写。这一改革成果,获得了 2000 年教学成果国家级二等奖。

这套新世纪土木工程专业系列教材的编写和出版是教学改革的继续和深化,编写的宗旨是:根据土木工程专业知识结构中关于学科和专业基础知识、专业知识以及相邻学科知识的要求,实现课程体系的整体优化;拓宽专业口径,实现学科和专业基础课程的通用化;将专业课程作为一种载体,使学生获得工程训练和能力的培养。

新世纪土木工程专业系列教材具有下列特色:

1. 符合新世纪对土木工程专业的要求

土木工程专业毕业生应能在房屋建筑、隧道与地下建筑、公路与城市道路、铁道工程、交通工程、桥梁、矿山建筑等的设计、施工、管理、研究、教育、投资和开发部门从事技术或管理工作,这是新世纪对土木工程专业的要求。面对如此宽广的领域,只能从终身教育观念出发,把对学生未来发展起重要作用的基础知识作为优先选择的内容。因此,本系列的专业基础课教材,既打通了工程类各学科基础,又打通了力学、土木工程、交通运输工程、水利工程等大类学科基础,以基本原理为主,实现了通用化、综合化。例如工程结构设计原理教材,既整合了建筑结构和桥梁结构等内容,又将混凝土、钢、砌体等不同材料结构有机地综合在一起。

2. 专业课程教材分为建筑工程类、交通土建类、地下工程类三个系列

由于各校原有基础和条件的不同,按土木工程要求开设专业课程的困难较大。本系列专业课教材从实际出发,与设课群组相结合,将专业课程教材分为建筑工程类、交通土建类、地下工程类三个系列。每一系列包括有工程项目的规划、选型或选线设计、结构设计、施工、检测或试验等专业课系列,使自然科学、工程技术、管理、人文学科乃至艺术交叉综合,并强调了工程综合训练。不同课群组可以交叉选课。专业系列课程十分强调贯彻理论联系实际的教学原则,融知识和能力为一体,避免成为职业的界定,而主要成为能力培养的载体。

3. 教材内容具有现代性,用整合方法大力精减

对本系列教材的内容,本编委会特别要求不仅具有原理性、基础性,还要求具有现代性,纳入最新知识及发展趋向。例如,现代施工技术教材包括了当代最先进的施工技术。

在土木工程专业教学计划中,专业基础课(平台课)及专业课的学时较少。对此,除了少而精的方法外,本系列教材通过整合的方法有效地进行了精减。整合的面较宽,包括了土木工程各领域共性内容的整合,不同材料在结构、施工等教材中的整合,还包括课堂教学内容与实践环节的整合,可以认为其整合力度在国内是最大的。这样做,不只是为了精减学时,更主要的是可淡化细节了解,强化学习概念和综合思维,有助于知识与能力的协调发展。

4. 发挥东南大学的办学优势

东南大学原有的建筑工程、交通土建专业具有 80 年的历史,有一批国内外著名的专家、教授。他们一贯严谨治学,代代相传。按土木工程专业办学,有土木工程和交通运输工程两个一级学科博士点、土木工程学科博士后流动站及教育部重点实验室的支撑。近十年已编写出版教材及参考书 40 余本,其中 9 本教材获国家和部、省级奖,4 门课程列为江苏省一类优秀课程,5 本教材被列为全国推荐教材。在本系列教材编写过程中,实行了老中青相结合,老教师主要担任主审,有丰富教学经验的中青年教授、教学骨干担任主编,从而保证了原有优势的发挥,继承和发扬了东南大学原有的办学传统。

新世纪土木工程专业系列教材肩负着"教育要面向现代化,面向世界,面向未来"的重任。因此,为了出精品,一方面对整合力度大的教材坚持经过试用修改后出版,另一方面希望大家在积极选用本系列教材中,提出宝贵的意见和建议。

愿广大读者与我们一起把握时代的脉搏,使本系列教材不断充实、更新并适应形势的发展,为培养新世纪土木工程高级专门人才作出贡献。

最后,在这里特别指出,这套系列教材,在编写出版过程中,得到了其他高校教师的大力支持,还受到作为本系列教材顾问的专家、院士的指点。在此,我们向他们一并致以深深的谢意。同时,对东南大学出版社所作出的努力表示感谢。

中国工程院院士 吕志涛

2001 年 9 月

第 4 版前言

本书是"新世纪土木工程专业系列教材"之一。自 2002 年 5 月首次出版以来，多次改版，广受好评，已被列为普通高等教育"十一五"国家级规划教材，普通高等教育"十二五"国家级规划教材。

第 2 版修订时对部分章节内容进行了整合，预应力混凝土结构的基本原理、预应力混凝土轴心受拉构件和预应力混凝土受弯构件合并为一章；原混凝土梁承载力设计原理和构件的变形、裂缝宽度计算原理及耐久性等内容合并为一章；原梁、柱的结构形式及破坏类型两章中的内容分解至钢梁、混凝土梁和钢柱、混凝土柱的相关章节中。

第 3 版修订时教材章节体系未作调整，主要是依据《混凝土结构设计规范》(GB 50010—2010)、《砌体结构设计规范》(GB50003—2011)等新规范，对相关内容进行了修订。

第 4 版主要依据《钢结构设计标准》(GB 50017—2017)、《混凝土结构设计规范》(GB 50010—2010)(2015 版)等新规范，对相关内容进行了修订，同时采用二维码拓展衍生资源，使纸质书内容与多媒体资源结合，尝试教材内容的实时补充、拓展、更新；另外，根据课程设置特点和教学大纲，取消了前一版中的组合构件设计原理的内容。

本教材立足于基本概念，加强基础理论知识，突出基本构件的基本性能和设计原理，以现行国家相关设计规范为基础，但不过多地拘泥于规范的具体规定。通过学习，使学生掌握土木工程结构的基本知识、基本原理和基本设计方法，为理解和掌握各种结构设计规范，继续学习"建筑结构设计""桥梁工程""地下结构工程"等专业课程奠定扎实的基础。

本教材第 1 章、第 2 章、第 3 章、第 8 章由曹双寅编写，第 4 章、第 5 章、第 7 章由舒赣平编写，第 6 章、第 10 章由冯健编写，第 9 章、第 11 章由邱洪兴编写，二维码拓展衍生资源由吴京统筹。感谢东南大学"工程结构设计原理"课程教学组各位任课老师对教材的贡献，感谢范圣刚、秦卫红、张晋、朱虹等老师为整理二维码拓展衍生资源付出的辛勤劳动。

教材编写参考并引用了一些公开出版和发表的文献，谨向这些作者表示感谢。

由于受作者水平所限，书中疏漏和错误之处，敬请读者批评指正，以便日臻完善。

曹双寅

2018 年 8 月

第 1 版前言

本书是"新世纪土木工程专业系列教材"之一。

根据教育部新的普通高等学校本科专业目录,原建筑工程、交通土建工程、桥梁工程、地下结构工程等多个专业合并为土木工程专业,人才培养模式正在向宽口径方向转变。为了适应土木工程本科专业基础知识的教学需要,必须对上述各原专业的专业基础知识课进行整合,其中将原多门结构课程的整合作为教学内容和课程体系改革的重点。

课程教学组经过首轮教学实践,改变了以各种结构材料自成体系的模式,将混凝土结构、钢结构、砌体结构和组合结构的基本原理及基本构件有机地结合起来,编写出了通用化、综合化的工程结构设计原理教材。由于这些结构的理论都是以工程力学为基础,其内力分析、应力与应变分析方法等是相同的,突出的不同点是材料的特性,因此,在掌握共性的基本原理基础上,以基本构件为主线结合不同材料结构的特点分类阐述,可以建立起从整体到局部,最后再综合的思维方法,有利于提高教学质量。

本教材立足于基本概念,加强基础理论知识,突出受力基本性能和设计原理,而不拘泥于规范的具体规定。通过学习,使学生掌握土木工程结构的基本知识、基本原理和基本设计方法,为理解和掌握各种结构设计规范,继续学习"建筑结构设计"、"桥梁工程"、"地下结构工程"等专业课程奠定扎实的基础。本书的主要内容包括:以概率为基础的结构设计方法,工程结构材料的物理力学性能,构件的连接,梁、板、柱等基本构件的受力性能、破坏形态、承载能力和正常使用的设计计算原理。另外,为了进行综合训练并配合课程设计的教学要求,本教材还给出了钢筋混凝土楼盖、钢平台的设计示例。

本教材可作为土木工程专业学生专业基础课程的教材和参考书,也适合于电大、职大、函大、网大和自学考试等同类专业以及从事土木工程的工程技术人员参考使用。

本教材由东南大学"工程结构设计原理"课程教学组集体编写,第 1、2、3、10 章由曹双寅编写,第 4、6、9、19 章由舒赣平编写,第 5、8 章由蒋永生、穆保岗编写,第 7、14、15、16 章由冯健编写,第 11、17、18、20 章由邱洪兴编写,第 12、13 章由蒋永生、叶见曙编写,全书由曹双寅主编,蒋永生主审。

教材的编写,参考并引用了一些公开出版和发表的文献,谨向这些作者表示衷心感谢。

由于整合的力度大,作者水平所限,书中疏漏和错误之处,敬请读者批评指正,以便日臻完善。

曹双寅

2002 年 3 月

目　录

1 绪论

本章简单介绍了一般工程结构的组成和特点,通过学习,应掌握钢结构、混凝土结构和砌体结构的一般概念和特点,了解钢结构、混凝土结构和砌体结构在国内外的应用发展概况。

1.1 结构的组成及分类

1.1.1 结构的发展概况

我国应用最早的建筑结构是木结构和砖石结构。山西五台山佛光寺大殿(857 年)、66 m 高的应县木塔(1056 年)均为木结构梁柱承重体系;河北省赵县的安济桥(581~617 年)是世界上最早的单孔空腹式石拱桥;举世闻名的万里长城、现存最完整的都城墙——南京城墙等,均采用砖石结构。现在,木结构应用相对较少,但砌体结构仍然是我国建筑业,尤其是住宅建设的主要结构形式。

我国古代著名
工程结构

我国是采用钢(铁)结构较早的国家。58~75 年,在我国西南地区建造了世界上最早的铁链桥——兰津桥。元江桥、盘江桥和泸定大渡河铁索桥等都是钢(铁)结构。19 世纪,随着钢材生产技术的发展,钢结构的应用在国外也迅速发展。1949 年新中国成立以后,我国钢结构得到一定程度的发展,但由于受钢产量的限制,钢结构仅用在重型厂房、大跨度建筑、桥梁以及塔桅等结构中。改革开放后,我国经济建设迅速发展,1996 年我国钢产量跃居世界第一,年产量超过 1 亿吨,钢材的质量、规格及数量等能够满足建筑市场的需求,钢结构的应用领域有了较大的扩展。1997 年建设部颁发的《中国建筑技术政策》中已明确提出了发展钢结构的要求。可以预计,钢结构在我国将会迅猛发展。

1824 年波特兰水泥(我国通称硅酸盐水泥)问世后不久,出现了钢筋混凝土结构。1850 年法国人朗波制造了第一艘钢筋混凝土小船。1854 年英国人威尔金先生获得了一种钢筋混凝土楼板的专利。7 年后,法国工程师科瓦列著文阐述了这种新建筑的原理。1861 年法国花匠蒙列用加钢筋网的水泥砂浆制作花盆,1867 年蒙列获得了这种花盆的专利,随后又获得了用这种方法制造其他钢筋混凝土构件——梁、板及管等的专利权。1888 年德国工程师道伦首次提出了对钢筋混凝土施加预应力的概念,因当时钢材强度不高,未获得实际结果。1928 年法国工程师弗列西涅利用高强钢丝和高强度混凝土并施加高的预应力制造预应力构件,获得了成功。随后,混凝土结构的计算理论和应用迅速发展。二战以后,由于高强度钢筋和混凝土的出现及广泛应用,商品混凝土、装配式混凝土结构等工业化生产技术的推广,钢筋混凝土结构得到迅猛发展,许多大型的结构工程,如高层及超高层建筑、大跨度桥梁、隧道、高耸结构等广泛应用了钢筋混凝土结构。在我国,新中国成立后,钢筋混凝土结构在工业与民用建筑、桥梁及隧道、道路、水利工程等领域的应用迅猛发展,设计理论和施工技术等方面均取得了巨大成就。

混凝土发展史

1.1.2 结构的组成

工程结构是由若干个单元,按照一定的规则,通过正确的连接方式所组成的能够承受并传递荷载和其他间接作用的骨架。这些单元就是工程结构的基本构件。

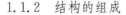

工程结构的基本构件有板、梁、柱、墙、杆、拱、索和基础等,如图1-1所示。板为房屋建筑或桥梁等提供活动面,直接承受作用在其上的活荷载和永久荷载,并将这些荷载传递到梁或墙等支撑构件上,板的主要内力是弯矩和剪力,是受弯构件。梁是板的支撑构件,承受板传来的荷载并将其传递到柱、墙或主梁上,它的主要内力是弯矩和剪力,有时也承担扭矩,属受弯构件。柱和墙的作用是支撑楼面体系(梁、板),其主要内力是轴向压力、弯矩和剪力等,是受压构件。拱是工程结构特别是地下结构的一种主要受力构件,是受压构件,它可以通过调整拱的形体来调整构件的内力。索是悬挂构件或结构体系的主要传力单元,一端固定在被悬挂的构件上,另一端固定于其他的结构体系上,主要承受拉力,是受拉构件。杆的用途很多,如组成屋架或其他空间构件的弦杆、结构的支撑等等,其内力主要是轴向拉力或压力,是轴心受力构件。基础是将柱及墙等传来的上部结构荷载传递给地基的下部结构。

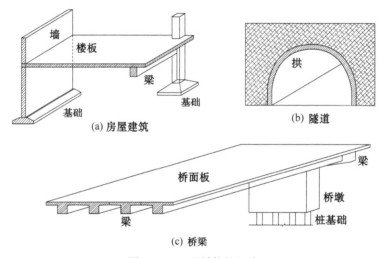

图1-1 工程结构的组成

1.1.3 结构的分类

结构的种类很多,有多种分类方法。一般可以按照结构所用的材料,或按照结构受力体系、使用功能、外形特点以及施工方法等进行分类。各种结构有其一定的适用范围,应根据工程结构功能、材料性能、不同结构形式的特点和使用要求以及施工和环境条件等合理选用。

按照所采用的材料,工程结构的类型主要有混凝土结构、钢结构、砌体结构、木结构等。混凝土结构包括素混凝土结构、钢筋混凝土结构、预应力混凝土结构、纤维筋混凝土结构和其他各种形式的加筋混凝土结构。砌体结构包括砖石砌体结构、砌块砌体结构。这些结构材料可以在同一结构体系混合使用,形成混合结构,如屋盖和楼盖采用混凝土结构,墙体采用砌体,基础采用砖石砌体或钢筋混凝土,就形成了砖混结构。这些结构材料也可以在同一构件中混合使用,形成组合构件,如屋架上弦采用钢筋混凝土,下弦采用钢拉杆,就形成了钢-混凝土组合屋架,又如在钢筋混凝土柱中配置型钢则形成了钢-混凝土组合柱。

按照结构的受力体系,工程结构的类型主要有框架结构、剪力墙结构、筒体结构、塔式结构、桅式结构、悬索结构、悬吊结构、壳体结构、网架结构、板柱结构、墙板结构、折板结构、充气结构、膜结构等。框架结构的主要竖向受力体系由梁和柱组成;剪力墙结构的主要竖向受力体系由钢筋混凝土墙组成;筒体结构是在高层建筑中,利用电梯井、楼梯间或管道井等四周封闭的墙形成内筒,也可以利用外墙或密排的柱作为外筒,或两者共用形成筒中筒结构;框架、剪力墙和筒体也可以组合形成框架剪力墙结构、框架筒体结构等结构体系;塔式结构是下端固定、上端自由的高耸构筑物;桅式结构是由一根下端为铰接或刚接的竖立细长杆身桅杆和若干层纤绳所组成的构筑物;悬索结构的承重结构由柔性受拉索及其边缘构件组成,索的材料可以采用钢丝束、钢丝绳、钢绞线、圆钢、纤维复合材料以及其他受拉性能良好的线材;楼面荷载通过吊索或吊杆传递到固定在筒体或柱子上的水平悬吊梁或桁架上,并通过筒体或柱子传递到基础的结构体系称为悬吊结构;壳体结构是由曲面形板与边缘构件(梁、拱或桁架等)组成的空间结构;网架结构是由多根杆件按照一定的网格形式,通过节点连结而形成的空间结构;仅由楼板和柱组成承重体系的结构称为板柱结构;仅由楼板和墙组成承重体系的结构则称为墙板结构;由多块条形平板组合而成的空间结构统称为折板结构;充气结构是用薄膜材料制成的构件充入气体后而形成的结构;若用柔性受拉索和薄膜材料及边缘构件组成的结构称为膜结构。对不同受力体系的工程结构,采用何种结构材料十分重要,关键在于充分发挥材料的特性,既要有好的功能,又要有较好的经济效益。

按照建筑物、构筑物或结构的使用功能,工程结构可以分成建筑结构,如住宅、公共建筑、工业建筑等;特种结构,如烟囱、水池、水塔、筒仓、贮藏罐、挡土墙等;桥梁结构,如公路铁路桥、立交桥、人行天桥等;地下结构,如隧道、涵洞、人防工事、地下建筑等。

特种结构

按照建筑物的外形特点,工程结构可以分为单层结构、多层结构、高层结构、大跨结构和高耸结构(如电视塔等)等。

按照结构的施工方法,工程结构可以分成现浇结构、预制装配结构和预制与现浇相结合的装配整体式结构。另外,按照结构使用前是否预先施加应力,还有预应力结构和非预应力结构等。

预制装配
结构

1.2 混凝土结构

1.2.1 混凝土结构的特点

钢筋混凝土是由两种力学性能不同的材料——混凝土和钢筋,按照一定的原则结合成一体,共同发挥作用的结构材料。混凝土硬化后如同石料,抗压强度很高,但抗拉强度很低。而钢筋的抗拉和抗压强度均很高,但是其抗火能力差,在一般环境中容易锈蚀。两者结合,可以取长补短,成为性能优良的结构材料。

钢筋和混凝土有较好的共同工作的基础。这是基于:

(1) 钢筋和混凝土之间存在较好的传递应力的能力,在荷载作用下,不产生相对滑移,保证两种材料协调变形、共同受力。混凝土硬化后,钢筋和混凝土接触面之间存在着粘结力,粘结作用主要来源于混凝土中水泥凝胶体的化学粘着力、混凝土硬化收缩握裹钢筋产生的摩擦力和钢筋表面刻痕等产生的机械咬合力。

(2) 钢筋和混凝土两种材料的温度线膨胀系数相近,钢材为 1.2×10^{-5},混凝土为 $(1.0\sim1.5)\times10^{-5}$。当温度变化时,两者不会产生过大的不协调变形而导致破坏。

(3) 混凝土对钢筋起良好的保护作用,结构的抗火能力和耐久性大大提高。

钢筋混凝土结构可以充分发挥两种材料的强度优势,取长补短。现以图 1-2 所示的素混凝土和钢筋混凝土简支梁为例进行说明。

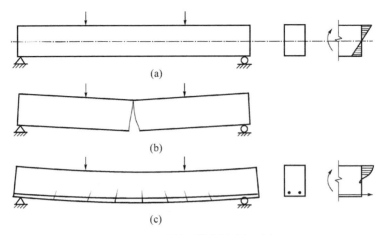

图 1-2 混凝土简支梁破坏示意

(a) 未开裂的素混凝土梁;(b) 开裂后的素混凝土梁;(c) 开裂后的钢筋混凝土梁

根据工程力学原理,在荷载作用下,梁的跨中正截面由于弯矩作用,中和轴以上受压、以下受拉,离中和轴距离越大,应力值越高。荷载较小时,随着荷载的增大,受拉区和受压区应力近似线性增大(图 1-2a),当受拉区边缘混凝土的拉应力还没有超过混凝土的抗拉能力时,该梁尚能继续承担荷载;当荷载继续加大至一定量时,受拉区边缘混凝土的拉应力达到混凝土的抗拉能力,出现裂缝。此时,对素混凝土梁(图 1-2b),由于截面裂缝处混凝土退出工作,裂缝向上延伸,截面的实际高度减小,迅速丧失承担外弯矩的能力而使梁断裂。对钢筋混凝土梁(图 1-2c),受拉区裂缝出现后,受拉钢筋承担了大部分受拉区的拉力,该梁仍可以继续承担荷载。随着外荷载的继续增大,钢筋的拉应力也不断增大,直至受拉钢筋应力达到屈服强度,受压区混凝土达到抗压极限时被压碎,梁破坏。显然,钢筋混凝土梁的承载能力远高于素混凝土梁。素混凝土梁的承载能力取决于混凝土的抗拉强度,破坏时混凝土的抗压能力远没有发挥。而钢筋混凝土梁的承载能力取决于钢筋的抗拉强度和混凝土的抗压强度,两种材料的优势均得到充分发挥。

钢筋混凝土结构在工程结构中得以广泛应用,除上述能够充分利用两种材料的强度优势外,还有下述优点:

(1) 耐久性好。在正常环境条件下,混凝土材料本身具有很好的化学稳定性,其强度一般随时间的增加也略有增长。同时,钢筋被混凝土包裹,不易生锈。

(2) 耐火性好。混凝土材料的耐火能力高于其他建筑材料。混凝土的热传导性能较差,在火灾中,由于混凝土对钢筋的包裹,延缓了钢筋的升温过程,使其不至于很快达到软化温度而导致结构破坏。

(3) 可模性好。新拌混凝土是可塑的,可以根据需要,浇注成各种形状和尺寸的结构以满足各种工程的需要。

(4) 整体性好。现浇钢筋混凝土结构的整体性好,抗御地震、振动和爆炸以及结构的不均匀沉降能力强。

(5) 就地取材。混凝土材料中,砂、石等用量大的材料产地广泛,易于就地取材。另外,也可以利用工业废料,有利于环境保护。

钢筋混凝土结构的主要缺点是:

（1）自重大。混凝土材料的体积密度约为 20 kN/m³，钢筋混凝土的体积密度接近 25 kN/m³。与钢结构相比，混凝土结构构件的截面尺寸较大，因此结构的自重也较大，这对建造大跨度结构、高层结构，减少地震反应等不利。

（2）抗裂性差。由于混凝土材料抗拉性能很差，加之在硬化过程和使用过程中产生收缩，钢筋混凝土结构很容易出现裂缝，与素混凝土相比，钢筋混凝土抗裂能力提高不多。所以，普通混凝土结构在正常使用条件下一般是带裂缝工作的。

（3）施工环节多，周期长。混凝土结构的建造需要经过绑扎钢筋、支模板、浇注、养护等多道施工工序，生产周期较长，施工质量和进度等易受环境条件的影响。

（4）拆除、改造难度大。混凝土是通过内部水泥的水化反应形成一体，混凝土硬化后强度很高。它不能像钢材一样，通过焊接、气割等措施进行二次加工，使构件加大或分割。所以，已有钢筋混凝土结构的拆除和改造的难度较大。

1.2.2 混凝土结构的现状与发展

与木结构、砌体结构和钢结构相比，混凝土结构是一种较新的结构形式，但它的发展速度和在土木工程中占有的比重是其他结构无法相比的，其应用范围涉及土木工程各个领域。

在建筑工程中，房屋建筑的楼板绝大部分采用钢筋混凝土结构现浇板或预制板。多层工业厂房、综合楼和部分建筑要求高的住宅和办公楼等结构受力体系一般均采用钢筋混凝土梁、柱等组成的框架结构体系。在高层及超高层建筑中，混凝土结构也占据主导地位，一般采用的是钢筋混凝土框架-剪力墙结构、剪力墙结构、框架-筒体结构和筒体结构等，有时与钢结构混合采用，形成组合结构体系。

在桥梁工程中，大多数中小跨度桥梁和部分大跨度桥梁采用混凝土结构，结构形式一般有钢筋混凝土或预应力混凝土简支梁、连续梁、拱或桁架等。对采用钢悬索或斜拉索结构的桥梁，其桥墩、塔架和桥面结构等也多采用钢筋混凝土结构。

桥梁结构

在隧道工程中，新中国成立后修建了上万公里隧道，包括铁路隧道、公路隧道、地下铁路隧道和过江隧道等，均采用了钢筋混凝土结构。

在水利工程中，大型水利枢纽工程中的拦水坝等一般均采用钢筋混凝土结构，如葛洲坝、小浪底大坝、三峡水利枢纽的主坝等主体结构均采用的是钢筋混凝土结构。

混凝土坝

在其他一些领域，如人防工事、地下停车场、地下铁路车站等大型地下结构工程，电视塔、烟囱等高耸结构，贮水池、水塔、输水管、电线杆等市政设施，筒仓、海上采油平台、核电站的安全壳等特种工业设施等，也大部分采用了钢筋混凝土结构。

核安全壳

混凝土结构在 20 世纪获得了巨大的发展。可以肯定，在 21 世纪里，混凝土将仍然作为主要的工程材料，并在材料、构造形式等方面得到进一步的发展。

混凝土材料作为混凝土结构的主体，主要向着具有优良物理力学性能和良好耐久性的轻质高性能混凝土发展，混凝土强度将逐渐提高。目前我国普遍应用的混凝土强度等级一般在 C20～C80，个别工程已经应用到 C80 以上。新型外加剂的研制与应用将不断改善混凝土的物理力学性能，以适应不同环境、不同要求的混凝土结构。

高强高性能
混凝土

配筋材料作为混凝土结构的关键组成部分，除了传统钢筋材料本身的物理力学性能将会不断改善外，新型配筋材料和配筋形式也将不断发展，从而形成许多新的混凝土结构形式，极大地拓宽了混凝土结构的应用范围。如在混凝土中掺入钢纤维等短纤维，形成纤维混凝土结构，可以有效地提高混凝土的抗拉、抗剪等强度，改善混凝土抗裂、抗疲劳、抗冲击等性能；以高

纤维和纤维
混凝土

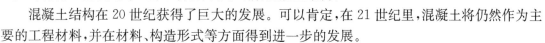
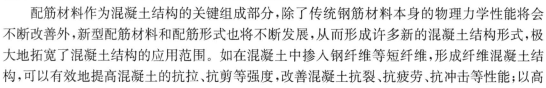

强度的碳纤维筋(其强度一般是普通钢筋强度的 10 倍以上)等作为配筋,形成纤维筋混凝土结构,可提高结构的承载能力和耐久性;把型钢与混凝土结构组合,形成钢-混凝土组合结构、钢骨混凝土结构和钢管混凝土结构,可以减少混凝土结构的截面尺寸,提高结构的承载力,改善结构的延性;在已有混凝土结构加固时,采用外贴钢板可以提高结构的承载能力和刚度,或采用外贴碳纤维或玻璃纤维等材料,可以在提高结构的承载能力和刚度的同时,保护原有结构,提高耐久性。

外贴法加固
混凝土结构

1.3 钢结构

1.3.1 钢结构的特点

钢结构是用钢板、角钢、工字钢、槽钢、钢管和圆钢等钢材,通过焊接等有效的连接方式所形成的结构。

钢结构是土木工程的主要结构形式之一,它与其他材料相比,有以下优点:

(1)强度和强度质量比高。与混凝土、砖、石和木材等相比,虽然其密度较大,但是由于其强度要高得多,强度质量比仍然远高于这些材料。因此,在同等的条件下,钢结构构件小,自重轻,特别适用于大跨度和高层结构。

(2)材质均匀、性能好,结构可靠性高。钢材内部结构均匀,比较符合理想的各向同性弹塑性材料,按照一般的力学计算理论可以较好地反映钢结构的实际工作性能。另外,钢材由工厂生产,便于严格的质量控制。因此,钢结构的可靠性高。

(3)施工简便、工期短。钢结构材料均为专业化工厂成批生产的成品材料,精确度较高,材料可加工性能好,便于现场裁料和拼接,构件质量轻,便于现场吊装。因此,钢结构具有较高的工业化生产程度,采用钢结构可以有效地缩短工期。

(4)延性好、抗震能力强。钢结构由于材料强度高,塑性和韧性好,结构自重轻,结构体系较"柔软",在地震时,地震作用小,结构耗能能力强,损坏小。因此,钢结构具有较强的抗震能力。

(5)易于改造和加固。钢材具有较好的可加工性能,连接措施简单,因此,与其他建筑材料相比,对已有钢结构进行改造和加固相对比较容易。

钢结构的主要缺点是:

钢材的锈蚀

(1)耐腐蚀性差。在使用环境下,钢材极易锈蚀,材料耐腐蚀能力较差。因此,对钢结构应注意结构防护。

(2)耐火性差。虽然当温度在 250℃ 以下时,钢材材料性质变化很小,具有较好的耐热性能,但当温度达到 300℃ 以上时,钢材强度明显下降,当温度达到 600℃ 时,钢材强度几乎降低至零。在火灾中,没有防护措施的钢结构耐火时间只有 20 min 左右。因此,对钢结构必须采取可靠的防火措施。

火灾导致的
结构失效

(3)钢材价格相对较高。

1.3.2 钢结构的现状与发展

过去,由于受钢产量和造价的制约,我国钢结构应用相对较少。近十多年来,随着我国经济建设的迅速发展,钢产量的大幅度增加,钢结构的应用领域有了较大的扩展。在单层轻型结构房屋、重型厂房、大跨度建筑结构、高层及超高层建筑等工业与民用建筑工程领域,在大跨度公路和铁路桥梁工程中,在城市人行天桥、高架路、贮水池、贮气罐、输水管等市政工程设施中,

空间钢结构

在电视塔、微波通讯塔、高压传输线路支架、输油管道等信息、能源传输设施中,筒仓、海上采油平台、矿井井架等特种工业设施中,钢结构均有广泛的应用。目前,我国钢结构正处在迅速发展的前期,可以预计,不久的将来,钢结构在我国将会迅猛发展。

1.4 砌体结构

1.4.1 砌体结构的特点

砌体结构是用砖、石或砌块,用砂浆等胶结材料砌筑而成的结构。

砌体结构在土木工程领域的应用非常广泛,在我国多层住宅建筑中,用砌体承重墙和钢筋混凝土楼板组成的混合结构房屋占主导地位,这是因为它具有以下优点:

(1) 耐久性好。砖石等材料具有较好的化学稳定性和大气稳定性,抵抗风化、冻融和其他外部侵蚀因素影响的能力优于其他建筑材料。

(2) 耐火性好。砖是经烧结而成,本身具有较好的抗高温能力。砖墙等的热传导性能较差,在火灾中,除本身具有较好的结构稳定性外,还能够起到防火墙的作用,阻止或延缓火灾的蔓延。

(3) 就地取材。天然砂石料、制砖的粘土或工业废料等砌体结构的主要材料几乎到处都有,来源方便。

(4) 施工技术要求低。

(5) 造价低廉。由于主要材料可以就地取材,水泥用量也很少,施工技术要求低,难度小,不需要模板等辅助材料,因此,与其他结构形式相比,砌体结构造价最低。

砌体结构主要缺点是:

(1) 强度低。砂浆与砖石之间的粘结力较弱,砌体强度不高,尤其是抗拉和抗剪强度很低。因此,结构抵抗地震等水平作用的能力相对较差,在温度变化、地基产生不均匀沉降等情况下,容易产生裂缝。

(2) 自重大。

(3) 砌筑工作量大,劳动强度高。

(4) 粘土用量大,烧制粘土砖大量占用耕地,不利于持续发展。

1.4.2 砌体结构的现状及发展

砌体结构的应用范围很广。砌体结构不但可以在住宅等房屋建造中大量使用,也可以用于建造桥梁、隧道、挡墙、涵洞以及坝、堰、渡槽等水工结构,还可以用于建造特种结构,如水池、水塔支架、料仓、烟囱等。

当然,由于材料强度低,结构整体性能和延性差,不利于结构抗震等因素,砌体结构的应用范围也受到一定的限制。在高层建筑、跨度较大的结构等一些大型结构中采用较少。

砌体结构作为最传统的建筑材料之一,在 20 世纪获得了较大的发展。为充分发挥其优势,在砌体结构的材料和结构构造方式上进行了很多的探讨,取得了一些新进展,拓宽了砌体结构的应用范围。如采用配筋砌体、组合砌体和预应力砌体等新的结构构造形式,可克服砌体材料性能的不足,改善砌体结构的受力性能;采用空心承重砌块,以降低结构自重;采用新材料、新技术,使砌体材料"轻质高强";进行墙体材料改革,发展非烧结材料,利用工业废料,减少对农田的占用,利于可持续发展。

本章其他资源

2 基本计算原则

本章是工程结构设计的理论基础,介绍了工程结构设计的基本原则和方法。通过本章的学习,应了解作用及结构抗力的有关概念,理解作用效应和结构抗力的随机性,掌握结构上作用及作用效应的计算方法;掌握荷载代表值的概念和取值方法,掌握材料强度标准值的概念和取值标准;理解结构的功能、极限状态、结构可靠性指标等基本概念,理解结构可靠性设计的基本原理,了解结构可靠性设计的一般方法;理解荷载和材料强度等分项系数的概念和取值,掌握以近似概率为基础的设计基本表达式。

2.1 结构上的作用

2.1.1 作用及作用效应

结构在施工和使用期间,将受到其自身和外加的各种因素作用,这些作用在结构中产生不同的效应——内力和变形。这些引起结构的内力和变形的一切原因通称为结构上的作用。

结构上的作用一般分为两类:第一类称为直接作用,它直接以力的不同集结形式作用于结构,包括结构的自重、行人及车辆、各种物品及设备、风压力、雪压力、积水、积灰等等,这一类作用通常也称为荷载;第二类称为间接作用,它不是直接以力的某种集结形式出现,而是引起结构外加变形、约束变形或振动,但也能够对结构产生内力或变形等效应,这一类作用包括温度变化、材料的收缩和膨胀变形、地基的不均匀沉降、地震等。

结构作用
分类

作用在结构上产生的内力(弯矩、剪力、扭矩、压力和拉力等)和变形(挠度、扭转、转角、弯曲、拉伸、压缩、裂缝等)称为作用效应。由第一类作用,即荷载引起的效应,称为荷载效应。

2.1.2 作用的分类

结构上的作用分类方法有多种。按照随时间的变异性和出现的可能性分类,结构上的作用可以分为三类:

(1) 永久作用。永久作用在结构上的作用值在设计基准期内不随时间变化,或其变化幅度与平均值相比可以忽略不计,如结构自重、土压力及预加压力、水位不变的水压力、地基变形、混凝土收缩、钢材焊接变形等等。永久作用的统计规律与时间参数无关。

(2) 可变作用。可变作用在结构上的作用值在设计基准期内随时间变化,且其变化幅度与平均值相比不可以忽略不计,如施工中的人员和物件、车辆荷载、吊车荷载、使用中的人员和家具设备、风荷载、雪荷载、冰荷载、水位变化的水压力、温度变化、波浪力、多遇地震等等。可变作用的统计规律与时间参数有关。

结构上的偶
然作用及其
破坏力

(3) 偶然作用。偶然作用在设计基准期内可能出现,但不一定出现。偶然作用一旦出现,其持续时间很短,但量值很大,如罕遇地震、爆炸、撞击、龙卷风、火灾、罕遇洪水等等。

按照随空间位置的变异性分类,结构上的作用可以分为两类:

(1) 固定作用。固定作用在结构空间位置具有固定的分布,但其量值是随机的,如恒荷载、固定的设备等。

(2) 可动作用。可动作用在结构空间位置上的一定范围内可以任意分布,其出现的位置和量值都是随机的,如行人、汽车和吊车荷载等。

按照结构的反应分类,结构上的作用可以分为两类:

(1) 静态作用。静态作用对结构或构件不产生动力效应,或其动力效应与其静态效应相比可以忽略不计,如结构自重、雪荷载、建筑的楼面活荷载等。

(2) 动态作用。动态作用对结构或构件产生动力效应,且其动力效应与其静态效应相比不可以忽略不计,如风荷载、地震作用、设备振动等。

2.1.3 荷载的随机性与概率模式

作用在结构上的可变荷载是一个随机过程,它是随时间而变化的不确定量,如风荷载的大小和方向,楼面活荷载的作用位置和量值等,这些均是不确定的。即使是永久荷载,也是一个随机变量,虽然其量值基本不随时间变化,但由于材料的密度、结构的实际尺寸与设计尺寸的偏差等,其量值也是不确定的。因此,在设计时必须要考虑荷载的随机性。

结构设计中所涉及的荷载,除永久荷载外,一般都是随时间变化的可变荷载。对于永久荷载,可以采用随机变量模式进行处理。经过大量的统计分析可知,永久荷载基本服从正态分布。而对于可变荷载,理论上应采用随机过程概率模式进行描述。但是,目前的统计资料尚难以满足建立随机过程模式所需要的数据,而且采用随机过程概率模式将会使得设计工作异常复杂。因此,在目前的近似概率设计理论中,对可变荷载也采用随机变量概率模式,它是将可变荷载的随机过程$[Q(t),t\in(0,T)]$转换为设计基准期内最大荷载Q_T进行分析。Q_T显然是一随机变量,其定义为

$$Q_T = \max_{0 \leqslant t \leqslant T} Q(t) \tag{2-1}$$

式中 T——设计基准期。

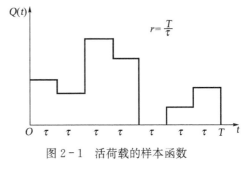

图 2-1 活荷载的样本函数

在确定Q_T的分布时,将常遇可变荷载随机过程的样本函数统一模型化为平稳二项随机过程,如图 2-1 所示,即假设:

(1) 荷载一次持续施加于结构上的时间长度为τ,在整个设计基准期T内可以分为r个相等的时间段,$r=T/\tau$。

(2) 在每一时间段上荷载出现的概率为p,荷载不出现的概率为$q=1-p$。

(3) 在每一时间段上,荷载出现时,其幅值是非负的随机变量,而且在所有时间段上概率分布函数$F_Q(x)$相同,这种概率分布称为任意时点荷载的概率分布。

(4) 不同时间段上荷载幅值随机变量是相互独立的,荷载是否出现也是相互独立的。

根据上述假设(2)、(3),在任一时间段内最大荷载Q_T(公式(2-1))的概率分布函数为

$$\begin{aligned}
F_{Q_T}(x) &= P[Q(t) \leqslant x, t \in \tau] \\
&= P[Q(t)=0] \cdot P[Q(t) \leqslant x \mid Q(t)=0] + P[Q(t) \neq 0] \cdot P[Q(t) \leqslant x \mid Q(t) \neq 0] \\
&= q \cdot 1 + p \cdot F_q(x) = 1 - p[1 - F_q(x)]
\end{aligned} \tag{2-2}$$

再根据上述假设(1)和(4)可以推出设计基准期内最大荷载Q_T的概率分布函数为

$$F_{Q_T}(x) = P(Q_T \leqslant x) = P\left[\max_{0 \leqslant t \leqslant T} Q(t) \leqslant x\right]$$

$$=P\left\{\prod_{i=1}^{r}\left[Q(t)\leqslant x,t\in\tau_i\right]\right\}=\prod_{i=1}^{r}P\left[Q(t)\leqslant x,t\in\tau_i\right]$$

$$=\prod_{i=1}^{r}\left\{1-p\left[1-F_Q(x)\right]\right\}=\left\{1-p\left[1-F_Q(x)\right]\right\}^r \qquad (2-3)$$

当 $p=1$，即活荷载必然出现时，上式可以表示为

$$F_{Q_T}(x)=\left[F_Q(x)\right]^r \qquad (2-3a)$$

有关研究人员通过对各类可变荷载的大量测定、调查、统计和分析研究后认为，对楼面活荷载、风荷载、雪荷载等大多数活荷载，均可以采用极值Ⅰ型概率分布模式进行分析。

2.1.4 荷载的代表值

设计时，为了便于荷载的统计和表达，简化设计公式，通常以一些确定的值来表达这些不确定的荷载量。这些确定的值即称为荷载代表值，它是根据对荷载统计得到的概率分布模型，按照概率方法确定的。结构设计时，应根据各种极限状态的设计要求，采取不同的荷载代表值。永久荷载代表值采用标准值，可变荷载代表值有标准值、准永久值和组合值，其中标准值为基本代表值。

荷载代表值

荷载标准值（有时也称为特征值）是按照在设计基准期内最大荷载概率分布 $F_{Q_T}(x)$ 的某一分位值确定的，如图 2-2 所示。对永久荷载，由于其变异性不大，标准值是以其平均值，即 0.5 分位值确定，可以按照结构设计尺寸和材料确定，或按照结构构件的平均密度确定。对于可变荷载，目前其最大荷载概率分布 $F_{Q_T}(x)$ 的分位值尚无统一规定，同时由于一些荷载的统计资料不足，某些荷

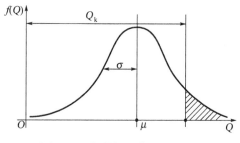
图 2-2 荷载标准值的确定

载的标准值尚不能够完全用概率的方法确定，而是依据已有工程经验，通过分析判断规定的一个公称值作为标准值。一般荷载的标准值可以在有关荷载规范中查得，对某些特殊情况下的荷载，也可以通过调查统计，按照同类工程经验取值。

荷载准永久值是对可变荷载而言的。对可变荷载，标准值仅在概率意义上规定了可能达到的最大量值，但没有考虑可变荷载持续稳定的程度。荷载准永久值是对可变荷载持续稳定性的一种描述，是指在结构上经常作用的荷载值，它在规定的使用期内具有较长的持续时间，对结构的影响类似于永久荷载。荷载准永久值一般是依据荷载出现的累计持续时间（考虑到出现的频率程度和每次出现持续时间）而定，即按照在设计基准期内荷载达到或超过该值的总

持续时间（图 2-3 中的 $\sum_{i=1}^{n}t_i$）与整个设计基准期 T 的比值确定。目前国际上一般取该比值为 0.5，这相当于取准永久值为任意时点荷载概率分布的 0.5 分位值。荷载准永久值可以表示为 $\psi_q Q_k$。其中，Q_k 为可变荷载的标准值；ψ_q 称为准永久值系数，是对荷载标准值的一种折减系数；$\psi_q=$ 准永久值/荷载标准值，其值可以在相应的荷载规范中查得。

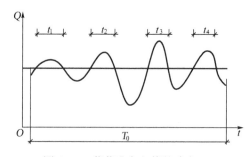
图 2-3 荷载准永久值的确定

荷载组合值也是对可变荷载而言的。当结构上同时作用两种或两种以上可变荷载时,它们同时以各自荷载标准值出现的可能性极小,此时应考虑荷载的组合问题,即可变荷载应取小于其标准值的组合值为荷载代表值。荷载组合值可以表示为$\psi_c Q_k$,其中ψ_c为荷载组合系数,是对荷载标准值的另一种折减系数。荷载组合系数理论上应依据参与组合的各种荷载综合效应最大值的概率分布,按照概率理论的方法确定,但是实际上如何确定是一个相当复杂的问题,目前无论是在理论研究上,还是在对实际的调查上,都研究得不够充分。因此,在目前的设计理论中,只能采用相对合理的简化方法,综合考虑已有工程经验来确定。

2.2 结构的抗力

2.2.1 抗力及其不定因素

抗力是结构构件抵抗作用效应的能力,即承载能力和抗变形能力。承载能力包括受拉、受压、受弯、受剪、受扭承载力等;抗变形能力包括抗裂能力、刚度等。

严格来讲,抗力是与时间有关的随机过程,因为:

(1)组成结构的材料的力学性能、结构几何参数等都是随机变量。

(2)组成结构的有些材料的力学性能是随时间变化的,如混凝土材料的强度将随时间的增长而变化,环境对材料的长期劣化引起其力学性能的变化等。

结构抗力与
作用效应的
对应关系

由于在正常情况下,在合理的使用期内,抗力随时间变化的程度并不显著,因此通常忽略抗力随时间的变化,将其视为与时间无关的随机变量,用随机变量概率模型描述。

引起抗力不定性的主要因素有:

(1)材料性能的不定性。结构构件中材料性能的不定性主要是指材料不匀质,生产工艺、加载方法、环境、尺寸及实际结构构件和标准试件差别等因素引起的材料性能的变异性。例如对钢材的变异性分析应考虑:钢材本身强度的离散性,实验方法和加载速度对测试结果的影响,型材截面面积的变异性,生产单位(或地区)的差别,实际工作条件与标准实验条件的差别等。在工程应用中,材料性能一般是采用标准试件和标准试验方法确定的,并以一个时期全国有代表性的生产单位(或地区)的材料性能的统计结果作为代表。

(2)几何参数的不定性。结构构件几何参数包括截面高度、宽度、面积、惯性矩、混凝土保护层厚度等所有截面几何特征,以及构件的高度、跨度、偏心距等,还有由这些参数构成的函数。结构构件几何参数的不定性是指由于制作尺寸偏差和安装误差等原因,导致构件制作安装后实际结构构件与设计的标准结构构件之间几何尺寸的变异性。

(3)计算模式的不定性。结构构件计算模式的不定性主要是由于在对抗力进行分析计算时,采用了某些近似的基本假设和计算公式不精确等而引起的对抗力实际能力估计的误差。例如,抗力计算时,对材料物理力学性能的假设、截面的应力和应变分布的假设、构件支撑条件的假设、为了简化计算而对计算公式进行的简化处理等等,这些近似处理必然会导致按计算公式计算得到的抗力值与实际结构构件抗力能力的差异。这种变异性一般可以通过与精确计算模式的计算结果比较,或与实验结果比较来确定。

2.2.2 材料强度的标准值

材料强度标准值是结构设计时采用的材料强度的基本代表值,它是设计表达式中材料性能的取值依据,也是生产中控制材料质量的主要依据。

根据前面分析,材料强度是随机变量。材料强度标准值是根据材料强度概率分布的 0.05 分位值,即具有 95% 保证率的要求确定的。这说明,材料强度的实际值大于或等于材料强度标准值的概率在 95% 以上。根据统计结果,材料强度基本符合正态分布,如图 2-4 所示,按照正态分布密度函数,可以得到

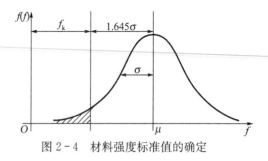

图 2-4 材料强度标准值的确定

$$f_k = \mu_f - 1.645\sigma_f = \mu_f(1 - 1.645\delta_f) \qquad (2-4)$$

式中 f_k——材料强度标准值;

μ_f——材料强度平均值;

σ_f——材料强度均方差;

δ_f——材料强度的离散系数。

【例 2-1】已知某批混凝土立方体抗压强度抽样实验统计结果:强度平均值 $\mu_{fcu} = 31.27\ \text{N/mm}^2$,均方差 $\sigma_{fcu} = 5.10\ \text{N/mm}^2$,假设混凝土立方体抗压强度服从正态分布,试确定该批混凝土的立方体抗压强度标准值。

【解】将统计结果代入式(2-4),得混凝土立方体抗压强度标准值

$$f_{cuk} = \mu_{fcu} - 1.645\sigma_{fcu} = 31.27 - 1.645 \times 5.10 = 22.88\ \text{N/mm}^2$$

所以,该批混凝土立方体抗压强度标准值为 22.88 N/mm²。

2.2.3 抗力的概率分布模式

一般情况下,结构构件抗力的表达式是由多个随机变量相乘而得,根据概率论知识,若某函数由许多随机变量的乘积构成,则这一函数近似服从对数正态分布。所以一般认为结构构件抗力服从对数正态分布。

各种结构构件的抗力统计参数可以考虑上述三种主要的不定性因素,根据各影响因素的统计参数,按照概率分析计算确定。

2.3 结构的功能和极限状态

2.3.1 结构的功能

结构的功能包括:

(1)安全性。安全性要求结构承担在正常施工和正常使用时可能出现的各种作用,包括直接作用和间接作用,不产生破坏,并且在设计规定的偶然事件发生时以及发生后,能保持必需的整体稳定性,不至于因局部损坏而产生连续破坏。

(2)适用性。适用性要求结构在正常使用时能满足正常的使用要求,具有良好的工作性能。如桥梁结构的变形不能过大,否则影响车辆的运行;墙板的裂缝不能过宽,否则会出现渗水并影响观瞻等等。这些虽然可能对结构的安全影响不大,但影响结构的正常使用。

(3)耐久性。耐久性要求结构在正常使用和维护条件下,在规定的使用期(设计基准期)内,能够满足安全和使用功能要求。如材料的老化、腐蚀等不能超过规定的限制,否则将影响结构的安全和正常使用。

结构的功能

2.3.2 结构的极限状态

结构在规定的使用期(设计基准期)内,在正常的使用条件下,应满足上述安全性、适用性和耐久性的功能要求。结构的极限状态是判别结构是否能够满足其功能要求的标准,是指结构或结构的一部分处于失效边缘的一种状态。当结构未达到这种状态时,结构能满足功能要求;当结构超过这一状态时,结构不能满足其功能要求,此特定状态即称为极限状态。

我国现行设计标准中把极限状态分为两类:

(1)承载能力极限状态。承载能力极限状态是判别结构是否满足安全性功能要求的标准,它是指结构或结构构件达到最大的承载能力或不适于继续加载的变形。如整体结构或结构的一部分作为刚体失去平衡;结构构件或连接因超过材料强度而破坏(包括疲劳破坏),或因过度的变形而不适于继续加载;由于某些构件或截面破坏使结构转变为机动体系;结构或构件丧失稳定等。

(2)正常使用极限状态。正常使用极限状态是判别结构是否满足正常使用功能要求和耐久性功能要求的标准,它是指结构或构件达到正常使用或耐久性的某些规定限值。如达到影响正常使用或观瞻要求规定的变形限值,产生影响正常使用或耐久性的局部损坏(包括裂缝),超过正常使用允许的振动,影响正常使用或耐久性的其他特定状态等。

2.4 结构可靠性设计的基本原理

2.4.1 功能函数与极限状态方程

若以 R 表示结构抗力,S 表示作用效应,则判断结构是否完成预期功能的功能函数可以表示为包括各种作用、几何参数、材料性能等各种变量的函数:

$$Z=R-S=g(X_1,X_2,\cdots,X_n) \qquad (2-5)$$

显然,如图 2-5 所示,功能函数的结果可能有以下 3 种情况:

当 $Z=R-S>0$ 时,结构完成功能要求,处于可靠状态;

当 $Z=R-S<0$ 时,结构没有完成功能要求,处于不可靠状态,即失效;

当 $Z=R-S=0$ 时,结构达到功能要求的限值,处于极限状态,此时的方程称为极限状态方程。

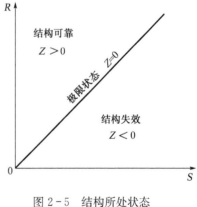

图 2-5 结构所处状态

2.4.2 结构的可靠性

结构抗力 R 为随机变量,它可以表示为材料强度、几何尺寸等随机变量的函数。作用效应 S 可以表示成各种作用、结构参数等随机变量的函数,所以作用效应也是随机变量。因此,结构的功能函数 Z 也应是一个随机变量。所以,结构处于可靠状态($Z>0$)、处于不可靠状态($Z<0$)和处于极限状态($Z=0$)都是随机事件,不能够以确定函数的分析方法对结构是否能完成预定功能进行分析,而是应该用概率的方法进行描述。

结构可靠性是结构在规定的时间内,在规定的条件下,完成预定功能的能力。结构可靠度是结构可靠性的定量描述,是结构在规定的时间内,在规定的条件下,完成预定功能的概率,也称为可靠概率，以 p_s 表示。结构不能完成预定功能的概率称为失效概率，以 p_f 表示。显然 p_s 和 p_f 两者互补，即 $p_s + p_f = 1$。

根据结构的功能函数，应有

$$\left.\begin{array}{l} p_s = P(Z > 0) \\ p_f = P(Z \leqslant 0) \end{array}\right\} \tag{2-6}$$

如果可以求得功能函数值 Z 的概率密度函数或概率分布函数，则可以求出结构的失效概率，即图 2-6 中 Z 为负值时概率密度函数曲线下的面积。但是这涉及很多复杂的问题，包括各影响因素的分布问题、复杂的概率运算问题等等。因此，在实际应用中一般采用近似的或简化的计算方法进行分析。

按照对设计基本变量概率性质描述和计算精度的不同，以随机变量概率模式为基础进行设计的方法大致可以分成 3 个水准：

（1）水准 I。水准 I 的精度最低，是用随机变量的一阶矩（平均值）加以概括，其可靠度分析基本上是根据工程经验进行估计判断，用这种方法进行设计，很难较准确地预计结构的可靠度。如图 2-7 所示，图中两条曲线表示两种情况下 Z 的概率密度曲线，两者的平均值相等，但标准差不同，显然在标准差大的情况下，失效概率大，标准差小的情况下，失效概率小，但水准 I 无法描述。

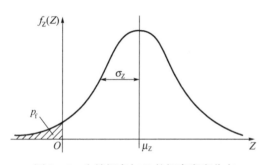

图 2-6　失效概率与 Z 的概率密度分布

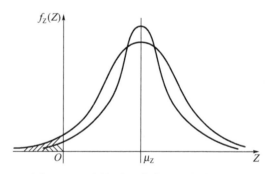

图 2-7　不同标准差条件下的失效概率

（2）水准 II。水准 II 相对比较精确，是用随机变量的一阶矩（平均值）和二阶矩（方差）来描述它的分布特性，在数学计算上采取了线性化等一些近似简化手段。所以水准 II 也称为"一次二阶矩法"，它实际上是一种实用的近似概率法，目前国内外主要设计规范基本采用该方法。

（3）水准 III。水准 III 也称为全概率法，是以设计基本变量的真实分布为基础，进行精确的概率计算。在结构工程中，由于很难得到各设计基本变量的真实分布，计算工作量非常大，因此在实际应用中存在很大的困难。

2.4.3　可靠度的计算方法及可靠指标

1）可靠指标与中心点法

当功能函数中只有两个随机变量 R 和 S，即 $Z = R - S$，并且假设：

（1）两个随机变量是相互独立的。

（2）两个随机变量均服从正态分布，且已知抗力 R 的平均值 μ_R 和标准差 σ_R，作用效应 S 的平均值 μ_S 和标准差 σ_S。

因为 R 和 S 均服从正态分布,根据概率理论和功能函数定义可知,功能函数值 Z 也服从正态分布,其平均值 μ_Z 和标准差 σ_Z 为

$$\left.\begin{array}{c} \mu_Z = \mu_R - \mu_S \\ \sigma_Z = \sqrt{\sigma_R^2 + \sigma_S^2} \end{array}\right\} \qquad (2-7)$$

概率密度函数可以表示为(图 2-8)

$$f_Z(Z) = \frac{1}{\sqrt{2\pi}\sigma_Z} e^{-\frac{(Z-\mu_Z)^2}{2\sigma_Z^2}}, \quad (-\infty < Z < \infty) \qquad (2-8)$$

按照概率理论,结构失效概率可以表示为

$$p_f = P(Z \leqslant 0) = \int_{-\infty}^{0} f_Z(Z)\mathrm{d}Z = \int_{-\infty}^{0} \frac{1}{\sqrt{2\pi}\sigma_Z} e^{-\frac{(Z-\mu_Z)^2}{2\sigma_Z^2}} \mathrm{d}Z \qquad (2-9)$$

下面进行正态分布的标准化变换,把 Z 的分布由一般的正态分布 $N(\mu_Z, \sigma_Z^2)$ 变换为平均值为 0、标准差为 1 的标准正态分布,即 $N(0,1)$。令

$$t = \frac{Z - \mu_Z}{\sigma_Z} \qquad (2-10)$$

则积分变量为 $\mathrm{d}t = \mathrm{d}Z/\sigma_Z$,即 $\mathrm{d}Z = \sigma_Z\mathrm{d}t$;积分上限为 $t = -\mu_Z/\sigma_Z$($Z=0$ 时的 t 值);积分下限为 $t = -\infty$($Z = -\infty$ 时的 t 值)。将它们代入式(2-9),整理可得

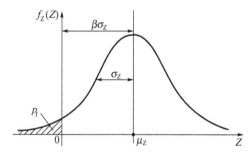

图 2-8　Z 的概率密度函数及可靠指标

$$p_f = \int_{-\infty}^{-\mu_Z/\sigma_Z} \frac{1}{\sqrt{2\pi}} e^{-\frac{t^2}{2}} \mathrm{d}t = \Phi\left(-\frac{\mu_Z}{\sigma_Z}\right) \qquad (2-9a)$$

该式经变化,可得

$$\frac{\mu_Z}{\sigma_Z} = -\Phi^{-1}(p_f) \qquad (2-11)$$

式中　$\Phi(\cdot)$——标准正态分布函数,$\Phi^{-1}(\cdot)$ 为其反函数,有关概率书中给出了计算公式和表格供查用。

若令

$$\beta = \frac{\mu_Z}{\sigma_Z} = \frac{\mu_R - \mu_S}{\sqrt{\sigma_R^2 + \sigma_S^2}} \qquad (2-12)$$

从式(2-9a)和式(2-11)或在图 2-8 中可以看出,β 与失效概率 p_f 一一对应,即

$$p_f = \Phi(-\beta) = 1 - \Phi(\beta) \qquad (2-9b)$$

$$\beta = -\Phi^{-1}(p_f) = \Phi^{-1}(1 - p_f) \qquad (2-13)$$

显然,β 值越大,失效概率越小,结构越可靠;β 值越小,失效概率越大,结构越不可靠。因此,β 被称为可靠指标。

根据定义，可靠指标直接用随机变量的统计特征值，即平均值和标准差来反映可靠度，这在实际应用时是非常有意义的。因为目前在实际工程结构中，无法精确掌握各种设计基本变量的理论分布，而且进行复杂的数学运算也有难度，所以在这种情况下，用可靠指标（而不是直接用失效概率）度量结构的可靠性，利用概率分布的统计特征值近似分析可靠度不失为一个有效的途径。这样，既可以避免用精确概率进行分析带来的困难，又可以反映随机变量的主要特性，且表达式简单。在设计时，只要控制 $\beta \geqslant [\beta]$，则结构满足可靠度要求。此处，$[\beta]$ 表示设计可靠指标，是作为设计依据的可靠指标。承载能力极限状态的设计可靠度指标取值与结构安全等级和破坏类型有关，对于建筑结构，可按照表 2-1 取值，对于其他工程结构，可按照该类结构的统一标准的规定取值，在此不一一列出。对正常使用极限状态的设计可靠度指标，目前尚无明确规定。

表 2-1　设计可靠指标及相应的失效概率

破坏类型	安全等级					
	一级		二级		三级	
	$[\beta]$	$[p_f]$	$[\beta]$	$[p_f]$	$[\beta]$	$[p_f]$
延性破坏	3.7	1.1×10^{-4}	3.2	6.9×10^{-4}	2.7	3.5×10^{-3}
脆性破坏	4.2	1.3×10^{-5}	3.7	1.1×10^{-4}	3.2	6.9×10^{-4}

结构的安全等级是根据结构破坏后果的严重性划分的，共分三级，其划分原则见表 2-2。结构的破坏类型有两种，即延性破坏和脆性破坏，它是根据结构破坏前有无明显变形或其他预兆区分的。对破坏前无明显变形或其他预兆的破坏（即脆性破坏），其设计可靠指标应比破坏前有明显变形或其他预兆的破坏（即延性破坏）的取值要高些。

表 2-2　结构安全等级

安全等级	破坏后果
一级	很严重
二级	严重
三级	不严重

对功能函数中有多个随机变量 $X_i (i = 1, 2, 3, \cdots, n)$，即 $Z = g(X_1, X_2, \cdots, X_n)$ 时，首先作如下近似处理：

（1）假设所有随机变量是相互独立的。

（2）假设所有随机变量均服从正态分布，且已知它们的统计参数平均值 μ_{Xi} 和标准差 σ_{Xi}。

（3）将功能函数 Z 在平均值处按照泰勒级数展开，忽略二次及二次以上项，保留线性项。则可以近似得到 Z 的平均值和标准差

$$\mu_Z = g(\mu_{X1}, \mu_{X2}, \mu_{X3}, \cdots, \mu_{Xn}) \tag{2-14}$$

$$\sigma_Z = \left[\sum_{i=1}^{n} \left(\frac{\partial g}{\partial X_i} \bigg|_{\mu_{Xi}} \cdot \sigma_{Xi} \right)^2 \right]^{\frac{1}{2}} \tag{2-15}$$

然后，根据定义，即式（2-12），就可以求出可靠指标 β。

由于在分析时采用了泰勒级数在均值（中心点）展开，故这种方法称为中心点法。中心点法不考虑基本变量的实际分布，直接假设其服从正态分布，用统计特征值直接进行分析，建立可靠度分析模式，这种方法概念清楚，应用也相对比较简便。但是，由于采用了正态分布的假设，并且在泰勒级数展开中仅保留了线性项，所以当基本变量的实际分布不是正态分布时，或

功能函数不是线性方程时,计算结果与实际有较大的误差。只有当基本变量服从正态分布,且功能函数为线性方程时,中心点法的计算才是准确的。

【例2-2】某轴心受压短柱,轴心抗压承载能力为N_u,承受永久荷载产生的轴向压力N_G和可变荷载产生的轴向压力N_Q。已知N_u服从对数正态分布$\mu_{Nu}=3\,200$ kN,$\delta_{Nu}=0.12$,N_G和N_Q服从正态分布,$\mu_{NG}=1\,200$ kN,$\delta_{NG}=0.07$,$\mu_{NQ}=600$ kN,$\delta_{NQ}=0.24$。试按照中心点法求该构件的可靠指标β。

【解】建立功能函数:$Z=g(N_u,N_G,N_Q)=N_u-N_G-N_Q$

根据式(2-14),得

$$\mu_Z=g(\mu_{Nu},\mu_{NG},\mu_{NQ})=\mu_{Nu}-\mu_{NG}-\mu_{NQ}=3\,200-1\,200-600=1\,400 \text{ kN}$$

根据式(2-15),得

$$\sigma_Z=\left[\left(\frac{\partial g}{\partial N_u}\bigg|_\mu \cdot \sigma_{Nu}\right)^2+\left(\frac{\partial g}{\partial N_G}\bigg|_\mu \cdot \sigma_{NG}\right)^2+\left(\frac{\partial g}{\partial N_Q}\bigg|_\mu \cdot \sigma_{NQ}\right)^2\right]^{\frac{1}{2}}$$

$$=(\sigma_{Nu}^2+\sigma_{NG}^2+\sigma_{NQ}^2)^{\frac{1}{2}}=\left[(0.12\times3\,200)^2+(0.07\times1\,200)^2+(0.24\times600)^2\right]^{\frac{1}{2}}$$

$$=418.6 \text{ kN}$$

根据式(2-12),得

$$\beta=\frac{\mu_Z}{\sigma_Z}=\frac{1\,400}{418.6}=3.344$$

所以,该构件可靠指标为3.344。

【例2-3】在例2-2中,若要求可靠指标$[\beta]=3.7$,在其他条件不变的条件下,用中心点法求该柱应具有的承载能力平均值μ_{Nu}。

【解】建立功能函数:$Z=g(N_u,N_G,N_Q)=N_u-N_G-N_Q$

根据式(2-14),得

$$\mu_Z=g(\mu_{Nu},\mu_{NG},\mu_{NQ})=\mu_{Nu}-\mu_{NG}-\mu_{NQ}=\mu_{Nu}-1\,800$$

根据式(2-15),得

$$\sigma_Z=(\sigma_{Nu}^2+\sigma_{NG}^2+\sigma_{NQ}^2)^{\frac{1}{2}}=(0.014\,4\mu_{Nu}^2+27\,792)^{\frac{1}{2}}$$

根据式(2-12),得

$$\beta=\frac{\mu_Z}{\sigma_Z}=\frac{\mu_{Nu}-1\,800}{\sqrt{0.014\,4\mu_{Nu}^2+27\,792}}=[\beta]=3.7$$

解一元二次方程,得

$$\mu_{Nu1}=3\,451 \text{ kN}, \quad \mu_{Nu2}=1\,032 \text{ kN(舍去)}$$

所以,该柱承载能力平均值μ_{Nu}应大于3\,451 kN。

【例2-4】某薄壁型钢梁,截面抵抗矩为W,钢材强度为f,承受弯矩为M,功能函数为$Z=g(W,f,M)=fW-M$,已知W、f和M均服从正态分布,且$\mu_W=54\,720$ mm³,$\sigma_W=2\,740$ mm²,$\mu_f=380$ N/mm²,$\sigma_f=30.4$ N/mm²,$\mu_M=13$ kN·m,$\sigma_M=0.91$ kN·m。试按照中心点法求该

薄壁型钢梁的可靠指标 β。

【解】根据式(2-14),得

$$\mu_Z = g(\mu_W, \mu_f, \mu_M) = \mu_f \mu_W - \mu_M = 380 \times 54\ 720 - 13\ 000\ 000 = 7\ 793\ 600\ \text{N} \cdot \text{mm}$$

根据式(2-15),得

$$
\begin{aligned}
\sigma_Z &= \left[\left(\frac{\partial g}{\partial f} \Big|_\mu \cdot \sigma_f \right)^2 + \left(\frac{\partial g}{\partial W} \Big|_\mu \cdot \sigma_W \right)^2 + \left(\frac{\partial g}{\partial M} \Big|_\mu \cdot \sigma_M \right)^2 \right]^{\frac{1}{2}} \\
&= \left[(\mu_W \sigma_f)^2 + (\mu_f \sigma_W)^2 + (-\sigma_M)^2 \right]^{\frac{1}{2}} \\
&= \left[(54\ 720 \times 30.4)^2 + (380 \times 2\ 740)^2 + (-910\ 000)^2 \right]^{\frac{1}{2}} \\
&= 2\ 163\ 190\ \text{N} \cdot \text{mm}
\end{aligned}
$$

根据式(2-12),得

$$\beta = \frac{\mu_Z}{\sigma_Z} = \frac{7\ 793\ 600}{2\ 163\ 190} = 3.603$$

所以,该构件可靠指标为 3.603。

2) 验算点法

由于中心点法仅适用于当基本变量服从正态分布,且功能函数为线性方程的情况,适用面较窄。而在实际工程中,功能函数一般是非线性方程,且其基本变量也不一定服从正态分布,如上一节介绍的楼面活荷载、风荷载、雪荷载等均服从极值分布,结构抗力一般服从对数正态分布。因此,将中心点法模式用于实际工程,计算误差较大。为了使理论模式较符合客观实际,国际《结构安全度联合委员会(JCSS)》推荐了一种称为验算点法的方法。这种方法对中心点法进行了改进,它可以考虑基本变量的实际分布,对极值分布、对数正态分布等非正态分布的任意分布,通过数学变化转化为当量正态分布后,再进行可靠指标计算。这样,在计算工作量增加不太多的条件下,对可靠指标进行相对较精确的近似计算,比较适合于实际应用。

(1) 两个正态分布基本变量情况下的验算点

为了便于掌握这种方法的基本思路,并与中心点法进行比较,首先对功能函数只有两个相互独立且均服从正态分布的随机变量(R 和 S)的情况进行分析。

这时的极限状态方程为

$$Z = R - S = 0 \qquad (2-16)$$

它在 SOR 坐标系中是一条直线,如图 2-5 所示,该直线把结构 SOR 平面分成可靠区和失效区两个区域。

若对基本变量(R 和 S)进行标准化变换,令

$$\hat{R} = \frac{R - \mu_R}{\sigma_R} \qquad (2-17)$$

$$\hat{S} = \frac{S - \mu_S}{\sigma_S} \qquad (2-18)$$

这里 $\hat{R}$ 和 $\hat{S}$ 为标准正态变量,以此建立新的坐标系,则原坐标系(SOR)纵横坐标变量和新坐标系($\hat{S}O'\hat{R}$)纵横坐标变量的关系为

$$S=\hat{S}\sigma_{S}+\mu_{S} \tag{2-19}$$

$$R=\hat{R}\sigma_{R}+\mu_{R} \tag{2-20}$$

将式(2-19)和式(2-20)代入极限状态方程式(2-16),可以得到以$\hat{R}$和$\hat{S}$表述的极限状态方程:

$$Z=\sigma_{R}\hat{R}-\sigma_{S}\hat{S}+\mu_{R}-\mu_{S}=0 \tag{2-21}$$

在新坐标系$(\hat{S}O'\hat{R})$中,极限状态方程仍是一直线方程,如图2-9所示。它相当于把图2-5中原有坐标系(SOR)的坐标轴(R和S)平移到相应的平均值(μ_{R}和μ_{S})处,并将坐标变量除以各自的标准差(σ_{R}和σ_{S})后变成无量纲的变量($\hat{R}$和$\hat{S}$)。

将极限状态方程式(2-21)除以$(-\sqrt{\sigma_{R}^{2}+\sigma_{S}^{2}})$,可得

$$-\frac{\sigma_{R}}{\sqrt{\sigma_{R}^{2}+\sigma_{S}^{2}}}\hat{R}+\frac{\sigma_{S}}{\sqrt{\sigma_{R}^{2}+\sigma_{S}^{2}}}\hat{S}-\frac{\mu_{R}-\mu_{S}}{\sqrt{\sigma_{R}^{2}+\sigma_{S}^{2}}}=0 \tag{2-22}$$

在图2-9中,以P_{R}和P_{S}表示极限状态方程与坐标轴的交点,并通过原点O'向极限状态方程直线作垂线,垂足点为P^{*},以θ_{R}和θ_{S}表示法线$O'P^{*}$与坐标轴$\hat{R}$和$\hat{S}$的夹角。根据几何关系,可以求得

P_{R}点的坐标值:$\hat{S}=0$,$\hat{R}=-\dfrac{\mu_{R}-\mu_{S}}{\sigma_{R}}$ (2-23)

P_{S}点的坐标值:$\hat{S}=\dfrac{\mu_{R}-\mu_{S}}{\sigma_{S}}$,$\hat{R}=0$ (2-24)

$$\cos\theta_{R}=\frac{-\sigma_{R}}{\sqrt{\sigma_{R}^{2}+\sigma_{S}^{2}}} \tag{2-25}$$

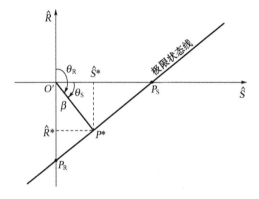

图2-9 $\hat{S}O'\hat{R}$ 坐标系下的极限状态方程

$$\cos\theta_{S}=\frac{\sigma_{S}}{\sqrt{\sigma_{R}^{2}+\sigma_{S}^{2}}} \tag{2-26}$$

将式(2-25)、(2-26)和式(2-12)代入式(2-22),可得

$$\cos\theta_{R}\hat{R}+\cos\theta_{S}\hat{S}-\beta=0 \tag{2-27}$$

由解析几何知识可知,该方程正是$\hat{S}O'\hat{R}$坐标系中极限状态方程直线的标准型法线式,其常数项β是原点O'到极限状态方程直线的法线长度$O'P^{*}$,而$\cos\theta_{R}$和$\cos\theta_{S}$则是法线对各坐标向量的方向余弦。由此可知,可靠指标β的几何意义是标准正态坐标系中原点到极限状态方程直线的最短距离。在此,P^{*}点称为设计验算点,所以该方法称为验算点法。

在$\hat{S}O'\hat{R}$坐标系中,设计验算点的坐标值为

$$\hat{S}^{*}=\beta\cos\theta_{S} \tag{2-28}$$

$$\hat{R}^{*}=\beta\cos\theta_{R} \tag{2-29}$$

将其代入式(2-19)和式(2-20),可得到验算点在原坐标系 SOR 中的坐标值:

$$S^* = \mu_S + \hat{S}^* \sigma_S = \mu_S + \beta \sigma_S \cos\theta_S \tag{2-30}$$

$$R^* = \mu_R + \hat{R}^* \sigma_R = \mu_R + \beta \sigma_R \cos\theta_R \tag{2-31}$$

由于 P^* 点在极限状态方程直线上,因此应满足式(2-16),即

$$Z = R^* - S^* = 0 \tag{2-32}$$

(2) 多个正态分布基本变量情况下的验算点

因为 R 和 S 都是随机变量的函数,结构构件的功能函数往往由两个以上的基本变量组成。当功能函数包含多个相互独立的正态分布基本变量 $X_1,X_2,\cdots,X_n$ 时,极限状态方程可以表示为

$$Z = R - S = g(X_1, X_2, \cdots, X_n) = 0 \tag{2-33}$$

该方程可能是线性的,也可能是非线性的。它表示以 X_i 为坐标轴的 n 维欧氏空间的一个曲面,该面把空间分成可靠区和失效区两个区域。

对基本变量 X_i 进行标准化变换,令

$$\hat{X}_i = \frac{X_i - \mu_{xi}}{\sigma_{xi}} \quad (i = 1, 2, 3, \cdots, n) \tag{2-34}$$

式中 $\hat{X}_i$——标准正态变量;

μ_{xi}、σ_{xi}——分别表示 X_i 的平均值和标准差。

以 $\hat{X}_i$ 为坐标轴建立标准正态坐标系,则原坐标系坐标变量和新坐标系坐标变量的关系为

$$X_i = \hat{X}_i \sigma_{xi} + \mu_{xi} \quad (i = 1, 2, 3, \cdots, n) \tag{2-35}$$

将式(2-35)代入极限状态方程式(2-33),可以得到以 $\hat{X}_i$ 表述的极限状态方程:

$$Z = g(\hat{X}_1 \sigma_{x1} + \mu_{x1}, \hat{X}_2 \sigma_{x2} + \mu_{x2}, \cdots, \hat{X}_n \sigma_{xn} + \mu_{xn}) = 0 \tag{2-36}$$

在新坐标系中,极限状态方程仍是一个曲面,图 2-10 给出了三维空间下极限状态方程曲面的示意图。通过原点 O' 向极限状态方程曲面引最短直线,交点为 P^*,称为设计验算点,坐标为 $(\hat{x}_1^*, \hat{x}_2^*, \cdots, \hat{x}_n^*)$,以 θ_{xi} 表示直线 $O'P^*$ 与坐标轴 X_i 的夹角。将功能函数 $g(\cdot)$ 在该点按泰勒级数展开,取其线性项并作类似于两个正态变量情况下的推导,可知可靠指标 β 的几何意义是标准正态坐标系中原点到极限状态方程曲面的最短距离。$O'P^*$ 的方向余弦为

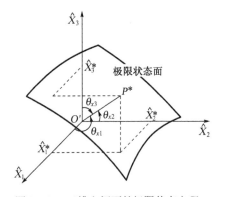

图 2-10 三维空间下的极限状态方程

$$\cos\theta_{xi}=\frac{-\dfrac{\partial g}{\partial X_i}\Big|_{P^*}\cdot\sigma_{xi}}{\left[\displaystyle\sum_{i=1}^{n}\left(\dfrac{\partial g}{\partial X_i}\Big|_{P^*}\cdot\sigma_{xi}\right)^2\right]^{\frac{1}{2}}}\quad(i=1,2,\cdots,n)\tag{2-37}$$

在标准坐标系中,验算点的坐标值为

$$\hat{X}_i^*=\beta\cos\theta_{xi}\tag{2-38}$$

将其代入式(2-35),可得到验算点在原坐标系中的坐标值:

$$X_i^*=\mu_{xi}+\hat{X}_i^*\sigma_{xi}=\mu_{xi}+\beta\sigma_{xi}\cos\theta_{xi}\tag{2-39}$$

由于 P^* 点在极限状态方程曲面上,因此应满足式(2-33),即

$$Z=g(X_1^*,X_2^*,\cdots,X_n^*)=0\tag{2-40}$$

显然,前面两个正态基本变量的情况是多个正态基本变量的一个特例。

(3) 非正态分布变量的当量正态化

事实上,功能函数的基本变量都是正态分布的可能性是极少的。如果功能函数中的一些基本变量 $X_i(i=1,2,3,\cdots,n)$ 不服从正态分布,则需要首先对这些变量(在设计验算点处)进行当量正态化处理,其当量原则是:

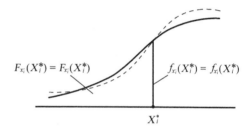

① 在设计验算点处,当量正态变量与原非正态变量的概率分布函数值相等,即图 2-11 中概率密度函数曲线在验算点后,与横坐标相交的面积相等。

图 2-11　当量变换前后的概率分布密度函数

② 在设计验算点处,当量正态变量与原非正态变量的概率密度函数值相等,即图 2-11 中概率密度函数曲线在验算点处的纵坐标相等。

若已知原非正态变量 X_i 的平均值 μ_{xi},标准差 σ_{xi},概率分布函数 $F_{xi}(x)$,概率密度函数 $f_{xi}(x)$ 和验算点的坐标 x_i^*,则根据上述当量原则,可以建立关于当量正态变量 X_i' 平均值 μ'_{xi} 和标准差 σ'_{xi} 的方程,即

$$F_{xi}(x_i^*)=F_{x_i'}(x_i^*)=\Phi(\frac{x_i^*-\mu'_{xi}}{\sigma'_{xi}})\tag{2-41}$$

和

$$f_{xi}(x_i^*)=f_{x_i'}(x_i^*)=\frac{1}{\sigma'_{xi}}\phi(\frac{x_i^*-\mu'_{xi}}{\sigma'_{xi}})\tag{2-42}$$

或

$$f_{xi}(x_i^*)=f_{x_i'}(x_i^*)=\frac{1}{\sigma'_{xi}}\phi\{\Phi^{-1}[F_{xi}(x_i^*)]\}\tag{2-42a}$$

解方程式(2-41),可以得到当量正态变量 X_i' 的平均值 μ'_{xi}:

$$\mu'_{xi}=x_i^*-\Phi^{-1}[F_{xi}(x_i^*)]\sigma'_{xi}\tag{2-43}$$

解方程式(2-42a),可以得到当量正态变量 X_i' 的标准差 σ'_{xi}:

$$\sigma'_{xi}=\frac{\phi\{\Phi^{-1}[F_{xi}(x_i^*)]\}}{f_{xi}(x_i^*)}\tag{2-44}$$

在式(2-42)~式(2-44)中,$\phi(\cdot)$为标准正态概率密度函数;$\Phi(\cdot)$为标准正态概率分布函数;$\Phi^{-1}(\cdot)$为标准正态概率分布函数的反函数。通过上述非正态分布基本变量的当量正态分布变换后,可以按照前面的方法进行可靠度指标的计算。

若随机变量X_i为对数正态分布,根据上述两个条件,可以推出在设计验算点处当量正态变量X'_i的平均值μ'_{xi}和标准差σ'_{xi}(推导过程略):

$$\sigma'_{xi} = X_i^* \sqrt{\ln(1+\delta_{xi}^2)} \qquad (2-45)$$

$$\mu'_{xi} = X_i^* \left[1 - \ln X_i^* + \ln\left(\frac{\mu_{xi}}{\sqrt{1+\delta_{xi}^2}}\right) \right] \qquad (2-46)$$

不难看出,在应用验算点法时,可靠度指标、验算点的位置、方向余弦和非正态变量的当量正态变换等互为条件,互相制约,需要求解一个复杂的联立方程组。因此,在进行具体计算时,一般采用迭代法,具体步骤为:

① 假设设计验算点P^*的坐标为x_i^*,如取$x_i^* = \mu_{xi}$。

② 对每一个非正态随机变量X_i,按照式(2-43)和式(2-44)进行当量正态变换,求出变换后的平均值μ'_{xi}和标准差σ'_{xi},对正态分布变量,不需要进行变换。

③ 按照式(2-37)计算方向余弦$\cos\theta_{xi}$,计算时对非正态随机变量X_i,用当量正态变换求出的平均值μ'_{xi}和标准差σ'_{xi}替代式中的μ_{xi}和σ_{xi}。

④ 将$\cos\theta_{xi}$、μ_{xi}(或μ'_{xi})和σ_{xi}(或σ'_{xi})代入式(2-39),得到以设计可靠度指标β表示的验算点坐标值x_i^*。

⑤ 将x_i^*代入极限状态方程,即按照式(2-40),解方程求β。

⑥ 把求得的β值代入第④步建立的以β值表示的验算点坐标值x_i^*,求出新的验算点坐标值。此时,当本轮计算得到的β值与上一轮计算得到的β值误差在允许范围内时,记录有关数据,结束计算。否则,以本轮计算得到的验算点坐标值x_i^*,从第②步开始进行新一轮的计算,直至相近两轮计算得到的β值之差小于允许值。

【例2-5】已知条件同例2-2,试按照验算点法求该构件的可靠指标。

【解】建立极限状态方程:

$$Z = g(N_u, N_G, N_Q) = N_u - N_G - N_Q = 0$$

初步假设设计验算点P^*的坐标为

$$N_u^* = \mu_{Nu} = 3\,200\ kN, \quad N_G^* = \mu_{NG} = 1\,200\ kN, \quad N_Q^* = \mu_{NQ} = 600\ kN$$

因永久荷载效应N_G和可变荷载效应N_Q均服从正态分布,不需要进行当量正态变化,而承载能力N_u服从对数正态分布,需要对其进行验算点处的当量正态变化。根据式(2-45)和式(2-46),得

$$\sigma'_{Nu} = N_u^* \sqrt{\ln(1+\delta_{Nu}^2)} = 3\,200 \times \sqrt{\ln(1+0.12^2)} = 382.6\ kN$$

$$\mu'_{Nu} = N_u^* \left[1 - \ln N_u^* + \ln\left(\frac{\mu_{Nu}}{\sqrt{1+\delta_{Nu}^2}}\right) \right] = 3\,200 \left[1 - \ln 3\,200 + \ln\left(\frac{3\,200}{\sqrt{1+0.12^2}}\right) \right] = 3\,177\ kN$$

根据式(2-37),可得

$$\cos\theta_{\text{Nu}}=\frac{-\sigma'_{\text{Nu}}}{\sqrt{\sigma'^2_{\text{Nu}}+\sigma^2_{\text{NG}}+\sigma^2_{\text{NQ}}}}=\frac{-382.6}{\sqrt{382.6^2+(1\,200\times0.07)^2+(600\times0.24)^2}}=-0.916\,8$$

$$\cos\theta_{\text{NG}}=\frac{\sigma_{\text{NG}}}{\sqrt{\sigma'^2_{\text{Nu}}+\sigma^2_{\text{NG}}+\sigma^2_{\text{NQ}}}}=\frac{1\,200\times0.07}{\sqrt{382.6^2+(1\,200\times0.07)^2+(600\times0.24)^2}}=0.201\,3$$

$$\cos\theta_{\text{NQ}}=\frac{\sigma_{\text{NQ}}}{\sqrt{\sigma'^2_{\text{Nu}}+\sigma^2_{\text{NG}}+\sigma^2_{\text{NQ}}}}=\frac{600\times0.24}{\sqrt{382.6^2+(1\,200\times0.07)^2+(600\times0.24)^2}}=0.345\,0$$

将上述计算值带入式(2-39),可得验算点坐标值:

$$N_u^*=\mu'_{\text{Nu}}+\beta\,\sigma'_{\text{Nu}}\cos\theta_{\text{Nu}}=3\,177-382.6\times0.916\,8\beta=3\,177-350.8\beta$$

$$N_G^*=\mu_{\text{NG}}+\beta\,\sigma_{\text{NG}}\cos\theta_{\text{NG}}=1\,200+1\,200\times0.07\times0.201\,3\beta=1\,200+16.9\beta$$

$$N_Q^*=\mu_{\text{NQ}}+\beta\,\sigma_{\text{NQ}}\cos\theta_{\text{NQ}}=600+600\times0.24\times0.345\,0\beta=600+49.7\beta$$

将验算点坐标值带入极限状态方程,即

$$N_u^*-N_G^*-N_Q^*=(3\,177-350.8\beta)-(1\,200+16.9\beta)-(600+49.7\beta)=0$$

解之,得

$$\beta=\frac{3\,177-1\,200-600}{350.8+16.9+49.7}=3.299$$

将得到的 β 值再带入式(2-39),可得

$$N_u^*=\mu'_{\text{Nu}}+\beta\sigma'_{\text{Nu}}\cos\theta_{\text{Nu}}=3\,177-3.299\times382.6\times0.916\,8=2\,019.8$$

$$N_G^*=\mu_{\text{NG}}+\beta\sigma_{\text{NG}}\cos\theta_{\text{NG}}=1\,200+3.299\times1\,200\times0.07\times0.201\,3=1\,255.8$$

$$N_Q^*=\mu_{\text{NQ}}+\beta\sigma_{\text{NQ}}\cos\theta_{\text{NQ}}=600+3.299\times600\times0.24\times0.345\,0=764.0$$

显然,第一轮计算得到的验算点坐标与假设值相差较大,故以计算得到的验算点坐标值进行第二轮的计算。经第二轮的计算(过程略)得到的可靠指标 3.866 与第一轮计算结果 3.299 相差仍较大,故应以本次计算得到的验算点坐标值进行第三轮计算。第三轮计算得到的可靠指标 3.883 与上一轮计算结果 3.866 相差 0.44%,结果基本收敛。

2.5 基于近似概率法的设计表达式

2.5.1 一般方法

结构可靠性设计一般包括三个方面的问题。

第一方面是理论模式问题,主要是解决结构可靠性分析过程中结构失效的模式和标准,对基本变量的描述即概率模式和计算方法等问题,这些问题在前面几节进行了简单的介绍。

第二方面是社会认同的问题,也就是设计可靠指标 β 的取值能否被社会接受。显然若设计可靠指标取值高,结构更可靠,但建设成本高;若设计可靠指标取值低,建设成本低,但结构可靠程度也低。因此,设计可靠指标的确定是一个复杂的社会问题,要综合考虑安全、经济、社会和政治影响等各种因素。确定设计可靠指标可以采用类比法和校准法等。类比法是参照人们日常活动中所经历的各种事故发生的概率,如飞机失事、车祸、火灾等,经综合分析和协商,确定社会各界所能接受的失效概率即设计可靠指标。校准法是在总体上接受在用建筑(按照

旧规范设计的)的可靠度水平,用近似概率的方法分析现有结构的可靠指标,并以此为基础进行调整确定设计可靠指标。目前国际上采用近似概率法的设计规范,包括我国 20 世纪 80 年代以后制定的规范,大多都采用了这种校准法,表 2-1 给出了建筑结构设计可靠指标及相应的失效概率。

第三方面是应用方法问题,也就是应用近似概率法进行设计时所采用的设计表达式的形式问题。显然,设计表达式应该是表达简洁、计算方便并且尽可能地考虑设计人员长期习惯的表达方式,便于实际应用。从前面几节介绍的以可靠指标表示的可靠度计算方法可以看出,只要已知抗力和荷载效应基本变量的有关统计参数,就可以用中心点法或验算点法进行结构设计或复核,但是这种计算方法的计算过程非常复杂,工作量也很大。因此除了对某些十分重要的结构,如核电站反应堆的安全壳等有必要采用这种方法进行设计复核外,对通常一些量大面广的工程结构构件,按照这种复杂的方法进行设计显然是不现实的,因此,需要探讨一种切实可行的设计表达式和计算方法。

下面介绍设计人员习惯的安全系数法和目前国际上采用较多的分项系数法。为了便于从概念上理解这两种方法,下面以功能函数为线性方程,在基本变量均服从正态分布且相互独立的简单情况下,建立推导安全系数法和分项系数法。

1) 安全系数法

当功能函数只有两个相互独立的正态分布随机变量 R 和 S 时,根据可靠指标的定义可以推出:

$$\mu_R = \mu_S + \beta \sqrt{\sigma_R^2 + \sigma_S^2} = \mu_S + \beta \sqrt{(\delta_R \mu_R)^2 + (\delta_S \mu_S)^2} \qquad (2-47)$$

式中 δ_R、δ_S——R 和 S 的离散系数。

上式两边同时除以 μ_S,得

$$\frac{\mu_R}{\mu_S} = 1 + \beta \sqrt{\left(\delta_R \frac{\mu_R}{\mu_S}\right)^2 + \delta_S^2}$$

以 μ_R/μ_S 为未知数,解方程得

$$\frac{\mu_R}{\mu_S} = \frac{1 + \beta \sqrt{\delta_R^2 + \delta_S^2 - \beta^2 \delta_R^2 \delta_S^2}}{1 - \beta^2 \delta_R^2} \qquad (2-48)$$

若以 K 表示设计的安全系数,并定义:$K = R_K/S_K$,其中,R_K 表示抗力的标准值,可以表示为 $R_K = \mu_R(1 - \alpha_R \delta_R)$,$S_K$ 表示荷载效应的标准值,可以表示为 $S_K = \mu_S(1 + \alpha_S \delta_S)$,$\alpha_R$ 和 α_S 是与抗力及荷载取值保证率有关的系数。可以建立在近似概率理论基础上的安全系数:

$$K = \frac{\mu_R(1 - \alpha_R \delta_R)}{\mu_S(1 + \alpha_S \delta_S)} = \frac{1 + \beta \sqrt{\delta_R^2 + \delta_S^2 - \beta^2 \delta_R^2 \delta_S^2}}{1 - \beta^2 \delta_R^2} \cdot \frac{(1 - \alpha_R \delta_R)}{(1 + \alpha_S \delta_S)} \qquad (2-49)$$

于是,可以得到建立在近似概率理论基础上的安全系数法设计表达式

$$KS_K \leqslant R_K \qquad (2-50)$$

2) 分项系数法

当功能函数只有两个相互独立的正态分布随机变量 R 和 S 时,根据可靠指标的定义可以推出:

$$\mu_R - \mu_S = \beta \sqrt{\sigma_R^2 + \sigma_S^2} \tag{2-51}$$

若近似取 $\sqrt{\sigma_R^2 + \sigma_S^2} = \alpha(\sigma_R + \sigma_S)$，其中 α 为线性化系数，代入上式，得

$$\mu_R - \mu_S = \beta\alpha(\sigma_R + \sigma_S) \tag{2-51a}$$

经整理得

$$(1 - \alpha\beta\delta_R)\mu_R = (1 + \alpha\beta\delta_S)\mu_S \tag{2-51b}$$

以抗力标准值 R_K 和荷载效应的标准值 S_K 代入该式，经整理得

$$R_K/\gamma_R = \gamma_S S_K \tag{2-52}$$

式中　γ_R——抗力分项系数，是与设计可靠指标和抗力统计参数等有关的系数，$\gamma_R = (1 - \alpha_R\delta_R)/(1 - \alpha\beta\delta_R)$；

　　　　γ_S——荷载效应分项系数，是与设计可靠指标和荷载效应统计参数等有关的系数，$\gamma_S = (1 + \alpha\beta\delta_S)/(1 + \alpha_S\delta_S)$。

当功能函数有 3 个相互独立的正态分布随机变量 R、S_G 和 S_Q 时，即把荷载效应分成两部分：一部分为恒荷载产生的荷载效应 S_G，一部分为活荷载产生的荷载效应 S_Q，并近似取 $\sigma_S = \sqrt{\sigma_{SG}^2 + \sigma_{SQ}^2} = \alpha(\sigma_{SG} + \sigma_{SQ})$，代入式（2-51a），可得

$$\mu_R - \mu_{SG} - \mu_{SQ} = \beta\alpha\sigma_R + \beta\alpha^2(\sigma_{SG} + \sigma_{SQ}) \tag{2-53}$$

整理可得

$$(1 - \alpha\beta\delta_R)\mu_R = (1 + \alpha^2\beta\delta_{SG})\mu_{SG} + (1 + \alpha^2\beta\delta_{SQ})\mu_{SQ} \tag{2-54}$$

若以抗力标准值 R_K 和恒荷载效应的标准值 $S_{GK}(S_{GK} = \mu_{SG}(1 + \alpha_{SG}\delta_{SG}))$ 和活荷载效应的标准值 $S_{QK}(S_{QK} = \mu_{SQ}(1 + \alpha_{SQ}\delta_{SQ}))$ 代入该式，得

$$\frac{1 - \alpha\beta\delta_R}{1 - \alpha_R\delta_R}R_K = \frac{1 + \alpha^2\beta\delta_{SG}}{1 + \alpha_{SG}\delta_{SG}}S_{GK} + \frac{1 + \alpha^2\beta\delta_{SQ}}{1 + \alpha_{SQ}\delta_{SQ}}S_{QK} \tag{2-55}$$

令

$$\gamma_R = \frac{1 - \alpha_R\delta_R}{1 - \alpha\beta\delta_R} \tag{2-56}$$

$$\gamma_G = \frac{1 + \alpha^2\beta\delta_{SG}}{1 + \alpha_{SG}\delta_{SG}}S_{GK} \tag{2-57}$$

$$\gamma_Q = \frac{1 + \alpha^2\beta\delta_{SQ}}{1 + \alpha_{SQ}\delta_{SQ}} \tag{2-58}$$

代入式（2-55）中，整理得

$$R_K/\gamma_R = \gamma_G S_{GK} + \gamma_Q S_{QK} \tag{2-55a}$$

于是，可以得到建立在近似概率理论基础上的分项系数法设计表达式

$$\gamma_G S_{GK} + \gamma_Q S_{QK} \leqslant R_K/\gamma_R \tag{2-59}$$

2.5.2　我国现行规范采用的基本设计表达式

　　1）承载能力极限状态设计表达式

对于承载能力极限状态设计,应考虑作用效应的基本组合,即永久荷载和引起作用效应最大的可变荷载以标准值作为代表值,其他可变荷载以组合值为代表值,必要时尚应考虑作用效应的偶然组合。

对于基本组合,承载能力设计采用下列设计表达式:

$$\gamma_0 S \leqslant R \qquad (2-60)$$

$$R = R(\gamma_R, f_k, a_k, \cdots) = R(f, a_k, \cdots) \qquad (2-61)$$

$$S = \gamma_G S_{Gk} + \gamma_{Q1} S_{Q1k} + \sum_{i=2}^{n} \gamma_{Qi} \varphi_{ci} S_{Qik} \qquad (2-62)$$

式(2-60)～式(2-62)中:

γ_0——结构重要性系数,对安全等级为一级、二级和三级的结构构件可分别取 1.1、1.0 和 0.9;

S——荷载效应组合的设计值,当荷载效应组合由永久荷载控制时,取

$$S = \gamma_G S_{Gk} + \sum_{i=1}^{n} \gamma_{Qi} \psi_{ci} S_{Qik}$$

R、$R(\cdot)$——结构构件抗力的设计值和计算函数;

γ_R——结构构件的抗力分项系数,一般将其进一步分离成材料强度分项系数 γ_f,如混凝土材料强度分项系数 γ_c 和钢材材料强度分项系数 γ_s 等;

f_k——材料强度的标准值;

f——材料强度设计值,$f = f_k / \gamma_f$;

a_k——几何参数的标准值;

γ_G——永久荷载分项系数;

γ_{Qi}——第 i 个可变荷载分项系数;

S_{Gk}——按照永久荷载标准值 G_k 计算的荷载效应值;

S_{Qik}——按照可变荷载标准值 Q_{ik} 计算的荷载效应值,其中 S_{Q1k} 为诸可变荷载效应中起控制作用者;

ψ_{ci}——可变荷载 Q_i 的组合系数。

对于偶然组合下的承载能力极限状态设计表达式,目前尚没有统一的规定。设计时宜按照下列原则确定:偶然作用的代表值不乘分项系数;与偶然作用同时出现的其他荷载可根据观测资料和工程经验采用适当的代表值。各种情况下荷载效应的设计值计算公式,按有关规范的规定执行。

2)正常使用极限状态设计表达式

对于正常使用极限状态,应根据不同的设计要求,采用荷载的标准组合、频遇组合或准永久组合,按下列设计表达式进行设计:

$$S \leqslant C \qquad (2-63)$$

式中,C 表示结构或结构构件达到正常使用要求的规定限制,如变形、裂缝、振幅、加速度、应力等的限值,应按照各相关规定取值;S 为荷载效应组合的设计值,对于标准组合,应按照下式计算:

$$S = S_{Gk} + S_{Q1k} + \sum_{i=2}^{n} \psi_{ci} S_{Qik} \qquad (2-64)$$

对于准永久组合或标准组合并考虑长期荷载效应影响,应按照下式计算:

$$S = S_{Gk} + \sum_{i=1}^{n} \psi_{qi} S_{Qik} \qquad (2-65)$$

对于频遇组合,应按照下式计算:

$$S = S_{Gk} + \psi_{f1} S_{Q1k} + \sum_{i=2}^{n} \psi_{qi} S_{Qik} \qquad (2-66)$$

式中　φ_{qi}——可变荷载 Q_i 的准永久值系数;

　　　φ_{f1}——可变荷载 Q_i 的频遇值系数。

2.5.3　分项系数的确定

按照上一节,当功能函数为线性方程,各基本变量均符合正态分布且相互独立时,可以根据设计可靠指标要求、基本变量的分布特征值和功能函数等,求出分项系数法设计表达式中的分项系数。但是,正如前面介绍的,由于在实际工程中功能函数一般是非线性分布的,且其基本变量也不一定服从正态分布,将上述模式用于实际工程计算误差较大。因此,现行规范在建立极限状态设计表达式时,是在设计验算点 P^* 处将极限状态方程转化为以基本变量标准值和分项系数形式表达的方程。

下面以功能函数有 3 个任意分布的随机变量 R、S_G 和 S_Q 的简单情况为例,简要说明分项系数的确定方法。首先按照验算点法,求出验算点坐标 $P^*(R^*, S_G^*, S_Q^*)$,显然它应满足极限状态方程,即

$$S_G^* + S_Q^* = R^* \qquad (2-67)$$

根据上一节的介绍,用分项系数表示的极限状态表达式为

$$\gamma_G S_{Gk} + \gamma_Q S_{Qk} = R_K / \gamma_R \qquad (2-68)$$

若使式(2-68)和(2-67)等价,应满足:$\gamma_G = S_G^* / S_{Gk}$、$\gamma_Q = S_Q^* / S_{Qk}$ 和 $\gamma_R = R_K / R^*$。可以看出,分项系数 γ_G、γ_Q 和 γ_R 不仅与设计可靠指标有关,而且与功能函数中所有基本变量的分布及统计参数以及功能函数的形式等有关。因此,要使所设计的结构构件的可靠指标符合预期值,随着荷载、材料性能和功能函数等的变化,分项系数的取值也将变化,即分项系数 γ_G、γ_Q 和 γ_R 是功能函数中所有基本变量及功能函数形式的函数,这将给设计工作带来极大的不便,不符合实用要求。从设计工作的实际需要,对不同的荷载、不同的材料和不同的结构形式等,应采用统一取值的分项系数,即分项系数应取定值。但此时,按照式(2-60)设计的结构构件,其实际具有的可靠度水平就不可能与预期的水平完全一致。

我国现行规范规定的分项系数是按照下述原则确定的:

(1) 对不同材料、承受不同荷载和不同的结构形式,分项系数取统一值。

(2) 在各项标准值和有关参数已给定的前提下,选定的一组分项系数应使得按照极限状态设计表达式设计的各种结构构件所具有的可靠指标,与规定的设计可靠指标之间的总体误差最小。

1）荷载分项系数

按照分项系数法的设计表达式(2-68)，可以得到结构构件的抗力标准值 R_K。而按照验算点法，当已知可靠度指标和各基本变量的分布及其统计参数时，可以求出相应于规定可靠度指标的结构构件抗力的平均值 μ_R，然后可以求出对应于规范规定的标准值的结构构件的抗力 R_K^*。对于某一种结构构件，当按照这两种方法求出的结构构件抗力值相等，即 $R_K=R_K^*$，则说明按照分项系数法设计的结构构件具有的可靠度指标与规定的可靠度指标相符；如果求出的数值不同，显然，当 $R_K>R_K^*$ 时，说明按照分项系数法设计的结构构件具有的可靠度指标大于规定的数值，而当 $R_K<R_K^*$ 时，说明按照分项系数法设计的结构构件具有的可靠度指标小于规定的数值。因此，根据上述分项系数的确定原则，最优的一组分项系数应该是各种不同的结构构件，在永久荷载和可变荷载效应比值各种变化工况下，上述两者误差的平方和最小。

在规范的编制过程中，选择了14种有代表性的结构构件($i=1\sim14$)，对恒荷载+办公楼活荷载、恒荷载+住宅楼活荷载、恒荷载+风荷载等3种简单组合进行了分析，考虑了荷载效应比值的变化，对荷载分项系数 γ_G、γ_Q 进行了优选。在优选过程中，γ_G 的取值范围为：$\gamma_G=1.1,1.2,1.3$；γ_Q 的取值范围为 $\gamma_Q=1.1,1.2,1.3,1.4,1.5,1.6,1.7$。根据上述取值范围内误差平方和的变化规律，现行规范规定：

（1）永久荷载分项系数 γ_G

① 当其效应对结构不利时，对由可变荷载效应控制的组合取1.2；对由永久荷载效应控制的组合取1.35。

荷载分项系数的确定

② 当其效应对结构有利时，一般取1.0，但对结构的倾覆、滑移或飘浮验算时应取0.9。

（2）可变荷载分项系数 γ_Q

① 一般情况下取1.4；

② 对工业房屋楼面，当其标准值大于 $4\ \text{kN/m}^2$ 时，取1.3。

2）结构抗力分项系数

在上述确定荷载分项系数过程中，对某种结构，对于任一组给定的 γ_G 和 γ_Q 值，以使误差的平方和达到最小为条件，可以确定相应的该种结构在3种简单荷载效应组合下，对规定的可靠指标为最优的抗力分项系数 γ_R。

实际上，在各类材料结构构件的具体设计表达式中，一般不出现结构抗力分项系数，而是通过结构构件抗力函数的关系，将其进一步分离成材料强度分项系数 γ_f 等形式来表达，如混凝土材料的材料强度分项系数 γ_c 约为1.40，钢材的材料强度分项系数 γ_s 约为1.1，砌体的材料强度分项系数 γ_m 约为1.6。

3）结构重要性系数

上述各系数的确定是依据安全等级为二级时进行优化分析得到的。根据规定：当建筑结构安全等级为一级时，设计可靠指标提高0.5；当建筑结构安全等级为三级时，设计可靠指标降低0.5。据此，采用近似概率分析方法进行计算分析表明，以安全等级为二级为基础，可靠指标提高或降低0.5，基本相当于作用效应增大或降低10%，所以，对建筑等级为一级、二级和三级的建筑结构，其结构重要性系数分别取1.1、1.0和0.9。

【例2-6】已知某截面在恒荷载标准值作用下产生的弯矩 $M_{GK}=250\ \text{kN·m}$，在活荷载标准值作用下产生的弯矩 $M_{QK}=200\ \text{kN·m}$，活荷载准永久值系数为0.35，结构安全等级为二级，求按照承载力极限状态设计的荷载效应设计值 M 和按照正常使用极限状态设计的标准组

合值 S_s 和准永久组合值 S_L。

【解】根据式(2-62): $S=M=1.2M_{GK}+1.4M_{QK}=1.2×250+1.4×200=580$ kN·m

根据式(2-64): $S_s=M_{GK}+M_{QK}=250+200=450$ kN·m

根据式(2-65): $S_L=M_{GK}+\psi_q M_{QK}=250+0.35×200=320$ kN·m

复习思考题

2-1 什么是荷载效应？荷载及荷载效应的分类？

2-2 为什么荷载要采用代表值？荷载的代表值有哪些？如何确定的？

2-3 何谓结构抗力？为什么说结构抗力是一个随机过程？抗力的不定因素主要包括哪些？

2-4 什么是材料强度标准值？

2-5 结构的功能要求包括哪些？如何满足这些要求？

2-6 何谓概率极限状态方法？为什么现行方法称为近似概率法？

2-7 何谓结构(构件)失效？结构的可靠度和失效概率的定义是什么？

2-8 怎样理解设计基准期,设计中如何反映？

2-9 试述极限状态的定义和分类。

2-10 某梁正截面抗力失效为 A,斜截面抗力失效为 B,裂缝超限为 C,耐久性失效为 D,设它们相互独立,试列出下述目标的表达式:(1) 失效;(2) 承载力失效;(3) 超过正常使用极限状态。

2-11 半概率法、近似概率法和全概率法的区别和实质是什么？

2-12 什么是可靠指标？它与可靠度的关系？现行设计可靠指标是如何确定的？

2-13 中心点法的优缺点是什么？何种情况下结果是准确的？

2-14 为什么要采用验算点法(改进中心点法)？验算点的几何意义是什么？

2-15 分项系数法和安全系数法的区别有哪些？

2-16 试述设计可靠度指标的取值原则。

2-17 现行分项系数设计表达式中分项系数的分类及其实质是什么？

2-18 分项系数的确定原则有哪些？

2-19 现行规范采用的承载力极限状态表达式的内容有哪些？

2-20 某批混凝土立方体抗压强度实测值如下,求其强度标准值:

31,28.4,27.7,29.1,33.6,35,26.4,29.7,27.1,34.6,26.5,27.9,37.9,34.9,35.1

2-21 某简支梁跨度为 L,承担均布恒荷载 g 和均布活荷载 q,各截面完全相关,已知:$\mu_{Mu}=420$ kN·m,$\delta_{Mu}=0.1$,$\mu_g=30$ kN/m,$\delta_g=0.07$,$\mu_q=22$ kN/m,$\delta_q=0.29$,$\mu_L=6$ m,$\delta_L=0.07$,求 β。

2-22 某一级建筑的梁,除 μ_{Mu} 和 δ_{Mu} 外,其余均同题2-21。已知:$\delta_{Mu}=0.15$,根据现行建筑结构统一标准的可靠度要求,求 μ_{Mu}。

2-23 某短柱承受恒荷载产生的轴力 G、活荷载产生的轴力 Q 和风荷载产生的轴力 W,均为正态分布。已知:$\mu_G=30$ kN,$\delta_G=0.07$,$\mu_Q=20$ kN,$\delta_Q=0.29$,$\mu_W=15$ kN,$\delta_W=0.19$。问:(1) 求荷载效应 S;(2) 假设 R 为正态分布,$\delta_R=0.12$,中心安全系数 $K(K=\mu_R/\mu_S)=2$,

求可靠指标及失效概率;(3) 若要求 $P_f = 5 \times 10^{-4}$,问 K 应为多少?

2-24 预应力屋面的屋面板宽度为 0.9 m,计算跨度 $l = 3.3$ m,自重 2 kN/m²,刚性防水层重 1 kN/m²,板底粉刷等重 0.4 kN/m²,屋面活荷载标准值为 1.5 kN/m²,准永久值系数为 0.35,结构安全等级为一级。求按照承载力极限状态设计的荷载效应设计值、按照正常使用极限状态设计的标准组合值及准永久组合值。

3 工程结构材料的物理力学性能

本章介绍了钢材、混凝土和砌体等工程结构基本材料在不同受力条件下的性能,它是掌握工程结构设计原理和方法的基础。通过本章的学习,应掌握钢材在单轴受力下的性能,熟悉钢材在复杂应力下的性能和影响钢材性能的一般因素,了解钢材的冷加工性能、结构对钢材的要求及工程结构用钢材(筋)的分类;掌握单轴受力混凝土各强度指标及关系,掌握单轴受力混凝土的应力应变关系,理解弹性模量和变形模量、混凝土徐变、收缩及膨胀等概念,了解复合受力混凝土的强度特点,了解高性能混凝土的性能;掌握砌体在压、拉、弯和剪作用下的破坏特征及强度,了解块材、砂浆以及砌体的类型和选择原则。

3.1 钢材的物理力学性能

3.1.1 简单应力状态下钢材的力学性能

1)钢材的应力-应变关系

在正常情况下,钢材的强度和变形性能主要由钢材在单向拉伸实验得到的应力-应变曲线来表述。实验表明,钢材的应力-应变曲线可以分成两类:有明显流幅的(如图 3-1 所示)和没有明显流幅的(如图 3-2 所示)。在图 3-1 和图 3-2 中,横坐标为钢材的应变,纵坐标为钢材的应力。从图 3-1 所示的有明显流幅钢材的应力-应变关系曲线可以看出,有明显流幅钢材的工作特性可以分成以下几个阶段:

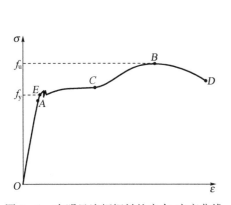

图 3-1 有明显流幅钢材的应力-应变曲线

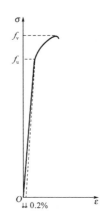

图 3-2 无明显流幅钢材的
应力-应变曲线

(1)弹性阶段。在弹性阶段(OE 段),随着钢材应力的增加,钢材应变也增加,当应力降低到零时,应变也恢复到零位(原点)。其中 OA 段应力-应变曲线为一直线,应力和应变成正比关系,应力和应变的比值为常数,称为弹性模量,以符号 E_s 表示。A 点的应力称为比例极限,E 点的应力称为弹性极限。实际上钢材的比例极限和弹性极限很接近,一般可不加区分。

(2) 屈服阶段。当应力超过弹性极限(E 点)后,进入屈服阶段,应力与应变不成正比关系,应变增加很快,甚至出现应力不增加,应变不断发展的现象。此时,钢材的应变包括弹性应变和塑性应变两部分,其中弹性应变是应力卸除后可以恢复的应变,而塑性应变则是应力卸除后不能恢复的应变。在开始进入屈服阶段时,曲线波动较大,随后逐渐趋于平稳,其波动应力最高点和最低点分别称为屈服上限和屈服下限,屈服下限的数值对试验条件不敏感,取值时一般以屈服下限为依据,称为屈服强度,以符号 f_y 表示。屈服阶段从开始(E 点)到应力又开始明显增加(C 点)的变形范围很大,相应的应变幅度称为流幅。流幅越大,说明钢材的塑性越好。屈服强度和流幅是钢材很重要的两个力学性能指标,其中屈服强度反映钢材的强度性能,而流幅反映钢材的塑性性能。

(3) 强化阶段。屈服阶段之后,钢材进入强化阶段,随着应变的增加应力开始增加,应力和应变又呈曲线关系。当曲线达到 B 点时,应力达到最大值,该值称为抗拉强度或极限强度,以符号 f_u 表示。

(4) 颈缩阶段。当应力达到极限强度(B 点)后,截面开始出现横向收缩,截面面积明显缩小,进入颈缩阶段。此时应力不断降低,应变迅速增大,最后在 D 点钢材断裂。

从图 3-2 所示的无明显流幅钢材的应力-应变关系曲线可以看出,这类钢材没有明显的屈服强度(屈服点)和屈服阶段,塑性变形小,但抗拉强度或极限强度高。为表达统一,通常对这种钢材人为规定屈服强度,称为条件屈服强度。条件屈服强度是以卸载后残余应变为 0.2% 所对应的应力定义的,以符号 f_y 或 $\sigma_{0.2}$ 表示。

由于比例极限、弹性极限和屈服点比较接近,而且在屈服点之前钢材的应变也很小,为了简化计算,通常在屈服点之前假设钢材为完全弹性的,在屈服点之后忽略钢材的强化作用,假设为完全塑性的,从而把钢材视为理想的弹-塑性材料,其应力-应变关系如图 3-3 所示。

钢材在单向受压时,其受力性能基本上和单向受拉相同,因此一般取相同的模式。

钢材在受剪时,其受力性能与受拉或受压也相似,其应力-应变全过程也经历了弹性阶段、屈服阶段和强化阶段等过程,但是其屈服强度和抗剪强度(极限强度)比受拉(受压)时低,剪切模量 G_s 也低于弹性模量 E_s。

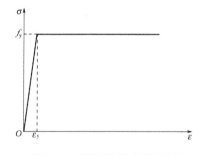

图 3-3 理想的弹-塑性材料
的应力-应变关系

2) 钢材的强度指标

(1) 屈服强度。钢材的受拉、受压及受剪屈服强度是钢材的主要强度指标。由于比例极限、弹性极限和屈服点比较接近,而在屈服点之前的应变又很小,所以在计算时一般近似地认为钢材的弹性工作阶段是以屈服点为上限,当应力小于屈服强度时,材料的变形是弹性的,卸载后可以完全恢复,而当应力达到屈服点后,材料将产生很大的而且卸载后不可以恢复的变形。因此,在结构设计时,一般取屈服强度为钢材允许达到的最大应力。

(2) 极限强度。钢材的极限强度(包括抗拉强度、抗压强度和抗剪强度)是材料能承受的最大应力。当材料达到或接近极限强度时,材料已经产生了非常大的塑性变形,此时的结构已经无法正常使用。尽管如此,极限强度仍是材料强度的一个主要指标,与屈服强度相比,极限强度越高,材料的安全储备就越大。通常以屈强比(屈服强度/极限强度)来衡量钢材强度的这种储备,显然,屈强比越小,钢材的强度储备就越大。

3) 钢材的塑性指标

(1) 伸长率。钢材的伸长率是反映材料塑性变形能力的一个指标,等于试件被拉断后原标距间长度的伸长值和原标距比值的百分率,以符号 δ 表示。伸长率 δ 与试件原标距长度 l_0 和试件的直径 d_0 的比值有关,当 $l_0/d_0=10$ 时,记作 δ_{10},当 $l_0/d_0=5$ 时,记作 δ_5,可以按照下式计算:

$$\delta=\frac{l_1-l_0}{l_0}\times100\% \tag{3-1}$$

式中　l_0——试件原标距长度;

　　　l_1——试件拉断后标距间的长度。

(2) 截面收缩率。截面收缩率是反映材料塑性变形能力的另一个指标,等于试件被拉断后颈缩区的断面面积缩小值与原断面面积比值的百分率,以符号 ψ 表示。截面收缩率 ψ 可以按照下式计算:

$$\psi=\frac{A_0-A_1}{A_0}\times100\% \tag{3-2}$$

式中　A_0——试件受力前的断面面积;

　　　A_1——拉断后颈缩区的断面面积。

(3) 冷弯性能。冷弯性能是由常温下的冷弯实验检验。实验装置如图 3-4 所示,实验时按照规定直径的弯心角把试件弯曲,当试件表面出现裂纹或分层时即为破坏。冷弯性能以冷弯的角度来衡量,当冷弯角度达到 180°时,钢材的冷弯性能合格。冷弯实验不仅检验了钢材是否具有构件制作过程中冷加工所要求的弯曲变形能力,还能够显示其内部的缺陷,鉴定钢材的质量,因此它是判别钢材塑性变形能力和质量的一个综合指标。重要结构中需要有良好的冷热加工性能时,应有冷弯实验合格保证。

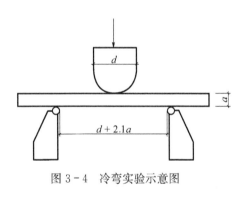

图 3-4　冷弯实验示意图

(4) 冲击韧性。钢材的韧性是指钢材断裂时吸收机械能的能力,是衡量钢材抵抗可能因低温、应力集中、冲击荷载等作用下而致脆性断裂的一项机械性能。在实际结构中,脆性断裂总是发生在有缺口高峰应力的地方,故钢材的韧性可用冲击实验来判定,用冲击韧性值 A_{KV} 表示,单位为 J(焦耳)。实验装置如图 3-5 所示,试件采用跨中带 V 型缺口的长方体(截面 10 mm×10 mm、长 55 mm),放在摆锤式冲击试验机上用摆锤冲击。击断时所需的冲击功即为 A_{KV},A_{KV} 越大,表明钢材的韧性越好。冲击韧性与温度有关,当温度低于某值时将急剧降低。设计处于不同环境温度的重要结构,尤其是受动力荷载作用的钢结构时,要根据相应的环境设计温度相应提出常温(20℃)、0℃或负温(-20℃、-40℃)冲击韧性的保证要求。

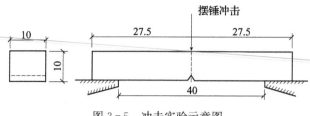

图 3-5 冲击实验示意图

3.1.2 复杂应力状态下钢材的力学性能

1) 复杂应力状态下的屈服条件

如前面所述,钢材在单向均匀应力作用下应力达到屈服强度时材料屈服,进入塑性阶段。但在实际结构中,钢材往往是处在复杂的应力状态下,如受平面的或三向的应力作用,此时不能按照某一向应力是否达到屈服强度来判别钢材是否屈服,而是需要用强度理论建立一个综合的屈服判别条件。对接近理想弹-塑性材料的钢材,可以采用能量强度理论(或称为变形能量屈服准则)建立屈服条件。

根据能量强度理论(推导略),钢材是否屈服可以用折算应力 σ_{zs} 和钢材在单向应力下的屈服强度 f_y 相比较来判断:当 $\sigma_{zs} < f_y$ 时,钢材没有屈服,处于弹性阶段;当 $\sigma_{zs} \geq f_y$ 时,钢材屈服,处于塑性阶段。

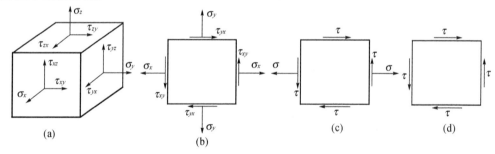

图 3-6 复杂应力状态下的单元体

在三向应力状态下,如图 3-6a 所示,当以主应力表示时,折算应力 σ_{zs} 可以表示为

$$\sigma_{zs} = \sqrt{\frac{1}{2}\left[(\sigma_1 - \sigma_2)^2 + (\sigma_2 - \sigma_3)^2 + (\sigma_3 - \sigma_1)^2\right]} \qquad (3-3)$$

当以应力分量表示时,可以表示为

$$\sigma_{zs} = \sqrt{\sigma_x^2 + \sigma_y^2 + \sigma_z^2 - (\sigma_x \sigma_y + \sigma_y \sigma_z + \sigma_z \sigma_x) + 3(\tau_{xy}^2 + \tau_{yz}^2 + \tau_{zx}^2)} \qquad (3-4)$$

在平面应力状态下,如图 3-6b 所示,相当于式(3-3)和式(3-4)中的 $\sigma_3 = 0$, $\sigma_z = 0$ 和 $\tau_{zx} = \tau_{yz} = 0$,此时,若以主应力表示,折算应力 σ_{zs} 可以表示为

$$\sigma_{zs} = \sqrt{\sigma_1^2 + \sigma_2^2 - \sigma_1 \sigma_2} \qquad (3-5)$$

若以应力分量表示,可以表示为

$$\sigma_{zs} = \sqrt{\sigma_x^2 + \sigma_y^2 - \sigma_x \sigma_y + 3\tau_{xy}^2} \qquad (3-6)$$

当只有正应力 σ 和剪应力 τ 时(一般的受弯构件),如图 3-6c 所示,式(3-6)可以写成:

$$\sigma_{zs}=\sqrt{\sigma^2+3\tau^2} \tag{3-7}$$

当构件受纯剪作用时,如图 3-6d 所示,上式可以写成:

$$\sigma_{zs}=\sqrt{3\tau^2} \tag{3-8}$$

在式(3-8)中,令 $\sigma_{zs}=f_y$,可以推出钢材的抗剪屈服强度为

$$\tau_y=\frac{1}{\sqrt{3}}f_y=0.58f_y \tag{3-9}$$

分析结果表明,应力状态的不同对钢材的材料性能有明显的影响。在三向应力状态下,从式(3-3)可以看出,当 3 个方向的主应力 σ_1、σ_2 和 σ_3 为同号时,屈服点明显提高,但塑性变形能力下降。尤其是当 3 个方向主应力接近时,即使它们都远远大于 f_y,折算应力 σ_{zs} 仍小于 f_y,说明材料很难进入塑性状态,甚至直到破坏时也没有明显的塑性变形产生,材料产生脆性破坏。但是当 3 个应力中有一个异号应力,且同号应力值相差也较大时,材料比较容易进入塑性状态,破坏呈塑性破坏特征。平面应力状态下钢材的性能可以从图 3-7 给出的不同应力条件下钢材的应力-应变曲线中看出,该图中纵坐标 σ 表示大的主应力,横坐标 ε 为该主应力相应的应变。在图 3-7 中,有 3 条典型的应力-应

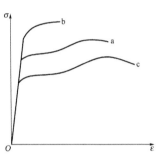

图 3-7 不同平面应力条件下钢材的应力-应变曲线

曲线 a:单向拉伸;曲线 b:双向拉伸;曲线 c:一向拉、一向压

变曲线,其中曲线 a 是单向拉应力条件下钢材的应力-应变曲线;曲线 b 是在双向拉应力条件下的应力-应变曲线,显然此时钢材的屈服强度和抗拉强度均有提高,但塑性变形能力下降;曲线 c 是一向拉应力、一向压应力条件下的应力-应变关系,此时,屈服强度和抗拉强度降低,但塑性变形能力增强。

2) 反复荷载作用下钢材的疲劳

(1) 基本概念

在连续反复荷载作用下,即使钢材的应力低于抗拉强度,甚至远低于屈服强度,构件也有可能发生破坏,这种破坏现象称为疲劳破坏。钢材的疲劳破坏过程一般包括裂纹的形成,裂纹的缓慢发展和最后的迅速断裂三个过程,在疲劳破坏之前,没有明显的变形,属于脆性破坏。钢材的疲劳强度与反复荷载的性质(拉、压或剪等)、应力幅、应力循环特征、循环次数和应力集中程度及残余应力等有直接的关系。

应力幅 $\Delta\sigma$ 是指一次应力循环中最大应力 σ_{max} 与最小应力 σ_{min} 之差值,拉应力取正号,压应力取负号,即 $\Delta\sigma=\sigma_{max}-\sigma_{min}$。应力幅表示了应力变化的幅度且总是正值。应力幅有常幅与变幅两类。常幅指每一次应力循环中应力幅为常数,其疲劳规律较易掌握;变幅指每次应力循环中应力幅不是常数而是一个随机变量。

应力循环特征通常用应力比 ρ 表示。应力比 ρ 定义为 $\rho=\sigma_{min}/\sigma_{max}$,其中,$\sigma_{min}$ 表示循环中应力峰值绝对值最小的应力,而 σ_{max} 表示循环中应力峰值绝对值最大的应力,当为拉应力时,σ_{min} 或 σ_{max} 取正号;当为压应力时,σ_{min} 或 σ_{max} 取负号。反复荷载引起的应力循环有同号循环($\rho>0$)和异号循环($\rho<0$)两种形式,如图 3-8 所示。当时 $\rho=-1$ 时(图 3-8a),称为完全对

称循环,疲劳强度最低;当 $\rho=0$ 时(图3-8c),称为脉冲循环;当 $\rho=+1$ 时(图3-8e)相当于静荷载。

钢构件中存在的几何形状突然改变、微观裂纹或类似的缺陷都将会导致应力集中。应力集中会降低疲劳强度。

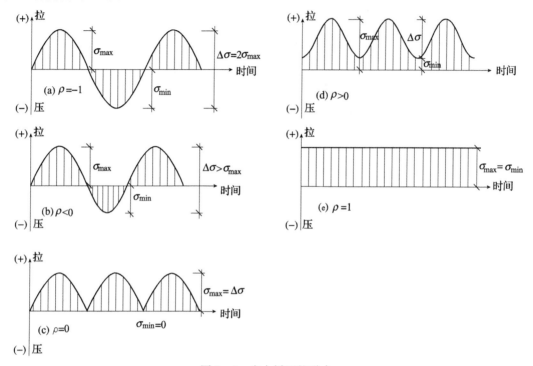

图3-8 应力循环的形式

（2）$S-N$ 曲线

疲劳失效以前所经历的应力或应变循环次数称为疲劳寿命,一般用 N 表示。表示标准试件疲劳寿命与外加应力水平之间的关系曲线称为 $S-N$ 曲线(国内常称为 $\sigma-N$ 曲线)。$S-N$ 曲线通常取最大应力 σ_{max} 或应力幅 $\Delta\sigma$ 为纵坐标,如图3-9a。$S-N$ 曲线中的疲劳寿命通常都使用对数坐标,而应力则有时取对数坐标,有时取线性坐标,如图3-9b。

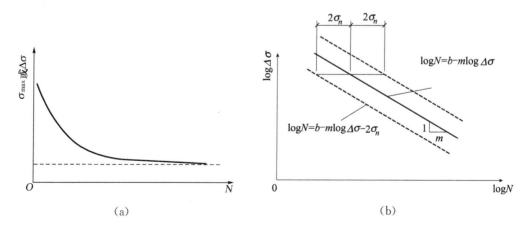

图3-9 $S-N$ 曲线

在如图 3-9b 中,疲劳方程是直线(实线)

$$\log N = b - m \log \Delta\sigma \qquad (3-10)$$

当考虑试验点的离散性,需要有一定的概率保证,则方程变为

$$\log N = b - m \log \Delta\sigma - 2\sigma_n \qquad (3-10a)$$

式中 b——直线在 N 轴(横坐标轴)上的截距;

m——直线对纵坐标斜率的绝对值;

σ_n——标准差(均方差);

N——循环次数。

早期人们一直把最大应力 σ_{max} 和应力比 ρ 作为疲劳验算的重要依据,对于非焊接结构,这种最大应力法设计的概念是可行的。对于非焊接结构,一般可采用图 3-10 所示修正的顾得曼(Good-man)分析图作为确定疲劳强度的基础,该分析图是根据大量实验资料整理得到的。在图 3-10 中,横坐标表示最小应力 σ_{min},纵坐标表示最大应力 σ_{max},均以拉为正。曲线 $ABCD$ 为应力 N 次循环产生疲劳破坏时 σ_{max} 和 σ_{min} 的关系曲线(简称疲劳曲线),曲线的 AB 段上各点的压应力均大于拉应力,表示以受压为主的情况,而曲线的 BCD 段上各点的拉应力均大于压应力,表示以受拉为主的情况。当一组循环应力 σ_{max} 和 σ_{min} 在坐

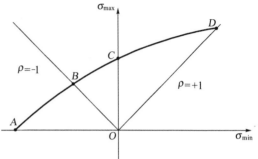

图 3-10 疲劳强度的修正顾得曼 (Good-man)分析图

标系中的点落在曲线 $ABCD$ 的下方时,说明这组应力循环 N 次时不会产生疲劳破坏;当点正好落在曲线上时,说明这组应力循环达到 N 次时产生疲劳破坏;当点落在曲线的上方时,说明这组应力循环还没有达到 N 次时就产生了疲劳破坏。

当循环次数 N 发生变化,疲劳曲线也要相应改变。我国现行设计标准是以应力循环次数 $N = 2 \times 10^6$ 的疲劳曲线作为确定疲劳强度的取值依据,同时为了简化分析,把疲劳曲线简化为直线,并且以屈服强度 f_y 作为 σ_{max} 的上限。图 3-11 是根据实验结果,简化后得到的疲劳曲线,图中线段 AB 表示以受压为主的情况,线段 BCD 段表示以受拉为主的情况,B 点的纵坐标 σ_{-1} 是 $\rho = -1$ 时的疲劳强度,C 点的纵坐标 σ_0 是 $\rho = 0$ 时的疲劳强度,D 点的纵坐标为屈服强度 f_y。根据几何关系,直线 $ABCD$ 的方程可以表示为

$$\sigma_{max} = \sigma_0 + k \sigma_{min} \qquad (3-11)$$

其中 k 为直线 $ABCD$ 的斜率,可以表示为 $k = (\sigma_0 - \sigma_{-1})/\sigma_{-1}$。

当循环应力以受拉为主时,以 $\sigma_{min} = \rho \sigma_{max}$ 代入式(3-11),即可以得到直线 BCD 上任意点的疲劳强度

$$\sigma^p = \sigma_{max} = \frac{\sigma_0}{1 - k\rho} \qquad (3-11a)$$

当循环应力以受压为主时,以 $\sigma_{max} = \sigma_{min}/\rho$ 代入式(3-11),即可以得到直线 AB 上任意点的疲劳强度

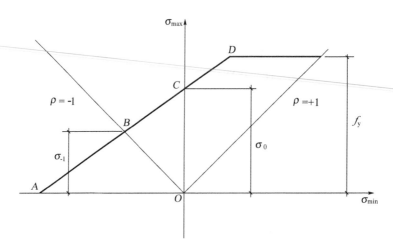

图 3-11　疲劳强度简化分析图

$$\sigma^{\mathrm{p}} = -\sigma_{\min} = \frac{\sigma_0}{k-\rho} \qquad (3-11\mathrm{b})$$

近二三十年来,大量试验证明,焊接结构由于焊缝附近存在着很大的焊接残余拉应力,其数值甚至达到钢材的屈服强度 f_y,其疲劳性能与应力比 ρ 的关系不是非常密切,而是直接与焊缝部位的应力幅 $\Delta\sigma$ 有关。

(3)疲劳验算

疲劳计算的原则是:

① 对直接承受动力荷载重复作用的钢结构构件及连接,当应力循环次数 $n \geqslant 5 \times 10^4$ 时,应进行疲劳计算;

② 疲劳计算应采用容许应力幅法,应力应按弹性状态计算,容许应力幅应按构件和连接类别、应力循环次数以及计算部位的板件厚度确定;

③ 对非焊接的构件和连接,其应力循环中不出现拉应力的部位可不计算疲劳强度;

④ 永久荷载所产生的应力为恒值,没有应力幅。应力幅只由重复作用的可变荷载产生,所以疲劳验算按可变荷载的标准值进行,不计永久荷载。荷载计算中不乘动力系数,因为验算方法是以试验为依据,而试验中确定的容许应力幅 $[\Delta\sigma]$ 已包含了动力的影响。

在结构使用寿命期间,当常幅疲劳或变幅疲劳的最大应力幅符合下列公式时,则疲劳强度满足要求。

① 正应力幅的疲劳计算

$$\Delta\sigma < \gamma_{\mathrm{t}}[\Delta\sigma_{\mathrm{L}}] \qquad (3-12)$$

② 剪应力幅的疲劳计算

$$\Delta\tau < [\Delta\tau_{\mathrm{L}}] \qquad (3-13)$$

式中　$\Delta\sigma$——构件或连接计算部位的正应力幅,对焊接部位为应力幅,$\Delta\sigma = \sigma_{\max} - \sigma_{\min}$;对非焊接部位为折算应力幅,$\Delta\sigma = \sigma_{\max} - 0.7\sigma_{\min}$;

$\Delta\tau$——构件或连接计算部位的剪应力幅,对焊接部位为应力幅,$\Delta\tau = \tau_{\max} - \tau_{\min}$;对非焊接部位为折算应力幅,$\Delta\tau = \tau_{\max} - 0.7\tau_{\min}$;

σ_{max}——计算部位应力循环中的最大拉应力(取正值)(N/mm²);

σ_{min}——计算部位应力循环中的最小拉应力或压应力(N/mm²),拉应力取正值,压应力取负值;

τ_{max}——计算部位应力循环中的最大剪应力(N/mm²);

τ_{min}——计算部位应力循环中的最小剪应力(N/mm²);

$[\Delta\sigma_L]$——正应力幅的疲劳截止限(N/mm²),根据《钢结构设计标准》GB 50017 - 2017 附录 K 规定的构件和连接类别按表 16.2.1-1 采用;

$[\Delta\tau_L]$——剪应力幅的疲劳截止限(N/mm²),根据《钢结构设计标准》GB 50017 - 2017 附录 K 规定的构件和连接类别按表 16.2.1-2 采用;

γ_t——板厚或直径修正系数,对于横向角焊缝连接和对接焊缝连接,当连接板厚 t(mm)超过 25 mm 时,按照 $\gamma_t = (25/t)^{0.25}$ 采用;对于螺栓轴向受拉连接,当螺栓的公称直径 d(mm)大于 30 mm 时,按照 $\gamma_t = (30/d)^{0.25}$ 采用;其余情况取 1。

当常幅疲劳计算不能满足公式(3-12)或公式(3-13)要求时,应按照结构预期使用寿命进行疲劳强度计算;当变幅疲劳计算不能满足公式(3-12)或公式(3-13)要求时,应按照结构预期使用寿命的等效常幅疲劳强度的计算方法进行疲劳强度计算。

3.1.3 影响钢材性能的一般因素

1) 化学成分

结构用钢是由铁、碳及其他元素(包括有益的硅、锰等和有害的硫、磷、氮、氧等)组成,其中铁约占总量的 99%,碳及其他元素占 1% 左右。有时除上述元素外,还加入少量的合金元素形成合金钢。由于结构用钢中,碳和其他元素的含量不大,故一般称为低碳钢或低合金钢。但是,尽管碳和其他元素的含量不大,但对钢的物理力学性能有很大的影响。

在普通碳素钢中,碳是除铁以外最主要的元素,它直接影响钢材的强度、塑性、韧性、可焊性和耐久性等。随着含碳量的提高,钢材的屈服强度和极限强度逐渐提高,但是塑性和韧性降低,冷弯性能、可焊性能和耐疲劳性能劣化,耐锈蚀能力也下降。因此,尽管碳能使钢材获得很高的强度,但是结构用钢的含碳量不宜过高,尤其是对焊接结构的钢材。

锰是一种弱脱氧剂,适量掺入可以提高钢材的强度,消除硫、氧对钢材的热脆影响,并可以改善钢材的冷脆倾向,同时不显著降低钢材的塑性和韧性,因此它是一种有益的元素。锰是我国低合金钢的主要合金元素。锰的含量不宜过高,否则对钢材的可焊性和耐锈蚀能力有不利的影响。

硅是一种强脱氧剂,在普通碳素钢中加入硅,可以制成质量较高的镇静钢。硅的适量掺入可以提高钢材的强度,对塑性、韧性、冷弯性能和可焊性等均无明显的不良影响。但是当硅的含量过高时,对钢材的塑性、韧性和可焊性及耐锈蚀能力均会产生不利影响。

硫使钢材在高温(800℃~1 200℃)时变脆,不利于钢材的焊接或热加工等,这种现象称为热脆。此外,硫还会降低钢材的塑性、韧性、抗疲劳能力和耐锈蚀能力。因此,应严格控制钢材的含硫量。

磷使钢材在低温时变脆,这种现象称为冷脆。此外,磷还会严重降低钢材的塑性、韧性、冷弯性能和可焊性。因此应严格控制钢材的含磷量。但是磷在钢材中的强化作用是十分显著的,它可以提高钢材的强度和耐锈蚀能力,当采用特殊的冶炼工艺时,磷可以作为一种合金元

钢材冶炼和加工

素来制造高磷钢。

氧的作用与硫类似,使钢材发生热脆。因此应严格控制钢材中的含氧量。

氮的作用与磷类似,使钢材发生冷脆。因此应严格控制钢材中的含氮量。

2) 钢材缺陷

钢材需要经过冶炼、浇铸和轧制等多道工序才能成材。冶金缺陷对钢材性能的影响,不仅在结构受力工作时可能会表现出来,有时在加工过程中也可能表现出来。常见的冶金缺陷有偏析、裂纹、分层和有害夹杂物等。

钢中化学成分的不一致性和不均匀性称为偏析。偏析使钢材工作性能不均匀,恶化钢材的性能,特别是硫、磷的偏析使偏析区钢材的塑性、韧性、冷弯性能以及焊接性能等严重劣化。

成品钢材中存在的裂纹,或是微观的或是宏观的,不论其成因如何,均劣化钢材的力学性能,使钢材的冷弯性能、韧性、耐疲劳性和抗脆性破坏的能力等大大降低。

分层是在钢材厚度方向分成多层,各层间仍相互连接,并不脱离。分层并不影响垂直于厚度方向的强度,但是严重降低了钢材的冷弯性能。另外,在分层的夹缝处还易锈蚀,在应力作用下将加速锈蚀,甚至出现裂纹,大大降低钢材的韧性、耐疲劳性和抗脆性破坏的能力。

掺杂在钢中的夹杂物,有时对钢材的性能有极为不利的影响。常见的有害夹杂物是硫化物和氧化物,它们使钢材产生热脆,降低钢材的物理力学性能和加工性能。

3) 钢材的硬化

钢材的硬化包括时效硬化、冷作硬化和应变时效 3 种情况。

在加工过程中溶在铁中的少量的氮和碳,随着时间的增加,逐渐从纯铁体中析出,形成自由的氮化物和碳化物,对纯铁体的塑性变形起遏制作用,从而使钢材的强度提高,塑性和韧性下降,这一现象称为时效硬化,如图 3-12a 所示。一般情况下,时效硬化的过程很长,但是在反复荷载、重复荷载和温度变化等情况下,时效硬化也容易产生。当材料经受塑性变形后加热,可以使时效硬化发展得特别快。

当冷拉、冷拔、冷弯、冲孔、机械剪切等冷加工使钢材产生很大的塑性变形时,钢材的屈服点得到提高,同时塑性和韧性明显降低。这种钢材在冷(常温)加工过程中引起的钢材硬化现象称为冷作硬化。在弹性阶段,荷载的间断性作用基本上不影响钢材的力学性能。但是在塑性阶段,当应力超过弹性极限后(如图 3-12b),除了弹性变形外还产生了塑性变形,此时卸去荷载后弹性变形恢复而塑性变形保留,产生残余变形。当重新加载时,可以看到在第二次荷载作用下钢材的屈服点将会提高至接近上次卸载时的应力。

当钢材产生一定数量的塑性变形后,氮和碳更容易从纯铁体中析出(特别是在高温环境条件下),从而使已经产生冷作硬化的钢材又发生时效硬化,称为应变时效,如图 3-12c 所示。

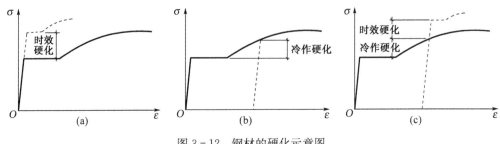

图 3-12 钢材的硬化示意图

4）温度

钢材的性能受到温度的影响。在正常温度范围内,材料的力学性能基本不随温度的变化而变化。

当温度高于正常温度时,随着温度升高,屈服强度、抗拉强度和弹性模量等均有下降的趋势。但是当温度上升到 250℃ 左右时,钢材的抗拉强度反而提高,同时塑性和韧性下降。这种现象被称为蓝脆现象,这个温度区域被称为蓝脆温度区。应避免在蓝脆温度区对钢材进行热加工,否则可能使钢材出现裂纹。当温度继续升高,超过 300℃ 以后,钢材的屈服强度、极限强度和弹性模量均显著下降;当温度上升到 600℃ 时,强度几乎降低至零。图 3 - 13 示出了钢材力学性能随温度变化的典型事例。因此钢结构是不耐火的。

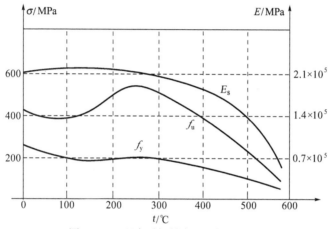

图 3 - 13　温度对钢材力学性能的影响

当温度低于正常温度时,随着温度的降低,钢材强度略有提高,但塑性、韧性有所下降,脆性倾向逐渐增大,当温度降低至某一温度以下时,材料变脆。这种现象称为低温冷脆现象,如图 3 - 14 所示,纵坐标是材料破坏所需要的冲击能量,从图中可以看出,当温度小于 T_1 时,材料产生破坏只需要吸收少量能量,属于脆性破坏;而温度高于 T_2 时,材料产生破坏需要吸收较多的能量,属于塑性破坏;温度在 T_1 至 T_2 之间,是材料由塑性到脆性转变的过渡区。不同

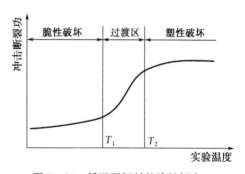

图 3 - 14　低温下钢材的脆性倾向

的钢种向脆性转化的温度不相同,即使同一种材料,也会由于试件缺口形状的不同,产生冷脆的温度也不一样。

5）应力集中

当构件中存在裂纹、孔洞、槽口、凹角等内部缺陷,或厚度、宽度和截面形状等改变时,构件中的应力分布将变得很不均匀,在存在缺陷处或截面变化处附近,应力线曲折、密集,出现局部高峰应力,这种现象称为应力集中,如图 3 - 15 所示。在应力集中区域,应力方向与构件受力方向不一致,存在横向应力,在厚度方向也会产生应力,这种平面或三向的应力状态,约束钢材沿受力方向塑性变形,促使钢材变脆。

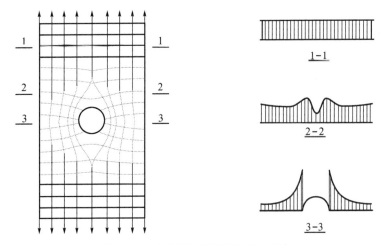

图 3-15 有缺陷构件截面的应力分布

应力集中现象的程度取决于截面变化程度的大小,如图 3-16 所示。截面变化愈剧烈,应力集中程度愈大,塑性变形受到的约束愈大,钢材就变得愈脆。

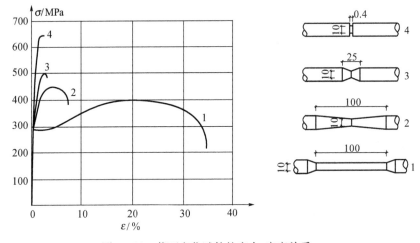

图 3-16 截面变化试件的应力-应变关系

3.1.4 结构对钢材的要求及钢材的分类

1) 结构对钢材的要求

结构对钢材的要求是多方面的,包括:

(1) 具有较高的屈服强度和极限强度。屈服强度是钢材设计强度取值的依据,屈服强度高可以减少构件的用钢量,减轻结构自重,节约钢材,降低造价。极限强度高可以增加结构的安全储备。

(2) 具有良好的塑性和韧性。较高的塑性和韧性能使结构在荷载(包括静载和动载)作用下有足够的变形能力,避免产生脆性破坏。塑性好还可以通过较大的塑性变形调整局部高峰应力,产生应力重分布。

(3) 具有良好的工艺加工性能。建筑用钢材经常需要进行二次加工,包括冷加工、热加工和焊接等。良好的工艺加工性能能保证钢材在正常的加工过程中不发生裂纹或脆断等损伤，而且不会因加工对强度、塑性及韧性等造成较大的不利影响。

（4）良好的耐锈蚀能力。钢材的锈蚀是影响钢结构和钢筋混凝土结构耐久性的主要原因之一。因此，钢材具有较好的耐锈蚀能力对提高结构的耐久性是非常有益的。

（5）与混凝土良好的粘结力。在钢筋混凝土结构中，钢筋与混凝土之间必须有足够的粘结力，它是保证钢筋与混凝土共同工作的基础。

建筑用钢材宜采用 Q235、Q345、Q390、Q420、Q460 和 Q345GJ 钢，其质量应分别符合现行国家标准《碳素结构钢》GB/T 700、《低合金高强度结构钢》GB/T 1591 和《建筑结构用钢板》GB/T 19879 的规定。Q345GJ 钢与 Q345 钢的力学性能指标相近，因此一般情况下采用 Q345 钢比较经济，但 Q345GJ 钢中微合金元素含量得到控制，塑性性能较好，屈服强度变化范围小，有冷加工成型要求（如方矩管）或抗震要求的构件宜优先采用。

钢材的品种繁多，性能各异。在结构钢材的选用时，应遵循技术可靠、经济合理的原则，综合考虑结构的重要性、荷载特征、结构形式、应力状态、连接方法、工作环境、钢材厚度和价格等因素，选用合适的钢材牌号和材性。承重结构所用的钢材应具有屈服强度、抗拉强度、断后伸长率和硫、磷含量的合格保证，对焊接结构尚应具有碳当量的合格保证。焊接承重结构以及重要的非焊接承重结构采用的钢材应具有冷弯试验的合格保证；对直接承受动力荷载或需验算疲劳的构件所用钢材尚应具有冲击韧性的合格保证。

2）结构用钢材的分类

结构用钢材主要有碳素钢、低合金钢和热处理钢三种。

碳素钢冶炼容易，成本低，具有良好的工艺加工性能，是目前采用最广泛的钢种之一。除铁外，碳素钢的其他材料成分主要有碳（C）、锰（Mn）、硅（Si）、硫（S）和磷（P）等，其中含碳量愈多，钢材的强度愈高，但是塑性、韧性和可焊性等性能愈差。根据现行国家标准《碳素结构钢》（GB700 - 2006），碳素钢根据屈服强度的大小共分为 5 个品种，即 Q195、Q215、Q235、Q255 和 Q275。碳素钢的质量等级由低到高分为 A、B、C、D 4 级，不同质量等级对冲击韧性的要求有区别。根据脱氧方式的不同，钢材分为镇静钢、半镇静钢、沸腾钢和特殊镇静钢，分别用 Z、b、F 和 TZ 拼音字母表示。A、B 两级钢可以是镇静钢、半镇静钢和沸腾钢，C 级钢只能是镇静钢，D 级钢只能是特殊镇静钢。如 Q235Bb 表示屈服强度为 235 N/mm^2，B 级半镇静钢；Q235C 表示屈服强度为 235 N/mm^2，C 级镇静钢；Q235D 表示屈服强度为 235 N/mm^2，D 级特殊镇静钢。

低合金钢是在碳素钢中添加一种或几种合金元素，添加总量少于 5%，加入合金元素后钢材强度可明显提高。根据现行国家标准《低合金钢高强度结构钢》（GBT1591—2008），低合金钢根据屈服强度的大小共分为 8 个品种，即 Q345，Q390，Q420，Q460，Q500，Q550，Q620，Q690。低合金钢的质量等级由低到高分为 A、B、C、D、E 5 级，不同质量等级对冲击韧性的要求有区别。低合金钢的脱氧方式分为镇静钢和特殊镇静钢两种，A、B 级是镇静钢，C、D、E 级是特殊镇静钢。如 Q345B 表示屈服强度为 345 N/mm^2，B 级镇静钢；Q390D 表示屈服强度为 390 N/mm^2，D 级特殊镇静钢。

高层建筑用的钢板简称高建钢，用符号 GJ 表示，它具有易焊接、抗震、抗低温冲击等性能，主要应用于高层建筑、超高层建筑、大跨度体育场馆、机场、会展中心以及钢结构厂房等大型建筑工程。高建钢板与普碳或低合金钢板相比，屈服强度设定了上限，抗拉强度有提高，对碳当量、屈强比指标有要求。符合现行国家标准《建筑结构用钢板》GB/T 19879 的 GJ 系列钢材各项指标均优于普通钢材的同级别产品,如采用 GJ 钢代替普通钢材,对于设计而言可靠度更高。

热处理钢是对低合金钢进行适当的热处理得到的。通过适当的热处理后,钢材的强度得到进一步提高,同时其塑性和韧性也不会显著降低。碳素钢也可以用热处理方法来提高强度。

3) 钢材的规格

钢结构采用的钢材主要是热轧成形的钢板、型钢和圆钢,以及冷弯成形的薄壁型钢,还有热轧成形的钢管和冷弯成形的焊接钢管等。混凝土结构采用的钢材主要是钢筋、钢丝和钢绞线。

(1) 钢板。钢板通常以“—宽度×厚度×长度”,或“—宽度×厚度”表示,如—400×10×3 000 表示 10 mm 厚、400 mm 宽、3 m 长的钢板。又如—400×10 表示 10 mm 厚、400 mm 宽的钢板。根据钢板的厚度,钢板又分为薄钢板、厚钢板和特厚钢板,其中薄钢板厚度范围在 0.35～4 mm,厚钢板的厚度范围在 4.5～60 mm,特厚钢板的厚度大于 60 mm。

(2) 型钢。常用的型钢一般有角钢、工字钢、槽钢、H 型钢和钢管等。

角钢有等边角钢和不等边角钢两种。等边角钢(也称等肢角钢)是以“∟肢宽×厚度”表示,如∟100×10 表示肢宽 100 mm、厚度 10 mm 的等边角钢。不等边角钢(也称不等肢角钢)是以“∟长肢宽×短肢宽×厚度”表示,如∟100×80×8 表示长肢宽 100 mm、短肢宽 80 mm、厚度 8 mm 的不等边角钢。附录中的附表 1-1、附表 1-2 分别给出了热轧等边角钢和热轧不等边角钢的规格及截面特性。

工字钢有普通工字钢和轻型工字钢两种。普通工字钢以截面的高度(单位为厘米)编号,对 20 号以下的工字钢,每一号工字钢只有一种型号,如 18 号工字钢(记作 I18)表示工字钢的高度为 180 mm,腹板厚度和翼缘宽度等是一定的。而对 20 号和 20 号以上的工字钢,每一号工字钢则有几种型号供选择,分为 a、b、c 3 类。其中 c 类腹板最厚,翼缘最宽;b 类其次。a 类腹板最薄,翼缘最窄。如 I32b 表示截面高度为 320 mm,腹板厚度和翼缘宽度为 b 类。与同样高度的普通工字钢相比,轻型工字钢的腹板较薄,翼缘薄而宽,因此回转半径略大,重量较轻。轻型工字钢一般在普通工字钢符号前加汉语拼音符号 Q,如 QI50 表示截面高度 500 mm 的轻型工字钢。附录中的附表 1-3 和附表 1-4 分别给出了热轧普通工字钢和热轧轻型工字钢的规格及截面特性。

槽钢也有普通槽钢和轻型槽钢两种,同样用截面的高度(单位为 cm)编号,如 [16a 表示截面高度为 160 mm,a 类槽钢;Q[22 表示截面高度 220 mm 的轻型槽钢。附录中的附表 1-5 和附表 1-6 分别给出了热轧普通槽钢和热轧轻型槽钢的规格及截面特性。

H 型钢分热轧和焊接两种。热轧 H 型钢有宽翼缘 H 型钢(以符号 HW 表示)、中翼缘 H 型钢(以符号 HM 表示)、窄翼缘 H 型钢(以符号 HN 表示)和 H 型钢柱(以符号 HP 表示)等四类。H 型钢以“高度×宽度×腹板厚度×翼缘厚度”表示,如 HW250×250×9×14 表示 H 型钢截面高度为 250 mm、宽度为 250 mm、腹板厚度为 9 mm、翼缘厚度为 14 mm 的宽翼缘 H 型钢;HM390×300×10×16 表示 H 型钢截面高度为 390 mm、宽度为 300 mm、腹板厚度为 10 mm、翼缘厚度为 16 mm 的中翼缘 H 型钢。焊接 H 型钢由钢板焊接组合而成,同样用“高度×宽度×腹板厚度×翼缘厚度”表示。H 型钢可以剖分成 T 型钢,剖分 T 型钢有宽翼缘 T 型钢(以符号 TW 表示)、中翼缘 T 型钢(以符号 TM 表示)和窄翼缘 T 型钢(以符号 TN 表示)3 类,以“高度×宽度×腹板厚度×翼缘”厚度表示,如 TW150×300×10×15 表示截面高度为 150 mm、宽度为 300 mm、腹板厚度为 10 mm、翼缘厚度为 15 mm 的宽翼缘 T 型钢;

TN248×199×9×14 表示截面高度为 248 mm、宽度为 199 mm、腹板厚度为 9 mm、翼缘厚度为 14 mm 的窄翼缘 T 型钢。附录中附表 1-7 和附表 1-8 分别给出了热轧 H 型钢和 T 型钢的规格及截面特性。

钢管有热轧无缝钢管和焊接钢管两种。焊接钢管是由钢板卷焊而成,分成直缝焊钢管和螺旋缝焊钢管两类。钢管以"φ外径×壁厚"表示,如 φ146×7.5 表示钢管截面外径为 146 mm,钢管壁厚为 7.5 mm。附录中附表 1-9、1-10 分别给出了热轧无缝钢管和焊接钢管的规格及截面特性。

(3) 薄壁型钢。薄壁型钢是用薄钢板冷轧而制成的,其截面形式及尺寸可以根据结构受力的合理形式而变化,对承重构件其壁厚不宜小于 2 mm。薄壁型钢可以较充分地利用钢材的强度,减轻结构自重,在轻钢结构中应用广泛。

(4) 钢筋(钢丝、钢绞线)。钢筋有光面钢筋(钢丝)和变形钢筋(钢丝)两种,变形钢筋(钢丝)的截面以和光面钢筋具有相同的体积的当量直径确定。按照现行国家标准《混凝土结构设计规范》,混凝土结构用钢筋(钢丝、钢绞线)包括热轧钢筋、预应力钢丝、预应力钢绞线和预应力螺纹钢筋 4 个种类。

热轧钢筋分为 HPB300 级、HRB335 或 HRBF335 级、HRB400 或 HRBF400 或 RRB400 级和 HRB500 或 HRBF500 级四个级别,以"符号＋钢筋直径"表示。如 φ8 表示钢筋直径为 8 mm 的 HPB300 级钢筋。附录中附表 1-11 和附表 1-12 分别给出了普通钢筋的表示符号、强度标准值、设计值和在钢筋混凝土结构中钢筋疲劳应力幅限值。

预应力钢筋(钢丝)有消除应力的光面碳素钢丝、螺旋肋钢丝,有中强度的光面碳素钢丝、螺旋肋钢丝,还有预应力螺纹钢筋,以"符号＋钢筋直径"表示。如 ϕ^P7 表示直径为 7 mm 的消除应力光面钢丝;ϕ^H7 表示直径为 7 mm 的消除应力螺旋肋钢丝;ϕ^T25 表示直径为 25 mm 的预应力螺纹钢筋。

预应力钢绞线是由很多根高强钢丝在绞丝机上绞合,再经过低温回火处理制成。一般有 3 股和 7 股两种。钢绞线直径是指钢绞线外接圆的直径,即《钢绞线标准》中的公称直径。钢绞线一般以"ϕ^s＋钢绞线直径"表示,如 $\phi^s10.8$ 表示 3 股钢丝制成的钢绞线,公称直径为 10.8 mm;$\phi^s17.8$ 表示 7 股钢丝制成的钢绞线,公称直径为 17.8 mm。

附录中附表 1-13 给出了预应力钢丝、预应力钢绞线和预应力螺纹钢筋的表示符号、强度标准值和强度设计值,附录中附表 1-14 给出了钢筋(钢丝、钢绞线)的弹性模量。

3.2　混凝土的物理力学性能

3.2.1　简单受力状态下混凝土的力学性能

1) 混凝土受压的应力-应变关系

(1) 应力-应变关系曲线特征

混凝土的应力-应变关系是混凝土力学性能的一项重要内容,是钢筋混凝土结构理论计算的基本依据。混凝土受压时的应力-应变关系曲线一般采用圆柱体或棱柱体试件实验测定,从图 3-17 给出的混凝土棱柱体在轴心受压单轴加载下应力-应变关系典型曲线可以看出,混凝土受压时的应力-应变关系曲线由上升段和下降段两部分组成。

在上升段,当混凝土的应力小于(0.3~0.4)f_c(图 3-17 中的 A 点,f_c 为混凝土棱柱体抗压强度)时,混凝土试件中的应力较小,试件的纵向和横向应变随应力增大近似成比例增大,混

混凝土的力学性能试验

凝土的泊松比近似为一恒值,所以可以近似认为混凝土处于弹性阶段,A 点即为混凝土的比例极限;随着应力的增大,混凝土出现塑性变形,产生内部微裂缝,应力-应变关系曲线逐渐弯曲,曲线斜率有所减小,试件的纵向和横向应变增加的速度加快,混凝土的泊松比逐渐增大;当应力达到 $(0.8\sim0.9)f_c$ 时(图 3-17 中的 B 点),混凝土内部微裂缝的开展加快,且呈不稳定发展趋势,应力-应变呈明显的非线性发展,试件的纵向和横向应变速度加剧,混凝土的泊松比迅速增大;随后,混凝土应力达到峰值 f_c(图 3-17 中的 C 点),此时如果进行应力控制,则混凝土破坏,若在控制应变的条件下,应力开始下降,应力-应变曲线转入下降段。

在下降段,裂缝迅速发展,混凝土内部结构整体性的损坏愈来愈严重,试件截面的平均应力逐渐下降,曲线不断向下弯曲,直到曲线凸凹发生改变,即达到反弯点(图 3-17 中的 D 点)以后,曲线逐渐平缓,直至混凝土破坏(图 3-17 中的 E 点)。

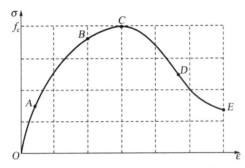

图 3-17　混凝土受压时的应力-应变曲线

(2) 应力-应变关系的影响因素

影响混凝土应力-应变曲线的因素很多,如混凝土强度、实验方法以及组成材料的性质和配合比等等。

混凝土强度对应力-应变曲线有明显的影响,图 3-18 给出了不同强度混凝土的应力-应变关系曲线。从图 3-18 中可以看出,对于上升段,混凝土强度对曲线特征的影响较小,随着混凝土强度的提高,应力峰值点相应的应变略有提高;对于下降段,混凝土强度对曲线特征的影响较大,混凝土强度愈高,曲线下降段愈陡,延性愈差。

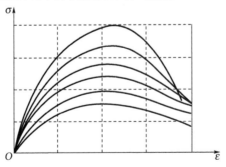

图 3-18　不同强度混凝土的应力-应变关系

混凝土应力-应变曲线特征还与实验时加载的速度有关,图 3-19 给出了相同强度混凝土试件在不同的应变速度下得到的应力-应变曲线。从该图中可以看出,应变速度愈大,应力峰值愈大,但达到应力峰值的应变降低了,而且曲线下降段也愈陡,延性愈差。

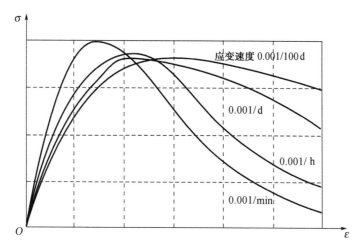

图 3-19　不同应变速度下混凝土的应力-应变关系

（3）应力-应变曲线的数学模型

由于混凝土应力-应变关系受多种因素影响，因此描述混凝土受压应力-应变曲线的数学模型的形式很多，表达形式也繁简不一。本书仅介绍我国《混凝土结构设计规范》(GB 50010)采用的模式和在美国及北美等地区应用广泛的 Hognestad 模式，这两种模式均将下降段简化为直线。

我国现行规范采用的混凝土受压应力-应变关系曲线上升段为一曲线，下降段为一水平直线，如图 3-20a 所示，其数学表达式为

$$\sigma_c = f_c \left[1 - \left(1 - \frac{\varepsilon_c}{\varepsilon_0} \right)^n \right] \qquad (\varepsilon_c \leqslant \varepsilon_0) \tag{3-14}$$

$$\sigma_c = f_c \qquad (\varepsilon_0 < \varepsilon_c \leqslant \varepsilon_{cu}) \tag{3-15}$$

式中　σ_c——混凝土压应变为 ε_c 时的混凝土压应力；

　　　ε_0——混凝土压应力刚达到 f_c 时的混凝土压应变，当混凝土强度等级小于等于 C50 时，取 0.002；当混凝土强度等级大于 C50 时，按照下式计算确定：

$$\varepsilon_0 = 0.002 + 0.5 (f_{cu,k} - 50) \times 10^{-5}$$

　　　ε_{cu}——正截面的混凝土极限压应变，当处于轴心受压时取 ε_0；当处于非均匀受压时，当混凝土强度等级小于等于 C50 时，取 0.003 3；当混凝土强度等级大于 C50 时，按照下式计算确定：

$$\varepsilon_{cu} = 0.003\ 3 - (f_{cu,k} - 50) \times 10^{-5}$$

　　　n——与混凝土强度等级有关的系数，当混凝土强度等级小于等于 C50 时，取 2；当混凝土强度等级大于 C50 时，按照下式计算确定：

$$n = 2 - \frac{1}{60} (f_{cu,k} - 50)$$

　　　$f_{cu,k}$——混凝土立方体抗压强度标准值。

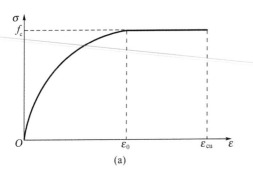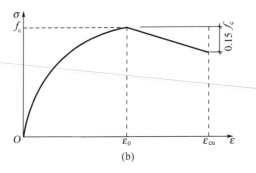

图 3-20　混凝土应力-应变曲线模型

(a) 我国现行规范采用的曲线模型；(b) Hognestad 建议的曲线模型

Hognestad 模式的上升段为二次抛物线，下降段为一斜直线，如图 3-20b 所示，其数学表达式为

$$\sigma_c = f_c \left[2 \frac{\varepsilon_c}{\varepsilon_0} - \left(\frac{\varepsilon_c}{\varepsilon_0} \right)^2 \right] \qquad (\varepsilon_c \leqslant \varepsilon_0) \qquad (3-16)$$

$$\sigma_c = f_c \left(1 - 0.15 \frac{\varepsilon_c - \varepsilon_0}{\varepsilon_{cu} - \varepsilon_0} \right) \qquad (\varepsilon_0 < \varepsilon_c \leqslant \varepsilon_{cu}) \qquad (3-17)$$

在 Hognestad 模式中，$\varepsilon_0 = 0.002$，$\varepsilon_{cu} = 0.0038$。

2）简单受力状态下混凝土的强度

简单受力条件下混凝土的强度主要有立方体抗压强度、轴心抗压强度和轴心抗拉强度等，其中立方体抗压强度是混凝土力学性能的基本代表值，是混凝土强度等级划分的依据。因此，混凝土其他各种力学指标均通过对比实验建立与立方体抗压强度的相关关系。

（1）立方体抗压强度

目前，国际上为确定混凝土强度等级所采用的混凝土试件的形状有圆柱体和立方体两种，我国采用的是立方体试件。混凝土立方体抗压强度系指按照标准方法制作养护的边长为 150 mm 的立方体试件，在 28 天龄期用标准实验方法进行抗压实验得到的破坏时试件的平均压应力。混凝土立方体抗压强度不仅与材料的组成成分、养护的条件、龄期等因素和实验方法有关，而且与试件的尺寸有关。实验结果表明，在其他条件相同的情况下，不同尺寸的立方体试件得到的实验结果不同，但有比较明显的规律性，尺寸愈小，测得的强度值愈高。因此，立方体抗压强度有时也采用边长为 200 mm 或 100 mm 的立方体试件，但对这些采用非标准尺寸试件得到的实验结果应分别乘以截面尺寸修正系数 1.05 或 0.95。

我国《混凝土结构设计规范》(GB50010)规定，混凝土强度等级应按照立方体抗压强度标准值确定。混凝土立方体抗压强度标准值是按照上述立方体抗压强度实验方法得到的具有 95% 保证率的抗压强度值，以符号 $f_{cu,k}$ 表示。现行规范按照混凝土立方体抗压强度标准值，把钢筋混凝土结构中混凝土的强度等级分为 14 级，以"C＋立方体抗压强度标准值"表示，即 C15、C20、C25、C30、C35、C40、C45、C50、C55、C60、C65、C70、C75、C80。在工程界，一般习惯把强度等级低于 C50 的混凝土称为普通混凝土，把强度等级高于 C50 的混凝土称为高强混凝土。素混凝土结构的混凝土强度等级不应低于 C15；钢筋混凝土结构的混凝土强度等级不应低于 C20；预应力混凝土结构的混凝土强度等级不应低于 C30；承受重复荷载的钢筋混凝土构件,混凝土强度等级不应低于 C30。

（2）轴心抗压强度

实际上,在上述立方体抗压强度实验中,混凝土并不是处于单轴受力状态,如图 3-21 所示。试件在实验机上受压时,纵向压缩,横向膨胀,但是由于实验机垫板与试件接触面上的摩擦作用,混凝土的横向膨胀受到约束,这相当于在试件的两端施加了"套箍"约束,此时,试件处于复杂的应力状态。显然,端部的约束作用可以延缓裂缝的发展,提高试件测得的抗压强度。

实验机对试件的约束作用、对实验结果的影响程度与试件的形状有关。当试件采用棱柱体时（图 3-21b）,实验机对试件约束作用的影响明显小于立方体试件（图 3-21a）,此时试件的中间区段受端部约束作用影响比端部小。根据实验结果,当棱柱体的高宽比达到 2~3 时,棱柱体试件中间区段基本上是处于轴心受压状态。因此,目前国际上确定混凝土轴心抗压强度一般是采用圆柱体或方形棱柱体试件。我国现行规范规定,混凝土轴心抗压强度实验以 150 mm×150 mm×300 mm 的试件作为标准试件。因此,混凝土轴心抗压强度又称为混凝土棱柱体抗压强度。

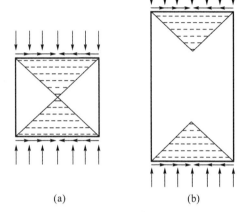

图 3-21 实验机对试件的端部约束作用
(a) 立方体试件;(b) 棱柱体试件

实验结果分析表明,混凝土轴心抗压强度与混凝土立方体抗压强度之比值 α_{c1} 与混凝土强度等级有关:对普通混凝土（强度等级低于 C50）,α_{c1} 的平均值为 0.76;对高强度混凝土,随着强度等级的提高,α_{c1} 逐渐增大;当混凝土强度等级为 C80 时,α_{c1} 的平均值为 0.82。根据上述统计结果,并考虑结构中混凝土实际受力状态与试件的差异以及混凝土的脆性特点,我国现行规范取混凝土轴心抗压强度标准值 f_{ck} 和立方体抗压强度标准值 $f_{cu,k}$ 的关系为

$$f_{ck}=0.88\alpha_{c1}\alpha_{c2}f_{cu,k} \tag{3-18}$$

式中　0.88——考虑结构中混凝土强度与试件混凝土强度差异的修正系数;

α_{c1}——轴心抗压强度与立方体抗压强度的比值,当混凝土强度等级小于等于 C50 时,取 0.76;当混凝土强度等级大于 C50 时,按照下式计算确定:

$$\alpha_{c1}=0.76+0.002(f_{cu,k}-50)$$

α_{c2}——考虑混凝土脆性的折减系数,当混凝土强度等级小于等于 C40 时,取 1.0;当混凝土强度等级大于 C40 时,按照下式计算确定:

$$\alpha_{c2}=1-0.003\,25(f_{cu,k}-40)$$

（3）轴心抗拉强度

由于混凝土抗拉强度很低,在实验中完全形成均匀拉伸并非易事,实验稍有误差对实验结果的影响就很大。因此,对抗拉强度的实验方法和标准仍需进一步研究。目前,混凝土抗拉强度的实验方法主要有三种:直接拉伸实验、弯折实验和劈裂实验。

采用直接拉伸实验时,由于安装试件的偏差和混凝土的不均匀性,很容易产生偏心受拉,影响抗拉强度的测试结果,导致实验结果离散性很大。采用弯折实验时,由于混凝土的塑性性能,也不能根据测试结果推出真实的混凝土抗拉强度。因此目前国内外较多地采用劈裂实验方法测试混凝土的抗拉强度。

劈裂实验如图3-22a、c所示,是将圆柱体或立方体试件卧置在压力机上,在试件上下对称放置钢压条。在压力作用下,压条对试件形成上下对应的条形加载,使试件产生劈裂破坏。根据弹性理论,在上述上下对应线形加载条件下,试件竖直剖面内绝大部分范围产生拉应力(图3-22b),并且其分布基本上是均匀的。劈裂实验结果是依据弹性理论进行分析的,假设试件破坏时的劈裂荷载为F,则混凝土抗拉强度的推测值为

$$f_{t,t} = \frac{2F}{\pi dl} \tag{3-19}$$

式中　d——圆柱体直径或立方体边长;

　　　l——圆柱体长度或立方体边长。

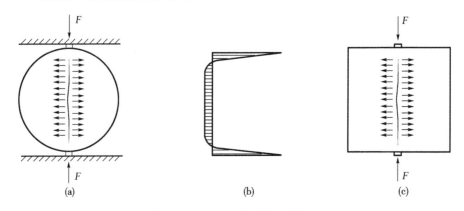

图3-22　混凝土劈裂实验示意图

根据对比实验结果的统计分析,并考虑结构中混凝土实际受力状态与试件的差异以及混凝土的脆性特点,我国现行规范取混凝土轴心抗拉强度标准值f_{tk}(N/mm^2)和立方体抗压强度标准值$f_{cu,k}$(N/mm^2)的关系为

$$f_{tk} = 0.88 \times 0.395 \alpha_{c2} f_{cu,k}^{0.55} (1 - 1.645\delta)^{0.45} \tag{3-20}$$

式中　0.395、0.55、0.45——系数,是根据实验结果回归分析得到的;

　　　δ——强度离散系数。

附录中附表1-15给出了混凝土强度的力学性能指标。

3)混凝土的变形模量

与钢材不同,由于混凝土的非线性性质,在荷载作用下,它的应力和应变的比值不是常量,因此反映混凝土应变和应力关系的力学指标——变形模量的表示方式有多种。

(1)原点弹性模量(简称弹性模量)

通过混凝土应力-应变关系曲线的原点,对曲线作切线,该切线的斜率即为混凝土的原点切线模量,以符号E_c表示。假设在任一应力σ_c作用下,如图3-23所示,混凝土的总应变为ε_c,其中包括弹性应变ε_{ce}和塑性应变ε_{cp},应有

$$E_c = \tan\alpha_0 = \sigma_c/\varepsilon_{ce} \qquad (3-21)$$

根据大量对比实验结果的统计分析,我国现行规范取混凝土弹性模量(N/mm²)与立方体抗压强度(N/mm²)的关系为

$$E_c = \frac{10^5}{2.2 + \dfrac{34.7}{f_{cu,k}}} \qquad (3-22)$$

式中 2.2、34.7——回归系数。

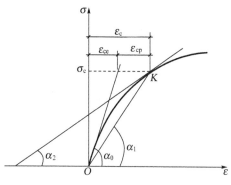

图 3-23 混凝土的变形模量示意图

(2) 变形模量

连接混凝土应力-应变关系曲线原点和任一应力 σ_c 对应曲线上的点(图 3-23 中的 K 点)作一割线,则该直线的斜率即为混凝土应力为 σ_c 时的变形模量,以符号 E'_c 表示,即

$$E'_c = \tan\alpha_1 = \sigma_c/\varepsilon_c \qquad (3-23)$$

显然混凝土变形模量随应力的变化而变化。根据图 3-23,可以推出混凝土变形模量和弹性模量的关系

$$E_c' = \frac{\sigma_c}{\varepsilon_c} = \frac{\varepsilon_{ce}}{\varepsilon_c} \cdot \frac{\sigma_c}{\varepsilon_{ce}} = \nu_c' E_c \qquad (3-24)$$

在上式中,系数 $\nu_c'(=\varepsilon_{ce}/\varepsilon_c)$ 反映了在应力作用下弹性变形与总变形之比,称为混凝土的弹性特征系数。弹性系数与应力值有关:当应力较低时,根据前面介绍的应力-应变关系特点,混凝土近似处于弹性状态,弹性系数接近 1,此时混凝土的弹性模量和变形模量基本相等;随着应力的提高,弹性系数逐渐降低,混凝土的变形模量明显小于弹性模量。

(3) 切线模量

过混凝土应力-应变关系曲线上任一应力 σ_c 相应的点(图 3-23 中的 K 点),对曲线作切线,该切线的斜率即为混凝土应力为 σ_c 时的切线模量,以符号 E''_c 表示,即

$$E''_c = \tan\alpha_2 = d\sigma/d\varepsilon \,\big|_{\sigma=\sigma_c} \qquad (3-25)$$

(4) 剪切模量

目前,由于还没有适当的抗剪实验方法测试剪切模量,因此通过直接实验测试混凝土的剪切模量是困难的,所以混凝土剪切模量(以符号 G_c 表示)一般根据弹性模量和泊松比 ν_c(一般取 0.2),按照下式计算确定:

$$G_c = \frac{E_c}{2(\nu_c + 1)} \approx 0.4 E_c \qquad (3-26)$$

3.2.2 复杂受力状态下混凝土的性能

1) 复合应力状态下混凝土的强度和变形

在钢筋混凝土结构中,混凝土一般都处于复合应力状态,如钢管混凝土柱中的混凝土,除了承受竖向压力外,同时还承受外部钢管对混凝土的约束力。又如钢筋混凝土梁弯剪区的混凝土,不仅承受正应力,同时还承受剪应力。在复合应力状态下,混凝土的强度和变形性能与简单受力状态下相比,有较明显的变化,在不同的复合应力状态下,混凝土的强度和变形性能

不同。

（1）多向受压应力状态下

当混凝土处于双向受压应力状态时，如在立方体试件两个垂直的方向作用法向压应力 σ_1 和 σ_2，第三个方向上应力为零，结果如图 3-24 的第Ⅲ象限所示，这时一个方向上混凝土强度随另一方向压应力的存在而提高。

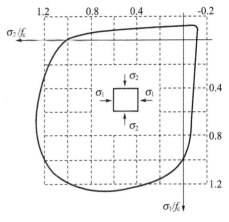

当混凝土处于三向受压应力状态时，由于受到侧向压力的约束作用，最大主压应力方向的强度有较大程度的提高，而且混凝土的极限压应变也大大提高，其幅度随另外两个方向的压应力的比值和大小而异。如果混凝土处于图 3-25 所示的约束状态时，主轴方向（即 σ_1 方向）混凝土的强度 f_{cc} 和极限压应变随着约束应力 σ_r 的增大而明显提高。图 3-25 给出了一组在约束应力状态下混凝土的应力-应变关系曲线的实验结果。

图 3-24　混凝土在双向应力状态下的强度

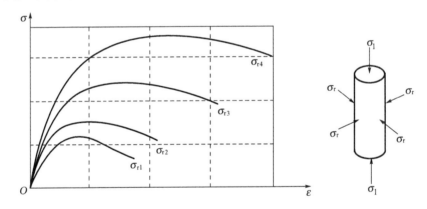

图 3-25　约束应力作用下混凝土受压的应力-应变关系曲线

$(\sigma_{r1} < \sigma_{r2} < \sigma_{r3} < \sigma_{r4})$

根据实验结果，混凝土圆柱体在约束应力 σ_r 作用下的轴向抗压强度可以表示为

$$f_{cc} = f_c + k\sigma_r \tag{3-27}$$

式中　k——侧向压力效应系数，其值一般在 4.5～7.0，侧向压力较低时，其值较大，应用时可近似取为常数。

在工程实践中，为了利用约束条件下混凝土强度和变形优点，常常通过一些措施在混凝土中形成约束应力，如在钢筋混凝土柱中设置螺旋筋或箍筋等，形成被动约束。在混凝土轴向压力增大到一定程度，横向产生明显膨胀变形时，螺旋筋或箍筋约束混凝土横向膨胀，就形成了侧向约束应力。

（2）双向受拉应力状态下

当混凝土处于双向受拉应力状态时，如在立方体试件两个垂直的方向作用法向拉应力 σ_1 和 σ_2，第三个方向上应力为零，结果如图 3-24 的第Ⅰ象限所示，这时 σ_1 和 σ_2 相互影响不大，

即不同的 σ_1 和 σ_2 之比下的双向受拉强度均接近于单向受拉强度。

（3）一拉一压应力状态下

当混凝土处于一向受拉、一向受压应力状态时，其结果如图 3-24 的第 II 和第 IV 象限所示，一个方向的混凝土抗拉强度或抗压强度随另一方向应力的增加而降低。

（4）剪压或剪拉应力状态下

当混凝土处于剪压或剪拉应力状态时，即在混凝土上作用剪应力 τ 的同时，还作用着法向应力 σ，其强度相关曲线如图 3-26 所示。从该图中可以看出：当法向应力为拉应力时，即在剪拉应力状态下，抗剪强度随着拉应力的增大而降低，同样抗拉强度也随着剪应力的增大而降低；当法向应力为压应力时，即在剪压应力状态下，当压应力在 $(0.5\sim0.7)f_c$ 以下时，抗剪强度随压应力的增加而增大，当压应力在 $(0.5\sim0.7)f_c$ 以上时，抗剪强度随压应力的增加而降低，同时混凝土的抗压强度随着剪应力的增大而逐渐降低。

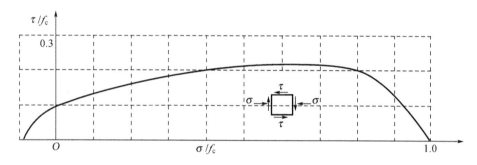

图 3-26　混凝土在法向应力和剪应力作用下的强度相关关系

2）长期荷载下混凝土的变形

（1）混凝土的徐变

在荷载的长期作用下，混凝土的变形将随时间的增加而增加，即在应力不变的情况下，混凝土的应变随时间继续增大，这种现象称为混凝土的徐变。混凝土徐变产生的主要原因是由于在长期荷载作用下，混凝土凝胶体中的水分逐渐析出，水泥石的粘性流动，内部微细空隙逐渐闭合，结晶内部逐渐滑动，内部微裂缝的不断产生和发展等原因综合所致。混凝土的徐变会在混凝土结构中产生有利或不利两方面的影响。徐变会导致结构变形的增大，在预应力混凝土结构中引起预应力损失。徐变还会引起截面的应力重分布，改变超静定结构的内力分布等。

图 3-27 给出了典型的混凝土徐变曲线，在图中，纵坐标表示混凝土的应变，横坐标表示时间。时间为零时表示短期荷载下混凝土的应变，即瞬时应变 ε_{c0}。若荷载维持不变，随着荷载维持时间的增加，应变不断增大，产生徐变 ε_{cr}，其值开始增长较快，以后逐渐减慢，经过较长时间后逐渐趋于稳定（收敛）。当荷载长期维持后突然卸除时，应变会恢复一部分。其中，立即恢复的部分称为瞬时弹性恢复应变 ε_{c0}'，其值略小于加载时的瞬时应变 ε_{c0}；经过一段时间才能恢复的部分称为弹性后效 ε_{c0}''；最后不能自由恢复的部分称为永久应变或残余应变 ε_{cr}'。

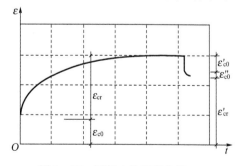

图 3-27　混凝土的徐变曲线

（2）影响混凝土徐变的主要因素

① 混凝土的应力水平。实验表明，混凝土的徐变与混凝土应力的大小有密切关系：应力越大，徐变也越大。当混凝土的应力小于 $0.5f_c$ 时，徐变与应力基本呈线性关系，这种情况称为线性徐变；当混凝土的应力大于 $0.5f_c$ 时，徐变与应力呈非线性关系，徐变增加比应力增加快，这种情况称为非线性徐变；当混凝土的应力过高时（>$0.8f_c$），徐变往往不收敛，从而导致混凝土破坏。

② 混凝土的龄期。实验结果表明，加载时混凝土龄期越短，混凝土徐变越大。

③ 混凝土的成分。混凝土组成成分对徐变也有明显的影响，水泥用量越多，徐变就越大；水灰比越大，徐变也就越大。另外，水泥和骨料的品种对徐变也有一定的影响，混凝土骨料强度和弹性模量越高，对水泥石的约束作用越大，混凝土徐变就越小。

④ 养护和使用环境条件。养护和使用时混凝土所处环境的温度和湿度是影响徐变的重要环境因素。养护温度越高，湿度越大，水泥水化作用越充分，徐变就越小；混凝土受力后，温度越高，湿度越低，徐变就越大。

3）重复荷载下混凝土的强度和变形

（1）一次重复加载卸载下混凝土的应力-应变关系

在重复荷载下混凝土的力学性能将发生明显的变化。图 3-28a 示出的是混凝土棱柱受压一次短期加载和卸载下的应力-应变关系曲线。加载时，随着应力的增加，应变逐渐增加。当应力达到 A 点时，开始卸载至零。在卸载过程中，随着应力的逐渐降低，混凝土的变形逐渐恢复，但卸载过程的应力-应变曲线（AC）没有重复加载过程的轨迹（OA）。当荷载完全卸除时，产生一部分瞬时恢复，变形恢复到 B 点。经过一段时间后，变形仍有部分恢复，达到 B' 点，BB' 称为弹性后效。最后剩下的（OB'）部分不再恢复，称为残余变形。

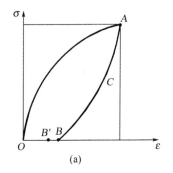 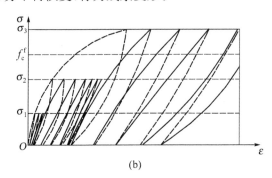

图 3-28　混凝土在短期重复荷载下的应力-应变关系曲线
（a）一次加载卸载；（b）多次加载卸载

（2）多次重复加载卸载下混凝土的应力-应变关系

图 3-28b 示出的是在混凝土棱柱受压短期多次重复加载卸载的应力-应变关系曲线。从图中可以看出，随着重复荷载的应力峰值不同，其应力-应变曲线的特征也不同：当应力峰值（σ_1 或 σ_2）小于混凝土的疲劳强度 f_c^f 时，其循环重复加载卸载下的应力-应变关系曲线的主要特征是每次荷载循环后应力-应变曲线形成一个环状，其所包围的面积随着荷载重复次数的增加而逐渐减少，直至变成一条重合的直线，这条直线基本与一次加载曲线在 O 点的切线平行；继续重复加载，混凝土的应力-应变曲线一直保持弹性（直线）工作，不会因为内部开裂或变形

过大而破坏。当应力峰值(σ_3)大于混凝土的疲劳强度 f_c^f 时,其循环重复加载卸载下的应力-应变关系曲线的主要特征是,在开始的数次循环过程中,应力-应变曲线与小应力(小于 f_c^f)相似;但是逐步形成直线后再继续循环,加载的应力-应变曲线会由原来凸向应力轴逐渐变为凸向应变轴,应力-应变曲线的斜率不断降低,最后会因裂缝严重或变形过大而破坏。

(3)混凝土的疲劳强度

因荷载重复作用而引起的混凝土破坏称为混凝土疲劳破坏。混凝土疲劳强度是产生疲劳破坏所需要重复荷载的最小应力峰值:当重复荷载的应力峰值小于疲劳强度 f_c^f 时,混凝土不会产生疲劳破坏;当重复荷载的应力峰值大于疲劳强度 f_c^f 时,混凝土将产生疲劳破坏。混凝土的疲劳强度可以表示为

$$f_c^f(f_t^f)=\gamma_p f_c(f_t) \tag{3-28}$$

式中　γ_p——混凝土疲劳强度修正系数,该系数与疲劳应力比值 ρ^f($\rho^f=\sigma_{c,min}^f/\sigma_{c,max}^f$)有关,$\sigma_{c,min}^f$ 和 $\sigma_{c,max}^f$ 分别表示截面同一纤维上混凝土最小应力及最大应力。疲劳应力比越大,疲劳强度修正系数越大。附录中附表 1-16 给出了不同疲劳应力比值下疲劳强度修正系数。

4)混凝土的收缩、膨胀和温度变形

混凝土收缩主要是由于干燥失水和碳化作用引起的,它与混凝土的组成成分有密切的关系。混凝土中水泥用量越大,水灰比越大,收缩量就越大;骨料的强度和弹性模量越高,对水泥收缩的约束越强,收缩量就越小;骨料粒径越大,级配越好,对减少收缩量越有利,而且在同一稠度条件下,混凝土用水量就越小,从而可以减少混凝土的收缩。

养护方法和使用环境的温湿度条件是影响混凝土收缩的重要因素,它明显影响混凝土干燥失水的程度。在高温高湿条件下养护,水泥水化反应快,可供蒸发的自由水分相对较少,混凝土收缩就小;使用环境温度越高,相对湿度越小,混凝土收缩就越大。

混凝土收缩对混凝土结构有不利的影响。在钢筋混凝土结构中,由于受到钢筋或相邻部分的约束,当混凝土产生收缩时,其收缩不能完全自由发展,因此在混凝土中产生(拉)应力,从而导致或加剧裂缝的产生和发展。在预应力混凝土结构中,混凝土的收缩还会引起预应力损失。另外,对跨度变化比较敏感的超静定结构,如拱等,混凝土收缩还会产生不利的内力。

混凝土的膨胀一般是有利的,故一般不予考虑。

定型的混凝土在温度变化下会产生温度变形。混凝土的温度线膨胀系数随其成分的变化而变化,一般在 $(1.0\sim1.5)\times10^{-5}/℃$,现行规范取 $1.0\times10^{-5}/℃$。

3.2.3　钢筋与混凝土的粘结

1)钢筋与混凝土粘结的作用

在钢筋混凝土构件中,钢筋与混凝土之间的粘结作用,使它们之间的应力可以相互传递,是保证共同工作的基本条件。图 3-29 示出了钢筋混凝土构件中的一个局部单元。假设钢筋一端拉力为 $T(=\sigma_s A_s)$,另一端拉力为 $T+dT(=(\sigma_s+d\sigma_s)A_s)$,根据力的平衡,应有

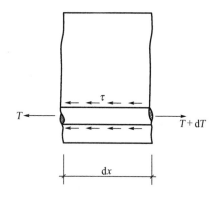

图 3-29　钢筋和混凝土之间的粘结力

$$\tau = \frac{\mathrm{d}T}{\mu \mathrm{d}x} = \frac{A_s}{\mu} \cdot \frac{\mathrm{d}\sigma_s}{\mathrm{d}x} \tag{3-29}$$

式中 τ——钢筋与混凝土之间的粘结应力；

μ——钢筋的周长；

A_s——钢筋的截面面积。

从该式中可以看出，钢筋与混凝土之间的粘结力是随着钢筋沿长度方向的应力变化而变化的：钢筋应力变化越大，需要的粘结力就越大；钢筋应力变化越小，需要的粘结力就越小；当钢筋应力没有变化时，即图3-29中单元两端钢筋的拉力相等时，钢筋与混凝土之间的粘结应力等于零。

钢筋与混凝土之间粘结的作用主要体现在下述两个方面：

（1）钢筋端部的锚固

图3-30a示出了钢筋混凝土结构中钢筋端部锚固的示意图。显然，当钢筋在混凝土中锚入的深度较小时，在拉力作用下，由于混凝土和钢筋之间粘结的破坏，钢筋将被从混凝土中拔出而产生锚固破坏；当钢筋在混凝土中锚入的深度很深时，在拉力作用下，钢筋和混凝土之间存在足够的粘结力，保证钢筋在外部拉力下屈服。保证钢筋受拉屈服的最小锚固深度与粘结性能有关。

钢筋拔出实验结果表明：粘结应力是曲线分布的，最大粘结应力在离端头某一距离，并且随着拔出力的变化而变化；当锚固长度过长时，靠近钢筋尾部处粘结应力很小，甚至等于零。由此可见，为了保证钢筋在混凝土中的可靠锚固，钢筋应有足够的锚固长度，但是不必过长。

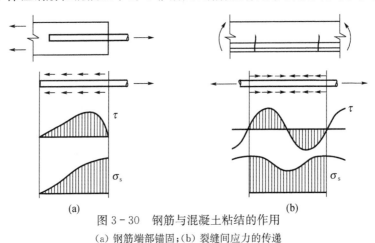

图3-30 钢筋与混凝土粘结的作用

（a）钢筋端部锚固；（b）裂缝间应力的传递

（2）裂缝间应力的传递

图3-30b示出了钢筋混凝土梁纯弯区段两条裂缝中间的一段。显然，在裂缝截面，由于受拉区混凝土开裂，其承担的拉应力等于零，该截面受拉区完全由钢筋来承担拉力。在离开裂缝一段距离截面的受拉区，由于钢筋与混凝土的粘结作用，混凝土逐渐承受拉力，因此钢筋承担的拉力就逐渐减小。随着离开裂缝截面距离的增大，混凝土的拉应力越大，钢筋拉应力减小程度也越大，当达到两条裂缝的中间时，混凝土拉应力达到最大值，钢筋的拉应力达到最小值。因此，在相邻两个裂缝的范围内，粘结力使得混凝土继续参加工作，钢筋和混凝土的应力变化以及裂缝的分布等受到粘结应力的影响，钢筋应力的变化幅度反映了裂缝间混凝土参加工作的程度。

2）粘结力的组成

钢筋和混凝土的粘结力主要由以下四个部分组成：

（1）化学吸附作用。钢筋和混凝土之间的化学吸附作用也称胶结力，它来源于浇筑时水泥凝胶体向钢筋表面氧化层的渗透和养护过程中水泥晶体的生长和硬化，从而使水泥凝胶体与钢筋表面之间产生化学吸附作用。在钢筋混凝土结构中，这种化学吸附力很小，且只能在钢筋和混凝土接触面处于原生状态时才存在，当接触面发生相对滑移时，它就失去了。

（2）摩擦作用。在混凝土的凝固过程中以及凝固以后，混凝土产生收缩，使得混凝土将钢筋紧紧握裹，钢筋和混凝土之间存在相互挤压作用，即存在压应力。因此，在钢筋和混凝土之间产生运动（相对滑移）的趋势时，就存在摩擦力。该摩擦力的大小与混凝土的收缩量和弹性模量等有关：混凝土的收缩量越大，弹性模量越高，接触面上的压应力越大，摩擦力就越大；该摩擦力也与钢筋和混凝土接触面钢筋的粗糙程度有关，表面越粗糙，摩擦系数越大，因此摩擦力就越大。

（3）机械咬合作用。由于钢筋表面凸凹不平，混凝土和钢筋相互咬合，因此，在钢筋和混凝土之间产生运动（相对滑移）的趋势时，就存在机械咬合力。对于光圆钢筋，机械咬合作用主要依靠钢筋表面的粗糙不平，因此机械咬合作用不大；而对于变形钢筋，表面螺纹、刻痕等与混凝土咬合作用明显，是粘结力的主要来源。

（4）附加咬合作用。如图 3-31 所示，在钢筋端部设置弯钩，弯折，加焊角钢，或加焊短钢筋等，都可以提供钢筋混凝土之间在端部的附加咬合作用，提高锚固能力。在工程中，对锚固能力相对较差的光圆钢筋，或锚固长度受到限制而无法满足最小锚固长度要求的其他钢筋，要采取端部加弯钩等措施，以提高其锚固能力。

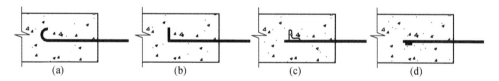

图 3-31 增加锚固能力的措施
（a）加弯钩；（b）加弯折；（c）焊角钢；（d）焊短钢筋

3）影响粘接能力的主要因素

（1）钢筋表面形状。钢筋表面形状对钢筋和混凝土的粘结能力有很大的影响。变形钢筋的粘结能力明显高于光圆钢筋，因此，变形钢筋所需要的锚固长度比光圆钢筋小，光圆钢筋一般要在端头加弯钩等。

（2）混凝土强度等级。钢筋和混凝土的粘结能力随着混凝土强度等级的提高而提高。实验表明，钢筋的粘结强度主要取决于混凝土的抗拉强度，粘结强度与抗拉强度近似呈线性关系。

（3）浇筑混凝土时钢筋的位置。钢筋和混凝土的粘结能力与浇筑混凝土时钢筋的位置有明显关系。对于混凝土浇筑深度超过 300 mm 以上的“顶部”水平钢筋，其底面的混凝土由于水分、气泡的逸出和泌水下沉，与钢筋之间形成空隙，从而钢筋和混凝土之间的粘结能力削弱。

（4）保护层厚度和钢筋间距。混凝土保护层和钢筋间距对粘结能力也有重要影响。当混凝土保护层过薄时，保护层混凝土可能会产生径向劈裂，减少了钢筋与混凝土之间的咬合作用和摩擦作用,粘接能力降低;当钢筋净间距过小时,将可能出现水平劈裂裂缝,使钢筋外整个保护层崩落,使钢筋和混凝土的粘结能力遭受严重损失。

(5)横向钢筋及侧向压力等。在混凝土构件中设置横向钢筋(如梁中的箍筋)可以延缓径向裂缝的发展和限制劈裂裂缝的宽度,从而提高粘结能力;当钢筋锚固区内作用有侧向压力时,粘结能力将会提高。

3.3 砌体的材料及力学性能

砌体的材料
及种类

3.3.1 砌体的材料及种类

1)块体材料

(1)砖

砖的类型包括烧结普通砖、烧结多孔砖、蒸压灰砂砖、蒸压粉煤灰砖、混凝土普通砖和混凝土多孔砖等。烧结普通砖是指由粘土、页岩或粉煤灰为主要原料,经过焙烧而成的实心或孔洞率不大于规定值且外形尺寸符合规定的砖,又称标准砖。烧结多孔砖是指由粘土、页岩或粉煤灰为主要原料,经过焙烧而成的多孔且孔洞率不小于25%的砖,简称多孔砖。蒸压灰砂砖是以石灰和砂为主要原料,经胚料制备、压制成型、蒸压养护而形成的实心砖,简称灰砂砖。蒸压粉煤灰砖是以粉煤灰、石灰为主要原料,掺入适量石膏和集料,经胚料制备、压制成型、高压蒸气养护而形成的实心砖,简称粉煤灰砖。

砖按照标准实验方法所得到的砖的极限抗压强度进行分级,以"MU+极限强度"表示。现行规范把烧结普通砖、烧结多孔砖的强度等级分为5级,即MU30、MU25、MU20、MU15、MU10;把蒸压灰砂砖和蒸压粉煤灰砖的强度等级分为3级,即MU25、MU20、MU15;把混凝土普通砖和混凝土多孔砖的强度等级分为4级,即MU30、MU25、MU20和MU15。

烧结普通砖的标准尺寸为240 mm×115 mm×53 mm。

空心砖的类型和规格有多种,各地不完全相同,特别是孔型、孔数及分布等。

(2)砌块

砌块可以采用多种材料制作,我国常采用的用于承重结构的主要是混凝土和轻集料混凝土砌块。砌块按照标准实验方法所得到的砌块的极限抗压强度进行分级,以"MU+极限强度"表示。现行规范把混凝土和轻集料混凝土砌块的强度等级分为5级,即MU20、MU15、MU10、MU7.5、MU5。

(3)石材

石材按其加工后外形规则程度,可分为料石和毛石。料石又分为细料石、半细料石、粗料石和毛料石。按照标准实验方法所得到的石材的极限抗压强度,现行规范把石材的强度等级分为7级,以"MU+极限强度"表示,即MU100、MU80、MU60、MU50、MU40、MU30、MU20。

2)砂浆

砂浆在砌体中的作用是使砌体中的各块体连接成一整体,并通过抹平块体表面而使得其应力的分布较为均匀。此外,由于砂浆填满了块体间的缝隙,减少了砌体的透气性,因而可以提高砌体的隔热性能和抗冻性能。

按照组成成分,普通砂浆可以分为3类:无塑性掺合料的水泥砂浆、有塑性掺合料的混合砂浆(如水泥石灰浆和水泥粘土浆等)以及不含水泥的砂浆(如石灰砂浆、粘土砂浆和石膏砂浆等)。由水泥、砂、水以及根据需要掺入的掺合料和外加剂等组分,按照一定比例,采用机械拌和制成,专门用于砌筑混凝土砌块的砌筑砂浆,称为砌块专用砂浆。

根据龄期为 28 天的标准立方体试件(70.7 mm×70.7 mm×70.7 mm),按照标准实验方法测得的抗压极限强度,现行规范把砂浆的强度等级分为 5 级,以"M+极限强度"表示,即 M15、M10、M7.5、M5、M2.5。对专用砂浆,以"M+专用砂浆类别+极限强度"表示,如 Mb5 表示混凝土砖(砌块)专用砂浆。

砌体对砂浆的基本要求是:

(1) 应符合砌体强度和耐久性的要求。

(2) 应具有一定的可塑性,使砂浆在砌筑时能将砂浆很容易且较均匀地铺开。

(3) 应具有足够的保水性。

砂浆的质量在很大程度上取决于砂浆的保水性,即在运输和砌筑时保持相当质量的能力。在砌筑时,块体将吸收一部分水分,当吸收的水分在一定的范围内时,对于灰缝中砂浆强度和密实度具有良好的影响。但是,如果砂浆的保水性很差,新铺的砂浆水分很快被块体吸收,则砂浆抹平困难,因而降低了砌体的质量;当失去的水分过多时,还会影响砂浆的正常硬化,使砌体强度降低。

在砂浆中掺入可塑性材料,不但可以增加砂浆的可塑性,提高劳动效率,还能够提高保水性,因而有利于保证砌体质量。砂浆的可塑性可以用标准锥体沉入砂浆中的深度测定。

3) 砌体的种类

砌体是由块体和砂浆砌筑而成的整体,是砖砌体、砌块砌体和石料砌体的统称。在砌体中,块体的排列方式、灰缝砂浆的质量对砌体的力学性能有明显的影响。块体的排列应使得它们能够较均匀地承受外力效应(主要是压力),如果块体排列不合理,如使各皮块体的竖向灰缝重合于几条垂直线上,在荷载作用下,砌体实际上是沿着灰缝分割成彼此间基本没有联系的独立受力部分,整体工作性不良,会影响砌体的受力性能。因此,为保证砌体的整体性,必须对砌体中的竖向灰缝进行错缝。

(1) 砖砌体

砖可以砌筑成实心砌体,也可以砌筑成空心砌体。在土木建筑中,砖砌体通常用作承重外墙、内墙和立柱,也可以用于围护墙和分隔墙等。承重墙的厚度是根据强度及稳定性要求确定的,在气候寒冷的地区,外墙的厚度还要考虑保温的要求。

对砖砌体,我国通常采用一顺一丁或三顺一丁的砌筑法,如图 3-32 所示。

(2) 石砌体

石砌体分料石砌体、毛石砌体和毛石混凝土砌体。

料石砌体一般采用砂浆砌筑,特殊情况下,也有不用砂浆而直接将料石叠垒干砌的。

毛石砌体多用砂浆砌筑,用样板标定法进行。其类型如图 3-33 所示,有毛料石砌体、毛板石砌体、平毛石砌体和乱毛石砌体。

毛石混凝土砌体是在模板内交替地放置混凝土层及形状不规则的毛石层构筑而成。通常每灌注 120～150 mm 厚混凝土即设置毛石一层,毛石一般要插入混凝土中,深度约为石块高度的一半左右,并尽量紧密一些,然后再灌注新的一层混凝土,将石块覆盖,随后再逐层进行。用于毛石混凝土砌体中的混凝土,其含砂量应比普通混凝土高。

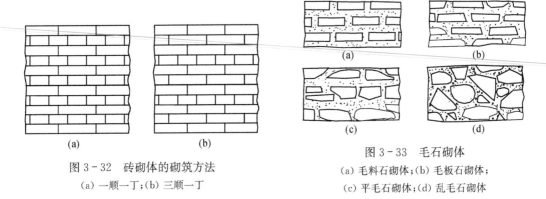

图 3-32　砖砌体的砌筑方法
(a) 一顺一丁；(b) 三顺一丁

图 3-33　毛石砌体
(a) 毛料石砌体；(b) 毛板石砌体；
(c) 平毛石砌体；(d) 乱毛石砌体

（3）砌块砌体

采用砌块建筑,是墙体改革中的一项重要措施。

砌块的排列是设计工作的一个重要环节,既要有规律性,使砌体类型最少,同时应排列整齐,尽量减少通缝。

（4）配筋砌体

为了提高砌体的强度,减少构件的截面尺寸,可以在砌体内配置适量的钢筋,形成配筋砌体。通常是在砌体水平灰缝中配置直径较小的网状钢筋或水平钢筋,形成网状配筋砌体柱或水平配筋砌体墙。有时也在砌体外配置纵向钢筋后用砂浆或混凝土形成面层,或在预留的竖槽内配置钢筋后用砂浆或混凝土灌实,形成组合砌体墙（柱）。

3.3.2　砌体的力学性能

1）砌体的抗压强度

（1）轴心受压砌体的破坏过程及应力特点

砌体是由多个块体用砂浆垫平并粘结而形成的,因此它的受压工作与匀质整体材料有很大的差别。实验结果表明,砖砌体的受压破坏大致经历下述 3 个过程：

① 第一阶段是自开始受力到单块砖内出现竖向裂缝。此时的荷载约为破坏荷载的 50%～70%。

② 随着荷载的继续增大,新的裂缝不断出现,单块砖内的裂缝逐渐发展,并相互连接而形成连续的裂缝,裂缝垂直穿过若干皮砖。当荷载达到 80%～90%极限荷载时,基本进入第三阶段。

③ 砌体进入第三阶段后,随着荷载的增大,裂缝迅速发展,并连接成几条主要的贯通裂缝,把砌体分割成几个 1/2 砖的小立柱。在荷载作用下,因小立柱失稳而导致砌体破坏。

受压砌体中应力的分布是非常复杂的,在块体和灰缝砂浆上不仅存在压应力,而且还存在弯曲应力和剪切应力,同时也产生侧向的拉应力和压应力。产生这些附加应力的原因主要是与砌体的构成特点及其应力状态特点有关。在轴心受压时,砖砌体的应力状态特点可以从下述几方面进行分析：

① 水平灰缝的砂浆厚度和密实度不均匀。由于砂浆的厚度和密实度不均匀,单块砖内并不是均匀受压,而是受到表面分布不均匀而且上下不对应的压力。图 3-34 给出了夸大后单块砖的不均匀受压情况,图中不均匀压力集中在几个局部区域上。显然,由于砖块受力上下不对应,在砖块中除了产生压力外,还有剪力和弯矩。

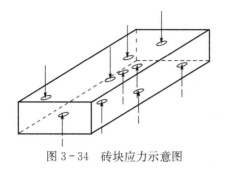

图 3-34　砖块应力示意图

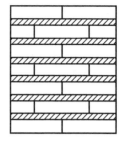

图 3-35　砖和砂浆交替层示意图

② 横向变形时砖和砂浆的相互约束。当砌体受压时,除了在受力方向产生(纵向)压缩变形外,在横向也将产生膨胀变形。砖砌体是由砂浆和砖块两种材料组成,由于砖和砂浆的材料性能和横向变形系数一般不同,因此在同等水平的压应力作用下,其自由状态时的横向变形一般是不一致的。如果把砌体理想地表示成图 3-35 所示的两种材料交替层的形式,可以简单地分析出,在压应力作用下,由于砖和砂浆的相互作用,砌体的横向变形量介于自由状态下的两种材料单独受力时的横向变形值之间。显然,在砌体结构中,如果砂浆的横向变形系数大于砖块,在压应力作用下,砂浆的横向变形将受到砖块的约束,因此砖块对砂浆将产生横向约束压力,而同时砂浆的横向膨胀作用将在砖块中产生横向拉应力;如果砖块的横向变形系数大于砂浆,在压应力作用下,砖块的横向变形将受到砂浆的约束,因此砂浆对砖块将产生横向约束压应力,而同时砖块的横向膨胀作用将在砂浆中产生横向拉应力;当两者的横向变形系数相等时,在压应力作用下,横向变形一致,不产生横向约束应力。一般情况下,中强度等级以下的砂浆横向变形系数大于砖块。在砌体中,由于受到砖块的横向约束作用,砂浆实际上处于三向受压应力状态,因此它的受压强度可以明显提高,这可以解释为什么用低强度等级砂浆砌筑的砌体的抗压强度大大高于砂浆的抗压强度。

③ 弹性地基梁作用。在压力作用下,水平砂浆层将产生压缩变形。因此单块砖就像搁置在弹性地基上的梁(板)一样,上表面承受上部传下来的压力,而下表面则支撑于具有竖向变形的地基(砂浆层)上,其内部将产生弯曲应力和剪应力。砂浆的弹性模量越小,在压力作用下其变形越大,砖的变形也就越大,因而在砖内弯曲应力和剪应力就越大。

④ 竖向灰缝处的应力集中。按照一般的砌筑方法,砌体中竖向灰缝一般很难保证其饱满,且砂浆和砖的粘结力也不能保证砌体的整体性。因此,在竖向灰缝处的砖内,将产生应力(横向拉应力和剪应力)集中,引起砌体强度的降低。

(2) 影响砌体强度的主要因素

影响砌体抗压强度的因素有很多,主要有:

① 块体和砂浆的强度。块体和砂浆的强度越高,砌体的强度就越高。

② 砂浆的弹塑性性能。根据前面的分析,砂浆变形越大,块体内的弯曲、剪切及拉应力就越大,因此砌体强度越低。

③ 砂浆的流动性。砂浆的流动性大,铺砌方便,因而灰缝比较均匀且密实度较好,这将有利于减少上述原因在块体内引起的弯曲和剪切应力,因此对提高砌体强度有利。

④ 砖的形状和灰缝厚度。砖的表面平整程度和灰缝厚度均直接影响到砖受力的均匀性。形状整齐的块体,有利于保证灰缝均匀,减少块体上下面不对应受力的程度,对提高承载力有

利。一般情况下灰缝厚度不宜过薄，也不宜过厚。灰缝太薄，对保证砂浆层的密实性和均匀性不利；但砂浆层过厚，由于上述砂浆与块体变形的约束作用和弹性地基梁作用加大，块体内的弯曲、剪切及拉应力增大，将引起砌体强度降低。在我国，灰缝的标准厚度一般为 8～12 mm。

⑤ 砌筑质量。砌筑质量直接影响到砂浆的密实性和均匀性，以及竖向灰缝的饱满程度，因此对砌体强度有直接影响。

（3）砌体抗压强度计算及取值

根据上述分析，砌体的抗压强度与块体强度、砂浆强度和块体种类等多种因素有关。根据实验结果回归分析，我国现行规范取砌体抗压强度的平均值 f_m 与块体抗压强度平均值 f_1 和砂浆抗压强度平均值 f_2 的关系为

$$f_m = k_1 f_1^a (1 + 0.07 f_2) k_2 \qquad (3-30)$$

式中，f_m、f_1 和 f_2 的单位均为 MPa，系数 k_1、a 和 k_2 是与块体种类等有关的系数，可以在附表 1-24 中查出。

当单排孔混凝土砌体对孔砌筑采用混凝土灌孔且灌孔率不小于 33% 时，应考虑灌孔混凝土的影响，灌孔砌体抗压强度平均值 f_{gm} 和抗压强度设计值 f_g 可以按照下式确定：

$$f_{gm} = f_m + 0.63 \alpha f_{cu,m} \qquad (3-31a)$$

$$f_g = f + 0.6 \alpha f_c \leqslant 2f \qquad (3-31b)$$

式中　α——砌块砌体中灌孔混凝土面积和砌体毛面积之比，等于混凝土砌块的孔洞率乘以灌孔率；

　　　f——未灌孔砌体的抗压强度设计值；

　　　f_c——灌孔混凝土的轴心抗压强度设计值。

附录中附表 1-17～附表 1-20 给出了部分砖砌体、砌块砌体和石砌体轴心抗压强度标准值和设计值。

2）砌体的抗拉、抗弯和抗剪强度

砌体的抗拉、抗弯和抗剪强度与块体和砂浆的粘结强度有关。根据力的作用方向，块体和砂浆的粘结力可以分为两类，即法向粘结力和切向粘结力，如图 3-36 所示。前者垂直作用于灰缝，而后者则平行于灰缝。当砌体受拉、受弯和受剪时，法向粘结强度和切向粘结强度起着重要的作用。

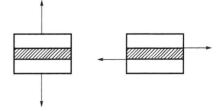

图 3-36　块体与砂浆的粘结力

由于竖向灰缝中砂浆不易很好地填实，而且砂浆结硬时收缩会大大削弱甚至破坏竖向灰缝的粘结能力。因此在应用时，一般不考虑竖向灰缝的粘结能力。对于水平灰缝，砂浆收缩的同时，砌体不断地下沉，块体与砂浆的粘结能力不会受到损伤。实际上，处于长期受压状态下的水平灰缝，其粘结强度是不断提高的。

（1）轴心抗拉强度

按照力的作用情况，砌体的受拉破坏主要分为沿通缝截面破坏（图 3-37a）和沿齿缝截面破坏（图 3-37b）。由于通缝截面轴心抗拉强度很低而且离散性也很大，故设计时不能采用通缝截面破坏的轴心受拉构件。

根据实验结果回归分析,沿齿缝截面破坏的轴心抗拉强度与砂浆的强度等级有关。我国现行规范取其轴心抗拉强度的平均值 $f_{t,m}$ 与砂浆抗压强度平均值 f_2 的关系为

$$f_{t,m} = k_3 \sqrt{f_2} \qquad (3-32)$$

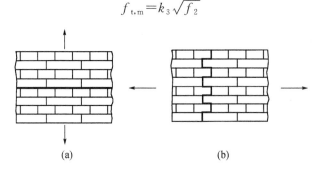

图 3-37　砌体的受拉破坏

（2）弯曲抗拉强度

同轴心受拉相似,沿通缝截面破坏和沿齿缝截面破坏的弯曲抗拉强度与砂浆的强度等级有关。我国现行规范取其弯曲抗拉强度的平均值 $f_{tm,m}$ 与砂浆抗压强度平均值 f_2 的关系为

$$f_{tm,m} = k_4 \sqrt{f_2} \qquad (3-33)$$

（3）抗剪强度

根据实验结果回归,我国现行规范取砌体抗剪强度的平均值 $f_{vm,m}$ 与砂浆抗压强度平均值 f_2 的关系为

$$f_{v,m} = k_5 \sqrt{f_2} \qquad (3-34)$$

式（3-32）～式（3-34）中,f_1、f_2、$f_{t,m}$、$f_{tm,m}$ 和 $f_{v,m}$ 的单位均为 MPa,系数 k_3、k_4、k_5 为回归系数,可以在附表 1-25 中查出。

对单排孔混凝土砌块对孔砌筑时,灌孔砌体抗剪强度的平均值 $f_{vg,m}$ 和设计值 f_{vg} 可以按照下式确定:

$$f_{vg,m} = 0.32 f_{g,m}^{0.55} \qquad (3-35a)$$

$$f_{vg} = 0.20 f_g^{0.55} \qquad (3-35b)$$

附录中附表 1-21 给出了各类砌体沿砌体灰缝破坏时轴心抗拉、弯曲抗拉和抗剪强度标准值和设计值。

3）砌体抗压应力-应变曲线和弹性模量

（1）应力-应变关系曲线

砌体为弹塑性材料,当受到压力时,应力应变呈非线性关系。如图 3-38 所示,随着应力的加大,应变增加速度逐渐加快,当应力接近极限强度时,荷载基本不增加,变形继续增加。

根据大量实验资料,受压砌体的应力-应变关系可以采用下列关系式表示:

$$\varepsilon = -\frac{n}{\xi \sqrt{f_m}} \ln\left(1 - \frac{\sigma}{f_m}\right) \qquad (3-36)$$

式中　ξ——回归系数,对砖砌体 $\xi=460$;

　　　n——常系数,可以取 1 或略大于 1。

（2）弹性模量

同混凝土材料一样,砌体受压变形模量一般有 3 种表示方法,即初始弹性模量、割线模量和切线模量。根据砌体受压应力-应变关系曲线,可以容易地求出上述 3 种模量,但割线模量和切线模量是随着应力变化的。

现行规范对砌体受压弹性模量采用了较为简化的结果,按照不同强度等级的砂浆,取砌体弹性模量与砌体抗压强度成正比,各类砌体的弹性模量可以在附表 1-22 中查出。单排孔且对孔砌筑的混凝土砌块灌孔砌体的弹性模量 E 可以按 $2\,000f_g$ 确定。

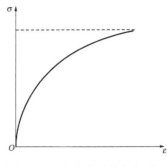

图 3-38　砌体受压的应力-应变关系曲线

（3）剪切模量

砌体的剪切模量 G_m,一般根据弹性模量 E 和泊松比 ν_c,按照材料力学方法计算,一般取 $0.4E$。

（4）砌体的膨胀系数

附表 1-23 给出了现行规范规定的膨胀系数。

本章其他资源

复习思考题

3-1　钢材的应力-应变关系曲线特征是什么？简化模式是什么？

3-2　何谓条件屈服强度？

3-3　钢材的强度指标有哪些？屈强比的实质是什么？

3-4　钢材的变形指标有哪些？如何确定？

3-5　三向应力状态下,钢材的强度和变形特点有哪些？

3-6　何谓疲劳破坏？试述疲劳破坏的特征。

3-7　影响疲劳强度的主要因素有哪些？如何影响？

3-8　钢材硬化的种类和特点有哪些？

3-9　何谓应力集中？应力集中对材料性能有什么影响？

3-10　温度对钢材性能的影响如何？何谓热脆和冷脆？

3-11　混凝土应力-应变关系曲线的特征和主要影响因素是什么？

3-12　混凝土的强度指标有哪些？它们之间的关系如何？

3-13　试述复合应力条件下混凝土的强度和变形特点。

3-14　混凝土的弹性模量和变形模量是如何定义的？关系如何？何谓混凝土的弹性特征系数？

3-15　何谓混凝土的徐变？影响徐变的主要因素有哪些？

3-16　举例说明混凝土徐变和收缩对结构的影响。

3-17　何谓混凝土的疲劳破坏？重复荷载下混凝土的应力-应变关系曲线的特征如何？

3-18　钢筋与混凝土间的粘结力由哪几部分组成？

4 构件连接

本章介绍了钢结构常用的连接方法。通过本章的学习,了解构件各种连接的形式,着重了解钢结构常用的连接类型。了解电弧焊接的工艺过程、特点以及焊缝的种类;理解电焊条的选择、影响焊缝强度有关的因素以及焊缝质量的检测要求;理解焊接残余应力和残余变形的产生原因以及消除焊接残余应力和残余变形的方法;掌握对接焊缝各种受力条件下的计算方法和构造要求;理解角焊缝的计算原理;掌握角焊缝各种受力条件下的计算方法和构造要求;了解普通螺栓和高强度螺栓形式、规格、排列要求和施工工艺;理解普通螺栓和高强度螺栓的异同点;掌握普通螺栓和高强度螺栓的计算方法。

工程结构是由各种基本构件通过连接组成的整体结构物,使其实现共同工作。构件连接方式及其质量的优劣对于结构的工作性能有直接影响。各类结构的连接,其目的和基本要求是一致的,应满足安全可靠、传力明确、构造简单、制作与施工便利、节约材料等原则,尤其要求基本构件通过连接形成的整体结构在连接处尽可能不出现薄弱部位,满足结构对连接处(节点)的强度、延性和刚度等方面的性能要求。此外,标准化、机械化和装配化施工也是连接技术的基本要求和发展方向。

钢结构和钢筋混凝土结构由于所采用的建筑材料、制作和施工方法的不同,在构件的连接方法上也有很大不同。

钢结构通常是由钢板、型钢(角钢、槽钢、工字钢、H形钢等)通过必要的连接组合成基本构件,例如梁、柱、桁架等,再由各种基本构件通过连接组成一体,形成完整的结构。钢结构基本构件的制作与加工一般是在工厂完成,基本构件或若干基本构件组成的部件运到工地后通过拼接安装,形成整体结构(平台、屋盖、框架和厂房等)。因此,在钢结构中,连接占有相当重要的地位。钢结构的连接有的是在钢结构工厂完成的,称为工厂连接;有的是在施工工地上完成的,称为工地连接。连接方法及其质量直接影响到钢结构的工程质量、施工工艺、施工速度和工程造价,必须给予足够重视。

钢筋混凝土结构按照施工方法来分,通常有现浇式、装配式和装配整体式三大类。

现浇式钢筋混凝土结构施工时,每层的柱及其上部的梁、板同时支模、绑扎钢筋,然后一次浇捣混凝土,一般自基础顶面逐层向上施工,具有整体性好,刚度大,抗震性能优越,抗渗性好等优点。此外,对于平面形状不规则、有较大的集中荷载和动荷载设备、有较复杂的孔洞等情况均有较好的适应性。近年来,在新建的多高层建筑、大跨度建筑和桥梁工程、地下工程中得到了广泛的应用。

装配式结构系指组成结构的基本构件如梁、楼板、柱等的部分或全部为工厂或工地预制,在现场安装形成结构。该结构具有节约材料和劳动力,便于实现标准化、工厂化和机械化生产,加快施工进度等优点,但结构的整体性和刚度较差,抗震能力弱,不宜在地震区应用。在我国多层住宅中应用最为普遍。

装配整体式结构是指结构的梁、柱及楼板等均为预制,在现场吊装就位后,通过整结措施和现浇混凝土将构件形成结构整体。常用的整结方法有：楼板面作配筋现浇层、各种焊接连接、叠合梁、叠合板等，实际上就是预制构件的连接。装配整体式结构的整体性和刚度比装配式好，与现浇结构相比，能减少支模和现场混凝土浇筑工作量，它兼有现浇式和装配式结构的优点，但节点区现场焊接工作量较大，需要二次浇捣混凝土。

对于砌体结构而言，砖、石或各类砌块通过砂浆等胶结材料砌筑成结构或构件的过程也是一种特殊的连接方式和手段。就目前的技术水平而言，砌块的砌筑主要还是手工操作为主，砌块材料强度和尺寸、砂浆的强度及其配合比和工人的技术水平高低等因素都将对砌体结构最终的质量有直接的影响。因此，国家也有相应的设计、施工和验收规范对砌体结构的砌筑（连接）提出质量要求，确保工程质量。

本章的重点是介绍钢结构的连接。与钢结构的连接有所不同，由于材料和施工方法的多样性和灵活性，目前，钢筋混凝土结构的连接更多地侧重于与施工工艺相结合，尤其对于应用较多的现浇式钢筋混凝土结构，其构件成形和连接是通过整体浇筑混凝土一次完成；其连接的计算分析是融入结构整体分析中；连接的技术要求也是通过构造要求和施工技术方案加以保证。

4.1 钢结构的连接方法

钢结构常用的连接方法有焊缝连接、螺栓连接（普通螺栓、高强度螺栓）和铆钉连接，常用的钢结构连接方法如图 4-1 所示。

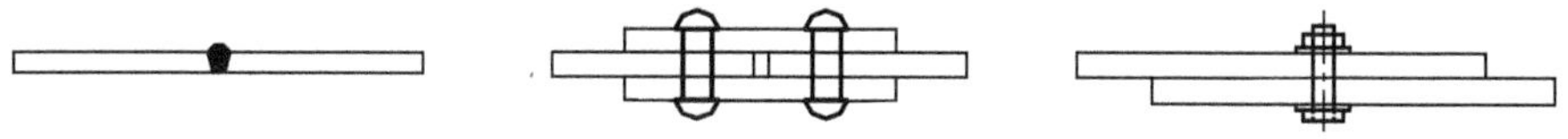

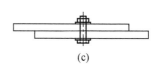

(a)　　　　　　　　(b)　　　　　　　　(c)

图 4-1　钢结构连接方法

（a）焊接连接；（b）铆钉连接；（c）螺栓连接

焊缝连接是当今钢结构的最主要的连接方式，一般采用电弧焊。它通过电弧产生热能使焊条和焊件相互熔化，经冷却后共同形成焊缝而使被焊件连成一体。

焊缝连接的优点是：① 不削弱焊件截面，节省材料，经济；② 构造简单，加工简便且易实现自动化操作，提高焊接质量；③ 连接刚度大，密闭性好，整体性好。

但焊接连接也有一些缺点：① 由于焊缝的高温热循环作用使焊缝附近的材质变脆；② 焊接过程中不均匀的加热和冷却使焊件中产生焊接残余应力和残余变形，对结构的承载能力有不利影响；③ 焊接结构对裂纹很敏感，一旦局部出现裂纹便有可能迅速扩展到整个截面，尤其是在低温下更易发生脆性断裂。

螺栓连接分普通螺栓连接和高强度螺栓连接。螺栓连接要先在被连接构件上打孔，之后穿入螺杆，并拧紧螺母固定。螺栓连接在钢结构构件现场拼装或临时性、须拆卸的结构安装连接中应用较多，具有施工简便高效、受力明确可靠的优点，尤其适合于缺乏电力供应的偏远工地的现场安装连接。但螺栓连接由于需要在被连接构件上开孔，对母材有削弱，且存在应力集中现象。此外，螺栓连接副（螺杆、螺帽和垫片等）及必要的连接板有一定的钢材消耗且需精加工制作，增加了制造工作量，成本相对较高。

根据受力性能和加工质量要求，普通螺栓分为 A、B、C 三级，其中 A 级和 B 级的螺栓杆要求经机床切削加工精制而成，对螺栓孔的要求也较高（栓杆直径比孔径小 0.3～0.5 mm，Ⅰ 类孔),为精制螺栓。C级螺栓的螺杆用热轧圆钢制成,对螺栓孔的加工要求较低(栓径比孔径小1.0~2.0 mm,Ⅱ类孔),为粗制螺栓。C级螺栓的材料性能等级为4.6级或4.8级,其中小数点前面的数字表示螺栓成品的材料抗拉强度不小于400 N/mm²,小数点后面的数字表示其屈强比为0.6或0.8。A、B级螺栓材料性能等级为5.6级或8.8级。A、B级螺栓受力性能好,但制造和安装困难,价格高,目前在钢结构中应用较少。C级螺栓由于空隙大,受剪力作用时连接变形大,工作性能差,但安装方便,传递拉力的性能尚好,故常用于需要拆卸或不太重要的钢结构连接中,以及现场安装时的临时固定。

高强度螺栓由中碳钢或低合金钢等经热处理后制成,强度较高。我国高强度螺栓的性能等级有8.8级(8.8 S)和10.9级(10.9 S)两种。10.9级高强度螺栓常用的材料是20MnTiB和35VB钢等,经热处理后 f_u^b 不低于1 040 N/mm²。8.8级高强度螺栓常用的材料是40B、45号钢或35号钢,经热处理后 f_u^b 不低于830 N/mm²。两者的螺母和垫圈均采用45号钢,经热处理制成。高强度螺栓连接应采用钻成孔,栓孔为Ⅱ类孔。

高强度螺栓的连接类型分为摩擦型和承压型连接。高强度螺栓摩擦型连接只依靠被连接件间的摩擦力来传递剪力,不允许板件接触面间发生相对滑移,并以板件间的摩擦力刚被克服时刻作为其承载能力极限状态。连接中螺栓杆不受剪,螺栓孔壁不承压。这种连接的变形小,受力性能好,耐疲劳,连接紧密,施工简便,可拆卸,在动力荷载作用下不易松动,安全可靠。目前,它在各类钢结构工程的现场拼接中已广泛应用,具有很好的发展前途。高强度螺栓承压型连接除利用摩擦力传力外,还依靠连接板件发生相对滑移后螺栓杆的受剪和孔壁承压共同传力。以被连接板间出现滑移作为正常使用的极限状态;以连接的破坏(螺栓或板件的破坏)作为其承载能力的极限状态。因此,它的承载能力高于摩擦型连接,可节约连接材料。但承压型连接的剪切变形比摩擦型连接大,所以只适用于承受静荷载或对结构变形不太敏感的结构中,不能用于直接承受动力荷载的结构中。高强度螺栓承压型连接目前在实际工程中应用得还不多。

铆钉连接需在构件上开孔,将一端带有预制钉头的铆钉加热后插入钉孔内,用铆钉枪将另一端热压成铆钉头以使连接达到紧固。铆钉连接传力可靠,塑性、韧性均较好,质量容易检查。但铆钉连接有钉孔削弱,要制孔和打铆,费工费料,技术要求高,劳动强度大,劳动条件差,故目前在钢结构中几乎已被焊接连接和高强螺栓连接完全取代。

本章重点介绍钢结构的焊接和螺栓连接两大类连接方法。

4.2 焊接方法、焊缝形式及质量要求

4.2.1 钢结构常用的焊接方法

钢结构的焊接多采用电弧焊。电弧焊分为手工电弧焊、自动或半自动埋弧焊和气体保护焊等。

1) 手工电弧焊

手工电弧焊的工作原理如图4-2所示。它由焊件、焊条、焊钳、电焊机和导线等组成。电焊机的一个电极用导线连于焊件,另一个电极连接于夹住电焊条的焊钳。施焊时首先使焊条与焊件瞬间接触短路后迅即将焊条提起少许,焊条末端与焊件间将激发强大电弧(素称"打火")。电弧温度甚高(1 200℃以上),迅速熔化焊条,焊条金属熔液滴落在焊件上被电弧吹成的熔池中,并与焊件熔化的金属结合在一起;与此同时,焊条药皮在高温下熔化成熔渣覆盖着

熔池表面,同时产生保护气体,使空气中的氧、氮等有害气体与熔池中的液体金属隔绝,避免形成易裂的脆性化合物。随着焊条的移动,熔池中的金属冷却后形成焊缝,将焊件连成整体。

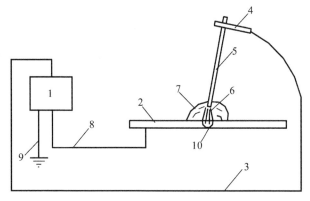

图 4-2　手工电弧焊示意图

1-电焊机;2-焊件;3-接焊条导线;4-焊把;5-焊条;

6-电弧;7-气体;8-接焊件导线;9-接地线;10-焊缝

电焊机可以采用直流或交流电。选用的焊条型号应与焊件主体金属的强度相适应。焊接 Q235 钢的焊条型号为 E43XX 系列,焊接 Q345 钢的焊条型号为 E50XX 系列,焊接 Q390 和 Q420 钢材的焊条型号为 E55XX 系列。当两种不同强度等级的钢材相焊接时,可采用与较低强度钢材相对应的焊条。

上述焊条型号的表示方法中:E 代表焊条(Electrode),其后的两个数字表示焊条金属的最小抗拉强度,如 43、50 和 55 表示焊条金属的抗拉强度分别为 43 kgf/mm^2、50 kgf/mm^2 和 55 kgf/mm^2(相当于 420 N/mm^2、490 N/mm^2 和 540 N/mm^2)。数字后面的 XX 也是两个数字,表示焊条所用的药皮类型、适用的焊接位置以及适用的焊接电源等。如常用的 E4303 型焊条适用于 Q235 钢的一般结构全位置焊接,药皮为钛钙型,电流为交流或直流正、反接;E5015 型焊条适用于 Q345 钢的重要位置全位置焊接,药皮为低氢钠型,电流为直流反接。适用于焊接钢结构的各种焊条型号,可参见有关国家标准。

手工电弧焊的设备简单,操作灵活方便,可用于空间全方位焊接,特别适合于工地安装焊缝和曲折、短粗焊缝,是钢结构中最常用的焊接方法。不足之处是焊缝质量波动性较大且与焊工的技术水平密切相关,劳动条件差,效率低。

2) 自动或半自动埋弧焊

自动或半自动埋弧焊原理如图 4-3 所示。埋弧焊采用没有涂药的焊丝,插入从漏斗中流出来并覆盖在焊件上的焊剂层中。当通电引弧后,电弧埋在焊剂层下,使焊丝、焊件和附近的焊剂熔化,熔化后的焊剂浮在熔化的金属表面,使其与空气隔绝。同时焊剂中还含有必要的合金元素以改善焊缝质量。焊接时,焊丝随着焊机的自动移动而下降和熔化,颗粒状的焊剂亦不断由漏斗漏下

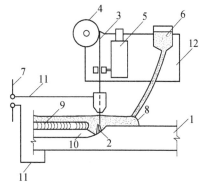

图 4-3　自动埋弧焊示意图

1-焊件;2-电弧;3-裸焊丝;

4-焊丝转盘;5-送丝机;6-焊剂漏斗;

7-电源;8-焊剂;9-焊渣;10-焊缝金属;

11-导线;12-自动电焊机

埋住电弧,全部焊接过程自动完成,故称为自动埋弧焊。当电焊机的移动需要由人工操作时,则为半自动埋弧焊。自动或半自动埋弧焊使用的电流大,电弧热量集中,熔深大,焊缝的化学成分均匀,焊缝质量好,其塑性和韧性较好,焊件变形小,效率高。但埋弧焊对焊件装配精度要求高,只适合长而直的焊缝,目前主要用于工厂焊接。

自动(半自动)埋弧焊用的焊丝和焊剂,其选用也应根据相关国家标准的要求,与焊件主体金属强度相适应。

3) 气体保护焊

气体保护焊的原理与前述两种焊接方式相同,但其利用喷枪喷出惰性气体或二氧化碳气体作为保护介质,使熔池的融化金属与空气隔绝,保证了焊接过程的稳定,亦即用保护气体代替了焊剂。由于保护气体是喷射的,有助于熔滴形成且热量集中,因而焊接效率高,熔深大,焊缝质量好,强度比手工电弧焊高,且塑性和耐腐蚀性好,特别适合厚钢板的焊接。但施焊时需要避风,以免气体被吹散。

4.2.2 焊缝连接形式及焊缝类型

焊缝连接根据被连接件间的相互位置可分为平接、搭接和顶接(T形)三种形式,如图4-4所示。所用的焊缝形式主要有两种:对接焊缝和角焊缝。图中平接采用对接焊缝,搭接采用角焊缝,而顶接既可用对接焊缝也可用角焊缝。采用对接焊缝连接的板件边常加工成各种形式的坡口,焊缝金属填充在坡口内,充满整个被连接件的截面(图4-4a、d)。采用角焊缝连接的板件不必开坡口,焊缝金属直接填充在由被连接板件形成的直角或斜角区域内(图4-4b、c)。

(a)　　　　　(b)　　　　　(c)　　　　　(d)

图4-4　焊缝连接及焊缝形式

(a) 平接;(b) 搭接;(c) 顶接(角焊缝);(d) 顶接(对接焊缝)

焊接按施焊位置可分为俯焊、立焊、横焊和仰焊等几种(图4-5)。俯焊施焊方便,质量最好,应优先采用。立焊和横焊的质量及工效比俯焊差一些。仰焊的工作条件最差,焊接质量不易保证,应尽量避免采用。若不得不采用仰焊,应适当降低焊缝强度设计值,施工时采用适当的焊接工艺,并由技术等级较高的焊工施焊。

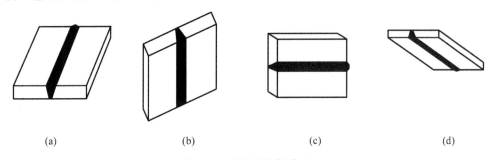

(a)　　　　　　　(b)　　　　　　　(c)　　　　　　　(d)

图4-5　焊缝的施焊位置

(a) 俯焊;(b) 立焊;(c) 横焊;(d) 仰焊

焊缝按沿长度方向的布置分为连续角焊缝和间断角焊缝两种(图4-6)。连续焊缝受力情况较好;间断焊缝因焊缝两端应力集中现象严重,一般只用于次要构件或次要焊缝连接。间断角焊缝之间的净距不宜过大,以免产生连接不紧密,潮气侵入而引起锈蚀。间断净距一般不应大于15t(受压构件)或30t(受拉构件),t为较薄焊件的厚度。

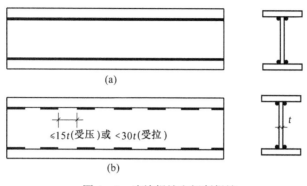

图4-6　连续焊缝和间断焊缝
(a)连续焊缝;(b)间断焊缝

对接焊缝传力直接平顺,焊缝受力明确,基本不产生应力集中,用料经济,构造简单。对于承受动力荷载的结构,采用对接焊缝连接最为有利。随着焊件厚度的增加,为了焊透焊缝、便于施焊和减少焊缝金属消耗,对焊件的边缘应加工坡口,详见图4-12。因此,焊件板边需开坡口且尺寸要求准确、制造费工是对接焊缝的不便之处。

角焊缝分直角角焊缝和斜角角焊缝两类(图4-7)。角焊缝的受力较复杂,强度比对接焊缝低,传力也不直接,用料较多,但由于角焊缝连接不需要对焊件边缘进行加工,对板件下料尺寸的精度要求也没有对接焊缝高,施工便利,因而角焊缝在钢结构中的应用非常普遍。

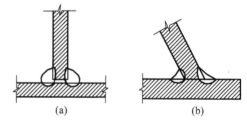

图4-7　直角角焊缝和斜角角焊缝
(a)直角角焊缝;(b)斜角角焊缝

4.2.3　焊缝符号

在钢结构施工图纸上,要用焊缝符号标明焊缝形式、尺寸及要求。我国的《焊缝符号表示法》是依据国际标准《焊缝在图样上的符号表示法》(ISO2553—84)制定的。焊缝符号由指引线和表示焊缝截面形状的基本符号组成,必要时还可加上辅助符号、补充符号和焊缝尺寸符号。

1)指引线

指引线一般由带有箭头的箭头线和两条相互平行的基准线所组成。一条基准线为实线,另一条为虚线,均为细线,如图4-8所示。虚线的基准线可以画在实线基准线的上侧或下侧。基准线一般与图纸底边平行,特殊情况下也可以与底边垂直。为引线的方便,箭头线允许弯折一次。图4-8b、c中的表达意义相同,都代表V形对接焊缝。

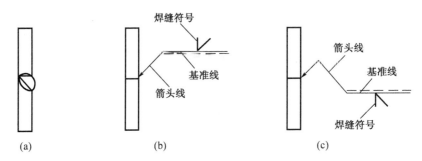

图 4-8　焊缝指引线标注

（a）焊件上的 V 形对接焊缝；（b）指引线与焊缝的基本符号，虚线在实线下侧；

（c）同（b），但箭头线弯折一次，实线画在虚线下侧

2）基本符号

基本符号用以表示焊缝的形状，钢结构中常用的焊缝基本符号见表 4-1。基本符号与基准线的相对位置是：

（1）如果指引线箭头指向焊缝所在的一侧，基本符号应标在基准线的实线侧。

（2）如果指引线箭头指向对应焊缝所在的另一侧，基本符号应标在基准线的虚线侧。

（3）标注双面对称焊缝时，基准线可只画一条实线。

（4）对于单面对接焊缝如 V 形、U 形焊缝，箭头线应指向带有坡口一侧的焊件。

上述规定图示说明于图 4-9。

表 4-1　常用焊缝基本符号

名称	封底焊缝	对　接　焊　缝					角焊缝	塞焊缝与槽焊缝	点焊缝
		I 形焊缝	V 形焊缝	单边 V 形焊缝	带钝边的 V 形焊缝	带钝边的 U 形焊缝			
符号	⌣	‖	∨	Ⅴ	Y	Y	◺	⊓	⬡

注：（1）符号的粗线宜粗于指引线。　（2）单边 V 形焊缝与角焊缝符号的竖向边永远画在符号的左边。

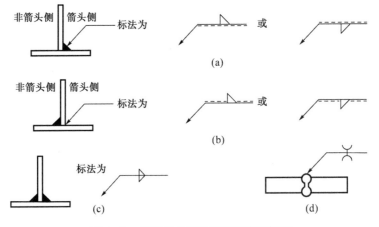

图 4-9　焊缝基本符号与基准线的标注

（a）焊缝在箭头侧；（b）焊缝在非箭头侧；（c）双面对称布置的角焊缝；

（d）双面对称 U 形对接焊缝

3）辅助符号和补充符号

辅助符号是表示焊缝表面形状特征的符号，如对接焊缝表面余高部分需加工成与焊件表面平齐，则可在对接焊缝符号上加一粗短线，此短线即为辅助符号。补充符号是为了补充说明焊缝的某些特征而采用的符号。钢结构图纸中常用的辅助符号和补充符号详见表4-2。

4）焊缝尺寸标注

焊缝尺寸在基准线上的标注方法是：

（1）有关焊缝横截面的尺寸如角焊缝的焊脚尺寸 h_f 等一律标在焊缝基本符号的左侧。

（2）有关焊缝长度方向的尺寸如焊缝长度等一律标在焊缝基本符号的右侧。

（3）对接焊缝的坡口角度、坡口面角度、根部间隙等尺寸一律标在焊缝基本符号的上侧或下侧。

（4）上述标注方法适合于表达两个焊件相互焊接的焊缝。如为三个或三个以上的焊件两两相连，其焊缝符号和尺寸应分别标注，如图4-10所示。

表4-2 焊缝符号的辅助符号和补充符号

	名称	示意图	符号	示　例
辅助符号	平面符号		—	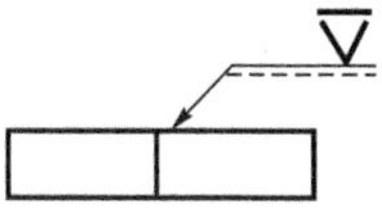
	凹面符号	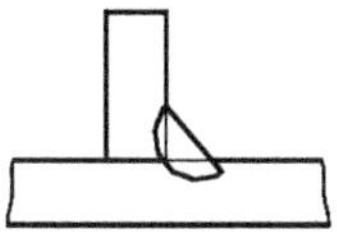	⌣	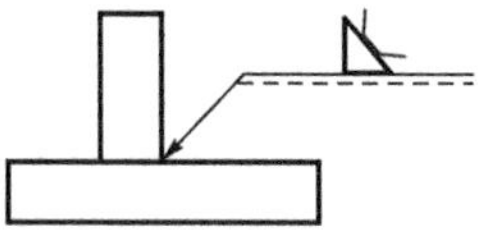
补充符号	三面围焊符号	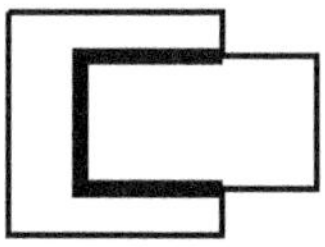	⊏	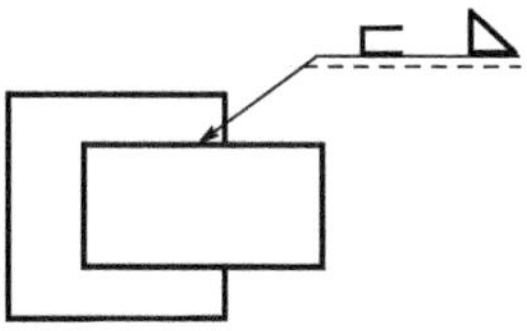
	周边焊缝符号	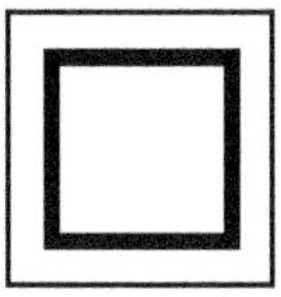	○	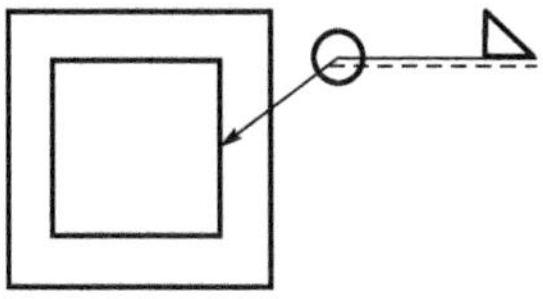
	工地现场焊符号		 ▶	 或
	焊缝底部有垫板的符号	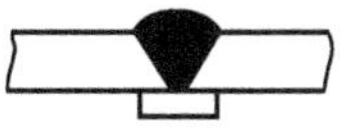	▭	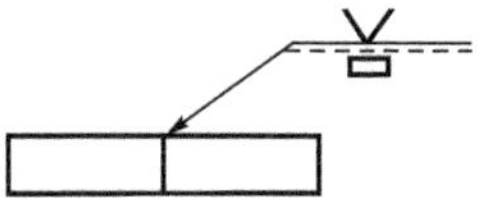
	尾部符号		＜	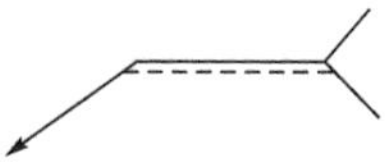

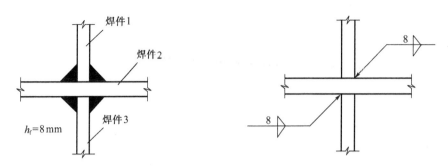

图 4-10　三个焊件相连时的焊缝标注方法

4.2.4　焊缝质量等级和焊缝设计强度

焊缝质量的好坏直接影响焊缝连接的强度。如果焊缝质量优良,焊缝中不存在任何缺陷,焊缝金属的强度是高于焊件母材强度的,构件破坏部位多位于焊缝附近热影响区的母材上。但由于焊接技术问题,焊缝金属或其相邻的热影响区的钢材可能会产生气孔、夹渣、咬边、未焊透等缺陷(图 4-11)。焊缝缺陷将削弱焊缝的受力面积,并在缺陷处产生应力集中,对连接的强度、冲击韧性和冷弯性能等均有不利影响,对结构受力很不利。因此,对焊缝进行质量检查很重要。

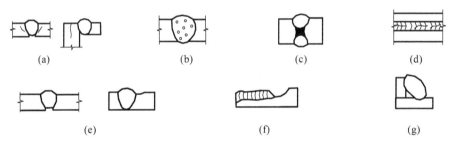

图 4-11　焊缝缺陷

(a) 裂纹;(b) 气孔;(c) 夹渣;(d)、(e) 咬边;(f)、(g) 未焊透

现行《钢结构工程施工及验收规范》(GB50205)规定了焊缝质量等级的检验标准,共分三级。除对焊缝进行全部外观缺陷检查外,一级焊缝要求对每条焊缝长度的 100% 进行超声波探伤;二级焊缝则要求对每条焊缝长度的 20% 且不小于 200 mm 进行超声波探伤;对三级焊缝则仅要求作外观检查,不进行超声波检查。外观检查一般检查焊缝实际尺寸是否符合设计要求和有无看得见的缺陷,如咬边、气孔、裂纹、焊瘤、弧坑等缺陷;焊缝表面是否有均匀细鳞形焊波,与基本金属是否平滑过渡等。一级质量标准对焊缝缺陷要求很严,焊缝中不允许裂纹、气孔和咬边等缺陷存在,对重要部位必要时还要用 X 射线进行抽查,因而焊缝质量最好。二级焊缝不允许存在裂纹、弧坑和表面气孔,但对有些缺陷如咬边、未焊透等则规定了其存在的程度。

根据大量试验研究成果和工程实践证明,符合一、二级质量等级的焊缝,其缺陷不存在或不严重,其设计强度可认为与焊件母材的设计强度相同;而三级质量等级的焊缝,其抗拉、抗弯强度设计值 f_t^w 较母材低,取值为焊件母材强度设计值 f 的 0.85 倍。设计时对焊缝质量等级的要求原则如下:

一级焊缝适用于直接承受动力荷载(需要进行疲劳强度验算)或受拉时要求等强的对接焊缝连接;二级焊缝适用于承受静力荷载的等强对接焊缝连接;三级焊缝主要用于一般角焊缝或不重要的对接焊缝连接。由于角焊缝的内部质量不易检测,其质量等级一般为三级,必要时才要求角焊缝的外观质量符合二级。焊缝的强度设计值详见附表1-26。

此外,为了确保结构或构件的受力性能和焊接连接的质量,从准备施焊到工程验收的各个环节,都应符合施工验收规范的各项具体要求,从严把关。例如,焊工应经过考试并取得合格证后方能上岗操作;对首次采用的钢材种类和焊条等焊接材料,必须进行焊接工艺性能和力学性能试验,符合要求后方能施焊;焊条、焊剂和焊丝使用前应按产品质量证明书的规定进行烘焙;低氢型焊条经过烘焙后,须放在保温箱内随取随用;多层焊缝应连续施焊,其中每一层焊道焊完后应及时清理,如发现有影响焊接质量的缺陷,必须清除后再焊。上述各项技术措施(实际工程中还不仅限于此)都是保证钢结构焊接质量的前提条件,应严格遵守和高度重视。

4.3 对接焊缝的构造和计算

4.3.1 对接焊缝的构造

为了保证对接焊缝的焊接质量,应根据焊件板厚、焊接工艺要求和施工条件对焊件边缘加工合适的坡口。坡口的要求和形式详见图4-12。随着焊件厚度的增加,为了焊透焊缝、便于施焊和减少焊缝金属消耗,对焊件的边缘应加工坡口。当焊件厚度很小时(手工焊$t \leqslant 6$ mm或自动焊$t \leqslant 10$ mm),可采用直边缝。对于一般厚度($t = 10 \sim 20$ mm)的焊件,宜采用单边或双边V形坡口,V形坡口加工简单。当焊件厚度较大时,V形坡口的顶部宽度大,既浪费焊条,也使焊缝收缩变形大,可采用U形、X形或K形坡口,但坡口的曲线部分需要机械加工,造价增加。当采用单面施焊时(见图4-12a~d),为了保证根部焊透,在坡口内焊缝焊完后,条件许可时,应对反面根部进行清根补焊,否则,需在坡口下面设垫板。双面施焊的焊缝则应在一面焊完清根后再双面焊。

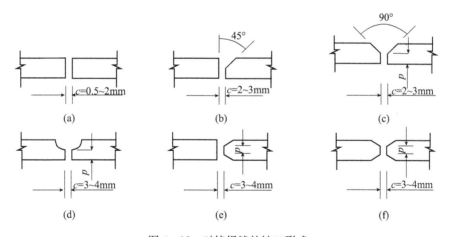

图4-12 对接焊缝的坡口形式

(a) 直边缝;(b) 单边V形缝;(c) 双边V形缝;(d) U形缝;(e) K形缝;(f) X形缝

施焊时,对受力较大的重要对接焊缝应尽可能采用引弧板,参见图4-15。

在对接焊缝的拼接处,当两焊件宽度不同或厚度相差4 mm以上时,为了减小应力集中,应分别在宽度方向或厚度方向做成坡度不大于 1：2.5 的斜角(图 4-13),以形成平滑过渡。如板厚相差不大于 4 mm 时,可直接用焊缝表面的斜度找坡,焊缝的计算截面厚度取较薄焊件厚度。

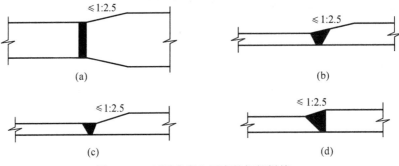

图 4-13　不同宽度和厚度的钢板拼接

直接承受动力荷载且需要进行疲劳计算的构件钢板拼接,斜角坡度不应大于 1：4。

当采用对接焊缝拼接钢板时,纵横两方向的对接焊缝可采用十字形交叉或 T 形交叉,如图 4-14 所示。焊缝 T 形交叉时,交叉点应分散,其间距不得小于 200 mm。

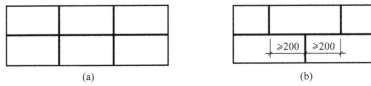

图 4-14　钢板的对接拼接

4.3.2　对接焊缝的计算

一般情况下,对接焊缝充满整个被连接件的截面,可视为焊件截面的延续组成部分,焊缝中的应力分布情况基本与焊件原有情况相似,对接焊缝的有效截面与焊件的截面相同。焊缝应力可以由材料力学的有关计算公式进行计算。

试验证明,焊缝缺陷对受压、受剪的对接焊缝的强度无影响,故可认为对接焊缝的抗压、抗剪强度与焊件母材强度相等。但受拉的对接焊缝对缺陷甚为敏感。当缺陷面积与焊件面积之比超过 5% 时,对接焊缝的抗拉强度将明显下降。由于三级焊缝仅进行外观检查,无法判断焊缝内部的缺陷情况且允许存在的缺陷较多,故其抗拉强度为母材强度的 85%,而一、二级焊缝的抗拉强度与母材等强。

对接焊缝两端的起弧、灭弧处,常因不能焊透而出现凹形焊口或存在缺陷,以致该处由于应力集中易出现裂纹,这对承受动力荷载的结构尤其不利。因此,应在焊缝两端设置引弧板,如图 4-15 所示。施焊时将焊缝两端延至引弧板上,焊后用气割将引弧板切除,并将焊件边缘修磨平整,这样可以保证在被焊接构件的范围,实际焊缝的质量是可靠的。引弧板的材质和坡口形式应与焊件相同。对于一般受静力荷载的结构,也可不设引弧板,但令焊缝的计算长度比实际长度减小 10 mm。

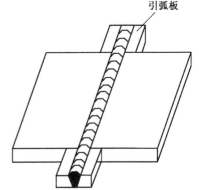

图 4-15　对接焊缝的引弧板

1）轴心受力的对接焊缝计算

轴心受力的对接焊缝应按下列公式计算焊缝最大应力：

$$\sigma = \frac{N}{l_w t} \leqslant f_t^w \text{（或 } f_c^w\text{）} \tag{4-1}$$

式中　N——轴心拉力或压力；

　　　l_w——焊缝计算长度，当未采用引弧板施焊时，每条焊缝的计算长度取实际长度减去
　　　　　　10 mm；当采用如图 4-15 所示的引弧板时，取焊缝实际长度；

　　　t——在平接连接中为焊件的较小厚度，在顶接连接中为腹板厚度；

　　　f_t^w、f_c^w——对接焊缝抗拉、抗压强度设计值，可查附表 1-26。

当采用引弧板时，对接焊缝抗压、抗剪和一、二级焊缝抗拉强度与母材相等，在焊件强度保
证的条件下可不必计算焊缝强度；只在三级焊缝受拉力作用时才需按式（4-1）进行验算。

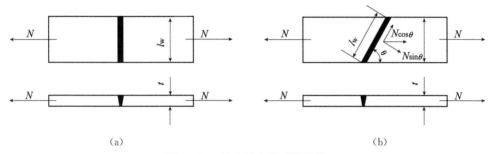

图 4-16　轴心受力的对接焊缝

如果采用直缝不能满足强度要求时，可采用斜对接焊缝（图 4-16）以增加焊缝长度。根
据试验结果，当焊缝长度方向与作用力间的夹角 θ 满足：$\tan\theta \leqslant 1.5(\theta \leqslant 56.3°)$ 时，斜焊缝强度
不低于母材强度，可不再验算。利用斜焊缝满足连接等强要求，需将钢板斜切，当钢板宽度较
大时，钢板消耗增加。

2）承受弯矩和剪力共同作用的对接焊缝计算

（1）矩形截面

如图 4-17a 所示，焊缝中的最大正应力点和最大剪应力点不在同一点，应分别进行计算

$$\sigma = \frac{M}{W_w} \leqslant f_t^w \text{（或 } f_c^w\text{）} \tag{4-2}$$

$$\tau = \frac{VS_w}{I_w t_w} \leqslant f_v^w \tag{4-3}$$

式中　M、V——分别为焊缝承受的弯矩和剪力；

　　　I_w、W_w——分别为焊缝计算截面的惯性矩和抵抗矩；

　　　S_w——计算剪应力处以上（或以下）焊缝计算截面对其中和轴的面积矩；

　　　t_w——计算剪应力处焊缝计算截面的宽度。

（2）工字形截面

如图 4-17b 所示，焊缝中最大正应力和最大剪应力除分别按式（4-2）和式（4-3）计算外，在
同时受有较大正应力和较大剪应力的梁腹板与翼缘相交处，还应按下式计算其折算应力：

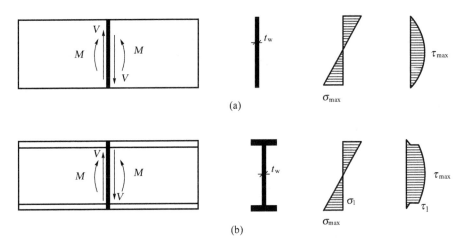

图 4-17 弯矩和剪力共同作用下的对接焊缝
(a) 矩形截面 (b) 工字形截面

$$\sqrt{\sigma_1^2 + 3\tau_1^2} \leqslant 1.1 f_t^w \qquad (4-4)$$

式中 1.1 是考虑到最大折算应力只在焊缝局部区域出现,因而将强度设计值适当提高的调整系数。

【例 4-1】计算图 4-18 所示钢牛腿和柱连接的对接焊缝。已知 $F = 250$ kN(设计值),钢材 Q235A.F,焊条 E43 系列,手工焊,无引弧板,焊缝为三级检查标准。

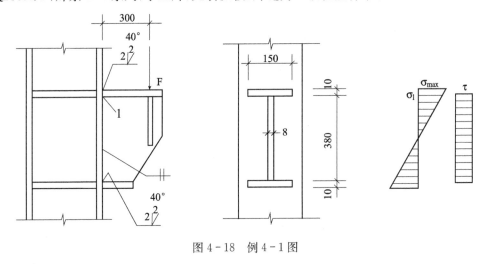

图 4-18 例 4-1 图

【解】对接焊缝贯穿被连接件全截面,其计算截面与被连接件相同。

焊缝计算截面的几何特性

$$I_w = \frac{1}{12} \times 0.8 \times (38-1.6)^3 + 2 \times 1 \times (15-2) \times 19.5^2 = 13\,102 \text{ cm}^4$$

$$W_w = \frac{13\,102}{20} = 655 \text{ cm}^3$$

$$S_w = 1 \times (15-2) \times 19.5 + 0.8 \times (19-0.8) \times \frac{19-0.8}{2} = 386 \text{ cm}^3$$

$$S_{w1}=1\times(15-2)\times19.5=254 \text{ cm}^3$$

焊缝强度验算:(根据工字形截面腹板剪应力分布的特点,为简化计算,也可近似假定剪应力均匀分布)

正应力 $\sigma=\dfrac{M}{W_w}=\dfrac{250\times30\times10^4}{655\times10^3}=115 \text{ N/mm}^2 < f_t^w=185 \text{ N/mm}^2$

剪应力 $\tau_{max}=\dfrac{VS_w}{I_w t_w}=\dfrac{250\times386\times10^6}{13\ 102\times8\times10^4}=92.1 \text{ N/mm}^2 < f_v^w=125 \text{ N/mm}^2$

B $\sigma_1=115\times\dfrac{380}{400}=109.3 \text{ N/mm}^2$

$\tau_1=\dfrac{250\times254\times10^6}{13\ 102\times8\times10^4}=60.6 \text{ N/mm}^2$ (精确计算)

$\tau_1=\dfrac{V}{A_w}=\dfrac{250\times10^3}{8\times380}=82.24 \text{ N/mm}^2$ (近似计算)

折算应力 $\sqrt{\sigma_1^2+3\tau_1^2}=\sqrt{109.3^2+3\times60.6^2}=151.5 \text{ N/mm}^2 < 1.1 f_t^w=204 \text{ N/mm}^2$

或 $\sqrt{\sigma_1^2+3\tau_1^2}=\sqrt{109.3^2+3\times82.24^2}=179.55 \text{ N/mm}^2 < 1.1 f_t^w=204 \text{ N/mm}^2$

故该牛腿对接焊缝安全。

4.4 角焊缝的构造和计算

4.4.1 角焊缝的构造

角焊缝根据其长度轴线和外力作用方向的相互位置关系可分为三种。如图 4-19 所示,当焊缝轴线与外力作用方向平行时,称为侧面角焊缝,又称侧缝;当焊缝轴线与外力作用方向垂直时,称为正面角焊缝,又称端缝;当焊缝轴线与外力作用方向呈夹角时,称为斜焊缝。大量研究表明,角焊缝的受力性能和强度与受力方向有直接关系。

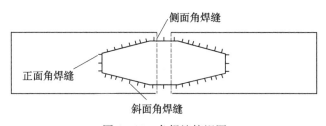

图 4-19 角焊缝俯视图

1) 角焊缝的形式、受力性能和焊缝强度

(1) 角焊缝的形式

角焊缝可分为直角角焊缝和斜角角焊缝两类,如图 4-7 所示。

直角角焊缝的截面形式有普通角焊缝、平坡角焊缝和深熔角焊缝(图 4-20)。一般情况下用普通角焊缝,但这种焊缝受力时力流弯折,应力集中现象严重,焊缝根部形成应力高峰,因此,在承受动力荷载的连接中,可采用平坡焊缝或深熔焊缝。角焊缝较小的焊脚尺寸为 h_f,与焊脚边呈 45°方向的有效高度为 $h_e=0.7h_f$,忽略了焊缝余高和熔深的影响。

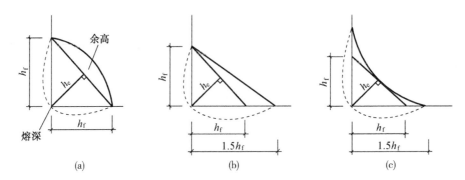

图 4-20　直角角焊缝截面形式

(a) 普通角焊缝；(b) 平坡角焊缝；(c) 深熔角焊缝

（2）角焊缝的受力性能

侧面角焊缝主要承受剪力作用，塑性较好，强度较低。在弹性阶段，侧缝剪应力沿焊缝长度方向分布不均匀，两端大而中间小，且焊缝越长，剪应力分布越不均匀（图 4-21）。通常在焊缝的最小截面（45°斜截面）发生破坏。破坏起点在侧缝两端，该处出现裂缝后，迅速蔓延扩展，使焊缝断裂。

端缝的应力状态比侧缝复杂得多，应力集中较明显。如图 4-22 所示为焊缝 AB、BC 和 BD 面上的正应力和剪应力分布，它们在焊缝的根部出现应力高峰，易于开裂。端缝有三种破坏形式，即焊缝剪坏、焊缝拉脱和焊缝斜截面断裂。破坏时首先在焊缝根部开裂，然后扩展至整个焊缝截面。根据试验结果，端缝的强度比侧缝高，但塑性较差，根部又存在很大的收缩应力，焊缝材质较脆。

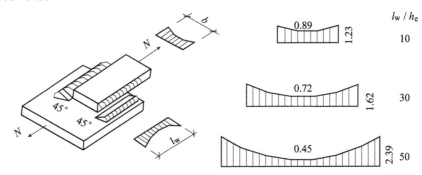

图 4-21　侧面角焊缝应力分布

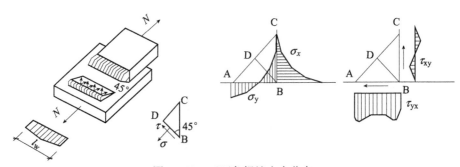

图 4-22　正面角焊缝应力分布

（3）角焊缝的强度

无论是侧缝与端缝，角焊缝计算时一律取与焊脚边呈 45°的斜面为计算截面，即焊缝有效厚度 $h_e = 0.7 h_f$，也是焊缝截面理论最小高度。计算截面上平均破坏应力为焊缝强度。表 4-3 列出了焊缝尺寸及相应的焊缝强度试验值。由表可知，端缝的破坏强度较之于侧缝要高出 35% 以上。焊脚尺寸小的焊缝强度高，这是因为小尺寸焊缝的熔深与焊缝有效厚度 h_e 的比值要大于大尺寸焊缝的比值。现行规范规定的角焊缝设计强度是侧面角焊缝的强度，并且不分抗拉、抗压和抗剪，不分焊缝级别均采用相同的值，详见附表 1-26。

表 4-3　角焊缝的尺寸和破坏强度

焊脚尺寸/mm	正面角焊缝/(N·mm^{-2})	侧面角焊缝/(N·mm^{-2})
4	432.5	326.0
8	362.2	270.0
12	332.0	250.0
16	324.0	243.0

2）角焊缝尺寸的构造要求

角焊缝的尺寸应符合下列规定：

① 角焊缝的最小计算长度应为其焊脚尺寸 h_f 的 8 倍，且不应小于 40 mm；焊缝计算长度应为扣除引弧、收弧长度后的焊缝长度；

② 断续角焊缝焊段的最小长度不应小于最小计算长度；

③ 角焊缝最小焊脚尺寸宜按表 4-4 取值，承受动荷载时角焊缝焊脚尺寸不宜小于 5 mm；

④ 被焊构件中较薄板厚度不小于 25 mm 时，宜采用开局部坡口的角焊缝；

⑤ 采用角焊缝焊接连接，不宜将厚板焊接到较薄板上。

表 4-4　角焊缝最小焊脚尺寸(mm)

母材厚度 t	角焊缝最小焊脚尺寸 h_f
$t \leqslant 6$	3
$6 < t \leqslant 12$	5
$12 < t \leqslant 20$	6

搭接连接角焊缝的尺寸及布置应符合下列规定：

① 传递轴向力的部件，其搭接连接最小搭接长度应为较薄件厚度的 5 倍，且不应小于 25 mm，并应施焊纵向或横向双角焊缝（图 4-23）。

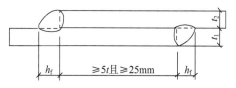

图 4-23　搭接连接双角焊缝的要求

$t—t_1$ 和 t_2 中较小者；h_f—焊脚尺寸，按设计要求

② 只采用纵向角焊缝连接型钢杆件端部时,型钢杆件的宽度不应大于 200 mm,当宽度大于 200 mm 时,应加横向角焊缝或中间塞焊;型钢杆件每一侧纵向角焊缝的长度不应小于型钢杆件的宽度。

③ 型钢杆件搭接连接采用围焊时,在转角处应连续施焊。杆件端部搭接角焊缝作绕焊时,绕焊长度不应小于焊脚尺寸的 2 倍,并应连续施焊。

④ 搭接焊缝沿母材棱边的最大焊脚尺寸,当板厚不大于 6 mm 时,应为母材厚度(图 4-24a),当板厚大于 6 mm 时,应为母材厚度减去 1~2 mm(图 4-24b)。另外,若角焊缝焊脚尺寸相对焊件厚度过大,施焊时易使较薄的焊件出现烧穿等"过烧"现象,同时,焊缝尺寸过大,冷却时将产生较大的焊接残余变形和残余应力,因此,角焊缝的最大焊脚尺寸应满足 $h_f \leqslant 1.2 t_{min}$,$t_{min}$ 为较薄焊件厚度。

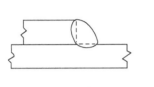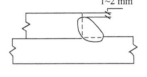

(a) 母材厚度小于等于6mm时   (b) 母材厚度大于6mm时

图 4-24　搭接焊缝沿母材棱边的最大焊脚尺寸

⑤ 用搭接焊缝传递荷载的套管连接可只焊一条角焊缝,其管材搭接长度 L 不应小于 $5(t_1+t_2)$,且不应小于 25 mm(图 4-25)。搭接焊缝焊脚尺寸应符合设计要求。

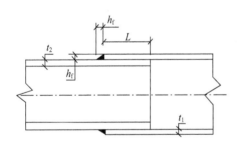

图 4-25　管材套管连接的搭接焊缝最小长度

h_f—焊脚尺寸,按设计要求

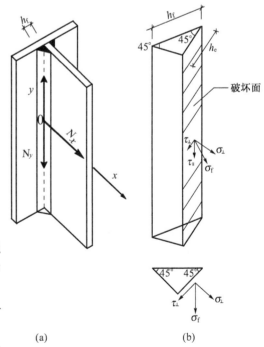

(a)

(b)

图 4-26　角焊缝的应力分析

4.4.2　直角角焊缝的计算

1) 基本计算公式

由于角焊缝的应力分布较复杂,在焊缝的强度计算中必须加以简化。目前各国设计规范中基本都采用如下简化假定:

① 沿角焊缝 45°方向的焊缝有效截面为计算时的破坏面。

② 角焊缝的抗拉、抗压和抗剪强度设计值取相同的数值,记作 f_f^w。

③ 在通过焊缝形心的拉力、压力和剪力作用下,假定沿焊缝长度的应力是均匀分布的。

如图 4-26a 所示,采用直角角焊缝的顶接连接,受有垂直于焊缝长度方向的外力 N_x 和平行于焊缝长度方向的外力 N_y。在焊缝有效截面上产生的应力如图 4-26b 所示,其中垂直于焊缝长度方向按焊缝有效截面计算的应力为

$$\sigma_f = \frac{N_x}{h_e \sum l_w} \tag{4-5}$$

式中　h_e——角焊缝的有效厚度;

$\sum l_w$——各段角焊缝计算长度之和,l_w 对每条焊缝取其实际长度减去 $2h_f$。

此处 σ_f 既不是正应力,也不是剪应力,故需将其分解为垂直焊缝有效截面的正应力 $\sigma_\perp$ 和剪应力。显然,$\sigma_\perp = \tau_\perp = \dfrac{\sigma_f}{\sqrt{2}}$。

平行于焊缝长度方向按焊缝有效截面计算的剪应力 $\tau_{/\!/}$ 为

$$\tau_{/\!/} = \tau_f = \frac{N_y}{h_e \sum l_w} \tag{4-6}$$

在 $\sigma_\perp$、$\tau_\perp$、$\tau_{/\!/}$ 共同作用下,角焊缝处于复杂应力状态。

经过国内外学者二十多年的研究,提出了国际通用的角焊缝强度计算公式为

$$\sqrt{\sigma_\perp^2 + 3(\tau_\perp^2 + \tau_{/\!/}^2)} \leqslant \sqrt{3} f_f^w \tag{4-7}$$

式中,角焊缝的强度设计值 f_f^w 实质上是抗剪强度,乘以 $\sqrt{3}$ 后即为抗拉强度设计值。将式(4-6)代入式(4-7),经整理后得

$$\sqrt{\left(\frac{\sigma_f}{1.22}\right)^2 + \tau_f^2} \leqslant f_f^w \tag{4-8}$$

上式可改写为

$$\sqrt{\left(\frac{\sigma_f}{\beta_f}\right)^2 + \tau_f^2} \leqslant f_f^w \tag{4-9}$$

此式为角焊缝强度基本计算公式。式中 $\beta_f = 1.22$,称为正面角焊缝的强度设计值增大系数。对于承受静力荷载和间接承受动力荷载的结构中的角焊缝,$\beta_f = 1.22$;对于直接承受动力荷载的结构,正面角焊缝的强度虽高,但焊缝刚度大,塑性较差,应力集中现象严重,对承受动力荷载不利,故取 $\beta_f = 1.0$。

2) 轴心力作用下的角焊缝计算

当轴心力(拉力、压力、剪力)通过焊缝计算截面形心时,角焊缝有效截面上的应力为均匀分布。分别考察以下几种情况:

① 当外力平行于焊缝长度方向时,属侧面角焊缝受力,$N_x = 0$,$\sigma_f = 0$,由式(4-9)可得

$$\tau_f = \frac{N}{h_e \sum l_w} \leqslant f_f^w \tag{4-10}$$

② 当外力垂直于焊缝长度方向时,属正面角焊缝受力,$N_y = 0$,$\tau_f = 0$,可得

$$\sigma_f = \frac{N}{h_e \sum l_w} \leqslant \beta_f f_f^w \tag{4-11}$$

③ 当外力方向与焊缝长度方向呈夹角 θ 时,仍可将外力分解为与焊缝平行和垂直的两个分力进行计算,计算公式为

$$\frac{N}{h_e \sum l_w} \leqslant \beta_f f_f^w \tag{4-12}$$

式中正面角焊缝强度设计值提高系数为

$$\beta_f = \frac{1}{\sqrt{1 - \frac{1}{3}\sin^2\theta}} \tag{4-13}$$

β_f 也可由表 4-5 查得。

表 4-5 正面角焊缝强度设计值增大系数

θ	0°	20°	30°	40°	45°	50°	60°	70°	80°~90°
β_f	1.0	1.02	1.04	1.08	1.10	1.11	1.15	1.19	1.22

④ 当角钢杆件与板件采用角焊缝连接时(图 4-27),由于角钢是不对称截面,必须使焊缝传递的合力作用线与角钢杆件的轴线重合,才能避免偏心受力。对于角钢杆件与板件的连接,一般宜采用两面侧焊缝,也可用三面围焊或 L 形围焊。

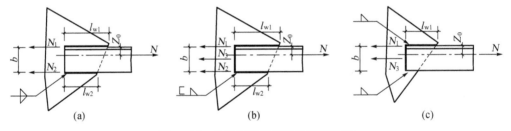

图 4-27 角钢与连接板的角焊缝连接
(a) 两面侧焊;(b) 三面围焊;(c) L 形围焊

当采用两面侧焊缝时(图 4-27a),设 N_1、N_2 分别为角钢肢背焊缝和肢尖焊缝承担的内力,利用 $N_1+N_2=N$ 和 $N_1 e_1 = N_2 e_2$ 两个平衡条件,可解得

$$N_1 = \frac{e_2}{e_1 + e_2} N = K_1 N \tag{4-14}$$

$$N_2 = \frac{e_1}{e_1 + e_2} N = K_2 N \tag{4-15}$$

式中 K_1、K_2——角钢肢背和肢尖焊缝的内力分配系数,可按表 4-6 的近似值采用。

然后,可分别对肢背和肢尖焊缝按轴心受力的侧缝进行计算。假定角钢肢背和肢尖焊缝的焊脚尺寸分别为 h_{f1}、h_{f2},即可求得所需焊缝的计算长度

$$l_{w1} = \frac{N_1}{2 \times 0.7 h_{f1} f_f^w} \tag{4-16}$$

$$l_{w2} = \frac{N_2}{2 \times 0.7 h_{f2} f_f^w} \tag{4-17}$$

实际焊缝长度应取计算长度加 10 mm。

表 4-6　角钢侧面角焊缝内力分配系数

截面及连接情况		内力分配系数	
		K_1	K_2
等边角钢	0.7	0.7	0.3
不等边角钢短肢相连	0.75	0.75	0.25
不等边角钢长肢相连	0.65	0.65	0.35

当采用三面围焊(图 4-27b)时,先选取正面角焊缝的焊脚尺寸 h_{f3},算出其所能承受的内力

$$N_3 = 0.7 h_{f3} l_{w3} \beta_f f_f^w \times 2 \tag{4-18}$$

再通过近似平衡关系得

$$N_1 = K_1 N - \frac{N_3}{2} \tag{4-19}$$

$$N_2 = K_2 N - \frac{N_3}{2} \tag{4-20}$$

当采用 L 形围焊时(图 4-29c),令式(4-20)中的 $N_2 = 0$,可得

$$N_3 = 2K_2 N \tag{4-21}$$

$$N_1 = N - N_3 \tag{4-22}$$

求出各条焊缝所承受的内力后,即可求得所需的焊缝计算长度。

【例 4-2】试设计一双盖板的平接连接(图 4-28)。已知被连接钢板截面为 300 mm×14 mm,承受轴心力设计值 $N = 800$ kN(静力荷载)。钢材 Q235,手工焊,焊条 E43XX 系列。

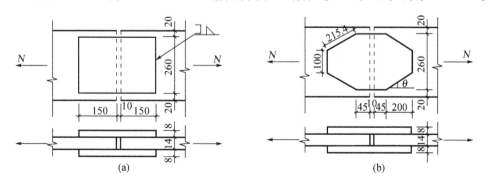

焊缝连接
举例

图 4-28　例 4-2图

【解】根据和母材等强原则,盖板取 2-260×8,钢材 Q235,其截面面积为

$$A = 2 \times 26 \times 0.8 = 41.6 \text{ cm}^2 \approx 30 \times 1.4 = 42 \text{ cm}^2$$

取焊脚尺寸 $h_f = 6$ mm，

$$h_{fmax} = t - (1 \sim 2) = 8 - (1 \sim 2) = 6 \sim 7 \text{ mm}$$

$$h_{fmax} = 1.2 t_{min} = 1.2 \times 8 = 9.6 \text{ mm}$$

查表 4-4，$h_{fmin} = 5$ mm

因 $b = 260$ mm > 200 mm，故采用三面围焊(图 4-28a)。

正面角焊缝能承受的内力为

$$N' = 2 \times 0.7 h_f l'_f \beta_f f_f^w = 2 \times 0.7 \times 6 \times 260 \times 1.22 \times 160 = 426\,000 \text{ N} = 426 \text{ kN}$$

接头一侧需要侧面角焊缝的计算长度为

$$l''_w = \frac{N - N'}{4 \times 0.7 h_f f_f^w} = \frac{(800 - 426) \times 10^3}{4 \times 0.7 \times 6 \times 160} = 139 \text{ mm}$$

由此可得盖板总长：$l = 2(139 + 6) + 10 = 300$ mm，取 310 mm(式中 6 mm 是考虑三面围焊连续施焊，每条侧面焊缝仅有一处缺陷，计 6 mm)。

为了减小矩形盖板四角处焊缝的应力集中，现改用如图 4-28b 所示的菱形盖板。焊缝长度方向与轴心力夹角 $\theta = 21.8°$，斜向角焊缝强度设计值增大系数由式(4-13)得 $\beta_{f\theta} = 1.048$，接头一侧焊缝的承载能力为

$$2 \times 0.7 \times 6(2 \times 45 + 2 \times 215.4 \times 1.048 + 100 \times 1.22) \times 160 = 891\,715 \text{ N} = 891.7 \text{ kN} > N$$

此时承载能力也能满足，且焊缝受力情况有较大改善。

【例 4-3】角钢杆件截面为 2∟125×80×10，长肢相连，连接板厚度 $t = 12$ mm(图 4-29)。钢材 Q235，手工焊，E43XX 系列焊条。轴心力设计值 $N = 830$ kN(静载)。试分别设计下列情形时此节点连接的角焊缝：① 当采用三面围焊时；② 只采用侧面角焊缝时。

三面角焊缝
连接双角钢
和节点板

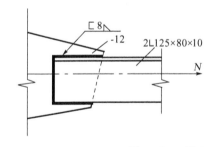
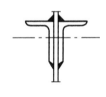

图 4-29　例 4-3图

【解】 $t_{min} = 10$ mm

$t_{max} = 12$ mm

$h_{fmax} = 10 - (1 \sim 2) = 8 \sim 9$ mm

$h_{fmax} = 1.2 t_{min} = 12$ mm

查表 4-4，$h_{fmin} = 5$ mm

故取 $h_f = 8$ mm

① 当用三面围焊时

正面角焊缝能承受的内力为

$$N_3 = 2 \times 0.7 h_f b \beta_f f_f^w = 2 \times 0.7 \times 8 \times 125 \times 1.22 \times 160 = 273\,000\ \text{N} = 273\ \text{kN}$$

肢背和肢尖焊缝分担的内力,由式(4-19)、式(4-20)可得

$$N_1 = K_1 N - \frac{N_3}{2} = 0.65 \times 830 - \frac{273}{2} = 403\ \text{kN}$$

$$N_2 = K_2 N - \frac{N_3}{2} = 0.35 \times 830 - \frac{273}{2} = 154\ \text{kN}$$

肢背和肢尖焊缝需要的实际焊缝长度为

$$l_{w1} = \frac{N_1}{2 \times 0.7 h_f f_f^w} + 8 = \frac{403 \times 10^3}{2 \times 0.7 \times 8 \times 160} + 8 = 233\ \text{mm,取 } 235\ \text{mm}$$

$$l_{w2} = \frac{N_2}{2 \times 0.7 h_f f_f^w} + 8 = \frac{154 \times 10^3}{2 \times 0.7 \times 8 \times 160} + 8 = 94\ \text{mm,取 } 95\ \text{mm}$$

② 当仅用侧面角焊缝时

肢背和肢尖焊缝分担的内力,由式(4-14)、式(4-15)可得

$$N_1 = K_1 N = 0.65 \times 830 = 539.5\ \text{kN}$$
$$N_2 = K_2 N = 0.35 \times 830 = 290.5\ \text{kN}$$

肢背和肢尖焊缝需要的实际焊缝长度为

$$l_{w1} = \frac{N_1}{2 \times 0.7 h_f f_f^w} + 16 = \frac{539.5 \times 10^3}{2 \times 0.7 \times 8 \times 160} + 16 = 317\ \text{mm,取 } 320\ \text{mm}$$

$$l_{w2} = \frac{N_2}{2 \times 0.7 h_f f_f^w} + 16 = \frac{290.5 \times 10^3}{2 \times 0.7 \times 8 \times 160} + 16 = 178\ \text{mm,取 } 180\ \text{mm}$$

由此例可看出,采用三面围焊可减小连接板的尺寸,但焊缝转角处必须连续施焊,否则加剧应力集中的影响。故对此类连接,尤其是在承受动力荷载作用时,设计标准首先推荐采用两面侧焊缝,其次才是三面围焊。

3) 弯矩、剪力和轴心力共同作用下的角焊缝计算

如前所述,角焊缝是以作用在角焊缝有效截面上的应力分量 $\sigma_\perp$、$\tau_\perp$ 和 $\tau_{/\!/}$ 来衡量其强度的。为了简化计算,我国规范将上述应力分量转换为 σ_f 和 τ_f,但仍以焊缝有效截面为依据。因此,在计算弯矩、剪力和轴心力共同作用下的角焊缝连接时,首先应计算角焊缝有效截面的几何特性如 A_w、I_w、W_w 等,然后按材料力学公式求出 σ_f 和 τ_f,计算时应满足角焊缝计算基本假定 3。

钢牛腿(柱上伸出的悬臂承托)常通过其端部角焊缝连接于钢柱或其他构件的表面,承受弯矩、剪力 V 和轴心力 N(图 4-30)。焊缝布置如图 4-30a 所示,对每条连续施焊的角焊缝每端减去 5 mm,取角焊缝有效厚度 $h_e = 0.7 h_f$,得到焊缝的计算截面,如图 4-30b。焊缝连接所受的力应转换到以焊缝计算截面形心为基准。对图 4-30 情况,角焊缝受力为:弯矩 $M = Ve + Ne_1$、剪力 V 和轴心力 N。

弯矩和轴心力 N 由焊缝全截面承受,分别产生三角形分布和均匀分布的水平应力 σ_{fz}^M 和 σ_{fz}^N(图 4-30c、d)。剪力 V 在牛腿工字形截面内主要由腹板承受,按变形协调原理,在焊缝截面内也主要由腹板焊缝承受。故设计时通常假定只由腹板焊缝均匀承受,产生 τ_{fy}^V。

设计时考虑上述三种应力的组合(叠加时注意应力正、负符号和引入 β_f),分别验算截面上、下最外纤维 A、B 和腹板 C、D 处的焊缝应力。

$$\sigma_{fzA}^{M}=\frac{My_{A}}{I_{wx}} \tag{4-23}$$

$$\sigma_{fzB}^{M}=\frac{My_{B}}{I_{wx}} \tag{4-24}$$

$$\sigma_{fzC}^{M}=\frac{My_{C}}{I_{wx}} \tag{4-25}$$

$$\sigma_{fzD}^{M}=\frac{My_{D}}{I_{wx}} \tag{4-26}$$

$$\sigma_{fz}^{N}=\frac{N}{A_{w}} \tag{4-27}$$

$$\tau_{fy}^{V}=\frac{V}{A_{wf}} \tag{4-28}$$

A 点：

$$(\sigma_{fzA}^{M}+\sigma_{fz}^{N})\leqslant\beta_{f}f_{f}^{w} \tag{4-29}$$

B 点：

$$(\sigma_{fzB}^{M}+\sigma_{fz}^{N})\leqslant\beta_{f}f_{f}^{w} \tag{4-30}$$

C 点：

$$\sqrt{\frac{(\sigma_{fz}^{N}+\sigma_{fzC}^{M})^{2}}{\beta_{f}^{2}}+\tau_{fy}^{V\,2}}\leqslant f_{f}^{w} \tag{4-31}$$

D 点：

$$\sqrt{\frac{(\sigma_{fz}^{N}+\sigma_{fzD}^{M})^{2}}{\beta_{f}^{2}}+\tau_{fy}^{V\,2}}\leqslant f_{f}^{w} \tag{4-32}$$

式中 A_{w} 和 I_{wx} 分别为全部角焊缝计算截面的面积和对形心轴的惯性矩，A_{wf} 为焊缝腹板计算截面的面积。y_{A}、y_{B}、y_{C}、y_{D} 为各计算点距形心轴 x 轴的距离；这些距离通常计算到角焊缝所在的板边缘，而忽略焊缝宽度 $0.7h_{f}$ 所引起的少量增减影响（求焊缝计算截面形心和 I_{w} 取矩时也同样忽略），以简化计算，所得的结果有足够的精度。

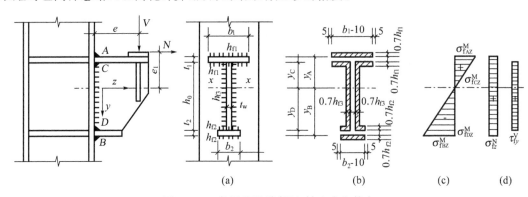

图 4-30　角焊缝承受弯矩、轴心力和剪力

【例 4-4】试求图 4-31 柱牛腿与柱连接角焊缝的焊脚尺寸 h_{f}。

已知荷载为 $F＝250\ kN$（设计值，直接动力荷载），$e＝0.4\ m$，钢材为 Q235-B，焊条 E4316 型。

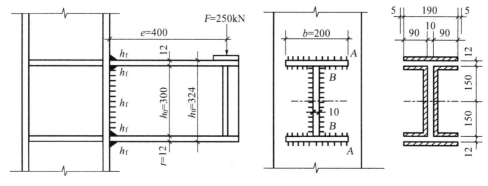

图 4-31 例 4-4 图

【解】① 角焊缝承受的外力设计值

弯矩 $M = Fe = 250 \times 0.4 = 100 \text{ kN} \cdot \text{m}$

剪力 $V = F = 250 \text{ kN}$

② 焊缝计算截面的几何特性

每个翼缘和腹板各用 2 条角焊缝, 焊脚尺寸均为 h_f, 内焊缝连续施焊。

焊缝计算长度: 腹板焊缝按全高 300 mm, 翼缘焊缝每外端试减去 8 mm, (若计算结果与之相差较大, 可重新假设并计算)分别为 184 和 87 mm。

$I_w = 0.7 h_f (2 \times 300^3/12 + 2 \times 184 \times 162^2 + 4 \times 87 \times 150^2) = 15.39 \times 10^6 h_f \text{ mm}^2$

由于截面对称, 考虑图示 A、B 两点焊缝应力状态。对于动力荷载, $\beta_f = 1$。

A 点: $\sigma_{fzA}^M = \dfrac{M(h/2)}{I_w} = \dfrac{100 \times 10^6 \times 162}{15.39 \times 10^6 h_f} = \dfrac{1\,053}{h_f} \text{ N/mm}^2 \leqslant f_f^w = 160 \text{ N/mm}^2$

解得 $h_f = 6.41 \text{ mm}$

B 点: $\sigma_{fzB}^M = \dfrac{M(h_0/2)}{I_w} = \dfrac{100 \times 10^6 \times 150}{15.39 \times 10^6 h_f} = \dfrac{975}{h_f} \text{ N/mm}^2$

$\tau_{fyB}^V = \dfrac{V}{A_{wf}} = \dfrac{250 \times 10^3}{(2 \times 0.7 h_f \times 300)} = \dfrac{595}{h_f} \text{ N/mm}^2$

$\sqrt{\sigma_{fzB}^{M\,2} + \tau_{fyB}^{V\,2}} = \dfrac{\sqrt{975^2 + 595^2}}{h_f} = \dfrac{1\,142}{h_f} \text{ N/mm}^2 \leqslant f_f^w = 160 \text{ N/mm}^2$

解得 $h_f = 7.14 \text{ mm}$

故取角焊缝焊脚尺寸为 $h_f = 8 \text{ mm}$, 且经验算符合构造要求。

4) 扭矩和剪力共同作用时的角焊缝计算

工程中常遇到如图 4-32 所示的角焊缝搭接连接。偏心作用的剪力使角焊缝同时承受扭矩和剪力。类似弯矩作用下的角焊缝计算, 在扭矩作用下的角焊缝计算也可利用材料力学的弹性计算方法。

在计算扭矩 T 作用下的角焊缝应力时, 一般假定被连接件是绝对刚性体, 而焊缝则是弹性的。这样, 在扭矩 T 的作用下, 被连接板件将绕焊缝有效截面的形心 O 旋转, 焊缝上任一点的应力方向将垂直于该点与形心 O 的连线, 而其大小则与该点至形心 O 的距离成正比。根据材料力学中的扭转计算公式, 焊缝中任一点的应力按下式计算:

角焊缝连接
牛腿

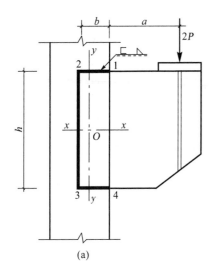

(a)

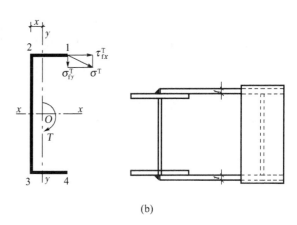

(b)

图 4-32 承受剪力和扭矩的角焊缝连接

（a）连接节点；（b）角焊缝有效截面

$$\sigma^{\mathrm{T}} = \frac{Tr}{I_{\rho}} \tag{4-33}$$

式中 $I_{\rho} = I_x + I_y$——为焊缝有效截面对其形心 O 的极惯性矩；

I_x、I_y——分别为角焊缝有效截面对 x 轴和 y 轴的惯性矩；

r——自形心 O 至所计算应力点的距离。

设所计算应力点在图 4-32b 的焊缝 1～2 上,可将 σ^{T} 分解成沿 x 轴和沿 y 轴两个分量。沿 x 轴的分量与焊缝 1～2 长度方向一致,记为 τ_{fx}^{T};沿 y 轴的分量与焊缝 1～2 长度方向垂直,记为 σ_{fy}^{T}(上角标 T 表明该应力是由扭矩 T 所产生的)。两应力分量为

$$\tau_{fx}^{\mathrm{T}} = \sigma^{\mathrm{T}} \cdot \frac{y}{r}, \quad \sigma_{fy}^{\mathrm{T}} = \sigma^{\mathrm{T}} \cdot \frac{x}{r}$$

代入式(4-33),得

$$\tau_{fx}^{\mathrm{T}} = \frac{Ty}{I_{\rho}}, \quad \sigma_{fy}^{\mathrm{T}} = \frac{Tx}{I_{\rho}} \tag{4-34}$$

式中 x、y——所计算应力点的坐标值。

显然,焊缝最大应力点应在 r 最大处,即图中的 1、4 点。

通过焊缝有效截面形心 O 的竖向剪力 $V(V=P)$ 由全部焊缝平均承受,在其作用下,水平焊缝上产生的竖向均布应力为

$$\sigma_{fy}^{\mathrm{V}} = \frac{V}{A_{\mathrm{w}}} = \frac{V}{h_{\mathrm{e}} \sum l_{\mathrm{w}}} \tag{4-35}$$

在扭矩和剪力的共同作用下,焊缝 1 点处的强度应满足

$$\sqrt{\left(\frac{\sigma_{fy}^{\mathrm{T}} + \sigma_{fy}^{\mathrm{V}}}{\beta_{\mathrm{f}}}\right)^2 + (\tau_{fx}^{\mathrm{T}})^2} \leqslant f_{\mathrm{f}}^{\mathrm{w}} \tag{4-36}$$

除控制点 1、4 外,其他各点的焊缝应力均低于角焊缝强度设计值 f_f^w。因此,弹性设计方法是比较保守的,但目前却是普遍采用的一种方法。

【例 4-5】如图 4-32 所示钢牛腿,承受静力荷载设计值 $2P=220$ kN,牛腿由两块各厚 $t=12$ mm 的钢板组成,图中 $h=250$ mm,$a=200$ mm,$b=100$ mm。工字形柱翼缘板厚 16 mm,钢材 Q235,手工焊,E43 型焊条。试求三面围焊角焊缝的焊脚尺寸 h_f。

【解】① 每块钢板上焊缝有效截面的几何特性

$h_{fmax}=1.2\,t_{min}=1.2\times12=14.4$ mm

$h_{fmax}=t-(1\sim2)=12-(1\sim2)=10\sim11$ mm

查表 4-4,$h_{fmin}=5$ mm

故设焊缝焊脚尺寸 $h_f=10$ mm,两水平焊缝计算长度各为 $100-10=90$(mm),

焊缝面积 $\qquad A_w=(2\times90+250)\times0.7\times10=3\,010$ mm^2

形心 O 的位置

$$\bar{x}=\frac{2\times90\times45}{2\times90+250}=18.8 \text{ mm}$$

惯性矩

$$I_x=\left[\frac{1}{12}\times250^3+2\times90\left(\frac{250}{2}\right)^2\right]\times7=2\,880.2\times10^4 \text{ mm}^4$$

$$I_y=\left[250\times18.8^2+2\times\frac{1}{3}(18.8^3+71.2^3)\right]\times7=233.4\times10^4 \text{ mm}^4$$

$$I_\rho=I_x+I_y=3\,113.6\times10^4 \text{ mm}^4$$

② 剪力和扭矩设计值

剪力 $\qquad\qquad\qquad V=P=\dfrac{220}{2}=110$ kN

扭矩 $\qquad T=V(a+b-\bar{x})=110\times(200+100-18.8)\times10^{-3}=30.93$ kN·m

③ 焊缝强度验算

以点 1 处的应力最大

$$\tau_{fx}^T=\frac{Ty_1}{I_\rho}=\frac{30.93\times10^6\times125}{3\,113.6\times10^4}=124.2 \text{ N/mm}^2$$

$$\sigma_{fy}^T=\frac{Tx_1}{I_\rho}=\frac{30.93\times10^6\times(90-18.8)}{3\,113.6\times10^4}=70.7 \text{ N/mm}^2$$

$$\sigma_{fy}^V=\frac{V}{A_w}=\frac{110\times10^3}{3\,010}=36.5 \text{ N/mm}^2$$

由式(4-36),得

$$\sqrt{\left(\frac{\sigma_{fy}^T+\sigma_{fy}^V}{\beta_f}\right)^2+(\tau_{fx}^T)^2}=\sqrt{\left(\frac{70.7+36.5}{1.22}\right)^2+124.2^2}$$

$$=152.1 \text{ N/mm}^2<f_f^w=160 \text{ N/mm}^2$$

焊缝强度满足要求,说明焊脚尺寸 $h_f=10$ mm 是合适的。

4.5 圆形塞焊焊缝和圆孔或槽孔内角焊缝的构造和计算

1）强度计算

圆形塞焊焊缝和圆孔或槽孔内角焊缝的强度应分别按式(4-37)和式(4-38)计算：

$$\tau_f = \frac{N}{A_w} \leqslant f_f^w \qquad (4-37)$$

$$\tau_f = \frac{N}{h_e l_w} \leqslant f_f^w \qquad (4-38)$$

式中 A_w——塞焊圆孔面积；

l_w——圆孔内或槽孔内角焊缝的计算长度。

2）构造要求

塞焊和槽焊焊缝的尺寸、间距、焊缝高度应符合下列规定：

① 塞焊和槽焊的有效面积应为贴合面上圆孔或长槽孔的标称面积。

② 塞焊焊缝的最小中心间隔应为孔径的 4 倍，槽焊焊缝的纵向最小间距应为槽孔长度的 2 倍，垂直于槽孔长度方向的两排槽孔的最小间距应为槽孔宽度的 4 倍。

③ 塞焊孔的最小直径不得小于开孔板厚度加 8 mm，最大直径应为最小直径加 3 mm 和开孔件厚度的 2.25 倍两值中较大者。槽孔长度不应超过开孔件厚度的 10 倍，最小及最大槽宽规定应与塞焊孔的最小及最大孔径规定相同。

④ 塞焊和槽焊的焊缝高度应符合下列规定：

A. 当母材厚度不大于 16 mm 时，应与母材厚度相同；

B. 当母材厚度大于 16 mm 时，不应小于母材厚度的一半和 16 mm 两值中较大者。

⑤ 塞焊焊缝和槽焊焊缝的尺寸应根据贴合面上承受的剪力计算确定。

4.6 焊接残余应力和残余变形

4.6.1 焊接残余应力的类型和产生的原因

钢构件在焊接过程中，焊件上产生局部高温的不均匀温度场，焊缝中心温度高达 1 600℃以上，而临近区域的温度急剧下降。不均匀的温度场导致焊件不均匀的膨胀和收缩。高温区的钢材产生较大的膨胀和伸长但受到临近低温区钢材的约束而产生热塑变形，进而产生较高的温度应力，此温度应力在焊接过程中随时间和温度的变化而不断变化。冷却后，将形成残存于焊件内部的一种自相平衡的内应力，此应力称为焊接残余应力。因焊接过程中的不均匀膨胀和收缩而在焊件中伴随焊接残余应力产生的残存变形称为焊接残余变形。焊接残余应力和残余变形对构件的受力和使用有不利影响，并且是产生焊接裂纹的重要因素之一，应给予足够的重视并加以控制。

根据其应力方向与焊缝长度方向的关系，焊接残余应力同时存在纵向应力、横向应力和厚度方向的应力。在板件厚度较小的焊接结构中，板件厚度方向的温度大致均匀，残余应力很小；仅当板件厚度较大时，厚度方向的应力才达到较大数值。现以两块钢板采用对接焊缝焊接为例说明如下。

1）沿焊缝长度方向的纵向焊接残余应力

施焊时，焊缝高温区受热而产生纵向膨胀，但这种膨胀因限于变形的平截面规律（变形前的平截面，变形后仍保持平面）而受到其相邻低温区钢材的约束，使焊缝高温区产生纵向压应力。由于钢材在600℃以上时呈热塑状态，高温区的纵向压应力使焊缝区的钢材产生塑性压缩变形，这种塑性变形在温度下降、压应力消失时是不能恢复的。

焊接后的冷却过程中，焊缝高温区将产生较大的收缩变形。事实上，由于焊缝区与其邻近的钢材是连续的，焊缝区因冷却而产生的收缩变形又因平截面规律受到相邻低温区钢材的约束而不能恢复其原来的长度，使焊缝区产生拉应力如图4-33b所示。此拉应力当焊件完全冷却后仍残留在焊缝区内，与之相平衡，在邻近低温区将产生残留压应力，故名焊接残余应力。因构件并未承受外加荷载，所以焊接残余应力是一种自相平衡的内应力。残余应力分布图中受拉应力图形面积与受压应力图形面积相等且必对称于焊缝轴线。

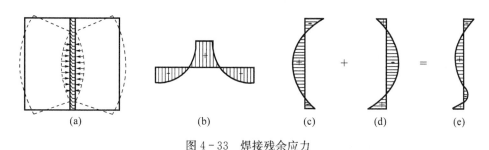

图4-33　焊接残余应力

(a) 焊缝的纵向收缩；(b) 纵向残余应力；(c)、(d)、(e) 横向残余应力

2）垂直于焊缝长度方向的横向焊接残余应力

两钢板以对接焊缝连接时，除产生纵向焊接残余应力外，还会产生横向残余应力。横向残余应力由两部分组成：第一部分是由焊缝的纵向收缩引起的。焊缝的纵向收缩使两块钢板有相向弯曲成弓形的趋势（图4-33a中的虚线），但钢板已被焊缝连成一体，因而在焊缝中产生中部受拉两端受压的自相平衡的横向拉应力（图4-33c）。第二部分是由焊缝的横向收缩所引起的，其应力分布与焊接方向和顺序有关。若焊缝是由板件一端施焊到另一端，由于施焊过程中焊缝的冷却时间不同，先焊的焊缝经冷却达到一定强度时，后焊的焊缝横向热膨胀必将受其限制而产生横向热塑压缩变形；而当后焊的焊缝在冷却收缩时，又受前者制约而产生横向拉应力，先焊的焊缝则产生横向压应力，而最先焊接的远端因满足内应力弯矩平衡而呈横向拉应力，如图4-33d所示。最终的横向焊接残余应力为两者的叠加，如图4-33e所示。

如果把对接焊缝分成两段施焊，则焊缝横向收缩引起的焊缝横向残余应力分布如图4-34所示。其一是由中间向两端施焊；其二为分别由板的两端起焊，至中间结束。由于不同的施焊方法，则焊缝横向收缩产生的横向残余应力分布也完全不同，但仍是自相平衡的内应力。

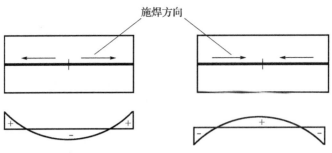

图4-34 不同焊接方向时焊缝横向
收缩所引起的焊缝横向残余应力

3) 厚度方向焊接残余应力

较厚钢板焊接时,焊缝截面较大,焊缝与钢板和与空气接触面散热较快而先冷却并具有一定强度;内部焊缝后冷却,其沿厚度方向的收缩受到外部已冷固焊缝的阻碍,从而在焊缝内部沿厚度方向产生残余拉应力,而焊缝四周受压的应力状态(图4-35)。当钢板厚度大于50 mm时,应力值可达50 N/mm²。

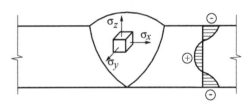

图4-35 厚度方向残余应力

4) 约束状态下施焊时产生的焊接残余应力

前述的各种焊接残余应力都是在焊件能自由变形条件下施焊时产生的。由于整个焊件没有受到任何外来的约束,焊接残余应力是自相平衡的内力系。当焊件在变形受到约束状态时施焊,其焊接残余应力的大小和分布就截然不同。图4-36表示沿平行于焊缝长度方向的纵向边缘受到约束的两块钢板。施焊时焊缝高温区的钢板的横向膨胀受到阻碍,产生不可恢复的热塑压缩变形;焊缝冷却后,由于横向收缩受到限制遂在焊缝中产生横向拉应力,如图4-36所示。该横向焊接残余应力不再是自平衡力系,而是与钢板边缘的约束应力相平衡。因而可称为反作用焊接应力。钢板边缘的嵌固程度越大,约束边相距越近,产生的约束应力就越大。因此,设计连接时要考虑焊缝的施焊顺序,尽可能使焊件能自由伸缩,以便减小约束焊接残余应力。

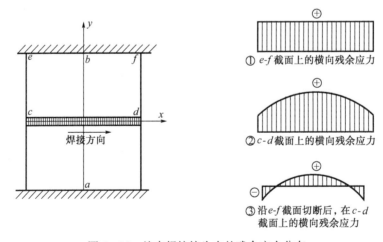

图4-36 约束焊接接头中的残余应力分布

总之,只要进行了焊接,在钢构件中将或多或少存在焊接残余应力。由于焊接残余应力的存在,将不可避免地对结构的刚度、疲劳强度、塑性和韧性产生不利影响,对此问题将在本书后续章节进一步加以说明。需要指出,由于焊接残余应力是一种自相平衡的内应力,因而其对结构的静力强度几乎没有影响。

实际上,热轧型钢在其轧制加工过程中也存在不均匀温度场,因而也存在残余应力,其大小因构件截面形状和加工工艺不同而异。由于热轧工艺导致的不均匀温度场相对于焊接工艺产生的温度场更均匀些、极值温度更低,故轧制型钢构件中残余应力相对较小。

4.6.2 焊接残余变形

如前所述,焊接过程中的不均匀加热和冷却使焊件在产生焊接残余应力的同时,还将产生焊接残余变形。焊接残余变形包括纵向收缩、横向收缩、弯曲变形、角变形、扭曲变形和波浪状变形等(图 4-37)。这是焊接结构的不可避免的缺点。焊接残余变形影响构件的尺寸精度和外观,导致构件出现初弯曲、初扭曲和受力时的初偏心等,恶化受力状态,降低其承载能力。

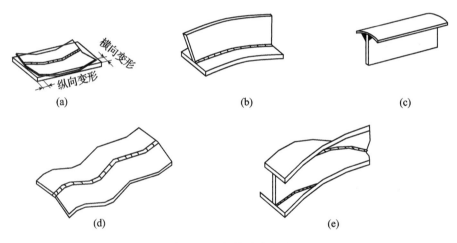

图 4-37 焊接残余变形
(a) 纵、横向收缩;(b) 弯曲变形;(c) 角变形;(d) 波浪变形;(e) 扭曲变形

4.6.3 减小焊接残余应力和焊接残余变形的方法

钢构件出现过大的焊接残余应力和焊接残余变形主要是由于焊接构造不当和焊接工艺欠妥所造成,故应在设计、制造和焊接工艺上采取有效措施,尽量减小焊接残余应力和焊接残余变形。

1) 设计方面

合理的焊缝设计要保证连接传力的需要和制造、安装的方便,它也是减小焊接残余应力和焊接残余变形的主要手段之一。主要措施有:

(1) 采用设计所需要的焊缝的数量和焊脚尺寸,不应随意加大焊缝;在容许的范围内,宜采用较小的焊脚尺寸,并加大焊缝长度。对接焊缝选用合适的坡口,也可以减小焊接变形。

(2) 焊缝应尽可能对称布置,不要过分集中和三向相交。当焊缝三向相交时,可将次要焊缝中断而使主要焊缝保持连续(图 4-38a、b)。

(3) 避免截面突变和应力集中现象。例如,当宽度或厚度不同的钢板拼接时,焊缝采用小于等于 1:4 的坡度过度;而两钢板的搭接也不能只用一条正面角焊缝传力(图 4-38e)。

（4）焊缝布置应考虑施焊方便，尽量避免仰焊。

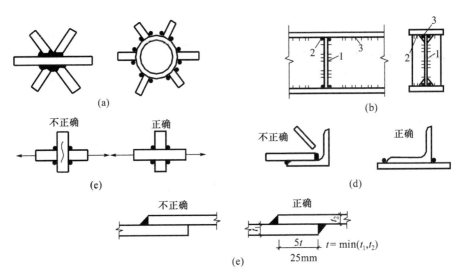

图 4-38　减少焊接残余应力的设计措施

2）制造和焊接工艺方面

（1）采用适当的焊接顺序和方向。例如采用对称焊、分段退焊、多层多道焊、跳焊（图 4-39c）等，使各次焊接的残余应力和变形的方向相反并相互抵消。图 4-39a 所示钢板对接时根部Ⅰ、中间Ⅱ、表面Ⅲ各层各焊道采用不同划分的分段退焊。

（2）先焊收缩量较大的焊缝，后焊收缩量小的焊缝（先对接焊缝，后角焊缝）；先焊错开的短焊缝，后焊直通的长焊缝，使焊缝有较大的横向收缩余地（图 4-39d）；先焊使用时受力较大的焊缝，后焊受力较次要的焊缝，可减小焊接残余应力。

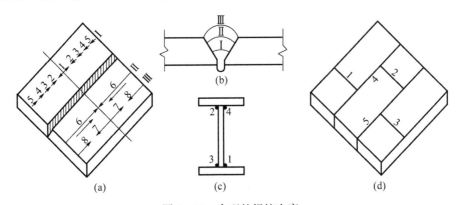

图 4-39　合理的焊接次序
(a) 分段退焊；(b) 分层焊；(c) 对角跳焊；(d) 分块拼焊

（3）采用反变形法。即施焊前给构件一个和焊接残余变形相反的预变形，使构件在焊接后产生的焊接残余变形正好与预变形抵消，以减小最终的总变形（图 4-40a）。当焊接变形超过规定时，可以用机械矫正或局部加热的方法消除变形（图 4-40b、c）。

（4）对重要的结构施焊前应先将构件整体或局部预热至 $100\sim300℃$，焊接后保温一段时间(缓冷)，以减小焊接和冷却过程中温度的不均匀程度，从而降低焊接残余应力并减小发生裂纹的危险。在环境温度低于 $0℃$ 时施焊或较厚钢板焊接时，通常应对焊缝附近的局部区域进行预热。

（5）重要构件施焊后进行高温回火(即加热至 $600℃$ 左右,保持一段时间恒温后缓慢冷却)可以消除大部分残余应力，改善其分布。焊接后对焊件进行锤击，也可减小焊接残余应力和变形。

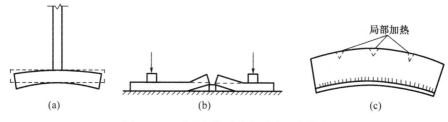

图 4-40　减少焊接残余变形的工艺措施

4.7　螺栓连接构造

4.7.1　螺栓的形式和规格

钢结构采用的普通螺栓为 C 级粗制螺栓，一般采用 Q235 碳素钢制成，材料性能等级为 4.6 或 4.8 级。形式为六角头型，粗牙普通螺纹，其代号用字母 M 与公称直径表示，工程中常用 M12、M16、M20、(M22)和 M24。螺栓的最大连接长度随螺栓直径而异，选用时宜控制其不超过螺栓标准中规定的夹紧长度，一般为 4～6 倍螺栓直径夹紧长度，即螺栓直径不宜小于 1/4～1/6(大直径螺栓取大值，反之取小值)，以免出现板叠过厚而紧固力不足和螺栓过于细长而受力弯曲的现象，以致影响连接的受力性能。另外，螺栓长度还应考虑螺栓头部及螺母下各设一个垫圈和螺栓拧紧后外露丝扣不少于 2～3 扣。C 级螺栓的螺孔采用Ⅱ类孔，M12、M16 螺栓的孔径比螺栓公称直径大 1.5 mm；M20 以上的螺栓大 2.0 mm。

高强度螺栓的材料性能等级为 8.8 或 10.9 级；有大六角头型和扭剪型两种连接副，参见图 4-41。从外形上看，扭剪型高强度螺栓的端部为盘头而不是六角形，螺杆端部有一个承受拧紧反力矩的"梅花头"和一道能在规定扭转力矩下剪断的"断颈槽"。8.8 级大六角头高强度螺栓采用 45 号钢或 35 号钢制作；10.9 级大六角头高强度螺栓采用 20MnTiB、40B 或 35VB 制作。扭剪型高强度螺栓只有 10.9 级，采用 20MnTiB 钢材制造。螺母的材料 10H 级的为 45 号、35 号或 15MnVB 钢；8H 级的为 35 号钢；垫圈为 45 号或 35 号经热处理制成。扭剪型高强度螺栓是我国 20 世纪 80 年代研制的新型连接件，具有强度高、安装简便、质量可靠、可单面拧紧且易于机械化施工等优点，但其紧固施工需要用特制的电动扳手。

高强度螺栓孔应用钻孔。高强度螺栓夹紧长度为螺栓直径的 5～7 倍。摩擦型连接的高强度螺栓的孔径比螺栓公称直径大 1.5～2.0 mm；承压型连接的高强度螺栓的孔径比螺栓公称直径大 1.0～1.5 mm。

常用螺栓的
形式

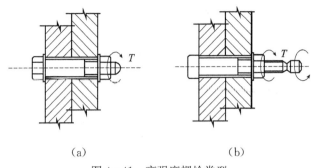

(a)   (b)

图 4-41　高强度螺栓类型

4.7.2　螺栓及孔的图例

钢结构施工图采用的螺栓及孔的图例标注应按现行《建筑结构制图标准》的规定(表4-7)执行。

表 4-7　螺栓及孔图例

名称	永久螺栓	安装螺栓	高强度螺栓	圆形螺栓孔	长圆形螺栓孔
图例					

4.7.3　螺栓的排列与连接构造要求

螺栓的排列应遵循简单紧凑、整齐划一和便于安装紧固的原则,通常采用并列和错列两种形式(图4-42a)。并列简单,但栓孔削弱截面较大。错列可减少截面削弱,但排列较繁。不论采用哪种排列,螺栓的中距(螺栓中心间距)、端距(顺内力方向螺栓中心至构件边缘距离)和边距(垂直内力方向螺栓中心至构件边缘距离)应满足下列要求:

① 受力要求。螺栓任意方向的中距以及边距和端距均不应过小,以免受力时加剧孔壁周围的应力集中和防止钢板过渡削弱而使承载力过低,造成沿孔与孔或孔与边间拉断或剪断。当构件承受压力作用时,顺压力方向的中距不应过大,否则螺栓间钢板可能失稳形成鼓曲。

② 构造要求。螺栓的中距不应过大,否则钢板不能紧密贴合。外排螺栓的中距以及边距和端距更不应过大,以防止潮气侵入引起锈蚀。

③ 施工要求。螺栓间应有足够距离以便于转动扳手,拧紧螺母。

现行设计标准根据上述要求,结合理论和实践经验,规定了螺栓的最大、最小容许距离,详见表4-7。排列螺栓时,宜按最小距离取用,且取5 mm的倍数,按等距离布置,以缩小连接板的尺寸。最大容许距离一般只在起联系作用的构造连接中采用。

型钢(工字钢、槽钢、角钢)上螺栓的排列(图4-42b)除应满足表4-8规定的最大、最小容许距离外,还应符合各自的线距和最大孔径 d_{0max} 的要求(表4-9、表4-10、表4-11),以使螺栓大小和位置适当并便于拧固。

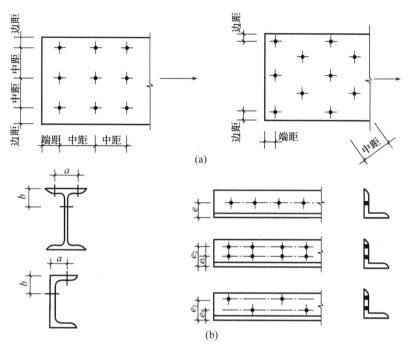

图 4-42 螺栓的排列

表 4-8 螺栓的最大、最小容许距离

名 称	位置和方向			最大允许距离 （取两者的较小值）	最小允许距离
中心间距	任意方向	外 排		$8d_0$ 或 $12t$	$3d_0$
		中间排	构件受压力	$12d_0$ 或 $18t$	
			构件受拉力	$16d_0$ 或 $24t$	
中心至构件边缘距离	垂直内力方向（边距）	顺内力方向（端距）			$2d_0$
		切割边		$4d_0$ 或 $8t$	$1.5d_0$
		轧制边	高强度螺栓		
			其他螺栓		$1.2d_0$

注：（1）d_0 为螺栓的孔径，t 为外层较薄板件的厚度。

（2）钢板边缘与刚性构件（如角钢、槽钢等）相连的螺栓的最大间距，可按中间排的数值采用。

表 4-9 工字钢（H 型钢）翼缘和腹板上螺栓的最大容许线距和最大孔径

型 号	12.6	14	16	18	20	22	25	28	32	36	40	45	50	56	63
a	40	45	50	50	55	60	65	70	75	80	80	80	90	90	95
b	40	45	45	45	50	50	55	60	60	65	65	70	70	75	75
d_{0max}	13	13	13	17.5	17.5	17.5	19.5	19.5	21.5	21.5	23.5	23.5	23.5	25.5	25.5

表 4-10 槽钢翼缘和腹板上螺栓的最小容许线距和最大孔径

型号	12.6	14	16	18	20	22	25	28	32	36	40
a	30	35	35	40	40	45	45	45	50	55	60
b	40	45	50	50	55	55	60	65	65	70	75
d_{0max}	17.5	17.5	19.5	19.5	21.5	21.5	25.5	28.5	28.5	28.5	28.5

表 4-11 角钢上螺栓的最小容许线距和最大孔径

肢宽		40	45	50	56	63	70	75	80	90	100	110	125	140	160	180	200
单行	e	25	25	30	30	35	40	40	45	50	55	60	70				
	d_{0max}	12	13	14	15.5	17.5	20	21.5	21.5	23.5	23.5	26	26				
双行错列	e_1												55	60	70	70	80
	e_2												90	100	120	140	160
	d_{0max}												23.5	23.5	26	26	26
双行并列	e_1														60	70	90
	e_2														130	140	160
	d_{0max}														23.5	23.5	26

螺栓连接除了上述螺栓排列的间距要求外,根据不同受力和连接情况,尚应满足以下构造要求:

① 满足对直接承受动力荷载的普通螺栓应采用双螺母或其他能防止螺母松动的有效措施(设弹簧垫圈、将螺纹打毛或螺母焊死)。

② 为保证螺栓连接可靠,每根杆件在一端的连接接头,永久性螺栓数一般不宜少于两个。

③ 由于普通 C 级螺栓与孔壁间隙较大,只适用于沿其杆轴方向的受拉连接;对于承受静力荷载的次要结构连接、可拆卸结构和临时结构的安装连接,也可用于受剪连接。重要结构、直接承受动力荷载结构的连接,不得采用普通 C 级螺栓连接,应优先采用高强度螺栓连接。

④ 采用高强度螺栓连接,在螺栓连接范围内被连接件接触面的处理措施非常重要,直接影响到连接承载能力,应特别关注。

4.8 普通螺栓连接的受力性能和计算

普通螺栓连接按螺栓传力方式可分为受剪螺栓连接、受拉螺栓连接和同时承受剪拉的螺栓连接三种。受剪螺栓连接是依靠栓杆抗剪以及螺栓杆对孔壁承压传递垂直于螺栓杆方向的剪力(图 4-43);受拉螺栓连接是依靠螺栓杆承受沿杆轴方向的传力(图 4-51)。剪拉螺栓连接则是同时兼有上述两种传力方式。

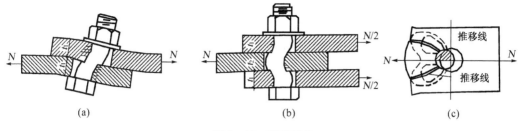

图 4 - 43 受剪螺栓

4.8.1 螺栓受剪连接

1) 受力性能与破坏形式

图 4 - 44 所示为一个单个受剪螺栓连接。钢板受剪力 N 作用,钢板间的相对位移为 δ,则 N-δ 曲线 1 可表示 C 级普通螺栓连接受力性能的三个阶段。第一阶段为起始的上升直线段,表示连接处在弹性工作状态,无相对位移。由于普通螺栓有少量的初拉力,把钢板夹紧。当外加剪力不大时,外力由板件间的摩擦力传递。此曲线不久即出现水平直线段,它表示连接进入钢板相对滑移状态的第二阶段。当栓杆和螺栓孔壁一侧接触靠紧,其间产生承压应力,螺栓杆受剪,连接的承载力也随之增加,曲线上升,这表示连接进入弹塑性工作状态的第三阶段。起初,各螺栓杆与孔壁的接触有先后而引起各螺栓受力不均匀;随着外力的增加,螺栓受力进入塑性变形阶段,各螺栓受力将渐趋均匀,连接变形迅速增大,曲线亦趋于平坦,直至连接承载能力的极限状态破坏。曲线的最高点即是连接的极限承载力。

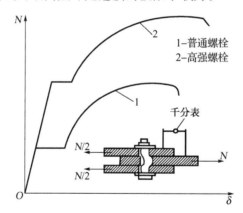

图 4 - 44 单个受剪螺栓连接的受力性能曲线

普通螺栓受剪连接在达到极限承载力时可能出现如下五种破坏形式:

① 栓杆剪断(图 4 - 45a)——当螺栓直径较小而钢板相对较厚时可能发生。

② 孔壁挤压破坏(图 4 - 45b)——当螺栓直径较大而钢板相对较薄时可能发生。

③ 钢板拉断(图 4 - 45c)——当钢板顺螺孔削弱过多可能发生。

④ 钢板端部剪断(图 4 - 45d)——当顺受力方向的端距过小时可能发生。

⑤ 栓杆受弯破坏(图 4 - 45e)——当螺栓过长时可能发生。

上述破坏形式中的后两种在选用最小容许端距 $2d_0$ 和使螺栓的夹紧长度不超过 4～6 倍螺栓直径的条件下,均不会产生。但对其他三种形式的破坏,则须通过计算来防止。

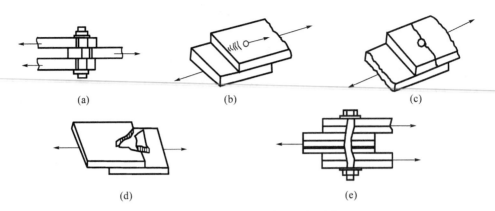

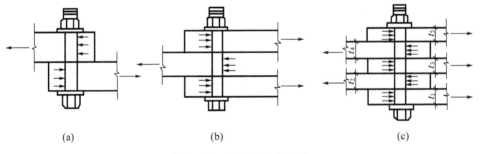

图4-45 受剪螺栓连接的破坏形式

(a) 栓杆剪断;(b) 孔壁挤压破坏;(c) 钢板拉断;(d) 钢板端部剪断;(e) 栓杆受弯破坏

2) 螺栓受剪连接计算

受剪螺栓连接按承载能力极限状态须计算螺栓杆受剪和孔壁承压承载力,以及钢板受拉(或受压)承载力,而后一项属于构件的强度计算。现分述如下:

(1) 单个螺栓抗剪承载力设计值

① 螺栓杆受剪承载力设计值

假定螺栓受剪面上的剪应力均匀分布,单个螺栓的抗剪承载力设计值为

$$N_v^b = n_v \frac{\pi d^2}{4} f_v^b \qquad (4-39)$$

式中 n_v——受剪面数目,单剪 $n_v=1$、双剪 $n_v=2$、四剪 $n_v=4$(图4-46);

　　　　d——螺栓杆直径;

　　　　f_v^b——螺栓的抗剪强度设计值,根据试验值确定,见表4-12。

图4-46 受剪螺栓的计算

(a) 单剪;(b) 双剪;(c) 四剪

② 承压承载力设计值

螺栓孔壁的实际承压力分布很不均匀,为了计算简便,假定承压应力沿螺栓直径的投影面均匀分布,单个螺栓的承压承载力设计值为

$$N_c^b = d \sum t f_c^b \qquad (4-40)$$

式中　　$\sum t$——在同一受力方向的承压构件的较小总厚度(如图4-46c中的四剪,$\sum t$ 取

$t_1 + t_3 + t_5$ 或 $t_2 + t_4$ 中的较小值);

f_c^b——螺栓的(孔壁)承压强度设计值,与构件的钢材有关,根据试验值确定,见表4-12。

显而易见,单个螺栓抗剪承载设计值应取 N_v^b 和 N_c^b 中的较小者 N_{min}^b。

表4-12 螺栓连接的强度指标 (N/mm²)

螺栓的性能等级、锚栓和构件钢材的牌号		强度设计值							锚栓	承压型连接或网架用高强度螺栓			高强度螺栓的抗拉强度 f_u^b
		普通螺栓											
		C级螺栓			A级、B级螺栓								
		抗拉 f_t^b	抗剪 f_v^b	承压 f_c^b	抗拉 f_t^b	抗剪 f_v^b	承压 f_c^b	抗拉 f_t^a	抗拉 f_t^b	抗剪 f_v^b	承压 f_c^b	
普通螺栓	4.6级、4.8级	170	140	—	—	—	—	—	—	—	—	—
	5.6级	—	—	—	210	190	—	—	—	—	—	—
	8.8级	—	—	—	400	320	—	—	—	—	—	—
锚栓	Q235	—	—	—	—	—	—	140	—	—	—	—
	Q345	—	—	—	—	—	—	180	—	—	—	—
	Q390	—	—	—	—	—	—	185	—	—	—	—
承压型连接高强度螺栓	8.8级	—	—	—	—	—	—	—	400	250	—	830
	10.9级	—	—	—	—	—	—	—	500	310	—	1040
螺栓球节点用高强度螺栓	9.8级	—	—	—	—	—	—	—	385	—	—	—
	10.9级	—	—	—	—	—	—	—	430	—	—	—
构件钢材牌号	Q235	—	—	305	—	—	405	—	—	—	470	—
	Q345	—	—	385	—	—	510	—	—	—	590	—
	Q390	—	—	400	—	—	530	—	—	—	615	—
	Q420	—	—	425	—	—	560	—	—	—	655	—
	Q460	—	—	450	—	—	595	—	—	—	695	—
	Q345GJ	—	—	400	—	—	530	—	—	—	615	—

注:(1) A级螺栓用于 $d \leqslant 24$ mm 和 $L \leqslant 10d$ 或 $L \leqslant 150$ mm(按较小值)的螺栓;B级螺栓用于 $d > 24$ mm 和 $L > 10d$ 或 $L > 150$ mm(按较小值)的螺栓;d 为公称直径,L 为螺栓公称长度。

(2) A、B级螺栓孔的精度和孔壁表面粗糙度,C级螺栓孔的允许偏差和孔壁表面粗糙度,均应符合现行国家标准《钢结构工程施工质量验收规范》GB 50205 的要求。

(3) 用于螺栓球节点网架的高强度螺栓,M12~M36 为10.9级,M39~M64 为9.8级。

(2)螺栓群的受剪连接计算

每一杆件在节点上以及拼接接头的一端,永久螺栓数一般不宜少于两个,因此螺栓连接中的螺栓一般都是以螺栓群的形式出现。

① 螺栓群受轴心作用时的受剪连接计算

图4-47所示为一个受轴心力 N 作用的螺栓连接双盖板对接接头。尽管 N 通过螺栓群形心,但实验证明,各螺栓在弹性工作阶段受力并不相等,两端大,中间小,但在进入弹塑性工作阶段后,由于内力重分布,各螺栓受力将逐渐趋于相等,故可按平均受力计算。因此,连接一

侧螺栓需要的数目为

$$n = \frac{N}{N_{min}^b} \quad (4-41)$$

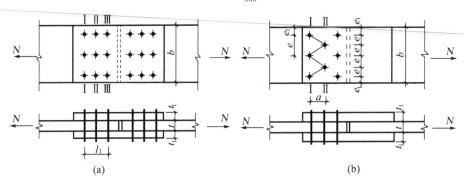

图 4-47 螺栓群受轴心力作用时的受剪螺栓

在构件的节点处或拼接接头的一端,当螺栓沿受力方向的连接长度 l_1(图 4-47a)过大时,各螺栓的受力将很不均匀,端部螺栓受力最大,往往首先破坏,然后依次逐个向内破坏。因此,《钢结构设计标准》规定对此种情况螺栓(包括高强度螺栓)的承载力设计值 N_v^b 和 N_c^b,应乘以下列折减系数给予降低,即:

当 $l_1 > 15 d_0$ 时 $\qquad \beta = 1.1 - \frac{l_1}{150 d_0} \quad (4-42)$

当 $l_1 \geqslant 60 d_0$ 时 $\qquad \beta = 0.7 \quad (4-43)$

为防止构件或连接板因螺孔削弱而拉(或压)断,还须按下式验算连接开孔截面的净截面强度

$$\sigma = \frac{N}{A_n} \leqslant f \quad (4-44)$$

式中 A_n——构件或连接板的净截面面积;

f——钢材的抗拉(或抗压)强度设计值,按附表 1-32 选用。

净截面强度验算应选择构件或连接板的最不利截面,即内力最大或螺孔较多的截面,如图 4-47a 所示螺栓为并列布置时,构件最不利截面为截面Ⅰ-Ⅰ,其内力最大为 N。而截面Ⅱ-Ⅱ 和 Ⅲ-Ⅲ 因前面螺栓已经传递部分力,故内力分别递减为 $N - (n_1/n)N$ 和 $N - [(n_1 + n_2)/n]N$ (n、n_1、n_2 分别为连接一侧的螺栓总数和截面Ⅰ-Ⅰ、Ⅱ-Ⅱ 上的螺栓数),均较截面Ⅰ-Ⅰ 的内力小。因此,若截面Ⅱ-Ⅱ 和Ⅲ-Ⅲ 的螺孔数未增多,净截面面积没有减小,即可不予计算。但对连接盖板各截面,因受力相反,截面Ⅲ-Ⅲ 受力最大,亦为 N,故还须按下面公式比较它和构件截面Ⅰ-Ⅰ 的净截面面积,以确定最不利截面

构件截面Ⅰ-Ⅰ $\qquad A_n = (b - n_1 d_0)t \quad (4-45)$

连接板截面Ⅲ-Ⅲ $\qquad A_n = 2(b - n_3 d_0)t_1 \quad (4-46)$

式中 n_1、n_3——截面Ⅰ-Ⅰ 和Ⅲ-Ⅲ 上的螺孔数;

t、t_1、b——分别为构件和连接板的厚度及宽度。

当螺栓为错列布置时(图 4-47b),构件或连接板除可能沿直线截面Ⅰ-Ⅰ 破坏外,还可能沿折线截面Ⅱ-Ⅱ 破坏,因其长度虽较大,但螺孔较多,故须按下式计算净截面面积,以确定最

不利截面

$$A_n = [2e_1 + (n_2 - 1)\sqrt{a^2 + e^2} - n_2 d_0]t \qquad (4-47)$$

式中　n_2——折线截面Ⅱ-Ⅱ上的螺孔数。

【例4-6】试设计一C级螺栓的角钢拼接。角钢型号∟100×10，Q235钢。轴心拉力设计值 $N = 300$ kN。

【解】确定螺栓需要数目和排列：

试选M22螺栓，孔径 $d_0 = 23.5$ mm（符合表4-11中最大孔径的规定）。采用拼接角钢型号与构件角钢相同。

单个受剪螺栓的抗剪和承压承载力设计值，按式（4-39）、式（4-40）

$$N_v^b = n_v \frac{\pi d^2}{4} f_v^b = 1 \times \frac{\pi \times 22^2}{4} \times 140 = 53\,200 \text{ N} = 53.2 \text{ kN}$$

$$N_c^b = d \sum t f_c^b = 22 \times 10 \times 305 = 67\,100 \text{ N} = 67.1 \text{ kN}$$

连接一侧螺栓需要数目，按式（4-41）

$$n = \frac{N}{N_{min}^b} = \frac{300}{53.2} = 5.64 \text{ 个，取 6 个}$$

为便于紧固螺栓，采用如图4-48a所示的错列布置（螺栓线距符合表4-11、中距和端距符合表4-8的规定）。

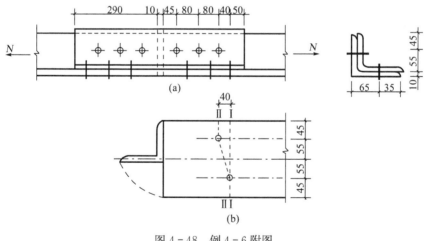

螺栓连接
举例

图4-48　例4-6附图

验算角钢净截面强度：

将角钢按中线展开（图4-48b）。直线截面Ⅰ-Ⅰ净截面面积，按式（4-45）

$$A_{nⅠ} = A - n_1 d_0 t = 19.26 - 1 \times 2.35 \times 1 = 16.91 \text{ cm}^2$$

折线截面Ⅱ-Ⅱ净截面面积，按式（4-46）

$$A_{nⅡ} = [2e_1 + (n_2 - 1)\sqrt{a^2 + e^2} - n_2 d_0]t$$

$$= [2 \times 4.5 + (2-1)\sqrt{4^2 + 11^2} - 2 \times 2.35] \times 1 = 16.0 \text{ cm}^2$$

$$\therefore \sigma = \frac{N}{A_{n\min}} = \frac{300 \times 10^3}{16.0 \times 10^2} = 187.5 \text{ N/mm}^2 < f = 215 \text{ N/mm}^2 \text{(满足)}$$

② 螺栓群受偏心力作用时的受剪连接计算

图 4-49a 所示为一受偏心力 F 作用的螺栓连接搭接接头。将 F 力向螺栓群的形心 O 简化后,可与图 4-49b 所示的 $T = Fe$、$V = F$ 同时作用等效。扭矩 T 和剪力 V 均使螺栓群受剪。在计算 T 作用下螺栓所承受的剪力时,假定:被连接件是绝对刚性体,而螺栓则是弹性体;受扭矩作用,所有螺栓均绕螺栓群形心 O 旋转。

因此,每个螺栓 i 所受剪力 N_i^T 的方向垂直于该螺栓与 O 的连线,其大小则与此连线的距离 r_i 成正比,即

$$\frac{N_1^T}{r_1} = \frac{N_2^T}{r_2} = \cdots = \frac{N_i^T}{r_i} = \cdots = \frac{N_n^T}{r_n}$$

因而 $N_2^T = \dfrac{r_2}{r_1} N_1^T$,$N_3^T = \dfrac{r_3}{r_1} N_1^T$,$\cdots$,$N_i^T = \dfrac{r_i}{r_1} N_1^T$,$\cdots$,$N_n^T = \dfrac{r_n}{r_1} N_1^T$

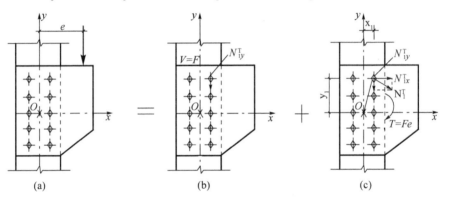

图 4-49 螺栓群受偏心力作用时的受剪螺栓

由力的平衡条件,并引入上列关系,可得

$$T = N_1^T r_1 + N_2^T r_2 + \cdots + N_i^T r_i + \cdots + N_n^T r_n$$

$$= \frac{N_1^T}{r_1}(r_1^2 + r_2^2 + \cdots + r_i^2 + \cdots + r_n^2) = \frac{N_1^T}{r_1} \sum r_i^2$$

$$N_1^T = \frac{Tr_1}{\sum r_i^2} = \frac{Tr_1}{\sum x_i^2 + \sum y_i^2}$$

式中 $\quad \sum x_i^2$、$\sum y_i^2$——螺栓群的全部螺栓的横坐标和纵坐标的平方和。

螺栓"1"距离形心 O 最远,故 N_1^T 最大。现将其按 x 和 y 两个方向分解为

$$N_{1x}^T = N_1^T \frac{y_1}{r_1} = \frac{Ty_1}{\sum x_i^2 + \sum y_i^2} \tag{4-48}$$

$$N_{1y}^T = N_1^T \frac{x_1}{r_1} = \frac{Tx_1}{\sum x_i^2 + \sum y_i^2} \tag{4-49}$$

剪力 V 通过螺栓群形心,故每个螺栓均匀受力,螺栓"1"所受的剪力为

$$N_{1y}^{V} = \frac{V}{n} \tag{4-50}$$

因此,螺栓群受偏心力作用时最不利受剪螺栓"1"所承受的合力应满足的强度条件为

$$N_1 = \sqrt{(N_{1x}^{T})^2 + (N_{1y}^{T} + N_{1y}^{V})^2} \leqslant N_{\min}^{b} \tag{4-51}$$

设计受偏心力作用的受剪螺栓群,一般先适当布置螺栓,然后用式(4-51)验算。

【例 4 - 7】试设计一 C 级螺栓的搭接接头 (图 4-50)。作用力设计值 $F = 230$ kN,偏心距 $e = 300$ mm。材料 Q235 钢。

【解】试选 M20 螺栓,$d_0 = 21.5$ mm,纵向排列,采用比中距最小容许距离 $3d_0$ 稍大的尺寸,以增大力臂。

单个受剪螺栓的抗剪和承压承载力设计值,按式(4-40)、式(4-41)计算:

$$N_v^b = n_v \frac{\pi d^2}{4} f_v^b = 1 \times \frac{\pi \times 20^2}{4} \times 140$$
$$= 43\,960 \text{ N} = 43.96 \text{ kN}$$

$$N_c^b = d \sum t f_c^b = 20 \times 10 \times 305 = 61\,000 \text{ N} = 61 \text{ kN}$$

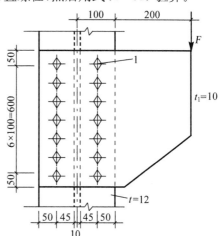

图 4-50 例 4-7 附图

因 $y_1 = 30$ cm $> 3x_1 = 3 \times 5 = 15$ cm,故按式(4-49)、式(4-50)、式(4-51)得

$$N_{1x}^{T} = \frac{Ty_1}{\sum (x_i^2 + y_i^2)} = \frac{230 \times 30 \times 30}{14 \times 5^2 + 4(10^2 + 20^2 + 30^2)} = 34.8 \text{ kN}$$

$$N_{1y}^{V} = \frac{V}{n} = \frac{230}{14} = 16.4 \text{ kN}$$

$$N_1 = \sqrt{(N_{1x}^{T})^2 + (N_{1y}^{V})^2} = \sqrt{34.8^2 + 16.4^2} = 38.47 \text{ kN} < N_{\min}^b = 43.96 \text{ kN}(满足)$$

4.8.2 受拉螺栓连接

1) 受力性能和破坏形式

图 4-51 所示为一螺栓连接的 T 形接头。在外力 N 作用下,构件相互间有分离趋势,从而使螺栓沿杆轴方向受拉。受拉螺栓的破坏形式是栓杆被拉断,其部位多在被螺纹削弱的截面处。

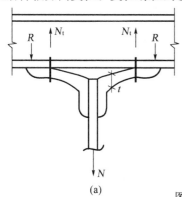

图 4-51 受拉螺栓连接

2）计算方法

（1）单个受拉螺栓的承载力设计值

假定拉应力在螺栓螺纹处截面上均匀分布,因此单个螺栓的受拉承载力设计值为

$$N_t^b = A_e f_t^b = \frac{\pi d_e^2}{4} f_t^b \tag{4-52}$$

式中　A_e、d_e——螺栓螺纹处的有效面积和有效直径,按附表1-28选用;

　　　　f_t^b——螺栓的抗拉强度设计值,按表4-12选用。

在螺栓连接的T形接头中,构造上一般须采用连接件(角钢或钢板),但其刚度通常较小。如图4-51a中的角钢,当受拉时,在与拉力方向垂直的角钢肢会产生较大变形,从而形成撬杠作用,在角钢肢尖处产生撬力R,并使螺栓增加附加力而导致其所受的拉力增大。连接件的刚度愈小,R则愈大。由于R的计算较复杂,影响因素较多,故现行《钢结构设计标准》采用简化处理,对其大小不作计算,而将螺栓的抗拉强度设计值适当降低以作为补偿,即取$f_t^b = 0.8f$。此外,在设计时还可采取一些构造措施,如设置图4-51b中所示的加劲肋,以加强连接件的刚度,减少螺栓中的附加力。

（2）螺栓群的受拉螺栓连接计算

① 螺栓群受轴心力作用时受拉螺栓计算

当外力N通过螺栓群形心时,假定每个螺栓所受的拉力相等,因此连接所需螺栓数目为

$$n = \frac{N}{N_t^b} \tag{4-53}$$

② 螺栓群受偏心力作用时的受拉螺栓计算

图4-52所示为钢结构中常见的一种普通螺栓连接形式(如屋架下弦端部与柱的连接),螺栓群受偏心拉力F(与图中所示的$M=Fe$、$N=F$单独作用等效)和剪力V作用。由于有焊在柱上的支托承受剪力V,故螺栓群只承受偏心拉力的作用。但在计算时还须根据偏心距离的大小将其区分为下列两种情况:

螺栓群连接
牛腿

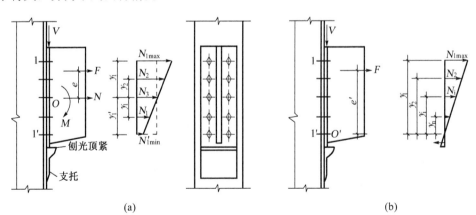

(a)　　　　　　　　　　　　　　　　(b)

图4-52　螺栓群受偏心力作用时的受拉螺栓

(a) 小偏心情况;(b) 大偏心情况

小偏心情况:即偏心距 e 不大,弯矩 M 不大,连接以承受轴心拉力 N 为主时。在此种情况,螺栓群将全部受拉,端板不出现受压区,故在计算 M 产生的螺栓内力时,中和轴应取在螺栓群的形心轴 O 处。螺栓内力按三角形分布(上部螺栓受拉,下部螺栓受压),即每个螺栓 i 所受拉力或压力 N_i^M 的大小与该螺栓至中和轴的距离 y_i 成正比,即

$$\frac{N_1^M}{y_1}=\frac{N_2^M}{y_2}=\cdots=\frac{N_i^M}{y_i}=\cdots=\frac{N_n^M}{y_n}$$

因而 $N_2^M=\dfrac{y_2}{y_1}N_1^M$,$N_3^M=\dfrac{y_3}{y_1}N_1^M$,$\cdots$,$N_i^M=\dfrac{y_i}{y_1}N_1^M$,$\cdots$,$N_n^M=\dfrac{y_n}{y_1}N_1^M$

由力的平衡条件,并引入上列关系,可得

$$M=Ne=m(N_1^M y_1+N_2^M y_2+\cdots+N_i^M y_i+\cdots+N_n^M y_n)$$
$$=m\frac{N_1^M}{y_1}(y_1^2+y_2^2+\cdots+y_i^2+\cdots+y_n^2)=m\frac{N_1^M}{y_1}\sum y_i^2$$

式中　m——螺栓列数(图 4-52 中 $m=2$)。

由此可得顶端和底端螺栓 1 和 $1'$ 由弯矩产生的拉力和压力为

$$N_1^M=\frac{Ney_1}{m\sum y_i^2}\quad\text{和}\quad N_{1'}^M=\frac{Ney_1'}{m\sum y_i^2}\tag{4-54}$$

式中　y_1 和 y_1'——螺栓 1 和 $1'$ 至中和轴的距离。

在轴心拉力 N 作用下,每个螺栓均匀受力,故螺栓"1""$1'$"所受的拉力为

$$N_{1(1')}^N=\frac{N}{n}\tag{4-55}$$

将 N_1^N 和 N_1^M、$N_{1'}^N$ 和 $N_{1'}^M$ 叠加,可得连接中受最大和最小拉力的"1""$1'$"螺栓所受的拉力须满足的计算式为

$$N_{1\max}=\frac{N}{n}+\frac{Ney_1}{m\sum y_i^2}\leqslant N_t^b\tag{4-56a}$$

$$N_{1'\min}=\frac{N}{n}-\frac{Ney_{1'}}{m\sum y_i^2}\geqslant 0\tag{4-56b}$$

式(4-56a)$N_{1\max}\leqslant N_t^b$ 是最不利受拉螺栓 1 需要满足的强度条件;而式(4-56b)$N_{1'\min}\geqslant 0$ 是采用此计算方法必须具备的条件,它表示螺栓群全部受拉。若 $N_{1'\min}<0$ 或 $e>m\sum y_i^2/ny_1$,则表示最下一排螺栓 $1'$ 为受压(实际是端板底部受压),此时须改用下述大偏心情况计算。

大偏心情况:即偏心距 e 较大,弯矩 M 较大时。在此种情况,端板底总会出现受压区(图 4-52b),中和轴位置将下移。为简化计算,可近似地将中和轴假定在(弯矩指向一侧)最外一排螺栓轴线 O' 处。因此,按小偏心情况相似方法,由力的平衡条件(端板底部压力的力矩因为力臂很小故忽略),可得最不利螺栓 1 所受的拉力和应满足的强度条件为

$$N_{1\max}=\frac{Fe'y_1'}{m\sum y_i'^2}\leqslant N_b^t\tag{4-57}$$

式中 e'、y'_1、y'_i——自轴线 O' 计算的偏心距以及至螺栓 1 和螺栓 i 的距离。

【例 4-8】 试设计一屋架下弦端板和柱翼缘板的 C 级螺栓连接（图 4-53）。竖向剪力 $V = 250$ kN 由支托承受，螺栓只承受水平拉力 $F = 420 - 200 = 220$ kN。

【解】 初选 12 个 M20 螺栓，$d_0 = 21.5$ mm，并按图中所示尺寸排列，中距比最小容许距离 $3d_0$ 稍大。$e = 12$ cm。

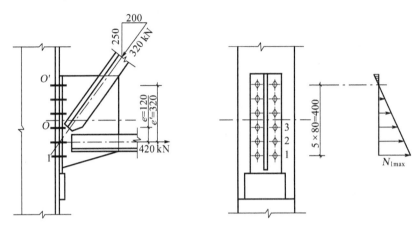

图 4-53　例 4-8 图

先按小偏心情况计算。单个螺栓的抗拉承载力设计值，按式（4-52）
$$N_t^b = A_e f_t^b = 244.8 \times 170 = 41\,600\,\text{N} = 41.6\,\text{kN}$$

根据式（4-56），得

$$\begin{matrix} N_{1\max} \\ N_{1'\min} \end{matrix} = \frac{N}{n} \pm \frac{Ney_{1(1')}}{m\sum y_i^2} = \frac{220}{12} \pm \frac{220 \times 12 \times 20}{2 \times 2 \times (4^2 + 12^2 + 20^2)} = 18.3 \pm 23.6 = \begin{matrix} 41.9\,\text{kN} \\ -5.34\,\text{kN} < 0 \end{matrix}$$

须改按大偏心情况计算，即假定中和轴在最上一排轴线 O' 处，$e' = 32$ cm。由式（4-57），得

$$N_{1\max} = \frac{Fe'y'_1}{m\sum y'^2_i} = \frac{220 \times 32 \times 40}{2 \times (8^2 + 16^2 + 24^2 + 32^2 + 40^2)} = 40\,\text{kN} < 41.6\,\text{kN}$$

满足强度要求。

4.9　高强度螺栓连接的受力性能与计算

4.9.1　高强度螺栓连接的施工方法

在 4.1 节中已述及，根据传力特征和设计要求的不同，高强度螺栓的连接分为摩擦型和承压型连接。其中常用的摩擦型连接是依靠被连接件接触面之间的摩擦阻力传递剪力，并以荷载产生的剪力设计值不超过摩擦力为承载能力极限状态的设计准则。

高强度螺栓连接不论是用于受剪连接、受拉连接还是拉剪连接，不论是大六角头型还是扭剪型螺栓，施工的目的都是拧紧螺帽，使螺杆伸长，依靠螺栓对板叠建立强大的法向压力，即紧固预拉力，从而在被连接件接触面之间产生尽可能大的摩擦力。因此，控制预拉力，即控制螺栓的坚固程度，是保证连接质量的一个关键性因素。

为保证预拉力数值准确，施工时应严格控制螺母的紧固程度，不得漏拧、欠拧或超拧。一般采用的紧固方法有下列几种：

① 扭矩法 采用指针式或预置式扭力（测力）扳手，根据事先测定的螺栓预拉力与扭矩之间的关系施加需要的扭矩。考虑预应力损失，一般施工时控制的预拉力为设计预拉力的 1.05～1.1 倍。为了减少先拧与后拧的高强度螺栓预拉力的差别，要先用普通扳手对其初拧（不小于终拧扭矩值的 50%），使板叠靠拢，然后用扭力扳手终拧。此法操作简单、费用低，但易出现质量差异，在我国应用广泛。

② 转角法 分初拧和终拧两个步骤。先用普通扳手进行初拧，使被连接件相互紧密贴合，再以初拧位置为起点，根据螺栓直径和板叠厚度确定的终拧角度，用长扳手或电动扳手旋转螺母（120°～240°），即达施工控制张拉力。

③ 扭剪法 此法适用于扭剪型高强度螺栓。扭剪型高强度螺栓的端部为盘头而不是六角形，螺杆端部有一个承受拧紧反力矩的"梅花头"和一道能在规定扭转力矩下剪断的"断颈槽"。施工时先对螺栓进行初拧，然后用特制电动扳手的两个套筒分别套住螺母和螺栓尾部梅花卡头（图 4-54），拧紧时，大套筒正转施加紧固扭矩，小套筒则施加紧固反扭矩，将螺栓紧固后，再沿尾部槽口将梅花卡头拧掉。由于螺栓尾部槽口深度是按终拧扭矩和预拉力之间的关系确定，故当梅花卡拧掉时螺栓即达到规定的预拉力值。扭剪型高强度螺栓具有施工简便、精确且便于检查漏拧的优点，故几年来在我国得到广泛应用。

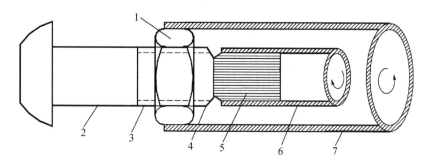

图 4-54　高强度螺栓的紧固方法

1-螺母；2-栓杆；3-螺纹；4-槽口；5-螺杆尾部梅花卡头；6、7-电动扳手小套筒和大套筒

高强度螺栓的预拉力设计值由材料强度和螺栓有效截面面积确定，并考虑以下因素：

① 拧紧螺栓时，螺栓同时受到预拉力引起的拉应力和扭矩使栓杆产生的扭转剪应力作用，将降低螺栓的承载能力，故对材料屈服强度除以 1.2 折减系数。

② 为弥补施工时高强度螺栓的预拉力松弛损失，需要对螺栓超张拉（5%～10%），故乘以超张拉系数 0.9。

③ 考虑螺栓材料抗力的变异性，乘以变异系数 0.9。同时注意到扭剪型高强度螺栓为 10.9 级，即 $f_y = 0.9 f_u$。

高强度螺栓预拉力设计值计算公式为

$$P = \frac{0.9 \times 0.9 \times 0.9}{1.2} A_e f_u \qquad (4-58)$$

高强度螺栓预拉力设计值可详见表 4-13。

表 4－13　每个高强度螺栓的预拉力 P/kN

螺栓的性能等级	螺栓公称直径 d/mm					
	M16	M20	M22	M24	M27	M30
8.8 级	80	125	150	175	230	280
10.9 级	100	155	190	225	290	355

　　根据物理学原理,摩擦力的大小与摩擦面正压力和抗滑移系数有关。因此,除了要在螺栓中建立很大的预拉力(亦即是摩擦面的正压力)外,提高摩擦面的抗滑移系数也是提高连接承载能力的重要措施。

　　摩擦面的抗滑移系数 μ 主要与摩擦面的粗糙程度即被连接构件接触面的处理方法有关。此外,构件所用材料的强度和硬度亦有一定影响。试验表明,抗滑移系数随着被连接构件接触面间法向压力的减小有降低的现象,这与普通物理学的概念有区别。常见的摩擦面处理方法及相应的抗滑移系数参见表 4－14。

表 4－14　钢材摩擦面的抗滑移系数 μ

连接处构件接触面的处理方法	构件的钢材牌号		
	Q235 钢	Q345 钢或 Q390 钢	Q420 钢或 Q460 钢
喷硬质石英砂或铸钢棱角砂	0.45	0.45	0.45
抛丸(喷砂)	0.40	0.40	0.40
钢丝刷清除浮锈或未经处理的干净轧制面	0.30	0.35	—

　　注:① 钢丝刷除锈方向应与受力方向垂直。
　　　　② 当连接构件采用不同钢材牌号时,μ 按相应较低强度者取值。
　　　　③ 采用其他方法处理时,其处理工艺及抗滑移系数值均需经试验确定。

　　表 4－14 构件接触面(摩擦面)的处理方法中,钢丝刷清除浮锈或未经处理的干净轧制表面适用于钢材表面大量覆盖着氧化铁皮或有轻微浮锈只需用钢丝刷清除的情况,其 μ 值低,宜用于要求不高的连接处。喷砂是处理摩擦面较好的方法,表面洁净且粗糙,在较高的法向压力作用下,被连接构件表面相互啮合,钢材的强度和硬度越高,产生滑移需要的力就越大,抗滑移系数就越大。然而大多数摩擦面都位于工地的安装连接处,故一般都要经过一段时间的露天堆放和运输、安装过程,因此还可能生锈。喷砂后涂无机富锌漆可防止生锈(还可避免误刷底漆),但其成本高,工艺较复杂,且 μ 值有所降低。喷砂后生赤锈是在工地安装前,将预先覆在摩擦面上的防锈膜去掉,暴露在空气中一段时间,让其产生一层轻微的赤红色锈迹,只要掌握好赤锈程度,μ 值不会降低。由于此方法简便易行,故效果良好。被连接构件摩擦面涂红丹等油性防腐油漆或在潮湿、淋浴条件下拼装,将显著降低抗滑移系数,应严格禁止并保持接触面的干燥。

4.9.2　高强度螺栓摩擦型连接的受力性能

　　高强度螺栓连接按传力方式亦可分为受剪螺栓连接、受拉螺栓连接和拉剪螺栓连接三种。现分别对其抗剪连接和抗拉连接受力性能加以叙述。

　　1) 高强度螺栓抗剪受力性能

　　高强度螺栓由于预拉力高,对被连接板叠的法向压力大,因而其间的摩擦阻力也大。连接承受外加剪力后,摩擦力能在相当大的荷载下阻止被连接构件的相对滑移,受力性能稳定且弹性工作阶段较长。由图 4-44 中的曲线 2 可见,其上升直线段比普通螺栓的高得多,表明连接弹性性能好,在相对滑移发生前承载能力高,且剪切变形小,耐疲劳。摩擦型受剪高强度螺栓连接即以摩擦阻力刚被克服、连接即将产生相对滑移作为承载能力极限状态。

试验证明,低温和常温对于高强度螺栓抗剪承载能力无明显影响,但当温度高于 100℃时,将使高强度螺栓的预拉力产生温度损失,承载能力降低,故必要时应采取隔热措施,使连接处温度低于 100℃,保证连接正常工作。

2）高强度螺栓抗拉受力性能

高强度螺栓承受外加拉力前,螺杆中已有很高的预拉力 P,而被连接板叠之间则有预压力 C,P 与 C 相互平衡,如图 4-55a 所示。当对螺栓施加外拉力 N_t 后,螺栓杆在板叠间压力未消除前被拉长,此时螺栓杆拉力增加量为 ΔP;而压紧的板叠则拉松,其间压力减小 ΔC,如图 4-55b 所示。计算表明,当施加于螺栓杆上的拉力 N_t 不超过其预拉力的 80% 时,螺栓杆内的拉力增加很小,可认为预拉力基本不变,螺栓杆本身也不会出现应力松弛现象,也即被连接构件接触面仍能保持一定的预压力,整个接触面始终处于紧密接触状态。但当外加拉力大于螺栓杆的预拉力时,被连接构件接触面也就无法保持紧密接触状态,同时卸载后螺栓杆中的预拉力会减小,即发生应力松弛现象。

因此,现行《钢结构设计标准》规定,对于高强度螺栓摩擦型连接中,单个螺栓所受的拉力不应大于 $0.8P$。应注意,高强度螺栓受拉连接中"撬力"的不利影响也是存在的,宜采取合理可靠的构造或计算确定连接角钢的厚度(参见图 4-51),使撬力的影响减小至可忽略不计。

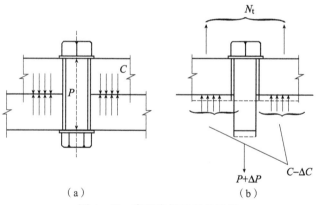

（a）　　　　　　　　（b）

图 4-55　高强度螺栓受拉连接

4.9.3　高强度螺栓连接的计算

1）高强度螺栓摩擦型连接计算

（1）受剪连接计算

摩擦型受剪高强度螺栓连接即以摩擦阻力刚被克服、连接即将产生相对滑移作为承载能力极限状态。

① 单个高强度螺栓的抗剪承载力设计值

高强度螺栓摩擦型连接在被连接板叠间的摩擦阻力与板叠间的法向压力——螺栓的预拉力 P、摩擦面的抗滑移系数 μ 和传力摩擦面数目 n_f 成正比。因此,单个摩擦型高强度螺栓的抗剪承载力设计值为

$$N_v^b = k_1 k_2 n_f \mu P \qquad (4-59)$$

式中　P——高强度螺栓的预拉力设计值,参见表4-12;

　　　μ——摩擦面抗滑移系数,按表4-13取值;

　　　n_f——传力摩擦面数,单剪时,$n_f=1$;双剪时,$n_f=2$。

　　　k_1——系数,一般取0.9,对冷弯薄壁型钢结构($t\leqslant6\ \mathrm{mm}$)取0.8;

　　　k_2——孔型系数,标准孔取1.0;大圆孔取0.85;对槽形长圆孔,内力与槽孔长向平行时取0.60,内力与槽孔长向垂直时取0.70。

② 高强度螺栓群的受剪连接计算

A. 受轴心力作用

如图4-56所示高强度螺栓群承受轴心力作用(对螺栓而言为受剪连接),受剪高强度螺栓群的受力分析方法和普通螺栓一样,故前述普通螺栓的计算公式均可加以利用。如受轴心力作用时,确定连接一侧需要的螺栓数目可用式(4-41)计算,只需将式中 $N_{\min}^b$ 改为单个高强度螺栓摩擦型连接的抗剪承载力设计值 N_v^b(式4-59)。

但是,对受轴心力作用的构件净截面强度验算,却和普通螺栓的稍有不同。由于摩擦型高强度螺栓传力所依靠的摩擦力一般可认为均匀分布于螺孔四周,故孔前接触面即已经传递每个螺栓所传内力的一半,即所谓的"孔前传力"概念。如图4-56b所示最外列螺栓截面Ⅰ-Ⅰ处,已于孔前传力 $0.5n_1(N/n)$(n 和 n_1 分别为构件一端和截面Ⅰ-Ⅰ处的高强度螺栓数目),故该处的内力减为 $N'=N-0.5n_1(N/n)$,因此连接开孔截面的净截面应改按下式计算:

$$\sigma=\frac{N'}{A_n}=\left(1-0.5\frac{n_1}{n}\right)\frac{N}{A_n}\leqslant f \qquad (4-60)$$

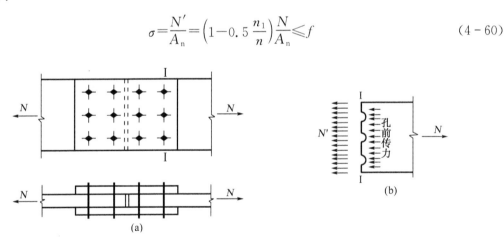

图4-56　受轴心力作用时的受剪高强度螺栓群摩擦型连接

和普通螺栓一样,对其他各列螺栓处,若螺孔数未增多,亦可不予验算。但在未开孔的毛截面处,被连接件却承受全部轴力 N,故可能比开孔处截面还危险,因此尚应按下式对其强度进行计算:

$$\sigma=\frac{N}{A}\leqslant f \qquad (4-61)$$

式中　A——构件或连接板的毛截面面积。

B. 受偏心力作用

受偏心力作用的高强度螺栓群受剪连接实际将受到扭矩或剪力与扭矩的共同作用,参见图 4-49。其抗剪连接计算方法仍与普通螺栓群相同,但应采用高强度螺栓承载力设计值进行计算,即在采用式(4-51)计算最不利受剪螺栓"1"时,所承受的合力应满足的强度条件,只需用摩擦高强度螺栓的 N_v^b(式 4-59),代替式中的 N_{min}^b。

【例 4-9】试设计如图 4-57 所示的焊接工字型截面梁的工地拼接接头,采用 10.9 级 M20 高强度螺栓摩擦型连接,孔径 $d_0 = 22$ mm。构件钢材为 Q235,接触面喷硬质石英砂处理。接头处的弯矩和剪力设计值分别为 $M = 2\,200$ kN·m,$V = 600$ kN。

【解】 ① 翼缘拼接

A. 翼缘要传递的轴向力

上下翼缘的连接考虑能够传递按照惯性矩分配到的轴力

截面总惯性矩为

$$I = \frac{1}{12} \times 10 \times 1\,300^3 + 2 \times 380 \times 20 \times 660^2 = 84.5 \times 10^8 \text{ mm}^4$$

翼缘对惯性矩的贡献

$$I = 2 \times 380 \times 20 \times 660^2 = 66.2 \times 10^8 \text{ mm}^4$$

翼缘所承担的弯矩为

$$M_f = \frac{I_f}{I}M = \frac{66.2}{84.5} \times 2\,200 = 1\,723 \text{ kN·m}$$

翼缘在弯矩作用下产生的轴力为

$$\frac{1\,723}{1.34} = 1\,286 \text{ kN}$$

B. 螺栓数量的计算

单个螺栓可以传递的轴向力,按照摩擦型高强螺栓抗剪连接承载力计算式(4-59)及表 4-13、表 4-14 得

$$N_v^b = 0.9 n_f \mu P = 0.9 \times 1 \times 0.45 \times 155 = 62.78 \text{ kN}$$

初步估计螺栓的数量为

$$\frac{1\,286}{62.78} = 20.48 \text{ 个,取 24 个}$$

螺栓排列按照图示尺寸,$l_1 = 400$ mm$> 15d_0 = 15 \times 22 = 330$ mm,故螺栓的承载能力设计值须乘以折减系数,按式(4-42)有

$$\beta = 1.1 - \frac{l_1}{150d_0} = 1.1 - \frac{400}{150 \times 22} = 0.979$$

折减后单个螺栓的抗剪承载力为 61.46 kN,最终需螺栓 20.9 个,实际取 24 个。

C. 削弱截面验算

按照图示排列,翼缘受力最大的外排螺栓开孔处净截面面积为

$$A_n = 380 \times 20 - 4 \times 22 \times 20 = 5\,840 \text{ mm}^2$$

翼缘受力最大的外排螺栓净截面所受平均应力为

$$\sigma = \frac{N}{A_n} = \left(1 - 0.5\,\frac{n_1}{n}\right)\frac{N}{A_n} = \left(1 - 0.5\,\frac{4}{24}\right)\frac{1\,286 \times 10^3}{5\,480} = 215 \text{ MPa} \approx 205 \text{ MPa}$$

误差$<5\%$,可认为安全。

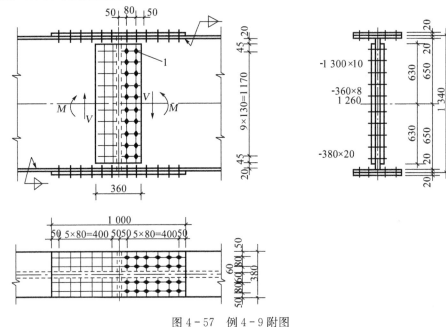

梁的拼接举例

图 4 - 57 例 4 - 9 附图

② 腹板的拼接

采用 2 - 1260×8 拼接盖板和 20 个螺栓,并将螺栓按图示尺寸排列,然后验算。假定剪力全部由腹板承受,弯矩则按腹板所占的刚度比例分配。梁截面和腹板截面的惯性矩分别为

$$I = \frac{1}{12} \times 1 \times 130^3 + 2 \times 38 \times 2 \times 66^2 = 845\,000 \text{ cm}^4$$

$$I_w = \frac{1}{12} \times 1 \times 130^3 = 183\,000 \text{ cm}^4$$

$$M_w = \frac{I_w}{I}M = \frac{183\,000}{845\,000} \times 2\,200 = 480 \text{ kN} \cdot \text{m}$$

因 $y_1 > 3x_1$,故可不计 N_{1y}^M,故可不计,近似按简化式(4 - 48)计算由 M(对螺栓连接而言为扭矩)产生的最不利受剪螺栓"1"的剪力

$$N_{1x}^M = \frac{My_1}{\sum y_i^2} = \frac{480 \times 58.5 \times 10^2}{4(6.5^2 + 19.5^2 + 32.5^2 + 45.5^2 + 58.5^2)} = 100.7 \text{ kN}$$

按式(4 - 50) 和式(4 - 51)

$$N_{1y}^V = \frac{V}{n} = \frac{600}{20} = 30 \text{ kN}$$

$$N_1 = \sqrt{(N_{1x}^M)^2 + (N_{1y}^V)^2} = \sqrt{100.7^2 + 30^2} = 105.1 \text{ kN} < N_v^b$$
$$= 0.9 n_f \mu P = 0.9 \times 2 \times 0.45 \times 155 = 125.6 \text{ kN}$$

满足强度要求。

梁净截面和腹板的拼接强度验算略。

（2）受拉连接计算

① 单个高强度螺栓的抗拉承载力设计值

高强度螺栓摩擦型连接的受力特点是依靠预拉力使被连接件压紧传力,当连接沿杆轴方向承受外拉力时,经试验和计算分析,只要螺栓分担的外拉力设计值 N_t 不超其预拉力 P 时,螺栓的拉力增加很少。但当 N_t 大于 P 时,则螺栓可能达到材料屈服强度,在卸荷后使连接产生松弛现象,预拉力降低。因此,现行《钢结构设计规范》偏安全地规定单个高强度螺栓的抗拉承载力设计值为

$$N_t^b = 0.8P \tag{4-62}$$

② 高强度螺栓群受拉连接计算

A. 对受轴心力作用时螺栓群的受拉高强度螺栓连接,其受力的分析方法和普通螺栓一样,故仍可用式(4-53)确定连接所需螺栓数目,只需将式中 N_t^b 改为高强度螺栓的 $N_t^b = 0.8P$ 即可。

B. 对受偏心力作用时螺栓群的受拉高强度螺栓连接,由于高强度螺栓受力的特点是构件的接触面须始终保持密合,故应控制每个螺栓在偏心力作用下所受的拉力 $N_t^b \leqslant 0.8P$,在此条件下,接触面可视为受弯构件的一个截面,故中和轴取螺栓群的形心轴。因此,不论偏心距大小,均可采用普通螺栓的式(4-56a)计算,但取式中 $N_t^b = 0.8P$。

③ 高强度螺栓拉剪连接的受力性能和计算

A. 受力性能和单个拉剪高强度螺栓抗剪承载力设计值

当高强度螺栓承受沿杆轴方向的外拉力 N_t 作用时,不但构件摩擦面间的压紧力将由 P 减至 $P - N_t$,且根据试验,此时摩擦面抗滑移系数 μ 亦随之降低,故螺栓在承受拉力时其抗剪承载力也将减小。单个高强度螺栓摩擦型连接同时承受拉力和剪力时的承载力设计值按下式计算:

$$\frac{N_v}{N_v^b} + \frac{N_t}{N_t^b} \leqslant 1 \tag{4-63}$$

式中　N_v、N_t——某个高强度螺栓所承受的剪力和拉力设计值;

　　　　N_v^b、N_t^b——一个高强度螺栓的抗剪、抗拉承载力设计值。

一般情况下,应满足 $N_t \leqslant 0.8P$。

B. 高强度螺栓群的拉剪连接计算

图 4-58 所示为一个受偏心力 F 作用的高强度螺栓连接的 T 形接头(端板下不设支托)。

将力 F 向螺栓群的形心简化后,可与 $M = Fe$、$V = F$ 共同作用等效。因此,在形心轴以上螺栓为同时承受外拉力 $N_{ti} = My_1 / m \sum y_i^2$ 和剪力 $N_{vi} = V/n$ 的拉剪螺栓,即该高强度螺栓摩擦型连接同时承受摩擦面间的剪力和螺栓杆轴方向的外拉力。

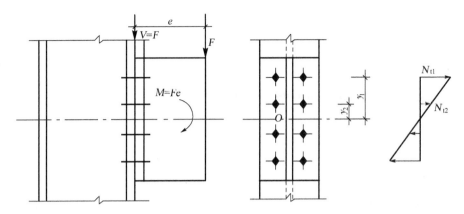

图 4-58　高强度螺栓拉剪连接

显然,顶部一排的螺栓受力最为不利,分别求得其中任一个螺栓的 N_t 和 N_r 后,可按式(4-63)对其进行承载力验算。

【例4-10】试设计一梁柱节点高强度螺栓摩擦型连接,如图4-59所示,螺栓群承受的弯矩和剪力设计值分别为 $M = 105$ kN·m、$V = 360$ kN,构件材料为 Q235 钢。

【解】试选 12 个 10.9 级 M22 高强度螺栓,并采用图中的尺寸排列。构件接触面处理方法为喷砂(抛丸)。对顶排受力最不利螺栓"1"进行计算,该螺栓为拉剪受力。

$$N_{t1} = \frac{M y_1}{m \sum y_i^2} = \frac{105 \times 20 \times 10^2}{4(4^2 + 12^2 + 20^2)} = 93.75 \text{ kN} < 0.8 P = 0.8 \times 190 = 152 \text{ kN}$$

$$N_{v1} = \frac{V}{n} = \frac{360}{12} = 30.0 \text{ kN}$$

$$N_v^b = k_1 k_2 n_f \mu P = 0.9 \times 1.0 \times 1.0 \times 0.40 \times 190 = 68.4 \text{ kN}$$

对于拉剪受力的高强度螺栓,代入公式(4-63),得

$$\frac{N_{v1}}{N_v^b} + \frac{N_{t1}}{N_t^b} = \frac{30.0}{68.4} + \frac{93.75}{152} \approx 1.0$$

考虑到其他螺栓受力较螺栓"1"小,说明该高强度螺栓抗弯、剪连接是安全的。

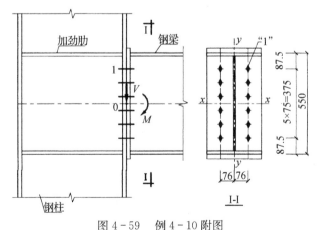

图 4-59　例 4-10 附图

2）高强度螺栓承压型连接

（1）高强度螺栓受剪连接

高强度螺栓受剪连接在承载后期的受力特性，即产生滑移后由栓杆受剪和孔壁承压直至破坏达到承载能力极限状态均和普通螺栓连接相同，故单个承压型高强度螺栓的抗剪和承压承载力可用式(4-39)和式(4-40)计算，但式中的 f_v^b 和 f_c^b 应按表4-12中承压型高强度螺栓的取用。当剪切面在螺纹处时，式(4-39)中螺栓直径 d 应取螺纹处有效直径 d_e，即应按螺纹处的有效面积计算（普通螺栓的抗剪强度设计值是根据试验数据，且不分剪切面是否在螺纹处均按栓杆面积确定，故无此规定）。

（2）高强度螺栓受拉连接

高强度螺栓受拉连接的受力特性和普通螺栓相同，故单个高强度螺栓承压型连接的抗拉承载力设计值亦用式(4-52)计算。

特别注意，承压型连接的高强度螺栓预拉力 P 应与摩擦型连接的高强度螺栓相同；连接处构件接触面也应作相应处理。

复习思考题

4-1 钢结构的连接通常有哪几种方法？

4-2 焊接连接的两种形式是什么？它们各自的优缺点。

4-3 焊接残余应力在钢构件中的分布规律是什么？减小焊接残余应力的方法有哪些？

4-4 高强度螺栓摩擦型和承压型的破坏机理有什么区别？

4-5 钢筋的连接有哪些方法？

4-6 某简支钢梁，跨度 $l=12$ m，截面如图所示，钢材为 Q235-B·F 钢，抗弯强度设计值 $f=215$ N/mm²，承受均布静力荷载设计值 $q=69$ kN/m。设计梁有足够的侧向支撑，不会使梁侧扭屈曲，因而截面由抗弯强度控制。今因钢板长度不够，拟对腹板在跨度方向离支座为 x 处设置工厂焊接的对接焊缝。焊缝质量等级为三级，手工焊，E43 型焊条。试根据焊缝的强度，求该拼接焊缝的位置 x。

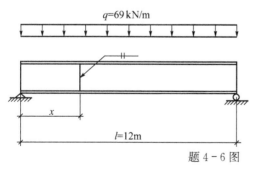
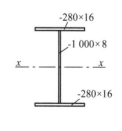

题 4-6 图

4-7 设计 500×14 钢板的对接焊缝拼接。钢板承受轴心拉力，其中恒荷载和活荷载标准值引起的轴心拉力值分别为 700 kN 和 400 kN，相应的荷载分项系数为 1.2 和 1.4。已知钢材为 Q235-B·F，采用 E43 型焊条手工电弧焊，三级质量标准，施焊时未用引弧板。

4-8 400×16 轴心受拉（静力荷载）钢板用图示双面盖板和周围角焊缝作拼接，试求所需角焊缝 h_f 和盖板厚度。已知钢材为 Q235B·F，焊条为 E43 型。拼接按钢板等强度设计（即按钢板所能承受的最大轴心拉力设计值)。

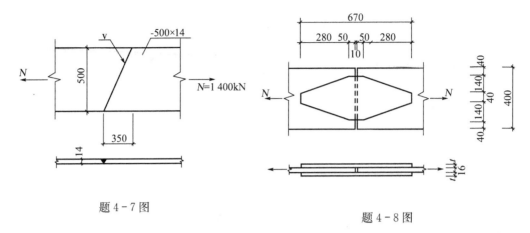

题 4-7 图

题 4-8 图

4-9　某工字形截面的牛腿与工字形柱的翼缘相焊接,如图所示。牛腿翼缘板和腹板与柱用角焊缝相连。已知牛腿与柱的连接面上承受荷载设计值:剪力 $V = 470\ \text{kN}$,弯矩 $M = 235\ \text{kN} \cdot \text{m}$。钢材为 Q235-B·F 钢。手工焊,E43 型焊条,二级焊缝。试验算焊缝的强度。

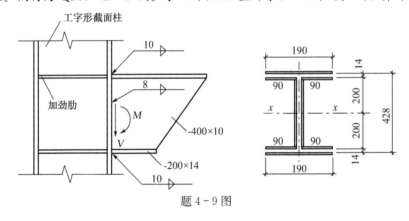

题 4-9 图

4-10　图示角钢构件的节点角焊缝连接。构件重心至角钢背的距离 $e_1 = 38.2\ \text{mm}$。钢材为 Q235-B·F 钢,手工焊,E43 型焊条。构件承受由静力荷载产生的轴心拉力设计值 $N = 1\,100\ \text{kN}$。三面围焊。试设计此焊缝连接。

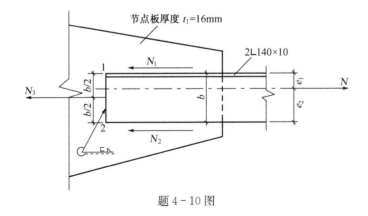

题 4-10 图

4-11　图示一由双槽钢组成的箱形柱上的钢牛腿,由两块厚22 mm的钢板组成,钢材为 Q235-B·F钢。牛腿承受静力荷载设计值$V = 300$ kN。每块牛腿钢板由4条角焊缝与槽钢相焊接,尺寸如图所示,手工焊,E43型焊条。求应采用的焊脚尺寸h_f。

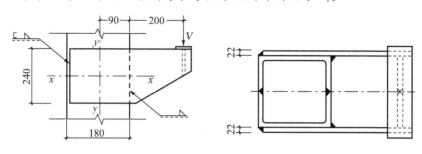

题 4-11 图

4-12　如图所示,试设计牛腿与柱的高强度螺栓摩擦型连接。已知牛腿承受竖向荷载 (设计值)$F = 220$ kN,偏心距$e = 200$ mm,构件用Q235-A·F(A3F)钢,高强度螺栓为8.8级,构件接触面喷砂处理。

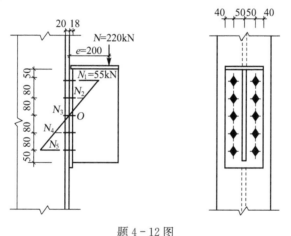

题 4-12 图

4-13　承受静力荷载设计值$F = 80$ kN的单槽钢牛腿与柱采用8.8级、M20高强度螺栓摩擦型连接,如图所示。钢材为 Q235-B·F,构件接触面喷砂处理。试验算螺栓连接是否满足设计要求。

4-14　承受静力荷载设计值$F = 80$ kN的单槽钢牛腿与柱用C级普通螺栓连接(如题4-13图),构件和螺栓均用 Q235-B·F钢材,螺栓为 M20,柱翼缘板厚18 mm。试验算螺栓连接是否满足设计要求。

4-15　Q235-A·F钢板承受轴心拉力设计值$N = 1\,350$ kN,用8.8级 M20高强度螺栓承压型(孔径21.5 mm)拼接如图所示,构件接触面喷砂处理。试验算高强度螺栓、主钢板和拼接板的强度是否满足设计要求。

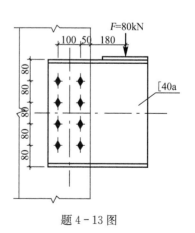

题 4-13 图

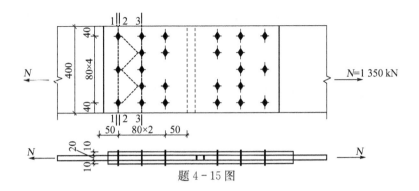

题 4-15 图

4-16 Q235-A·F 钢板承受轴心拉力设计值 $N = 1\,350\,kN$,用 Q235 钢 M24、C 级普通螺栓(孔径 25.5 mm)拼接如题 4-15 图所示。

试验算:(1) 螺栓强度是否足够?

(2) 主钢板在截面 1、截面 1 齿状、截面 2 处的强度是否足够?

(3) 拼接板的强度是否足够?

4-17 双角钢拉杆端板与柱用 M22、C 级普通螺栓连接,构件和螺栓均用 Q235-A·F 钢材。

试设计和布置其螺栓:

(1) 用承托承受;

(2) 取消承托,采用高强度螺栓摩擦型连接。

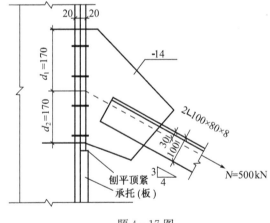

题 4-17 图

4-18 题 4-17 改用承压型高强度螺栓连接,试设计和布置螺栓。

4-19 双角钢拉杆与柱的连接如题 4-17 图所示,拉力 $N = 500\,kN$(设计值,间接动力荷载),钢材为 Q235-A·F,焊条用 E43 型。

求:(1) 角钢与钢板间用侧面角焊缝连接,试设计其焊缝;

(2) 如改用三面周围角焊缝连接 $h_f = 6\,mm$,试设计其焊缝。

5 钢受弯构件承载力计算原理

本章介绍了钢受弯构件承载力的计算原理和设计计算方法。通过本章的学习,应了解钢梁常用的截面形式和特点;掌握钢梁强度的计算原理和公式,了解应验算的截面和部位;理解梁的整体稳定的概念、影响梁整体稳定的因素和提高梁整体稳定的措施,掌握进行梁的整体稳定验算的方法;了解梁局部稳定的概念、丧失局部稳定对钢构件的影响和局部稳定的计算方法;掌握加劲肋的种类、作用及需要设置各种加劲肋的条件;掌握型钢梁及焊接组合梁的设计方法、步骤以及如何选择安全、适用又经济合理的截面。了解钢梁的拼接方法和要求。

5.1 钢受弯构件(钢梁)的类型

钢梁实际是一种钢受弯构件,主要承受弯矩或弯矩与剪力的共同作用。在实际工程中,有时还受到较小的轴力或扭矩的作用,仍可归为梁类构件。钢梁在建筑与桥梁结构中应用广泛。在房屋结构中最常见的有工作平台梁、吊车梁、楼盖梁、墙架梁及屋面檩条等,在桥梁中常用的有钢箱梁、工字形或 T 形钢桥面梁及钢与混凝土组合梁等。楼盖结构中若采用钢楼板,其受力也属于钢受弯构件,只是梁高度(板厚)较小而已。

钢梁可分为型钢梁和组合梁两种。型钢梁加工简单,制造方便,成本较低,但因轧制条件的限制,截面尺寸小,仅适用于跨度及荷载均较小的情况。型钢梁以热轧成型的工字钢或槽钢应用最广,有时也采用冷弯成型的薄壁型钢。后者用料经济,目前在轻钢结构中应用日益广泛,但对防锈要求较高。在受荷很小时,也可用单角钢。

当荷载及跨度较大时,应考虑采用组合梁。组合梁是由钢板、型钢通过焊缝或铆钉连接而成。它的截面组成比较灵活,材料在截面上的分布更为合理。用三块钢板焊成的工字形截面组合梁的构造简单,制作方便,应用最广。组合梁一般采用双轴对称截面,有时也可采用加强受压翼缘的单轴对称截面,以提高受压翼缘和梁的侧向刚度和稳定性。

图 5-1 中(a)、(b)、(c)为普通热轧型钢梁;(d)、(e)、(f)为薄壁型钢梁;(g)、(i)、(j)为焊接组合钢梁;(k)为钢与混凝土组合梁。

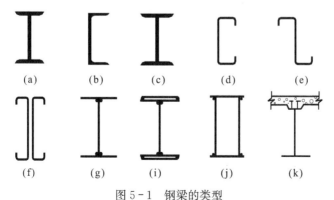

图 5-1 钢梁的类型

当荷载很大而高度受到限制或抗扭要求较高时,可考虑采用双腹板的箱形梁,因为它的抗弯、抗扭刚度较大。

钢与混凝土的组合梁可以充分发挥钢材受拉强度好、混凝土受压强度高两种材料优势,目前在房屋结构、桥梁结构及工业构筑物中已逐渐应用。

按受力情况的不同,钢梁可分为单向弯曲梁和双向弯曲梁。如图 5-2a 所示,在外加荷载作用下,钢梁承受绕 x 轴的弯矩,使梁沿 y-y 平面内弯曲,为单向受弯梁;图 5-2b 为双向受弯梁。

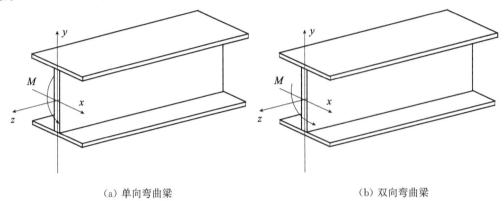

(a) 单向弯曲梁   (b) 双向弯曲梁

图 5-2 单向、双向受弯钢梁

按支承条件的不同,钢梁可以分为简支梁、悬臂梁和连续梁,如图 5-3 所示。简支梁用钢量虽然较多,但制造和安装方便,在支座沉陷和温度变化时不产生附加内力,因而应用最广。

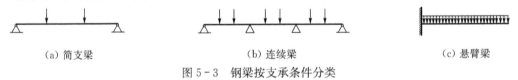

(a) 简支梁   (b) 连续梁   (c) 悬臂梁

图 5-3 钢梁按支承条件分类

实际工程中,单根梁独自受力的情况往往不多,大多数情况下是许多梁排列而成一个梁格体系共同工作,梁格上的荷载一般先由楼面板(钢板或钢筋混凝土楼板)传给次梁,再由次梁传给主梁,然后传到柱和墙上,最后传给基础及地基。图 5-4 所示为一典型的钢平台梁格布置。根据工程实际柱网尺寸、荷载及使用功能要求情况,可以不设次梁或设置双向次梁,以减小楼面梁格尺寸,有利于楼板受力。

基于结构极限状态设计准则,为保证钢梁的安全性、适用性和耐久性等功能要求,钢梁的设计应满足强度、整体稳定、局部稳定和刚度四个方面的要求。四项内容中前三项属于承载能力极限状态计算,采用荷载的设计值计算;第四项为正常使用极限状态的计算,验算刚度要求(计算挠度)时取荷载的标准值。

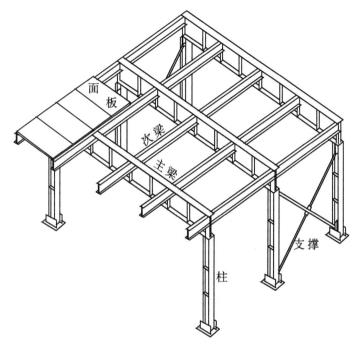

图 5-4 工作平台梁格布置

5.2 钢梁的强度

梁截面的强度计算包括以下四个方面的内容。

5.2.1 弯曲正应力

1) 正应力分布

在横向荷载作用下,梁截面内力有弯矩和剪力,弯矩作用下截面上要产生正应力。梁在受弯时的应力-应变曲线与受拉时相似,屈服点也接近,因此钢材是理想弹塑性体的假定在梁的计算时仍然适用。梁在弯矩作用下,截面上正应力的发展过程可分为三个阶段。

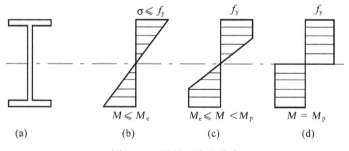

图 5-5 梁的正应力分布

(1) 弹性工作阶段。截面上应力分布呈三角形(图5-5b),中和轴为截面的形心轴。随着弯矩 M 的增加,应力按比例增长,到梁截面的最外边缘纤维应力达到屈服点 f_y 时,表示弹性状态的结束,相应的弹性极限弯矩 M_e 为

$$M_e = W_n f_y \tag{5-1}$$

式中 W_n——为净截面弹性抵抗矩。

（2）弹塑性阶段。弯矩继续增加，在梁截面边缘区域出现塑性区，而中间部分材料仍处于弹性工作状态（图 5-5c）。随着 M 的增加，塑性区逐渐向中和轴扩展，截面上发生应力的重分布。

（3）塑性阶段。弯矩 M 进一步增大，直到梁截面全部进入塑性，形成塑性铰。此时梁截面已不能负担更大的弯矩，而变形可继续增大。近似认为截面上的应力分布由两个矩形组成（图 5-5d），这时的弯矩称为截面的塑性极限弯矩 M_p：

$$M_p = f_y(S_{1n} + S_{2n}) = f_y W_{pn} \tag{5-2}$$

式中 S_{1n}——中和轴以上净截面对中和轴的面积矩；

　　　　S_{2n}——中和轴以下净截面对中和轴的面积矩；

　　　　W_{pn}——净截面塑性抵抗矩，$W_{pn} = S_{1n} + S_{2n}$。

在塑性铰阶段，由梁的轴向力等于零的条件，可以得到中和轴是截面的平分面积轴。对于双轴对称截面，中和轴仍与形心轴重合；但对于图 5-6 所示的单轴对称截面，中和轴与形心轴不再重合。

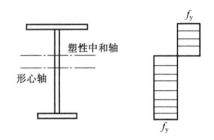

图 5-6   塑性中和轴位置

塑性抵抗矩与弹性抵抗矩的比值称为截面形状系数 γ。它的大小仅与截面的形状有关，而与材料的性质无关，与外荷载无关，它实质上体现了截面塑性极限弯矩 M_p 和弹性极限弯矩 M_e 的比值。因此它表示在截面边缘纤维屈服之后续承载力的大小，γ 越大，表示截面在弹塑性阶段的后续承载力越大。

$$\gamma = \frac{W_{pn}}{W_n} = \frac{W_{pn} f_y}{W_n f_y} = \frac{M_p}{M_e} \tag{5-3}$$

对于矩形截面 $\gamma = 1.5$，圆截面 $\gamma = 1.7$，圆管截面 $\gamma = 1.27$，工字形截面 $\gamma \approx 1.17$。说明在边缘纤维屈服后，矩形截面内部塑性变形发展还能使弯矩承载能力增大 50%，而工字形截面的弯矩承载能力增大则较小。

2）抗弯强度计算

在理想纯弯情况下，塑性极限弯矩似乎是梁截面承载能力的极限状态。但实质上在一般梁的截面中，除存在正应力外，还同时存在剪应力及局部压应力等。在复杂应力状态下，梁在形成塑性铰之前就已丧失承载能力。若再考虑一些不利因素（如塑性开展对梁的整体和局部稳定不利、钢材变脆，残余应力等），也会使梁提前失去承载能力。因此在计算抗弯强度时，对直接承受动力荷载作用的受弯构件，不考虑截面塑性变形的发展，以边缘纤维屈服作为极限状态。对承受静力荷载或间接承受动力荷载作用的受弯构件，考虑截面部分发展塑性变形。为了防止过大的非弹性变形，通常限定截面部分发展塑性的深度不超过 1/8 截面高度，并通过截面塑性发展系数 γ 来体现，且 $1.0 \leqslant \gamma < W_{pn}/W_n$，按附录 1-29 取值。

梁的正应力计算公式为

单向弯曲时　　　　　　　　$$\sigma = \frac{M_x}{\gamma_x W_{nx}} \leqslant f \tag{5-4}$$

双向弯曲时　　　　　　　　$$\sigma = \frac{M_x}{\gamma_x W_{nx}} + \frac{M_y}{\gamma_y W_{ny}} \leqslant f \tag{5-5}$$

式中 M_x、M_y——同一截面处绕 x 轴和 y 轴的弯矩设计值($N\cdot mm$);

γ_x、γ_y——截面塑性发展系数;

f——钢材的抗弯强度设计值(N/mm^2);

W_{nx}、W_{ny}——对 x 轴和 y 轴的净截面模量,当截面板件宽厚比等级为 S1、S2、S3 或 S4 级时,应取全截面模量,当截面板件宽厚比等级为 S5 级时,应取有效截面模量,均匀受压翼缘有效外伸宽度可取 $15\varepsilon_k$;ε_k 为钢号修正系数,其值为 235 与钢材牌号中屈服点数值的平方根。

截面塑性发展系数应按下列规定取值:

① 对工字形和箱形截面,当截面板件宽厚比等级为 S4 或 S5 级时,截面塑性发展系数应取为 1.0,当截面板件宽厚比等级为 S1、S2 及 S3 时,截面塑性发展系数应按下列规定取值:

A. 工字形截面(x 轴为强轴,y 轴为弱轴):$\gamma_x = 1.05$,$\gamma_y = 1.20$;

B. 箱形截面:$\gamma_x = \gamma_y = 1.05$。

② 其他截面应根据其受压板件的内力分布情况确定其截面塑性发展系数。

③ 对需要疲劳计算的梁,宜取 $\gamma_x = \gamma_y = 1.0$。

在进行双向弯曲计算时,注意必须要验算同一截面上同一点的应力值。

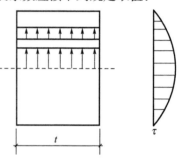

图 5-7　矩形截面剪应力分布

5.2.2　剪应力

梁截面在外加剪力的作用下要产生剪应力,由材料力学可知,矩形截面剪应力分布有下列规律(图 5-7):

(1) 截面上各剪应力 τ 的方向均与剪力 V 的方向相同;

(2) 与中和轴距离相等各点的剪应力大小相等,并可由下式计算:

$$\tau = \frac{VS}{It} \tag{5-6}$$

式中 V——截面上剪力;

I——毛截面惯性矩;

S——计算剪应力处以上毛截面对中和轴的面积矩;

t——计算剪应力处的截面宽度。

用上述公式来计算工字形和槽形截面梁的剪应力分布时,上述的两个假定均不适用于梁的翼缘部分,这时应采用剪力流理论。

开口薄壁截面的受弯构件,由于截面的壁厚远小于截面的高度和宽度,所以可以假定剪应力的大小沿壁厚不变,又因薄壁的两侧皆为自由表面,可以认为剪应力的方向与周边相切,由此可得工字形和槽形截面梁剪应力分布(图 5-8 所示),最大剪应力在梁腹板中和轴处,抗剪强度计算式为

开口薄壁
截面

$$\tau = \frac{VS}{It_w} \leqslant f_v \tag{5-7}$$

式中 f_v——钢材抗剪强度设计值。

由图 5-8a 可知,工字形截面梁翼缘板剪应力的合力为零,方向为水平向,截面的剪力绝大部分由腹板处的剪应力平衡,其最大剪应力也可近似按下式计算:

$$\tau_{max} = \frac{1.2V}{h_w t_w} \leqslant f_v \tag{5-8}$$

式中 h_w、t_w——分别为腹板的高度和厚度。

由图5-8c可知,槽形截面梁上下翼缘板剪应力的合力为一力矩,其效应是将腹板处剪应力的合力V,平移至剪切中心S处。此时如果荷载不通过截面的剪切中心,则梁内除了产生由弯曲引起的剪应力外,还会产生由扭转产生的剪应力。

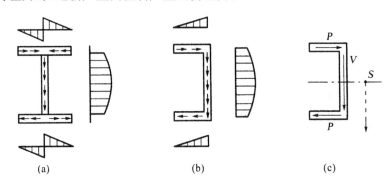

图5-8 剪应力分布及剪切中心

5.2.3 局部压应力

吊车轮压

当梁上翼缘受到沿腹板平面作用的集中荷载(例如吊车轮压,次梁传来的集中力等),且该荷载处又未设置支承加劲肋时,应计算腹板计算高度上边缘的局部压应力。在集中荷载作用下,腹板在计算高度边缘处的局部压应力分布如图5-9c所示,计算时通常假定集中荷载从作用点处以45°角扩散,并均匀布于腹板的计算高度边缘,因而局部压应力σ_c由下式验算:

$$\sigma_c = \frac{\psi F}{t_w l_z} \leqslant f \tag{5-9}$$

式中 F——集中荷载,对动力荷载应考虑动力系数;

ψ——集中荷载增大系数,对重级工作制吊车梁,$\psi=1.35$;对其他梁$\psi=1.0$;

l_z——集中荷载在腹板计算高度上边缘的假定分布长度。

l_z按下式计算:

跨中集中荷载 $\qquad l_z = a + 2h_R + 5h_y \tag{5-10a}$

梁端支反力 $\qquad l_z = a + 2.5h_y + a_1 \tag{5-10b}$

式中 a——集中荷载沿梁跨度方向的实际支承长度,对吊车梁可取为50 mm;

h_y——自梁顶面至腹板计算高度上边缘的距离;

h_R——轨道高度,无轨道时$h_R=0$;

a_1——梁端到支座板外边缘的距离,按实取,但不得大于$2.5h_y$。

腹板计算高度h_0和腹板高度h_w含义有所不同。计算高度h_0取值:对轧制型钢梁,为腹板与上、下翼缘相接处两内弧起点间的距离(图5-9);对焊接组合梁,为腹板高度($h_0=h_w$)。

腹板计算高度的定义

在梁的支座处,当不设置支承加劲肋时,也应按式(5-10)计算腹板计算高度下边缘的局部压应力,但$\psi=1.0$。支座集中反力的假定分布长度如图5-9a所示。

当集中荷载位置固定时(支座处反力,次梁传来的集中力),一般要在荷载作用处的梁腹板上设置支承加劲肋。支承加劲肋对梁翼缘刨平顶紧或可靠连接,这时可认为集中荷载通过支承加劲肋传递,因而腹板的局部压应力不必验算。对移动集中荷载,当按上式验算不满足时,要加大腹板厚度。

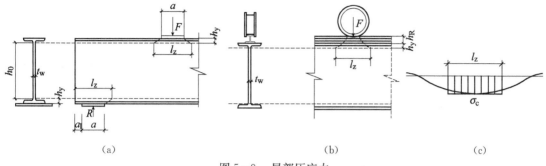

图 5-9　局部压应力

5.2.4　折算应力

图 5-10a 所示的焊接组合梁,在集中荷载作用截面有较大的弯矩、剪力。图 5-10b 所示的连续组合梁,在中间支座截面也作用有较大弯矩、剪力和支座反力。在这些截面的腹板计算高度边缘处,同时受到较大的正应力、剪应力和局部压应力,或同时受有较大的正应力和剪应力,应按下式验算其折算应力

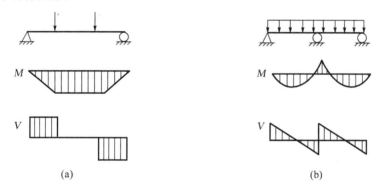

图 5-10　折算应力计算截面

$$\sigma_{zs} = \sqrt{\sigma^2 + \sigma_c^2 - \sigma\sigma_c + 3\tau^2} \leqslant \beta_1 f \qquad (5-11)$$

式中　σ、τ、σ_c—— 分别为腹板计算高度边缘处同一点上同时产生的正应力、剪应力和局部压应力;τ 和 σ_c 应按式(5-7)和式(5-9)计算,σ 按下式计算:

$$\sigma = \frac{M}{I_n} y_1 \qquad (5-12)$$

式中　I_n—— 梁净截面惯性矩;

　　　y_1—— 计算点至梁中和轴的距离;

　　　β_1—— 为计算折算应力的强度设计值增大系数,系考虑到需验算折算应力的部位只是梁的局部区域,故 $\beta_1 > 1.0$。当 σ、σ_c 异号时,$\beta_1 = 1.2$;当 σ 和 σ_c 同号或 $\sigma_c = 0$ 时,取 $\beta_1 = 1.1$,这是因为在同号应力作用下钢材塑性变形能力较差。

　　σ、σ_c 以拉应力为正值,压应力为负值。

不同厚度钢板的抗弯强度设计值

在进行梁的强度计算时,要特别注意计算截面、验算点以及钢材设计强度的取值方法。例如正应力验算是最大弯矩截面,验算点是截面最外边缘处。因此,对焊接组合截面,式(5-4)或式(5-5)中的 f 要由翼缘板厚度来确定;而折算应力计算是弯矩和剪力均较大的截面,验算点是腹板计算高度边缘处,因此,式(5-11)中的 f 要由腹板的厚度来确定。

5.3 钢梁的刚度

常用的钢梁挠度计算公式

钢梁必须具有一定的刚度才能保证正常使用。刚度不足时,会产生较大的挠度。如果平台梁挠度过大,会给人产生不舒适和不安全感,并影响操作;吊车梁挠度过大,可能使吊车不能运行,因此对梁的挠度要加以限制。梁的挠度要满足

$$v \leqslant [v] \qquad (5-13)$$

式中 v—— 钢梁跨中或悬臂梁端部的最大挠度,计算时荷载取标准值;

$[v]$—— 梁的容许挠度,按表 5-1 采用。

一般情况下,钢梁跨中或悬臂梁端部的最大挠度的计算可采用结构力学弹性理论求解。除了要控制钢梁在全部荷载标准值下的最大挠度外,对于承受较大可变荷载的钢梁,尚应保证其在可变荷载标准值作用下的最大挠度不超过相应的挠度容许值,以满足构件在正常使用阶段的工作性能。

表 5-1   受弯构件挠度容许值

项次	构 件 类 别	挠度容许值	
		$[v_T]$	$[v_Q]$
1	吊车梁和吊车桁架(按自重和起重量最大的一台吊车计算挠度): (1) 手动吊车和单梁吊车(含悬挂吊车) (2) 轻级工作制桥式吊车 (3) 中级工作制桥式吊车 (4) 重级工作制桥式吊车	$l/500$ $l/800$ $l/1\,000$ $l/1\,200$	
2	手动或电动葫芦的轨道梁	$l/400$	
3	有重轨(重量等于或大于 38 kg/m) 轨道的工作平台梁 有轻轨(重量等于或小于 24 kg/m) 轨道的工作平台梁	$l/600$ $l/400$	
4	楼(屋) 盖梁或桁架,工作平台梁(第(3) 除外)和平台板: (1) 主梁或桁架(包括设有悬挂起重设备的梁和桁架) (2) 抹灰顶棚的次梁 (3) 除(1)、(2) 款外的其他梁(包括楼梯梁) (4) 屋盖檩条 　　支承无积灰的瓦楞铁和石棉瓦屋面者 　　支承压型金属板、有积灰的瓦楞铁、石棉瓦等屋面者 　　支承其他屋面材料者 (5) 平台板	$l/400$ $l/250$ $l/250$ $l/150$ $l/200$ $l/200$ $l/150$	$l/500$ $l/350$ $l/300$

项次	构 件 类 别	挠度容许值	
		$[v_T]$	$[v_Q]$
5	墙架构件: (1) 支柱 (2) 抗风桁架(作为连续支柱的支承时) (3) 砌体墙的横梁(水平方向) (4) 支承压型金属板、瓦楞铁和石棉瓦墙面的横梁(水平方向) (5) 带有玻璃窗的横梁(竖直和水平方向)	 $l/200$	$l/400$ $l/1\,000$ $l/300$ $l/200$ $l/200$

注:(1) l 为受弯构件的跨度(对悬臂梁和伸臂梁,l 为悬伸长度的 2 倍)。

　　(2) $[v_T]$ 为全部荷载标准值产生的挠度(如有起拱应减去拱度)的容许值;$[v_Q]$ 为可变荷载标准值产生的挠度的容许值。

5.4　钢梁的整体稳定

5.4.1　一般概念

　　钢梁是一种受弯构件,实际工程中单向受弯钢梁应用较多,其截面常设计得窄而高,以提高其承载能力和刚度。当梁在最大刚度平面内受到外加荷载作用时,若弯矩 M_x 较小,梁仅在弯矩作用平面内弯曲,但当弯矩逐渐增加,达到某一数值时,窄而高的梁将在截面承力尚未充分发挥之前突然发生侧向的弯曲和扭转,使梁丧失继续承载的能力,这种现象称为梁的整体失稳,如图 5-11 所示。

　　从性质的近似性,钢梁可近似视作受压构件和受拉构件的组合件,受压上翼缘类似一轴心受压杆。当压应力达某一数值时,上翼缘理应绕自身的弱轴(图 5-11b 中 1-1 轴)屈曲,但由于梁的腹板对翼缘提供了连续的支承作用,使此屈曲不能发生,上翼缘将在一个更高的压应力作用下绕 2-2 轴屈曲。当受压上翼缘屈曲时,受拉下翼缘仍力图保持原始状态的稳定,最终导致梁截面在产生侧向弯曲变形的同时伴随扭转发生。这种近似的分析可以得出如下有用的概念:提高梁受压翼缘的侧向稳定性是提高梁整体稳定的有效方法。

钢梁整体
失稳

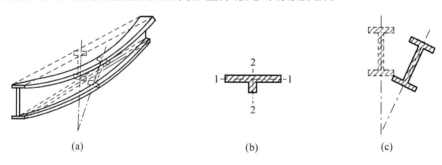

(a)　　　　　　　　(b)　　　　　　　　(c)

图 5-11　梁整体失稳形态

　　在实际结构中,理想的单向弯曲梁并不存在。由于荷载的偏心作用,梁的初弯曲及残余应力的存在以及梁截面的不对称等各种原因,使梁从加荷开始即处于双向弯曲和扭转的变形状态下,并随荷载的增加而增大。这种考虑初始缺陷的整体失稳(属于第二类稳定问题)的精确分析是相当复杂的,因此目前计算分析时通常忽略上述不利因素,把梁看成是理想的无初始缺陷的单向弯曲梁(第一类稳定问题)进行处理。

5.4.2 梁的扭转

钢梁整体失稳形态为双向弯曲加扭转,为便于理解和分析钢梁的整体失稳,有必要简略介绍和回顾有关构件扭转的若干概念。

根据材料力学知识可知,构件最简单的扭转为圆轴扭转,这时平截面假定成立,圆轴截面上仅有剪应力。在扭矩 M_k 作用下,剪应力分布为

$$\tau = \frac{M_k \rho}{I_k} \tag{5-14}$$

式中　　I_k——圆截面的极惯性矩;

　　　　ρ——剪应力计算点到截面圆心的距离。

但在实际工程中,大部分钢梁截面为非圆形或圆管截面。在扭转作用下,平截面假定不再成立,即梁的横截面在扭转变形后不再保持平面,而产生了平面外的翘曲。这时根据支承情况和荷载条件,可以将构件的扭转分为自由扭转和约束扭转两部分。

1)自由扭转

图5-12所示为在杆件两端作用有大小相等,方向相反的扭矩,同时杆件未受任何约束,所有截面可以自由翘曲变形,这种扭转为自由扭转。自由扭转时,各截面的翘曲完全相同,纵向纤维近似保持直线,长度没有改变,因此截面上没有正应力,仅有剪应力。沿杆件全长扭矩相等,单位长度扭转角 $\mathrm{d}\varphi/\mathrm{d}z$ 相等,并在各截面上产生相同的扭转剪应力。

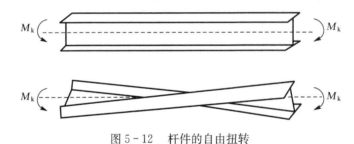

图5-12　杆件的自由扭转

剪应力沿板厚方向呈三角形分布,扭矩与截面扭转角的关系为

$$M_k = GI_k \frac{\mathrm{d}\varphi}{\mathrm{d}z} \tag{5-15}$$

最大剪应力为

$$\tau_{\max} = \frac{M_k t}{I_k} \tag{5-16}$$

式中　　$\mathrm{d}\varphi/\mathrm{d}z$——扭转角的变化率(即单位长度的扭转角);

　　　　I_k——截面的扭转常数;

　　　　G——材料的剪切模量;

　　　　t——狭长矩形截面的宽度(板的厚度)。

钢结构构件通常采用工字形、槽形、T形等截面,它们可以视为几个狭长矩形单元组成,此时整个截面的扭转常数可近似取各矩形单元扭转常数之和,即

$$I_k = \frac{\eta}{3} \sum_{i=1}^{n} t_i^3 b_i \tag{5-17}$$

式中 b_i、t_i——分别为狭长矩形单元的长度和宽度;

η——考虑各板件相互连接的提高系数,对工字形截面可取 $\eta \approx 1.25$。

2) 约束扭转

图 5-13 所示为一端固定,一端自由的双轴对称工字形截面悬臂梁。当在自由端作用一扭矩 M 时,自由端截面翘曲变形最大,愈靠近固定端的截面翘曲变形愈小;而固定端截面由于支座的约束完全无翘曲变形。截面的翘曲变形受到约束,相当于对梁的纵向纤维施加了拉伸或压缩作用。因此在截面上不仅产生剪应力,同时还存在正应力。这种扭转为约束扭转。

构件发生约束扭转时,纵向纤维有伸长,也有缩短,将不再保持直线而要产生弯曲。图 5-13 所示工字形截面上、下翼缘发生了相反方向的侧向弯曲。

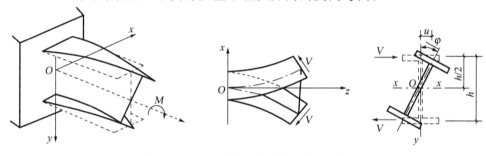

图 5-13 工字形截面悬臂梁的约束扭转

假定腹板在扭转后没有弯曲变形,以便在上、下翼缘产生相等的侧移后,仍能与之保持垂直相交关系。这时截面上正应力分布如图 5-14 所示。上、下翼缘的正应力组成两个反方向的力矩 M_1,它们对应上、下翼缘的弯曲变形、力矩的变化率 $\mathrm{d}M_1/\mathrm{d}z$,即为弯曲所导致的剪力 V_1,这两个大小相等、方向相反的剪力组成截面上弯曲扭转力矩 M_w。

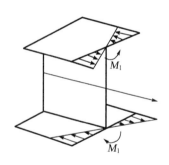

图 5-14 约束扭转正应力

截面上的剪应力可以分为两部分。图 5-15a 为因扭转而产生的自由扭转剪应力 τ_k;图 5-15b 为因翼缘弯曲变形而产生的剪应力 τ_w,称为弯曲扭转剪应力。这两部分剪应力的叠加即为截面上真实的剪应力分布。其中自由扭转剪应力 τ_k 构成截面上自由扭转力矩 M_k,弯曲扭转剪应力构成截面弯曲扭转力矩 M_w。

由内、外力平衡有

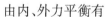

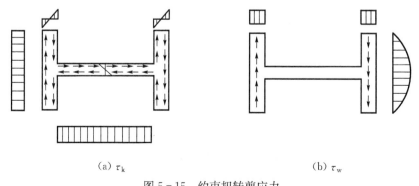

(a) τ_k 　　　　　　　　　　　(b) τ_w

图 5-15 约束扭转剪应力

$$M = M_k + M_\omega \tag{5-18}$$

其中
$$M_k = GI_k \frac{d\varphi}{dz}$$

$$M_\omega = V_1 h \tag{5-19}$$

V_1 为弯曲扭转剪力,可以用下列方法计算:

在距固定端处为 z 的截面上产生扭转角 φ,上翼缘在 x 方向的位移为

$$u = \frac{h}{2}\varphi \tag{5-20}$$

其曲率
$$\frac{d^2 u}{dz^2} = \frac{h}{2}\frac{d^2\varphi}{dz^2} \tag{5-21}$$

由曲率与弯矩关系有
$$M_1 = EI_1 \frac{d^2 u}{dz^2} = \frac{EI_1 h}{2}\frac{d^2\varphi}{dz^2} \tag{5-22}$$

式中　　M_1——上翼缘的侧向弯矩;

　　　　I_1——上翼缘绕 y 轴的惯性矩,对图 5-15 截面,有 $I_1 = I_y/2$。

由图 5-13 所示剪力 V_1 的方向,有

$$V_1 = -\frac{dM_1}{dz} = -\frac{h}{2}EI_1 \frac{d^3\varphi}{dz^3} \tag{5-23}$$

则
$$M_\omega = V_1 h = -\frac{h^2}{2}EI_1 \frac{d^3\varphi}{dz^3} = -EI_\omega \frac{d^3\varphi}{dz^3} \tag{5-24}$$

式中　　I_ω——截面的翘曲扭转常数(扇性惯性矩),随截面形式的不同而不同。

对双轴对称工字形截面 $I_\omega = \dfrac{I_1 h^2}{2} = \dfrac{I_y h^2}{4}$。

将式(5-15)和式(5-24)代入式 5-18 有

$$M = GI_k \frac{d\varphi}{dz} - EI_\omega \frac{d^3\varphi}{dz^3} \tag{5-25}$$

上式即为开口薄壁杆件约束扭转的平衡微分方程。

5.4.3　梁整体稳定的基本理论

图 5-16 为两端铰支(梁端截面不产生扭转,但可自由翘曲)的双轴对称工字形截面梁。在刚度较大的 $y-z$ 平面内,梁两端各承受弯矩 M 的作用。当弯矩较小时,梁仅发生竖向弯曲。当弯矩达某一临界值 M_{cr},梁发生弯矩失稳,产生侧向弯曲,并伴随截面的扭转。现计算使梁产生整体失稳的临界弯矩 M_{cr}。

建立钢梁在侧向微弯时的平衡方程式。设整体固定坐标系 $oxyz$,钢梁失稳时坐标为 z 的横截面的形心水平向位移为 u,竖向位移为 v,截面扭转角为 φ。钢梁变形以后,截面上对应于整体坐标轴的各局部坐标轴的方向已分别转动到新的 ξ、η、ζ 轴方向上。沿梁长每个截面的转动方向各不相同,因而称 $\xi-\eta-\zeta$ 坐标系为 dz 微段的局部坐标系。

微段 dz 截面形心在 x、y 方向的位移为 u、v,它们均为坐标 z 的函数,由于位移很小,微

段在 ξ-ζ 和 η-ζ 两平面内的曲率近似的 $\mathrm{d}^2u/\mathrm{d}z^2$ 和 $\mathrm{d}^2v/\mathrm{d}z^2$，相对微段的左边截面，外弯矩 M 在微段坐标系方向的分量为

$$M_\xi = -M; \quad M_\zeta = -M\frac{\mathrm{d}u}{\mathrm{d}z}; \quad M_\eta = \varphi M \tag{5-26}$$

在计算外弯矩在各方向的分量时，为方便起见，力矩用双箭头向量表示，双箭头力矩向量的方向与力矩的实际旋转方向按右手规律相互联系和转换，这样可以利用向量的分解方法求出弯矩的分量(如图5-16所示)。式(5-26)中的负号表示弯矩的双箭头方向与微段坐标轴方向相反。

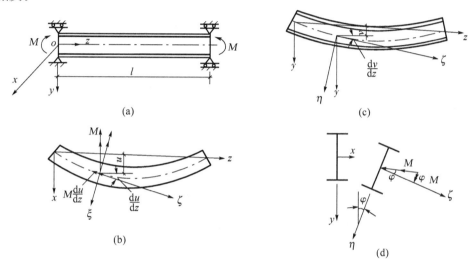

图 5-16　梁整体失稳时变形

微段在 η-ζ 平面内弯曲平衡方程为

$$EI_x\frac{\mathrm{d}^2v}{\mathrm{d}z^2} = M_\xi = -M \tag{5-27}$$

微段在 ξ-ζ 平面内弯曲平衡方程为

$$EI_y\frac{\mathrm{d}^2u}{\mathrm{d}z^2} = -M_\eta = -\varphi M \tag{5-28}$$

微段约束扭转平衡方程为

$$-\left(GI_k\frac{\mathrm{d}\varphi}{\mathrm{d}z} - EI_\omega\frac{\mathrm{d}^3\varphi}{\mathrm{d}z^3}\right) = M_\zeta = -M\frac{\mathrm{d}u}{\mathrm{d}z} \tag{5-29}$$

其边界条件为

$$\left.\begin{array}{l} z=0: \varphi=0, \dfrac{\mathrm{d}^2\varphi}{\mathrm{d}z^2}=0 \\[3mm] z=l: \varphi=0, \dfrac{\mathrm{d}^2\varphi}{\mathrm{d}z^2}=0 \end{array}\right\} \tag{5-30}$$

$\varphi=0$ 表示梁端不产生扭转；而 $\mathrm{d}\varphi^2/\mathrm{d}z^2=0$ 表示梁端截面可以自由翘曲。梁端的自由表

面上无翘曲正应力,见式(5-22),当 $\mathrm{d}\varphi^2/\mathrm{d}z^2=0$,有 $M_1=0$)。

式(5-27)表示梁竖向(η-ζ平面)弯曲变形与外荷载的微分关系,它自身是独立的,与梁的整体失稳无关。式(5-28)和式(5-29)两式中都含有未知量 φ、u,它们均与梁的整体失稳有关,是联立的微分方程组,其中特解 $u=0$,$\varphi=0$ 可以满足微分方程组和相应的边界条件,它表示梁未产生弯扭失稳。现在的问题是求解弯矩 M 在什么条件下能使 u 和 φ 有非零解,这个待定的 M 就是梁失稳时的临界弯矩 M_{cr}。

为消去一个变量,将式(5-29)微分一次,其中 $\mathrm{d}^2u/\mathrm{d}z^2$ 以式(5-28)代入,有

$$EI_\omega\frac{\mathrm{d}^4\varphi}{\mathrm{d}z^4}-GI_k\frac{\mathrm{d}^2\varphi}{\mathrm{d}z^2}-\frac{M}{EI_y}\varphi=0 \tag{5-31}$$

由上述边界条件可假定

$$\varphi=c\cdot\sin\frac{n\pi z}{l} \tag{5-32}$$

将式(5-32)代入式(5-31)有

$$\left[EI_\omega\left(\frac{n\pi}{l}\right)^4+GI_k\left(\frac{n\pi}{l}\right)^2-\frac{M^2}{EI_y}\right]c\cdot\sin\frac{n\pi z}{l}=0 \tag{5-33}$$

要使上式对任何 z 值都能成立,并且 $c\neq0$,必须是

$$EI_\omega\left(\frac{n\pi}{l}\right)^4+GI_k\left(\frac{n\pi}{l}\right)^2-\frac{M^2}{EI_y}=0 \tag{5-34}$$

由此解得最小临界弯矩为($n=1$)

$$M_{cr}=\frac{\pi^2EI_y}{l^2}\sqrt{\frac{I_\omega}{I_y}\left(1+\frac{GI_kl^2}{\pi^2EI_\omega}\right)} \tag{5-35}$$

对一般荷载(包括端部弯矩和横向荷载)作用下的单轴对称截面(截面仅对称于 y 轴,见图5-17)钢梁,简支梁的弯矩屈曲临界弯矩一般表达式为

$$M_{cr}=c_1\frac{\pi^2EI_y}{l^2}\left[c_2a+c_3b+\sqrt{(c_2a+c_3b)^2+\frac{I_\omega}{I_y}\left(1+\frac{GI_kl^2}{\pi^2EI_\omega}\right)}\right] \tag{5-36}$$

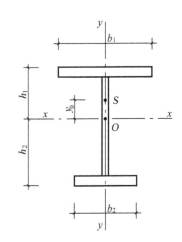

图5-17 单轴对称截面

式中 c_1、c_2、c_3——与荷载类型有关的系数,见表5-2;

　　　　a——横向荷载作用点至截面剪力中心 S 的距离(当荷载作用在剪力中心 以下取正号,反之取负号)。

$$b=\frac{1}{2I_x}\int_A y(x^2+y^2)\mathrm{d}A-y_0 \tag{5-37}$$

式中 y_0——剪力中心 S 至形心 O 的距离(当剪力中心在形心之下取正号,反之取负号)。

表 5 - 2 c_1、c_2、c_3 系数

荷载类型	c_1	c_2	c_3
跨度中点集中荷载	1.35	0.55	0.40
满跨均布荷载	1.13	0.46	0.53
纯弯曲	1.0	0	1.0

5.4.4 影响梁整体稳定的主要因素

（1）与荷载类型有关

由式(5-36)可知,梁的临界弯矩与荷载类型有关。跨度中点集中荷载作用时 $c_1=1.35$,临界弯矩最大;纯弯曲时,$c_1=1.0$,临界弯矩最小。这是因为钢梁纯弯时,沿梁长方向弯矩图为矩形,受压翼缘的压应力沿梁长保持不变,梁易失稳;而在跨中作用集中荷载时,弯矩图呈三角形,靠近支座处 M 减少,受压翼缘的压应力随之降低,对提高梁的整体稳定性有利。

（2）与荷载的作用位置有关

横向荷载作用在上翼缘,荷载的附加效应加大了截面的扭转,降低了梁的临界弯矩。反之,荷载作用在下翼缘,荷载的附加效应要减少截面的扭转,可提高梁的稳定性。这也可以由式(5-36)中参量 a 的正负值做出相同的结论。

（3）与梁的侧向刚度 EI_y 有关

提高梁的侧向刚度 EI_y 可以显著提高梁的临界弯矩,而增大梁的抗扭刚度 GI_k 和抗翘曲刚度 EI_ω 虽然也可以提高 M_{cr},但效果不大。即加大梁翼缘的宽度比增加翼缘和腹板的厚度更有利。另外,分析公式(5-37)可知:忽略式中第一项较小数值后,$b \approx -y_0$,对受压翼缘加强的工字形截面 y_0 为负值,b 为正值;对受拉翼缘加强的工字形截面,b 为负值。即受压翼缘加强的工字形截面要比受拉翼缘加强的工字形截面整体稳定性好。因此,在保证局部稳定的条件下,增大受压翼缘的宽度是提高梁整体稳定的有效方法。

（4）与受压翼缘的自由长度 l_1 有关

式(5-36)中的 l 为图 5-16 梁的跨度,但更准确的含义是:l 指扭转角为零的两个截面的间距,也称受压翼缘的侧向自由长度,通常写为 l_1。减少 l_1 可显著提高梁的临界弯矩 M_{cr},这可以通过增设梁的侧向支承来解决。对跨中无侧向支承点的梁,l_1 为其跨度;对跨中有侧向支承点的梁,l_1 为受压翼缘侧向支承点的间距。无论跨中有无侧向支承,在支座处均应采取可靠的构造措施以防止梁端截面的扭转。

5.4.5 梁整体稳定的计算

梁丧失整体稳定时必然同时发生侧向弯曲和扭转变形,因此当采取了必要的措施阻止梁受压翼缘发生侧向变形,或者使梁的整体稳定临界弯矩高于或接近于梁的屈服弯矩,此时验算了梁的抗弯强度后也就不需再验算梁的整体稳定。故《钢结构设计标准》有如下规定:

（1）符合下列情况之一时,可不计算梁的整体稳定性。

① 有铺板(各种钢筋混凝土和钢板)密铺在梁在受压翼缘上并与其牢固相连,能阻止梁受压翼缘的侧向位移时。

② 对箱形截面梁,如不满足上述第一条能阻止梁侧向位移的条件时,其截面尺寸(图5-18)应满足 $h/b_0 \leqslant 6$,且 $l_1/b_0 \leqslant 95\varepsilon_k^2$,符合上述规定的箱形截面简支梁,可不计算整体稳定性。

有铺板密铺在梁的受压翼缘

通常这些条件在实际工程中均可满足。

（2）当不满足上述条件时，在最大刚度平面内受弯的构件，要计算其整体稳定性并采用下列原则：梁的最大压应力不应大于对应临界弯矩 M_{cr} 的临界压应力 σ_{cr}（$\sigma_{cr} = M_{cr}/W_x$）。在考虑抗力分项系数后，有

$$\frac{M_x}{W_x} \leqslant \frac{\sigma_{cr}}{\gamma_R} = \frac{\sigma_{cr}}{f_y} \frac{f_y}{\gamma_R} = \varphi_b f$$

或

$$\frac{M_x}{\varphi_b W_x f} \leqslant 1.0 \qquad (5-38)$$

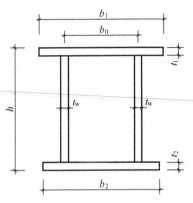

图 5-18　箱形截面

式中　M_x——绕强轴作用的最大弯矩；

　　　　W_x——按受压最大纤维确定的梁毛截面模量，当截面板宽厚比等级为 S1、S2、S3 或 S4 级时，应取全截面模量，当截面板件宽厚比等级为 S5 级时，应取有效截面模量，均匀受压翼缘有效外伸宽度可取 $15\varepsilon_k$；

　　　　φ_b——梁的整体稳定系数。

（3）在两个主平面受弯的 H 型钢或工字形截面构件，其整体稳定性应按下式计算：

$$\frac{M_x}{\varphi_b W_x f} + \frac{M_y}{\gamma_y W_y f} \leqslant 1.0 \qquad (5-39)$$

式中　W_x、W_y——按受压纤维确定的对 x 轴和对 y 轴毛截面抵抗矩；

　　　　φ_b——绕强轴弯曲所确定的梁的整体稳定系数。

式（5-39）是一个经验公式，式中 γ_y 为相对 y 轴的截面塑性发展系数，它并不表示钢梁绕 y 轴弯曲时实际上就出现塑性开展，仅利用 γ_y 的数值降低式中第二项（绕弱轴弯曲）应力的影响。

（4）要提高梁的整体稳定性，较经济合理的方法是设置侧向支撑，减少梁受压翼缘的侧向自由长度。当将梁的受压翼缘近似地看作一根轴心压杆时，支撑所受的力可按下式计算：

设置侧向
支撑

$$F = \frac{A_f f}{85} \cdot \frac{1}{\varepsilon_k} \qquad (5-40)$$

式中　A_f——钢梁受压翼缘截面面积。

式（5-40）表示侧向支承若要给钢梁受压翼缘提供可靠的侧向支撑作用，必须至少能承受此力，这也是设计侧向支承时的受力基本要求。

5.4.6　梁整体稳定系数 φ_b

梁的整体稳定系数 φ_b 为整体失稳临界应力与钢材屈服应力的比值，因此 φ_b 可以通过计算梁失稳时的临界弯矩 M_{cr} 求出。对双轴对称工字形截面简支钢梁，在纯弯曲作用下，临界弯矩可由式（5-35）改写为

$$M_{cr} = \frac{\pi^2 E I_y}{l^2} \sqrt{\frac{I_\omega}{I_y} + \frac{G I_k l^2}{\pi^2 E I_y}} \qquad (5-41)$$

现设 $I_k = \frac{1.25}{3} \sum b_i t_i^3 \approx \frac{1}{3} A t_1^2$（$A$ 为梁毛截面面积，t_1 为受压翼缘板厚度），

$$I_\omega = \frac{I_y h^2}{4} (h \text{ 为梁截面的全高}), E = 2.06 \times 10^5 \text{ N/mm}^2, \frac{E}{G} = 2.6, \text{代入上式有}$$

$$M_{cr} = \frac{10.17 \times 10^5}{\lambda_y^2} Ah \sqrt{1 + \left(\frac{\lambda_y t_1}{4.4h}\right)^2} \quad (\text{N} \cdot \text{mm}) \tag{5-42}$$

对 Q235 钢，$f_y = 235 \text{ N/mm}^2$，由此得

$$\varphi_b = \frac{\sigma_{cr}}{f_y} = \frac{M_{cr}}{W_x f_y} = \frac{4\,320}{\lambda_y^2} \frac{Ah}{W_x} \sqrt{1 + \left(\frac{\lambda_y t_1}{4.4h}\right)^2} \tag{5-43}$$

对于常见的截面尺寸及各种荷载条件下，通过大量电算及试验结果统计分析，现行规范规定了梁整体稳定系数 φ_b 的计算式：

（1）焊接工字形等截面（轧制 H 型钢）（附图 2-1a）简支梁整体稳定系数 φ_b 按下式计算：

$$\varphi_b = \beta_b \frac{4\,320}{\lambda_y^2} \frac{Ah}{W_x} \left[\sqrt{1 + \left(\frac{\lambda_y t_1}{4.4h}\right)^2} + \eta_b \right] \varepsilon_k^2 \tag{5-44}$$

式中　β_b——梁整体稳定的等效弯矩系数，按附表 2-1 采用，它主要考虑荷载种类和位置所对应的稳定系数与纯弯条件下钢梁稳定系数的差异；

　　$\lambda_y = l_1 / i_y$——梁在侧向支承点间对截面弱轴 y 轴的长细比，i_y 为梁毛截面对 y 轴的截面回转半径；

　　η_b——截面不对称影响系数：对双轴对称工字形截面（轧制 H 型钢）（附图 2-1a）$\eta_b = 0$；对单轴对称工字形截面（附图 2-1b、c），加强受压翼缘 $\eta_b = 0.8(2\alpha_b - 1)$；加强受拉翼缘 $\eta_b = 2\alpha_b - 1$；其中 $\alpha_b = \dfrac{I_1}{I_1 + I_2}$，$I_1$、$I_2$ 分别为钢梁截面受压翼缘和受拉翼缘对 y 轴的惯性矩。

上述 φ_b 的计算理论基础是梁的弹性稳定理论。即要求钢梁在发生整体失稳时处于线弹性工作阶段。如果梁失稳时临界应力 σ_{cr} 大于钢材的比例极限 f_p，表明钢梁失稳时材料已进入非线弹性或弹塑性工作阶段，其临界应力要比按线弹性理论求得的计算值降低。另外考虑到梁的初弯曲、荷载偏心及残余应力等缺陷的影响，规范规定：按式（5-44）算得的 φ_b 值大于 0.6 时，应以 φ'_b 代替 φ_b 进行修正，φ'_b 的计算式为

$$\varphi'_b = 1.07 - \frac{0.282}{\varphi_b} \leqslant 1.0 \tag{5-45}$$

（2）轧制普通工字钢简支梁，其 φ_b 值直接由附表 3-2 查得。若其值大于 0.6 时，须用 φ'_b 代替 φ_b，按公式（5-45）计算。轧制槽钢简支梁、双轴对称工字形等截面（含 H 型钢）悬臂梁的 φ_b 值均可按附录 3 计算。

【例 5-1】某简支钢梁，焊接工字形截面，跨度中点及两端都设有侧向支承，可变荷载标准值及梁截面尺寸如图 5-19 所示，荷载作用于梁的上翼缘，设梁的自重为 1.57 kN/m，材料为 Q235-A. F，试计算此梁的整体稳定性。

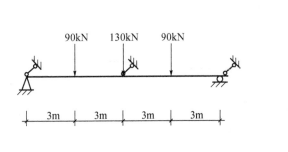
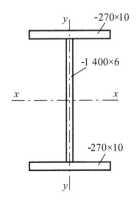

图 5-19　例 5-1 图

【解】梁截面几何特征

$$I_x = 4\,050 \times 10^6 \text{ mm}^4, I_y = 32.8 \times 10^6 \text{ mm}^4$$
$$A = 13\,800 \text{ mm}^2, W_x = 570 \times 10^4 \text{ mm}^3$$

梁的最大弯矩设计值

$$M_{\max} = \frac{1}{8}(1.2 \times 1.57) \times 12^2 + 1.4 \times 90 \times 3 + 1.4 \times \frac{1}{2} \times 130 \times 6 = 958 \text{ kN} \cdot \text{m}$$

(式中 1.2 和 1.4 分别为永久荷载和可变荷载的分项系数)
钢梁整体稳定系数计算式为

$$\varphi_b = \beta_b \frac{4\,320}{\lambda_y^2} \frac{Ah}{W_x}\left[\sqrt{1 + \left(\frac{\lambda_y t_1}{4.4h}\right)^2} + \eta_b\right]\varepsilon_k^2$$

由附表 3-1 注③知，β_b 应为表中项次 5 均布荷载作用在上翼缘一栏的值。

$$\beta_b = 1.15$$
$$i_y = \sqrt{\frac{I_y}{A}} = \sqrt{\frac{32.8 \times 10^6}{13\,800}} = 48.75 \text{ mm}$$
$$\lambda_y = \frac{6\,000}{48.75} = 123, \quad h = 1\,420 \text{ mm}, t_1 = 10 \text{ mm}$$
$$\eta_b = 0, f_y = 235 \text{ N/mm}^2$$

代入 φ_b 公式有　　　　　　　　$\varphi_b = 1.152 > 0.6$

由式(5-45)，可得　　　　　$\varphi'_b = 1.07 - \dfrac{0.282}{\varphi_b} = 0.825$

因此　　　　$\dfrac{M_x}{\varphi'_b W_x} = \dfrac{958 \times 10^6}{0.825 \times 570 \times 10^4} = 203.7 \text{ N/mm}^2 < 215 \text{ N/mm}^2$

故梁的整体稳定可以保证。

【例 5-2】某简支钢梁,跨度 6 m,跨中无侧向支承点,集中荷载作用于梁的上翼缘,截面如图 5-20 所示,钢材为 16Mn,求此梁的整体稳定系数。

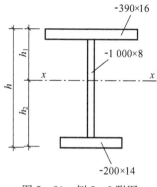

图 5-20 例 5-2 附图

【解】截面几何特征

$h=103$ cm, $h_1=41.3$ cm, $h_2=61.7$ cm

$I_x=281\ 700$ cm^4, $I_1=7\ 909$ cm^4

$I_2=933$ cm^4, $I_y=8\ 842$ cm^4, $A=170.4$ cm^2

$$\alpha_b=\frac{I_1}{I_1+I_2}=\frac{7\ 909}{8\ 842}=0.894>0.8$$

$$\xi=\frac{l_1t_1}{b_1h}=\frac{6\ 000\times16}{390\times1\ 030}=0.239<0.5$$

由附表 3-1 项次 3 以及注⑥,有

$$\beta_b=0.9\times(0.73+0.18\xi)=0.9\times(0.73+0.18\times0.239)=0.696$$

$$i_y=\sqrt{\frac{I_y}{A}}=\sqrt{\frac{8\ 842}{170.4}}=7.2\text{ cm}$$

$$\lambda_y=\frac{600}{7.2}=83.3,\ t_1=1.6\text{ cm},\ f_y=345\text{ N/mm}^2$$

$$W_x=\frac{I_x}{h_1}=\frac{281\ 700}{41.3}=6\ 821\text{ cm}^3$$

$$\eta_b=0.8(2\alpha_b-1)=0.8(2\times0.894-1)=0.631$$

代入式(5-44)中,得

$$\varphi_b=0.696\times\frac{4\ 320}{83.3^2}\times\frac{170.4\times103}{6\ 821}\left[\sqrt{1+\left(\frac{83.3\times1.6}{4.4\times103}\right)^2}+0.631\right]\frac{235}{345}=1.271>0.6$$

由式(5-45)修正得

$$\varphi_b'=1.07-\frac{0.282}{1.271}=0.848$$

5.5 钢梁截面设计

钢梁截面设计方法是先初选截面,后进行验算。若不满足要求,重新修改截面,直至满意为止。

5.5.1 型钢梁截面设计

型钢梁的截面选择比较简单,首先由荷载计算出梁所承受的最大弯矩,并估算梁截面的抵抗矩,当梁的整体稳定从构造上可保证时

$$W_{nx}=\frac{M_x}{\gamma_x f} \tag{5-46a}$$

当梁的整体稳定从构造上不能保证时

$$W_{nx}=\frac{M_x}{\varphi_b f} \tag{5-46b}$$

其中 φ_b 值可根据情况初步估计。然后,在型钢规格表中选择适当截面,并针对初选钢梁截面验算梁的弯曲正应力、局部压应力、整体稳定和刚度。我国常用的各类型钢,其腹板相对较厚,大量计算表明,型钢梁可不验算剪应力(验算后一般均满足抗剪要求),也可不验算折算应力。

【例 5-3】 某工作平台,其梁格布置如图 5-21 所示,次梁简支于主梁上,平台上无动力荷载,平台上恒荷载标准值为 $3.0\ \mathrm{kN/m^2}$,活荷载标准值为 $4.5\ \mathrm{kN/m^2}$,钢材为 Q235-A.F,假定平台板为刚性铺板并可保证次梁的整体稳定,试选择中间次梁截面。

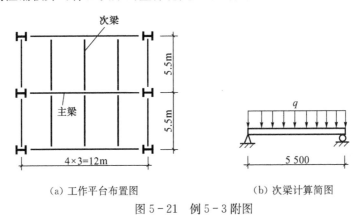

(a) 工作平台布置图　　　　　(b) 次梁计算简图

图 5-21　例 5-3 附图

【解】 作用于次梁上的荷载标准值

$$q_k = (3\ 000 + 4\ 500) \times 3 = 22.5 \times 10^3\ \mathrm{N/m}$$

荷载设计值 $\quad q = (1.2 \times 3\ 000 + 1.4 \times 4\ 500) \times 3 = 29.7 \times 10^3\ \mathrm{N/m}$

跨中最大弯矩 $\quad M_x = \dfrac{1}{8}ql^2 = \dfrac{1}{8} \times 29.7 \times 5.5^2 = 112.3\ \mathrm{kN \cdot m}$

支座处最大剪力 $\quad V = \dfrac{1}{2}ql = \dfrac{1}{2} \times 29.7 \times 5.5 = 81.7\ \mathrm{kN}$

需要的截面抵抗矩 $\quad W_x = \dfrac{M_x}{\gamma_x f} = \dfrac{112.3 \times 10^6}{1.05 \times 215} = 497 \times 10^3\ \mathrm{mm^3}$

采用轧制工字钢,由型钢表,初选 I 28a,有

$$W_x = 508\ \mathrm{cm^3}, I_x = 7\ 110\ \mathrm{cm^4}, t_w = 8.5\ \mathrm{mm}, I_x/S_x = 24.6\ \mathrm{cm}$$

单位长度自重 $\quad 425\ \mathrm{N/m}$

验算所选截面:

梁自重产生弯矩 $\quad M_g = \dfrac{1}{8} \times 425 \times 5.5^2 \times 1.2 = 1.9 \times 10^3\ \mathrm{N \cdot m}$

总弯矩 $\quad M = 112.3 + 1.9 = 114.2\ \mathrm{kN \cdot m}$

翼缘 $\quad \dfrac{b}{t} = \dfrac{122}{13.7} = 8.9$(S1 级)

腹板 $\quad \dfrac{h_0}{t_w} = \dfrac{(280 - 2 \times 13.7)}{8.5} = 29.7$(S1 级)

故 W_x 按全截面取。

弯曲正应力　$\sigma = \dfrac{M_x}{\gamma_x W_x} = \dfrac{114.2 \times 10^6}{1.05 \times 508 \times 10^3} = 214\ \text{N/mm}^2 < f = 215\ \text{N/mm}^2$

最大剪应力　$\tau = \dfrac{VS}{It_w} = \dfrac{(81.7 + 1.2 \times 0.425 \times \frac{5.5}{2}) \times 10^3}{24.6 \times 8.5 \times 10} = 40\ \text{N/mm}^2 < f_v = 125\ \text{N/mm}^2$

可见型钢梁由于腹板较厚，剪应力一般不起控制作用。

挠度验算采用荷载标准值，考虑梁自重后

$$q_k = 22.5 \times 10^3 + 425 = 22.9 \times 10^3\ \text{N/mm}$$

$$v = \frac{5}{384} \frac{q_k l^4}{EI} = \frac{5}{384} \times \frac{22.9 \times 5\ 500^4}{2.05 \times 10^5 \times 7\ 110 \times 10^4} = 18.7\ \text{mm} = \frac{l}{296} < \frac{l}{250}$$

满足要求。

若次梁放在主梁顶面，且次梁在支座处不设支承加劲肋时，还要验算支座处次梁腹板计算高度下边缘的局部压应力，设次梁支承长度 $a = 8\ \text{cm}$，$h_y = 10.5 + 13.7 = 24.2\ \text{mm}$，腹板厚 $t_w = 8.5\ \text{mm}$，则

$$\sigma_c = \frac{\psi F}{t_w l_z} = \frac{1.0 \times (81.7 + 1.2 \times 0.425 \times 2.75) \times 10^3}{8.5(80 + 2.5 \times 24.2)} = 69.6\ \text{N/mm}^2 < f = 215\ \text{N/mm}^2$$

若次梁在支座处设有支承加劲肋，局部压应力不必计算。

【例 5-4】条件同例 5-3，但平台板不能保证次梁的整体稳定，试重新选择截面。

【解】由附表 2-2 知：对于轧制普通工字钢简支梁，当跨中无侧向支承、均布荷载作用于上翼缘、跨度为 5.5 m 时，假定工字钢型号为 22~40，有 $\varphi_b = 0.665 > 0.6$。

由式(5-45)，得 $\varphi_b = 1.07 - \dfrac{0.282}{0.665} = 0.646$，因此有

$$W_x = \frac{M_x}{\varphi'_b f} = \frac{112.3 \times 10^6}{0.646 \times 215} = 809 \times 10^3\ \text{mm}^3$$

选用 I 36a，宽厚比等级为 S1，按全截面模量计算，自重为 587 N/m，$W_x = 875\ \text{cm}^3$

$$M_{max} = 112.3 \times 10^3 + 1.2 \times \frac{1}{8} \times 587 \times 5.5^2 = 115 \times 10^3\ \text{N·m}$$

$$\sigma = \frac{M_x}{\varphi'_b W_x} = \frac{115 \times 10^6}{0.646 \times 875 \times 10^3} = 203.5\ \text{N/mm}^2 < 215\ \text{N/mm}^2$$

由此可见，截面增大约 38%。因此，设计时应将刚性铺板与次梁牢固连接，以保证次梁的整体稳定，既保证安全，又经济合理。

5.5.2 组合梁截面设计

1) 选择截面

钢梁的内力较大时，需采用组合梁。常用的形式为由三块钢板焊成的工字形截面。设计步骤仍是初选截面，再进行验算。为避免盲目性，建议初选截面时可按下列方法进行。

(1) 选截面高度

钢梁截面高度是一个最重要的截面尺寸，确定截面高度时应综合考虑建筑高度、刚度要求和经济条件。

建筑高度是指满足使用要求所需的净空尺寸,建筑师给定了建筑层高和净高,也就决定了梁的最大高度 $h_{\max}$。

刚度要求决定了梁的最小高度 $h_{\min}$。因为梁的刚度近似与梁高 h 的三次方成比例,初选截面高度时,必须考虑要满足刚度要求。

现以承受均布荷载设计值 q 的简支钢梁为例,推导其最小高度 $h_{\min}$。梁的挠度按荷载标准值 $q_k(\approx q/1.3)$ 计算。

$$\frac{v}{l}=\frac{5}{384}\times\frac{q_k l^3}{EI_x}=\frac{5}{384}\times\frac{ql^3}{1.3EI_x}\leqslant\frac{[v]}{l}=\frac{1}{n_0}$$

$\frac{1}{n_0}$ 可以查表 5-1 确定,对双轴对称截面有

$$M=\frac{1}{8}ql^2 \quad \text{和} \quad \sigma=\frac{Mh}{2I_x}$$

代入上式,有

$$\frac{v}{l}=\frac{5Ml}{1.3\times48EI_x}=\frac{5\sigma l}{1.3\times24Eh}\leqslant\frac{1}{n_0}$$

$$h_{\min}=\frac{5n_0\sigma l}{1.3\times24E}$$

当梁的强度充分发挥作用时,$\sigma=f_y$,由上式可求得对应于各种 n_0 值时的 $h_{\min}/l$ 值,见表 5-4 所示。

表 5-4 受均布荷载的简支梁的 $h_{\min}/l$ 值

$\dfrac{1}{n_0}=\dfrac{[v]}{l}$		$\dfrac{1}{1\,000}$	$\dfrac{1}{750}$	$\dfrac{1}{600}$	$\dfrac{1}{500}$	$\dfrac{1}{400}$	$\dfrac{1}{360}$	$\dfrac{1}{300}$	$\dfrac{1}{250}$	$\dfrac{1}{200}$	$\dfrac{1}{150}$
$\dfrac{h_{\min}}{l}$	Q235	$\dfrac{1}{6}$	$\dfrac{1}{8}$	$\dfrac{1}{10}$	$\dfrac{1}{12}$	$\dfrac{1}{15}$	$\dfrac{1}{16.6}$	$\dfrac{1}{20}$	$\dfrac{1}{24}$	$\dfrac{1}{30}$	$\dfrac{1}{40}$
	Q345	$\dfrac{1}{4}$	$\dfrac{1}{5.4}$	$\dfrac{1}{6.8}$	$\dfrac{1}{8.2}$	$\dfrac{1}{10.2}$	$\dfrac{1}{11.3}$	$\dfrac{1}{13.6}$	$\dfrac{1}{16.3}$	$\dfrac{1}{20.4}$	$\dfrac{1}{27.2}$
	Q390	$\dfrac{1}{3.7}$	$\dfrac{1}{4.9}$	$\dfrac{1}{6.1}$	$\dfrac{1}{7.3}$	$\dfrac{1}{9.2}$	$\dfrac{1}{10.2}$	$\dfrac{1}{12.2}$	$\dfrac{1}{14.7}$	$\dfrac{1}{18.4}$	$\dfrac{1}{24.5}$

由表 5-4 可见,梁的容许挠度(刚度)要求愈严,所需梁高度愈大,钢材的强度愈高,梁高度就愈大。对其他荷载作用下的简支梁,初选截面时也可近似由表 5-4 查用参考。

经济高度包含优化的意义。一般来讲,梁的高度大,腹板用钢量多,而翼缘用钢量相对减少;梁高度小,情况则相反。最经济的截面高度是满足使用要求的前提下使梁的总用钢量为最小。梁单位长度的用钢量与截面面积成比例,总面积 A 为翼缘截面面积 $2A_f$ 和腹板截面面积 A_w 之和。

$$A=2A_f+A_w=2A_f+1.2h_wt_w \qquad (5-47)$$

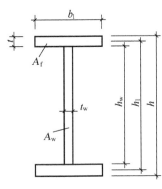

图 5-22 组合梁面尺寸

式中 h_w、t_w——分别为腹板高度和厚度;

1.2——考虑腹板有加劲肋等构造的材料增加系数。

根据截面尺寸(见图 5-22)有

$$I_x = \frac{1}{12}t_w h_w^3 + 2A_f\left(\frac{h_1}{2}\right)^2$$

$$W_x = \frac{2I_x}{h} = \frac{1}{6}\frac{t_w h_w^3}{h} + A_f\frac{h_1^2}{h}$$

近似取 $h = h_1 = h_w$,由上式可得每个翼缘的面积为

$$A_f = \frac{W_x}{h_w} - \frac{1}{6}t_w h_w \qquad\qquad (5-48)$$

将式(5-48)代入式(5-47),有

$$A = \frac{2W_x}{h_w} + 0.87t_w h_w$$

腹板厚度 t_w 与其高度 h_w 有关。根据经验有 $t_w = \sqrt{h_w}/11$,可得

$$A = \frac{2W_x}{h_w} + 0.079\sqrt{h_w^3}$$

截面积为最小的条件为 $\dfrac{dA}{dh_w} = 0$,得经济高度 h_s 为

$$h_s = (16.9W_x)^{2/5} \approx 3W_x^{2/5} \quad (\text{cm}) \qquad\qquad (5-49a)$$

经济高度常用下列经济公式计算:

$$h_s = 7\sqrt[3]{W_x} - 30 \quad (\text{cm}) \qquad\qquad (5-49b)$$

在常用范围内,公式(5-49a)和(5-49b)的结果基本相同,式中 W_x 为截面所需的抵抗矩(cm^3),可用最大弯矩值估算

$$W_x = \frac{M_{max}}{\gamma_x f} \quad (\text{cm}^3) \qquad\qquad (5-50)$$

根据上述三个要求,实选 h 应满足 $h_{min} \leqslant h \leqslant h_{max}$,且 $h \approx h_s$。实际设计时,要首先确定腹板高度 h_w。h_w 可取稍小于梁高 h 的数值,并尽可能考虑钢板的规格尺寸,取 h_w 为 50 mm 的倍数。

(2)选腹板厚度 t_w

钢梁的腹板主要承受剪力,确定 t_w 时要满足抗剪强度要求。

由 $\tau_{max} = 1.2\dfrac{V_{max}}{h_w t_w} \leqslant f_v$,得

$$t_w \geqslant \frac{1.2V_{max}}{h_w f_v} \qquad\qquad (5-51)$$

由式(5-51)算出的 t_w 一般较小,考虑局部稳定和构造等因素,t_w 还可用下式估算:

$$t_w = \sqrt{h_w}/11 \qquad\qquad (5-52)$$

式中 t_w,h_w 均用 cm 计,实际设计时综合考虑式(5-51)和式(5-52)的要求。t_w 要符合钢板的现有规格,t_w 太小,锈蚀影响大,加工时易变形;t_w 太大时不经济,加工困难,一般

$8\ \mathrm{mm} \leqslant t_{\mathrm{w}} \leqslant 20\ \mathrm{mm}$。

（3）确定翼缘板尺寸

根据所需要的截面抵抗矩和选定的腹板尺寸，由式(5-48)估算一个翼缘板的面积 A_{f}，然后即可以确定翼缘板的宽度 b_1 和厚度 t。确定 b_1 和 t 时，要考虑下列因素：

① $b_1 = (1/3 \sim 1/5)h$。b_1 太小，梁的整体稳定性差；b_1 太大，翼缘中正应力分布不均匀性比较严重。

② 考虑到翼缘板的局部稳定，要求 $b_1/t \leqslant 30\varepsilon_{\mathrm{k}}$；若要在强度计算时考虑利用截面的部分塑性性能，要求 $b_1/t \leqslant 26\varepsilon_{\mathrm{k}}$。

③ 对吊车梁，$b_1 \geqslant 300\ \mathrm{mm}$，以便安装轨道。在选择翼缘板尺寸时，同样应考虑钢板的规格，通常厚度取 2 mm 的倍数。

焊接梁的翼缘一般用单层钢板，当采用双层翼缘板时，外层钢板与内层钢板厚度之比宜为 0.5~1.0，且外层钢板宽度比内层钢板宽度小，以便施焊。

2）截面验算

初选钢梁截面后即可验算钢梁若干计算控制截面的弯曲正应力、整体稳定，非均布荷载作用时还要验算梁的刚度，视情况还要验算若干计算控制截面的局部压应力和折算应力。一般情况下，由于初选截面时已考虑了抗剪强度要求，通常可不必验算剪应力，截面验算时应考虑梁自重所产生的内力。

3）梁翼缘焊缝计算

对于焊接组合钢梁，翼缘与腹板间的焊缝要由计算确定。翼缘与腹板间的焊缝常采用角焊缝。对承受较大动力荷载的梁，因角焊缝易产生疲劳破坏，这时翼缘和腹板间可采用顶接的对接焊缝（K形坡口缝）（图5-23）或角焊缝（图5-24）相连。对接焊缝可以认为与主体金属等强，不必计算。若采用角焊缝，计算方法如下：

角焊缝主要承受翼缘和腹板间的水平方向剪力，它等于梁弯曲时相邻截面中作用在翼缘上弯曲正应力合力的差值。由剪应力互等定理可求得单位长度上的剪力（图5-25）为

$$T_{\mathrm{L}} = \tau_1 \cdot t_{\mathrm{w}} \cdot 1 = \frac{VS_1}{I_x} \tag{5-53}$$

式中　V——梁的剪力；

　　　I_x——梁毛截面惯性矩；

　　　S_1——翼缘对梁截面中和轴的面积矩。

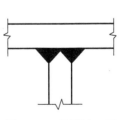

图 5-23　K形坡口缝

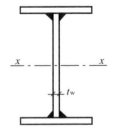

图 5-24　组合梁角焊缝连接

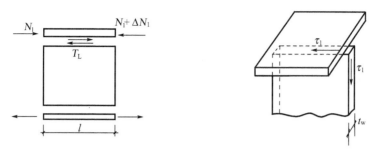

图 5-25　水平方向剪力

由最大剪力即可算出焊缝的焊脚尺寸。

$$
\left.\begin{aligned}
\frac{T_L}{2 \times 0.7 h_f \times 1} &\leqslant f_f^w \\
h_f &\geqslant \frac{V S_1}{1.4 I_x f_f^w}
\end{aligned}\right\} \tag{5-54}
$$

若梁的上翼缘有固定集中荷载且未设置支承加劲肋,或有可能移动的集中荷载作用时,焊缝还要传递由集中荷载产生的竖向局部压应力。单位长度焊缝上承担的压力为

$$
T_V = \sigma_c \cdot t_w \cdot 1 = \frac{\psi F}{l_x} \tag{5-55}
$$

式中,σ_c 为局部压应力,由式(5-9)计算,应力方向与焊缝长度方向垂直,当单位长度焊缝要同时承担 T_L 和 T_V 时,计算公式为

$$
\sqrt{\left(\frac{T_L}{2 \times 0.7 h_f}\right)^2 + \left(\frac{T_V}{\beta_f \times 2 \times 0.7 h_f}\right)^2} \leqslant f_f^w \tag{5-56}
$$

由此可以确定焊脚尺寸,并要满足角焊缝构造条件。

$$
h_f \geqslant \frac{1}{1.4 f_f^w} \sqrt{\left(\frac{V S_1}{I_x}\right)^2 + \left(\frac{\psi F}{\beta_f l_z}\right)^2} \tag{5-57}
$$

【例 5-5】 选择例题 5-3 工作平台中主梁的截面,材料为 Q235-A·F。

【解】 (1) 选择截面

主梁的计算简图如图 5-26 所示,参见例 5-3,次梁传给主梁的荷载为

$$F_k = 22.9 \times 5.5 = 126 \text{ kN(标准值)}$$

$$F = (29.7 + 1.2 \times 0.425) \times 5.5 = 166.2 \text{ kN(设计值)}$$

支座处剪力　$V = 1.5F = 1.5 \times 166.2 = 249.3 \text{ kN}$

梁中最大弯矩　$M_{max} = 249.3 \times 6 - 166.2 \times 3 = 997.2 \text{ kN·m}$

梁所需要的截面抵抗矩

$$W_{nx} = \frac{M_{max}}{\gamma_x f} = \frac{997.2 \times 10^6}{1.05 \times 215} = 4\,417 \times 10^3 \text{ mm}^3$$

梁的高度在净空方面无限制。

依刚度条件,工作平台的主梁容许挠度为 $l/400$,由表 5-4 可知梁最小高度为
$$h_{\min}=l/15=1\,200/15=80\ \text{cm}$$

梁的经济高度 $h_s=7\sqrt[3]{W_x}-30=85\ \text{cm}$

参照以上数据,并考虑梁自重等因素,取梁腹板高度 $h_w=85\ \text{cm}$

梁腹板厚度 $t_w=1.2\dfrac{V}{h_w f_v}=\dfrac{1.2\times249.3\times10^3}{850\times125}=2.8\ \text{mm}$

可见由抗剪条件所决定的 t_w 偏小。

由局部稳定及构造:$t_w=\sqrt{h_w}/11=\sqrt{85}/11=0.84\ \text{cm}$,取 $t_w=8\ \text{mm}$

一个翼缘板面积
$$A_f=\frac{W_w}{h_w}-\frac{h_w t_w}{6}=\frac{4\,417}{85}-\frac{85\times0.8}{85}=40.6\ \text{cm}^2$$

选 $t=16\ \text{mm}$,$b_1=280\ \text{mm}$,$b_1/t=17.5<26$。

初选截面如图 5-27 所示,该截面可以考虑部分塑性开展。

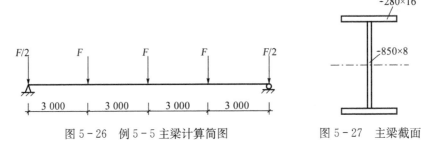

图 5-26 例 5-5 主梁计算简图   图 5-27 主梁截面

(2)截面验算
$$A=2\times28\times1.6+85\times0.8=157.6\ \text{cm}^2$$

$$I_x=\frac{1}{12}\times0.8\times85^3+2\times28\times1.6\times43.3^2=2.19\times10^5\ \text{cm}^4$$

$$W_x=\frac{2.19\times10^5}{44.1}=4\,966\ \text{cm}^3$$

梁自重 $q_k=1.2\times0.015\,8\times78.5=1.49\ \text{kN/m}$(式中 1.2 为考虑加劲肋等用钢量)

自重产生的弯矩 $M_g=\dfrac{1}{8}\times1.2\times1.49\times12^2=32.1\ \text{kN}\cdot\text{m}$

跨中总弯矩 $M=997.2+32.1=1\,029.3\ \text{kN}\cdot\text{m}$

$$\sigma=\frac{1\,029.3\times10^6}{1.05\times4\,966\times10^3}=197\ \text{N/mm}^2<f=215\ \text{N/mm}^2$$

在集中荷载作用处及支座处,主梁腹板设支承加劲肋,不必验算局部压应力。

次梁可以作为主梁的侧向支承点,因此梁受压翼缘自由长度 $l_1=3\ \text{m}$。

$\dfrac{l_1}{b_1}=\dfrac{300}{28}=10.7<16$,主梁整体稳定可以保证。

因 $h>h_{\min}$,故刚度要求自然满足。

5.6 梁的局部稳定和加劲肋设计

在进行钢梁截面设计时，为了充分发挥钢材的承载能力和节省材料，应尽可能使截面开展，选用由厚度较薄的板件组成的截面。这样在总截面面积不变的条件下，可以加大梁高和梁宽，提高梁的承载力、刚度及整体稳定性。但是，如果梁的翼缘和腹板厚度不适当地减薄，则在荷载作用下有可能使板件产生出平面的翘曲(图 5-28)，导致钢梁出现局部失稳，这势必将降低影响梁的承载能力(强度和整体稳定承载能力)。

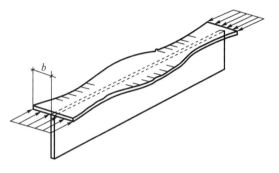 

（a）翼缘局部失稳　　　　　　　　　　（b）腹板局部失稳

图 5-28　梁失去局部稳定情况

轧制型钢梁的规格和尺寸都已考虑了局部稳定的要求，其翼缘和腹板厚度都较大，因而没有局部稳定问题，不需进行验算。本书仅分析由多块板件组成的组合钢梁的局部稳定问题。钢梁的局部稳定问题，其实质是组成梁的矩形薄板在各种应力如 σ、τ、σ_c 的作用下的屈曲问题。

5.6.1　矩形薄板的屈曲

板在各种应力作用下保持稳定所能承受的最大应力称为板的临界应力 σ_{cr}。根据弹性稳定理论，矩形薄板在各种应力单独作用下失稳的临界应力可由下式计算，即

$$\sigma_{cr}(\text{或 } \tau_{cr}) = k \frac{\pi^2 E}{12(1-\nu^2)} \left(\frac{t}{b}\right)^2 \tag{5-58}$$

式中　ν——钢材的泊松比；

　　　k——板的压曲系数；

　　　t——板厚度；

　　　b——板宽度。

式(5-58)是板发生局部屈曲(失稳)时临界应力的计算通式。在各种常见的应力作用下的相关系数确定如下。

（1）板件两端受纵向均匀压力(图 5-29a)

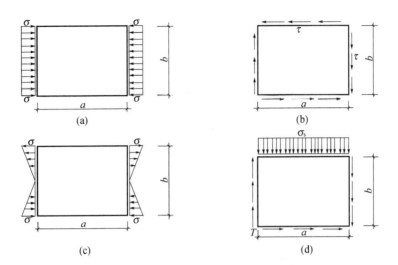

图 5-29 各种应力单独作用下的矩形板

(a) 受纵向均匀应力作用；(b) 受剪应力作用；

(c) 受弯曲正应力作用；(d) 上边缘受横向局部压应力作用

四边简支板 $\qquad k=4$ $\qquad$ (5-59)

三边简支、一边自由板 $\qquad k=0.425+\left(\dfrac{b}{a}\right)^2$ $\qquad$ (5-60)

(2) 受剪应力作用的四边简支板（图 5-29b）

当 $\dfrac{a}{b}\leqslant1$ 时 $\qquad k=4.0+\dfrac{5.34}{(a/b)^2}$ $\qquad$ (5-61a)

当 $\dfrac{a}{b}\geqslant1$ 时 $\qquad k=5.34+\dfrac{4.0}{(a/b)^2}$ $\qquad$ (5-61b)

(3) 受弯曲正应力作用时（图 5-29c）

四边简支板 $\qquad k=23.9$ $\qquad$ (5-62a)

两边受荷简支、另两边固定板 $\qquad k=39.6$ $\qquad$ (5-62b)

(4) 上边缘受横向局部压应力作用时（图 5-29d）

当 $0.5\leqslant\dfrac{a}{b}\leqslant1.5$ 时 $\qquad k=\left(4.5\dfrac{b}{a}+7.4\right)\dfrac{b}{a}$ $\qquad$ (5-63a)

当 $1.5\leqslant\dfrac{a}{b}\leqslant2.0$ 时 $\qquad k=\left(11-0.9\dfrac{b}{a}\right)\dfrac{b}{a}$ $\qquad$ (5-63b)

由式(5-58)可见，矩形薄板的 σ_{cr} 除与其所受应力、支承情况和板的长宽比（a/b）有关外，还与板的宽厚比（b/t）的平方成反比。因此，减小板宽可有效地提高 σ_{cr}，而减小板长的效果不大。另外，σ_{cr} 与钢材强度无关，采用高强度钢材并不能提高钢板的局部稳定性能。

5.6.2 钢梁翼缘板的局部稳定

考虑到实际工程中必要的加劲肋或横隔的设置，工字形截面钢梁的受压翼缘板的边界条件是三边简支、一边自由的矩形板，在两相对简支边均匀受压下工作。

为了充分利用翼缘板的材料强度，以使板件在强度破坏前不致发生局部失稳。令板件的局部屈曲临界应力为材料的屈服强度，由此来确定翼缘板的最小宽厚比。考虑翼缘板在弹塑性阶段屈曲，板沿受力方向的弹性模量降为切线弹性模量 $E_t=\eta E$，而在垂直受力方向仍为

工字形截面钢梁的受压翼缘板边界条件

— 150 —

E,其性质属于正交异性板;引入相邻板件的弹性嵌固影响系数 χ(如翼缘对腹板或腹板对翼缘,分别取不同值),则其临界应力可由式(5-58)修正如下:

$$\sigma_{cr}=\frac{\chi\sqrt{\eta}K\pi^2 E}{12(1-\nu^2)}\left(\frac{t}{b}\right)^2 \tag{5-64}$$

对受压翼缘,取 $\chi=1.0$，$\eta=E_t/E=0.4$，$K=0.425$，$\nu=0.3$，$E=2.06\times10^5\ \text{N/mm}^2$，$\sigma_{cr}=0.95f_y$，其他参数均为已知量,代入上式可得到钢梁翼缘不发生局部失稳的板件宽厚比的限值条件。

工字形截面钢梁受压翼缘自由外伸宽度 b' 与其厚度 t 之比(图5-30a),应满足

$$\frac{b'}{t}\leqslant15\varepsilon_k \tag{5-65a}$$

$$\frac{b'}{t}\leqslant13\varepsilon_k \tag{5-65b}$$

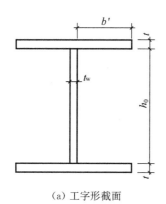

（a）工字形截面　　　　　　　　　　（b）箱形截面

图5-30　工字形和箱形截面

箱形截面在两腹板间的受压翼缘(宽度为 b_0，厚度为 t)可按四边简支的纵向均匀受压板计算,其 $k=4$，且偏安全地取 $\eta=0.25$，同样式(5-64),可得其宽厚比限值为(图5-30b)

$$\frac{b_0}{t}\leqslant40\varepsilon_k \tag{5-65c}$$

箱形截面钢梁的腹板间受压翼缘板边界条件

由此可知,选择钢梁翼缘板尺寸时,要综合考虑强度、整体稳定和局部稳定的要求。如果梁的截面是由整体稳定所控制,由式(5-64)来确定尺寸,并在正应力计算时取 $\gamma_x=1.0$ 可能更经济合理。

5.6.3　钢梁腹板的局部稳定

钢梁腹板可视为一四边简支或考虑由翼缘对腹板提供弹性嵌固的矩形板。与钢梁翼缘板受力不同,钢梁腹板的局部稳定有以下特点:

（1）钢梁腹板的受力较复杂。梁腹板以受剪力为主,同时还承受弯曲正应力及横向压应力,因而梁腹板的局部失稳形态是多种多样的。在多项应力状态下,其临界应力计算较复杂。

（2）钢梁作为受弯构件,高度相对较大,腹板表面积大。腹板主要承受剪力,按抗剪受力

工字形截面钢梁的腹板边界条件

要求,腹板厚度一般较小,如果采用加大板厚的方法来保证腹板的局部稳定将是不经济的,也是不合理的。

为保证钢梁腹板的局部稳定,常采用如图 5-31 所示布置加劲肋的方法来防止腹板屈曲(失稳)。加劲肋一般分横向加劲肋、纵向加劲肋和短加劲肋三种。设计时根据不同的情况选用不同的布置形式,并分别计算钢梁腹板区格的局部稳定性。

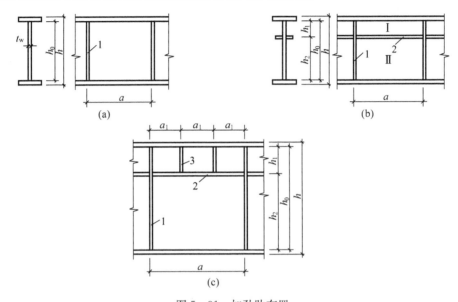

图 5-31 加劲肋布置

1—横向加劲肋;2—纵向加劲肋;3—短加劲肋

1) 加劲肋设置要求

对于直接承受动力荷载的钢梁及类似构件,根据梁腹板的高厚比 h_0/t_w 值,按下列要求设置腹板加劲肋。

(1) 当 $h_0/t_w \leqslant 80\varepsilon_k$ 时,对有局部压应力($\sigma_c \neq 0$)的梁,应按构造设置横向加劲肋;对无局部压应力($\sigma_c = 0$)的梁,可不设置加劲肋。

(2) 当 $h_0/t_w > 80\varepsilon_k$ 时,应按计算配置横向加劲肋。

(3) 当 $h_0/t_w > 170\varepsilon_k$(此时梁受压翼缘受到侧向约束,如有刚性铺板牢固连接等)或者 $h_0/t_w > 150\varepsilon_k$(其他受压翼缘未受到侧向约束情况)或者按计算需要时,应在弯曲应力较大的区格的受压区增加设置纵向加劲肋。局部压应力很大的梁,必要时尚宜在受压区设置短加劲肋。

任何情况下,钢梁腹板 h_0/t_w 不应超过 $250\varepsilon_k$。

(4) 钢梁支座处和上翼缘受有较大固定集中荷载处,宜设支承加劲肋。

2) 钢梁腹板的受力特征

钢梁腹板根据相应要求设置加劲肋后,梁加劲肋和翼缘使腹板分隔成若干四边支承的矩形板区格。这些区格板在荷载作用下一般受到弯曲正应力、剪应力及局部压应力的共同作用。在某些情况下,某种应力可能占主要因素,例如对于仅设置横向加劲肋的简支钢梁腹板,如图 5-31a 所示,对于梁支座附近的腹板区格,主要受剪应力,而处于梁跨中段的腹板区格则主要受弯曲应力。

横向加劲肋的作用是防止由剪应力和局部压应力可能引起的腹板失稳;纵向加劲肋主要防止由弯曲压应力可能引起的腹板失稳;短加劲肋主要防止由局部压应力可能引起的腹板失稳。

为了更好地了解和分析腹板局部失稳的本质,有必要先对四边支承的矩形板分别在剪应力、弯曲正应力和局部压应力单独作用下的失稳问题进行分析。

(1) 剪应力作用下矩形板的屈曲

图 5-32 所示为四边简支的矩形板,四边作用均匀分布的剪应力 τ,由于其主压应力方向为 $45°$,因而板屈曲时产生大致沿 $45°$ 方向倾斜鼓曲。在剪应力作用下,板没有受荷边与非受荷边的区别,只有长边与短边的不同,其临界剪应力由式(5-58)得到

$$\tau_{cr}=\left[5.34+\frac{4}{(l_{max}/l_{min})^2}\right]\frac{\pi^2 E}{12(1-\nu^2)}\left(\frac{t_w}{l_{min}}\right)^2 \tag{5-66}$$

式中　t_w——板厚;

　　l_{max}、l_{min}——分别为板的长边和短边尺寸。

考虑翼缘对腹板的弹性嵌固作用,$\chi=1.24$,$E=2.06\times10^5$ N/mm^2,$\nu=0.3$,代入其他常数,则有

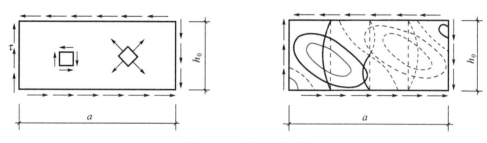

图 5-32　板的纯剪屈曲

当 $a\leqslant h_0$ 时,有

$$\tau_{cr}=233\times10^3\left[4+5.34(h_0/a)^2\right](t_w/h_0)^2 \tag{5-67}$$

当 $a>h_0$ 时,有

$$\tau_{cr}=233\times10^3\left[5.34+4(h_0/a)^2\right](t_w/h_0)^2 \tag{5-68}$$

以 $\lambda_s=\sqrt{f_{vy}/\tau_{cr}}$ 为参数,称为腹板受剪计算时的通用高厚比,其中 f_{vy} 为剪切屈服强度,其值为 $f_y/\sqrt{3}$,τ_{cr} 为式(5-67)、式(5-68)所表达的临界剪应力。得到

当 $a/h_0\leqslant1.0$ 时　　$$\lambda_s=\frac{h_0/t_w}{41\sqrt{4+5.34(h_0/a)^2}}\cdot\frac{1}{\varepsilon_k} \tag{5-69a}$$

当 $a/h_0>1.0$ 时　　$$\lambda_s=\frac{h_0/t_w}{41\sqrt{5.34+4(h_0/a)^2}}\cdot\frac{1}{\varepsilon_k} \tag{5-69b}$$

当 $\lambda_s\leqslant0.8$ 时　　　　$$\tau_{cr}=f_v \tag{5-70a}$$

当 $0.8<\lambda_s\leqslant1.2$ 时　　$$\tau_{cr}=\left[1-0.59(\lambda_s-0.8)^2\right]f_v \tag{5-70b}$$

当 $\lambda_s > 1.2$ 时 $\qquad \tau_{cr} = f_v / \lambda_s^2 = 1.1 f_v / \lambda_s^2$ $\qquad$ (5-70c)

当某一腹板区格所受剪应力 $\tau \leqslant \tau_{cr}$ 时,梁腹板不会发生剪切局部失稳。防止腹板剪切失稳的有效方法是设置横向加劲肋,减少 a/h_0 即可增大剪切临界应力。横向加劲肋的最小间距为 $0.5h_0$,最大间距为 $2h_0$(对无局部压应力的梁,当时 $h_0/t_w \leqslant 100$ 时,可采用 $2.5h_0$)。因为在 $a/h_0 > 2$ 的情况下,τ_{cr} 随 a/h_0 的减小而增加的效果不显著;仅当 $a/h_0 \leqslant 2$ 时,τ_{cr} 才有较明显的提高。而当 $a/h_0 < 0.5$ 时,剪切临界应力 τ_{cr} 很高,腹板此时一般出现强度破坏,故增设横向加劲肋实用意义不大。

(2) 弯曲正应力作用下矩形板的屈曲

图 5-33 所示四边简支矩形板在弯曲正应力作用下的屈曲形态。屈曲时在板高度方向为一个半波,沿板长度方向一般为多个半波。板的临界应力仍可表示为

$$\sigma_{cr} = \frac{\chi k \pi^2 E}{12(1-\nu^2)} \left(\frac{t_w}{h_0} \right)^2 \qquad (5-71a)$$

对于四边简支板,理论分析得到的 k_{min} $=23.9$,对于加荷边为简支,上下两边为固定的四边支承板,$k_{min} = 39.6$。对于梁腹板而言,翼缘对腹板有弹性嵌固作用,试验研究表明,当梁受压翼缘扭转受到约束时,弹性嵌固系数 $\chi = 1.66$;无约束时 $\chi = 1.23$。对于受纯弯曲应力的矩形板,k 取 24.0。

因此可得

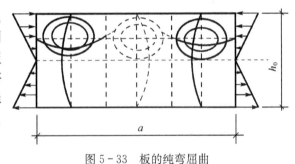

图 5-33 板的纯弯屈曲

$\sigma_{cr} = 7.4 \times 10^6 (t_w/h_0)^2$(梁受压翼缘扭转受完全约束时) $\qquad$ (5-71b)

$\sigma_{cr} = 5.5 \times 10^6 (t_w/h_0)^2$(梁受压翼缘扭转无约束时) $\qquad$ (5-71c)

以 $\lambda_b = \sqrt{f_y / \sigma_{cr}}$ 为参数,称为腹板受弯计算时的通用高厚比,得到

当钢梁受压翼缘扭转受完全约束时

$$\lambda_b = \frac{2h_c/t_w}{177} \cdot \frac{1}{\varepsilon_k} \qquad (5-72a)$$

其他情况时

$$\lambda_b = \frac{2h_c/t_w}{153} \cdot \frac{1}{\varepsilon_k} \qquad (5-72b)$$

当 $\lambda_b \leqslant 0.85$ 时 $\qquad \sigma_{cr} = f$ $\qquad$ (5-73a)

当 $0.85 < \lambda_b \leqslant 1.25$ 时 $\qquad \sigma_{cr} = [1 - 0.75(\lambda_b - 0.85)]f$ $\qquad$ (5-73b)

当 $\lambda_b > 1.25$ 时 $\qquad \sigma_{cr} = 1.1f / \lambda_b^2$ $\qquad$ (5-73c)

式中 $\quad h_c$——梁腹板受压区高度,对双轴对称截面,$2h_c = h_0$。

防止腹板弯曲失稳的有效方法是设置纵向加劲肋,以减小板件的 h_0,增大 σ_{cr}。由于腹板屈曲的范围处于受压区,因此纵向加劲肋要布置在受压区一侧,如图 5-31b 所示。

(3) 横向压应力作用下矩形板的屈曲

当梁上翼缘作用有较大的集中荷载而且无法设置支承加劲肋时(例如吊车轮压),腹板边

缘将承受局部压应力 σ_c 作用,并可能产生横向屈曲。图 5-34 为局部横向荷载作用下腹板的屈曲。屈曲时腹板在横向和纵向都只出现一个半波。其临界应力为

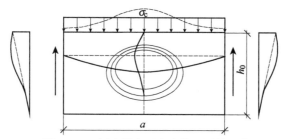

图 5-34 板在横向压应力作用下的屈曲

$$\sigma_{c,cr}=186\times10^3 k\chi\left(\frac{t_w}{h_0}\right)^2 \tag{5-74}$$

式中,当 $0.5\leqslant a/h_0\leqslant1.5$ 时 $\quad k\chi=10.9+13.4(1.83-a/h_0)^3 \tag{5-75a}$

当 $1.5<a/h_0\leqslant2$ 时 $\qquad k\chi=18.9-5a/h_0 \tag{5-75b}$

以 $\lambda_c=\sqrt{f_y/\sigma_{c,cr}}$ 为参数,称为腹板受局部压力计算时的通用高厚比,得到

当 $0.5\leqslant\dfrac{a}{h_0}\leqslant1.5$ 时 $\quad\lambda_c=\dfrac{h_0/t_w}{28\sqrt{10.9+13.4(1.83-a/h_0)^3}}\cdot\dfrac{1}{\varepsilon_k} \tag{5-76a}$

当 $1.5<\dfrac{a}{h_0}\leqslant2.0$ 时 $\qquad\lambda_c=\dfrac{h_0/t_w}{28\sqrt{18.9-5a/h_0}}\cdot\dfrac{1}{\varepsilon_k} \tag{5-76b}$

当 $\lambda_c\leqslant0.9$ 时 $\qquad\sigma_{c,cr}=f \tag{5-77a}$

当 $0.9<\lambda_c\leqslant1.2$ 时 $\qquad\sigma_{c,cr}=[1-0.79(\lambda_c-0.9)]f \tag{5-77b}$

当 $\lambda_c>1.2$ 时 $\qquad\sigma_{c,cr}=f/\lambda_c^2 \tag{5-77c}$

防止腹板在局部横向压应力作用下失稳的有效措施是在板件上翼缘附近设置短加劲肋,如图 5-31c 所示。

3) 钢梁腹板局部稳定计算

钢梁腹板在多种应力(σ、τ、σ_c)的共同作用下,其受力情况更为复杂,板件的局部稳定性更差。计算时,先根据要求布置加劲肋,再计算各腹板区格的平均应力和相应的临界应力,使其满足局部稳定条件;若不满足,应重新调整各类加劲肋间距,重新计算。

(1) 仅布置横向加劲肋的梁腹板计算

腹板由钢梁翼缘和两个横向加劲肋之间形成的区格,同时承受弯曲正应力 σ、剪应力 τ 和局部横向压应力 σ_c 的共同作用,如图 5-31a 所示。此时板件各区格的稳定条件采用相关公式计算,即

$$\left(\frac{\sigma}{\sigma_{cr}}\right)^2+\left(\frac{\tau}{\tau_{cr}}\right)^2+\frac{\sigma_c}{\sigma_{c,cr}}\leqslant1 \tag{5-78}$$

式中 σ——所计算腹板区格内,由平均弯矩产生的腹板计算高度边缘的弯曲正应力;

τ——所计算腹板区格内,由平均剪力产生的腹板平均剪应力,$\tau=V/(h_0t_w)$;

σ_c——腹板计算高度边缘的局部压应力,按式(5-9)计算,$\psi=1.0$。

σ_{cr}、τ_{cr}、$\sigma_{c,cr}$——分别为各种应力(σ、τ、σ_c)单独作用下腹板区格的临界应力。

（2）同时布置横向加劲肋和纵向加劲肋的梁腹板计算

此种情况下，纵向加劲肋将腹板分隔成区格 I 和区格 II，如图 5-31b 所示，分别计算这两种腹板区格的稳定性。

① 梁受压翼缘与纵向加劲肋之间的区格 I

此区格的受力情况如图 5-31b 所示，区格板高度为 h_1，该区格板受到纵向压应力 σ、剪应力 τ 和局部横向压应力 σ_c 的共同作用，按以下相关公式计算其局部稳定条件为

$$\frac{\sigma}{\sigma_{cr1}} + \left(\frac{\tau}{\tau_{cr1}}\right)^2 + \left(\frac{\sigma_c}{\sigma_{c,cr1}}\right)^2 \leqslant 1 \tag{5-79}$$

式中 σ_{cr1}、τ_{cr1}、$\sigma_{c,cr1}$ 分别按下列方法计算。

σ_{cr1} 按式（5-72）、（5-73）计算，但式中 λ_b 改用下列 λ_{b1} 代替。

当梁受压翼缘受到完全约束时

$$\lambda_{b1} = \frac{h_1/t_w}{75} \cdot \frac{1}{\varepsilon_k} \tag{5-80a}$$

当梁受压翼缘未受到约束时

$$\lambda_{b1} = \frac{h_1/t_w}{64} \cdot \frac{1}{\varepsilon_k} \tag{5-80b}$$

式中　h_1——纵向加劲肋至腹板计算高度受压边缘的距离。

τ_{cr1} 按式（5-69）、（5-70）计算，但式中 h_0 改为 h_1。

$\sigma_{c,cr1}$ 按式（5-76）、（5-77）计算，但式中 λ_c 改用下列 λ_{c1} 代替。

当梁受压翼缘受到完全约束时

$$\lambda_{c1} = \frac{h_1/t_w}{56} \cdot \frac{1}{\varepsilon_k} \tag{5-81a}$$

当梁受压翼缘未受到约束时

$$\lambda_{c1} = \frac{h_1/t_w}{40} \cdot \frac{1}{\varepsilon_k} \tag{5-81b}$$

② 受拉翼缘与纵向加劲肋之间的区格 II

该区格腹板的局部稳定计算仍采用式（5-78）的形式，表达式为

$$\left(\frac{\sigma_2}{\sigma_{cr2}}\right)^2 + \left(\frac{\tau_2}{\tau_{cr2}}\right)^2 + \frac{\sigma_{c2}}{\sigma_{c,cr2}} \leqslant 1 \tag{5-82}$$

式中　σ_2——所计算腹板区格内由平均弯矩产生的腹板在纵向加劲肋处的弯曲压应力；

τ_2——与式（5-78）中 τ 的取值相同，是由平均剪力产生的平均剪应力；

σ_{c2}——腹板在局部加劲肋处的横向压应力，取 $\sigma_{c2} = 0.3\sigma_c$。

σ_{cr2} 按式（5-73）计算，但式中的 λ_b 改用下列 λ_{b2} 代替。

$$\lambda_{b2} = \frac{h_2/t_w}{194} \cdot \frac{1}{\varepsilon_k} \tag{5-83}$$

τ_{cr2} 按式（5-69）计算，但式中 h_0 改为 h_2。

$\sigma_{c,cr2}$ 按式(5-77)计算,但式中的 h_0 改为 h_2。当 $a/h_2 > 2$ 时,取 $a/h_2 = 2$。

③ 在梁受压翼缘与纵向加劲肋之间设有短加劲肋的区格板的计算

该区格尺寸详见图 5-31c,受力状态如图 5-29d 所示,其区格板局部稳定计算应按式(5-79)。

计算时 σ_{cr1} 按无短加劲肋情况取值,即式(5-80);τ_{cr1} 按式(5-69)计算,但式中应将 h_0 和 a 分别改为 h_1 和 a_1(a_1 为短加劲肋间距);$\sigma_{c,cr1}$ 按式(5-76)、式(5-77)计算,但式中的 λ_c 改用下列 λ_{c1} 代替。对于 $a_1/h_1 \leqslant 1.2$ 的区格:

当梁受压翼缘受到完全约束时

$$\lambda_{c1} = \frac{a_1/t_w}{87} \cdot \frac{1}{\varepsilon_k} \tag{5-84a}$$

当梁受压翼缘未受到约束时

$$\lambda_{c1} = \frac{a_1/t_w}{73} \cdot \frac{1}{\varepsilon_k} \tag{5-84b}$$

对于 $a_1/h_1 > 1.2$ 的区格,式(5-84)的右侧应乘以 $1/\sqrt{0.4 + 0.5(a_1/h_1)}$。

4) 加劲肋的截面尺寸及构造要求

加劲肋按其作用可分为两类:一类是仅分隔腹板以保证腹板局部稳定,称为间隔加劲肋;另一类除了上面的作用外,还起传递固定集中荷载或支座反力的作用,称为支承加劲肋。间隔加劲肋仅按构造条件确定截面,而支承加劲肋截面尺寸尚需满足受力要求。

为使梁的整体受力不致产生人为的侧向偏心,加劲肋最好在腹板两侧成对布置。在条件不容许时,也可单侧配置,但支承加劲肋和重级工作制吊车梁的加劲肋不能单侧布置。

加劲肋作为腹板的侧向支承自身必须具有一定的刚度,其截面可以采用钢板或型钢。现行规范规定:在腹板两侧成对配置的钢板横向加劲肋,其截面尺寸应符合下列要求:

外伸宽度 $\qquad b_s \geqslant h_0/30 + 40 \quad (mm)$ (5-85)

厚度 $\qquad$ 对承压加劲肋 $\quad t_s \geqslant \dfrac{b_s}{15}$ (5-86a)

$\qquad\qquad$ 对不受力加劲肋 $\quad t_s \geqslant \dfrac{b_s}{19}$ (5-86b)

在腹板一侧配置的钢板横向加劲肋,其外伸宽度应大于按式(5-85)算得的 1.2 倍,厚度不应小于其外伸宽度的 1/15。

当同时配置纵、横加劲肋时,在纵横加劲肋的交叉处,横肋连续,纵肋中断。横向加劲肋不仅是腹板的侧向支承,还作为纵向加劲肋的支座。因而其截面尺寸除符合上述规定外,其截面对 z 轴的惯性矩尚应满足下列要求:

$$I_z \geqslant 3h_0 t_w^3 \tag{5-87}$$

纵向加劲肋对 y 轴的截面惯性矩,应符合下列要求:

当 $a/h_0 \leqslant 0.85$ 时 $\qquad I_y \geqslant 1.5 h_0 t_w^3$ (5-88)

间隔加劲肋和
支承加劲肋

当 $a/h_0 > 0.85$ 时
$$I_y \geqslant \left(2.5 - 0.45\frac{a}{h_0}\right)\left(\frac{a}{h_0}\right)^2 h_0 t_w^3 \qquad (5-89)$$

z 轴和 y 轴规定为：当加劲肋在两侧成对配置时，分别为腹板中心的水平向轴线和竖向轴线（图 5-35d，b）；当加劲肋在腹板一侧配置时，分别为与加劲肋相连的腹板边缘的水平向轴线和竖向轴线（图 5-35e，c）。

短加劲肋的最小间距为 $0.75h_1$（h_1 为纵肋到腹板受压边缘的距离）。短加劲肋的外伸宽度应取为横向加劲肋外伸宽度的 $0.7 \sim 1.0$ 倍，厚度不应小于短加劲肋外伸宽度的 $1/15$。

用型钢（工字钢、槽钢、肢尖焊于腹板的角钢）做成的加劲肋，其截面惯性矩不得小于相应钢板加劲肋的惯性矩。

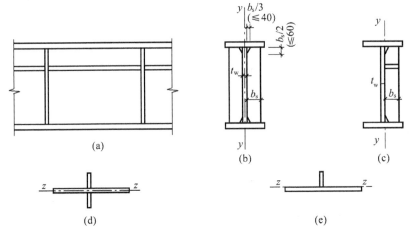

图 5-35　腹板加劲肋的构造

为避免焊缝的集中和交叉，焊接梁的横向加劲肋与翼缘连接处应切角，（图 5-36b，c），所切斜角的宽度约 $b_s/3$（但不大于 40 mm），高约 $b_s/2$（但不大于 60 mm），b_s 为加劲肋的宽度。在纵向加劲肋与横向加劲肋的相交处，纵肋也要切角。

吊车梁横向加劲肋的上端应与上翼缘刨平顶紧，当为焊接梁时，尚宜焊接。中间横向加劲肋的下端一般在距受拉翼缘 $50 \sim 100$ mm 处断开（图 5-36b），以提高钢梁的抗疲劳能力。为了增大梁的抗扭刚度，也可用短角钢与加劲肋下端焊牢，且顶紧于受拉翼缘而不焊（图 5-36c）。

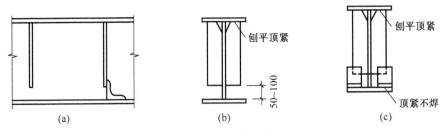

图 5-36　吊车梁横向加劲肋

5) 支承加劲肋的计算

钢梁在支座处及上翼缘有固定集中荷载处均宜设置支承加劲肋。支座处支承加劲肋有两种构造形式：图 5-37a 为平板式支座，用于梁支座反力较小的情况；图 5-37b 为突缘式支座，用于梁支座反力较大情况。

支承加劲肋的截面尺寸除应满足上述构造条件外，还应满足传力要求。

（1）按轴心压杆验算加劲肋在腹板平面外的稳定性，计算式为

$$\sigma = N/(\varphi A) \leqslant f \tag{5-90}$$

式中　N——支承加劲肋传递的荷载；

　　　A——支承加劲肋受压构件的截面面积。它包括加劲肋截面面积和加劲肋每侧各 $15t_w\sqrt{235/f_y}$ 范围内的腹板面积，当材料为 Q235 钢时，为图 5-37 阴影所示。

　　　φ——轴压稳定系数，由 $\lambda = l_0/i_z$ 值查附表 2-4 求得，其中计算长度 l_0 取腹板计算高度 h_0，i_z 为计算截面绕 z 轴的回转半径。

（2）当支承加劲肋传力较小时，支承加劲肋端部与梁上翼缘可用角焊缝传力，并计算焊缝强度。当传力较大时，支承加劲肋端部应刨平并与梁上翼缘顶紧（焊接梁尚宜焊接），并按下式验算其端面承压应力

$$N/A_{ce} \leqslant f_{ce} \tag{5-91}$$

式中　A_{ce}——端面承压面积，即支承加劲肋与翼缘接触面净面积；

　　　f_{ce}——钢材的端面承压（刨平顶紧）设计强度。

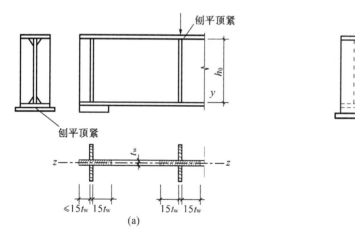

图 5-37　支承加劲肋的构造
(a) 平板式支座；(b) 突缘式支座

（3）支承加劲肋与腹板连接的焊缝计算。计算时设焊缝承受全部集中荷载，并假定应力沿焊缝全长均匀分布。

对突缘支座，必须保证支承加劲肋向下的伸出长度不大于其厚度的 2 倍，如图 5-37b 所示。

【例 5 - 6】验算例 5 - 5 中主梁的局部稳定,并设计加劲肋。

【解】(1) 翼缘板的局部稳定

翼缘板的外伸宽度　$b' = (280 - 8)/2 = 136$ mm

翼缘板厚度　$t = 16$ mm

$$b'/t = 136/16 = 8.5 < 13$$

满足局部稳定要求并可以考虑截面部分塑性发展。

(2) 腹板局部稳定

梁腹板的高度,$h_0/t_w = 850/8 = 106$,大于 $80\varepsilon_k$,但小于 $170\varepsilon_k$,应设置横向加劲肋。

(3) 主梁加劲肋的设计

主梁上有固定集中荷载,应在集中荷载处设支承加劲肋,梁端采用突缘支座形式。

梁端最大剪力　$V_{max} = 249.3 + 1.2 \times 1.49 \times 6 = 260.0$ kN

腹板平均剪应力为　$\tau = V_{max}/(h_0 t_w) = 260.0 \times 10^3/(850 \times 8) = 38.2$ N/mm^2

梁中最大弯矩　$M_{max} = 1\,029.3$ kN·m

腹板平均弯曲应力为　$\sigma = \dfrac{1\,029.3 \times 10^6}{1.05 \times 4\,966 \times 10^3} = 197$ N/mm^2

横向加劲肋按构造配置

构造要求　$a \leqslant 2h_0 = 1.7$ m,$a \geqslant 0.5h_0 = 0.425$ m

考虑到次梁间距为 3 m,在次梁处设支承加劲肋,故取加劲肋间距 $a = 1.5$ m。

加劲肋采用钢板,在腹板两侧成对配置。

外伸宽度 $b_s \geqslant h_0/30 + 40 = 856/30 + 40 = 68$ mm,取 $b_s = 80$ mm

厚度 $t \geqslant b/15 = 80/15 = 5.3$ mm,取 $t = 6$ mm

设次梁放在主梁顶面,因此对应中间次梁处的加劲肋为支承加劲肋,传递荷载 $N = 166.2$ kN。

① 加劲肋强度验算

对靠近支座的板段:

左侧截面剪力　$V_1 = 260 - 1.49 \times 1.5 = 257.8$ kN

相应腹板平均剪应力　$\tau = V_1/(h_0 t_w) = 257.8 \times 10^3/(850 \times 8) = 37.9$ N/mm^2

左侧截面弯矩　$M_1 = 260 \times 1.5 - 1.49 \times 1.5^2/2 = 388$ kN·m

相应腹板弯曲应力　$\sigma = \dfrac{388 \times 10^6}{1.05 \times 4\,966 \times 10^3} = 74$ N/mm^2

腹板局部压应力　$\sigma_c = 0$

因为 $a/h = 1\,500/850 > 1$,

$$\lambda_s = \frac{h_0/t_w}{41\sqrt{5.34 + 4(h_0/a)^2}} \cdot \frac{1}{\varepsilon_k} = 1.34 > 1.2$$

$$\tau_{cr} = 1.1 f_v/\lambda_s^2 = 1.1 \times 125/1.34^2 = 76.6 \text{ N/mm}^2$$

$$\lambda_b = \frac{2h_c/t_w}{153} \cdot \frac{1}{\varepsilon_k} = \frac{850/8}{153} = 0.694 < 0.85$$

$$\sigma_{cr}=f=215 \text{ N/mm}^2$$

$$\left(\frac{\sigma}{\sigma_{cr}}\right)^2+\left(\frac{\tau}{\tau_{cr}}\right)^2+\frac{\sigma_c}{\sigma_{c,cr}}=\left(\frac{78}{215}\right)^2+\left(\frac{38.2}{76.6}\right)^2=0.38<1 \quad (\text{通过})$$

对跨中板段：

$$\lambda_b=\frac{2h_c/t_w}{153}\cdot\frac{1}{\varepsilon_k}=\frac{850/8}{153}=0.694<0.85$$

$$\sigma_{cr}=f=215 \text{ N/mm}^2$$

$$\sigma=\frac{1\,029.3\times10^6}{1.05\times4\,966\times10^3}=197 \text{ N/mm}^2<215 \text{ N/mm}^2 \quad (\text{通过})$$

其余位置板段一般可不验算,若验算,应分别计算其左右截面强度。

② 加劲肋计算

中部承受次梁传递的集中荷载的支承加劲肋截面验算

$$A=0.6\times(2\times8+0.8)+15\times0.8^2\times2=26.36 \text{ cm}^2$$

$$I=\frac{1}{12}\times0.6\times(2\times8+0.8)^3=237 \text{ cm}^4$$

$$i=\sqrt{I/A}=\sqrt{237/26.36}=3.00 \text{ cm}$$

$$\lambda_z=l_0/i_z=85/3.00=28(\text{b 类曲线}),查附表 3-4-2 得 \varphi_z=0.934$$

$N/\varphi_z A=166.2\times10^3/(0.943\times2\,636)=66.9 \text{ N/mm}^2<215 \text{ N/mm}$,腹板平面外稳定,满足要求。

现为端面承压传力,要求加劲肋端面刨平并与上翼缘顶紧后焊接,端面承压应力为

$N/A_{ce}=166.2\times10^3/[6\times(80-30)\times2]=277 \text{ N/mm}^2<f_{ce}=320 \text{ N/mm}$ 满足要求。

支座加劲肋验算:

突缘式支座的端板取 140×14 mm,伸出翼缘下表面 20 mm,小于 $2t=28$ mm,支座反力

$$R=332.4+1.2\times1.49\times6=343 \text{ kN}$$

$$A=14\times1.4+15\times0.8\times0.8=25 \text{ cm}^2$$

$$I=\frac{1}{12}\times1.4\times14^3=320 \text{ cm}^4$$

$$i=\sqrt{320/25}=3.58 \text{ cm}$$

$\lambda=85/3.58=23.7(\text{c 类曲线}),查附表 3-4-3$ 得 $\varphi_z=0.942$。

$$N/\varphi_z A=343\times10^3/(0.942\times2\,500)$$
$$=145.6 \text{ N/mm}^2<215 \text{ N/mm}^2$$

腹板平面外稳定满足要求。

加劲肋端部刨平顶紧,端面承压应力验算:

$$\frac{N}{A_{ce}}=\frac{343\times10^3}{14\times140}=175 \text{ N/mm}^2<f_{ce}=320 \text{ N/mm}^2$$

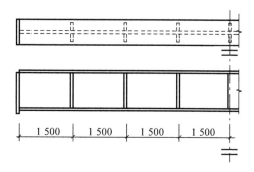

图 5-38 加劲肋布置图

计算与腹板的连接焊缝

$$h_f \geqslant \frac{343 \times 10^3}{2 \times 0.7(850 - 2 \times 10) \times 160} = 1.8 \text{ mm},选用 6 \text{ mm} > 1.5\sqrt{t} = 1.5\sqrt{14} = 5.6 \text{ mm}$$

主梁加劲肋布置如图 5-38 所示。

5.7 考虑腹板屈曲后强度的钢梁设计

承受静力荷载或间接承受动力荷载的组合梁宜考虑腹板屈曲后的强度,按如下方法计算梁的抗弯和抗剪承载力;而对于直接承受动力荷载的吊车梁及类似构件或设计中不考虑屈曲后强度的组合梁,其腹板的稳定性及加劲肋的设置与计算已在第 5.6.3 节中叙述。直接承受动力荷载的吊车梁,若考虑腹板的屈曲后,则腹板的反复屈曲可能导致其边缘出现裂缝,但这方面的相关资料和研究成果尚不够充分和深入。

考虑腹板屈曲后强度的组合梁,一般不设置纵向加劲肋,可仅在支座处或固定集中荷载作用处设置支承加劲肋,或者视需要设置中间横向加劲肋。考虑腹板屈曲后强度,梁的腹板高厚比可达到 250~300,而且仅设置横向加劲肋,这对于大型梁或轻型薄壁钢梁来说有很大的经济意义。

5.7.1 工字形截面组合梁腹板屈曲后的抗弯承载力

有效截面法和直接强度法

钢梁腹板屈曲后,腹板受压区部分退出工作,使得梁的有效截面减小导致钢梁的抗弯承载力有所下降。如图 5-39 所示的工字形截面焊接组合梁,下面运用有效截面的概念,引入近似计算公式来计算梁的抗弯承载力。

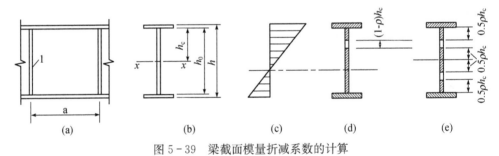

图 5-39 梁截面模量折减系数的计算

假设梁腹板受压区有效高度为 ρh_c,等分在受压区 h_c 的两端,中部扣去 $(1-\rho)h_c$ 的高度作为退出工作的腹板屈曲部分。为便于计算,偏于安全设计,现假定腹板受拉区与受压区一样也对称的扣去 $(1-\rho)h_c$ 部分,因而截面中和轴可不变,仍在原 $x-x$ 轴上。腹板的有效截面如图 5-39e 所示。梁截面有效惯性矩为(忽略扣除的屈曲部分)

$$I_{xe} = I_x - 2(1-\rho)h_c t_w \left(\frac{h_c}{2}\right)^2 = I_x - \frac{1}{2}(1-\rho)h_c^3 t_w$$

梁截面抵抗矩折减系数为

$$\alpha_e = \frac{W_{xe}}{W_x} = \frac{I_{xe}}{I_x} = 1 - \frac{(1-\rho)h_c^3 t_w}{2I_x} \tag{5-92}$$

上式是按双轴对称工字形截面塑性开展系数 $\gamma_x = 1.0$ 得到的近似公式,对于考虑截面塑性开展的情况($\gamma_x = 1.05$)和单轴对称截面,可偏安全采用。

可得到梁的抗弯承载力设计值

$$M_{eu} = \gamma_x \alpha_e W_x f \qquad (5-93)$$

式(5-92)中的截面有效高度系数 ρ 的计算,类似计算腹板局部稳定临界应力 σ_{cr},以腹板受弯计算时的通用高厚比 λ_b 为参数(参见式 5-72)得到

当 $\lambda_b \leqslant 0.85$ 时 $\qquad\qquad \rho = 1.0 \qquad\qquad\qquad (5-94a)$

当 $0.85 < \lambda_b \leqslant 1.25$ 时 $\qquad \rho = 1 - 0.82(\lambda_b - 0.85) \qquad (5-94b)$

当 $\lambda_b > 1.25$ 时 $\qquad\qquad \rho = (1 - 0.2/\lambda_b)/\lambda_b \qquad (5-94c)$

当截面有效高度计算系数 $\rho = 1.0$ 时,表示全截面有效,截面抗弯承载力没有降低。

需要说明,公式(5-92)、(5-93)中的截面几何参数 W_x、I_x、h_c 均按全截面计算。

5.7.2 工字形截面组合梁腹板屈曲后的抗剪承载力

针对梁腹板受剪屈曲后强度的分析计算方法有多种,其中在建筑钢结构中采用的是拉力场理论。它的基本假定是① 发生屈曲后腹板的剪力,一部分由经典小挠度理论计算得到的抗剪力承担,另一部分由斜向拉力场作用(薄膜效应)承担;② 梁翼缘抗弯刚度很小,不能承受腹板斜拉力场产生的垂直分力的作用。

由上述基本假定,腹板发生局部屈曲后的实腹钢梁可视为一桁架,如图5-40所示。腹板拉力场区域好似桁架的斜拉杆,梁翼缘为弦杆,而横向加劲肋则起竖杆作用。

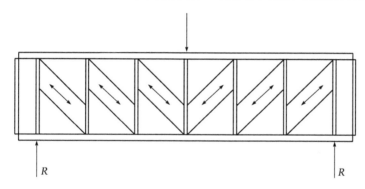

图 5-40 腹板的拉力场作用

腹板能够承担的极限剪力 V_u 为板屈曲剪力 V_{cr} 与拉力场剪力 V_t 之和,即

$$V_u = V_{cr} + V_t \qquad (5-95)$$

腹板屈曲剪力

$$V_{cr} = h_0 t_w \tau_{cr} \qquad (5-96)$$

式中 h_0、t_w——分别为腹板的高度和厚度;

τ_{cr}——由式(5-70)确定的腹板受剪临界应力。

拉力场剪力计算比较复杂。首先确定腹板薄膜张力与水平方向的最佳倾角 θ。如图5-41所示,拉力场为在横向加劲肋之间斜向传力的带状场,其宽度为

$$s = h_0 \cos\theta - a\sin\theta \qquad (5-97)$$

拉力场的薄膜拉力为 σ_t,所提供的剪力为

$$V_{t1} = \sigma_t \cdot t_w \cdot s \cdot \sin\theta = \sigma_t \cdot t_w (0.5h \cdot \sin2\theta - a\sin^2\theta)$$

最佳 θ 应使 V_{t1} 值为最大,根据极值条件,$dV_{t1}/d\theta = 0$,得

$$\sin2\theta=1/\sqrt{1+(a/h)^2} \tag{5-98}$$

因而可得到

$$V_{t1}=V_{t1max}=\frac{\sigma_t \cdot t_w \cdot h_0}{2\sqrt{1+(a/h)^2}} \tag{5-99}$$

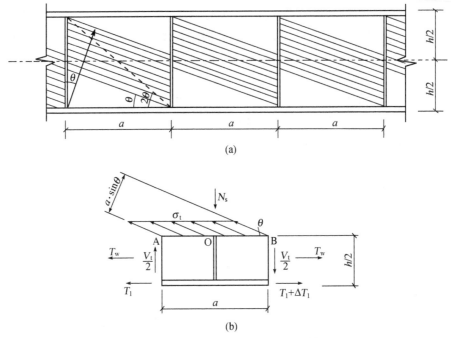

图 5-41　拉力场作用下的剪力计算

根据钢材应力屈服条件

$$\frac{\sigma_t}{3}+\tau_{cr}=f_{vy} \tag{5-100}$$

得到

$$V_{t1}=\frac{\sqrt{3}}{2}h_0t_w\frac{f_{vy}-\tau_{cr}}{\sqrt{1+(a/h)^2}} \tag{5-101}$$

代入式(5-95)并考虑拉力分项系数 γ_R 后,得到

$$V_u=h_0t_w\left[\tau_{cr}+\frac{f_{vy}-\tau_{cr}}{1.15\sqrt{1+(a/h)^2}}\right] \tag{5-102}$$

将理论分析与试验研究结果对比后,引入腹板受剪计算的通用高厚比 λ_s(参见式5-70),得到

当 $\lambda_s\leqslant0.8$ 时　　　　　　$V_u=h_0t_wf_v$ $\tag{5-103a}$

当 $0.8<\lambda_s\leqslant1.2$ 时　　　　$V_u=h_0t_wf_v[1-0.5(\lambda_s-0.8)]$ $\tag{5-103b}$

当 $\lambda_s>1.2$ 时　　　　　　　$V_u=h_0t_wf_v/\lambda_s^{1.2}$ $\tag{5-103c}$

5.7.3　工字形截面组合梁考虑梁腹板屈曲后的计算

仅设横向加劲肋的组合梁的各区段,通常承受弯矩和剪力的共同作用,受力实际上较复杂。采用将梁所受剪力 V 和弯矩 M 无量纲化的相关方程计算。梁的抗弯和抗剪承载力

$$\left(\frac{V}{0.5V_u}-1\right)^2+\frac{M-M_f}{M_{eu}-M_f}\leqslant 1 \qquad (5-104a)$$

$$M_f=\left(A_{f1}\frac{h_1^2}{h_2}+A_{f2}h_2\right)f \qquad (5-104b)$$

式中 M、V——梁同一截面上同时承受的弯矩和剪力设计值;当 $V<0.5V_u$ 时,取 $V=0.5V_u$;

当 $M<M_f$ 时,取 $M=M_f$;

M_f——梁两翼缘所承受的弯矩设计值,当为双轴对称截面时,$M_f=A_{f1}h_1f$;

A_{f1}、h_1——分别为较大翼缘的横截面积及其形心至梁中和轴的距离;

A_{f2}、h_2——分别为较小翼缘的横截面积及其形心至梁中和轴的距离;

M_{eu}、V_u——分别为钢梁抗弯和抗剪承载力设计值。

5.7.4 考虑腹板屈曲后强度的梁的加劲肋设计要求

设置中部横向加劲肋的梁,若考虑腹板屈曲后强度,根据拉力场理论,中部加劲肋还将受到斜向拉力场竖向分力的作用。此竖向分力的计算,可参见图 5-41b,即

$$N_s=(\sigma_t at_w\sin\theta)\sin\theta=\frac{1}{2}\sigma_t t_w a(1-\cos 2\theta)$$

可得

$$N_s=\frac{at}{1.15}(f_{vy}-\tau_{cr})\left(1-\frac{a/h}{\sqrt{1+(a/h)^2}}\right) \qquad (5-105a)$$

经简化得

$$N_s=V_u-\tau_{cr}h_0t_w \qquad (5-105b)$$

中间横向加劲肋按承受 N_s 的轴心受压构件验算其腹板平面外的稳定性。当该加劲肋还承受固定集中荷载 F 的作用时,按 $N=N_s+F$ 计算。

此类横向加劲肋不允许单侧设置,其截面尺寸应满足式(5-85)、式(5-86)的构造要求并进行验算。当 $\lambda_s>0.8$ 时,梁支座加劲肋除承受梁支座反力 R 外,还受到拉力场的水平分力 H_t 的作用,

$$H_t=(V_u-h_0t_w\tau_{cr})\sqrt{1+(a/h_0)^2} \qquad (5-106)$$

H_t 的作用点近似取为距梁上翼缘 $h_0/4$ 处。为增强梁端的抗弯能力,应在梁外伸的端部增设封头板,如图 5-42 所示,封头板横截面积不小于 $A_c=3h_0H_t/(16ef)$。

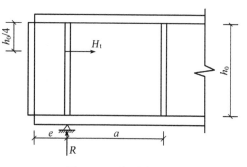

图 5-42 梁端构造

5.8 钢梁的拼接

钢梁的拼接按施工条件分为工厂拼接和工地拼接。由于钢材尺寸限制,梁的翼缘或腹板常常需接长或拼大,这种拼接通常在钢结构加工厂中进行,称工厂拼接;由于运输或安装条件限制,梁需分段制作和运输,然后在现场拼装,称为工地拼接。

钢梁的拼接

5.8.1 工厂拼接

工厂拼接常采用焊接方法,施工时,先将梁的翼缘和腹板分别接长,然后再拼装成整体。

拼接位置一般由材料尺寸确定,但要注意翼缘和腹板的拼接位置最好错开,并避免与加劲肋以及次梁的连接处重合,以防焊缝密集与交叉。腹板的拼接焊缝与平行它的加劲肋间至少应相距 $10t_w$(图 5-43)。

腹板和翼缘宜采用对接焊缝拼接,并用引弧板。对一、二级质量检验级别的焊缝不需进行焊缝验算。当采用三级焊缝时,因焊缝抗拉强度低于钢材的强度,可采用斜缝或将拼接位置布置在应力较小的区域。斜焊缝连接比较费工费料,特别是对于较宽的腹板不宜采用。

5.8.2 工地拼接

工地拼接位置主要由运输及安装条件确定,但最好选择在钢梁弯曲应力较小处,一般应使翼缘和腹板在同一截面和接近于同一截面处断开,以便于分段运输。当在同一截面断开时(图 5-44a 所示),端部平齐,运输时不易碰损,但在同一截面拼接会导致薄弱位置集中。为提高焊缝质量,上下翼缘要做成向上的 V 形坡口,便于采用工地俯焊,提高焊缝质量,改善工人操作条件。为使焊缝收缩比较自由,减少焊缝残余应力,靠近拼接处的翼缘板要预留出 500 mm 长度在工厂不焊,在工地焊接时再按照图 5-44a 所示序号施焊。

图 5-44b 所示为翼缘和腹板拼接位置相互错开的拼接方式。这种拼接受力较好,但端部突出部分在运输中易碰损,要注意保护。

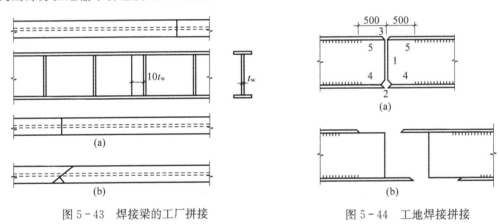

图 5-43 焊接梁的工厂拼接   图 5-44 工地焊接拼接

对于较重要的或受动力荷载作用的大型组合钢梁,考虑到现场施焊条件较差,焊缝质量难以保证,工地拼接宜用高强度螺栓连接。翼缘拼接处的高强螺栓连接宜按等强连接计算,即钢梁翼缘拼接的螺栓群受力大小等于翼缘板净截面的极限承载力;腹板拼接的螺栓群承受拼接处梁截面承担的全部剪力和按刚度比例分配到腹板的弯矩,螺栓群受力状态属于承受偏心剪力,如图 4-52 所示。

复习思考题

5-1 什么是受弯构件的整体失稳、局部失稳?

5-2 梁的整体稳定性受哪些因素的影响?应如何针对这些因素来提高梁的承载能力?

5-3 对于工字形梁腹板和翼缘的局部稳定是如何保证的?

5-4 简支梁跨中承受集中力 $F=80$ kN,分项系数为 1.4,截面和跨度如图所示,钢材为

Q235—F。

（1）求该梁的临界弯矩，并问在此 F 力作用下梁是否稳定？

（2）如果不求梁的临界弯矩，也不改变梁的截面尺寸及跨度，应采取什么构造措施才能保证梁的整体稳定？

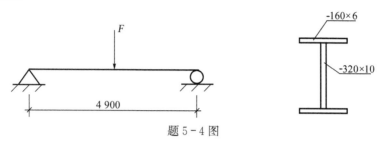

题5-4图

5-5　长为 5 m 的悬臂梁，梁端下翼缘悬挂一重物 F，梁截面如图所示，材料为 Q345 钢。要使梁不至于丧失稳定，在不计梁的自重时，F 的最大容许值应是多少？

5-6　如图所示的简支梁，中点和两端均设有侧向支承，材料为 Q235—F 钢。设梁的自重为 1.1 kN/m（分项系数为 1.2），在集中荷载 $F=$ 110 kN 作用下（分项系数为 1.4）。试问该梁能否保证其稳定性？

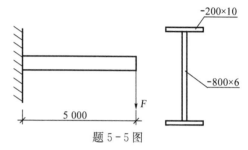

题5-5图

5-7　一跨度为 9 m 的工作平台简支梁，受均布荷载 q_1 为 35 kN/m（分项系数为 1.2），q_2 为 36 kN/m（分项系数为 1.4），采用 Q235—F 钢，截面尺寸如图所示。试验算其承载能力。

5-8　某焊接工字形简支梁，荷载及截面情况如图所示。其荷载分项系数为 1.4，材料为 Q235—F，$F=300$ kN，集中力位置处设置侧向支承。试验算其强度、整体稳定是否满足要求。

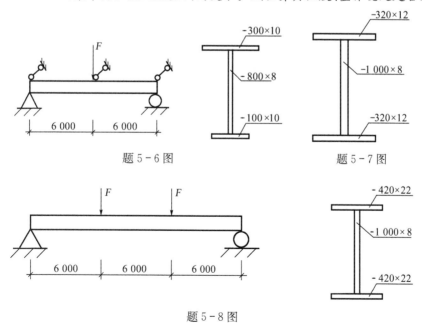

题5-6图　　　　题5-7图

题5-8图

5-9 某跨度为3 m的工作平台简支梁,承受均布荷载28 kN/m(设计荷载),若采用普通轧制工字钢Ⅰ18,跨中无侧向支承。试验算其强度、整体稳定和刚度。

5-10 某Q235钢简支梁剖面如图所示,自重为0.9 kN/m,分项系数1.2,承受悬挂集中荷载110 kN,分项系数1.4,试验算在下列情况下梁截面能否满足整体稳定要求:

(1) 梁在跨中无侧向支承,集中荷载从梁顶作用于上翼缘;

(2) 同(1)但改用Q345钢;

(3) 同(1)但采取构造措施使集中荷载悬挂于下翼缘下面;

(4) 同(1)但跨度中点增设上翼缘侧向支承。

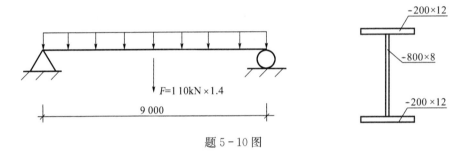

题5-10图

5-11 工作平台简支梁跨度为12 m,其上铺放预制钢筋混凝土面板并焊接,承受均布荷载153 kN/m(设计值,包括梁自重在内)。已知钢材为Q235,梁截面为腹板1 300×8,上下翼缘各为420×20。试进行腹板加劲肋的布置和计算并确定其尺寸(要求按加劲肋均匀和不均匀布置两种方案设计)。

6 钢筋混凝土梁设计计算原理

6.1 概述

钢筋混凝土梁和板是工程结构中使用最普遍的构件,是典型的受弯构件。受弯构件一般同时承受弯矩和剪力的作用,有时还承受扭矩作用。要满足承载能力极限状态要求,需要进行正截面受弯承载力计算、斜截面受剪承载力计算以及受扭承载力计算;要满足正常使用极限状态要求,需要进行变形和裂缝宽度验算。本章主要讨论上述问题。

典型受弯
构件

图 6-1、6-2 分别示出了用于房屋及桥梁中的常用截面形式。通常公路桥面用多个单体平行放置后,通过横向连接加以拓宽,如图 6-2a、b、d 所示。

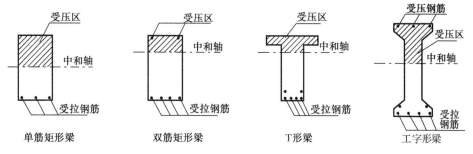

图 6-1 房屋中常用截面形式

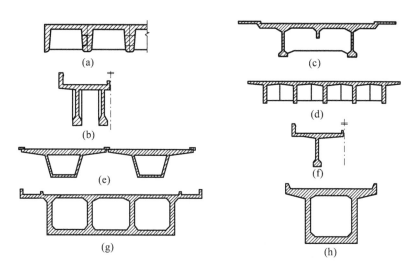

图 6-2 桥梁中常用截面形式

6.2 正截面受弯承载力

6.2.1 受弯构件的一般构造要求

受弯构件应满足一些构造要求,用以考虑材料、施工的特点及耐久性、抗火性能、正常使用和温度作用等因素的影响。

1)截面尺寸

为了统一模板尺寸以便于施工,现浇钢筋混凝土构件宜采用下列尺寸:

梁宽一般为 100 mm、120 mm、150 mm、180 mm、200 mm、220 mm、250 mm 和 300 mm,以上按 50 mm 模数递增。梁高 $200\sim800$ mm 模数为 50 mm,800 mm 以上模数为 100 mm。

现浇板的模数为 10 mm,板厚除应满足各项功能要求外,尚应满足表 6-1 的规定。桥梁道砟槽板最小厚度 120 mm,行车道板为 100 mm,人行道板为 80 mm。

表 6-1 现浇钢筋混凝土板的最小厚度(mm)

板的类别		最小厚度
单向板	屋面板	60
	民用建筑楼板	60
	工业建筑楼板	70
	行车道下的楼板	80
双向板		80
密肋楼盖	面板	50
	肋高	250
悬臂板(根部)	悬臂长度不大于 500 mm	60
	悬臂长度 1 200 mm	100
无梁楼板		150
现浇空心楼盖		200

对于预制构件,其模数可酌情调整。

梁高与跨度之比 h/l(高跨比),框架主梁为 $1/10\sim1/18$,独立梁不小于 $1/15$(简支)和 $1/20$(连续);对于一般铁路桥梁为 $1/6\sim1/10$,公路桥梁为 $1/10\sim1/18$。梁高与梁宽之比 h/b(高宽比),在矩形截面梁中一般为 $2\sim3.5$,在 T 形截面梁中一般为 $2.5\sim4.0$,该值可变,如薄腹梁、宽扁梁。

2)混凝土保护层

为了满足对受力钢筋的有效锚固及耐火、耐久性要求,钢筋的混凝土保护层应有足够的厚度。混凝土保护层最小厚度与钢筋直径、构件种类、环境条件、混凝土强度等级和设计使用年限有关。《规范》规定,构件中普通钢筋及预应力筋的混凝土保护层厚度应满足两方面要求:① 构件中受力钢筋的保护层厚度不应小于钢筋的公称直径 d。② 设计使用年限为 50 年的混凝土结构,最外层钢筋的保护层厚度应符合表 6-2 的规定,设计使用年限为 100 年的混凝土结构,最外层钢筋的保护层厚度不应小于表 6-2 中数值的 1.4 倍。

钢筋混凝土
梁截面参数

表 6-2　混凝土保护层的最小厚度 c/mm

环境类别	板、墙、壳	梁、柱、杆
一	15	20
二 a	20	25
二 b	25	35
三 a	30	40
三 b	40	50

注:(1) 混凝土强度等级不大于 C25 时,表中保护层厚度数值应增加 5 mm;

(2) 钢筋混凝土基础宜设置混凝土垫层,基础中钢筋的混凝土保护层厚度应从垫层顶面算起,且不应小于 40 mm。

3) 钢筋直径及间距

梁的纵向受力钢筋直径通常采用 10~28 mm(桥梁为 14~40 mm),若用两种不同直径的钢筋,其直径相差至少为 2 mm,以便于施工中能肉眼识别。根数至少为 2 根($b<150$ mm 时可用 1 根)。

板的受力钢筋直径通常采用 6~12 mm,基础板和桥梁板以及厚度较大的其他板所用钢筋直径可增大。对于单向板,在垂直于受力钢筋方向,尚应设置不少于单位宽度上受力钢筋截面面积的 15% 的分布钢筋。

在图 6-3 中,给出了典型的梁、板受力钢筋间距、保护层厚度以及计算用的有效高度 h_0。

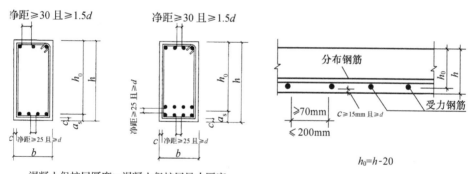

混凝土保护层厚度≥混凝土保护层最小厚度

图 6-3　钢筋的间距

6.2.2　正截面受弯试验研究

1) 适筋梁受力的三个阶段

适筋梁的准确定义后面叙述,这里姑且理解为配筋量适中的钢筋混凝土梁。图 6-4 所示为一适筋梁试件,混凝土强度等级 C25,两端简支,为消除剪力对正截面受弯的影响,采用两点对称加载方式,忽略自重影响,在两个对称集中力之间的梁段只承受弯矩,没有剪力,称为纯弯区段。

适筋梁正截
面受弯试验

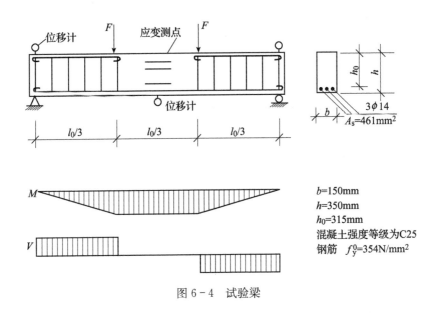

图 6-4　试验梁

逐级施加荷载,直至梁正截面受弯破坏。在纯弯区段布置测点量测钢筋和混凝土应变,在跨中和支座安装仪表量测挠度。

图 6-5 为一个适筋梁试验的荷载-曲率曲线。从图中可以看出,配筋率适当的钢筋混凝土梁,从施加荷载到破坏的全过程可分为 3 个阶段。

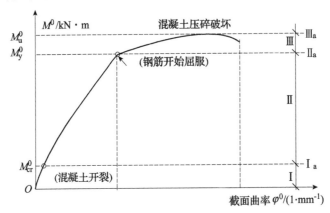

图 6-5　$M^0 - \varphi^0$ 曲线

(1) 第Ⅰ阶段——整体(弹性)工作阶段

当弯矩很小时,荷载与挠度、钢筋及混凝土应变之间呈线性关系,卸载后的残余变形很小,中和轴位于换算截面的形心处(图 6-6a)。

随着弯矩的增大,混凝土的应力(拉应力和压应力)和钢筋的拉应力都有不同程度的增大。由于混凝土抗拉强度远比抗压强度低,混凝土受拉区表现出明显的塑性特征,应变较应力增大快,拉应力图形呈现曲线分布,并将随荷载的增加而渐趋均匀。这个阶段即为第Ⅰ阶段(整体或弹性工作阶段)。当达到这个阶段的极限时(图 6-6b),受拉边缘纤维应变达到混凝土受弯时的极限拉应变 ε_{tu}^0,截面处在将裂未裂的极限状态,中和轴高度有不大的上移。相应的受拉

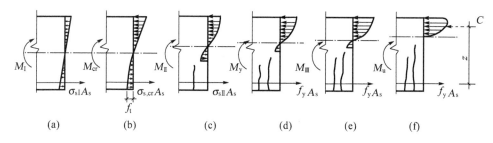

$$M_{\text{I}} \qquad M_{\text{cr}} \qquad M_{\text{II}} \qquad M_{\text{y}} \qquad M_{\text{III}} \qquad M_{\text{u}}$$

$$\sigma_{s\text{I}}A_s \qquad \sigma_{s,\text{cr}}A_s \qquad \sigma_{s\text{II}}A_s \qquad f_yA_s \qquad f_yA_s \qquad f_yA_s$$

(a)   (b)   (c)   (d)   (e)   (f)

图 6-6　梁各阶段截面应力分布

区应力图形大部分呈均匀分布,拉应力达到混凝土抗拉强度。由于混凝土的抗压强度很高,这时的受压区最大应力与其抗压强度相比是不大的,受压塑性变形发展不明显,故受压区混凝土应力图形仍接近三角形。这种应力状态称为抗裂极限状态,用 I_a 表示。这时截面所承担的弯矩称为抗裂弯矩(M_{cr}^0),抗裂计算即以此应力状态为依据。

（2）第Ⅱ阶段——带裂缝工作阶段

当弯矩继续增加时,受拉区混凝土拉应变超过其极限拉应变 ε_{tu}^0,产生裂缝,梁的刚度降低,变形加快,在 $M^0 - \varphi^0$ 曲线出现第一个转折点,截面进入第Ⅱ阶段,即带裂缝工作阶段。由整体工作阶段到带裂缝工作阶段的转化比较突然,截面受力特点产生明显变化。裂缝出现后,在裂缝截面处,受拉区混凝土大部分退出工作,拉力几乎全部由纵向受拉钢筋承担;在裂缝出现的瞬间,钢筋应力突然增大。因而,裂缝一出现就立即开展至一定宽度,并延伸到一定高度,中和轴也随之上移。随着弯矩的增加,受拉钢筋应力、应变增大,裂缝不断开展;此时受压区应变不断增大,导致受压区混凝土的塑性特征越来越明显,压应力图形呈曲线分布。第Ⅱ阶段的应力状态代表了受弯构件在正常使用时的应力状态(图 6-6c),使用阶段变形和裂缝的计算即以此为依据。

随着弯矩继续增加,纵向受拉钢筋应力不断增大,直至达到其屈服强度 f_y^0,梁达到屈服状态,$M^0 - \varphi^0$ 曲线出现第二个转折点,用 II_a 表示(图 6-6d)。

（3）第Ⅲ阶段——破坏阶段

梁截面自屈服状态到破坏的过程为第Ⅲ阶段(图 6-6e),在该阶段梁的刚度迅速下降,挠度急剧增加,裂缝迅速开展并向上延伸,中和轴随之上移,混凝土受压区高度锐减。为了平衡钢筋的总拉力,混凝土受压区的总压力保持不变,压应力迅速增大,受压区混凝土的塑性特征将表现得更加充分,压应力呈现显著的曲线分布。当弯矩再增加,直到混凝土受压区的压应力峰值达到其抗压强度,边缘纤维混凝土压应变达到其极限压应变 ε_{cu}^0 时,受压区将出现一些纵向裂缝,混凝土被压碎,甚至崩脱,截面破坏,亦即达到Ⅲ阶段极限,用 III_a 表示(图 6-6f)。这时截面所承担的弯矩略低于破坏弯矩(M_u^0),按极限状态设计法的承载力计算即以此为依据。

2）正截面受弯的三种破坏形态

钢筋混凝土梁正截面受弯破坏类型与配筋率 ρ($\rho = A_s/bh_0$,A_s 为受拉钢筋截面面积,b 为梁宽,h_0 为梁的有效高度)、钢筋和混凝土强度有关。当材料性能及几何尺寸确定后,其破坏类型主要与 ρ 的大小有关。试验表明,随 ρ 的不同,受弯构件正截面受弯破坏形态有适筋破坏、超筋破坏和少筋破坏三种。

（1）适筋破坏——钢筋先屈服,混凝土后压碎。当配筋量适量,即 $\rho_{\min} \leqslant \rho \leqslant \rho_{\max}$ 时,将发生图 6-7a 所示的适筋破坏类型。此时,受拉混凝土退出工作,受拉钢筋先屈服($\varepsilon_s \geqslant \varepsilon_y$,$\sigma_s =$

梁正截面
受弯破坏

f_y),当受压区混凝土被压碎时($\varepsilon_c = \varepsilon_{cu}$)才告破坏。这种破坏有预兆,两种材料可以得到充分利用,属延性破坏类型。在发生适筋破坏的配筋率范围内,若 ρ 大些,则正截面承载力 M_u 高些,但相应的延性差些(φ 小些)。

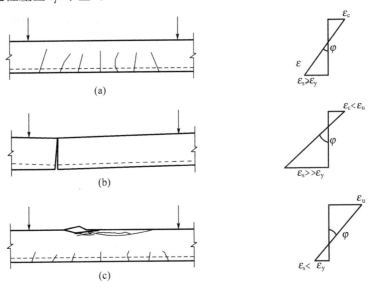

图 6-7　钢筋混凝土梁正截面强度破坏类型

（2）少筋破坏——一裂就坏。如图 6-7b 所示,当 $\rho < \rho_{min}$ 时,受拉区混凝土一旦开裂,混凝土上的拉力转由钢筋承担,钢筋应力突增且迅速屈服并进入强化阶段($\varepsilon_s \gg \varepsilon_y$,$\sigma_s > f_y$),而裂缝往往只有一条,宽度大且延伸高,致使梁的裂缝过宽且挠度过大,即使受压区混凝土未被压碎($\varepsilon_c < \varepsilon_{cu}$),但已经失效。此种破坏发生时,材料未被充分利用,十分突然,属脆性破坏类型。

（3）超筋破坏——受压混凝土先压碎而钢筋不屈服。当 $\rho > \rho_{max}$ 时,在钢筋尚未屈服时($\varepsilon_s < \varepsilon_y$,$\sigma_s < \sigma_y$),受压区混凝土先被压碎($\varepsilon_c = \varepsilon_{cu}$),这时钢筋强度没有被充分发挥,梁的变形和裂缝宽度都不大(图 6-7c),然而破坏突然,亦属脆性破坏类型。

图 6-8 列出了发生上述 3 种正截面受弯破坏类型时梁的弯矩与曲率关系曲线,可见少筋和超筋的变形性能很差,破坏突然。在工程应用中,应予以避免。

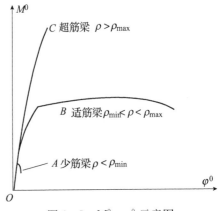

图 6-8　$M^0 - \varphi^0$ 示意图

适筋截面的破坏始于纵向受力钢筋的屈服。在纵向受力钢筋应力刚刚达到屈服强度时,混凝土受压区应力峰值外边缘纤维的压应变并未达到其极限值,因而混凝土并未立即压碎,还需施加一定的弯矩(即弯矩由 M_y^0 增大到 M_u^0)。在此阶段,由于钢筋屈服而产生很大的塑性增长,随之引起梁的裂缝急剧开展和挠度急剧增大,给人以明显的破坏预兆,因而具有延性破坏的特征。

试验表明,在适筋范围内配筋率越低,从钢筋屈服至截面破坏的过程越长。在这过程中,即使受压区混凝土尚未压碎,但裂缝开展过宽(如大于 1.5 mm)或梁的挠度过大(如超过梁的跨度的 1/50),也应视为梁已失效,不适于继续承担荷载。这时截面所承担的弯矩略低于破坏弯矩 M_u^0。这种截面可称为低筋截面。对于低筋截面,要准确地确定其失效时所承担的弯矩比较困难。但是,由于其失效弯矩与破坏弯矩 M_u^0 相当接近,因此,可近似将破坏弯矩视为其失效弯矩。如果在适筋范围内配筋率越高,则出现与上述相反的情况,即破坏过程短,钢筋刚屈服时受压区混凝土就接近破坏,M_y^0 接近 M_u^0,此时梁的裂缝宽度和挠度也相对小些。

就正截面受弯承载力而言,当其他条件相同时,在适筋范围内将随着配筋率的增加而增大,但就延性而言,则将随配筋率的增加而相对差一些。

3) 钢筋混凝土梁的受力特点

钢筋混凝土梁是由钢筋和混凝土两种不同材料组成的,其受力特点与一般连续匀质弹性材料梁相比有明显的区别。

(1) 截面应力与弯矩不成正比。在不同受力阶段,钢筋混凝土梁截面的中和轴位置不同,相应内力臂及截面抵抗矩是变数,钢筋及混凝土的应力与弯矩不成正比。

(2) 挠度与荷载不成正比。钢筋混凝土梁是带裂缝工作的(I_a 状态以后),裂缝的开展及受压区混凝土的塑性变形发展、钢筋与混凝土之间的粘结力的不断破坏以及混凝土的徐变等因素使得梁的刚度不断下降,梁的挠度与荷载不成正比。

(3) 破坏类型取决于钢筋与混凝土截面的比例关系。3 种破坏类型与配筋率、钢筋和混凝土的强度有关,即钢筋与混凝土截面之间的比例关系决定了破坏类型。该比例关系对钢筋混凝土梁的承载力、正常使用性能同样影响很大。

6.2.3 正截面受力分析

1) 基本假定

根据受弯构件正截面的破坏特征,《规范》规定,其正截面受弯承载力计算采用下述基本假定:

(1) 截面应变保持平面

国内外大量试验表明,对于钢筋混凝土受弯构件,从开始加荷直至破坏的各个阶段,截面的平均应变都能较好地符合平截面假定。对混凝土受压区来说,平截面假定是正确的,而对于混凝土受拉区,开裂后裂缝截面处钢筋和相邻的混凝土之间发生相对滑移,因此在裂缝附近区段,截面变形已不能完全符合平截面假定。但是,在量测应变的标距较长时(跨过一条或几条裂缝),其平均应变还是能较好地符合平截面假定。试验还表明,构件破坏时,受压区混凝土的压碎是在沿构件长度一定范围内发生的,受拉钢筋的屈服也是在沿构件长度一定范围内发生的。因此,在承载力计算时采用平截面假定是可行的。图 6-9 为一矩形截面钢筋混凝土梁应变及钢筋应力试验实测结果。

平截面假定与实际情况存在一定差距,但采用该假定后计算方法简化,物理概念明确,减少了不必要的经验系数。分析表明,由此而引起的误差不大,完全符合工程计算的要求。

我国及欧美许多国家的规范均采用平截面假定。

按照平截面假定,截面内任一点纤维的应变或平均应变与该点到中和轴的距离成正比,不考虑受拉区混凝土开裂后的相对滑移,则截面曲率与应变之间存在下列几何关系(图 6-10):

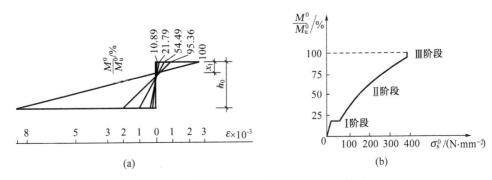

(a)　　　　　　　　　　　　　(b)

图 6-9　矩形截面梁应变及钢筋应力实测结果

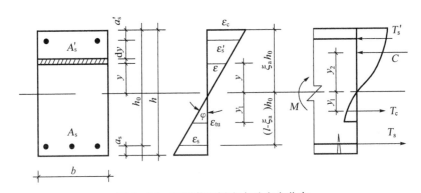

图 6-10　矩形截面梁应力及应变分布

$$\phi = \frac{\varepsilon}{y} = \frac{\varepsilon_c}{\xi_a h_0} = \frac{\varepsilon_s}{(1-\xi_a)h_0} = \frac{\varepsilon'_s}{\xi_a h_0 - a'_s} \qquad (6-1)$$

式中　φ——截面曲率；

　　　ε——距中和轴距离为 y 的任意纤维的应变；

　　　ε_c——截面受压区边缘混凝土应变；

　　　ε_s、ε'_s——纵向受拉钢筋、受压钢筋的应变；

　　　ξ_a——实际相对受压区高度，为中和轴高度 x_a（实际受压区高度）与截面有效高度 h_0 的比值；

　　　a'_s——纵向受压钢筋合力作用点到受压区边缘的距离。

（2）不考虑混凝土的抗拉强度

在裂缝截面处，受拉区混凝土已大部分退出工作，仅在靠近中和轴附近还有一部分混凝土承担着拉应力。由于拉应力较小，且内力臂也不大，因此所承担的内力矩不大，故在计算中可忽略不计，其误差仅 1%～2%。

（3）混凝土受压的应力-应变关系

混凝土的应力-应变曲线有多种不同形式，较常采用的是由一条二次抛物线和水平线组成的曲线。《规范》也采用这种形式的曲线，如图 6-11 所示。该曲线兼顾了低、中、高强混凝土的特性。

需要说明的是，在受弯构件正截面的受压区上，其应变是不均匀的，非均匀受压时混凝土

不同强度等级
混凝土应力-
应变关系

的应力-应变曲线与按轴心受压确定的应力-应变曲线不同。所以,按上述方法确定的受压区混凝土应力图形存在一定的误差。但从工程设计所要求的精度出发,合理地选择一条混凝土受压应力-应变曲线,以描述混凝土受压区应力分布图形还是可行的。国内中低强混凝土和高强混凝土偏心受压短柱的试验表明,计算结果与试验结果基本接近。

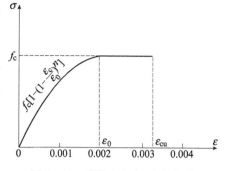

图 6-11　混凝土应力-应变关系

（4）纵向受拉钢筋的极限拉应变取为 0.01

钢筋应力取等于钢筋应变与弹性模量的乘积,但不大于其强度设计值,受拉钢筋的极限拉应变取 0.01。对有明显屈服点的钢筋即符合图 6-12 所示的理想弹塑性应力-应变关系。对无屈服点的钢筋,设计所用的强度以条件屈服点为依据,极限拉应变的规定是限制强化强度,同时也表示设计控制的钢筋均匀伸长率不得小于 0.01,以保证结构构件具有必要的延性。

（5）纵向钢筋的应力取钢筋应变与其弹性模量的乘积,但其值应符合下列要求:$-f'_y \leqslant \sigma_{si} \leqslant f_y$,式中 σ_{si} 为第 i 层纵向普通钢筋的应力,正值代表拉应力,负值代表压应力。

2）等效矩形应力图形

受压区混凝土应变符合平截面假定,混凝土应力-应变曲线已知,则可根据各点的应变值从混凝土应力-应变曲线上求得相应的应力值。于是,受压区混凝土的应力图形即可确定。这时,只需以通过截面中和轴的法线为应力轴(σ),以位于截面内且垂直于中和轴的直线为应变轴(ε_c),并选择适当的比例尺,使其在

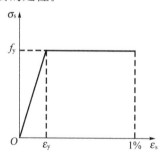

图 6-12　钢筋应力-应变关系

混凝土受压区边缘的应变值为 ε_{cu},然后,在此直角坐标系上绘出混凝土的应力-应变曲线,则该曲线即为受压区混凝土的应力图形。

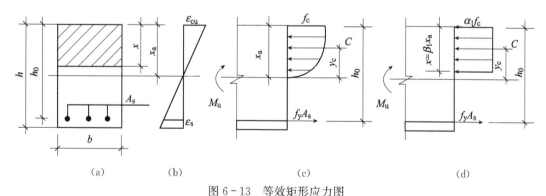

（a）　　　　（b）　　　　（c）　　　　（d）

图 6-13　等效矩形应力图
（a）截面;（b）应变分布;（c）曲线应力分布;（d）等效矩形应力分布

由于在计算截面受弯承载力时,只需知道受压区混凝土压应力合力的大小及其作用点位置,为简化计算,受压区混凝土的曲线应力图形可以用一个等效的矩形应力图形来代替。等效矩形应力图形可按下列原则确定:保证压应力合力的大小和作用点位置不变,如图 6-13 所

示。设等效矩形应力图的应力值为 $\alpha_1 f_c$，等效矩形应力图的受压区高度（换算受压区高度）为 $\beta_1 x_a$，x_a 为曲线应力图形高度（实际受压区高度）。受压区混凝土压应力的合力 C 为

$$C = \int_0^{x_a} \sigma_c(\varepsilon_c) b \mathrm{d}y \qquad (6-2)$$

合力 C 到中和轴的距离 y_c 为

$$y_c = \frac{\displaystyle\int_0^{x_a} \sigma_c(\varepsilon_c) by \mathrm{d}y}{\displaystyle\int_0^{x_a} \sigma_c(\varepsilon_c) b \mathrm{d}y} = \frac{\displaystyle\int_0^{x_a} \sigma_c(\varepsilon_c) y \mathrm{d}y}{\displaystyle\int_0^{x_a} \sigma_c(\varepsilon_c) \mathrm{d}y} \qquad (6-3)$$

达到受弯承载力极限状态时，受压区边缘混凝土的应变为 ε_{cu}，截面曲率为 $\varphi_u = \varepsilon_{cu}/x_a$，由平截面假定，可得距中和轴 y 处的混凝土压应变为

$$\varepsilon_c = \varphi_u y = \frac{\varepsilon_{cu}}{x_a} y \qquad (6-4)$$

则 $y = \dfrac{x_a}{\varepsilon_{cu}}\varepsilon_c$，$\mathrm{d}y = \dfrac{x_a}{\varepsilon_{cu}}\mathrm{d}\varepsilon_c$，代入式(6-2)、式(6-3)可得

$$C = \int_0^{\varepsilon_{cu}} \sigma_c(\varepsilon_c) b \frac{x_a}{\varepsilon_{cu}} \mathrm{d}\varepsilon_c = b \frac{x_a}{\varepsilon_{cu}} \int_0^{\varepsilon_{cu}} \sigma_c(\varepsilon_c) \mathrm{d}\varepsilon_c = k_1 f_c b x_a \qquad (6-5)$$

$$y_c = \frac{\displaystyle\int_0^{\varepsilon_{cu}} \sigma_c(\varepsilon_c) \frac{x_a}{\varepsilon_{cu}}\varepsilon_c \frac{x_a}{\varepsilon_{cu}} \mathrm{d}\varepsilon_c}{\displaystyle\int_0^{\varepsilon_{cu}} \sigma_c(\varepsilon_c) \frac{x_a}{\varepsilon_{cu}} \mathrm{d}\varepsilon_c} = \frac{x_a}{\varepsilon_{cu}} \frac{\displaystyle\int_0^{\varepsilon_{cu}} \sigma_c(\varepsilon_c)\varepsilon_c \mathrm{d}\varepsilon_c}{\displaystyle\int_0^{\varepsilon_{cu}} \sigma_c(\varepsilon_c) \mathrm{d}\varepsilon_c} = k_2 x_a \qquad (6-6)$$

式(6-5)、式(6-6)中 $k_1 = \dfrac{1}{f_c \varepsilon_{cu}} \displaystyle\int_0^{\varepsilon_{cu}} \sigma_c(\varepsilon_c) \mathrm{d}\varepsilon_c$，$k_2 = \dfrac{1}{\varepsilon_{cu}} \dfrac{\displaystyle\int_0^{\varepsilon_{cu}} \sigma_c(\varepsilon_c)\varepsilon_c \mathrm{d}\varepsilon_c}{\displaystyle\int_0^{\varepsilon_{cu}} \sigma_c(\varepsilon_c) \mathrm{d}\varepsilon_c}$，系数 k_1 和 k_2 仅取决于混凝土受压应力-应变曲线，而与截面尺寸和配筋量无关，因此称为混凝土受压应力-应变曲线系数。由换算条件：压应力合力的大小和作用点位置不变，可得

$$\left.\begin{aligned} C &= \alpha_1 f_c b x = k_1 f_c b x_a \\ x &= \beta_1 x_a = 2(x_a - y_c) = 2(1 - k_2) x_a \end{aligned}\right\} \qquad (6-7)$$

由式(6-7)得 $\alpha_1 = k_1 \dfrac{x_a}{x} = \dfrac{k_1}{\beta_1}$，$\beta_1 = 2(1 - k_2)$，可见 α_1、β_1 也仅与混凝土应力-应变曲线有关，称为等效矩形应力图形系数。将混凝土的应力应变关系式代入式(6-5)、式(6-6)，可得到 k_1、k_2 的理论值，相应可得到 α_1、β_1 的理论值。以混凝土强度等级不大于 C50 时为例，此时取 $n = 2$，$\varepsilon_0 = 0.002$，$\varepsilon_{cu} = 0.0033$，则 $k_1 = 0.797$，$k_2 = 0.588$，相应的 $\alpha_1 = 0.969$，$\beta_1 = 0.824$，为

简化计算，《规范》取 $\alpha_1=1.0,\beta_1=0.8$。当混凝土强度等级大于 C50 时（$\leqslant$C80），随着混凝土强度等级的提高，α_1、β_1 会不断变小。表 6-3 给出了混凝土强度等级小于等于 C50、C60、C70、C80 时的 α_1、β_1 的理论值和《规范》取值，其间按线性内插法取用。

表 6-3 等效矩形应力图形系数

混凝土强度等级		$\leqslant$C50	C60	C70	C80
α_1 和 β_1 理论值	α_1	0.969	0.961	0.95	0.935
	β_1	0.824	0.805	0.785	0.763
	$\alpha_1\beta_1$	0.797	0.774	0.746	0.713
α_1 和 β_1 规范取值	α_1	1.0	0.98	0.96	0.94
	β_1	0.8	0.78	0.76	0.74
	$\alpha_1\beta_1$	0.8	0.764	0.73	0.696

至此，等效矩形应力图形上的应力值为 $\alpha_1 f_c$，受压区高度为 $x=\beta_1 x_a=\xi h_0$。当确定混凝土强度等级后，$\alpha_1 f_c$ 为已知值，x 可通过平衡条件求得。

应该指出，将上述简化计算规定用于三角形截面、圆形截面的受压区，会带来一定的误差。

3）适筋截面的界限条件

（1）界限受压区高度

对有屈服点普通钢筋，当纵向受拉钢筋屈服时，受压区混凝土也同时压碎（受压区混凝土外边缘纤维达到其极限压应变），这种破坏称为界限破坏。

根据平截面假定，界限破坏时的相对受压区高度 ξ_{ba} 可按下列公式确定（图 6-14）：

$$\xi_{ba}=\frac{x_{ba}}{h_0}=\frac{\varepsilon_{cu}}{\varepsilon_{cu}+\varepsilon_y} \qquad (6-8)$$

式中　x_{ba}——界限破坏时的中和轴高度；

ε_y——受拉钢筋的屈服应变，即 $\varepsilon_y=f_y/E_s$，其中 f_y 为钢筋抗拉强度设计值。

因为 $x=\beta_1 x_a$，故等效矩形应力图形的相对受压区高度 ξ_b 为

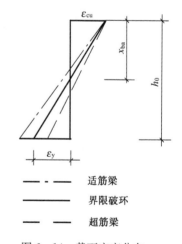

图 6-14 截面应变分布

—— · —— 适筋梁

—— 界限破环

—— · · —— 超筋梁

$$\xi_b=\frac{x_b}{h_0}=\frac{\beta_1\varepsilon_{cu}}{\varepsilon_{cu}+\varepsilon_y}=\frac{\beta_1}{1+\dfrac{f_y}{\varepsilon_{cu}E_s}} \qquad (6-9a)$$

由式（6-9）可见，ξ_b 与 ε_{cu}、f_y、E_s 有关，它随着混凝土极限压应变 ε_{cu} 的增大而增大，随着受拉钢筋屈服强度的增大而减小。

对强度等级不大于 C50 的混凝土，$\beta_1=0.8$，$\varepsilon_{cu}=0.0033$，则可得

$$\xi_b = \frac{0.8}{1 + \frac{f_y}{0.003\,3E_s}} \qquad (6-10)$$

根据相对受压区高度的大小,可以判别正截面破坏类型。如图 6-14 所示,当 $\xi < \xi_b$ 或 $\varepsilon_s > \varepsilon_y$ 时,属于适筋梁;当 $\xi > \xi_b$ 或 $\varepsilon_s < \varepsilon_y$ 时,属于超筋梁;当 $\xi = \xi_b$ 时,为界限破坏,此时对应的配筋率为适筋梁的最大配筋率,用 ρ_{max} 表示。

对适筋截面,破坏时的相对受压区高度应满足:

$$\xi \leqslant \xi_b \quad \text{或} \quad x \leqslant \xi_b h_0 \qquad (6-11)$$

对无屈服点普通钢筋,根据条件屈服点的定义,应考虑 0.2% 的残余应变,普通钢筋应变取 $(f_y/E_s + 0.002)$,根据平截面假定可得:

$$\xi_b = \frac{\beta_1}{1 + \frac{0.002}{\varepsilon_{cu}} + \frac{f_y}{E_s \varepsilon_{cu}}} \qquad (6-9b)$$

经济配筋率

(2)最小配筋率

在工业与民用建筑中,不应采用少筋截面,以免一旦出现裂缝后,构件因裂缝宽度或挠度很难达到规定的限值而失效。从原则上讲,最小配筋率 ρ_{min} 规定了少筋截面和适筋截面的界限,即配有最小配筋率 ρ_{min} 的钢筋混凝土梁在破坏时所能承担的弯矩 M_u 等于相同截面的素混凝土受弯构件所能承担的弯矩。

6.2.4 受弯构件正截面承载力计算

1)基本计算公式

(1)计算公式

按图 6-13 所示计算简图,单筋矩形截面受弯承载力计算公式可根据力的平衡条件推导如下。

当 $\xi \leqslant \xi_b$ 时为适筋梁,$\sigma_s = f_y$。由截面上水平方向的内力之和为零,即 $\sum X = 0$,可得

$$\alpha_1 f_c b x = f_y A_s \qquad (6-12)$$

由截面上的内、外力力矩之和等于零,即 $\sum M = 0$,分别对受拉钢筋合力点、受压区混凝土合力点取矩,可得

$$\left. \begin{array}{l} M_u = \alpha_1 f_c b x (h_0 - x/2) \\ M_u = f_y A_s (h_0 - x/2) \end{array} \right\} \qquad (6-13)$$

相对受压区高度可表示为

$$\xi = \frac{x}{h_0} = \frac{A_s f_y}{b h_0 \alpha_1 f_c} = \rho \frac{f_y}{\alpha_1 f_c} \qquad (6-14)$$

将式(6-14)代入式(6-13)可得

$$\left. \begin{array}{l} M_u = \alpha_1 f_c b h_0^2 \xi (1 - 0.5\xi) = \alpha_s \alpha_1 f_c b h_0^2 \\ M_u = \rho f_y b h_0^2 (1 - 0.5\xi) = \rho f_y \gamma_s b h_0^2 \end{array} \right\} \qquad (6-15)$$

用相对受压区高度 ξ 作为计算参数,同时反映了纵筋配筋率 $\rho = A_s/bh_0$、钢筋抗拉强度 f_y

和受压区混凝土抗压强度 $\alpha_1 f_c$ 对受弯承载力的影响。ξ 可称为混凝土受弯构件的含钢特征值。

式(6-15)中的 α_s 称为截面抵抗矩系数,反映截面抵抗矩的相对大小。γ_s 称为内力臂系数,是截面内力臂与有效高度的比值。

$$\alpha_s = \xi(1-0.5\xi) \tag{6-16}$$

$$\gamma_s = 1-0.5\xi \tag{6-17}$$

(2) 适用条件

① 最大配筋率。式(6-13)、式(6-15)仅适用于适筋截面,而不适用于超筋截面,因为超筋截面破坏时钢筋的拉应力并未达到屈服强度,这时的钢筋应力 σ_s 为未知数,故在以上公式中不能按 f_y 考虑,上述平衡条件不能成立。适筋截面应满足式(6-11)的条件,由 $\sum X = 0$ 可得

$$\rho_{max} = \xi_b \frac{\alpha_1 f_c}{f_y} \tag{6-18}$$

按式(6-15)可得适筋截面所能承担的最大弯矩设计值

$$M_{max} = \alpha_1 f_c b h_0^2 \xi_b (1-0.5\xi_b) = \alpha_{smax} \alpha_1 f_c b h_0^2 \tag{6-19}$$

式中,α_{smax} 为单筋矩形截面梁截面抵抗矩系数的最大值,当混凝土强度等级不超过 C50,采用 300 MPa、335 MPa、400 MPa、500 MPa 级钢配筋时,α_{smax} 分别为 0.410、0.399、0.384 和 0.366,相应的 ξ_b 分别为 0.576、0.550、0.518、0.482。

② 最小配筋率。设计截面时还应满足最小配筋率 ρ_{min} 的要求,即

$$\rho = \frac{A_s}{bh} \geqslant \rho_{min} \tag{6-20}$$

必须注意,验算纵向受拉钢筋最小配筋率时,构件截面面积应取全截面面积($b \times h$),不应取有效截面面积($b \times h_0$)。

当 $\rho < \rho_{min}$ 时为少筋梁,ρ_{min} 可由同样截面和材料的钢筋混凝土梁和素混凝土梁的受弯承载力相等的条件确定。素混凝土梁的开裂弯矩即为极限弯矩,由下式确定:

$$M_u = M_{cr} = 0.292 f_t b h^2$$

配筋很少的钢筋混凝土梁受弯承载力可由下式确定:

$$M_u = f_y A_s (h_0 - x/3)$$

取 $(h - x/3) \approx 0.95h$,$h \approx 1.05 h_0$,可由上两式导出 $\rho_{min} = 0.35 f_t / f_y$。为基本满足受拉区混凝土开裂后受拉钢筋不致立即失效的要求,可取

$$\rho_{min} = 0.45 f_t / f_y \tag{6-21}$$

为了避免发生少筋梁破坏,应满足 $\rho \geqslant \rho_{min}$ 的要求。同时受拉钢筋配筋率不应小于 0.2%。对卧置于地基上的混凝土板,板中受拉钢筋配筋率不应小于 0.15%。当温度、收缩等因素对结构有较大影响时,构件的最小配筋率应较上述规定适当增加。

(3) 超筋梁的钢筋应力

超筋梁 $\xi > \xi_b$,$\sigma_s < f_y$。由平截面假定可导出钢筋应力的计算公式(图 6-13):

$$\varepsilon_s = \frac{h_0 - x/\beta_1}{x/\beta_1}\varepsilon_{cu} = \varepsilon_{cu}\left(\frac{\beta_1}{\xi} - 1\right) \tag{6-22}$$

则

$$\sigma_s = E_s\varepsilon_{cu}\left(\frac{\beta_1}{\xi} - 1\right) \tag{6-23}$$

同样,由平截面假定可导出位于截面任意位置的钢筋应力 σ_{si},并满足条件 $-f_y' \leqslant \sigma_{si} \leqslant f_y$。

$$\sigma_{si} = E_s\varepsilon_{cu}\left(\frac{\beta_1 h_{0i}}{\xi h_0} - 1\right) \tag{6-24}$$

式中 h_{0i}——任一钢筋重心至截面上边缘的距离。

式(6-22)表明,ε_s 随 ξ 的增大而降低。对于强度等级不大于 C50 的混凝土,当 $\xi \leqslant 0.8$ 时,$\varepsilon_s - \xi$ 关系接近直线。以 $\xi = \xi_b$ 和 $\xi = 0.8$ 作为边界条件,可得到 σ_s 的近似计算公式:

$$\sigma_s = f_y\frac{\xi - 0.8}{\xi_b - 0.8} \tag{6-25}$$

将式(6-23)代入式(6-12),可得到求超筋梁相对受压区高度 ξ 的方程。求出 ξ,代入式(6-24)或式(6-25),求 σ_s,再代入式(6-13),即可求出超筋梁的受弯承载力。

超筋情况下梁的受弯承载力略大于最大配筋率时的受弯承载力。一旦发生超筋情况,通常可按最大配筋率计算受弯承载力。

2) 计算方法

受弯构件正截面承载力计算可分为两类问题:设计截面和复核截面。

(1) 设计截面

单筋矩形截面梁正截面承载力计算框图

设计截面是指根据截面所需承担的弯矩设计值 M 选定材料,确定截面尺寸和配筋。设计时,应满足 $M_u \geqslant M$。为了经济起见,一般按 $M_u = M$ 进行计算。计算的一般步骤如下:

① 选择混凝土强度等级和钢筋品种。对适筋截面的受弯承载力起主要作用的是钢筋,因此,混凝土强度等级不宜用得过高,防止混凝土收缩过大。《规范》规定,钢筋混凝土结构的混凝土强度不应低于 C20;当采用强度等级 400 MPa 及以上钢筋时,混凝土强度等级不得低于 C25。承受重复荷载的钢筋混凝土构件,混凝土强度等级不应低于 C30。在实际工程中,对现浇构件一般用 C25~C40,对预制构件一般用 C30~C50。常用的钢筋为 HRB400 和 HRB500 级钢筋。

② 确定截面尺寸。截面高度 h 一般是根据受弯构件的刚度、常用配筋率以及构造和施工要求等确定。如果构造上无特殊要求,一般可根据设计经验给定 $b \times h$,也可按以下公式估算:

$$h_0 = (1.05 \sim 1.1)\sqrt{\frac{M}{\rho f_y b}} \tag{6-26}$$

式中,M 的单位为 N·mm。ρ 可在较常用的配筋率范围内选用,当 ρ 较小时取式(6-26)的下限,当 ρ 较大则取上限。计算板时,取 $b = 1\,000$ mm;计算梁时,b 未知,可按经验确定。

确定截面尺寸时,还应参照 6.2.1 的有关规定。

③ 计算钢筋截面面积和选用钢筋。所需钢筋截面面积可按式(6-12)、(6-13)、(6-15)

进行计算,然后根据计算求得的钢筋截面面积选择钢筋直径和根数,并进行布置。选择钢筋时,应使其实际的截面面积和计算值接近,一般不宜少于计算值,但也不宜超过计算值的5%。钢筋直径、间距应符合6.2.1中的有关规定。

④ 计算表格的编制。在设计截面时,需由式(6-12)和式(6-13)联立求解二次方程式,并验算适用条件。为了便于计算,可将上述公式适当变换后,编制成计算表格。计算表格的编制可利用式(6-15)中α_s、γ_s与M_u的关系。由式(6-16)、式(6-17)可知,α_s、γ_s仅与相对受压区高度ξ有关,可以预先算出,编制成计算表格。

计算发现,在相对受压区高度ξ为中等时,如果将混凝土强度等级提高1倍,ξ虽然减为一半,但内力臂增加得很少,亦即截面受弯承载力提高不多。例如,在$\xi=0.20$时,$\gamma_s=0.9$,$M_u=0.9h_0f_yA_s$;若配筋不变,而混凝土强度等级提高1倍,则$\xi=0.10$,$\gamma_s=0.95$,$M_u=0.95h_0f_yA_s$。这表明,混凝土强度等级提高1倍,而截面受弯承载力只提高约5%。但是,如果采用强度较高的钢筋,则截面受弯承载力将几乎和钢筋抗拉强度成正比增大。这表明,为了提高截面受弯承载力,采用强度较高的钢筋比提高混凝土强度等级有效。所以,在一般情况下,从正截面受弯承载力出发,应尽可能采用强度较高的钢筋,而不应采用高强度等级的混凝土。但是,必须指出,对一个构件的设计,还须综合考虑抗剪、刚度和裂缝开展等各方面的问题,才能正确地作出材料的选择。

(2) 复核截面

复核截面时,一般已知材料强度设计值f_c、f_y,截面尺寸b、h、h_0,钢筋截面面积A_s,要求计算该截面所能承担的弯矩设计值M_u,并和已知的弯矩设计值M比较,确定构件是否安全和经济。

对于适筋截面,M_u可由式(6-12)和式(6-13)或式(6-15)联立求解;对于超筋截面,则按式(6-19)计算。

【例6-1】已知矩形截面承受弯矩设计值$M=175$ kN·m,环境类别为一类,试设计该截面。

【解】本例题属设计截面。

① 选用材料

混凝土用C30,$f_c=14.3$ N/mm²,$\alpha_1=1.0$;采用HRB400级钢筋,$f_y=360$ N/mm²。

② 确定截面尺寸

取$\rho=1\%$,假定$b=250$ mm,则

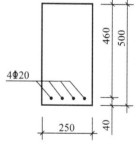

图6-15 例6-1图

$$h_0 = 1.05\sqrt{\frac{M}{\rho f_y b}}$$
$$= 1.05\sqrt{\frac{175\times10^6}{0.01\times360\times250}}$$
$$= 463.0 \text{ mm}$$

因ρ不高,假定布置一层钢筋,混凝土保护层厚度$c=20$ mm,假定箍筋直径8 mm,纵筋直径20 mm,$a_s=38$ mm,取整为40 mm,则$h=463.0+40=503$ mm,实际取$h=500$ mm。此时,$b/h=250/500=1/2$,合适。于是,截面实际有效高度

$$h_0 = 500 - 40 = 460 \text{ mm}$$

③ 计算钢筋截面面积和选择钢筋

由式(6-13)可得

$$175 \times 10^6 = 1.0 \times 14.3 \times 250x(460 - 0.5x)$$

$$x^2 - 920x + 97\,902 = 0$$

$$x = \frac{920}{2} \pm \sqrt{\left(\frac{920}{2}\right)^2 - 97\,902} = 460 \pm 337.2$$

$$x = 122.8 \text{ mm} \quad \text{或} \quad x = 797.2 \text{ mm}$$

因为 x 不可能大于 h,所以取 $x = 122.8 \text{ mm} < 0.518h_0 = 238.3 \text{ mm}$。

将 $x = 122.8$ 代入式(6-12),得

$$1.0 \times 14.3 \times 250 \times 122.8 = 360 \times A_s$$

$$A_s = 1\,219 \text{ mm}^2$$

配 4 Φ 20,$A_s = 1\,256 \text{ mm}^2$。

$$\rho = \frac{A_s}{bh} = \frac{1\,256}{250 \times 500} = 1.00\% > \rho_{\min} = 0.2\%$$

钢筋布置如图 6-15 所示。

【例 6-2】有一截面尺寸 $b \times h = 200 \text{ mm} \times 450 \text{ mm}$ 的钢筋混凝土梁,采用 C30 混凝土和 HRB400 级钢筋,环境类别为一类,箍筋直径 8 mm,截面构造如图 6-16 所示,该梁承受最大弯矩设计值 $M = 80 \text{ kN·m}$,复核该截面是否安全。

【解】本题属复核截面。材料同例 6-1,$A_s = 603 \text{ mm}^2$。

钢筋净间距 $s_n = \dfrac{200 - 2 \times 20 - 3 \times 16 - 2 \times 8}{2} = 48 \text{ mm} > d$,

且 $s_n > 25 \text{ mm}$,符合要求。

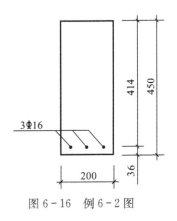

图 6-16 例 6-2 图

混凝土保护层厚度 $c = 20 \text{ mm}$,$h_0 = 450 - 20 - \dfrac{16}{2} - 8 = 414 \text{ mm}$

由式(6-12),得

$$x = \frac{360 \times 603}{1.0 \times 14.3 \times 200} = 75.9 \text{ mm} < 0.518h_0 = 0.55 \times 414 = 214.5 \text{ mm}$$

符合要求。

将 x 值代入式(6-13),得

$$M_u = 1.0 \times 14.3 \times 200 \times 75.9 \times (414 - 0.5 \times 75.9)$$
$$= 81.6 \times 10^6 \text{ N·mm}$$
$$= 81.6 \text{ kN·m} > 80 \text{ kN·m}$$

M_u 略大于 M,表明该梁正截面设计是安全和经济的。

【例 6 - 3】已知一单跨简支板(图 6 - 17),计算跨度 $l_0 = 2.4$ m,承受均布荷载设计值为 6.0 kN/m(包括板自重),混凝土强度等级为 C30,用 HPB300 级钢筋配筋,环境类别为一类,试设计该简支板。

【解】取宽度 $b = 1$ m 的板带为计算单元。

① 计算跨中弯矩

板的计算简图如图 6 - 17 所示,板上均布线荷载 $q = 6.0$ kN/m。跨中最大弯矩为

$$M = \frac{ql_0^2}{8} = \frac{1}{8} \times 6.0 \times 2.4^2 = 4.32 \text{ kN} \cdot \text{m}$$

② 确定板厚

选取 $\rho = 0.6\%$,按式(6 - 26)可得

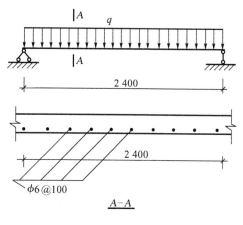

图 6 - 17 例 6 - 3 图

$$h_0 = 1.05 \sqrt{\frac{4.32 \times 10^6}{0.006 \times 270 \times 1\,000}} = 54.2 \text{ mm}$$

取 $h = 80$ mm,则

$$h_0 = 80 - 20 = 60 \text{ mm}$$

③ 计算钢筋截面面积和选择钢筋

$$\alpha_s = \frac{M}{\alpha_1 f_c b h_0^2} = \frac{4.32 \times 10^6}{1.0 \times 14.3 \times 1\,000 \times 60^2} = 0.084$$

相应的,$\xi = 0.088$,$\gamma_s = 0.956$,则

$$A_s = \frac{M}{f_y \gamma_s h_0} = \frac{4.32 \times 10^6}{270 \times 0.956 \times 60} = 279 \text{ mm}^2$$

选用 $\phi 6 @100$,实用 $A_s = 283 \text{ mm}^2$,受力钢筋布置如图 6 - 17 所示。

6.2.5 双筋矩形截面梁

1) 双筋矩形截面梁的特点

截面所需承受的弯矩较大,而截面尺寸由于某些条件限制不能加大、混凝土强度等级不宜提高时,如果按单筋截面设计,则受压区高度 x 将大于界限受压区高度 x_b 而成为超筋截面。此时,应采用双筋截面,即在受压区配置钢筋以协助混凝土承担压力,而将受压区高度减小到界限受压区高度的范围内,使截面破坏时受拉钢筋应力可达到屈服强度,而受压区混凝土不致过早被压碎。

当截面上承受的弯矩可能改变符号时,则必须采用双筋截面。另外,由于构造上的原因(如某些连续梁的支座截面,由于跨中受拉钢筋伸入支座,且具有足够的锚固长度,而成为受压钢筋),也会形成双筋截面。

双筋截面可以提高截面承载力和延性,并可减小构件在荷载作用下的变形,但其耗钢量较大。

2) 基本计算公式

(1) 计算应力图形

试验表明,双筋截面破坏时的受力特点与单筋截面相似。双筋矩形截面适筋梁也是受拉钢筋的应力先达到屈服强度,然后,受压区混凝土压碎而破坏。这时,受压区混凝土的应力图

185

形为曲线分布,边缘纤维的压应变已达极限压应变 ε_{cu}。由于受压区混凝土塑性变形的发展,受压钢筋的应力一般也将达到其抗压强度。由平截面假定,以 $h_{0i} = a'_s$ 代入式(6-24)后,得

$$\sigma'_s = E_s \varepsilon_{cu} \left(\frac{\beta_1 a'_s}{\xi h_0} - 1 \right) \tag{6-27}$$

当混凝土强度等级不大于 C50 时

$$\sigma'_s = 0.003\,3 E_s \left(\frac{0.8 a'_s}{\xi h_0} - 1 \right) \tag{6-28}$$

用 $E_s = 2 \times 10^5$ MPa,$a'_s = 0.5\xi h_0$ 代入式(6-28),可得 $\sigma'_s = -396$ MPa,则强度等级为 300 MPa、335 MPa、400 MPa 的钢筋均已受压屈服(其他种类的钢筋可能尚未受压屈服),因此规定 $|f'_y| = f_y$,但不超过 400 MPa。500 MPa 级钢筋的抗压强度取 410 MPa。

同样,受压区混凝土仍然采用等效矩形应力图形,承载力计算应力图形如图 6-18 所示。

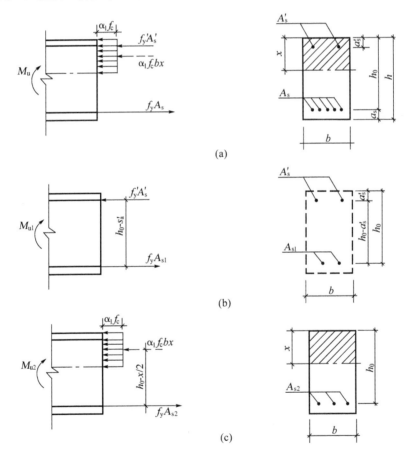

(a)

(b)

(c)

图 6-18 双筋矩形截面受弯承载力计算应力图形

(2) 计算公式

根据平衡条件,可写出下列计算公式:

$$\alpha_1 f_c bx + f'_y A'_s - f_y A_s = 0 \tag{6-29}$$

$$M_u = \alpha_1 f_c bx \left(h_0 - \frac{x}{2} \right) + f_y' A_s' (h_0 - a_s') \tag{6-30}$$

式中 f_y'——钢筋抗压强度设计值；

A_s'——纵向受压钢筋截面面积；

a_s'——纵向受压钢筋合力点至受压区边缘的距离。

从式(6-29)和式(6-30)可以看出，双筋矩形截面所能承担的弯矩 M_u 可以分为两部分：一部分是由受压钢筋 A_s' 和相应的一部分受拉钢筋 A_{s1} 所承担的弯矩 M_{u1}（图6-18b）；另一部分是由受压区混凝土和相应的另一部分受拉钢筋 A_{s2} 所承担的弯矩 M_{u2}（图6-18c），即

$$M_u = M_{u1} + M_{u2} \tag{6-31}$$

$$A_s = A_{s1} + A_{s2} \tag{6-32}$$

对第一部分（图6-18b），由平衡条件可得

$$f_y A_{s1} = f_y' A_s' \tag{6-33}$$

$$M_{u1} = f_y' A_s' (h_0 - a_s') \tag{6-34}$$

对第二部分（图6-18c），由平衡条件可得

$$f_y A_{s2} = \alpha_1 f_c bx \tag{6-35}$$

$$M_{u2} = \alpha_1 f_c bx \left(h_0 - \frac{x}{2} \right) \tag{6-36}$$

（3）适用条件

① $\xi \leqslant \xi_b$

与单筋矩形截面相似，这一限制条件是为了防止截面发生脆性破坏。这一适用条件也可改写为

$$\rho_2 = \frac{A_{s2}}{bh_0} \leqslant \xi_b \frac{\alpha_1 f_c}{f_y} \tag{6-37}$$

② $x \geqslant 2a_s'$

如果 $x < 2a_s'$，则受压钢筋合力作用点将位于受压区混凝土合力作用点的内侧，这表明受压钢筋的位置将离中和轴太近，截面破坏时其应力可能未达到其抗压强度，与计算中所采取的应力状态不符。因此，为使截面破坏时受压钢筋应力达到其抗压强度 f_y'，对混凝土受压高度 x 的最小值应予以限制，即 x 应满足下列条件：

$$x \geqslant 2a_s' \tag{6-38}$$

这相当于限制了内力臂 z 的最大值，即

$$z \leqslant h_0 - a_s'$$

对于双筋截面，其最小配筋率一般均能满足，可不必检查。

③ 箍筋有关要求

为防止受压钢筋压屈失稳而使受压钢筋强度不能充分发挥，避免将保护层崩裂使受压区

混凝土提前破坏,应满足下列构造要求:

　　A. 箍筋应做成封闭式,且弯钩直线段长度不应小于 $5d$,d 为箍筋直径。

　　B. 箍筋的间距不应大于 $15d$,并不应大于 $400\,\mathrm{mm}$。当一层内的纵向受压钢筋多于 5 根且直径大于 $18\,\mathrm{mm}$ 时,箍筋间距不应大于 $10d$,d 为纵向受压钢筋的最小直径。

　　C. 当梁的宽度大于 $400\,\mathrm{mm}$ 且一层内的纵向受压钢筋多于 3 根时,或当梁的宽度不大于 $400\,\mathrm{mm}$ 但一层内的纵向受压钢筋多于 4 根时,应设置复合箍筋。

　　3) 计算方法

　　(1) 设计截面

　　设计双筋截面时,一般是已知弯矩设计值、截面尺寸和材料强度设计值。计算时有下列两种情况。

双筋矩形截面梁正截面承载力计算框图

　　① 已知弯矩设计值 M、截面尺寸 $b \times h$ 及材料强度设计值,求受拉钢筋截面面积 A_s 和受压钢筋截面面积 A'_s。

　　由式(6-29)和式(6-30)可见,未知数有 A'_s、A_s 和 x 三个,而计算公式只有两个。因此,需先指定其中一个未知数。可以证明,当充分利用混凝土受压,亦即取 $\xi = \xi_b$ 时,所需的用钢量将最为经济。现证明如下:

　　如先指定 x(即 ξ),则由式(6-35)和式(6-36)可得

$$A_{s2} = \xi \frac{\alpha_1 f_c}{f_y} b h_0 \qquad (6-39)$$

$$M_{u2} = \xi(1 - 0.5\xi)\alpha_1 f_c b h_0^2 \qquad (6-40)$$

由式(6-34)可得

$$A'_s = \frac{M - \xi(1 - 0.5\xi)\alpha_1 f_c b h_0^2}{f_y'(h_0 - a'_s)} \qquad (6-41)$$

则

$$A_{s1} = \frac{f_y'}{f_y} A'_s \qquad (6-42)$$

于是,总用钢量为

$$A_{sum} = \frac{M - \xi(1 - 0.5\xi)\alpha_1 f_c b h_0^2}{f_y'(h_0 - a'_s)}\left(1 + \frac{f_y'}{f_y}\right) + \xi \frac{\alpha_1 f_c}{f_y} b h_0 \qquad (6-43)$$

　　如果指定不同的 ξ,所求得的 A'_s 和 A_s 也将不同,则总用钢量 A_{sum} 也不同。为了获得经济的设计,应使总用钢量为最少。由 $\dfrac{\mathrm{d}A_{sum}}{\mathrm{d}\xi} = 0$ 的条件,总用钢量为最少时的相对受压区高度可按下式计算:

$$\xi_e = \frac{1 + \dfrac{f_y'}{f_y} \cdot \dfrac{a'_s}{h_0}}{1 + \dfrac{f_y'}{f_y}} \qquad (6-44)$$

　　当 $f_y = f_y'$,且 $a_s = a'_s$,按式(6-44)可得 $x_e = \xi_e h_0 = h/2$;当 $a'_s / h_0 = 0.05 \sim 0.15$ 时,$\xi_e = 0.525 \sim 0.575$。因此,可统一取 $\xi_e = \xi_b$,其误差很小,总用钢量的差别不会大于 0.5%。于是,设计时可令 $x = \xi_b h_0$ 或 $M_{u2} = M_{max} = \alpha_{smax}\alpha_1 f_c b h_0^2 = \xi_b(1 - 0.5\xi_b)\alpha_1 f_c b h_0^2$,然后计算 A'_s 和 A_{s1},再计算 A_{s2},则 $A_s = A_{s1} + A_{s2}$。

在式(6-41)中,令 $\xi = \xi_b$,则可得

$$A'_s = \frac{M - \xi_b(1 - 0.5\xi_b)\alpha_1 f_c b h_0^2}{f'_y(h_0 - a'_s)} \qquad (6-45a)$$

或

$$A'_s = \frac{M - M_{max}}{f'_y(h_0 - a'_s)} \qquad (6-45b)$$

式中

$$M_{max} = \alpha_{smax}\alpha_1 f_c b h_0^2$$

在式(6-29)中,令 $x = \xi_b h_0$,可得

$$A_s = \xi_b \frac{\alpha_1 f_c}{f_y} b h_0 + \frac{f'_y}{f_y} A'_s \qquad (6-46)$$

② 已知弯矩设计值 M、截面尺寸 $b \times h$、材料强度设计值及受压钢筋截面面积 A'_s,求受拉钢筋截面面积 A_s。

这类问题往往是由于变号弯矩的需要,或由于构造要求,已在受压区配置截面面积为 A'_s 的受压钢筋。因此,应充分利用 A'_s,以减少 A_s,达到节约钢材的目的。

当受压钢筋截面面积为已知时,由式(6-33)和式(6-34)可得

$$A_{s1} = \frac{f'_y}{f_y} A'_s \qquad (6-47)$$

$$M_{u1} = f'_y A'_s(h_0 - a'_s)$$

则

$$M_{u2} = M - M_{u1} = M - f'_y A'_s(h_0 - a'_s) \qquad (6-48)$$

这时,M_{u2} 为已知,与 M_{u2} 相应的 x 不一定等于 $\xi_b h_0$,因此,就不能简单地用式(6-46)计算 A_s,而必须按与单筋矩形截面相同的方法计算相应于 M_{u2} 所需的钢筋截面面积 A_{s2},最后可得 $A_s = A_{s1} + A_{s2}$。

在这类问题中,还可能遇到以下几种情况:

A. 当求得的 $x > \xi_b h_0$(即 $\alpha_s > \alpha_{smax}$),说明已知的 A'_s 太少,不符合式(6-37)的要求,这时应增加 A'_s,重新计算,计算方法与第一类问题相同。

B. 当求得的 $x < 2a'_s$,表明受压钢筋 A'_s 的应力达不到其抗压强度设计值。这时,A_s 可按下式计算:

$$A_s = \frac{M}{f_y(h_0 - a'_s)} \qquad (6-49)$$

式(6-49)系按下述方法导出,假想只有考虑部分受压钢筋为有效,这时其应力可达到抗压强度设计值,而相应的混凝土受压区高度 $x = 2a'_s$,亦即受压区混凝土合力作用点与受压钢筋 A'_s 合力作用点相重合。于是,对受压钢筋 A'_s 合力作用点取矩,即可导出式(6-49)。

C. 若 a'_s/h_0 较大,以致按式(6-49)求得的受拉钢筋截面面积比按单筋矩形截面(即不考虑受压钢筋的作用)计算的受拉钢筋截面面积还大时,则计算时可不考虑受压钢筋的作用。这时可不遵守式(6-38)的规定。当 $M < 2\alpha_1 f_c b a'_s(h_0 - a'_s)$ 时,就属于这种情况。

(2) 复核截面

复核截面时,截面尺寸、材料强度设计值以及受拉钢筋截面面积 A_s 和受压钢筋截面面积

A'_s均为已知,要求计算截面的受弯承载力设计值M_u。

这时,首先由式(6-29)求得x,然后,按下列情况计算M_u:

① 若$\xi_b h_0 \geqslant x \geqslant 2a'_s$,按式(6-30)计算截面所能承受的弯矩设计值$M_u$。

② 若$x < 2a'_s$,由式(6-49)可得

$$M_u = f_y A_s(h_0 - a'_s) \tag{6-50}$$

③ 若$x > \xi_b h_0$,由式(6-45a)可得

$$M_u = f_y' A_s(h_0 - a'_s) + \xi_b(1 - 0.5\xi_b)\alpha_1 f_c b h_0^2 \tag{6-51}$$

这表明截面可能发生脆性破坏。如果可能,应修改设计。

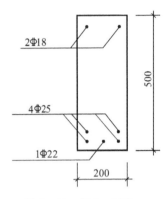

图6-19 例6-4图

【例6-4】有一矩形截面$b \times h = 200\,\text{mm} \times 500\,\text{mm}$,承受弯矩设计值$M = 280\,\text{kN·m}$,混凝土强度等级为C30($f_c = 14.3\,\text{N/mm}^2$),用HRB400级钢筋配筋($f_y = f_y' = 360\,\text{N/mm}^2$),环境类别为一类,求所需钢筋截面面积。

【解】① 检查是否需采用双筋截面

假定受拉钢筋为2排,$h_0 = 500 - 65 = 435\,\text{mm}$。

若为单筋截面,其所能承受的最大弯矩设计值为

$M_{\max} = 0.384\alpha_1 f_c b h_0^2 = 0.384 \times 1.0 \times 14.3 \times 200 \times 435^2$
$= 207.8 \times 10^6\,\text{N·mm} = 207.8\,\text{kN·m} < M = 280\,\text{kN·m}$

计算结果表明,必须设计成双筋截面。

② 求A'_s

假定受压钢筋为单排,则$a'_s = 40\,\text{mm}$。由式(6-45a)可得

$$A'_s = \frac{M - 0.384\alpha_1 f_c b h_0^2}{f_y'(h_0 - a'_s)} = \frac{280 \times 10^6 - 207.8 \times 10^6}{360 \times (435 - 40)} = 508\,\text{mm}^2$$

③ 求A_s

由式(6-46)可得

$$A_s = 0.518\frac{\alpha_1 f_c}{f_y}b h_0 + \frac{f_y'}{f_y}A'_s = 0.518 \times \frac{1.0 \times 14.3}{360} \times 200 \times 435 + \frac{360}{360} \times 508$$
$$= 1\,790 + 508 = 2\,298\,\text{mm}^2$$

④ 选择钢筋

受拉钢筋选用$4\,\Phi\,25 + 1\,\Phi\,22$,$A_s = 2\,340\,\text{mm}^2$。受压钢筋选用$2\,\Phi\,18$,$A'_s = 509\,\text{mm}^2$。钢筋布置如图6-19所示。

【例6-5】由于构造要求,在例6-4中的截面上已配置$3\,\Phi\,18$的受压钢筋,试求所需受拉钢筋截面面积。

【解】① 验算适用条件$x \geqslant 2a'_s$

$A'_s = 763\,\text{mm}^2$

$M_{u1} = f_y' A'_s(h_0 - a'_s) = 360 \times 763 \times (435 - 40) = 108.5 \times 10^6\,\text{N·mm}$

$M_{u2} = M - M_{u1} = 280 \times 10^6 - 108.5 \times 10^6 = 171.5 \times 10^6\,\text{N·mm}$

$2\alpha_1 f_c b a'_s(h_0 - a'_s) = 2 \times 1.0 \times 14.3 \times 200 \times 40 \times (435 - 40) = 90.38 \times 10^6\,\text{N·mm} < M_{u2}$

这表明 $x>2a'_s$。

② 求 A_s

$$A_{s1}=\frac{f'_y}{f_y}A'_s=\frac{360}{360}\times763=763\ \text{mm}^2$$

按单筋矩形截面计算 A_{s2}。

$$\alpha_s=\frac{M_{u2}}{\alpha_1 f_c b h_0^2}=\frac{171.5\times10^6}{1.0\times14.3\times200\times435^2}=0.317$$

相应的 $\gamma_s=0.804$

$$A_{s2}=\frac{M_{u2}}{f_y\gamma_s h_0}=\frac{171.5\times10^6}{360\times0.804\times435}=1$$

$362\ \text{mm}^2$

$$A_s=A_{s1}+A_{s2}=763+1\ 362=2\ 125\ \text{mm}^2$$

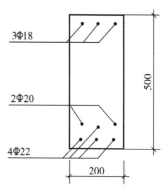

图 6-20 例 6-5 图

③ 选择钢筋

受拉钢筋选用 $4\ \Phi\ 22+2\ \Phi\ 20,A=2\ 148\ \text{mm}^2$。钢筋布置如图 6-20 所示。

由计算结果可见,虽然所需受拉钢筋 A_s 较例 6-4 少,但所需钢筋总用量 $A_{sum}=A_s+A'_s$ $=2\ 125+763=2\ 888\ \text{mm}^2$,比例 6-4 多。

【例 6-6】截面尺寸和材料与例 6-4 相同,承受弯矩设计值 $M=90\ \text{kN}\cdot\text{m}$,已配置 $A'_s=226\ \text{mm}^2(2\ \Phi\ 12)$,求所需的受拉钢筋截面面积。

【解】验算适用条件 $x\geqslant2a'_s$

因已知弯矩较小,假定布置单排钢筋。

$a'_s=40\ \text{mm}$,　$h_0=500-40=460\ \text{mm}$

$M_{u1}=f'_y A'_s(h_0-a'_s)=360\times226\times(460-40)$

　　　　$=34.2\times10^6\ \text{N}\cdot\text{mm}$

$M_{u2}=M-M_{u1}=90\times10^6-34.2\times10^6=55.8\times10^6\ \text{N}\cdot\text{mm}$

$2\alpha_1 f_c b a'_s(h_0-a'_s)=2\times1.0\times14.3\times200\times40\times(460-40)$

　　　　　　　$=96.1\times10^6\ \text{N}\cdot\text{mm}>M_{u2}$

这表明 $x<2a'_s$。

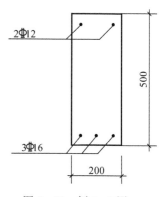

图 6-21 例 6-6 图

$$A_s=\frac{M}{f_y(h_0-a'_s)}=\frac{90\times10^6}{360\times(460-40)}=595\ \text{mm}^2$$

选用 $3\ \Phi\ 16,A_s=603\ \text{mm}^2$,钢筋布置如图 6-21 所示。

【例 6-7】已知梁截面尺寸 $b\times h=200\ \text{mm}\times400\ \text{mm}$,混凝土强度等级为 C30($f_c=14.3\ \text{N/mm}^2$),采用 HRB400 级钢筋($f_y=f'_y=360\ \text{N/mm}^2$),受拉钢筋 $3\ \Phi\ 25(A_s=1\ 473\ \text{mm}^2)$,受压钢筋 $2\ \Phi16(A'_s=402\ \text{mm}^2)$,要求承受弯矩设计值 $M=150\ \text{kN}\cdot\text{m}$,环境类别为一类,试核算该截面是否安全。

【解】　　　　　　　　$h_0=400-40=360\ \text{mm}$

$$\xi=\frac{A_s-A'_s}{bh_0}\cdot\frac{f_y}{\alpha_1 f_c}=\frac{1\ 473-402}{200\times360}\times\frac{360}{1.0\times14.3}=0.374$$

相应的　　　　　　　　$\alpha_s = \xi(1-0.5\xi) = 0.374 \times (1-0.5 \times 0.374) = 0.304$

$$\begin{aligned} M_u &= \alpha_s \alpha_1 f_c b h_0^2 + f'_y A'_s (h_0 - a'_s) \\ &= 0.304 \times 1.0 \times 14.3 \times 200 \times 360^2 + 360 \times 402 \times (360-40) \\ &= 159.0 \times 10^6 \text{ N} \cdot \text{mm} = 159.0 \text{ kN} \cdot \text{m} > M = 150 \text{ kN} \cdot \text{m} \end{aligned}$$

由此可见,设计是符合要求的。

6.2.6 T形截面梁

1) T形截面受弯构件翼缘计算宽度

工程实践中,T形截面受弯构件广泛应用于整体式肋梁楼盖中的主、次梁,T形檩条,T形吊车梁及双T形板中。用于屋面大梁、吊车梁的工字形截面受弯构件、用于桥梁中的箱形截面受弯构件及预制空心板受弯构件,在正截面承载力计算时,均可按T形截面考虑,因为裂缝截面处受拉翼缘将不参加工作。

当矩形截面受弯构件产生裂缝后,在裂缝截面处,中和轴以下(受拉区)的混凝土将不再承担拉力。因此,可将受拉区混凝土的一部分挖去,即形成T形截面。这时,只要把原有纵向受拉钢筋集中布置在腹板内,且使钢筋截面重心位置不变,则此T形截面的受弯承载力将与原矩形截面相同。这样不仅可节省混凝土用量,而且可减轻构件自重。

为了发挥T形截面的作用,应充分利用翼缘受压,使混凝土受压区高度减小,内力臂增大,从而减少钢筋用量。但是,试验和理论分析证明,T形梁受弯后,翼缘内纵向压应力的分布是不均匀的,距离腹板愈远,压应力愈小(图6-22)。因此,当翼缘较宽时,计算中应考虑其应力分布不均匀对截面承载力的影响。为了简化计算,可把T形截面的翼缘宽度限制在一定范围内,称为翼缘计算宽度b'_f。在这个宽度范围内,假定其应力均匀分布,而在这个范围以外,认为翼缘不起作用。

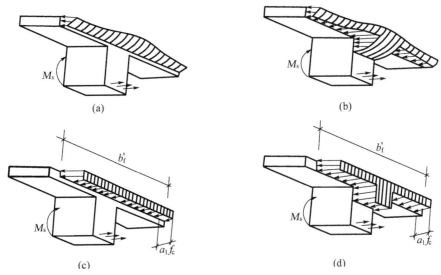

图6-22　T形截面梁受压翼缘应力分布及计算应力图形

(a)、(c)中和轴位于翼缘时的应力图及相应的计算应力图;

(b)、(d)中和轴位于腹板时的应力图及相应的计算应力图

翼缘计算宽度 b'_f 与受弯构件的工作情况（整体肋形梁或独立梁）、跨度及翼缘的高度与截面有效高度之比（h'_f/h_0）有关。《规范》中规定的翼缘计算宽度 b'_f 列于表 6-4。确定 b'_f 时，应取表中有关各项的最小值（图 6-23）。

表 6-4　T 形及倒 L 形截面受弯构件翼缘计算宽度 b'_f

考虑情况		T 形截面		倒 L 形截面
		肋形梁（板）	独立梁	肋形梁（板）
按计算跨度 l_0 考虑		$l_0/3$	$l_0/3$	$l_0/6$
按梁（肋）净距 S_n 考虑		$b+S_n$	—	$b+S_n/2$
按翼缘高度 h'_f 考虑	当 $h'_f/h_0 \geqslant 0.1$	—	$b+12h'_f$	—
	当 $0.1 > h'_f/h_0 \geqslant 0.05$	$b+12h'_f$	$b+6h'_f$	$b+5h'_f$
	当 $h'_f/h_0 < 0.05$	$b+12h'_f$	b	$b+5h'_f$

注：(1) 表中 b 为梁的腹板宽度。

(2) 如肋形梁在梁跨内设有间距小于纵肋间距的横肋时，则可不遵守表中第三种情况的规定。

(3) 对有加腋的 T 形和倒 L 形截面，当受压区加腋的高度 $h_h \geqslant h'_f$ 且加腋的宽度 $b_h \leqslant 3h_h$ 时，则其翼缘计算宽度可按表列第三种情况规定分别增加 $2b_h$（T 形截面）和 b_h（倒 L 形截面）。

(4) 独立梁受压区的翼缘板在荷载作用下经验算沿纵肋方向产生裂缝时，其计算宽度应取腹板宽 b。

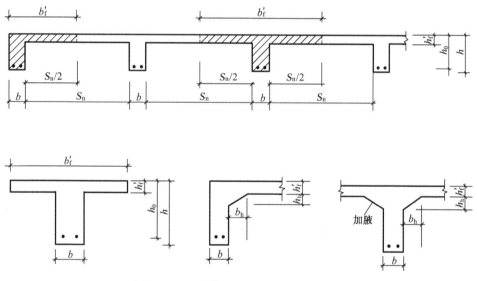

图 6-23　T 形截面梁受压翼缘计算宽度

2）基本计算公式

T 形截面的受弯承载力计算，根据其受力后中和轴位置的不同，可以分为两种类型：第一类 T 形截面，其中和轴位于翼缘内；第二类 T 形截面，其中和轴通过腹板。

（1）第一类 T 形截面

① 计算公式

当 $x \leqslant h'_f$ 时，为第一类 T 形截面（图 6-24）。在破坏时，受拉钢筋应力达抗拉强度设计值 f_y，中和轴以下受拉区混凝土早已开裂，承载力计算时不予考虑；中和轴以上混凝土受压区的形状为矩形,应力图形可简化为均匀分布。计算应力图形如图 6-24 所示。

就正截面受弯承载力来看,整个截面的作用实际上与尺寸为 $b'_f \times h$ 的矩形截面相同。因此,可按宽度为 b'_f 的单筋矩形截面进行计算。根据平衡条件可得

$$\alpha_1 f_c b'_f x = f_y A_s \tag{6-52}$$

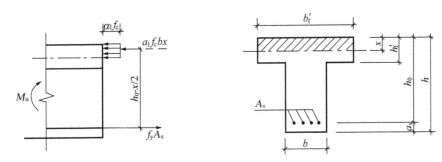

图 6-24　第一类 T 形截面的受弯承载力计算应力图形

② 适用条件

由于第一类 T 形截面的正截面承载力计算相当于宽度为 b'_f 的矩形截面的正截面受弯承载力计算,所以,也应符合 6.2.4 所述的适用条件。

A. $\xi \leqslant \xi_b$

$$M_u = \alpha_1 f_c b'_f x \left(h_0 - \frac{x}{2}\right) \tag{6-53}$$

比照式(6-18)和式(6-19)可得

$$M \leqslant \xi_b (1 - 0.5\xi_b) \alpha_1 f_c b'_f h_0^2 \tag{6-54}$$

对于第一类 T 形截面,由于 $\xi \leqslant h'_f / h$,所以,一般均能满足 $\xi \leqslant \xi_b$ 的条件,故可不验算。

B. $\rho \geqslant \rho_{\min}$

由于最小配筋率 $\rho_{\min}$ 是根据钢筋混凝土截面最小受弯承载力不低于相同截面尺寸的素混凝土截面受弯承载力的原则确定的,而混凝土截面的受弯承载力主要取决于受拉区的强度,因此,T 形截面与同样高度和宽度为腹板宽的矩形截面的受弯承载力相差不多。为了简化计算,并考虑以往的设计经验,验算 $\rho \geqslant \rho_{\min}$ 时,T 形截面配筋率的计算方法与矩形截面相同,近似地按腹板宽度考虑,即应满足下列条件:

$$\rho = \frac{A_s}{bh} \geqslant \rho_{\min} \tag{6-55}$$

(2) 第二类 T 形截面的计算

① 计算公式

当 $x > h'_f$ 时,为第二类 T 形截面,在破坏时,受拉钢筋应力达抗拉强度设计值 f_y,中和轴通过腹板,混凝土受压区的形状已不同于第一类 T 形截面,即由矩形变为 T 形。这时其翼缘挑出部分全部受压,应力分布近似于轴心受压的情况,而另一部分为腹板的矩形部分,其受力情况与单筋矩形截面的受压区相似,其计算应力图形如图 6-25 所示。根据平衡条件可得

$$\alpha_1 f_c(b'_f - b)h'_f + \alpha_1 f_c bx = f_y A_s \tag{6-56}$$

$$M_u = \alpha_1 f_c(b'_f - b)h'_f(h_0 - h'_f/2) + \alpha_1 f_c bx(h_0 - x/2) \tag{6-57}$$

如同双筋矩形截面,可把第二类 T 形截面所承担的弯矩 M_u 分为以下两部分:一部分是由翼缘挑出部分的混凝土和相应的一部分受拉钢筋 A_{s1} 所承担的弯矩 M_{u1}(图 6-25c)。不难看出,这实际上和双筋截面相似,翼缘的挑出部分相当于双筋截面的受压钢筋。于是可得

$$M_u = M_{u1} + M_{u2} \tag{6-58}$$

$$A_s = A_{s1} + A_{s2} \tag{6-59}$$

对第一部分(图 6-25b),由平衡条件可得

$$f_y A_{s1} = \alpha_1 f_c(b'_f - b)h'_f \tag{6-60}$$

$$M_{u1} = \alpha_1 f_c(b'_f - b)h'_f(h_0 - h'_f/2) \tag{6-61}$$

对第二部分(图 6-25c),由平衡条件可得

$$f_y A_{s2} = \alpha_1 f_c bx \tag{6-62}$$

$$M_{u2} = \alpha_1 f_c bx(h_0 - x/2) \tag{6-63}$$

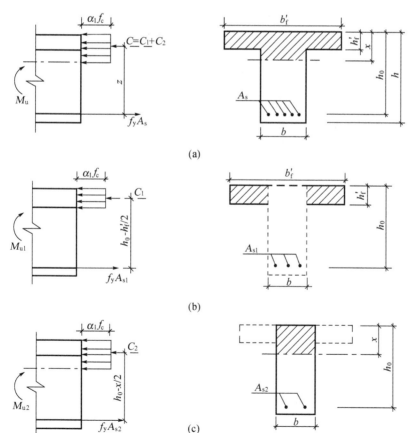

图 6-25 第二类 T 形截面的受弯承载力计算应力图形

② 适用条件

A. $\xi \leqslant \xi_b$

与单筋矩形截面相似,式(6-18)可改写为

$$\rho_2 = \frac{A_{s2}}{bh_0} \leqslant \xi_b \frac{\alpha_1 f_c}{f_y} \qquad (6-64)$$

B. $\rho \geqslant \rho_{min}$

对第二类 T 形截面,一般均能满足 $\rho \geqslant \rho_{min}$ 的要求,可不必验算。

(3) 两种 T 形截面的鉴别

为了正确地应用上述公式进行计算,首先必须鉴别出截面属于哪一种 T 形截面。为此,可先以中和轴恰好在翼缘下边缘处(图 6-26)的这一界限情况进行分析。

按照图 6-26,由平衡条件可得

$$\alpha_1 f_c b'_f h'_f = f_y A_{s1} \qquad (6-65)$$

$$M_{ul} = \alpha_1 f_c b'_f h'_f (h_0 - h'_f/2) \qquad (6-66)$$

式中　A_{s1}——第一类 T 形截面在界限时所需的受拉钢筋截面面积;

　　　M_{ul}——第一类 T 形截面在界限时所承担的弯矩设计值。

根据式(6-65)和式(6-66),两种 T 形截面的鉴别可按下述方法进行。

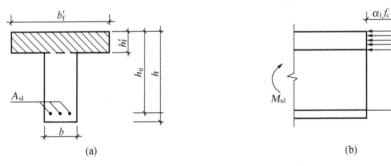

(a)　　　　　　　　　　(b)

图 6-26　两种 T 形截面的界限

① 设计截面

这时弯矩设计值 M 为已知,若满足下列条件:

$$M \leqslant \alpha_1 f_c b'_f h'_f (h_0 - h'_f/2) \qquad (6-67)$$

则说明 $x \leqslant h'_f$,即中和轴在翼缘内,属于第一类 T 形截面。反之,若满足下列条件:

$$M > \alpha_1 f_c b'_f h'_f (h_0 - h'_f/2) \qquad (6-68)$$

则说明 $x > h'_f$,即中和轴与腹板相交,属于第二类 T 形截面。

② 复核截面

这时钢筋截面面积 A_s 为已知,若满足下列条件:

$$A_s \leqslant \frac{\alpha_1 f_c}{f_y} b'_f h'_f \qquad (6-69)$$

则说明 $x \leqslant h'_f$，属于第一类 T 形截面。反之，若满足下列条件：

$$A_s > \frac{\alpha_1 f_c}{f_y} b'_f h'_f \qquad (6-70)$$

则说明 $x > h'_f$，属于第二类 T 形截面。

3）计算方法

（1）设计截面

设计 T 形截面时，一般是已知弯矩设计值和截面尺寸，求受拉钢筋截面面积。

① 第一类 T 形截面

当满足式（6-67）的条件时，则属于第一类 T 形截面，其计算方法与截面尺寸为 $b'_f \times h$ 的单筋矩形截面相同。

② 第二类 T 形截面

当满足式（6-68）的条件时，则属于第二类 T 形截面，这时，由式（6-60）可求得

$$A_{s1} = \frac{\alpha_1 f_c}{f_y}(b'_f - b)h'_f \qquad (6-71)$$

相应的，M_{u1} 可由式（6-61）求得，则由式（6-58）可得

$$M_{u2} = M - \alpha_1 f_c(b'_f - b)h'_f(h_0 - h'_f/2) \qquad (6-72)$$

于是，即可按截面尺寸为 $b \times h$ 的单筋矩形截面求得 A_{s2}，最后可得

$$A_s = A_{s1} + A_{s2}$$

同时，必须验算 $\xi \leqslant \xi_b$ 的条件。

（2）复核截面

① 第一类 T 形截面

当满足式（6-69）的条件时，属于第一类 T 形截面，则可按截面尺寸为 $b'_f \times h$ 的矩形截面计算。

② 第二类 T 形截面

当满足式（6-70）的条件时，属于第二类 T 形截面，可按下述步骤进行计算：

A. 计算 A_{s1} 和 M_{u1}

A_{s1} 和相应的 M_{u1} 仍可按式（6-71）和（6-61）确定。

B. 计算 A_{s2} 和 M_{u2}

$$A_{s2} = A_s - A_{s1}$$

M_{u2} 可按钢筋 A_{s2} 的单筋矩形截面（$b \times h$）确定。

C. 计算 M_u

$$M_u = M_{u1} + M_{u2}$$

【例 6-8】有一 T 形截面（图 6-27），其截面尺寸为：$b = 250$ mm，$h = 750$ mm，$b'_f = 1\,200$ mm，$h'_f = 80$ mm，承受弯矩设计值 $M = 530$ kN·m，混凝土强度等级为 C30（$f_c = 14.3$ N/mm^2），采用 HRB400 级钢筋配筋（$f_y = 360$ N/mm^2），环境类别为一类。试求所需钢筋截面面积。

【解】① 类型鉴别

$h_0 = 750 - 65 = 685$ mm

$\alpha_1 f_c b'_f h'_f (h_0 - h'_f/2)$

$= 1.0 \times 14.3 \times 1\,200 \times 80 \times (685 - 80/2)$

$= 885.5 \times 10^6$ N·mm $= 885.5$ kN·m $> M$

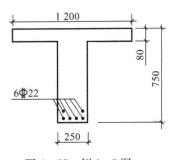

图 6-27 例 6-8 图

这表明属于第一类 T 形截面,按截面尺寸 $b'_f \times h = 1\,200$ mm $\times 750$ mm 的矩形截面计算。

② 计算 A_s

$$\alpha_s = \frac{M}{\alpha_1 f_c b'_f h_0^2} = \frac{530 \times 10^6}{1.0 \times 14.3 \times 1\,200 \times 685^2} = 0.066$$

相应的,$\gamma_s = 0.97$,则

$$A_s = \frac{M}{f_y \gamma_s h_0} = \frac{530 \times 10^6}{360 \times 0.97 \times 685} = 2\,216 \text{ mm}^2$$

选用 6 Φ 22,$A_s = 2\,281$ mm^2。钢筋配置如图 6-27 所示。

(3) 验算适用条件

$$\rho = \frac{A_s}{bh} = \frac{2\,281}{250 \times 750} = 1.22\% > 0.2\% \qquad \text{(符合要求)}$$

【例 6-9】有一 T 形截面(图 6-28),其截面尺寸为:$b = 300$ mm,$h = 800$ mm,$b'_f = 600$ mm,$h'_f = 100$ mm,承受弯矩设计值 $M = 700$ kN·m,混凝土强度等级为 C30,用 HRB400 级钢筋配筋。求所需受拉钢筋截面面积。

【解】① 类型鉴别

$h_0 = 800 - 65 = 735$ mm

$\alpha_1 f_c b'_f h'_f (h_0 - h'_f/2) = 1.0 \times 14.3 \times 600 \times 100 \times \left(735 - \dfrac{100}{2}\right)$

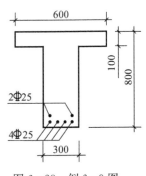

图 6-28 例 6-9 图

$\qquad\qquad = 587.73 \times 10^6$ N·mm

$\qquad\qquad = 587.73$ kN·m $< M$

这表明属于第二类 T 形截面。

② 计算 A_s

A. 求 A_{s1},由式(6-71)可得

$$A_{s1} = \frac{\alpha_1 f_c (b'_f - b) h'_f}{f_y} = \frac{1.0 \times 14.3 \times (600 - 300) \times 100}{360} = 1\,192 \text{ mm}^2$$

B. 求 A_{s2},由式(6-61)可得

$$M_{u1} = \alpha_1 f_c (b'_f - b) h'_f (h_0 - h'_f/2) = 1.0 \times 14.3 \times (600 - 300) \times 100 \times \left(735 - \dfrac{100}{2}\right)$$

$\qquad\qquad = 293.87 \times 10^6$ N·mm $= 293.87$ kN·m

$M_{u2} = M - M_{u1} = 700 - 293.87 = 406$ kN·m

$$\alpha_s = \frac{M_{u2}}{\alpha_1 f_c b h_0^2} = \frac{406 \times 10^6}{1.0 \times 14.3 \times 300 \times 735^2} = 0.175$$

相应的，$\gamma_s = 0.903$，则

$$A_{s2} = \frac{406 \times 10^6}{360 \times 0.903 \times 735} = 1\,699 \text{ mm}^2$$

C. 求 A_s

$$A_s = A_{s1} + A_{s2} = 1\,192 + 1\,699 = 2\,891 \text{ mm}^2$$

选 6 Φ 25，$A_s = 2\,945 \text{ mm}^2$。钢筋布置如图 6-28 所示。

6.3 斜截面受剪承载力

钢筋混凝土受弯构件在剪力和弯矩共同作用的区段内，可能沿斜裂缝发生剪切破坏。这种破坏发生突然，延性小，具有明显的脆性破坏特性，设计时应当避免。因此，为了保证受弯构件的承载力，除了进行正截面承载力计算外，还须进行斜截面承载力计算。

为了防止受弯构件沿斜截面破坏，应配置必要的箍筋，有时还须配置弯起钢筋。箍筋和弯起钢筋统称为腹筋。有腹筋、纵向钢筋的梁称为有腹筋梁，有纵向钢筋但无腹筋的梁称为无腹筋梁。

6.3.1 无腹筋梁的受剪性能

1）斜裂缝出现前构件的受力状态

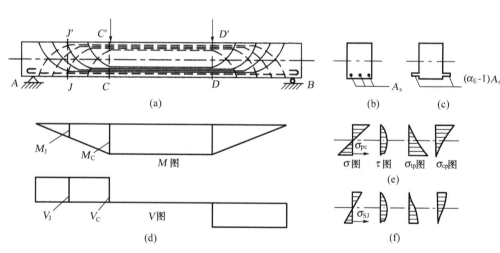

图 6-29 无腹筋梁斜裂缝出现前的应力状态

（a）主应力迹线；（b）截面；（c）换算截面；（d）内力图；（e）CC' 截面应力；（f）JJ' 截面应力

图 6-29 为一矩形截面钢筋混凝土简支梁在两个对称集中荷载作用下的应力状态、弯矩图和剪力图。图 6-29a 中 CD 段为纯弯段，AC、DB 段为剪跨段，亦称剪弯段（同时作用有剪力和弯矩）。现在讨论沿梁上各截面上的应力分布及其规律。在荷载较小、尚未出现裂缝时，梁处于整体工作阶段。此时可将钢筋混凝土梁视为匀质弹性体，将截面上的纵向钢筋按钢筋与混凝土的弹性模量比 α_E（即 E_s/E_c）换算成等效的混凝土，与混凝土截面组成为一个换算截

面(图 6-29c)。截面上任一点的正应力 σ 和剪应力 τ 可用材料力学公式计算：

$$\sigma=\frac{My_0}{I_0} \tag{6-73}$$

$$\tau=\frac{VS_0}{bI_0} \tag{6-74}$$

式中　I_0——换算截面惯性矩；

　　　S_0——通过计算点且平行于中和轴的直线所切出的上部（或下部）换算截面面积对中和轴的面积矩。

剪弯区段内任一点的主拉应力 σ_{tp} 和主压应力 σ_{cp} 同样可用材料力学公式计算：

$$\sigma_{tp}=\frac{\sigma}{2}+\sqrt{\frac{\sigma^2}{4}+\tau^2} \tag{6-75}$$

$$\sigma_{cp}=\frac{\sigma}{2}-\sqrt{\frac{\sigma^2}{4}+\tau^2} \tag{6-76}$$

主应力的作用方向与梁纵轴的夹角 α 按下式确定：

$$\tan2\alpha=-\frac{2\tau}{\sigma} \tag{6-77}$$

据此可求得如图 6-29a 所示梁的主应力迹线，其中实线为主拉应力迹线，虚线为主压应力迹线。在纯弯段（CD 段），剪力和剪应力为零，主拉应力、主压应力的作用方向与梁纵轴的夹角 α 为零，即作用方向是水平的。最大主拉应力发生在截面的下边缘，当达到混凝土的极限拉应变时，将出现垂直裂缝。在剪弯段（AC 及 DB 段），主拉应力的方向是倾斜的。在截面中和轴处，正应力为零，剪应力最大，主拉应力、主压应力与梁纵轴的夹角为 45°；在截面中和轴以上的受压区内，由于压应力的存在，主拉应力减小、主压应力增大，主拉应力作用方向与梁纵轴的夹角大于 45°；在中和轴以下的受拉区内，由于拉应力的存在，主拉应力增大、主压应力减少，主拉应力作用方向与梁纵轴的夹角小于 45°；在受拉边缘，$\alpha=0$，表示其作用方向是水平的。

剪弯段 CC'、JJ' 截面的应力分布如图 6-29e、f 所示。从图中可以看出，梁截面换算后的应力分布规律与单一匀质弹性梁相比，差别仅在于存在纵筋的拉应力，以及在纵筋处由于截面的变宽，剪应力图形在纵筋处有突变。

2）斜截面受剪破坏的三种主要类型

无腹筋梁斜截面受剪破坏的三种形式

如前所述，在剪跨段存在斜向主拉应力，当达到混凝土的极限拉应变时，产生斜裂缝。随着荷载的增大，将发生沿斜裂缝的斜截面承载力破坏。在斜截面上可能发生受剪破坏，或因斜截面处纵向受拉钢筋过少而发生斜截面受弯破坏，这些均属于斜截面承载力破坏，此处主要讨论斜截面受剪破坏。

如图 6-30 所示，随着剪跨比 λ 等因素的不同，无腹筋梁将会出现剪压破坏、斜拉破坏和斜压破坏三种主要的斜截面受剪破坏类型。

剪跨比 λ 实质上反映了截面上弯矩 M 与剪力 V 的相对比值（截面上正应力和剪应力的比值）。对于承受集中荷载的梁，剪跨比 λ 表达为

$$\lambda=\frac{a}{h_0}=\frac{Va}{Vh_0}=\frac{M}{Vh_0} \tag{6-78}$$

式中 a 为集中荷载至支座的距离,称为剪跨。对于承受分布荷载或其他复杂荷载的梁,可用无量纲参数 M/Vh_0 来反映截面上弯矩与剪力的比值。一般称 M/Vh_0 为广义剪跨比。

(1) 剪压破坏。当剪跨比 λ 为 $1\sim3$ 时,则在剪跨范围内,梁底首先因弯矩的作用而出现垂直裂缝,随着荷载的增加,初始裂缝将逐渐向上发展,并随主拉应力作用方向的改变而发生倾斜,即沿主压应力迹线向集中荷载作用点延伸,坡度逐渐减缓,裂缝下宽上细,这种裂缝称为弯剪斜裂缝(如图 6-31a 所示)。随着荷载的不断增加,将会形成一主要的较宽斜裂缝,称为临界斜裂缝,荷载继续增加,梁上部剪压区的混凝土在剪应力和压应力的复合作用下,达到极限强度而破坏,如图 6-30a 所示,这种破坏称为剪压破坏。由于从出现斜裂缝到发生破坏的过程较短,剪压破坏属于脆性破坏类型。

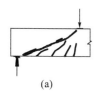 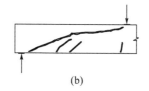

图 6-30 斜截面受剪破坏类型

(a) 剪压破坏;(b) 斜拉破坏;(c) 斜压破坏

(2) 斜拉破坏。当剪跨比较大($\lambda>3$)时,常发生如图 6-30b 所示的破坏情况。在荷载不大的情况下,梁下边缘一旦出现垂直向弯曲裂缝,就会迅速向受压区斜向伸展并分成两部分,梁的承载力随之丧失,与正截面少筋破坏类同,破坏荷载与出现裂缝的荷载很接近,破坏突然,在三种破坏类型中脆性性质最为显著。斜拉破坏时的承载力取决于混凝土在复合受力下的抗拉强度,因此承载力很低。

(3) 斜压破坏。当剪跨比较小($\lambda<1$)时,将首先在梁的中和轴附近出现若干相互平行的、大致与中和轴成 45° 倾角的斜裂缝。随着荷载的增加,该种裂缝将沿主压应力迹线向支座和集中荷载作用点延伸,这种裂缝两头细,中间宽,呈枣核状,称为腹剪斜裂缝,如图 6-31b 所示。相互平行的斜裂缝使得支座反力与集中力之间的混凝土形成若干斜向短柱,短柱压坏即告破坏,如图 6-30c 所示。这种破坏类似于正截面超筋破坏,明显属于脆性破坏类型。斜压破坏的承载力取决于混凝土的抗压强度,高于剪压破坏时的承载力。

另外,还可能出现下列破坏情况:如果纵筋锚固不良,可能因支座附近钢筋拉应力增大和粘结长度缩短而产生粘结裂缝(针脚状裂缝);在接近破坏时,短的斜向粘结裂缝将突然发展成沿纵筋水平的劈裂裂缝,将纵筋底面保护层混凝土撕裂;加载板或支座的面积过小,小剪跨比的梁可能因局部受压而发生劈裂破坏。在工程中应采取必要的构造措施,避免出现这些非正常破坏情况。

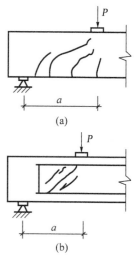

图 6-31 无腹筋梁的
典型斜裂缝

3) 斜裂缝出现后构件的受力状态

无腹筋梁出现斜裂缝后,应力状态发生显著变化。这时已不能再将其视为匀质弹性体梁,截面上的应力亦不能用一般材料力学公式进行计算。图 6-32 为斜裂缝出现前后 Ⅰ—Ⅰ 和

Ⅱ—Ⅱ截面的应变分布图。截面应变差异表明,斜裂缝出现后,将梁分成上、下两部分,梁内应力发生了重分布,其主要表现为斜裂缝起始端的纵筋拉应力突然增大,大部分荷载将由斜裂缝上方的混凝土传递,剪压区混凝土所受的剪应力和压应力亦显著增加。

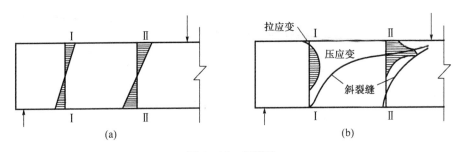

图 6-32　斜裂缝

为说明图 6-33a 所示斜裂缝出现后的应力状态,可沿斜裂缝将梁切开,取隔离体如图 6-33c 所示。隔离体上作用有由荷载产生的剪力 V、斜裂缝上端混凝土截面承受的剪力 V_c 及压力 C_c、纵向钢筋的拉力 T_s 以及纵向钢筋的销栓作用传递的剪力 V_d、斜裂缝交界面骨料的咬合与摩擦等作用传递的剪力 V_a。不厚的混凝土保护层厚度无法阻止纵筋在剪力作用下产生的剪切变形,故纵向钢筋的销栓力很弱,斜裂缝交界面上骨料的咬合作用及摩擦作用将随着斜裂缝的开展而逐渐减少,为便于分析,在极限状态下,V_d 和 V_a 可不予考虑(更确切地说,并入 V_c 中考虑)。这样,由脱离体的平衡条件,可得下列公式:

$$\sum X = 0 \quad C_c = T_s \qquad (6-79a)$$

$$\sum Y = 0 \quad V_c = V \qquad (6-79b)$$

$$\sum M = 0 \quad T_s z = Va \qquad (6-79c)$$

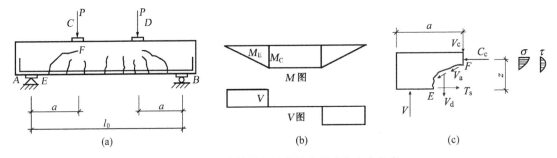

图 6-33　无腹筋梁在斜裂缝出现后的应力状态

式中　z——内力臂;

　　　a——剪跨(集中力作用点至支座间的距离)。

式(6-79a)~(6-79c)表明,在斜裂缝出现后,无腹筋梁内将发生应力重分布,主要表现为以下两方面:

(1)荷载引起的剪力 V 由全截面承担转变为由斜裂缝上端的混凝土截面(CF)来承担。斜裂缝上端的混凝土截面成为剪压区,其截面面积远小于全截面面积,如图 6-33c 所示的剪压区剪应力 τ 及压应力 σ 显著增大。

（2）起始裂缝处如 E 截面的纵筋应力由该处的正截面弯矩 M_E 决定转变为取决于斜裂缝末端处的弯矩 M_C，而 M_C 远大于 M_E，故斜裂缝出现后纵筋的拉应力 σ_s 将突然增大。

4）影响无腹筋梁斜截面受剪承载力的主要因素

影响无腹筋梁斜截面受剪承载力的主要因素有剪跨比、混凝土强度和纵筋配筋率。另外荷载形式（集中荷载、分布荷载）、加载方式（直接加载、间接加载）、结构类型（简支梁、连续梁）以及截面形状等对无腹筋梁的斜截面受剪承载力也有影响。

（1）剪跨比 λ

图 6-34 为无腹筋梁在各种剪跨比下的试验结果。在其他条件相同时，剪跨比的变化对无腹筋梁受剪承载力和破坏形态的影响十分显著。随着剪跨比的增大，梁的破坏形态按斜压（$\lambda<1$）、剪压（$1<\lambda<3$）、斜拉（$\lambda>3$）的顺序变化，梁的受剪承载力逐步降低。$\lambda>3$ 后剪跨比对受剪承载力的影响不明显，受剪承载力趋于稳定。

（2）混凝土强度

梁的受剪破坏是由于混凝土达到其极限强度而发生的，因此，混凝土的强度对梁的受剪承载力

剪跨比的实质

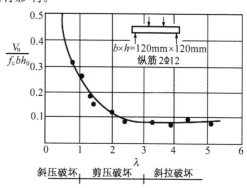

图 6-34　剪跨比对受剪承载力的影响

影响很大。图 6-35 为 4 组无腹筋梁的试验结果，在其他条件相同时，梁的受剪承载力随混凝土强度的提高而提高，两者为线性关系。但当混凝土强度较高时，增大速度将减缓。此外，由于在不同剪跨比下梁的破坏形态不同，混凝土强度对梁受剪承载力的影响程度亦不同。如 $\lambda=1.0$ 时，为斜压破坏，梁的受剪承载力取决于混凝土的抗压强度，直线的斜率较大，表示混凝土强度对其影响最大；$\lambda=3.0$ 时，梁为斜拉破坏，梁的受剪承载力取决于混凝土的抗拉强度，直线的斜率较小，表示混凝土强度的影响略小；$1<\lambda<3$ 时，梁为剪压破坏，混凝土强度的影响介于两者之间。

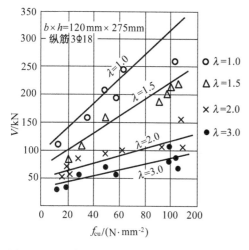

图 6-35　混凝土强度对受剪承载力的影响

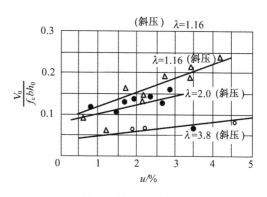

图 6-36　纵筋配筋率对受剪承载力的影响

（3）纵筋配筋率

纵筋配筋率对受剪承载力有一定的影响，梁的受剪承载力随纵向钢筋配筋率 ρ 的提高而增大。因为纵向钢筋的增加可以抑制斜裂缝的开展和延伸，有助于保留较大的混凝土剪压区的面积，提高了梁的抗剪能力；同时，纵筋数量增加提高了销栓力。图 6-36 为纵筋配筋率 ρ 对梁的受剪承载力的影响，两者大体上呈线性关系。图 6-36 中各直线的斜率也不同，表明剪跨比不同，ρ 的影响程度不同。剪跨比较小时，纵筋的销栓作用较强，对受剪承载力的影响较大；剪跨比较大时，纵筋的销栓作用减弱，纵筋配筋率对受剪承载力的影响较小。

6.3.2 有腹筋梁的受剪性能

钢筋混凝土梁的设计不希望受剪破坏发生于受弯破坏之前，因此设计中大多数梁均配有最低限度的腹筋。

1）梁的受剪计算模型

国内外学者根据混凝土梁的受剪破坏形态提出了多种描述受剪机理、计算受剪承载力的计算模型，其中桁架模型有明显的优点。桁架模型不仅用于梁的受剪设计，还广泛用于受扭、深梁、有轴向力的梁以及牛腿等的设计。压力场理论也是依据桁架模型建立的。

（1）无腹筋梁的拉杆拱受力模型

由斜裂缝出现后构件的受力状态分析可知，在无腹筋梁形成临界斜裂缝后，骨料咬合力及纵筋销栓力急剧下降，由于粘结力被破坏，纵筋中的拉力沿剪跨几乎均匀分布，完全靠纵筋在支座处的锚固来保证纵筋与压区混凝土共同工作。因此无腹筋梁的受力可看作一拉杆拱。拉杆拱的受力模型如图 6-37a 所示，斜裂缝顶部的残余截面为拱顶，纵筋为拉杆，拱顶至支座间的斜向受压混凝土为拱体，梁的其余部分不参与力的传递。当"拱顶"混凝土强度不足时将发生斜拉或剪压破坏；当"拱体"混凝土抗压强度不足时将发生斜压破坏；当支座纵筋锚固不足时将发生粘结锚固破坏。

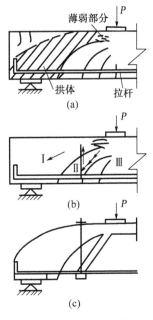

图 6-37 梁斜截面受力模型

（2）有腹筋梁的比拟桁架受力模型

对于带斜裂缝的有腹筋梁可用平面桁架来描述截面的剪力传递：开裂后的混凝土块体 I 为桁架的上弦，斜裂缝之间的混凝土小拱 II、III 为桁架斜压杆，纵筋为受拉弦杆，箍筋为受拉腹杆（图 6-37b、c）。

图 6-38 所示为斜裂缝处的抵抗剪力（V_R）与剪力（V）之间的关系，弯曲裂缝出现前，所有剪力由混凝土承担；弯曲裂缝出现后、斜裂缝出现前，剪力由混凝土受剪作用 V_c、骨料咬合作用 V_{ay}（V_a 的竖向分量）以及纵筋的销栓作用 V_d 共同承担。随着斜裂缝的出现，箍筋承担了部分剪力 V_{sv}。箍筋除承担部分剪力外，还限制斜裂缝的开展，有利于保持骨料间的咬合力 V_a，同时约束纵向钢筋，增加纵筋销栓力，防止撕裂破坏。当箍筋屈服

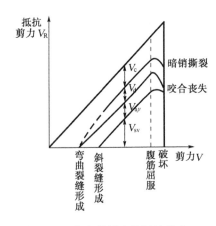

图 6-38 有腹筋梁中的抵抗剪力

后,箍筋承担的剪力不再提高,增加的荷载将由 V_c、V_d 及 V_{ay} 来承担。随着斜裂缝宽度的进一步加大,咬合力 V_{ay} 减少,相应的 V_d 及 V_c 迅速增长;当出现撕裂裂缝时,销栓力 V_d 开始降低,剪压区混凝土承担的剪力 V_c 随之迅速增大,直到在剪应力和压应力的共同作用下剪压区混凝土被压碎,梁破坏。该模型概念明确,然而,采用该模型的计算方法尚待改进。

2) 腹筋的受力特性

在斜裂缝出现前,有腹筋梁中腹筋(箍筋和弯起钢筋)的应力状态很低,没有明显的作用,其受力性能与无腹筋梁相近。但在斜裂缝出现后,腹筋的作用大大增加,有腹筋梁的受力性能与无腹筋梁相比将有明显的差异。

斜裂缝出现后,与斜裂缝相交的腹筋直接承担部分剪力,应力显著增大。同时,腹筋限制了斜裂缝的开展和延伸,斜裂缝上端混凝土剪压区的截面面积增大,混凝土剪压区的抗剪能力提高。此外,箍筋增强了斜裂缝交界面骨料的咬合和摩擦作用,延缓沿纵筋的粘结劈裂裂缝的发展,防止混凝土保护层的突然撕裂,提高纵向钢筋的销栓作用。因此,腹筋使梁的受剪承载力有较大的提高。

3) 影响有腹筋梁斜截面受剪承载力的主要因素

影响有腹筋梁斜截面受剪承载力的因素

影响有腹筋梁破坏形态的主要因素除了剪跨比、混凝土强度以及纵筋配筋率外,还有配箍率。配箍率 ρ_{sv} 为箍筋截面面积与相应的混凝土面积的比值,即

$$\rho_{sv} = \frac{nA_{sv1}}{bs} \tag{6-80}$$

式中　n——在同一截面内箍筋的肢数;

　　　A_{sv1}——单肢箍筋的截面面积;

　　　b——截面宽度;

　　　s——沿构件长度方向上箍筋的间距。

图 6-39 为梁的受剪承载力与箍筋强度和配箍率的乘积的关系。当其他条件相同时,两者大致呈线性关系。

当配箍率适当时,斜裂缝出现后,箍筋应力增大,斜裂缝开展受到限制,抗剪能力有较大增长;当箍筋达到屈服强度后,其限制裂缝的作用不再增加,最后压区混凝土在剪应力和压应力的共同作用下达到极限强度,丧失承载能力,发生剪压破坏。剪压破坏的极限承载力主要取决于混凝土强度及配箍率,而剪跨比及纵筋配筋率的影响相对较小。

当配箍率过低时,类似于正截面受弯的少筋梁,斜裂缝一出现,箍筋即屈服,基本上不能约束斜裂缝的开展,相当于无腹筋梁。当剪跨比较大时,同样会产生斜拉破坏。

当配箍率过高时,箍筋应力状态低,在箍筋尚未屈服时,梁腹斜裂缝间混凝土即达到抗压强度而发生斜压破坏,其承载力取决于混凝土强度及截面尺寸。

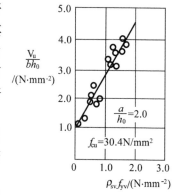

图 6-39　受剪承载力与箍筋的关系

6.3.3　斜截面受剪承载力计算

1) 计算公式的表达式

由于影响梁斜截面受剪承载力的因素较多,情况复杂,迄今为止,理论计算方法还不能准确地计算受剪承载力,因此《规范》所建议的公式采用了理论与经验相结合的方法。

如前所述,钢筋混凝土梁沿斜截面的主要破坏形态有:斜拉破坏、斜压破坏和剪压破坏等。对于斜拉破坏和斜压破坏,一般是用构造措施和截面限制条件予以避免。在设计时,通过配置构造箍筋,可避免发生斜拉破坏,当控制梁的截面尺寸不致过小时,可以防止发生斜压破坏。

对于常见的剪压破坏,由于其受剪承载力变化幅度较大,故必须进行承载力计算。《规范》的基本计算公式是根据剪压破坏的受力特征建立的。

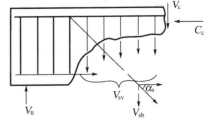

图 6-40 有腹筋梁破坏时的受力状态

假定梁的斜截面受剪承载力为 V_u,则根据如图 6-40 所示的有腹筋梁发生斜截面破坏时的脱离体受力状态,由竖向力的平衡条件可得

$$V_u = V_c + V_{sv} + V_{sb} \qquad (6-81)$$

式中　V_c——混凝土剪压区所承受的剪力;

　　　V_{sv}——与斜截面相交的箍筋所承受的剪力;

　　　V_{sb}——与斜截面相交的弯起钢筋所承受的剪力。

当无弯起钢筋时,得

$$V_u = V_c + V_{sv} = V_{cs} \qquad (6-82)$$

式中　V_{cs}——构件斜截面上混凝土和箍筋的受剪承载力设计值。

2) 一般受弯构件仅配箍筋时的受剪承载力计算公式

对矩形,T 形和工字形截面的一般受弯构件,当仅配有箍筋时,其受剪承载力按下式计算:

$$V \leqslant V_{cs} = 0.7 f_t b h_0 + f_{yv} \frac{A_{sv}}{s} h_0 \qquad (6-83)$$

式中　V——构件斜截面上的最大剪力设计值;

　　　V_{cs}——构件斜截面上混凝土和箍筋的受剪承载力设计值;

　　　A_{sv}——配置在同一截面内箍筋的全部截面面积,即 nA_{sv1},A_{sv1} 为单肢箍的截面面积,n 为同一截面内箍筋的肢数;

　　　s——沿构件长度方向的箍筋间距;

　　　f_t——混凝土抗拉强度设计值;

　　　f_{yv}——箍筋抗拉强度设计值。

由于配置箍筋后混凝土剪压区所能承受的剪力与无箍筋时所能承受的剪力不同,因此,对于上述两项表达式,虽然其第一项在数值上等于无腹筋梁的受剪承载力,但不应理解为配箍筋梁的混凝土剪压区所能承受的剪力;同时,第二项也不仅仅是箍筋承担的剪力,即公式(6-83)应理解为两项之和代表有箍筋梁的受剪承载力。此外,采用上式计算受剪承载力,也能基本上达到控制使用荷载下斜缝开展宽度不超过 0.2 mm 的要求。

3) 集中荷载下独立梁的受剪承载力计算公式

对集中荷载作用下的独立梁(包括作用有多种荷载,其中集中荷载对支座截面或节点边缘所产生的剪力值占总剪力值的 75% 以上的情况),当按式(6-82)计算时,V_{cs} 值应按下式计算:

$$V \leqslant V_{cs} = \frac{1.75}{\lambda + 1.0} f_t b h_0 + f_{yv} \frac{A_{sv}}{s} h_0 \qquad (6-84)$$

式中，λ 为计算截面的剪跨比，可取 $\lambda = a/h_0$，a 取集中荷载作用点至支座截面或节点边缘的距离。当 $\lambda < 1.5$ 时，取 $\lambda = 1.5$；当 $\lambda > 3$ 时，取 $\lambda = 3$。计算截面至支座之间的箍筋，应均匀布置。

式(6-83)、式(6-84)可用统一的表达式，即第一项系数用 α_{cv} 表示，称为斜截面混凝土受剪承载力系数，两种情况下 α_{cv} 分别取 0.7 和 $\frac{1.75}{\lambda+1}$。

4）配置箍筋和弯起钢筋梁的受剪承载力计算公式

当配有弯起钢筋时，弯起钢筋所承受的剪力为弯起钢筋的拉力在垂直于梁纵轴方向的分力，可表示为 $V_{sb} = 0.8 f_y A_{sb} \sin \alpha_s$。系数 0.8 是应力不均匀系数，考虑靠近剪压区的弯起钢筋在破坏时可能达不到其屈服强度。因此，配有箍筋和弯起钢筋的矩形、T 形和工字形截面的受弯构件，其受剪承载力按下式计算：

$$V \leqslant V_{cs} + V_{sb} = V_{cs} + 0.8 f_y A_{sb} \sin \alpha_s \qquad (6-85)$$

式中　V——在配置弯起钢筋处的剪力设计值；

　　　f_y——弯起钢筋的抗拉强度设计值；

　　　A_{sb}——同一弯起平面内弯起钢筋的截面面积；

　　　α_s——弯起钢筋与构件纵轴线之间的夹角，一般取 $\alpha_s = 45°$，梁截面高度较大时取 $\alpha_s = 60°$。

按式(6-85)计算时，即使梁中配有几排弯起钢筋，式中 A_{sb} 也只考虑一排。因为间距较大的弯起钢筋对抑制斜裂缝的开展及延伸的效果不及密集的箍筋，同时多排弯起钢筋在各自相应的位置与斜裂缝相交，有一部分接近剪压区，其平均应力能否达到 $0.8 f_y$ 尚缺乏足够的试验验证。

5）不配置腹筋的一般板类受弯构件的斜截面受剪承载力计算公式

不配置腹筋的一般板类受弯构件，其斜截面受剪承载力应按下列公式计算：

$$V_c = 0.7 \beta_h f_t b h_0 \qquad (6-86)$$

$$\beta_h = \left(\frac{800}{h_0}\right)^{1/4} \qquad (6-87)$$

式中　β_h——截面高度影响系数，当 $h_0 < 800$ mm 时，取 $h_0 = 800$ mm；当 $h_0 > 2\,000$ mm 时，取 $h_0 = 2\,000$ mm。

6）计算截面位置

斜截面受剪承载力计算时，其剪力设计值的计算截面应按以下规定采用(图 6-41)：

(1) 支座边缘处的截面(图 6-41a、b 截面 1—1)。

(2) 受拉区弯起钢筋弯起点处的截面(图 6-41a 截面 2—2，3—3)。

(3) 箍筋截面面积或间距改变处的截面(图 6-41b 截面 4—4)。

(4) 腹板宽度改变处的截面(图 6-41c)。

上述斜截面均为受剪承载力较弱处，计算时应取相应斜截面范围内的最大剪力，即取斜截面起始端处的剪力作为剪力设计值。

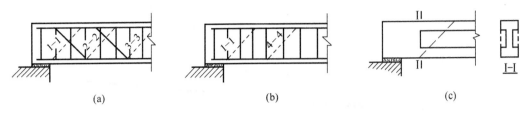

(a)   (b)   (c)

图 6-41 斜截面受剪承载力的计算位置

7) 适用条件

(1) 上限——截面限制条件

矩形、T 形和工字形截面受弯构件的截面限制条件,也是受弯构件的最大配箍率的条件,满足了该条件,可以防止发生斜压破坏(或腹板压坏),同时可限制在使用阶段的斜裂缝宽度。

当 $h_w/b \leqslant 4$ 时

$$V \leqslant 0.25\beta_c f_c bh_0 \tag{6-88}$$

当 $h_w/b \geqslant 6$ 时

$$V \leqslant 0.2\beta_c f_c bh_0 \tag{6-89}$$

当 $4 < h_w/b < 6$ 时,按线性内插法取用。

式中 β_c——混凝土强度影响系数,当混凝土强度等级不超过 C50 时,取 $\beta_c=1$;当混凝土强度等级为 C80 时,取 $\beta_c=0.8$,其间按线性内插法取用;

    b——矩形截面宽度,T 形截面、工字形截面的腹板宽度;

    h_w——截面的腹板高度,矩形截面取有效高度 h_0,T 形截面取有效高度减去翼缘高度,工字形截面取腹板净高。

以上各式限制了梁所必须具有的最小截面尺寸,相当于限制了最大配箍率,如对于一般受弯构件,$V \leqslant 0.25\beta_c f_c bh_0$,有

$$0.7f_t bh_0 + f_{yv}\frac{A_{sv}}{s}h_0 \leqslant 0.25\beta_c f_c bh_0$$

$$\rho_{sv,max} = \frac{A_{sv}}{bs} \leqslant \frac{0.25\beta_c f_c - 0.7f_t}{f_{yv}} \tag{6-90}$$

对 T 形或工字形截面的简支受弯构件,当有实践经验时:式(6-88)中的系数可改用 0.3;对受拉边倾斜的构件,其受剪截面的控制条件可适当放宽。

(2) 下限——最小配箍率

当梁内配置一定数量的箍筋且其间距又不过大,能保证与斜裂缝相交时,即可防止发生斜拉破坏,且能抑制斜裂缝的发展,改善纵筋的锚固。作为下限的最小配箍率为

$$\rho_{svmin} = 0.24\frac{f_t}{f_{yv}} \tag{6-91}$$

因此,梁中箍筋的最小直径和最大间距除符合有关构造要求外,当 $V > 0.7f_t bh_0$ 时,箍筋的最小配箍率应满足式(6-91)要求。

8) 计算方法

（1）截面设计

截面设计时，剪力设计值 V、截面尺寸 b、h_0、材料的强度设计值等已知，要求计算确定箍筋和弯起钢筋的数量。对该类问题通常按下列步骤进行：

① 计算剪力，必要时作剪力图。

② 复核梁的截面尺寸是否足够。如果由正截面受弯承载力等其他条件确定的截面尺寸不满足式(6-88)、式(6-89)的要求，应加大截面尺寸或提高混凝土强度等级。

③ 确定是否需要按计算配置腹筋。

④ 分别按两种情况考虑：

A. 仅配箍筋。按有关公式确定箍筋用量。

B. 兼配弯起钢筋。根据构造要求或经验指定箍筋直径、肢数和间距，再计算箍筋和剪压区混凝土共同承担的剪力 V_{cs}。如果 $V \leqslant V_{cs}$，按计算确定弯起钢筋。也可根据情况先确定弯筋，再计算箍筋数量，并根据构造规定以及弯矩图布置弯筋，绘制构件配筋图。

⑤ 检查是否满足最小配箍量的要求。

【例 6-10】钢筋混凝土简支梁（如图 6-42 所示）的截面尺寸 $b \times h = 200\ \text{mm} \times 450\ \text{mm}$，承受均布恒荷载设计值 $g = 19.3\ \text{kN/m}$，均布活荷载设计值 $q = 14.1\ \text{kN/m}$，混凝土强度等级为 C30（$f_t = 1.43\ \text{N/mm}^2$，$f_c = 14.3\ \text{N/mm}^2$），箍筋采用 HPB300 级钢筋（$f_{yv} = 270\ \text{N/mm}^2$），纵筋采用 HRB400 级钢筋，试进行斜截面受剪承载力计算。

【解】计算剪力设计值：

作用在梁上的均布荷载设计值为

$$p = g + q = 19.3 + 14.1 = 33.4\ \text{kN/m}$$

支座边缘处剪力设计值为

$$V = \frac{1}{2}pl_n = \frac{1}{2} \times 33.4 \times 5.0 = 83.5\ \text{kN}$$

复核梁的截面尺寸：

$$h_0 = h - a_s = 450 - 40 = 410\ \text{mm}$$

$$\frac{h_w}{b} = \frac{h_0}{b} = \frac{410}{200} = 2.05 < 4$$

则

$$0.25\beta_c f_c b h_0 = 0.25 \times 1.0 \times 14.3 \times 200 \times 410 = 293\ 150\ \text{N} = 293.15\ \text{kN}$$

确定是否需按计算配置腹筋：

$$0.7 f_t b h_0 = 0.7 \times 1.43 \times 200 \times 410 = 82\ 082\ \text{N} = 82.08\ \text{kN} < V = 83.5\ \text{kN}$$

故需按计算配置腹筋。

配置箍筋，计算 V_{cs}：

因为设计剪力与 $0.7 f_t b h_0$ 差距很小，按构造要求，选用 $\phi 6@200$ 双肢箍筋，则

$$\rho_{sv} = \frac{nA_{sv}}{bs} = \frac{2 \times 28.3}{200 \times 200} = 0.142\% > 0.24\frac{f_t}{f_{yv}} = 0.24 \times \frac{1.43}{270} = 0.127\%$$

符合最小配箍率要求。

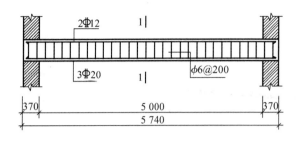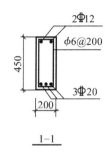

图 6-42　例 6-10 图

$$V = 0.7 f_t b h_0 + f_{yv} \frac{A_{sv}}{s} h_0$$

$$= 0.7 \times 1.43 \times 200 \times 410 + 270 \times \frac{2 \times 28.3}{200} \times 410$$

$$= 82\ 082 + 31\ 328 = 113\ 410\ \text{N} = 113.41\ \text{kN} > V = 83.5\ \text{kN}$$

（2）截面复核

截面复核时,已知截面尺寸 b、h_0、材料的强度设计值、配箍量、弯筋量等,要求复核梁的斜截面所能承受的剪力设计值 V。该类问题计算简单,只需将已知量代入有关公式计算即可。复核时应注意正确确定公式中的系数。

6.3.4　斜截面受弯承载力

斜裂缝出现后,斜截面上不仅有剪力,还有弯矩。受弯构件斜截面受剪承载力的基本计算公式主要是根据竖向力的平衡条件建立的。如果在构件全长上纵筋不切断也不弯起,可以满足斜截面受弯承载力。但是,在实际工程中,纵筋可能会弯起或截断,如前所述,斜裂缝出现后在纵筋应力增大情况下,就有可能影响斜截面的受弯承载力。因此,除了按上节基本公式计算斜截面的受剪承载力外,还必须计算斜截面受弯承载力。

一个受弯构件应同时满足正截面、斜截面的受弯承载力以及斜截面受剪承载力,然而这两者有内在关系。对纵筋弯起或截断后的斜截面受弯承载力,可以通过构造规定予以满足。为此,必须从讨论正截面抵抗弯矩图的问题入手。

1）斜截面受弯承载力

如图 6-43 所示,假定纵向受拉钢筋达到屈服强度,则根据斜截面弯矩平衡条件可得受弯构件斜截面受弯承载力计算公式:

$$M \leqslant f_y A_s z + \sum f_y A_{sb} z_{sb} + \sum f_{yv} A_{sv} z_{sv} \tag{6-92}$$

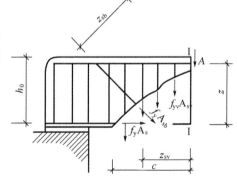

图 6-43　受弯构件斜截面受弯承载力计算简图

式中　M——沿斜截面作用的弯矩设计值;

　　　A_{sb}——同一弯起平面内弯起钢筋的截面面积;

　　　A_{sv}——同一平面内箍筋的截面面积;

　　　z_{sb}——同一弯起平面内弯起钢筋的合力至斜截面受压区合力的距离;

z_{sv}——同一平面内箍筋的合力至斜截面受压区合力点的距离。

由于只有靠近受压区的腹筋才未能充分发挥强度,但其相应的内力臂较小,对截面受弯承载力影响不大,所以,在式(6-92)中,对腹筋未考虑应力不均匀系数。

2) 抵抗弯矩图(M_R 图)的绘制

抵抗弯矩图(亦称材料图)是在设计弯矩图形上按同一比例绘制的由实际配置的纵筋所确定的梁上各个正截面所能抵抗的弯矩图形。

抵抗弯矩图必须包住设计弯矩图,在极限情况下,只能与设计弯矩图形相交于一点,不能切入设计弯矩图内。

绘制抵抗弯矩图应选择合适的钢筋布置方案,正确确定纵筋的弯起和截断位置,使它们能够满足正截面和斜截面承载力要求,同时考虑施工的方便和经济。

图 6-44 为纵筋不弯起、不截断的简支梁的抵抗弯矩,图该梁配置的纵筋为 $2 \Phi 22 + 1 \Phi 20$,如果钢筋的总面积等于计算面积,则抵抗弯矩图的外包线正好与设计弯矩图上的弯矩最大点相切,如果钢筋的总面积略大于计算面积,则可根据实际配筋量推算出抵抗弯矩图的外围水平线位置。每根钢筋所承担的弯矩可近似按该钢筋的面积与总钢筋面积的比值确定。

图 6-44 中 1 点处三根钢筋的强度充分利用,2 点处①、②号钢筋强度充分利用,而③号钢筋在 2 点以外,不再需要。同样,在 3 点处①号钢筋充分利用,而②号钢筋在 3 点以外也不再需要。因此,可将 1、2、3 三点分别称为③、②、①号钢筋的"充分利用点",而将 2、3、a 三点分别称为③、②、①号钢筋的"不需要点"。

如将③号钢筋在临近支座处弯起,则形成的 M_R 图即为图 6-45 所示的 a、i、g、e、f、h、j、b 的连线。图中 e、f 点分别垂直对应于弯起点 E、F,g、h 分别垂直对应于弯起钢筋与梁轴线的交点 G、H。由于弯起钢筋的正截面抗弯内力臂逐渐减小,反映在 M_R 图上 eg 和 fh 也是斜线,承担的正截面受弯承载力相应减少。

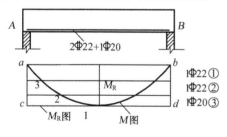

图 6-44 纵筋通长的简支梁
的抵抗弯矩图

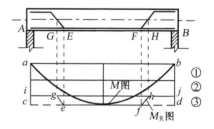

图 6-45 纵筋弯起的简支梁
的抵抗弯矩图

3) 纵向钢筋的弯起

在受弯构件的受拉区,为了保证正截面和斜截面的受弯承载力,在满足纵向钢筋弯起后的材料图不能切入设计弯矩图的要求下,还应满足下列两个条件:

(1) 为了保证斜截面的受弯承载力,纵向钢筋弯起点应设在按正截面受弯承载力计算时该钢筋强度被充分利用的截面(充分利用点)以外,其水平距离不小于 $h_0/2$ 处。如图 6-46a 中,1-1 截面处的 4 根钢筋恰好承担该截面的弯矩 M_1,即在 1-1 截面处钢筋的强度被充分利用。对于先弯起的①号钢筋,应使其弯起点 D 与充分利用点 A 的水平距离 $l_{AD} \geqslant h_0/2$。同理,对于②号钢筋,应使其充分利用点 B 与弯起点 E 的水平距离 $l_{BE} \geqslant h_0/2$。

211

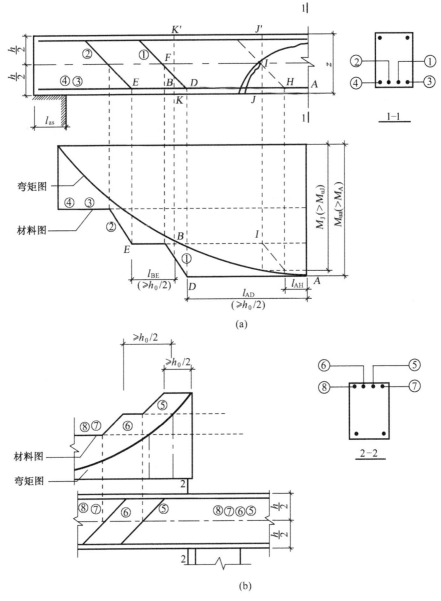

图 6-46 纵筋弯起的构造要求

下面推导为什么当纵向钢筋充分利用点与弯起点的水平距离等于或大于 $h_0/2$ 时，才能保证斜截面受弯承载力。如图 6-47 所示，在截面 $A-A'$，承受的弯矩为 M_A，按正截面受弯承载力需要配置纵向钢筋截面面积 A_s，在 D 处弯起一根（或一排）钢筋，其截面面积为 A_{sb}，则留下来的纵向钢筋截面面积 $A_{sl}=A_s-A_{sb}$。

由正截面 $A-A'$ 的受弯承载力计算可得（图 6-47）：

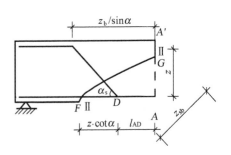

图 6-47 纵筋弯起点位置计算简图

$$M_A = f_y A_s z$$

如果出现斜裂缝 FG，则作用在斜截面上的弯矩仍为 M_A，而斜截面所能承担的弯矩 M_{uA} 为

$$M_{uA} = f_y(A_s - A_{sb})z + f_y A_{sb} z_{sb}$$

为了保证不致沿斜截面 FG 发生破坏，必须满足 $M_{uA} \geq M_A$，即 $z_{sb} \geq z$。且

$$z_{sb} = l_{AD}\sin\alpha_s + z\cos\alpha_s$$

式中　α_s——弯起钢筋与构件纵轴的夹角。

一般 $z = (0.91 - 0.77)h_0$，则 $\alpha_s = 45°$ 时，$l_{AD} \geq (0.372 - 0.319)h_0$；$\alpha_s = 60°$ 时，$l_{AD} \geq (0.525 - 0.445)h_0$。为方便起见，规范取 $l_{AD} \geq \dfrac{h_0}{2}$。

由此可见，当纵向钢筋弯起点满足上述要求时，则斜截面受弯承载力将大于或等于正截面受弯承载力，因此，可不必按式（6-92）进行计算。

同理，在负弯矩区段，为了保证斜截面受弯承载力，纵向受拉钢筋向下弯折的始弯点与其充分利用点的距离也不应小于 $h_0/2$（图 6-46b）。

（2）为了保证正截面受弯承载力，弯起钢筋与构件纵轴线的交点应位于按正截面承载力计算不需要该钢筋的截面（不需要点）以外。如图 6-46a 所示，如果将①号钢筋在 H 点弯起，与构件纵轴交于 I 点，由于该处（I 点）也接近于正截面受弯的①号钢筋的作用，因此，在 $J-J'$ 截面留下的纵向钢筋所能承受的弯矩为 M_{uJ}，小于作用于该截面上的弯矩 M_J。由此可见，虽然弯起点 H 的位置满足了 $l_{AH} \geq h_0/2$ 的要求，但仍然是不允许的。而当①号钢筋在 D 点弯起，与纵轴的交点 F 位于按正截面受弯承载力计算时不需要该钢筋的截面 $K-K'$ 以外，才是安全的。

4）纵向钢筋的截断和锚固

首先我们讨论普通受拉钢筋的锚固长度。

当纵向受拉钢筋截断时，由于钢筋面积骤减，混凝土中产生应力集中，在纵筋截断处将提前出现裂缝。如果截断钢筋的锚固长度不足，将导致粘结破坏，降低构件的承载力。因此，在计算不需要截面处的钢筋不能直接截断，应该延伸一定的长度——锚固长度。钢筋的锚固长度和钢筋的抗拉强度、混凝土的抗压强度、钢筋的外形（光面或带肋）、钢筋直径以及混凝土保护层厚度等因素有关。《规范》规定了混凝土保护层的最小厚度，在此前提下，当计算中充分利用钢筋的抗拉强度时，受拉钢筋的锚固长度 l_a 按下式计算：

$$l_a = \zeta_a l_{ab} = \zeta_a \alpha \frac{f_y}{f_t} d \qquad (6-93)$$

式中，l_{ab} 为受拉钢筋的基本锚固长度，ζ_a 为锚固长度修正系数，α 为钢筋的外形系数，当采用光圆钢筋时取为 0.16，当采用带肋钢筋时取为 0.14。采用光圆钢筋（HPB300 级钢筋）时，其末端应做 180°弯钩，弯后平直段长度不应小于 $3d$，但作受压钢筋时可不做弯钩。在计算锚固长度时，当混凝土强度等级高于 C60 时，按 C60 取值。

锚固长度的修正详见《规范》的有关规定，此处仅列两条：

（1）当带肋钢筋（HRB335、HRB400、RRB400 和 HRB500 级钢筋）的直径大于 25 mm 时，其锚固长度应乘以修正系数 1.1；

（2）当带肋钢筋在锚固区的混凝土保护层厚度为钢筋直径的 3 倍时，其锚固长度可乘以修正系数 0.8。

经上述修正后的锚固长度不应小于按式（6-93）计算锚固长度的 0.6 倍，且不应小于 200 mm。

当计算中充分利用纵向钢筋的抗压强度时，其锚固长度不应小于上述受拉锚固长度的 0.7 倍。

下面我们来讨论纵向钢筋的截断和锚固问题。

纵向钢筋不宜在受拉区截断。对于梁底部承受正弯矩的纵向受拉钢筋，一般不在跨中受拉区截断，可以将计算不需要的钢筋弯起作为受剪的弯起钢筋，或者作为支座截面承受负弯矩的钢筋。对于连续梁（板）、框架梁等构件，支座负弯矩受拉钢筋在向跨内延伸时，可根据弯矩图在适当位置截断，截断钢筋数量多的话要分批截断。当梁端作用剪力较大时，在支座负弯矩钢筋的延伸区段范围内将形成由负弯矩引起的垂直裂缝和斜裂缝，并可能在斜裂缝区前端沿该钢筋形成劈裂裂缝，使纵筋拉应力由于斜弯作用和粘结退化而增大，并使钢筋受拉范围相应向跨中扩展。国内外试验研究表明，为了使负弯矩钢筋的截断不影响它在各截面中发挥所需的抗弯能力，应通过两个条件控制负弯矩钢筋的截断点，如图 6-48 所示。第一个控制条件（即从不需要该批钢筋的截面伸出的长度 l_{d2}）是使该批钢筋截断后，继续前伸的钢筋能保证过截断点的斜截面具有足够的受弯承载力；第二个控制条件（即从充分利用截面向前伸出的长度 l_{d1}）是使负弯矩钢筋在梁顶部的特定锚固条件下具有必要的锚固长度。

区分剪力大小的不同，《规范》根据试验研究成果及实际工程经验，规定了负弯矩钢筋的延伸长度，如表 6-5 所示。

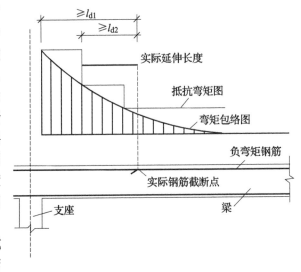

图 6-48 纵筋截断时的延伸长度

表 6-5 负弯矩钢筋的延伸长度 单位：mm

截面条件	充分利用截面伸出 l_{d1}	计算不需要截面伸出 l_{d2}
$V \leqslant 0.7 f_t b h_0$	$1.2 l_a$	$20d$
$V > 0.7 f_t b h_0$	$1.2 l_a + h_0$	h_0 且 $20d$
$V > 0.7 f_t b h_0$ 且断点仍在负弯矩受拉区内	$1.2 l_a + 1.7 h_0$	$1.3 h_0$ 且 $20d$

伸入支座的纵向钢筋应有足够的锚固长度，以防止斜裂缝形成后纵向钢筋被拔出而导致构件的破坏。钢筋混凝土简支梁和连续梁简支端的下部纵向受力钢筋伸入支座内的锚固长度 l_{as} 应符合下列条件（图 6-49）：当 $V \leqslant 0.7 f_t b h_0$ 时，$l_{as} \geqslant 5d$；当 $V > 0.7 f_t b h_0$ 时，带肋钢筋 $l_{as} \geqslant 12d$，光圆钢筋 $l_{as} \geqslant 15d$。

如纵向受力钢筋伸入梁支座范围内的锚固长度不符合上述要求时，可采取弯钩或机械锚固措施(例如,在钢筋上加焊锚固钢板,或将钢筋端部焊接在梁端预埋件上等)。

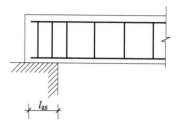

图 6-49　纵筋在支座处的锚固

支承在砌体结构上的钢筋混凝土独立梁,在纵向受力钢筋的锚固长度 l_{as} 范围内应配置不少于 2 个箍筋,其直径不宜小于纵向受力钢筋最大直径的 0.25 倍,间距不宜大于纵向受力钢筋最小直径的 10 倍;当采取机械锚固措施时,箍筋间距尚不宜大于纵筋最小直径的 5 倍。

混凝土强度等级小于或等于 C25 的简支梁和连续梁的简支端,在距支座边 1.5 h 范围内作用有集中荷载(包括作用有多种荷载,且其中集中荷载在支座或节点边缘截面产生的剪力值占支座截面总剪力值的 75% 以上,)且 $V>0.7f_t bh_0$ 时,对带肋钢筋宜采用有效的锚固措施,或取锚固长度 $l_{as} \geqslant 15d$。

6.3.5　腹筋的一般构造要求

1) 箍筋的构造要求

(1) 形式和肢数

箍筋的形式有封闭式和开口式两种(图 6-50a、b)。为了使箍筋更好地发挥作用,应将其端部锚固在受压区内。对于封闭式箍筋,其在受压区的水平肢将约束混凝土的横向变形,有助于提高混凝土抗压强度。所以,在一般矩形截面梁中通常采用封闭式箍筋,这样也有利于抗扭;对于现浇 T 形截面梁,如果翼缘顶面配有横向钢筋(如板中承受负弯矩的钢筋),也可采用开口箍筋。当不承受扭矩和动荷载时,在承受正弯矩的区段内,可采用开口箍筋。

箍筋的肢数有单肢、双肢和四肢等,如图 6-50c、d、e 所示。

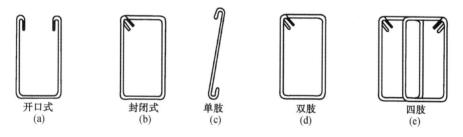

图 6-50　箍筋的形式及肢数

(2) 直径

箍筋除承受剪力外,还能固定纵向钢筋的位置,与纵筋一起构成钢筋骨架。为了使钢筋骨架具有足够的刚度,规范规定:对截面高度大于 800 mm 的梁,其箍筋直径不宜小于 8 mm;对截面高度为 800 mm 及以下的梁,其箍筋直径不宜小于 6 mm;梁中配有计算需要的纵向受压钢筋时,箍筋直径尚不应小于 $d/4$(d 为纵向受压钢筋的最大直径)。

(3) 数量和间距

规范规定,梁中箍筋的最大间距 s_{max} 宜符合表 6-6 的规定。

表 6-6　梁中箍筋的最大间距　　　　　　　　　　　　　单位：mm

梁高 h	$V>0.7f_tbh_0$	$V\leqslant0.7f_tbh_0$
$150<h\leqslant300$	150	200
$300<h\leqslant500$	200	300
$500<h\leqslant800$	250	350
$h>800$	300	400

当梁中配有按计算需要的纵向受压钢筋时，箍筋应做成封闭式，且弯钩直线段长度不应小于 $5d$，此时，箍筋的间距不应大于 $15d$（d 为纵向受压钢筋的最小直径），同时不应大于 400 mm；当一层内的纵向受压钢筋多于 5 根且直径大于 18 mm 时，箍筋间距不应大于 $10d$；当梁的宽度大于 400 mm 且一层内的纵向受压钢筋多于 3 根时，或当梁的宽度不大于 400 mm 但一层内的纵向受压钢筋多于 4 根时，应设置复合箍筋。

另外，规范规定，按计算不需要箍筋的梁，当截面高度大于 300 mm 时，应沿梁全长设置箍筋；当截面高度为 150～300 mm 时，可仅在构件端部各 1/4 跨度范围内设置箍筋；但当在构件中部 1/2 跨度范围内有集中荷载作用时，则应沿梁全长设置箍筋；当截面高度为 150 mm 以下时，可不设箍筋。

弯起钢筋的锚固

2）弯起钢筋的构造要求

（1）弯筋的设置

为了充分利用纵向钢筋，可以采用弯起钢筋，其弯起角宜取 45°或 60°。梁底层钢筋中的角部钢筋不应弯起，顶层钢筋中的角部钢筋不应弯下。弯起钢筋的数量和弯起位置应满足前述构件材料图的要求，同时必须满足下述最大间距等方面的要求。

弯起钢筋除利用纵向钢筋弯起外，还可单独设置鸭筋（如图 6-51a 所示），但不允许设置如图 6-51b 所示的浮筋。

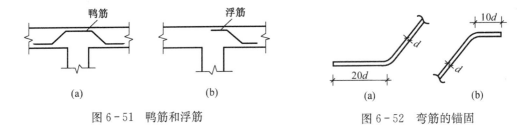

图 6-51　鸭筋和浮筋　　　　　　　　　图 6-52　弯筋的锚固

（2）弯筋的锚固

为了防止弯筋锚固不良，导致斜裂缝开展过大而弯筋本身的强度不能充分发挥，弯筋的弯终点以外应有足够的平行于梁轴线方向的锚固长度。在受压区，其锚固长度不应小于 $10d$（图 6-52b 所示）；在受拉区，其锚固长度不应小于 $20d$（图 6-52a 所示）。此处 d 为弯起钢筋的直径。对于光面钢筋，在末端尚应设置弯钩。

（3）弯筋间距

如果弯筋间距过大，可能在相邻两排弯筋之间出现不与弯筋相交的斜裂缝，使弯筋不能发挥受剪作用，因此，当按受剪计算需设置两排及两排以上弯起钢筋时，前一排（从支座算起）弯筋的弯起点到后一排弯筋的弯终点之间的距离不应大于箍筋的最大间距 s_{max}（见图 6-41a 和表 6-6 中 $V > 0.7 f_t bh_0$ 一栏规定）。

为了避免由于钢筋尺寸误差而使弯筋的弯终点进入梁的支座范围，以致不能充分发挥其作用，且不利于施工，靠近支座的第一排弯筋的弯终点到支座边缘的距离不宜小于 50 mm，但不应大于 s_{max}。

6.4 受扭承载力

6.4.1 概述

钢筋混凝土结构中经常出现承受扭矩的构件，如框架的边梁、雨篷梁等。吊车梁在水平制动力作用下也会产生扭矩。扭矩一般与弯矩、剪力同时存在，纯扭的情况极少，有时可能还同时有轴力作用。

承受扭矩的构件

早期的设计常常忽略扭矩作用（除了主要承受扭矩的构件），由于构件截面尺寸较大，设计方法较为粗略、保守，扭矩的影响隐含在结构过大的安全储备中。近年来，主要承受扭矩的结构构件应用越来越多，如曲线梁桥的曲线梁、螺旋形楼梯梁、承受偏心荷载的箱形梁等等；另外，结构分析及设计方法越来越精确，构件尺寸合理地缩小，有必要准确地考虑扭矩的影响，并配置相应的钢筋，以提高受扭承载力。

1）两种扭转

钢筋混凝土结构设计中，忽略某些扭转作用不会对结构安全造成影响，而有的扭转作用不能忽略，否则会造成结构垮塌。因此应区分平衡扭转及变形协调扭转。

两种扭转类型

当荷载不能由扭转以外的方式来承受时，这种扭转称为平衡扭转（或静定扭转）。平衡扭转产生的扭矩是保持静力平衡所必需的，按静力平衡条件该扭矩为定值。如图 6-53a 所示，如果边梁在端部不能承受扭矩，则悬臂板将会垮塌。

由结构相邻部分之间的变形协调所引起的扭转称为变形协调扭转（或超静定扭转）。仅按静力平衡条件不能确定变形协调扭转产生的扭矩。如图 6-53b 所示，如果边梁上的板沿支座开裂或边梁不能提供足够的抗扭刚度，则板的边支座接近于铰支座，结构形成一种新的力的平衡，不会变成机构而破坏。因此，设计中忽略变形协调扭转不会引起结构破坏，但可能出现较宽的裂缝。

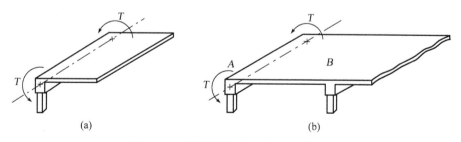

图 6-53 平衡扭转和变形协调扭转示例

由上述分析可知，平衡扭转是不能忽略的，否则会引起结构破坏。变形协调扭转在设计中应根据结构的具体情况考虑，如果部分或全部忽略变形协调扭转产生的扭矩，则应按新的平衡状态（计算简图）计算内力，同时应考虑由此引起的裂缝宽度或开裂。

2）钢筋混凝土受扭构件的破坏形态

素混凝土的开裂扭矩即为破坏扭矩,在钢筋混凝土受扭构件中,采用横向钢筋和纵向钢筋组成的钢筋骨架来提高构件的受扭承载力。受弯构件同时承受扭矩的典型配筋如图 6-54 所示。

正常配置受扭钢筋的构件受扭开裂后并不立即破坏,随着扭矩的增加,构件将陆续出现多条大体连续、倾角接近于 45°的螺旋状裂缝,如图 6-55 所示,此时裂缝处的拉应力转由钢筋承担,直至穿越某条斜裂缝的纵筋及箍筋(或其中一种钢筋)达到屈服,该裂缝向二邻面迅速开展,并在最后一个面上形成受压面而破坏。当受扭钢筋配置适量时,与受弯构件适筋梁相似,破坏过程表现出塑性特征,属于延性破坏。如果两种钢筋均屈服,称为低配筋受扭构件,如果仅其中一种钢筋屈服,称为"部分超筋"受扭构件。

如果配筋数量过少或间距过大,在构件受扭开裂后,所配钢筋只能略微延缓构件的破坏,与素混凝土受扭构件类似,破坏突然,破坏扭矩与开裂扭矩接近。在这种情况下,构件的受扭承载力取决于截面尺寸及混凝土的抗拉强度。

当纵筋及箍筋配置过多或混凝土强度等级过低时,会发生类似受弯构件超筋梁的破坏现象,即纵向钢筋和箍筋均未达到屈服而混凝土先压坏,破坏具有脆性性质。这种构件称为"完全超筋"受扭构件。

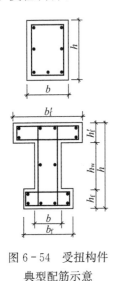

图 6-54 受扭构件
典型配筋示意

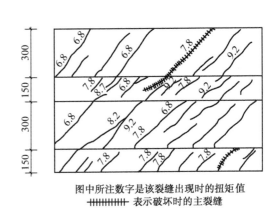

图中所注数字是该裂缝出现时的扭矩值
┼┼┼┼┼┼ 表示破坏时的主裂缝

图 6-55 钢筋混凝土受扭构件的破坏展开图

6.4.2 纯扭作用下的开裂扭矩

1）按塑性理论计算

钢筋混凝土纯扭构件在裂缝出现前,钢筋应力很小,钢筋对开裂扭矩的影响不大,因此钢筋混凝土纯扭构件与素混凝土纯扭构件的开裂扭矩可认为是相同的。素混凝土的开裂扭矩即为极限扭矩,此可作为最小抗扭配筋的依据。开裂扭矩的计算有两种方法:一是基于弹性理论,得出结果后考虑混凝土的塑性影响,即将开裂扭矩予以适当放大;二是基于塑性理论,得出结果后再考虑塑性的不足,即将开裂扭矩予以适当折减。

（1）矩形截面

图 6-56a 所示为一矩形截面构件,仅受扭矩作用。由圣维南扭转理论可知,扭转在横

截面上产生扭剪应力 τ，相应的，在与构件轴线呈 45°和 135°角的方向产生主拉应力 σ_{tp} 和 σ_{cp} 主压应力，且有

$$|\sigma_{tp}| = |\sigma_{cp}| = |\tau|$$

对于理想弹塑性材料，在弹性阶段，构件截面上的扭剪应力分布如图 6-56b 所示，最大剪应力截面长边中点。当该扭剪应力达到材料的强度极限时，构件开始进入塑性阶段，荷载进一步增加，当进入完全塑性阶段时，截面上的剪应力为均匀分布（如图 6-56c 所示），此时：

$$T = \tau_{max}\left[\frac{b^2}{4}\left(h - \frac{b}{3}\right) + \frac{b^2}{4}(h - b) + \frac{b^3}{6}\right]$$

$$= \tau_{max}\frac{b^2}{6}(3h - b) = \tau_{max}W_t \tag{6-94}$$

纯扭时的主拉应力即为扭剪应力，所以当 $\tau_{max} = f_t$ 时，截面将开裂。考虑到混凝土不是理想塑性材料以及主压应力的影响（应用双轴受力时的破坏准则），对 f_t 乘以折减系数 0.7，因此开裂扭矩为

$$T_{cr} = 0.7f_t W_t \tag{6-95}$$

$$W_t = \frac{b^2}{6}(3h - b) \tag{6-96}$$

其中 h 为截面长边、b 为截面短边尺寸。

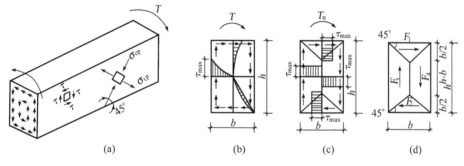

图 6-56 矩形截面受扭构件扭剪应力分布

（2）T 形和工字形截面

T_{cr} 计算公式同公式(6-95)。将 T 形、工字形截面划分成若干小的矩形截面，计算各矩形截面的截面塑性抵抗矩之后叠加。划分的原则为：先按截面总高度确定腹板截面，然后再划分受压翼缘和受拉翼缘。

$$W_t = W_{tw} + W_{tf}' + W_{tf} \tag{6-97}$$

对腹板、受压翼缘及受拉翼缘部分的矩形截面受扭塑性抵抗矩可分别按下列规定计算：

① 腹板

$$W_{tw} = \frac{b^2}{6}(3h - b) \tag{6-98}$$

② 受压及受拉翼缘

$$W_{tf}' = \frac{h_f'^2}{2}(b_f' - b) \tag{6-99}$$

$$W_{tf} = \frac{h_f^2}{2}(b_f - b) \tag{6-100}$$

T 形截面受扭构件剪力流分布

式中 b'_f、b_f——截面受压区、受拉区的翼缘宽度;

h'_f、h_f——截面受压区、受拉区的翼缘高度。

计算时取用的翼缘宽度尚应符合 $b'_f \leqslant b + 6h'_f$ 及 $b_f \leqslant b + 6h_f$ 的规定。

(3) 箱形截面

T_{cr} 计算公式同公式(6-95)。

$$W_t = \frac{b_h^2}{6}(3h_h - b_h) - \frac{(b_h - 2t_w)^2}{6}[3h_w - (b_h - 2t_w)] \tag{6-101}$$

式中 b_h、h_h——分别为箱形截面的宽度和高度;

h_w——箱形截面的腹板净高;

t_w——箱形截面侧壁宽度。

需要说明的是,上述非矩形截面的受扭抵抗矩公式是近似的,这可以简便地计算受扭承载力,并与受剪承载力计算的截面要求相协调。准确计算若干矩形截面组合成的截面的塑性抵抗矩可采用砂堆比拟法。

上面介绍的截面受扭抵抗矩计算方法为《混凝土结构设计规范》采用方法。

2) 按弹性理论计算

对于理想弹性材料,截面上的扭剪应力分布如图6-56b所示,发生在截面长边中点的最大剪应力为

$$\tau_{max} = \frac{T}{\alpha b^2 h} \tag{6-102}$$

式中 b、h——截面的短边、长边边长;

α——形状系数,近似等于1/4。

当主拉应力超过混凝土抗拉强度时,在一侧长边某薄弱部位现成裂缝,并迅速延伸、贯穿全梁,第一条斜裂缝(一侧长边)基本为45°方向,然后从该斜裂缝两端向相邻短边呈螺旋状开展,另一侧长边的斜裂缝与短边上的斜裂缝连接,如图6-57a所示。为便于分析,近似将破裂面用一与轴线成45°倾角的剖面代替(图6-57b)。有关资料根据试验认为,在该平面上,破坏主要是由于弯曲而不是扭转引起。扭矩 T 可分解为对破坏面的 $a-a$ 轴产生弯曲的分量 T_b 和产生扭矩的分量 T_t,显然

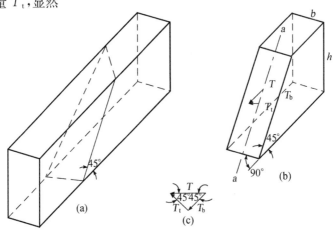

图6-57 素混凝土构件的扭转裂缝

$$T_b = T\cos45°\qquad(6-103)$$

破坏面对 $a-a$ 轴的截面弹性抵抗矩为

$$W = b^2 h\csc45°/6\qquad(6-104)$$

由此可得混凝土中的最大弯曲(拉)应力为

$$\sigma_{tb} = T_b/W = \frac{3T}{b^2 h}\qquad(6-105)$$

与拉应力 σ_{tb} 垂直方向同时作用有大小相等的主压应力,试验表明,在这种双轴受力情况下,混凝土的抗拉强度降低约 15%,因此构件的开裂扭矩为

$$T_{cr} = 0.85 f_t b^2 h/3\qquad(6-106)$$

式中 f_t——混凝土的单轴抗拉强度。

对于 T 形和工字形截面,开裂扭矩可近似取各矩形截面的开裂扭矩之和(偏于保守):

$$T_{cr} = 0.85 f_t \frac{\sum b^2 h}{3}\qquad(6-107)$$

6.4.3 纯扭作用下的承载力计算

1) 变角度空间桁架计算模型

理论分析及试验研究表明,当裂缝充分开展且钢筋应力接近屈服强度时,截面核芯混凝土将退出工作,因此可以将实心截面的钢筋混凝土受扭构件假想为一箱形截面构件,如图 6-58 所示,由带有螺旋状裂缝的混凝土外壳、纵筋和箍筋共同组成空间桁架以抵抗外扭矩。

早期提出的空间桁架模型假定图 6-58c 中的角度 α 为 45°,后来的研究发现,该角度与纵筋和箍筋的配筋强度比有关,不一定是 45°,此即为变角度空间桁架模型。变角度空间桁架模型的基本假定为

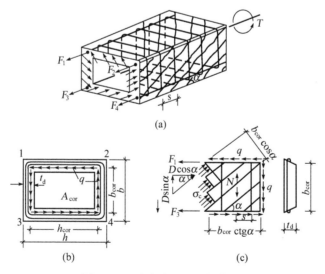

图 6-58 变角度空间桁架模型

(1) 混凝土仅承受压力,具有螺旋状裂缝的混凝土外壳组成桁架的斜压杆,其倾角为 α;

(2) 纵筋和箍筋仅承受拉力,分别为桁架的弦杆和腹杆;

(3) 忽略核芯混凝土的抗扭作用,忽略钢筋的销栓作用。

依据闭口薄壁杆件理论,扭矩 T 引起的箱形截面侧壁中的大小相等的环向剪力流 q 为

$$q = \tau t_{\mathrm{d}} = \frac{T}{2A_{\mathrm{cor}}} \tag{6-108}$$

式中　A_{cor}——剪力流路线所围成的面积,取为位于截面角部纵筋中心连线所围成的面积,
　　　　　$A_{\mathrm{cor}} = b_{\mathrm{cor}} \times h_{\mathrm{cor}}$;
　　　　τ——扭剪应力;
　　　　t_{d}——箱形截面侧壁厚度。

图 6-58c 所示为作用于侧壁的剪力流 q 引起的桁架各杆件的力。图中 α 为斜压杆的倾角,斜压杆的总压力为 D。由静力平衡条件可得

$$D = \frac{qb_{\mathrm{cor}}}{\sin\alpha} = \frac{\tau t_{\mathrm{d}} b_{\mathrm{cor}}}{\sin\alpha} \tag{6-109}$$

混凝土平均压应力

$$\sigma_{\mathrm{c}} = \frac{D}{t_{\mathrm{d}} b_{\mathrm{cor}} \cos\alpha} = \frac{q}{t_{\mathrm{d}} \sin\alpha \cos\alpha} = \frac{\tau}{\sin\alpha \cos\alpha} \tag{6-110}$$

纵筋拉力

$$F_1 = F_3 = F = \frac{1}{2} D\cos\alpha = \frac{1}{2} qb_{\mathrm{cor}} \cot\alpha = \frac{1}{2} \tau t_{\mathrm{d}} b_{\mathrm{cor}} \cot\alpha \tag{6-111}$$

箍筋拉力

$$\frac{Nb_{\mathrm{cor}} \cot\alpha}{s} = qb_{\mathrm{cor}}$$

$$N = qs\tan\alpha = \tau t_{\mathrm{d}} s\tan\alpha \tag{6-112}$$

若各侧壁的箍筋面积 A_{st1} 相同,则沿截面周边各桁架斜压杆倾角 α 亦相同。可得
全部纵筋拉力 F 的合力

$$R = \sum F = q\cot\alpha U_{\mathrm{cor}}$$

将公式(6-108)代入,得

$$R = \frac{TU_{\mathrm{cor}}}{2A_{\mathrm{cor}}} \cot\alpha \tag{6-113}$$

式中　U_{cor}——剪力流路线所围成面积 A_{cor} 的周长,$U_{\mathrm{cor}} = 2(b_{\mathrm{cor}} + h_{\mathrm{cor}})$。

箍筋拉力

$$N = \frac{T}{2A_{\mathrm{cor}}} s\tan\alpha \tag{6-114}$$

混凝土平均压应力

$$\sigma_{\mathrm{c}} = \frac{T}{2A_{\mathrm{cor}} t_{\mathrm{d}} \sin\alpha \cos\alpha} \tag{6-115}$$

公式(6-108)、(6-113)、(6-114)、(6-115)为按变角度空间桁架模型得到的 4 个基本静力平衡方程。如果混凝土压坏前纵筋和箍筋应力先达到屈服应力,即属于低配筋受扭构件,则 R、N 分别为

$$R = R_{\mathrm{y}} = f_{\mathrm{y}} A_{\mathrm{st}l} \tag{6-116}$$

$$N = N_{\mathrm{y}} = f_{\mathrm{yv}} A_{\mathrm{st1}} \tag{6-117}$$

式中　$A_{\mathrm{st}l}$——受扭计算中取对称布置的全部纵向非预应力钢筋截面面积;
　　　　A_{st1}——受扭计算中沿截面周边配置的箍筋单肢截面面积。

4 个基本静力平衡方程中有 6 个未知数：$T, q, R, \alpha, N, \sigma_c$。计算时一般先给定其中的两个未知数。

由公式(6-114)、(6-115)可得低配筋受扭构件极限扭矩计算公式：

$$T_u = 2R_y \frac{A_{cor}}{U_{cor}} \tan\alpha = 2f_y A_{stl} \frac{A_{cor}}{U_{cor}} \tan\alpha \tag{6-118}$$

$$T_u = 2N_y \frac{A_{cor}}{s} \cot\alpha = 2f_{yv} A_{st1} \frac{A_{cor}}{s} \cot\alpha \tag{6-119}$$

由上两式相除、相乘,整理后可得 α、T_u 的表达式：

$$\tan\alpha = \sqrt{\frac{f_{yv} A_{stl} U_{cor}}{f_y A_{stl} s}} = \sqrt{\frac{1}{\zeta}} \tag{6-120}$$

$$T_u = 2A_{cor} \sqrt{\frac{f_y A_{stl} f_{yv} A_{st1}}{U_{cor} s}} = 2\sqrt{\zeta} \frac{f_{yv} A_{st1} A_{cor}}{s} \tag{6-121}$$

式中 ζ 为受扭构件纵筋与箍筋的配筋强度比,其表达式为

$$\zeta = \frac{f_y A_{stl} s}{f_{yv} A_{stl} U_{cor}} \tag{6-122}$$

如果截面的纵筋配置为不对称时,按较少一侧配筋的对称截面计算。

当配筋强度比 $\zeta = 1$ 时,斜压杆倾角为 $45°$,公式(6-118)、(6-119)分别简化为

$$T_u = 2f_y A_{stl} \frac{A_{cor}}{U_{cor}} \tag{6-123}$$

$$T_u = 2f_{yv} A_{stl} \frac{A_{cor}}{s} \tag{6-124}$$

上两式即为 $45°$ 空间桁架模型的计算公式。

当 ζ 不等于 1 时,斜压杆的倾角是不确定的。由于开裂前钢筋基本不起作用,因此初始斜裂缝基本上呈 $45°$ 角。开裂后随着扭矩的增加,斜裂缝及斜压杆的倾角不断变化,直至达到临界斜裂缝的倾角,临界斜裂缝的倾角由配筋强度比 ζ 决定。

试验研究表明,如果 α 介于 $30°$ 和 $60°$ 之间(按公式(6-120),ζ 在 $3 \sim 0.333$ 之间),构件破坏时,若纵筋和箍筋用量适当,则两种钢筋应力均能达到屈服强度。因此,要使纵筋和箍筋均屈服,ζ 就不能过大或过小。为了进一步限制构件在使用阶段的裂缝宽度,α 一般需满足下列条件：

$$3/5 \leqslant \tan\alpha \leqslant 5/3 \tag{6-125}$$

或

$$0.36 \leqslant \zeta \leqslant 2.778 \tag{6-126}$$

为了避免形成超配筋受扭构件的脆性破坏,应限制钢筋的最大用量或限制斜压杆平均压应力 σ_c。

2) 斜弯理论

在《公路桥梁规范》中采用斜弯理论,斜弯理论亦称扭曲破坏面极限平衡理论。如图 6-59 所示,钢筋混凝土受扭构件的破坏面 $ABCD$ 为一空间扭曲破坏面,AD 为受压边,受压区高度通常较小,近似取为纵筋保护层厚度的 2 倍。斜裂缝与构件轴线的倾角为 α_{cr}。如果钢筋配置得当,构件破

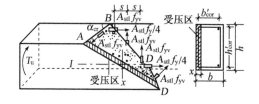

图 6-59　斜弯理论的计算模型

坏时与斜裂缝相交的纵筋和箍筋均能达到屈服。

由静力平衡条件，并近似取箍筋内表面计算的截面核芯部分的短边尺寸和长边尺寸 b'_{cor}、h'_{cor} 为 b_{cor}、h_{cor}，得出的极限扭矩 T_u 的计算公式与式(6-121)完全相同。

需要说明的是，斜弯理论不容易确定非矩形截面的空间扭曲破坏面，而空间桁架模型用于异形截面构件的抗扭分析时更为方便。

3)《规范》的配筋计算方法

（1）矩形截面纯扭构件的承载力计算

由空间桁架计算模型或斜弯理论导出的受纯扭构件的承载力计算公式未考虑混凝土的受扭作用，在低配筋时偏于保守，在高配筋时如果纵筋与箍筋不能同时屈服则偏于不安全。《混凝土结构设计规范》修正了上述方法，取钢筋混凝土纯扭构件的极限扭矩为开裂后混凝土承担的扭矩与钢筋承担的扭矩之和。计算公式通过数理统计方法确定，其表达式为

$$T \leqslant 0.35 f_t W_t + 1.2 \sqrt{\zeta} \frac{f_{yv} A_{st1} A_{cor}}{s} \tag{6-127}$$

国内试验表明，如果 ζ 在 0.5～2.0 范围内变化，当构件破坏时，受扭纵筋和箍筋均可达到屈服。《规范》偏于安全地规定 $0.6 \leqslant \zeta \leqslant 1.7$，当 $\zeta > 1.7$ 时，取 $\zeta = 1.7$。当 $\zeta = 1.2$ 左右时为钢筋达到屈服的最佳值。

公式右边第一项为混凝土的受扭作用，第二项为钢筋的受扭作用。

试验研究表明，截面尺寸及配筋完全相同的受扭构件，其极限扭矩受混凝土强度的影响，混凝土强度高则极限扭矩大。对于带裂缝的钢筋混凝土纯扭构件，《规范》取混凝土受扭承载力为开裂扭矩的50%。

钢筋的受扭作用可用变角度空间桁架模型解释，比较公式(6-121)和《规范》公式(6-127)可知，表达式完全相同，仅系数由 2 变为 1.2。该系数变小的原因有：《规范》公式考虑了混凝土的作用；A_{cor} 按箍筋内表面计算而不是按截面角部纵筋中心连线计算；建立《规范》公式时包括了少量部分超筋构件的试验点。另外公式(6-127)的系数 1.2 及 0.35 是在试验结果的规律基础上，考虑了可靠指标 β 值的要求，由试验点偏下限得出的如图 6-60 所示。

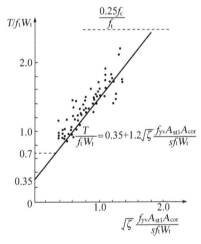

图 6-60 《规范》公式与试验值的比较

（2）T形和工字形截面纯扭构件的承载力计算

按 6.4.2 节所述方法将整个截面划分为若干个矩形截面，先确定各个矩形截面应承受的扭矩，然后分别按公式(6-127)进行承载力计算。各矩形截面应承受的扭矩与各自的受扭塑性抵抗矩成比例。则各矩形截面应承担的扭矩可按下式确定：

腹板所承受的扭矩

$$T_w = \frac{W_{tw}}{W_t} T \tag{6-128}$$

受压翼缘所承受的扭矩为

$$T'_f = \frac{W'_{tf}}{W_t} T \tag{6-129}$$

受拉翼缘所承受的扭矩为

$$T_f = \frac{W_f}{W_t} T \tag{6-130}$$

（3）箱形截面纯扭构件的承载力计算

箱形截面纯扭构件的受扭承载力应按下式计算：

$$T \leqslant 0.35\alpha_h f_t w_t + 1.2\sqrt{\zeta} f_{yv} \frac{A_{stl}A_{cor}}{s} \qquad (6-131)$$

此处，α_h 为箱形截面壁厚影响系数，$\alpha_h = \dfrac{2.5t_w}{b_h}$，当 α_h 的计算值大于 1.0 时，应取为 1.0（即限制有效壁厚为 $0.4b_h$），计算中 b_h 应取箱形截面的短边尺寸。箱形截面壁厚 t_w 不应小于 $b_h/7$。

试验和理论研究表明，一定壁厚箱形截面的受扭承载力与实芯截面相同。规范取有效壁厚为 $0.4b_h$ 偏于安全。另外，箱形截面的内角应加腋。

6.4.4 弯剪扭共同作用下的承载力计算

弯剪扭构件
的破坏形态

1）计算方法

弯剪扭共同作用下的钢筋混凝土构件的承载力计算通常有两种方法，一种为叠加法，即分别计算弯矩、剪力和扭矩所需的纵筋和箍筋，然后将相应的钢筋截面面积叠加；另一种是通过试验和理论分析，找出各种组合力之间的相互影响关系，然后确定构件的极限承载力。

《规范》规定，矩形、T 形、工字形和箱形截面钢筋混凝土弯剪扭构件，纵筋应按受弯构件的正截面受弯承载力和剪扭构件的受扭承载力分别按所需的钢筋截面面积和相应的位置进行配置，箍筋应按剪扭构件受剪和受扭承载力分别按所需的箍筋截面面积和相应的位置配置。鉴于《规范》的受剪和受扭承载力计算公式中都考虑了混凝土的作用，因此剪扭承载力计算公式至少应考虑扭矩对混凝土受剪承载力和剪力对混凝土受扭承载力的影响。

各种截面的正截面受弯承载力计算方法同 6.2 节，下面着重分析剪扭承载力。

2）矩形截面剪扭承载力

（1）一般剪扭构件

试验研究表明，在无腹筋及有腹筋构件中，混凝土部分对受扭的作用，其无量纲关系基本上（或近似）服从四分之一圆的规律（图 6-61a、c），简化为如图 6-61b 所示的三折线，则剪扭时混凝土受扭承载力降低系数为

$$\beta_t = \frac{1.5}{1 + 0.5\dfrac{V}{T}\dfrac{W_t}{bh_0}} \qquad (6-132)$$

当 $\beta_t < 0.5$ 时，取 $\beta_t = 0.5$；当 $\beta_t > 1$ 时，取 $\beta_t = 1$。

因此在剪力和扭矩共同作用下的矩形截面钢筋混凝土构件的承载力分别为

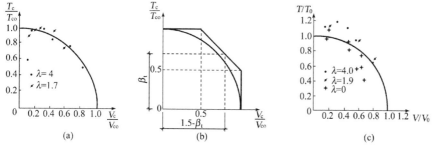

图 6-61 剪扭承载力的相关曲线

（a）无腹筋构件；（b）有腹筋构件计算曲线；（c）剪扭承载力相关关系

剪扭构件的受剪承载力

$$V \leqslant (1.5 - \beta_t) 0.7 f_t b h_0 + f_{yv} \frac{A_{sv}}{s} h_0 \qquad (6-133)$$

式中 A_{sv}——受剪承载力所需的箍筋截面面积。

剪扭构件的受扭承载力

$$T \leqslant \beta_t \cdot 0.35 f_t W_t + 1.2 \sqrt{\zeta} f_{yv} \frac{A_{stl} A_{cor}}{s} \qquad (6-134)$$

(2) 集中荷载作用下的独立剪扭构件

对集中荷载作用下独立的钢筋混凝土剪扭构件(包含作用有多种荷载,且其中集中荷载对支座截面或节点边缘所产生的剪力值占总剪力值的 75% 以上的情况),公式应改为

$$\beta_t = \frac{1.5}{1 + 0.2(\lambda + 1) \frac{V}{T} \frac{W_t}{b h_0}} \qquad (6-135)$$

$$V \leqslant (1.5 - \beta_t) \frac{1.75}{\lambda + 1} f_t b h_0 + f_{yv} \frac{A_{sv}}{s} h_0 \qquad (6-136)$$

3) T 形和工字形截面剪扭承载力

对 T 形和工字形截面构件在剪扭共同作用下的承载力计算,《规范》规定由腹板部分承受全部剪力和所分配得的扭矩,而翼缘只承受扭矩。因此计算时先将整个截面按前述方法划分为若干个矩形截面,然后将总扭矩按各矩形截面的受扭塑性抵抗矩与截面总的受扭塑性抵抗矩的比例进行分配,再分别计算各矩形截面的配筋,最后钢筋叠加。

4) 箱形截面

(1) 一般剪扭构件

箱形截面剪扭构件混凝土承载力降低系数按下式计算:

$$\beta_t = \frac{1.5}{1 + 0.5 \frac{V}{T} \cdot \frac{\alpha_h W_t}{b_h h_0}} \qquad (6-137)$$

剪扭构件的受剪承载力

$$V \leqslant (1.5 - \beta_t) 0.7 f_t b h_0 + f_{yv} \frac{A_{sv}}{s} h_0 \qquad (6-138)$$

剪扭构件的受扭承载力

$$T \leqslant \beta_t \cdot 0.35 \alpha_h f_t W_t + 1.2 \sqrt{\zeta} f_{yv} \frac{A_{stl} A_{cor}}{s} \qquad (6-139)$$

(2) 集中荷载作用下的独立剪扭构件

$$\beta_t = \frac{1.5}{1 + 0.2(\lambda + 1) \frac{V}{T} \frac{\alpha_h W_t}{b_h h_0}} \qquad (6-140)$$

剪扭构件的受剪承载力

$$V \leqslant (1.5 - \beta_t) \frac{1.75}{\lambda + 1} f_t b h_0 + f_{yv} \frac{A_{sv}}{s} h_0 \qquad (6-141)$$

剪扭构件的受扭承载力计算公式同式(6-139),仅 β_t 值不同。

5) 可忽略剪力或扭矩的情况

弯剪扭共同作用下的矩形、T形、工字形和箱形截面混凝土构件,当扭矩或剪力很小时,可不计其对承载力的影响。《规范》规定,当 $V \leqslant 0.35 f_t bh_0$ 或 $V \leqslant 0.875 f_t bh_0/(\lambda+1)$ 时,可仅按受弯构件的正截面受弯承载力和纯扭构件的受扭承载力分别进行计算;当 $T \leqslant 0.175 f_t W_t$ 或 $T \leqslant 0.175 \alpha_h f_t w_t$ 时,可仅按受弯构件的正截面受弯承载力和斜截面受剪承载力分别进行计算。

6.4.5 适用条件

1) 最小配箍率

为简化计算,确定最小配箍率时忽略剪扭相互作用的影响。弯剪扭构件中,剪扭箍筋的最小配筋率按下式确定:

$$\rho_{sv,min} = \frac{A_{sv}}{bs} \geqslant 0.28 \frac{f_t}{f_{yv}} \tag{6-142}$$

其中 A_{sv} 为配置在同一截面内箍筋各肢的全部截面面积。

箍筋间距应满足《规范》规定的箍筋最大间距要求。其中受扭的箍筋必须为封闭式,且应沿截面周边布置;当采用复合箍筋时,位于截面内部的箍筋不应计入受扭所需的箍筋面积;当采用绑扎骨架时,受扭所需箍筋的末端应做成135°弯钩,弯钩端头平直段长度不应小于10d(d 为箍筋直径)。

2) 受扭纵筋最小配筋率

受扭纵筋最小配筋率为

$$\rho_{tl,min} = 0.6 \sqrt{\frac{T}{Vb}} \cdot \frac{f_t}{f_y} \tag{6-143}$$

$\rho_{tl,min}$ 为受扭纵筋的最小配筋率,取 A_{stl}/bh。当 $\frac{T}{Vb} > 2$ 时,取 $\frac{T}{Vb} = 2$;受扭纵筋的间距不应大于 200 mm 和梁截面短边长度;在截面四角必须设置受扭纵筋,并沿截面周边均匀对称布置。受扭纵筋应按受拉钢筋锚固在支座内。

在弯剪扭构件中,弯曲受拉边纵筋的最小配筋量不应小于按弯曲受拉钢筋最小配筋率计算出的钢筋截面面积与按受扭纵筋最小配筋率计算并分配到弯曲受拉边的钢筋截面面积之和。

3) 截面限制条件

为保证弯剪扭构件在破坏时混凝土不首先被压碎,对 $h_w/b < 6$ 的矩形、T形、工字形和 $h_w/t_w < 6$ 的箱形截面混凝土构件,其截面应符合下列要求:

当 h_w/b(或 h_w/t_w)$\leqslant 4$ 时

$$\frac{V}{bh_0} + \frac{T}{0.8W_t} \leqslant 0.25 \beta_c f_c \tag{6-144}$$

当 h_w/b(或 h_w/t_w)$= 6$ 时

$$\frac{V}{bh_0} + \frac{T}{0.8W_t} \leqslant 0.2 \beta_c f_c \tag{6-145}$$

当 $4 < h_w/b$(或 h_w/t_w)< 6 时,按线性内插法确定。

当符合下列要求时

$$\frac{V}{bh_0} + \frac{T}{W_t} \leqslant 0.7 f_t \tag{6-146}$$

弯剪扭构件
的截面限制
条件

227

则可不进行构件受剪扭承载力计算,仅需按构造要求配置钢筋。

【例 6-11】构件截面尺寸 250 mm×500 mm,弯矩设计值 $M=110$ kN·m,剪力设计值 $V=78$ kN,扭矩设计值 $T=15$ kN·m,混凝土强度等级 C30,纵筋采用 HRB400 级,箍筋采用 HRB335 级,环境类别为一类。求所需的受弯、受剪及受扭钢筋。

【解】 $h_0=500-40=460$ mm

$b_{cor}=250-50=200$ mm

$h_{cor}=500-50=450$ mm

(1) 验算构件截面尺寸是否需按计算配置受扭钢筋

$$W_t=\frac{250^2}{6}\times(3\times500-250)=1.302\times10^7 \text{ mm}^3$$

由式(6-144)、式(6-145)得

$$\frac{V}{bh_0}+\frac{T}{0.8W_t}=\frac{78\,000}{250\times460}+\frac{15\,000\,000}{0.8\times1.302\times10^7}=2.12 \text{ N/mm}^2$$

$$0.25\beta_c f_c=0.25\times1.0\times14.3=3.6 \text{ N/mm}^2$$

$$0.7f_t=0.7\times1.43=1.0 \text{ N/mm}^2$$

因此,截面尺寸满足要求,但需按计算配置受扭钢筋。

(2) 受弯纵筋的计算

$$\alpha_s=\frac{M}{\alpha_1 f_c bh_0^2}=\frac{110\,000\,000}{1.0\times14.3\times250\times460^2}=0.145$$

相应的 $\zeta=1-\sqrt{1-2\alpha_s}=1-\sqrt{1-2\times0.145}=0.157$

$\gamma_s=1-0.5\zeta=1-0.5\times0.157=0.921$

则 $$A_s=\frac{M}{f_y\gamma_s h_0}=\frac{110\,000\,000}{360\times0.921\times460}=721 \text{ mm}^2$$

(3) 受剪箍筋的计算

由式(6-132)得

$$\beta_t=\frac{1.5}{1+0.5\dfrac{V}{T}\cdot\dfrac{W_t}{bh_0}}=\frac{1.5}{1+0.5\times\dfrac{78\,000}{15\,000\,000}\times\dfrac{1.302\times10^7}{250\times460}}=1.159>1.0$$

取 $\beta_t=1.0$。

由式(6-133)得

$$\frac{A_{sv}}{s}=\frac{V-(1.5-\beta_t)\times0.7f_t bh_0}{f_{yv}h_0}=\frac{78\,000-(1.5-1.0)\times0.7\times1.43\times250\times460}{300\times460}=0.148$$

(4) 受扭钢筋的计算

由式(6-134)可得受扭箍筋

$$\frac{A_{st1}}{s}=\frac{T-\beta_t\cdot0.35f_t W_t}{1.2\sqrt{\zeta}f_{yv}A_{cor}}$$

令 $\zeta=1.0$，则

$$\frac{A_{st1}}{s}=\frac{15\,000\,000-1.0\times0.35\times1.43\times1.302\times10^7}{1.2\times1.0\times300\times200\times450}=0.262$$

设箍筋间距 $s=150$ mm，采用双肢箍，则受剪及受扭箍筋单肢截面面积总和为

$$A_{sv}/2+A_{st1}=(0.148/2+0.262)\times150=50.4\ \text{mm}^2$$

选用 Φ 8 箍筋（面积为 50.3 mm²）。

由式（6-122）可得受扭纵筋

$$A_{stl}=\frac{\zeta f_{yv}A_{st1}U_{cor}}{f_{ys}}=\frac{1.0\times300\times0.262\times150\times2\times(200+450)}{360\times150}=284\ \text{mm}^2$$

所需梁底部受弯和受扭纵筋截面面积为

$$A_s+A_{stl}\cdot\frac{b_{cor}}{U_{cor}}=721+284\times\frac{200}{1\,300}=765\ \text{mm}^2$$

选用 3 Φ 18（面积为 762 mm²）。

每一侧边所需受扭纵筋截面面积为

$$A_{stl}\cdot\frac{h_{cor}}{U_{cor}}=284\times\frac{450}{1\,300}=98.3\ \text{mm}^2$$

选用 1 Φ 12（面积为 113.1 mm²），梁顶面配置 2 Φ 12 受扭纵筋（兼作架立筋）。

（5）验算受扭钢筋最小含钢量

① 最小配箍率

由式（6-142）得

$$\rho_{sv,min}=0.28\frac{f_t}{f_{yv}}=0.28\times\frac{1.43}{300}=0.001\,3$$

$$\rho_{sv}=\frac{nA_{st1}}{bs}=\frac{2\times50.3}{250\times150}=0.002\,7>\rho_{sv,min}$$

② 最小受扭纵筋配筋率

由式（6-143）得

$$\rho_{tl,min}=0.6\sqrt{\frac{T}{Vb}}\cdot\frac{f_t}{f_y}=0.6\times\sqrt{\frac{15\,000\,000}{78\,000\times250}}\times\frac{1.43}{360}=0.002\,09$$

实配受扭纵筋面积

$$A_{stl}=113.1\times4+(762-721)=493.4\ \text{mm}^2$$

$$\rho_{tl}=\frac{A_{stl}}{bh}=\frac{493.4}{250\times500}=0.003\,95>\rho_{tl,min}$$

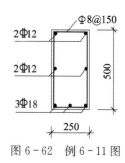

图 6-62　例 6-11 图

所配受扭钢筋均满足要求。梁的配筋见图 6-62。

6.5 变形的计算原理

6.5.1 截面弯曲刚度的概念及定义

在一般建筑中,对构件的变形有一定的要求,主要是出于以下四方面的考虑:

(1) 保证结构构件的使用功能要求。结构构件产生过大的变形将损害甚至丧失其使用功能。例如,楼盖梁、板的挠度过大,将使仪器设备难以保持水平;吊车梁的挠度过大会妨碍吊车的正常运行;屋面构件和挑檐的挠度过大会造成积水和渗漏;桥梁变形过大将引起行车事故等。

(2) 防止对结构构件产生不良影响。这是指防止结构性能与设计中的假定不符。例如,梁端的旋转将使支承面积减小,当梁支承在砖墙上时,可能使墙体沿梁顶、梁底出现内外水平缝,严重时将产生局部承压或墙体失稳破坏(图 6-63);桥梁支承在桥墩上时,梁端的翘起将引起车辆对桥面及桥墩的冲击。又如当构件挠度过大,在可变荷载下可能出现因动力效应引起的共振等。

(3) 防止对非结构构件产生不良影响。这包括防止结构构件变形过大使门窗等活动部件不能正常开关,防止非结构构件如隔墙及天花板的开裂、压碎、鼓出或其他形式的损坏等。

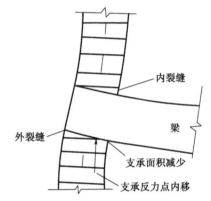

图 6-63 梁端支承处
转角过大引起的问题

结构变形导
致墙体开裂

(4) 保证人们的感觉在可接受程度之内。例如,防止梁、板明显下垂引起的不安全感,防止可变荷载引起的振动及噪声对人体的不良感觉等。

随着高强度混凝土和高等级钢材的采用,构件截面尺寸相应减小,变形问题更为突出。

《混凝土结构设计规范》《钢结构设计标准》及《公路钢筋混凝土及预应力混凝土桥涵设计规范》等,在考虑上述因素的基础上,根据工程经验,仅对受弯构件规定了允许挠度值。验算值应满足

$$f \leqslant f_{\lim} \qquad (6-147)$$

由工程力学知,匀质弹性材料梁的跨中挠度

$$f = S \frac{M l_0^2}{EI} \quad 或 \quad f = S \phi l_0^2 \qquad (6-148)$$

式中　S——与荷载形式、支承条件有关的挠度系数,例如,承受均布荷载的简支梁,$S=5/48$;

　　　　l_0——梁的计算跨度;

　　　　EI——梁的截面弯曲刚度;

　　　　ϕ——截面曲率,即单位长度上的转角,$\phi=M/EI$。

由 $EI=M/\phi$ 知,截面弯曲刚度就是使截面产生单位转角需要施加的弯矩值,它是度量截面抵抗弯曲能力的重要指标。

当梁的截面形状、尺寸和材料已知时,梁的截面弯曲刚度 EI 是一个常数。因此,弯矩与挠度或者弯矩与曲率之间都是始终不变的正比例关系,如图 6-64 中虚线 OA 所示。

对钢受弯构件,由于正常使用阶段的荷载效应不会使材料超出弹性范围,因而弯矩与曲率间可采用正比例关系。在此不予赘述。

上述力学概念仍然适用于混凝土受弯构件,区别在于钢筋混凝土是不匀质的非弹性材料,因而在它受弯的全过程中,截面弯曲刚度不是常数而是变化的。

图 6-64 为适筋梁 $M-\phi$ 关系曲线。从理论上讲,混凝土受弯构件的截面弯曲刚度应取为 $M-\phi$ 曲线上相应点处切线的斜率 $dM/d\phi$。但这样做既有困难,也不实用。在混凝土结构设计中,用到截面弯曲刚度的有两种情况,可分别采用简化方法:

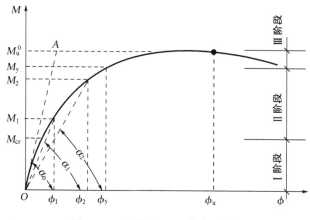

图 6-64　适筋梁 $M-\phi$ 关系曲线

（1）对要求不出现裂缝的构件,可近似地把混凝土开裂前的 $M-\phi$ 曲线视为直线,它的斜率就是截面弯曲刚度,取为 $0.85E_cI_0$。I_0 是换算截面惯性矩(将钢筋面积乘以钢筋与混凝土弹性模量的比值换算成混凝土面积后,保持截面重心位置不变与混凝土面积一起计算的截面惯性矩)。

（2）验算正常使用阶段构件挠度时,相应的正截面承担的弯矩约为其最大受弯承载力试验值 M_u^0 的 50%～70%,可定义在 $M-\phi$ 曲线上 $0.5M_u^0～0.7M_u^0$ 区段内,任一点与坐标原点 O 相连的割线斜率 $\tan\alpha$ 为截面弯曲刚度,记为 B。由图 6-64 知,$\tan\alpha$ 亦即截面弯曲刚度是随弯矩的增大而减小的。因此,$B=\tan\alpha=M/\phi,M=0.5M_u^0～0.7M_u^0$。

上述讨论表明,在工程结构中,受弯构件的变形计算均可利用工程力学中的方法。对不同材料的受弯构件,在正常使用阶段的荷载效应不超出材料的弹性范围时,可按 $M-\phi$ 为线性关系,截面弯曲刚度可取为常数或对该常数予以适当折减;当荷载效应超出材料的弹性范围时,可根据 $M-\phi$ 关系曲线,定义相应点的割线斜率作为截面弯曲刚度 B,此时 B 也是个定值。

由于混凝土受弯构件的变形计算最为复杂并具有代表性,下面给予专门的阐述。

6.5.2　短期刚度 B_s

截面弯曲刚度不仅随荷载增大而减小,而且还将随荷载作用时间的增长而减小。这里先讲述荷载短期作用下的截面弯曲刚度,并简称为短期刚度,记作 B_s。

1) 平均曲率

图 6-65 示出了钢筋混凝土梁试验中裂缝出现后的第Ⅱ阶段,在纯弯段内测得的钢筋和混凝土的应变情况:

（1）沿梁长,受拉钢筋的拉应变和受压区边缘混凝土的压应变都是不均匀分布的,裂缝截面处最大,裂缝间为曲线变化。

（2）沿梁长,中和轴高度呈波浪形变化,裂缝截面处中和轴高度最小。

（3）如果量测范围比较长（≥750 mm），则各水平纤维的平均应变沿梁截面高度的变化符合平截面假定。

根据平均应变符合平截面的假定，可得平均曲率

$$\phi = \frac{1}{r} = \frac{\varepsilon_{sm} + \varepsilon_{cm}}{h_0} \qquad (6-149)$$

式中　r——与平均中和轴相应的平均曲率半径；

　　ε_{sm}、ε_{cm}——分别为纵向受拉钢筋重心处的平均拉应变和受压区边缘混凝土平均压应变，在此处，第二下标 m 表示平均值。

　　h_0——截面的有效高度。

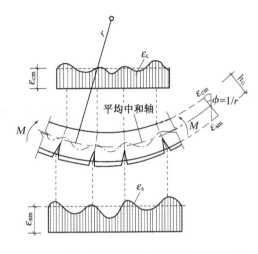

图 6-65　梁纯弯段内各截面应变及裂缝分布

因此，短期刚度

$$B_s = \frac{M_q}{\phi} = \frac{M_q h_0}{\varepsilon_{sm} + \varepsilon_{cm}} \qquad (6-150)$$

式中　M_q——按荷载准永久组合计算的弯矩值。

2）裂缝截面的应变 ε_{sq} 和 ε_{cq}

在荷载效应的准永久组合也即短期效应组合作用下，裂缝截面纵向受拉钢筋重心处的拉应变 ε_{sq} 和受压区边缘混凝土的压应变 ε_{cq} 按下式计算：

$$\varepsilon_{sq} = \frac{\sigma_{sq}}{E_s} \qquad (6-151)$$

$$\varepsilon_{cq} = \frac{\sigma_{cq}}{E'_c} = \frac{\sigma_{cq}}{\nu E_c} \qquad (6-152)$$

式中　σ_{sq}、σ_{cq}——分别为按荷载效应的准永久组合作用计算的裂缝截面纵向受拉钢筋重心处的拉应力和受压区边缘混凝土的压应力；

　　E'_c、E_c——分别为混凝土的变形模量和弹性模量，$E'_c = \nu E_c$；

　　ν——混凝土的弹性特征值。

σ_{sq} 和 σ_{cq} 可按图 6-66 所示第Ⅱ阶段裂缝截面的应力图形求得。对受压区合力点取矩，得

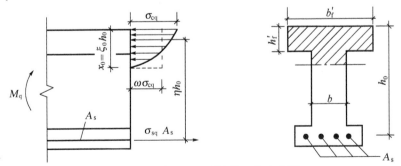

图 6-66　第Ⅱ阶段裂缝截面的应力图

$$\sigma_{sq} = \frac{M_q}{A_s \eta h_0} \tag{6-153}$$

受压区面积为 $(b'_f - b)h'_f + bx_0 = (\gamma'_f + \xi_0)bh_0$，将曲线分布的压应力换算成平均应力 $\omega\sigma_{cq}$，再对受拉钢筋的重心取矩，则得

$$\sigma_{cq} = \frac{M_q}{\omega(\gamma'_f + \xi_0)\eta bh_0^2} \tag{6-154}$$

式中 ω——压应力图形丰满程度系数；

       η——裂缝截面处内力臂长度系数；

       ξ_0——裂缝截面处受压区高度系数，$\xi_0 = \dfrac{x_0}{h_0}$；

       γ'_f——受压翼缘的加强系数（相对于肋部面积），$\gamma'_f = (b'_f - b)h'_f / bh_0$。

3) 平均应变 ε_{sm} 和 ε_{cm}

设裂缝间纵向受拉钢筋重心处的拉应变不均匀系数为 ψ，受压区边缘混凝土压应变不均匀系数为 ψ_c，则平均应变 ε_{sm} 和 ε_{cm} 可用裂缝截面处的相应应变 ε_{sk} 和 ε_{ck} 表达。

$$\varepsilon_{sm} = \psi\varepsilon_{sq} = \psi\frac{\sigma_{sq}}{E_s} = \psi\frac{M_q}{A_s\eta h_0 E_s} \tag{6-155}$$

$$\varepsilon_{cm} = \psi_c\varepsilon_{cq} = \psi_c\frac{\sigma_{sq}}{\nu E_c} = \psi_c\frac{M_q}{\omega(\gamma'_f + \xi_0)\eta bh_0^2 \nu E_c} \tag{6-156}$$

为了简化，取 $\zeta = \omega\nu(\gamma'_f + \xi_0)\eta/\psi_c$，则上式改为

$$\varepsilon_{cm} = \frac{M_q}{\zeta bh_0^2 E_c} \tag{6-157}$$

式中 ζ——受压边缘混凝土平均应变综合系数，从材料力学观点，ζ 也可称为截面弹塑性抵抗矩系数。采用系数 ζ 后既可减轻计算工作量并避免误差的积累，又可按式(6-157)通过试验直接得到它的试验值。

4) 短期刚度 B_s 的一般表达式

将式(6-155)及式(6-157)代入式(6-150)，得

$$B_s = \frac{1}{\dfrac{\psi}{A_s\eta h_0^2 E_s} + \dfrac{1}{\zeta bh_0^3 E_c}}$$

分子分母同乘以 $E_s A_s h_0^2$，并取 $\alpha_E = E_s / E_c$，即得

$$B_s = \frac{E_s A_s h_0^2}{\dfrac{\psi}{\eta} + \dfrac{E_s A_s h_0^2}{\zeta E_c bh_0^3}} = \frac{E_s A_s h_0^2}{\dfrac{\psi}{\eta} + \dfrac{\alpha_E \rho}{\zeta}} \tag{6-158}$$

6.5.3   参数 η、ψ 和 ζ 的表达式

对式(6-158)中的参数 η、ψ 和 ζ，均可通过试验研究得出相应的表达式。

1) 裂缝截面处内力臂长度系数 η

由图 6-66 及式(6-153)，得

$$\eta = \frac{M_q^0}{\sigma_{sq} A_s h_0} = \frac{M_q^0}{E_s \varepsilon_{sq} A_s h_0}$$

试验中, M_q^0、A_s、h_0 及 E_s 是已知的,因此由测量得到的 ε_{sq} 即可得出 η 的试验值。但由于裂缝截面位置的随机性,量测 ε_{sq} 有一定的困难。然而从试验测得的部分数据来看,在第 Ⅱ 阶段裂缝截面处相对受压区高度变化较小,即与 M_q^0 的关系不大,但与配筋率及截面形状有关,经理论分析,对常用的混凝土强度等级及配筋率,可以近似取

$$\eta = 0.87 \tag{6-159}$$

2)裂缝间纵向受拉钢筋应变不均匀系数 ψ

图 6-67 为沿一根试验梁实测的纵向受拉钢筋的应变分布图,可见在纯弯区段 $A-A$ 内,钢筋应变是不均匀的,裂缝截面处最大。离开裂缝截面就逐渐减小,这主要是由于裂缝间的受拉混凝土参加工作的缘故。图中的水平虚线表示平均应变 ε_{sm}。因此,系数 ψ 的物理意义就是反映裂缝间受拉混凝土对纵向受拉钢筋应变的影响程度。

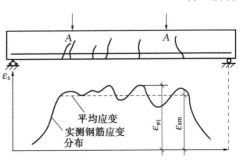

图 6-67 纯弯段内受拉钢筋应变分布

图 6-68 中绘出了梁在裂缝截面处的钢筋应变 ε_{sq}、纯弯段内钢筋平均应变 ε_{sm} 以及自由金属应变三者与应力间的关系图。图中示出,裂缝出现后, $\varepsilon_{sm} < \varepsilon_{sq}$,这说明受拉混凝土是参加工作的。试验表明,随着荷载的增大,使 ε_{sm} 与 ε_{sq} 间的差距逐渐减小。也就是说,随着荷载的增大,裂缝间受拉混凝土是逐渐退出工作的。从图中可知, $\psi_2 = \varepsilon_{sm2}/\varepsilon_{sq2} > \psi_1 = \varepsilon_{sm1}/\varepsilon_{sq1}$;当 $\varepsilon_{sm} = \varepsilon_{sq}$ 时,则 $\psi = 1$,表明此时裂缝间受拉混凝土全部退出工作。当然, ψ 值不可能大于 1。

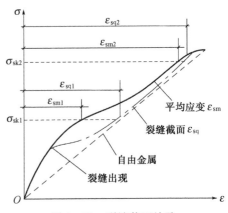

图 6-68 裂缝截面处及
平均钢筋应力-应变关系

ψ 的大小还与以有效受拉混凝土截面面积计算且考虑钢筋粘结性能差异后的有效纵向受拉钢筋配筋率 ρ_{te} 有关。这是因为参加工作的受拉混凝土主要是指钢筋周围的那部分有效范围内的受拉混凝土面积。当 ρ_{te} 较小时,说明参加受拉的混凝土面积相对大些,对纵向受拉混凝土应变的影响程度也相应大些,因而 ψ 就小些。

对轴心受拉构件,有效受拉混凝土截面面积 A_{te} 即为构件的截面面积;对受弯(及偏心受压和偏心受拉)构件,按图 6-69 采用,并近似取

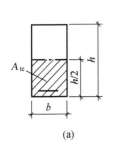

(a)

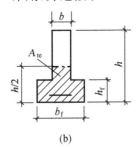

(b)

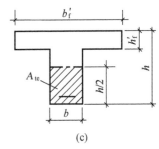

(c)

图 6-69 有效受拉混凝土面积

$$A_{te} = 0.5bh + (b_f - b)h_f \qquad (6-160)$$

此外，ψ 值还受到截面尺寸的影响，即 ψ 随截面高度的增加而增大。

试验研究表明，ψ 可近似表达为

$$\psi = 1.1 - 0.65 \frac{f_{tk}}{\rho_{te}\sigma_s} \qquad (6-161)$$

$$\rho_{te} = \frac{A_s}{A_{te}} \qquad (6-162)$$

当 $\psi < 0.2$ 时，取 $\psi = 0.2$；当 $\psi > 1$ 时，取 $\psi = 1$；对直接承受动荷载的构件，取 $\psi = 1$。

此处 σ_s 为按荷载准永久组合计算的钢筋混凝土构件纵向受拉普通钢筋应力。

式(6-162)是以纵向受拉普通带肋钢筋为基准的，若仅使用普通带肋钢筋，则 $\rho_{te} = A_s/A_{te}$；若仅使用普通光圆钢筋，应乘以相对粘结特性系数 0.7，即 $\rho_{te} = 0.7A_s/A_{te}$，以此来反映钢筋粘结性能差异的影响。在此，$A_s$ 是指纵向受拉普通光圆钢筋的截面面积。当同时配置普通带肋钢筋时，A_s 中普通光圆钢筋面积部分应乘以 0.7。当 $\rho_{te} < 0.01$ 时，取 $\rho_{te} = 0.01$。

3）系数 ζ

如上所述，系数 ζ 可由试验求得。国内外试验资料表明，ζ 与 $\alpha_E\rho$ 及受压翼缘加强系数 γ'_f 有关。为简化计算，可直接给出 $\alpha_E\rho/\zeta$ 如下：

系数 ζ

$$\frac{\alpha_E\rho}{\zeta} = 0.2 + \frac{6\alpha_E\rho}{1 + 3.5\gamma'_f} \qquad (6-163)$$

4）短期刚度 B_s 的计算公式

当取 $\eta = 0.87$，并将式(6-163)代入式(6-158)后，即得短期刚度 B_s 的计算公式

$$B_s = \frac{E_s A_s h_0^2}{1.15\psi + 0.2 + \dfrac{6\alpha_E\rho}{1 + 3.5\gamma'_f}} \qquad (6-164)$$

式中，当 $h'_f > 0.2h_0$ 时，取 $h'_f = 0.2h_0$ 计算 γ'_f。因为当翼缘较厚时，靠近中和轴的翼缘部分受力较小，如仍按全部 h'_f 计算 γ'_f，将使 B_s 的计算值偏高。

在荷载效应的标准组合作用下，受压钢筋对刚度的影响不大，计算时可不考虑，如需要估计其影响，可在 γ'_f 式中加入 $\alpha_E\rho'$，即

$$\gamma'_f = \frac{(b'_f - b)h'_f}{bh_0} + \alpha_E\rho' \qquad (6-165)$$

式(6-164)适用于矩形、T 形、倒 T 形和工字形截面受弯构件，由该式计算平均曲率与试验结果符合较好。

对矩形、T 形和工字形截面偏心受压构件以及矩形截面偏心受拉构件，只需用不同的力臂长度系数 η，即可得出类似式(6-164)的短期刚度计算公式。

值得注意的是，短期刚度由纯弯段内的平均曲率导得，因此这里所述的刚度实质上是指纯弯段内平均的截面弯曲刚度。

5）影响短期刚度的因素

（1）弯矩 M_q 对 B_s 的影响是隐含在 ψ 中的。若其他条件相同，M_q 增大时，σ_{sq} 增大，因而 ψ 亦增大，由式(6-164)知，B_s 则相应的减少。

（2）具体计算表明，ρ 增大，B_s 也略有增大。

（3）截面形状对 B_s 有所影响，当有受拉翼缘或受压翼缘时，都会使 B_s 有所增大。

（4）在常用配筋率 $\rho = 1\% \sim 2\%$ 的情况下，提高混凝土强度等级对提高 B_s 的作用不大。

（5）当配筋率和材料给定时，截面有效高度 h_0 对截面弯曲刚度的提高作用最显著。

6.5.4 混凝土受弯构件的刚度 B

在荷载长期作用下，构件截面弯曲刚度将会降低，致使构件的挠度增大。在实际工程中，总是有部分荷载长期作用在构件上，因此计算挠度时必须采用按荷载效应的标准组合或按荷载准永久组合，并考虑荷载效应的长期作用影响的刚度 B。

1）荷载长期作用下刚度降低的原因

在荷载长期作用下，受压混凝土将发生徐变，即荷载不增加而变形却随时间增长。在配筋率不高的梁中，由于裂缝间受拉混凝土的应力松弛以及混凝土和钢筋的徐变滑移，使受拉混凝土不断退出工作，因而受拉钢筋平均应变和平均应力亦将随时间而增大。同时，由于裂缝不断向上发展，使其上部原来受拉的混凝土脱离工作，以及由于受压混凝土的塑性发展，使内力臂减小，也将引起钢筋应变和应力的某些增大。以上这些情况都会导致曲率增大、刚度降低。此外，由于受拉区和受压区混凝土的收缩不一致，使梁发生翘曲，亦将导致曲率的增大和刚度的降低。总之，凡是影响混凝土徐变和收缩的因素都将影响刚度的降低，使构件挠度增大。

2）刚度 B

受弯构件挠度计算采用的刚度 B，是在短期刚度 B_s 的基础上，用荷载效应的准永久组合对挠度增大的影响系数 θ 来考虑荷载效应的准永久组合作用的影响，即荷载长期作用部分的影响。

（1）采用荷载效应标准组合时

设荷载效应的标准组合值为 M_k，准永久组合值为 M_q，则仅需对在 M_q 下产生的那部分挠度乘以挠度增大的影响系数。因为在 M_k 中包含有准永久组合值，对于在 $(M_k - M_q)$ 下产生的短期挠度部分是不必增大的。参照式（6-148），受弯构件挠度为

$$f = S\frac{(M_k - M_q)l_0^2}{B_s} + S\frac{M_q l_0^2}{B_s} \cdot \theta \qquad (6-166)$$

如果上式仅用刚度 B 表达时，有

$$f = S\frac{M_k l_0^2}{B} \qquad (6-167)$$

当荷载作用形式相同时，使式（6-167）等于式（6-166），即可得刚度 B 的计算公式

$$B = \frac{M_k}{M_q(\theta - 1) + M_k} B_s \qquad (6-168a)$$

该式即为按荷载效应的标准组合并考虑荷载长期作用影响的刚度，实质上是考虑荷载长期作用部分使刚度降低的因素后，对短期刚度 B_s 进行修正。

（2）采用荷载效应准永久组合时

$$B = \frac{B_s}{\theta} \qquad (6-168b)$$

关于 θ 的取值，根据天津大学和东南大学长期荷载试验的结果，考虑了受压钢筋的荷载长期作用下对混凝土受压徐变及收缩所起的约束作用，从而减少刚度的降低，《混凝土结构设计规范》建议对混凝土受弯构件，当 $\rho' = 0$ 时，$\theta = 2.0$；当 $\rho' = \rho$ 时，$\theta = 1.6$；当 ρ' 为中间数值时，θ 按直线内插，即

$$\theta = 2.0 - 0.4 \frac{\rho'}{\rho} \qquad (6-169)$$

式中 ρ'、ρ——分别为受压及受拉钢筋的配筋率。

上述 θ 值适用于一般情况下的矩形、T 形和工字形截面梁。由于 θ 值与温湿度有关,对于干燥地区,收缩影响大,因此建议 θ 应酌情增加 15%~25%。对翼缘位于受拉区的倒 T 形梁,由于在荷载标准组合作用下受拉混凝土参加工作较多,而在荷载准永久组合作用下退出工作的影响较大,建议 θ 应增大 20%(但当按此求得的挠度大于按肋宽为矩形截面计算得的挠度时,应取后者)。此外,对于因水泥用量较多等导致混凝土的徐变和收缩较大的构件,亦应考虑使用经验,将 θ 酌情增大。

6.5.5 挠度计算中的最小刚度原则

一个混凝土受弯构件,例如图 6-70 所示的简支梁,在剪跨范围内各截面弯矩是不相等的,靠近支座的截面弯曲刚度要比纯弯区段内的大,如果采用纯弯区段的截面弯曲刚度计算挠度,似乎会使挠度计算值偏大。但实际情况却不是这样,因为在剪跨段内还存在着剪切变形,甚至可能出现少量斜裂缝,它们都会使梁的挠度增大,而这在计算中是没有考虑到的。为了简化计算,对图 6-70 所示的梁,可引入"最小刚度原则",近似地按纯弯区段平均的截面弯曲刚度计算挠度。

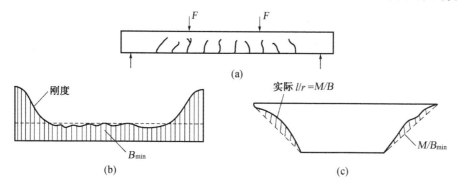

图 6-70 沿梁长的刚度和曲率分布

最小刚度原则就是在简支梁全跨长范围内,可都按弯矩最大处的截面弯曲刚度,亦即按最小的截面弯曲刚度 $B_{\min}$(如图 6-70b 中虚线所示),用工程力学方法中不考虑剪切变形影响的公式来计算挠度。当构件上存在正、负弯矩时,可分别取同号弯矩区段内 $|M_{\max}|$ 处截面的最小刚度计算挠度。

试验分析表明,一方面按 $B_{\min}$ 计算的挠度值偏大,即如图 6-70c 中多算了用阴影线示出的两小块 $M/B_{\min}$ 面积;另一方面,不考虑剪切变形的影响,对出现如图 6-71 所示的斜裂缝的情况,剪跨内钢筋应力大于按正截面的计算值,这些均导致挠度计算值偏小。然而,上述两方面的影响大致可以相互抵消,对国内外约 350 根试验梁验算结果,计算值与试

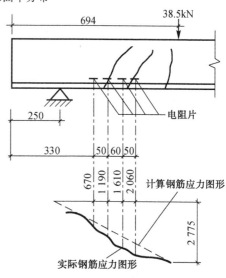

图 6-71 梁剪跨段内钢筋应力分布

验值符合较好。因此,采用最小刚度原则是可以满足工程要求的。

6.5.6 受弯构件的挠度验算

受弯构件的
挠度限制

1) 受弯构件挠度验算

如前所述,受弯构件的挠度在按工程力学方法计算时,最关键的是确定不同材料的截面弯曲刚度。对于在正常使用阶段荷载效应不超过材料弹性范围的钢结构以及尚未出现裂缝的混凝土受弯构件,截面弯曲刚度分别采用 EI(按毛截面计算)及 $0.85EI_0$(按换算截面计算);对荷载效应超过材料弹性范围的混凝土受弯构件,可用 B_{min} 代替匀质弹性材料梁截面弯曲刚度 EI。在求得截面弯曲刚度后,梁的挠度计算就十分简便。按规范要求,挠度验算应满足式(6-147),即

$$f \leqslant f_{lim}$$

式中 f——根据不同材料 $M-\phi$ 关系确定的刚度 B 进行计算的挠度;

  f_{lim}——允许挠度值。对吊车梁,当采用手动吊车时,取 $l_0/500$;当采用电动吊车时,取 $l_0/600$。对屋盖、楼盖及楼梯构件,当 l_0 小于 7 m 时,取 $l_0/200$($l_0/250$);当 l_0 不小于 7 m、不大于 9 m 时,取 $l_0/250$($l_0/300$);当 l_0 大于 9 m 时,取 $l_0/300$($l_0/400$),括号内的数值适用于使用上对挠度有较高要求的构件。

《规范》规定,钢筋混凝土受弯构件的挠度按荷载效应的准永久组合并考虑荷载长期作用的影响进行计算;预应力混凝土受弯构件的挠度按荷载效应的标准组合并考虑荷载长期作用的影响进行计算。

2) 对受弯构件挠度验算的讨论

(1) 混凝土受弯构件配筋率对承载力和挠度的影响

当梁的尺寸和材料性能给定时,若其正截面弯矩设计值 M 比较大,就应配置较多的受拉钢筋方可满足 $M_u \geqslant M$ 的要求。然而,配筋率加大对提高截面弯曲刚度并不显著,因此就有可能出现不满足挠度验算的要求。

例如,有一根承受两个集中荷载的简支梁(荷载作用在三分点上),$l_0 = 6.9$ m,$b \times h = 200$ mm$\times 450$ mm,保护层厚度 $c = 25$ mm,采用混凝土等级为 C20,HRB335 热轧钢筋,$f_{lim} = l_0/200$,$M_s/M_q = 1.5:1$,则当配筋率自 ρ_{min} 至 ρ_b 之间时,配筋率与 M_u/M_{u0}、B/B_0 及 f/f_0 之间的关系如图 6-72 所示,在此 M_{u0}、B_0 及 f_0 分别表示最小配筋率时的相应值。由图可见,M_u/M_{u0} 几乎与配筋率呈线性关系增长。但是刚度增长缓慢,最终导致挠度随配筋率增高而增大。当配筋率超过一定数值后(本例为 $\rho \geqslant 1.6$),满足了正截面承载力要求,就不满足挠度要求。

这说明,一个构件不能盲目地用增大配筋率的方法来解决挠度不满足的问题。尤应注意,当允许挠度值较小,即对挠度要求较高时,在中等配筋率时就会出现不满足的情况。因此,应通过验算予以保证。

(2) 跨高比

受弯构件的挠度是构件整体的力学行为,从式(6-148)可见,l_0 越大,而 h 越小,则 f 就越大。因此,在承载力计算前若选定足够的截面高度或较小的跨高比,如满足承载力要求,计算挠度也必然同时满足。对此,可以给出不需作挠度验算的最大跨高比,在此不予赘述。

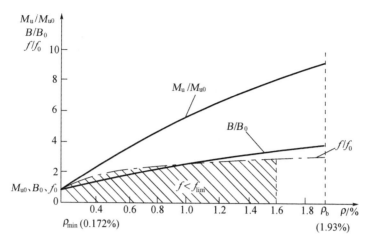

图 6-72　配筋率对承载力、刚度及挠度的影响

根据工程经验,对混凝土受弯构件,为了便于满足挠度的要求,建议设计时可选用下列跨高比:对用 HRB335 级钢筋配筋的简支梁,当允许挠度为 $l_0/200$ 时,l_0/h 在 20～10 的范围内选取。当永久荷载所占比重大时,取较小值;当用 HRB300 级、HRB400 级、RRB400 或 HRB500 级钢筋时,分别取较大值或较小值;当允许挠度为 $l_0/250$ 或 $l_0/300$ 时,取值应相应减少些;当为整体肋形梁或连续梁时,则取值可大些。

【例 6-12】已知在教学楼楼盖中一矩形截面简支梁,截面尺寸为 200 mm×500 mm,配置 4 Φ 16HRB400 级受力钢筋,混凝土强度等级为 C30,箍筋直径 6 mm,$l_0=5.6$ m;承受均布荷载,其中永久荷载(包括自重在内)标准值 $g_k=12.0$ kN/m,楼面活荷载标准值 $q_k=8.4$ kN/m,楼面活荷载的准永久值系数 $\psi_q=0.5$,$f_{lim}=l_0/200$,环境类别为一类。试验算其挠度。

【解】① 求 M_q

$$M_q=\frac{1}{8}g_kl_0^2+\frac{1}{8}\psi_qq_kl_0^2=47.04+0.5\times32.93=63.50 \text{ kN} \cdot \text{m}$$

② 计算有关参数

$$\alpha_E\rho=\frac{E_s}{E_c} \cdot \frac{A_s}{bh_0}=\frac{2\times10^5}{3\times10^4}\times\frac{804}{200\times465}=0.058$$

$$\rho_{te}=\frac{A_s}{A_{te}}=\frac{804}{0.5\times200\times500}=0.016$$

$$\sigma_s=\frac{M_q}{\eta h_0A_s}=\frac{63.5\times10^6}{0.87\times465\times804}=195 \text{ N/mm}^2$$

$$\psi=1.1-0.65\frac{f_{tk}}{\rho_{te}\sigma_s}=1.1-0.65\times\frac{2.01}{0.016\times195}=0.68$$

③ 计算 B_s

$$B_s=\frac{E_sA_sh_0^2}{1.15\psi+0.2+\frac{6\alpha_E\rho}{1+3.5\gamma'_f}}=\frac{2\times10^5\times804\times465^2}{1.15\times0.68+0.2+6\times0.058}=2.61\times10^{13} \text{ N} \cdot \text{mm}^2$$

④ 计算 B

$$B=\frac{B_{\mathrm{s}}}{\theta}=\frac{2.61\times10^{13}}{2}=1.31\times10^{13}\,\mathrm{N\cdot mm^2}$$

⑤ 变形计算

$$f=\frac{5}{48}\cdot\frac{M_{\mathrm{q}}l_0^2}{B}=\frac{5}{48}\times\frac{63.50\times10^6\times5\,600^2}{1.31\times10^{13}}=15.83\,\mathrm{mm}$$

由于 $f_{\mathrm{lim}}/l_0=1/200$,故 $f/l_0=15.83/5\,600=1/354<1/200$,变形满足要求。

【例 6-13】已知图 6-73a 所示 8 孔空心板,C30 等级混凝土,配置 9ϕ6HPB300 受力钢筋,保护层厚度 $c=15$ mm,计算跨度 $l_0=3.04$ m;承受荷载准永久组合 $M_{\mathrm{q}}=3.10$ kN·m; $f_{\mathrm{lim}}=l_0/200$。试验算挠度是否满足。

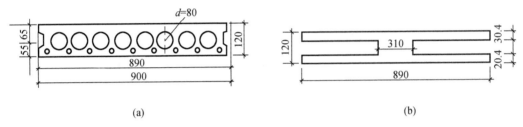

(a)   (b)

图 6-73　多孔板及其换算截面

【解】按截面形心位置、面积和对形心轴惯性矩不变的条件,将圆孔换算成 $b_{\mathrm{h}}\times h_{\mathrm{h}}$ 的矩形孔,即

$$\frac{\pi d^2}{4}=b_{\mathrm{h}}h_{\mathrm{h}},\qquad\frac{\pi d^4}{64}=\frac{b_{\mathrm{h}}h_{\mathrm{h}}^3}{12}$$

求得 $b_{\mathrm{h}}=72.6$ mm, $h_{\mathrm{h}}=69.2$ mm,则换算后的工字形截面(图 6-73b)的尺寸为 $b=890-8\times72.6=310$ mm; $h'_{\mathrm{f}}=65-69.2/2=30.4>0.2h_0=20.4$ mm,取 20.4 mm; $h_{\mathrm{f}}=55-69.2/2=20.4$ mm。

$$\alpha_{\mathrm{E}}\rho=\frac{2.1\times10^5}{3\times10^4}\times\frac{9\times28.3}{310\times102}=0.056$$

$$\rho_{\mathrm{te}}=\frac{A_{\mathrm{s}}}{0.5bh+(b_{\mathrm{f}}-b)h_{\mathrm{f}}}=\frac{9\times28.3}{0.5\times310\times120+(890-310)\times20.4}$$
$$=0.008\,4<0.01,\text{取}\ \rho_{\mathrm{te}}=0.01$$

$$\gamma'_{\mathrm{f}}=\frac{(b'_{\mathrm{f}}-b)h'_{\mathrm{f}}}{bh_0}=\frac{(890-310)\times20.4}{310\times102}=0.374$$

$$\sigma_{\mathrm{s}}=\frac{M_{\mathrm{q}}}{\eta h_0 A_{\mathrm{s}}}=\frac{3.1\times10^6}{0.87\times102\times9\times28.3}=137\,\mathrm{N/mm^2}$$

$$\psi=1.1-\frac{0.65f_{\mathrm{tk}}}{\rho_{\mathrm{te}}\sigma_{\mathrm{s}}}=1.1-\frac{0.65\times2.01}{0.01\times137}=0.146<0.2,\text{取}\ \psi=0.2$$

$$B_{\mathrm{s}}=\frac{E_{\mathrm{s}}A_{\mathrm{s}}h_0^2}{1.15\psi+0.2+\dfrac{6\alpha_{\mathrm{E}}\rho}{1+3.5\gamma'_{\mathrm{f}}}}=\frac{2.1\times10^5\times9\times28.3\times102^2}{1.15\times0.2+0.2+\dfrac{6\times0.056}{1+3.5\times0.374}}=9.67\times10^{11}\,\mathrm{N\cdot mm^2}$$

$$B = \frac{B_s}{\theta} = \frac{9.67 \times 10^{11}}{2 \times 1.2} = 4.03 \times 10^{11} \ \text{N} \cdot \text{mm}^2 (\theta \ \text{增加} \ 20\%)$$

则

$$f = \frac{5}{48} \times \frac{3.10 \times 10^6 \times 3\,040^2}{4.03 \times 10^{11}} = 7.40 \ \text{mm} < l_0/200 = 15.2 \ \text{mm}$$

满足要求。

6.6 裂缝宽度的计算原理及耐久性控制

6.6.1 裂缝与控制标准

1）产生裂缝的原因

混凝土是抗压性能良好而抗拉性能很差的材料，其极限拉伸变形很小，因而极易产生裂缝。混凝土材料来源广泛，成分多样，施工工序繁多，硬化又需要较长时间，其中哪一个环节出了问题均可能引起混凝土开裂。实际上用近代仪器探测（如 X 射线、声发射、超声切片后用扫描电镜观测等）可知，于受荷载以前，在硬化后的混凝土内部，尤其是在胶结料与骨料的界面上总是存在着大量的微观裂缝，其分布有随机性。这些裂缝在外界荷载作用下或环境变化时会发展而形成可见裂缝，目前设计计算控制的主要是指这种宏观裂缝。引起混凝土裂缝的原因很多，主要有以下几种。

（1）荷载引起的裂缝。当构件中的拉应力大于混凝土的抗拉强度或拉应变大于混凝土的极限拉伸应变时，混凝土就产生裂缝。受力状态不同，裂缝的形态也不同，如受弯构件有受拉区的弯曲裂缝、剪跨区的弯剪裂缝，柱子受轴力作用时产生沿轴线向的纵向裂缝等。这些受力产生的裂缝，裂缝方向大致与拉应力正交。在普通钢筋混凝土结构中，通过配置钢筋以传递开裂后混凝土所不能传递的拉力或剪力。

荷载引起
的裂缝

（2）因变形受到约束引起的裂缝。变形一般有地基不均匀沉降、混凝土的收缩及温度差等引起，当受到约束时，将产生裂缝。约束作用越大，裂缝宽度也就越大。例如在钢筋混凝土薄腹 T 形梁的腹板表面上出现中间宽、两端窄的竖向裂缝，这是混凝土结硬时，腹板混凝土受到四周混凝土及钢筋骨架约束而引起的裂缝。

因变形受到
约束引起的
裂缝

（3）钢筋锈蚀裂缝。由于混凝土保护层碳化或冬季施工中掺氯盐（是一种混凝土促凝、早强剂）过多而导致钢筋锈蚀。锈蚀产物的体积比钢筋被侵蚀前的体积大 2～3 倍，这种体积膨胀使外围混凝土产生相当大的拉应力，引起混凝土开裂，甚至混凝土保护层剥落。钢筋锈蚀裂缝是沿钢筋长度方向劈裂的纵向裂缝，而纵向裂缝的危害要比横向裂缝大得多。

钢筋锈蚀
裂缝

过多的裂缝或过大的裂缝宽度会影响结构的外观，产生不安全感。从结构本身来看，裂缝的发生或发展，将影响结构的使用寿命。为了保证钢筋混凝土构件的耐久性，必须在设计、施工等方面控制裂缝。

对外加变形因约束引起的裂缝，一般是在构造上提出要求和在施工工艺上采取相应的措施予以控制。例如，混凝土收缩引起的裂缝，往往发生在混凝土的结硬初期，因此在施工过程中，要严格控制混凝土的配合比，保证混凝土的养护条件和时间。又如，对于钢筋混凝土薄腹梁，应沿梁腹高的两侧设置直径为 8～10 mm 的水平纵向钢筋，并且具有规定的配筋率。

对于钢筋锈蚀裂缝，由于它的出现将影响结构的使用寿命，危害性较大。在实际工程中，主要的措施是要有足够厚度的混凝土保护层和保证混凝土的密实性。此外，还应严格控制早凝剂、早强剂的掺入量。一旦钢筋锈蚀,裂缝出现,应当及时处理。

在钢筋混凝土结构的使用阶段,由荷载作用引起的混凝土裂缝,只要不是沿混凝土表面延伸过长或裂缝的发展处于不稳定状态,均属正常的(指一般构件)。但当裂缝宽度过大,仍会造成裂缝处钢筋的锈蚀。

钢筋混凝土构件在荷载作用下产生的裂缝宽度,主要通过设计计算和采取构造措施加以控制。由于裂缝发展的影响因素很多,较为复杂,例如荷载作用及构件性质、环境条件、钢筋种类等,所以,目前仅对钢筋混凝土受弯构件的弯曲裂缝进行裂缝宽度验算。

2) 裂缝的控制标准

混凝土构件中的钢筋总是配置在混凝土受拉区或易出现裂缝的地方,因而在通常情况下,裂缝的出现对承载力的影响甚微。但是对裂缝要加以控制,主要原因是:

(1) 使用功能的要求。有些要求不发生渗漏的贮液(气)罐或压力管道,裂缝出现会直接影响使用功能,这时就要控制不出现裂缝。控制裂缝不出现的最有效办法是使用预应力混凝土结构。

(2) 建筑外观的要求。裂缝过宽会影响建筑外观,并且会引起人们的不安全感。调查表明,控制裂缝宽度在 0.3 mm 以内,对外观没有影响,一般不会引起人们的特别注意。

(3) 耐久性的要求。这是要控制裂缝的最主要的原因,混凝土未开裂时可保护钢筋避免锈蚀。裂缝的存在会促进钢筋锈蚀,在有害介质中更为严重。另外,对于预应力钢丝或高强钢筋,其断面本来就比较小,一旦锈蚀,在锈蚀处会形成坑蚀或裂纹而引起应力集中,导致早期断裂而失效。

针对上述情况,裂缝控制是必要的,但要根据不同情况规定出不同的要求。目前我国规范把裂缝控制标准分为 3 个等级。

一级:严格要求不出现裂缝的构件。主要是对使用中不准出现裂缝的结构如水池、气罐等,而且主要是针对有高强预应力筋(或钢丝)的结构。它要求在按荷载的标准组合进行计算时,构件受拉边缘混凝土不产生拉应力。

二级:一般要求不出现裂缝的构件。要求构件受拉边缘的应力在按荷载标准组合进行计算时拉应力不大于混凝土抗拉强度标准值。

三级:允许出现裂缝的构件。按荷载标准组合并考虑长期作用影响计算时,构件的最大裂缝宽度不应超过表 6-7 规定的最大裂缝宽度限值。

对普通钢筋混凝土构件,是允许出现裂缝的,主要应控制裂缝宽度。当采用预应力混凝土构件时,将涉及三个等级的控制问题,对此,将在下面章节讨论。

表 6-7　结构构件的裂缝控制等级及最大裂缝宽度的限值/mm

环境类别	钢筋混凝土结构		预应力混凝土结构	
	裂缝控制等级	w_{lim}	裂缝控制等级	w_{lim}
一	三级	0.30(0.40)	三级	0.20
二 a		0.20		0.10
二 b			二级	—
三 a、三 b			一级	—

注:(1) 对处于年平均相对湿度小于60%地区一类环境下的受弯构件,其最大裂缝宽度限值可采用括号内的数值;

    (2) 在一类环境下,对钢筋混凝土屋架、托架及需作疲劳验算的吊车梁,其最大裂缝宽度限值应取为0.20 mm;对钢筋混凝土屋面梁和托梁,其最大裂缝宽度限值应取为0.30 mm;

    (3) 在一类环境下,对预应力混凝土屋架、托架及双向板体系,应按二级裂缝控制等级进行验算;对一类环境下的预应力混凝土屋面梁、托梁、单向板,应按表中二a级环境的要求进行验算;在一类和二a类环境下需作疲劳验算的预应力混凝土吊车梁,应按裂缝控制等级不低于二级的构件进行验算;

    (4) 表中规定的预应力混凝土构件的裂缝控制等级和最大裂缝宽度限值仅适用于正截面的验算;预应力混凝土构件的斜截面裂缝控制验算应符合现行国家标准《混凝土结构设计规范》GB 50010—2010 第7章的有关规定;

    (5) 对于烟囱、筒仓和处于液体压力下的结构,其裂缝控制要求应符合专门标准的有关规定;

    (6) 对于处于四、五类环境下的结构构件,其裂缝控制要求应符合专门标准的有关规定;

    (7) 表中的最大裂缝宽度限值为用于验算荷载作用引起的最大裂缝宽度。

3）裂缝宽度的计算理论

对于构件在荷载作用下产生的裂缝问题,尽管自20世纪30年代以来各国学者做了大量的研究工作,提出了多种计算理论,但至今对于裂缝宽度的计算理论并未取得一致的看法。这些不同观点反映在各国关于计算裂缝宽度的公式有较大的差别上,从目前的裂缝计算模式上看,主要有粘结滑移理论、无滑移理论、基于实验的统计公式或半经验半理论方法。下面分别加以简要介绍。

（1）粘结滑移理论

1936年,沙里加(Saligar)提出的粘结滑移理论是在钢筋混凝土单轴拉伸试验和分析的基础上提出来的,后来被认为是一种"经典"的裂缝理论之一而被广泛地引用。这一理论的要点是钢筋应力是通过钢筋与混凝土之间的粘结应力传给混凝土的,由于钢筋和混凝土间产生了相对滑移,变形不再一致而导致裂缝开展。

（2）无滑移理论

实验表明,构件表面处的裂缝与钢筋表面处的裂缝宽度不一样,裂缝在钢筋表面附近的宽度仅为构件表面处宽度的1/5～1/3,且与钢筋直径关系不大。根据这一现象,有的学者提出了无滑移理论。

无滑移理论是20世纪60年代Broms和Base首先提出来的。Broms在试验中观察到首先出现的沿截面周边发展的主裂缝,当荷载继续增加后,在宽边侧面上,主裂缝之间还会出现次裂缝,如图6-74所示。Broms认为裂缝处的钢筋和混凝土之间的粘结会产生局部破坏,这些会使应力传递的长度有所增大,因而裂缝平均间距可取

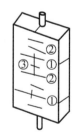

$$l_m = 2t_1 \qquad (6-170)$$

在一般受弯构件中,t 为钢筋表面到混凝土表面的距离,即相当于保护层的厚度。

图6-74
Broms观察到
的裂缝现象

取构件表面裂缝间的平均应变为 ε_m,则平均裂缝宽度可取为

$$w_m = \varepsilon_m l_m = 2t_1 \varepsilon_m \qquad (6-171)$$

设最大裂缝宽度为平均裂缝宽度的2倍,则

$$w_{max} = 4t_1 \varepsilon_m \qquad (6-172)$$

差不多同时,Base 等人作了 133 根梁的试验,也得到了相同的结论,即混凝土构件表面的裂缝宽度与净保护层厚度 c 成正比,裂缝宽度与构件表面的平均应变成正比,由此可得裂缝宽度的计算公式为

$$w_m = K c \varepsilon_m \qquad (6-173)$$

式中　K——实验常数,主要与钢筋表面类型(光圆或带肋)有关。

这一理论已为英国 BS8110 规范所采用。

无滑移理论要点是:表面裂缝宽度主要是由钢筋周围的混凝土回缩形成的,其决定性因素是混凝土保护层的厚度。这一理论还认为,在钢筋与混凝土之间有可靠的粘结就不会产生相对滑移。用这一理论计算结果与实验对比可知,当 15 mm$<c<$80 mm 时吻合良好,在此范围之外误差就较大。

(3) 综合统计方法

影响裂缝宽度的因素很多,裂缝机理也十分复杂。近数十年来人们已积累了相当多的研究裂缝问题的资料,利用这些已有的试验资料,分析影响裂缝宽度的各种因素,找出主要的因素,舍去次要因素,再用数理统计方法给出简单适用而又有一定可靠性的裂缝宽度计算公式,这种方法称为数理统计方法。我国大连理工大学等研究并提出了按数理统计方法得出的裂缝宽度公式。在《公路钢筋混凝土及预应力混凝土桥涵设计规范》中,采用了这种方法。

(4) 半经验半理论方法

20 世纪 70 年代以来,我国《混凝土结构设计规范》采用了由东南大学丁大钧教授为首的专题组提出的半经验半理论方法。该方法是根据一定的计算模式,先确定平均裂缝间距和平均裂缝宽度,然后对平均裂缝宽度乘以根据统计求得的扩大系数来确定最大裂缝宽度。本章主要阐述我国的半经验半理论方法。

6.6.2　钢筋混凝土构件的裂缝宽度验算

1) 裂缝的出现、分布和开展

未出现裂缝时,在受弯构件纯弯区段内,各截面受拉混凝土的拉应力 σ_{ct}、拉应变大致相同;由于这时钢筋和混凝土间的粘结没有被破坏,因而在纯弯段各截面上的钢筋拉应力、拉应变亦大致相同。

当受拉区外边缘的混凝土达到其抗拉强度 f_t^0 时,由于混凝土的塑性变形,因此还不会马上开裂;当其拉应变接近混凝土的极限拉应变值时,就处于即将出现裂缝的状态,这就是第 I_a 阶段。

当受拉区外边缘混凝土在最薄弱的截面处达到其极限拉应变值 ε_{ct}^0 后,就会出现第一批裂缝(一条或几条裂缝,如图 6-75a 中的 $a-a$、$c-c$ 截面处)。

在裂缝出现瞬间,裂缝处的受拉混凝土退出工作,应力降至零,于是钢筋承担的拉力突然由 $\sigma_{s,cr}$ 增至 σ_{s1},如图 6-75b 及 6-76 所示。配筋率越低,钢筋应力增量 $\Delta\sigma_{s1B}$ 就越大。混凝土一开裂,张紧的混凝土就向裂缝两侧回缩,但这种回缩是不自由的,它受到钢筋的约束,直到被阻止。在回缩的那一段长度 l 中,混凝土与钢筋之间有相对滑移,产生粘结应力 τ。通过粘结应力的作用,随着离裂缝截面距离的增大,钢筋拉应力逐渐传递给混凝土而减小;混凝土拉应力由裂缝处的零逐渐增大,达到 l 后,粘结应力消失,混凝土和钢筋又具有相同的拉伸应变,各自的应力又趋于均匀分布,如图 6-75b 所示。在此,l 即为粘结应力作用长度,也可称传递长度。

第一批裂缝出现后,在粘结应力作用长度 l 以外的那部分混凝土仍处于受拉紧张状态之

中,因此当弯矩继续增大时,就有可能在离裂缝截面≥l的另一薄弱截面处出现新裂缝,如图 6-75b、c 中的 $b-b$ 截面处。

按此规律,随着弯矩的增大,裂缝将逐条出现。当截面弯矩达到 $0.5 M_u^0 \sim 0.7 M_u^0$ 时,裂缝基本"出齐",即裂缝的分布处于稳定状态。从图 6-75c 可见,此时,裂缝截面处钢筋应力增大,裂缝宽度增加,产生局部粘结滑移,致使在两条裂缝之间,混凝土应力 σ_{ct} 将小于实际混凝土抗拉强度,即不足以产生新的裂缝。因此,从理论上讲,裂缝间距在 $l \sim 2l$ 范围内,裂缝间距即趋于稳定,故平均裂缝间距应为 $1.5l$。

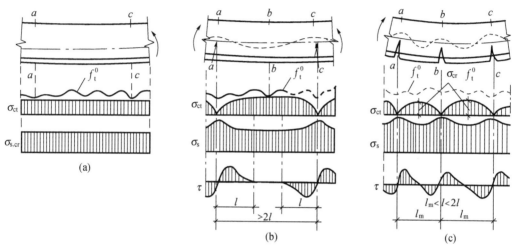

图 6-75　裂缝的出现、分布和开展

(a) 裂缝即将出现;(b) 第一批裂缝出现;(c) 裂缝的分布及开展

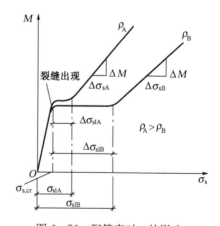

图 6-76　配筋率对 σ 的影响

粘结应力传递长度短,则裂缝分布密些。l 与粘结强度及钢筋表面积大小有关,粘结强度高,则 l 短些,钢筋面积相同时小直径钢筋的表面积大些,因而 l 就短些;同时,l 也与配筋率有关,如图 6-76 所示,$\rho_A > \rho_B$,低配筋率时 Δ_{s1B} 较大,所引起的冲量将使 τ 的应力图形峰值超过粘结强度而出现裂缝附近的局部粘结破坏,从而增大滑移量,使 l 长些,裂缝分布稀疏些,造成低配筋率构件一旦出现裂缝,裂缝就具有一定的宽度。

可见,裂缝的开展是由于混凝土的回缩,钢筋的伸长,导致混凝土与钢筋之间不断产生相对滑移的结果。由此可知,沿裂缝深度,钢筋表面处裂缝宽度比构件混凝土表面的裂缝宽度要小得多。我国《混凝土结构设计规范》定义的裂缝开展宽度是指受拉钢筋重心水平处构件侧表面上混凝土的裂缝宽度。

在荷载长期作用下,由于混凝土的滑移徐变和拉应力的松弛,将导致裂缝间受拉混凝土不断退出工作,使裂缝开展宽度增大;混凝土的收缩使裂缝间混凝土的长度缩短,这也会引起进一步开展。此外,由于荷载的变动使钢筋直径时胀时缩等因素,也将引起粘结强度的降低,导致裂缝宽度的增大。

实际上,由于材料的不均匀性以及截面尺寸的偏差等因素的影响,裂缝的出现具有某种程度的偶然性,因而裂缝的分布和宽度同样是不均匀的。但是,对大量试验资料的统计分析表明,从平均的观点来看,平均裂缝间距和平均裂缝宽度是有规律性的,平均裂缝宽度与最大裂缝宽度之间也具有一定的规律性。

下面讲述平均裂缝间距和平均裂缝宽度以及根据统计求得的扩大系数来确定最大裂缝宽度的验算方法。

2) 平均裂缝间距

前面讲过,平均裂缝间距 $l_m = 1.5l$。对粘结应力传递长度 l 可由平衡条件求得。

以轴心受拉构件为例,当达到即将出现裂缝时(I$_a$ 阶段),截面上混凝土拉应力为 f_t,钢筋的拉应力为 $\sigma_{s,cr}$。如图 6-77 所示,当薄弱截面 $a-a$ 出现裂缝后,混凝土拉应力降至零,钢筋应力由 $\sigma_{s,cr}$ 突然增加至 σ_{s1}。如前所述,通过粘结应力的传递,经过传递长度 l 后,混凝土拉应力从截面 $a-a$ 处为零提高到截面 $b-b$ 处的 f_t,钢筋应力则降至 σ_{s2},又回复到出现裂缝时的状态。

按图 6-77a 的内力平衡条件,有

$$\sigma_{s1}A_s = \sigma_{s2}A_s + f_t A_{te} \tag{6-174}$$

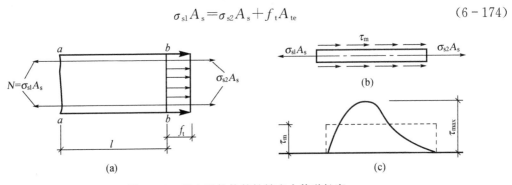

图 6-77 轴心受拉构件粘结应力传递长度

取 l 段内的钢筋为截离体,作用在其两端的不平衡力由粘结力来平衡。粘结力为钢筋表面积上粘结应力的总和,考虑到粘结应力的不均匀分布,在此取平均粘结应力 τ_m。从图 6-77b 有

$$\sigma_{s1}A_s = \sigma_{s2}A_s + \tau_m u l \tag{6-175}$$

代入式(6-174),得

$$l = \frac{f_t}{\tau_m} \cdot \frac{A_{te}}{u} \tag{6-176}$$

式中 u——钢筋截面总周界长度。

钢筋直径相同时,$A_{te}/u = d/4\rho_{te}$,乘以 1.5 以后得平均裂缝间距

$$l_m = \frac{3f_t d}{8\tau_m \rho_{te}} \tag{6-177}$$

试验表明,混凝土和钢筋间的粘结强度大致与混凝土抗拉强度成比例关系,且可取 f_t^0/τ_m 为常数。因此,式(6-177)可表示为

$$l_m = k_1 \frac{d}{\rho_{te}} \tag{6-178}$$

式中 k_1——经验系数。

试验还表明，l_m 不仅与 d/ρ_{te} 有关，而且与混凝土保护层厚度 c 有较大的关系。此外，用带肋变形钢筋时比用光圆钢筋的平均裂缝间距要小些，钢筋表面特征同样影响平均裂缝间距，对此可采用钢筋的等效直径 d_{eq} 代替 d。据此，对 l_m 采用两项表达式，即

$$l_m = k_2 c + k_1 \frac{d_{eq}}{\rho_{te}} \tag{6-179}$$

对受弯构件、偏心受拉和偏心受压构件，均可采用式(6-179)的表达式，但其中的经验系数 k_2、k_1 的取值不同。讨论最大裂缝宽度表达式时，k_2 及 k_1 值还将与其他影响系数合并起来。

3) 平均裂缝宽度

如前所述，裂缝宽度是指受拉钢筋截面重心水平处构件侧表面的裂缝宽度。试验表明，裂缝宽度的离散性比裂缝间距更大些。因此，平均裂缝宽度的确定，必须以平均裂缝间距为基础。

(1) 平均裂缝宽度计算式

平均裂缝宽度 w_m 等于构件裂缝区段内钢筋的平均伸长与相应水平处构件侧表面混凝土平均伸长的差值(图6-78)，即

$$w_m = \varepsilon_{sm} l_m - \varepsilon_{ctm} l_m = \varepsilon_{sm} \left(1 - \frac{\varepsilon_{ctm}}{\varepsilon_{sm}}\right) l_m \tag{6-180}$$

式中 ε_{sm}——纵向受拉钢筋的平均拉应变，$\varepsilon_{sm} = \psi \varepsilon_{sq} = \psi \sigma_{sq}/E_s$；

ε_{ctm}——与纵向受拉钢筋截面重心相同水平处侧表面混凝土的平均拉应变。

令

$$\alpha_c = 1 - \varepsilon_{ctm}/\varepsilon_{sm} \tag{6-181}$$

α_c 称为裂缝间混凝土自身伸长对裂缝宽度的影响系数。

试验研究表明，系数 α_c 虽然与配筋率、截面形状和混凝土保护层厚度等因素有关，但是在一般情况下，α_c 变化不大，且对裂缝开展宽度的影响也不大，为简化计算，对受弯、轴心受拉、偏心受力构件，均可近似取 $\alpha_c = 0.85$。则

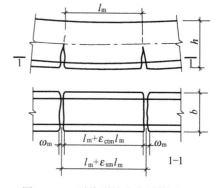

$$w_m = \alpha_c \psi \frac{\sigma_{sq}}{E_s} l_m = 0.85 \psi \frac{\sigma_{sq}}{E_s} l_m \tag{6-182}$$

式(6-182)中，ψ 可按式(6-161)采取。

(2) 裂缝截面处的钢筋应力 σ_{sq}

图6-78 平均裂缝宽度计算图式

σ_{sq} 是指按荷载准永久组合计算的混凝土构件裂缝截面处纵向受拉钢筋的应力。对于受弯、轴心受拉、偏心受拉以及偏心受压构件，σ_{sq} 均可按裂缝截面处力的平衡条件求得。

① 受弯构件

σ_{sq} 按式(6-153)计算,并取 $\eta=0.87$,则

$$\sigma_{sq}=\frac{M_q}{0.87A_sh_0} \tag{6-183}$$

② 轴心受拉构件

$$\sigma_{sq}=\frac{N_q}{A_s} \tag{6-184}$$

式中　N_q——按荷载准永久组合计算的轴向拉力值;

A_s——受拉钢筋总截面面积。

③ 偏心受拉构件

大小偏心受拉构件裂缝截面应力图形分别见图6-79a、b。

若近似采用大偏心受拉构件(图6-79a)的截面内力臂长度 $\eta h_0=h_0-a_s'$,则大小偏心受拉构件的 σ_{sq} 计算可统一由下式表达:

$$\sigma_{sq}=\frac{N_qe'}{A_s(h_0-a_s')} \tag{6-185}$$

式中　e'——轴向拉力作用点至受压区或受拉较小边纵向钢筋合力点的距离,$e'=(e_0+y_c-a_s')$;

y_c——截面重心至受压或较小受拉边缘的距离。

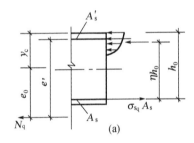 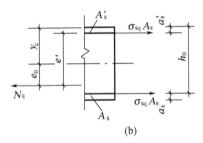

图6-79　大、小偏心受拉构件钢筋应力计算图式
(a) 大偏心受拉;(b) 小偏心受拉

④ 偏心受压构件

偏心受压构件裂缝截面的应力图形如图6-80所示。对受压区合力点取矩,得

$$\sigma_{sq}=\frac{N_q(e-z)}{A_sz} \tag{6-186}$$

式中　N_q——按荷载准永久组合计算的轴向压力值;

e——N_q 至受拉钢筋 A_s 合力点的距离;

z——纵向受拉钢筋合力点至受压区合力点的距离,且 $z\leqslant0.87;\eta$ 的计算较为复杂,为简便起见,近似地取

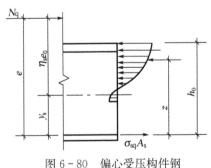

图6-80　偏心受压构件钢筋应力计算图式

— 248 —

$$z = \left[0.87 - 0.12(1 - \gamma'_f)\left(\frac{h_0}{e}\right)^2 \right] h_0 \qquad (6-187)$$

当偏心受压构件的 $l_0/h > 14$ 时，还应考虑侧向挠度的影响，即取式(6-186)中的 $e = \eta_s e_0 + y_s$。y_s 为截面重心至纵向受拉钢筋合力点的距离；η_s 是指使用阶段的轴向压力偏心距增大系数，可近似地取

$$\eta_s = 1 + \frac{1}{4\,000 e_0/h_0}(l_0/h)^2 \qquad (6-188)$$

当 $l_0/h \leqslant 14$ 时，取 $\eta_s = 1.0$。

4) 最大裂缝宽度及其验算

(1) 确定最大裂缝宽度的方法

由于影响结构耐久性和建筑观感的是裂缝的最大开展宽度，因此进行验算时，要求最大裂缝宽度的计算值不超过《规范》规定的允许值。

最大裂缝宽度由平均裂缝宽度乘以扩大系数得到。扩大系数由试验结果的统计分析并参照使用经验确定。对扩大系数，主要考虑以下两种情况：一是在一定荷载标准组合下裂缝宽度的不均匀性，存在扩大系数 τ；二是在荷载长期作用的影响下，混凝土进一步收缩以及受拉混凝土的应力松弛和滑移徐变等导致裂缝间受拉混凝土不断退出工作，虽然在此过程中原有裂缝有所变化，但平均裂缝宽度增大较多，又存在一个扩大系数 τ_l。

(2) 最大裂缝宽度的计算

在荷载的标准组合作用下的最大裂缝宽度 $w_{s,max}$ 由平均裂缝宽度 w_m 乘以扩大系数 τ，在荷载长期作用下的最大裂缝宽度，亦即用以验算时的最大裂缝宽度 w_{max} 为

$$w_{max} = \tau_l w_{s,max} = \tau \tau_l w_m \qquad (6-189)$$

根据东南大学两批长期加载试验梁的试验结果，分别给出了荷载标准组合下的扩大系数 τ 以及荷载长期作用下的扩大系数 τ_l。

根据试验结果，将相关的各种系数归并后，《混凝土结构设计规范》规定对矩形、T 形、倒 T 形和工字形截面的受拉、受弯和大偏心受压构件，按荷载效应的标准组合并考虑长期作用的影响，其最大裂缝宽度可按下列公式计算：

$$w_{max} = \alpha_{cr} \psi \frac{\sigma_s}{E_s}\left(1.9 c_s + 0.08 \frac{d_{eq}}{\rho_{te}}\right) \quad (\text{mm}) \qquad (6-190)$$

ψ、ρ_{te} 的定义分别与式(6-161)、式(6-162)相同。

式中　α_{cr}——构件受力特征系数，对钢筋混凝土构件有：轴心受拉构件，$\alpha_{cr} = 2.7$；偏心受拉构件，$\alpha_{cr} = 2.4$；受弯和偏心受压构件，$\alpha_{cr} = 1.9$。对预应力混凝土构件有：轴心受拉构件，$\alpha_{cr} = 2.2$，受弯、偏心受压构件，$\alpha_{cr} = 2.2$。

　　　　σ_s——按荷载准永久组合计算的钢筋混凝土纵向受拉普通钢筋应力或按标准组合计算的预应力混凝土构件纵向受拉钢筋等效应力。

　　　　c_s——最外层纵向受拉钢筋外边缘至受拉区底边的距离(mm)：当 $c_s < 20$ 时，取 $c_s = 20$；当 $c_s > 65$ 时，取 $c_s = 65$。

d_{eq}—— 钢筋混凝土构件纵向受拉钢筋的等效直径(mm):$d_{eq} = \sum n_i d_i^2 / \sum n_i \nu_i d_i$。

n_i、d_i 分别为第 i 种纵向受拉钢筋的直径(mm)及根数;ν_i 为第 i 种纵向受拉钢筋的相对粘结特性系数,光圆钢筋 $\nu_i = 0.7$,带肋钢筋 $\nu_i = 1.0$。

应该指出,由于扩大系数 τ 及 τ_l 是根据大量的试验结果统计分析得出的,因此由式(6-190)计算出的最大裂缝宽度,并不就是绝对最大值,而是具有 95% 保证率的相对最大裂缝宽度。

(3) 最大裂缝宽度验算

验算裂缝宽度时应满足

$$w_{max} \leqslant w_{lim} \tag{6-191}$$

式中 w_{lim}——《规范》规定的允许最大裂缝宽度,按表 6-7 采取。

(4) 相关问题的讨论

① 主要影响因素:从式(6-190)可知,当取 c_s 为定值时,w_{max} 主要与钢筋应力、有效配筋率及钢筋直径等有关。为简化起见,根据 ρ_{te}、σ_s 及 d_{eq} 三者的关系,可以给出钢筋混凝土构件不需作裂缝宽度验算的最大钢筋直径图表,可供参考。

② 承载力、变形及裂缝宽度不能同时满足时的措施:与受弯构件挠度验算相同,裂缝宽度的验算也是在满足构件承载力的前提下进行的,因而诸如尺寸、配筋率等均已确定。在验算中,可能会出现满足了挠度的要求,不满足裂缝宽度的要求,这通常在配筋率较低而钢筋选用的直径较大的情况下出现。因此,当计算最大裂缝宽度超过允许值不大时,常可用减小钢筋直径的方法解决,必要时可适当增加配筋率。

对于受拉及受弯构件,当承载力要求较高时,往往会出现不能同时满足裂缝宽度或变形限值要求的情况,这时增大截面尺寸或增加用钢量,显然是不经济也是不合理的。对此,有效的措施是施加预应力。

③ 几种特定情况:对直接承受吊车荷载的受弯构件,因吊车荷载满载的可能性较小,且已取 $\psi=1$,所以可将计算求得的最大裂缝宽度乘以 0.85;对 $e_0/h_0 \leqslant 0.55$ 的偏心受压构件,试验表明最大裂缝宽度小于允许值,因此可不予验算。

以上讨论的最大裂缝宽度是指在荷载作用下产生的横向裂缝宽度而言的,要求通过验算予以保证。对于斜裂缝宽度,当配置受剪承载力所需的腹筋后,使用阶段的裂缝宽度一般小于 0.2 mm,故可不必验算。

【例 6-14】已知某屋架下弦按轴心受拉构件设计,截面尺寸为 200 mm×160 mm,保护层厚度 $c=20$ mm,配置 4 Φ 16HRB400 级钢筋,混凝土强度等级为 C40,箍筋直径 6 mm,荷载准永久组合的轴向拉力 $N_q=152$ kN,$w_{lim}=0.2$ mm。试验算最大裂缝宽度。

【解】按式(6-190),$\alpha_{cr}=2.7$

$$\rho_{te} = \frac{A_s}{bh} = \frac{804}{200 \times 160} = 0.025\,1$$

$$d_{eq}/\rho_{te} = 16/0.025 = 637 \text{ mm}$$

$$\sigma_{sq} = N_q/A_s = 152\,000/804 = 189 \text{ N/mm}^2$$

$$\psi = 1.1 - \frac{0.65 f_{tk}}{\rho_{te} \sigma_{sq}} = 1.1 - \frac{0.65 \times 2.39}{0.025\,1 \times 189} = 0.773$$

$$c_s = 20 + 6 = 26 \text{ mm}$$

则

$$w_{max} = \alpha_{cr} \psi \frac{\sigma_{sq}}{E_s} \left(1.9 c_s + 0.08 \frac{d_{eq}}{\rho_{te}} \right)$$

$$= 2.7 \times 0.773 \times \frac{189}{2 \times 10^5} \times (1.9 \times 26 + 0.08 \times 637) = 0.198 \text{ mm} < w_{lim} = 0.2 \text{ mm}$$

满足要求。

【例 6-15】条件同例 6-12，$w_{lim} = 0.3 \text{ mm}$。试验算最大裂缝宽度。

【解】由例 6-12 知：$M_q = 63.5 \text{ kN} \cdot \text{m}$，$\psi = 0.68$，$\sigma_{sq} = 195 \text{ N/mm}^2$，$\rho_{te} = 0.016$，$c_s = 26 \text{ mm}$，$d_s = 16 \text{ mm}$。

对受弯构件，$\alpha_{cr} = 1.9$，则

$$w_{max} = 1.9 \times 0.68 \times \frac{195}{2 \times 10^5} \times \left(1.9 \times 26 + 0.08 \times \frac{16}{0.016} \right) = 0.16 \text{ mm} < w_{lim} = 0.3 \text{ mm}$$

满足要求。

【例 6-16】条件同例 6-13，$w_{lim} = 0.2 \text{ mm}$。试验算最大裂缝宽度。

【解】由例 6-13 知：$M_q = 3.1 \text{ kN} \cdot \text{m}$，$\psi = 0.2$，$\sigma_{sq} = 137 \text{ N/mm}^2$，$\rho_{te} = 0.01$，$c_s = 15 \text{ mm}$，$d_s = 6 \text{ mm}$。

因采用光圆钢筋，取 $\nu = 0.7$，则 $d_{eq} = \frac{d_s}{\nu} = 6/0.7 = 8.57$

对受弯构件，$\alpha_{cr} = 1.9$，则

$$w_{max} = 1.9 \times 0.2 \times \frac{137}{2.1 \times 10^5} \times \left(1.9 \times 15 + 0.08 \times \frac{8.57}{0.01} \right)$$

$$= 0.024 \text{ mm} < w_{lim} = 0.2 \text{ mm}$$

满足要求。

【例 6-17】有一矩形截面的对称配筋偏心受压柱，截面尺寸 $b \times h = 350 \text{ mm} \times 600 \text{ mm}$，计算长度 $l_0 = 5 \text{ m}$，受拉及受压钢筋均为 4 Φ 20HRB335 级钢筋（$A_s = A_s' = 1\,256 \text{ mm}^2$），箍筋直径 10 mm，混凝土强度等级为 C30，混凝土保护层厚度 $c = 25 \text{ mm}$；荷载准永久组合的 $N_q = 380 \text{ kN}$，$M_q = 160 \text{ kN} \cdot \text{m}$。试验算是否满足露天环境中使用的裂缝宽度要求，$w_{lim} = 0.2 \text{ mm}$。

【解】$l_0/h = 5\,000/600 = 8.33 < 14$，$\eta_s = 1.0$

$$a_s = 25 + 10 + 20/2 = 45 \text{ mm}$$

$$h_0 = h - a_s = 600 - 45 = 555 \text{ mm}$$

$$e_0 = \frac{M_q}{N_q} = \frac{160 \times 10^3}{380} = 421 \text{ mm} > 0.55 h_0 = 305 \text{ mm}$$

$$e = e_0 + h/2 - a_s = 421 + 300 - 45 = 676 \text{ mm}$$

$$z = \left[0.87 - 0.12 \left(\frac{h_0}{e} \right)^2 \right] h_0 = \left[0.87 - 0.12 \times \left(\frac{555}{676} \right)^2 \right] \times 555 = 438 \text{ mm}$$

— 251 —

$$\sigma_{sq} = \frac{N_q(e-z)}{A_s z} = \frac{380 \times 10^3 \times (676-438)}{1256 \times 438} = 164 \text{ N/mm}^2$$

$$\rho_{te} = \frac{A_s}{0.5 bh} = \frac{1256}{0.5 \times 350 \times 600} = 0.012$$

$$\psi = 1.1 - \frac{0.65 f_{tk}}{\rho_{te}\sigma_{sq}} = 1.1 - \frac{0.65 \times 2.01}{0.012 \times 164} = 0.436$$

$$c_s = 25 + 10 = 35 \text{ mm}$$

则

$$w_{max} = 1.9\psi \frac{\sigma_{sq}}{E_s}\left(1.9 c_s + 0.08 \frac{d_{eq}}{\rho_{te}}\right) = 1.9 \times 0.436 \times \frac{164}{2 \times 10^5} \times \left(1.9 \times 35 + 0.08 \times \frac{20}{0.012}\right)$$
$$= 0.14 \text{ mm} < w_{lim} = 0.2$$

满足要求。

6.6.3 混凝土结构的耐久性

1) 耐久性的概念与主要影响因素

(1) 混凝土结构耐久性的定义

混凝土的腐蚀

混凝土结构应满足安全性、适用性和耐久性三个方面的要求。混凝土结构的耐久性是指在设计工作年限内,在正常维护条件下,结构和结构构件应能保持使用功能,而不需进行大修加固。

混凝土结构的设计工作年限,可根据结构的重要性按现行的有关国家标准《建筑结构设计统一标准》的规定确定。我国规定的设计工作寿命分为小于等于50年和100年。

混凝土结构广泛用于各类工程结构中,如果因耐久性不足而失效,或为了继续正常使用而进行相当规模的维修、加固或改造,则将要付出高昂的代价。因此,保证混凝土结构能在自然和人为环境的化学和物理作用下满足耐久性的要求,是一个十分迫切和重要的问题。在设计混凝土结构时,除了进行承载力计算、变形和裂缝验算外,还必须进行耐久性设计。

混凝土结构的耐久性设计主要根据结构的环境分类和设计工作寿命进行,同时还要考虑对混凝土材料的基本要求。耐久性难以用计算公式表达,在我国,根据试验研究及工程经验,采用满足耐久性规定的方法进行耐久性设计,实质上是针对影响耐久性能的主要因素提出相应的对策。

(2) 影响耐久性能的主要因素

影响混凝土结构耐久性能的因素很多,主要有内部和外部两个方面。内部因素主要有混凝土的强度、密实性、水泥用量、水灰比、氯离子及碱含量、外加剂用量、保护层厚度等;外部因素则主要是环境条件,包括温度、湿度、CO_2含量、侵蚀性介质等。出现耐久性能下降的问题,往往是内、外部因素综合作用的结果。此外,设计不周、施工质量差或使用中维修不当等也会影响耐久性能。

环境中的侵蚀性介质对混凝土结构的耐久性能影响很大。如酸、碱溶液直接接触混凝土时将产生严重的腐蚀,海港及海堤混凝土结构中钢筋锈蚀严重,大气中的酸雨则大面积地影响着工程结构的耐久性。对此,应根据实际情况采取相应的技术措施,防止或减少对混凝土结构的侵蚀。例如,从生产流程上防止有害物质散溢,采用耐酸或耐碱混凝土,或铸石贴面等。

普通大气和雨雪造成混凝土干缩循环以及冻融循环都将影响混凝土的耐久性能。对此，控制水灰比并制成密实性混凝土是行之有效的方法。

冬季施工时往往在混凝土中掺氯化钠，如果掺量控制不严，将造成钢筋锈蚀乃至严重锈蚀。大量工程调查表明，如果混凝土中含氯化钠，即使在混凝土未碳化区内仍有 10% 钢筋发生严重锈蚀。因此必须严格禁止使用氯盐，必要时可在新拌混凝土中加入防冻剂。

在我国部分地区存在混凝土的碱集料反应，即混凝土骨料中某些活性物质与混凝土微孔中的碱性溶液产生化学反应的现象。碱集料反应产生碱—硅酸盐凝胶，并吸水膨胀，体积可增大 3～4 倍，从而导致混凝土开裂、剥落、钢筋外露锈蚀，直至结构构件失效。控制使用含活性成分的骨料，采用低碱水泥或掺入粉煤灰降低混凝土中的碱性，可以防止碱集料反应。

混凝土的碳化及钢筋锈蚀是影响混凝土结构耐久性的最主要的综合因素，对此将在下面进一步讨论。

2）混凝土的碳化

混凝土的碳化

物质分酸性的、碱性的和中性的。在水溶液中氢离子的浓度指数 pH 值在 1～14 之间，pH 等于 7 时，溶液呈中性；pH 值大于 7 时呈碱性，愈大则碱性愈强；pH 值小于 7 时呈酸性，愈小则酸性愈烈。

在硅酸盐水泥混凝土中，初始碱度较高，pH 值达 12.5～13.5，使埋在混凝土中的钢筋表面生成氧化膜，它是致密的，可保护钢筋不被腐蚀。

碳化是混凝土中性化的常见形式，是指大气中的 CO_2 不断向混凝土内部扩散，并与其中的碱性水化物，主要是 $Ca(OH)_2$ 发生反应，使 pH 值下降。其他物质如二氧化硫（SO_2）、硫化氢（H_2S）也能与混凝土中碱性物质发生类似反应，使 pH 值下降。一般 pH 值大于 11.5 时，氧化膜是稳定的。碳化可使混凝土的 pH 值降至 10 以下。碳化对混凝土本身是无害的，其主要的问题是当碳化至钢筋表面时，将会破坏氧化膜，形成使钢筋锈蚀的必要条件，即钢筋有锈蚀的危险。此外会加剧混凝土的收缩，可导致混凝土开裂。这些均给混凝土的耐久性带来不利影响。

影响混凝土碳化的因素很多，可归结为两类，即环境因素与材料本身的性质。环境因素主要是空气中 CO_2 的浓度，通常室内的浓度较高。试验表明，混凝土周围相对湿度为 50%～70% 时，碳化速度快些；温度交替变化有利于 CO_2 的扩散，可加速混凝土的碳化。

混凝土材料自身的影响不可忽视。单位体积中水泥用量大，可碳化物质含量多，但会提高混凝土的强度，又会提高混凝土抗碳化性能；水灰比越大，混凝土内部的孔隙率也越大，密实性差，渗透性大，因而碳化速度快，水灰比大时混凝土孔隙中游离水增多，也会加速碳化反应；混凝土保护层厚度越大，碳化至钢筋表面的时间越长；混凝土表面设有覆盖层，可提高抗碳化能力。

减小、延缓混凝土的碳化，可有效地提高混凝土结构的耐久性能。针对影响混凝土碳化的因素，减小其碳化的措施有：

（1）合理设计混凝土配合比，规定水泥用量的低限值和水灰比的高限值，合理采用掺合料。

（2）提高混凝土的密实性、抗渗性。

（3）规定钢筋保护层的最小厚度。

（4）采用覆盖面层（水泥砂浆或涂料等）。

混凝土碳化深度可用碳酸试液测定。当敲开混凝土滴上试液后，碳化部分保持原色，未碳化部分混凝土呈浅红色。我国混凝土结构规范耐久性科研组提出了碳化深度与时间相关的表达式,可预测碳化深度。

3) 钢筋的锈蚀

钢筋的锈蚀

混凝土碳化至钢筋表面使氧化膜破坏是钢筋锈蚀的必要条件,如果含氧水分侵入,钢筋就生锈。因此,含氧水分侵入是钢筋锈蚀的充分条件。现在讨论钢筋锈蚀的机理、主要影响因素以及防止钢筋锈蚀的措施。

建筑中常用的钢材为碳素结构钢和结构低合金钢,其化学组成除 Fe 外,还含有少量其他金属(Mn、V、Ti)和非金属(Si、C、S、P、O、N)元素并形成固溶体、化合物或机械混合物的形态共存于钢材结构中。此外,还有许多晶界面和缺陷。钢筋表面氧化膜被破坏后,当钢筋表面从空气中吸收溶有 CO_2、O_2 或 SO_2 的水分,形成一种电解质的水膜时,就会在钢材表面层的不同成分或晶界面之间构成无数微电池(腐蚀电池)。阳极和阴极反应构成整个腐蚀过程,即为电化学腐蚀。结果生成的氢氧化亚铁 $Fe(OH)_2$ 在空气中又进一步被氧化成氢氧化铁 $Fe(OH)_3$。钢材中的 Fe 变成 Fe_2O_3,体积膨胀 4 倍,在少氧条件下 $Fe(OH)_3$ 氧化不很完全的部分形成 Fe_2O_4(黑铁),体积膨胀 2 倍。

钢筋锈蚀有相当长的过程,先是在裂缝较宽处的个别点上坑蚀,继而逐渐形成环蚀,同时向两边扩展,形成锈蚀面,使钢筋截面削弱。严重时,因铁锈的体积膨胀,将导致沿钢筋长度的混凝土出现纵向裂缝,并使混凝土保护层剥落,习称暴筋,从而使截面承载力降低,最终失效。

钢筋锈蚀反应必须有氧参加,因此在混凝土中的含氧水分是钢筋发生锈蚀的主要因素。如果混凝土非常致密,水灰比又低,则氧气透入困难,可使钢筋锈蚀显著减弱。

氯离子的存在将导致钢筋表面氧化膜的破坏,并与 Fe 生成金属氯化物,对钢筋锈蚀影响很大。因此氯离子含量应予以严格限制。

增大混凝土保护层厚度可以延缓钢筋的锈蚀,因为厚度大时,碳化并破坏钢筋表面氧化膜的深度所需时间就越长。

钢材锈蚀首先在横向裂缝处开始,但从钢筋锈蚀机理可知,横向裂缝对锈蚀并不起控制作用。通常由于钢筋大面积的锈蚀才导致沿钢筋发生纵向裂缝,而纵向裂缝的出现将会加速钢筋的锈蚀,导致构件失效。因此,可以把大范围内出现沿钢筋的纵向裂缝作为判别混凝土结构构件寿命终结的标准。

防止钢筋锈蚀的主要措施有:

(1) 混凝土本身要降低水灰比,保证密实度,具有足够的保护层厚度,严格控制含氯量。

(2) 采用覆盖层,防止 CO_2、O_2、Cl^- 的渗入。

(3) 在海工结构、强腐蚀介质中的混凝土结构中,可采用钢筋阻锈剂、防腐蚀钢筋、环氧涂层钢筋、镀锌钢筋、不锈钢钢筋等。

(4) 对钢筋采用阴极防护法。从钢筋锈蚀机理知道,钢筋的锈蚀是电化学腐蚀,它发生在电位较高的阳极区。对钢筋采用阴极保护实际上是使钢筋成为阴极,采用电化学方法防止作为阳极过程的钢筋的溶解,使钢筋表面氧化膜更为完整和稳定。阴极保护法只用于重大工程中。

4) 耐久性设计

根据国内外的研究成果和工程经验,我国现行混凝土结构设计规范首次列入了有关耐久性设计的条文——耐久性规定。耐久性设计涉及面广,影响因素多,有别于结构抗力设计,以概念设计为主。

（1）耐久性设计的目的和基本原则

耐久性设计的目的是指在规定的设计工作寿命内，在正常维护下，必须保持适合使用，满足既定功能的要求。

在此，要求在规定的设计工作寿命内，混凝土结构应能在自然和人为环境的化学和物理作用下，不出现无法接受的承载力减小、使用功能降低和不能接受的外观破损等耐久性问题。所出现的问题通过正常的维护即可解决，而不能付出很高的代价。

对临时性混凝土结构和大体积混凝土的内部可以不考虑耐久性设计。

耐久性设计的基本原则是根据结构的环境分类和设计工作寿命进行设计。

（2）混凝土结构使用环境分类

混凝土结构相同但所处使用环境不同，结构的寿命不同，很显然，处于强腐蚀环境中要比处在一般大气环境中的寿命短。因此，混凝土结构的耐久性与其使用环境密切相关。

对混凝土结构使用环境进行分类，可以在设计时针对不同的环境类别，采取相应的措施，满足达到设计工作寿命的要求。我国规定的环境类别共五类，其划分方法与 CEB 模式规范基本相同，可以按照表 6-8 的规定确定。下面主要针对一、二、三类环境的相关问题作进一步的讨论。

表 6-8　混凝土结构的环境类别

环境类别	条件
一	室内干燥环境；无侵蚀性静水浸没环境
二 a	室内潮湿环境；非严寒和非寒冷地区的露天环境； 非严寒和非寒冷地区与无侵蚀性的水或土壤直接接触的环境； 严寒和寒冷地区的冰冻线以下与无侵蚀性的水或土壤直接接触的环境
二 b	干湿交替环境；水位频繁变动环境； 严寒和寒冷地区的露天环境； 严寒和寒冷地区冰冻线以上与无侵蚀性的水或土壤直接接触的环境
三 a	严寒和寒冷地区冬季水位变动区环境；受除冰盐影响环境；海风环境
三 b	盐渍土环境；受除冰盐作用环境；海岸环境
四	海水环境
五	受人为或自然的侵蚀性物质影响的环境

注：（1）室内潮湿环境是指构件表面经常处于结露和湿润状态的环境；

（2）严寒和寒冷地区的划分应符合现行国家标准《民用建筑热工设计规范》GB 50176 的有关规定；

（3）海岸环境和海风环境宜根据当地情况，考虑主导风向及结构所处迎风、背风部位等因素的影响，由调查研究和工程经验确定；

（4）受除冰盐影响环境是指受到除冰盐盐雾影响的环境；受除冰盐作用环境是指被除冰盐溶液溅射的环境以及使用除冰盐地区的洗车房、停车楼等建筑；

（5）暴露的环境是指混凝土结构表面所处的环境。

（3）混凝土结构设计的使用年限估算方法

混凝土结构设计的使用年限主要是根据建筑物的重要程度确定，一般可分为小于等于 50

年和 100 年,也可以根据工程业主的要求确定。

设计使用年限的预测有待深入探讨,在此介绍基本方法,即主要基于混凝土碳化和钢筋锈蚀所需时间并考虑环境条件的修正加以估算的方法。

不同结构的耐久性极限状态应赋予不同的定义,一般可分为 3 类:① 不允许钢筋锈蚀时,混凝土保护层完全碳化;② 允许钢筋锈蚀一定量值;③ 承载力开始下降。

设完全碳化亦即钢筋表面氧化膜被破坏所需的时间为 t_1,氧化膜破坏至钢筋锈蚀一定量所需时间为 t_2,$t_1 + t_2$ 后至构件承载力开始下降所需时间为 t_3,则上述 3 类耐久性极限状态下的计算寿命分别为 $T_1 = t_1$,$T_2 = t_1 + t_2$,$T_3 = t_1 + t_2 + t_3$。

(4) 保证耐久性的技术措施及构造要求

为保证混凝土结构的耐久性,根据环境类别和设计的使用年限,针对影响耐久性的主要因素,应从设计、材料和施工方面提出技术措施,并明确构造要求。

① 结构设计技术措施

A. 未经技术鉴定及设计许可,不能改变结构的使用环境,不得改变结构的用途。

B. 对于结构中使用环境较差的构件,宜设计成可更换或易更换的构件。

C. 宜根据环境类别,规定维护措施及检查年限,对重要的结构,宜在与使用环境类别相同的适当部位设置供耐久性检查的专用构件。

D. 对于暴露在侵蚀性环境中的结构构件,其受力钢筋可采用环氧涂层带肋钢筋,预应力筋应有防护措施。在此情况下宜采用高强混凝土。

② 对混凝土材料的要求

用于一至三类环境中设计使用年限为 50 年的结构混凝土,应控制最大水灰比、最小水泥用量、最低强度等级、最大氯离子含量以及最大碱含量,符合表 6-9 的要求。

表 6-9　结构混凝土材料的耐久性基本要求

环境类别	最大水胶比	最低强度等级	最大氯离子含量 /%	最大碱含量 /(kg·m⁻³)
一	0.60	C20	0.30	不限制
二 a	0.55	C25	0.20	
二 b	0.50(0.55)	C30(C25)	0.15	
三 a	0.45(0.50)	C35(C30)	0.15	0.3
三 b	0.40	C40	0.10	

注:(1) 氯离子含量系指其占胶凝材料总量的百分比;

(2) 预应力构件混凝土中的最大氯离子含量为 0.06%;其最低混凝土强度等级宜按表中的规定提高两个等级;

(3) 素混凝土构件的水胶比及最低强度等级的要求可适当放松;

(4) 有可靠工程经验时,二类环境中的最低混凝土强度等级可降低一个等级;

(5) 处于严寒和寒冷地区二 b、三 a 类环境中的混凝土应使用引气剂,并可采用括号中的有关参数;

(6) 当使用非碱活性骨料时,对混凝土中的碱含量可不作限制。

设计使用年限为 100 年且处于一类环境中的混凝土结构,应符合下列规定:

A. 钢筋混凝土结构的混凝土强度等级不应低于 C30,预应力混凝土结构的混凝土强度等级不应低于 C40。

B. 混凝土中氯离子含量不得超过水泥重量的 0.06%。

C. 宜使用非碱活性骨料。当使用碱活性骨料时,混凝土中碱含量不应超过 $3.0\,\mathrm{kg/m^3}$。对于设计使用年限为 100 年且处于二、三类环境中的混凝土结构,应采取专门有效的措施。对于特殊结构,为防止碱集料反应,应对骨料及掺合料提出具体要求。

处于寒冷及严寒环境中结构的混凝土,有抗渗要求的混凝土,均应遵照有关规范符合相应等级的要求。

③ 施工要求

混凝土的耐久性主要取决于它的密实性,除应满足上述对混凝土材料的要求外,还应高度重视对混凝土的施工质量,控制商品混凝土的各个环节,加强对混凝土的养护,防止过早承受荷载等。

④ 混凝土保护层最小厚度

混凝土保护层最小厚度是以保证钢筋与混凝土共同工作,满足对受力钢筋的有效锚固以及保证耐久性的要求为依据的,混凝土保护厚度是指从最外层钢筋外缘到混凝土外边缘的距离,它不应小于受力钢筋的直径或等效直径,也不应小于骨料最大粒径的 1.5 倍,且应符合表 6-2 的规定。

处于一类环境中的构件,主要从保证有效锚固及耐久性要求加以确定的。处于二、三类环境中的构件,主要依据是在设计工作寿命期混凝土保护层完全碳化的时间确定的,它与混凝土等级有关。对于梁、柱构件,因棱角部分的混凝土双向碳化,且易产生沿钢筋的纵向裂缝,故保护层最小厚度要大些。对于设计使用年限为 100 年的房屋结构,表中混凝土保护层厚度应乘以系数 1.4。当采取有效的表面防护措施时,混凝土保护层厚度可适当减小。

确定保护层厚度时,不能一味增大厚度,因为一方面不经济,另一方面将使裂缝宽度加大,效果不好。较好的方法是采用防护覆盖层,并规定维修年限。

复习思考题

本章其他
资源

6-1 熟记受弯构件常用截面形式和尺寸、保护层厚度、受力钢筋直径、间距和配筋率等构造要求。

6-2 适筋梁正截面受力全过程可划分为几个阶段?各阶段主要特点是什么?与计算有何联系?

6-3 钢筋混凝土梁正截面受力全过程与匀质弹性材料梁有何区别?

6-4 钢筋混凝土梁正截面有几种破坏形式?各有何特点?

6-5 适筋梁当受拉钢筋屈服后能否再增加荷载?为什么?少筋梁能否这样,为什么?

6-6 截面尺寸如图所示。根据配筋量不同的 4 种情况,回答下列问题:

(1) 各截面破坏原因和破坏性质;

(2) 破坏时钢筋应力大小;

(3) 破坏时钢筋和混凝土强度是否充分利用;

(4) 受压区高度大小;

(5) 开裂弯矩大致相等吗?为什么?

(6) 若混凝土强度等级为 C30,HRB400 级钢筋,各截面的破坏弯矩怎样?

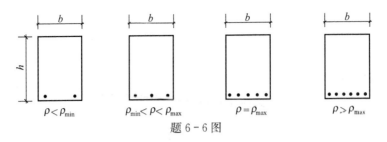

$\rho < \rho_{min}$ $\rho_{min} < \rho < \rho_{max}$ $\rho = \rho_{max}$ $\rho > \rho_{max}$

题 6-6 图

6-7　受弯构件正截面承载力计算有哪些基本假定？

6-8　试默画出单筋矩形截面梁正截面承载力计算时的实际图式及计算图式,并说明确定等效矩形应力图形的原则。

6-9　影响钢筋混凝土受弯承载力的最主要因素是什么？当截面尺寸一定,若改变混凝土或钢筋强度等级时对受弯承载力影响的有效程度怎样？

6-10　钢筋混凝土受弯构件正截面受弯承载力计算中的 α_s、γ_s 的物理意义是什么？又怎样确定最小及最大配筋率？

6-11　在什么情况下采用双筋梁？为什么双筋梁一定要采用封闭式箍筋？受压钢筋的设计强度是如何确定的？

6-12　计算双筋梁正截面受弯承载力时的适用条件是什么？试说明原因。

6-13　在双筋梁正截面受弯承载力计算中,当 A'_s 已知时,应如何计算 A_s？在计算 A_s 时如发现 $x > \varepsilon_b h_0$,说明什么问题？应如何处置？如果 $x < 2a'_s$,应如何处置,为什么？

6-14　两类 T 形截面梁如何判别？为什么说第一类 T 形梁可按 $b'_f \times h$ 的矩形截面计算？

6-15　整浇梁板结构中的连续梁,其跨中截面和支座截面应按哪种截面梁计算？

6-16　如图所示四种截面,当材料强度、截面宽度 b 和高度、承受的弯矩(忽略自重影响)均相同时,其正截面受弯承载力所需的 A_s 是否相同？为什么？

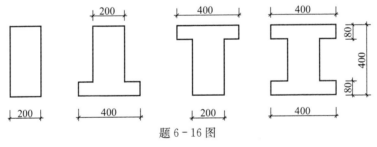

题 6-16 图

6-17　为什么受弯构件在支座附近会出现斜裂缝？其出现和开展过程是怎样的？

6-18　受弯构件沿斜截面破坏的形态有几种？各在什么情况下发生？应分别如何防止？

6-19　简述无腹筋及有腹筋简支梁斜裂缝出现后各自的受力机制。其抗剪性能的主要影响因素有哪些？

6-20　何谓剪跨比？为什么其大小会引起沿斜截面破坏形态的改变？

6-21　梁斜截面受剪承载力计算的基本假定是什么？忽略了哪些因素？你的看法如何？

6-22　受剪承载力计算公式的适用范围是什么？其意义何在？

6-23　何谓受集中荷载为主的矩形截面简支梁？其计算公式与受均布荷载时有何不同？

6-24　连续梁与简支梁相比,受剪承载力有无差别？当为集中荷载时,为什么采用计算剪跨比?

6-25 为什么设计厚度不大的板时,一般可不进行受剪承载力计算且不配置箍筋?

6-26 计算斜截面受剪承载力时,其位置应取在哪些部位?

6-27 熟记箍筋一般构造要求。

6-28 何谓梁的材料抵抗弯矩图? 其意义和作用怎样? 它与弯矩图的关系怎样?

6-29 梁的斜截面受弯承载力是怎样保证的? 跨中弯起钢筋在满足什么条件时,才能计入连续梁支座处正截面受弯承载力中去?

6-30 绘出如图所示各梁受弯钢筋示意图。当各梁产生斜裂缝时,给出裂缝的大致部位和方向,并标出配置弯起钢筋的位置。

6-31 对纵向钢筋的截断和锚固,应满足哪些构造要求?

6-32 如图所示有箍筋和受拉纵筋的梁,可能发生哪些破坏? 试绘出各自破坏形态图。

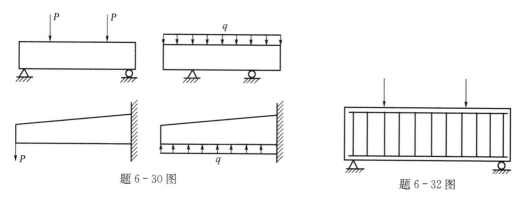

题 6-30 图　　　　　　　　　　　　　　题 6-32 图

6-33 简述矩形截面素混凝土构件及钢筋混凝土构件在扭矩作用下的裂缝形成和破坏机理。

6-34 变角度空间桁架模型及斜弯理论与《规范》方法相比较有何异同?

6-35 简述 T 形和工字形截面钢筋混凝土纯扭构件的承载力计算要点。

6-36 怎样计算钢筋混凝土受弯、受剪、受扭构件的承载力?

6-37 为什么要确定受扭构件的截面限制条件? 受扭钢筋有哪些特殊的要求?

6-38 简述 ζ 和 β_t 的意义。

6-39 何谓构件截面的弯曲刚度? 它与工程力学中的刚度相比有何区别和特点?

6-40 怎样建立钢及混凝土受弯构件刚度计算公式?

6-41 何谓混凝土结构受弯构件挠度计算中的最小刚度原则? 试分析其合理性。

6-42 简述参数 ψ、ρ_{te}、ζ 的物理意义。

6-43 简述混凝土结构构件裂缝的出现、分布和展开的过程和机理。

6-44 为什么不用裂缝宽度的平均值而用最大值作为评价指标? 最大裂缝宽度计算公式是怎样建立起来的?

6-45 在挠度和裂缝宽度验算公式中,怎样体现"按荷载标准组合并考虑荷载准永久组合影响"进行计算的?

6-46 简述配筋率对混凝土受弯构件正截面承载力、挠度和裂缝宽度的影响。三者不能同时满足时采取什么措施?

6-47　确定混凝土构件变形和裂缝限值时应考虑哪些因素？

6-48　影响混凝土结构耐久性的主要因素有哪些？怎样进行耐久性设计？

6-49　混凝土保护层的作用有哪些？对不同环境中的构件，混凝土保护层如何确定其最小厚度？

6-50　某一级建筑现浇简支平板，计算跨度 $l_0 = 2.24$ m 板上为 30 mm 水泥砂浆面层，板底为 10 mm 纸筋灰粉刷，承受标准均布活荷载 $q_k = 0.5$ kN/m²，采用混凝土强度等级为 C30，HRB400 级钢筋，环境类别为一类。试设计板（确定板厚与配筋）。

（注：钢筋混凝土标准密度可取 25 kN/m³，水泥砂浆标准密度为 20 kN/m³，纸筋灰粉刷为 16 kN/m³）

6-51　已知某梁 $b = 200$ mm，$h = 450$ mm，混凝土强度等级为 C30，配有受拉钢筋为 3 根 16 mm 和 2 根 20 mm 直径的 HRB400 级钢筋（$A_s = 1\,231$ mm²），环境类别为一类，箍筋直径 8 mm。承受弯矩设计值 $M = 150$ kN·m。试验算该截面是否安全。

6-52　试计算下列情况受弯构件的正截面承载力 M_u，并分析提高混凝土强度等级、提高钢筋级别、加大截面高度和宽度等措施对提高截面受弯承载力的效果（列表计算）。环境类别为一类，箍筋直径 6 mm。

(1) $b = 200$ mm，$h = 400$ mm，C30，配 4 根直径为 18 mm 的 HRB400 级钢筋；

(2) $b = 200$ mm，$h = 400$ mm，C30，配 5 根直径为 20 mm 的 HRB400 级钢筋；

(3) $b = 200$ mm，$h = 400$ mm，C40，配 4 根直径为 18 mm 的 HRB400 级钢筋；

(4) $b = 200$ mm，$h = 400$ mm，C50，配 4 根直径为 18 mm 的 HRB400 级钢筋；

(5) $b = 250$ mm，$h = 400$ mm，C30，配 4 根直径为 18 mm 的 HRB400 级钢筋；

(6) $b = 250$ mm，$h = 500$ mm，C30，配 4 根直径为 18 mm 的 HRB400 级钢筋。

6-53　如图所示试验梁，其混凝土立方强度平均值为 21.7 N/mm²，钢筋试件的实测屈服强度平均值为 385 N/mm²。求该梁破坏时的荷载 P_u（$a_s = 35$ mm）。

6-54　已知梁截面为 $b = 200$ mm，$h = 450$ mm，混凝土强度等级为 C30，HRB400 级钢筋，环境类别为一类，箍筋直径 8 mm。承受弯矩设计值 $M = 185$ kN·m。试计算所需钢筋截面面积并配置钢筋。

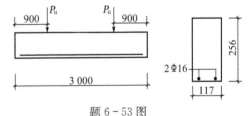

题 6-53 图

6-55　已知条件同上题，但已配有受压钢筋为 3 根 18 mm 直径的 HRB400 级钢筋。试求受拉钢筋面积 A_s，并与上题比较，哪个总用钢量多？为什么？

6-56　一矩形截面简支梁，计算跨度 $l_0 = 5.7$ m，$b = 200$ mm，$h = 500$ mm，混凝土强度等级 C25，配有受压钢筋 2 根 18 mm，受拉钢筋 3 根 22 mm 和 2 根 18 mm 的 HRB335 级钢筋。环境类别为一类，箍筋直径 8 mm。试求该梁所能承受的均布活荷载标准值 Q_k（该梁为属二级建筑的办公楼楼面梁，钢筋混凝土容重 25 kN/m³，恒荷载分项系数为 1.2，活荷载分项系数为 1.4）。

6-57　某连续梁中间支座截面 $b = 250$ mm，$h = 650$ mm，环境类别为一类，箍筋直径 8 mm。承受支座负弯矩设计值 $M = 230$ kN·m，混凝土强度为 C30，HRB400 级钢筋，跨中正弯矩钢筋中有 2 根 16 mm 伸入支座。试求当考虑伸入支座的 2 根 16 mm 直径 HRB400 级钢筋时，承受支座负弯矩所需的 A_s；当不考虑时，则承受支座负弯矩的钢筋需多少？为什么存在差异？

6-58 某整浇肋梁楼盖的 T 形截面主梁,$b'_f=2\,200$ mm,$b=300$ mm,$h'_f=80$ mm,混凝土强度等级为 C30,HRB400 级钢筋,环境类别为一类,箍筋直径 8 mm。跨中截面承受弯矩设计值 $M=275$ kN·m。试确定该梁跨中截面高度 h 及受拉钢筋截面面积 A_s,并选配钢筋。

6-59 某 T 形截面梁 $b'_f=500$ mm,$h'_f=150$ mm,$b=250$ mm,$h=600$ mm,混凝土强度等级为 C30,HRB400 级钢筋,环境类别为一类,箍筋直径 8 mm。承受弯矩设计值 $M=280$ kN·m。求 A_s 并选配钢筋。

6-60 某 T 形梁截面如图所示,混凝土强度等级为 C25,HRB335 级钢筋,环境类别为一类,箍筋直径 6 mm。承受弯矩设计值 $M=226$ kN·m。请复核该截面是否安全。

6-61 如图所示空心板,计算跨度 $l_0=3.76$ m,混凝土强度等级为 C30,HPB300 级钢筋。求该板的受弯承载力。

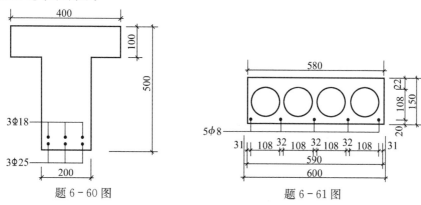

题 6-60 图   题 6-61 图

6-62 编制矩形截面单筋梁、双筋梁及 T 形截面梁的受弯承载力的计算程序。

6-63 如图所示等截面梁,$b=250$ mm,$h=550$ mm,混凝土强度等级为 C30,纵向受拉钢筋为 HRB400 级,箍筋为 HRB335 级,承受均布荷载,支座边最大剪力设计值 $V_{max}=180$ kN。按正截面受弯承载力计算已配有 2 根 22 mm 和 2 根 20 mm 直径的纵向受拉 HRB400 级钢筋。请按下述两种情况进行斜截面受剪承载力计算:

(1) 只配置箍筋(要求选定箍筋直径与间距);

(2) 按构造要求配置最低数量的箍筋后,计算所需弯起钢筋排数及数量,并选定直径与根数。

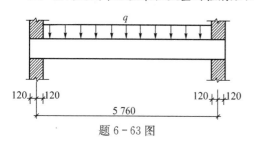

题 6-63 图

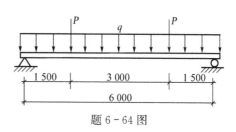

题 6-64 图

6-64 如图所示简支梁,$b=250$ mm,$h=550$ mm,混凝土强度等级为 C25,箍筋用 HPB300 级钢筋,纵向受拉钢筋用 HRB335 级钢筋,集中荷载设计值 $p=135$ kN,均布荷载设计值 $q=6.5$ kN/m(包括自重)。请对下列两种情况进行受剪承载力计算:

(1) 仅配置箍筋,并选定箍筋直径和间距;

（2）箍筋按双肢φ6@200配置，计算弯起钢筋用量，并绘制腹筋配置草图。

6-65 承受均布荷载的简支梁，净跨为 $l_0=4.8$ mm，截面尺寸 $b=200$ mm，$h=500$ mm，混凝土强度等级为 C30，箍筋为 HRB335 级钢筋，已知沿梁长配有双肢φ8@150 的箍筋。计算该梁斜截面受剪承载力，并根据受剪承载力推算出该梁所能承受的均布活荷载标准值（该梁安全等级为二级，恒荷载仅为自重）。

6-66 如图所示单跨外伸梁，$b=250$ mm，$h=700$ mm，混凝土强度等级为 C30，纵向受拉钢筋及腹筋均用 HRB335 级钢筋。

求：（1）正截面和斜截面承载力计算（配置纵向受拉钢筋、弯起钢筋及箍筋）；

（2）讨论承载力极限状态下是否同时发生两种破坏；

（3）绘制弯矩图、剪力图、抵抗弯矩图和施工图（注：支座为一砖半墙）。

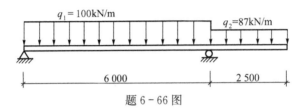

题 6-66 图

6-67 承受均布荷载的板，计算跨度 $l=2500$ mm，采用 C30 等级混凝土，HPB300 级钢筋，配筋率为 0.55%，保护层厚度 15 mm。试求板厚为多少时可不进行受剪承载力计算。

6-68 已知 $b\times h=200$ mm×400 mm，保护层厚度 20 mm，设计扭矩 $T=10$ kN·m，采用 C30 等级混凝土及 HRB335 级钢筋。求受扭纵筋及箍筋。

6-69 已知截面尺寸为 $b\times h=250$ mm×600 mm，承受 $M=180$ kN·m，$V=164$ kN，$T=13.8$ kN·m，采用 C30 等级混凝土及 HRB400 级钢筋。试计算受弯、受剪及受扭钢筋，并绘出截面配筋图。

6-70 已知某钢筋混凝土屋架下弦，$b\times h=200$ mm×200 mm，轴向拉力 $N_q=135$ kN，有 4 根 HRB400 直径 14 mm 的受拉钢筋，C30 等级混凝土，保护层厚度 $c=20$ mm，箍筋直径 6 mm，$w_{lim}=0.2$ mm。求：验算裂缝宽度是否满足？当不满足时如何处理？

6-71 已知预制 T 形截面简支梁，$l=5.8$ m，$b'_f=600$ mm，$b=200$ mm，$h'_f=60$ mm，$h=500$ mm，采用 C30 等级混凝土，HRB400 级钢筋，环境类别一类，箍筋直径 6 mm，跨中截面所受的各种荷载引起的弯矩为：永久荷载 76 kN·m；可变荷载 54 kN·m，准永久值系数 $\psi_{q1}=0.4$，雪荷载 13 kN·m，准永久值系数 $\psi_{q2}=0.2$。

求：（1）受弯正截面受拉钢筋面积，并选用钢筋直径（在 16～22 之间选择）。

（2）验算挠度是否小于 $f_{lim}=l_0/250$。

（3）验算裂缝宽度是否小于 $w_{lim}=0.3$ mm。

6-72 已知预制倒 T 形截面简支梁 $l_0=5.8$ m，$b_f=600$ mm，$h_f=60$ mm，$h=500$ mm，其他条件同题 6-71。

求：（1）受弯正截面受拉钢筋面积，并选用钢筋直径（在 16～22 之间选择）。

（2）验算挠度是否小于 $f_{lim}=l_0/250$。

（3）验算裂缝宽度是否小于 $w_{lim}=0.3$ mm。

（4）与题 6-71 比较，提出分析意见。

7 钢轴心受力和拉弯、压弯构件计算原理

本章介绍了钢轴心受力和拉弯、压弯构件的设计计算方法。通过本章的学习,应了解轴心受力构件的应用、组成、截面类型和设计要求;了解实腹式轴心受力构件整体稳定的概念和失稳(屈曲)现象与特征;理解初弯曲、初偏心和残余应力对轴心受压构件极限承载力的影响;掌握轴心受压构件等稳定性的设计概念和整体稳定的计算方法以及截面选择步骤;理解轴心受压构件板件局部稳定的原理和保证实腹式轴压构件局部稳定的有关措施;理解轴心受压格构柱换算长细比的意义和计算公式;了解缀材的作用、计算和构造;掌握轴心受压格构柱的设计步骤;了解拉弯和压弯构件的应用范围、常用的截面形式以及设计要求;理解截面塑性开展的概念;掌握强度计算方法和公式;了解实腹式压弯构件在弯矩作用平面内、外整体失稳的概念;理解相应的稳定计算相关公式;掌握压弯构件整体稳定计算方法;掌握压弯构件满足局部稳定的限值条件;了解格构式压弯构件的计算原则和要求。

7.1 概述

轴心受力构件只承受沿其长度轴线方向的外加轴向力(拉力或压力)的作用且轴向力作用位置与构件截面形心重合(轴心力)。轴心受力构件截面上不存在弯矩或弯矩小到可以忽略不计。根据外加轴心力的性质,又分轴心受拉和轴心受压构件两类。当轴心受力构件截面为实际工程中常用的双轴对称截面时,没有扭矩的影响;但当构件截面为单轴对称或双轴不对称时,轴心力有时将导致构件出现扭转。

同时承受弯矩和轴心拉力或轴心压力的构件称为拉弯或压弯构件。若构件截面弯矩是由外加轴向力偏心所引起的,有时也称为偏心受力构件。由于产生构件截面弯矩的因素有多种(如外加横向荷载、外加集中弯矩甚至是温度变形等),因此,偏心受力构件仅是拉弯或压弯构件的较常见的一种。有些文献资料也将拉弯或压弯构件称为梁-柱构件(Beam - Column Member)。

判断构件是属于轴心受力构件还是拉弯或压弯构件的重要力学特征是看构件截面上是否有外加荷载引起的弯矩,从而导致截面存在不均匀正应力和剪应力。

7.2 钢轴心受力构件的组成及截面形式

钢轴心受力构件包括轴心受拉和轴心受压的钢构件。轴心受压构件也称轴心受压柱。

在钢结构中广泛采用钢轴心受力构件,例如,钢屋架、托架、塔架和网架等各种类型的平面或空间钢桁架及其支撑系统等,通常均由轴心受拉或轴心受压构件组成,假定其端部节点为铰接连接。如图7-1所示为梯形钢屋架,在节点荷载作用下,所有杆件均假定为轴心受力构件,即结构力学中的二力杆。

钢轴心受力构件的应用

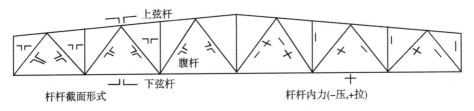

图 7-1 梯形钢屋架

工业建筑中的工作平台支柱(图 5-4)以及其他结构的柱,承受梁或桁架传来的荷载,当荷载对称布置且不考虑水平荷载时,也属于轴心受压柱。

钢柱通常由柱头、柱身和柱脚三部分组成。柱头支承上部结构并将其荷载传给柱身,柱脚则把荷载由柱身传给基础,如图 7-2 所示。

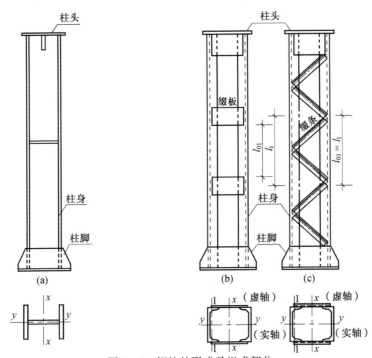

图 7-2 钢柱的形式及组成部分

(a) 实腹式钢柱及其组成;(b) 缀板格构式钢柱;(c) 缀条格构式钢柱

轴心受拉和轴心受压构件(包括轴心受压柱),按其截面组成形式,可分为实腹式构件和格构式构件两种。实腹式构件具有整体连通的截面,如图 7-2a、图 7-3a 所示,其中最常用的是工字形和箱形截面。实腹式构件构造简单,制造方便,整体受力和抗剪性能好,但截面尺寸较大时钢材用量较多。

格构式构件一般由两个或多个分肢用缀件(缀板或缀条)组成(图 7-2b、图 7-2c 和图 7-3b)。应用较多的是双肢格构式构件,其缀件一般设置在分肢翼缘两侧平面内。分肢通常采用轧制槽钢或工字钢,承受较大荷载时可采用焊接工字形或槽形组合截面。格构式构件中,垂直于分肢腹板平面的主轴叫做实轴;垂直于分肢缀件平面的主轴叫做虚轴(图 7-3b)。

缀件分缀板和缀条两种,其作用是将各分肢连成整体,使其共同受力,并承受绕虚轴弯曲时产生的剪力。缀条常用单角钢,与分肢翼缘组成桁架体系,对承受横向剪力具有较大刚度。缀板常采用钢板,每隔一定距离设置一道,与分肢组成刚架体系。在构件绕虚轴弯曲而承受横向剪力时,其变形比缀条体系稍大,刚度略低,所以通常用于受拉构件和承受压力较小的构件。

钢轴心受力构件实腹式截面常用的有轧制工字钢、H 型钢、钢管以及由多块钢板或型钢焊接组成的组合截面(图 7-3a)。格构式截面的肢件通常采用热轧槽钢、工字钢、H 型钢、角钢或钢管(图 7-3b)。在普通钢桁架中,其构件常采用两个等边或不等边角钢组成的 T 形截面或十字形截面,有时也采用圆管或单角钢截面(图 7-4)。轻型钢桁架的杆件则采用小角钢或圆钢等截面(图 7-5a),或采用各种形式的冷弯薄壁型钢截面(图 7-5b)。

钢轴心受力构件截面形式的选择取决于其用途、所受荷载、制作加工方法和材料供应情况等多种因素,基本要求是:受力合理、用料经济、形式简单,便于制作和与其他构件连接。不同截面形式的钢轴心受力构件,在计算方法上有一定差别。

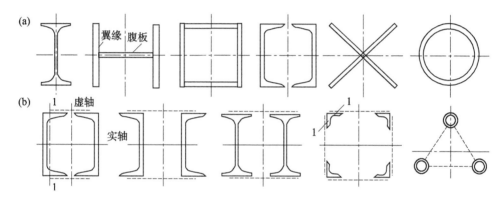

图 7-3 轴心受力构件的截面形式

(a) 实腹式截面;(b) 格构式截面

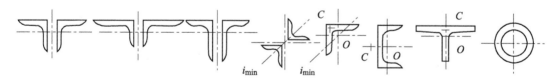

图 7-4 普通钢桁架杆件的截面形式

图 7-5 轻型钢桁架杆件的截面形式

基于极限状态设计方法,钢轴心受拉构件设计时应满足强度和刚度要求;钢轴心受压构件除应满足强度和刚度要求外,还应满足整体稳定和局部稳定的要求。强度、整体和局部稳定属于承载能力极限状态的要求;刚度属于正常使用极限状态的要求。

7.3 钢轴心受力构件的强度

强度要求就是使钢轴心受力构件截面上的最大正应力不超过钢材强度的设计值。对于无孔洞削弱的钢轴心受拉或轴心受压构件,在轴心力作用下,构件截面内产生均匀的受拉或受压正应力,以全截面应力刚达到钢材屈服压力 f_y 时为强度极限状态。因为钢构件全截面进入屈服后,承载能力不再增加但塑性变形将很大且不易控制,已达到不适合继续承载的状态。

在强度计算中,要求钢轴心受力构件的内力设计值 N 除以毛截面面积 A 得到的正应力值不应超过钢材抗拉或抗压强度设计值 f,即

$$\sigma = N/A \leqslant f \tag{7-1}$$

式中　N ——钢构件轴心拉力或压力的设计值;

　　　A ——构件的毛截面(全截面)面积;

　　　f ——钢材抗拉(抗压)强度设计值。

对于有孔洞及其他因素削弱的钢轴心受拉或轴心受压构件,当外加荷载较小时,在孔洞处截面上的应力分布是不均匀的,在靠近孔边处有应力集中,应力高于截面平均应力;但随着外加荷载继续增加,应力较高的材料纤维达到钢材屈服应力后,其应力不再增加而只发展塑性变形,整个孔洞处截面正应力渐趋均匀。达到强度极限状态时,净截面上的应力为均匀屈服应力,如图 7-6 所示。这时强度计算要求为:构件应力设计值 N 除以净截面面积 A_n 得到的应力 σ 不超过钢材强度设计值 f,即

$$\sigma = N/A_n \leqslant 0.7 f_u \tag{7-2}$$

式中　A_n ——构件净截面面积,等于毛截面面积扣除孔洞截面面积;

　　　f_u ——钢材的抗拉强度最小值。

对于高强螺栓摩擦型连接的构件,强度计算应分别按式(7-1)和式(7-2)计算毛截面和净截面强度。计算净截面强度时,应考虑孔前传力系数 0.5,将 N 予以折减,可参见构件连接计算的相关内容。由于残余应力是构件内部自相平衡的内应力,并不影响构件的极限荷载。所以,在验算钢轴心受力构件强度时,不必考虑残余应力的影响。

对于单面连接的单角钢轴心受力杆件,连接偏心将引起弯矩,使角钢受到附加应力,因此,为考虑此不利因素,单面连接的单角钢按轴心受力计算强度时,其钢材强度的设计值 f 应乘以折减系数 0.85。

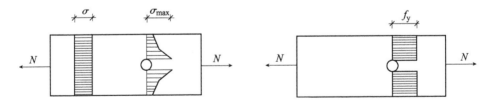

图 7-6　有孔洞钢轴心受拉构件截面应力分布

7.4 钢轴心受力构件的刚度

钢轴心受拉和轴心受压构件的刚度通常用长细比来衡量。长细比是构件的计算长度 l_0。

与构件截面的回转半径 i 的比值，即 $\lambda = l_0/i_0$。λ 愈小，表示构件刚度愈大；反之则刚度愈小。

钢轴力受力构件的刚度要求就是控制构件的长细比 λ 不应超过容许长细比 $[\lambda]$。

长细比过大，构件在使用过程中非直立状态下容易由于自重产生挠曲；在动力荷载作用下容易产生振动；在运输和安装过程中容易产生弯曲。因此设计时应使构件长细比不超过规定的容许长细比 $[\lambda]$。对于轴心受压构件，长细比更为重要。长细比过大，会使其稳定承载力降低太多，在较小荷载下就会丧失整体稳定，因而其容许长细比 $[\lambda]$ 限制应更严。

计算构件长细比时，应分别考虑绕构件截面两个主轴即 x 轴和 y 轴的长细比 λ_x 和 λ_y，应都不超过规定的容许长细比 $[\lambda]$，即

$$\left.\begin{aligned}\lambda_x = l_{0x}/i_x \leqslant [\lambda]\\\lambda_y = l_{0y}/i_y \leqslant [\lambda]\end{aligned}\right\} \tag{7-3}$$

式中　l_{0x}、l_{0y}、i_x、i_y——分别为绕截面主轴即 x 轴和 y 轴的构件计算长度和截面回转半径。

当截面主轴在倾斜方向时，例如图 7-4 的单角钢截面和双角钢十字截面，应计算其绕斜向主轴的最大长细比。$\lambda_{\max} = l_0/i_{\min}$。

构件计算长度 l_0（l_{0x}、l_{0y}）取决于其两端支承情况。例如，构件两端铰接时，l_0 等于构件的几何长度 l，即 $l_0 = l$；一端铰接一端固定时，$l_0 = 0.7l$。

计算长度的概念

表 7-1 和表 7-2 分别为《钢结构设计标准》规定的受拉构件和受压构件容许长细比。

表 7-1　受拉构件容许长细比

项次	构件名称	承受静力荷载或间接承受动力荷载的结构		直接承受动力荷载的结构
		无吊车和轻、中级工作制吊车的厂房	有重级工作制吊车的厂房	
1	桁架的杆件	350	250	250
2	吊车梁或吊车桁架以下的柱间支撑	300	200	—
3	支撑（第2项和张紧的圆钢除外）	400	350	—

注：（1）承受静力荷载的结构中，可仅计算受拉构件在竖向平面内的长细比。

（2）在直接或间接承受动力荷载的结构中，计算单角钢受拉构件的长细比时，应采用角钢的最小回转半径；在计算单角钢交叉受拉杆件平面外的长细比时，应采用与角钢肢边平行轴的回转半径。

（3）中、重级工作制吊车桁架下弦杆的长细比不宜超过200。

（4）在设有夹钳吊车或刚性料耙吊车的厂房中，支撑（表中第2项除外）的长细比不宜超过300。

（5）受拉构件在永久荷载与风荷载组合作用下受压时，其长细比不宜超过250。

表 7-2　受压构件容许长细比

项次	构件名称	容许长细比
1	柱、桁架、天窗架构件	150
	柱的缀条、吊车梁或吊车桁架以下的柱间支撑	
2	支撑（吊车梁或吊车桁架以下的柱间支撑除外）	200
	用以减少受压构件长细比的杆件	

注：桁架（包括空间桁架）的受压腹杆，当其内力等于或小于承载能力的50%时，容许长细比可取200。

7.5 钢轴心受压构件的整体稳定

7.5.1 概述

对钢轴心受压构件,除构件很短及有孔洞等因素削弱时可能发生强度破坏外,通常由整体稳定控制其承载力。钢轴心受压构件丧失整体稳定时的临界应力低于钢材的屈服应力,即构件在达到强度极限状态前就会丧失整体稳定,且整体失稳常常是突发性的,容易造成严重后果,应予特别重视。

无缺陷的轴心受压构件,当外加轴心压力 N 较小时,构件保持平直,只有轴向压缩变形。如有干扰力使其产生微弯,当干扰力除去后,构件恢复其直线状态。这种直线形式的平衡状态是稳定的。当 N 增加到某一临界值后,直线形式的平衡状态会变为不稳定,这时如有干扰力使其发生微弯,则干扰力除去后,构件仍保持微弯状态。这种除直线形式平衡外还存在微弯形式平衡位置的情况称为平衡状态的"分支"。如轴心压力 N 再稍增加,则构件弯曲变形即迅速增大,构件无法保持平衡而丧失承载能力。这种现象称为构件出现弯曲屈曲或弯曲失稳(图 7-7a)。

对某些抗扭刚度较差的轴心受压构件,当轴心压力 N 到达某一临界值,稳定平衡状态不再保持时,不是发生微弯曲变形,而是发生微扭转变形。同样,当 N 再稍增加,则扭转变形迅速增大而使构件丧失承载能力。这种现象称为构件发生了扭转屈曲或扭转失稳(图 7-7b)。

直杆由稳定平衡过渡到不稳定平衡的分界标志是临界状态,临界状态下的轴心压力称为临界力 N_{cr},N_{cr} 除以构件毛截面面积 A 所得的应力称为临界应力 σ_{cr}。

当轴心受压构件截面为双轴对称,如工字形、箱形、十字形,或极(点)对称,如工字形时,通常可能发生绕主轴,即 x 轴和 y 轴的弯曲屈曲(图 7-7a),或扭转屈曲(图 7-7b,扭转刚度小的截面,如十字形截面)。对称截面的两种弯曲屈曲和扭转屈曲是互不相关的,究竟能发生哪种变形形态的屈曲,取决于截面绕 x 轴或 y 轴的抗弯刚度、抗扭刚度、构件长度、构件支承约束条件等情况,每个屈曲形态都可求出相应的临界力,其中最小值将起控制作用。

截面为单轴对称如 T 形、Π 形、Λ 形(参见图 7-4、7-5)的钢轴心受压构件,可能发生绕非对称轴的弯曲屈曲,也可能发生绕对称轴的弯曲变形,并同时伴随有扭转变形的屈曲,称为弯曲扭转屈曲或弯扭失稳(图 7-7c)。这是因为轴心压力所通过的截面形心与截面剪切中心(简称剪心,或称扭转中心)不重合(图 7-4 所示的 O 点与 C 点)。所以绕对称轴的弯曲变形总是伴随着扭转变形。截面没有对称轴的轴心受压在构件工程中很少采用,其屈曲状态都属弯扭屈曲。

实践表明,一般钢结构中常用的轴心受压构件截面,

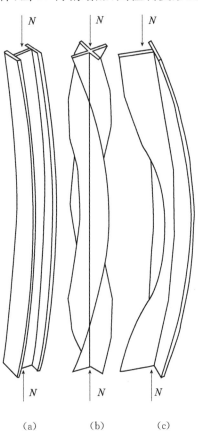

图 7-7 轴心受压构件的屈曲形态
(a) 弯曲屈曲;(b) 扭转屈曲;(c) 弯扭屈曲

平衡状态的分类

弯曲屈曲

扭转屈曲

弯扭屈曲

失稳时主要发生弯曲屈曲。所以《钢结构设计标准》中，对轴心受压构件整体稳定计算主要是根据弯曲屈曲给出的。对单轴对称截面的构件绕对称轴弯扭屈曲的情况，则采用按弯曲屈曲而适当调整，降低其稳定系数的办法来简化计算(详见7.6节)。

本节主要讨论弯曲屈曲。为了理解轴心受压构件整体稳定的基本概念，先介绍理想轴心受压构件的弹性和非弹性屈曲。由于在实际工程中，钢结构构件不可避免地存在着各种缺陷，如钢材热轧和结构加工焊接过程中由于不均匀加热和冷却所产生的残余应力，构件初弯曲、构件连接初偏心等制造和安装偏差，所以接着将讨论各种缺陷分别对轴心受压构件屈曲的影响。最后讲述综合考虑各种缺陷的稳定极限承载力计算方法，并介绍《钢结构设计标准》中轴心受压构件整体稳定计算方法。

第一类稳定问题和第二类稳定问题

7.5.2 弹性弯曲屈曲(失稳)

这里主要讲述轴心受压构件弹性弯曲屈曲。也对扭转屈曲和弯扭屈曲略加说明，对这两种屈曲形态多一点了解。

图7-8所示是长度为 l、两端铰接的理想等截面平直构件，当轴心压力 N 达到临界值时，处于屈曲的微弯状态。现推导其弹性弯曲屈曲的临界力 N_{cr}。基于构件微弯曲状态，即构件小变形和平截面假定成立，针对距离下部端点 B 为 z 的任一截面，根据其内、外力矩(弯矩)相等，得到平衡微分方程

$$EI \mathrm{d}^2 y / \mathrm{d}z^2 + Ny = 0 \qquad (7-4)$$

令 $k^2 = N/EI$，得

$$\mathrm{d}^2 y / \mathrm{d}z^2 + k^2 y = 0$$

方程的解为

$$y = A \sin kz + B \cos kz$$

由边界条件: $z=0$ 和 l 处 $y=0$，得

$$B=0, \quad A \sin kl = 0$$

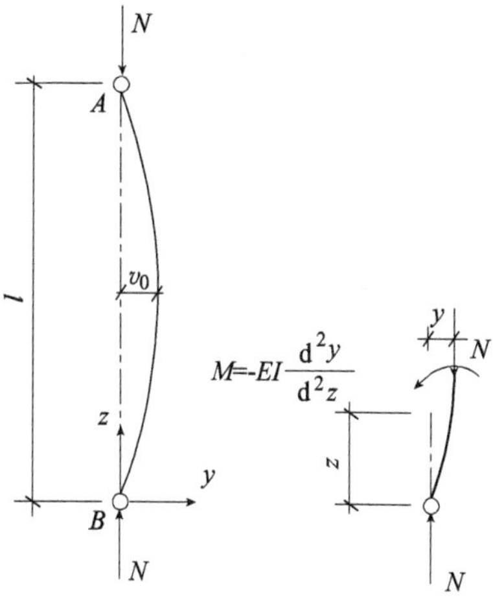

在微弯状态，$A \neq 0$，所以

$$\sin kl = 0, \quad kl = n\pi$$

取 $n=1$，得相应于一个半波屈曲状态的最小临界力

$$N_{cr} = \pi^2 EI / l^2 = \pi^2 EA / (l/i)^2 = \pi^2 EA / \lambda^2 \qquad (7-5)$$

相应临界应力为

$$\sigma_{cr} = N_{cr} / A = \pi^2 E / \lambda^2 \qquad (7-6)$$

式中 λ——构件长细比，$\lambda = l/i$，λ 可以是 λ_x 或 λ_y，在图7-8所示坐标情况下，λ 指 λ_x；

l——构件的计算长度(对两端铰支构件，$l_0 = l$)；

i——截面的回转半径 $i = \sqrt{I/A}$。

式(7-5)和式(7-6)就是著名的欧拉(Euler)公式，有时用 N_E 和 σ_E 代替 N_{cr} 和 σ_{cr}。从欧拉公式可以看出，轴心受压构件弯曲屈曲临界力随抗弯刚度的增加和构件长度的减小而增大。

图7-8 轴心受压构件弯曲屈曲

当构件两端为其他支承情况时,也可用同样的方法来解得相应的临界力 N_{cr}。一般可写成下列形式:

$$N_{cr}=\beta EI/l^2$$

如令

$$\mu=\pi\sqrt{\beta}, \quad l_0=\mu l, \quad \lambda=l_0/i \tag{7-7}$$

则式(7-5)可改写为

$$N_{cr}=\pi^2 EI/(\mu l)^2=\pi^2 EI/l_0^2=\pi^2 EA/\lambda^2 \tag{7-8}$$

$$\sigma_{cr}=N_{cr}/A=\pi^2 E/\lambda^2 \tag{7-9}$$

式中 l_0——构件的计算长度或有效长度,$l_0=\mu l$,l 为构件的几何长度,μ 为构件的计算长度系数。

几种典型端部支承条件下构件的 μ 值列于表7-3。

采用计算长度这个概念,即取 $l_0=\mu l$ 和 $\lambda=l_0/i$,则各种支承情况下轴心受压构件的 N_{cr} 和 σ_{cr} 均为统一式(7-8)和(7-9)。这对设计计算带来很多方便。计算长度 l_0 的几何意义是构件弯曲屈曲时变形曲线反弯点间的距离,如表7-3所示。

表7-3 轴心受压构件的计算长度系数

两端支承情况	两端铰接	上端自由下端固定	上端铰接下端固定	两端固定	上端可移动但不转动,下端固定	上端可移动但不转动,下端铰接
屈曲形状 $N_{cr}=\beta\dfrac{EI}{l^2}$ $=\pi^2\dfrac{EI}{l_0^2}$ $l_0=\mu l$	$l_0=l$	$l_0=2l$	$l_0=0.7l$	$l_0=0.5l$	$l_0=l$	$l_0=2l$
$N_{cr}=\beta\dfrac{EI}{l^2}$	$\pi^2\dfrac{EI}{l^2}$	$\dfrac{\pi^2}{4}\dfrac{EI}{l^2}$	$20.19\dfrac{EI}{l^2}$	$4\pi^2\dfrac{EI}{l^2}$	$\pi^2\dfrac{EI}{l^2}$	$\dfrac{\pi^2}{4}\dfrac{EI}{l^2}$
μ	1	2	0.7	0.5	1	2

7.5.3 弹塑性屈曲(切线模量理论)

上小节讲述的欧拉临界力(式7-5)和临界应力(式7-6)只适用于弹性弯曲屈曲,亦即适用于钢材 σ-ε 关系曲线的 E 为常量的直线段(图7-9)——线弹性阶段。当 σ_{cr} 超过比例极限 f_p,亦即 $\lambda<\pi\sqrt{E/f_p}$ 时,则欧拉公式不再适用。以Q235钢为例,如取 $f_p=0.7f_y=165\,N/mm^2$,且 $E=2.06\times10^5\,N/mm^2$,则当 $\lambda<\lambda_p=111$ 时,欧拉公式不再适用。这时,构件的应力处于 σ-ε 曲线非线弹性段,应按弹塑性屈曲计算临界力。

仍讨论两端铰接的、平直（无初始弯曲）的等截面轴心受压构件，采用平截面和小变形假设。根据 Shanley 理论，构件直到轴心压力到达临界力 $N_{cr}(>Af_p)$ 前保持直线状态（图 7-9a）；达到临界力后，一微小干扰力会使构件从直线状态转到微弯状态，此时轴力从 N 增加到 $N+\Delta N$（图 7-9b），弯曲应力与轴向应力同时增加，并且轴向应力足够大，使得任何截面上不引起应力变号（图 7-9c），即不会出现局部"应力卸载"现象，这样截面上所有点的 $\sigma-\varepsilon$ 关系都由切线模量 E_t 来控制。由于刚超过临界力时，构件的屈曲变形很小，因而弯曲时增加的 $\Delta\sigma$ 与临界应力 σ_{cr} 相比非常小，所以与 σ_{cr} 相应的 E_t 可用于构件截面的所有点。

考虑图 7-9b 所示的轴心受压构件临界状态的微弯曲形态。由于构件截面上所有点的弯曲变形都由同一切线模量控制，中和轴与形心轴重合，弯曲应力同弹性一样按线性分布，所不同的是应力-应变关系由 E_t 代替 E。由 C 点处内力矩 $-E_t I d^2 y/dz^2$ 与外力矩 Ny 平衡（由于 ΔN 与 N 相比非常小，列方程时可以忽略 ΔNy）可得平衡微分方程

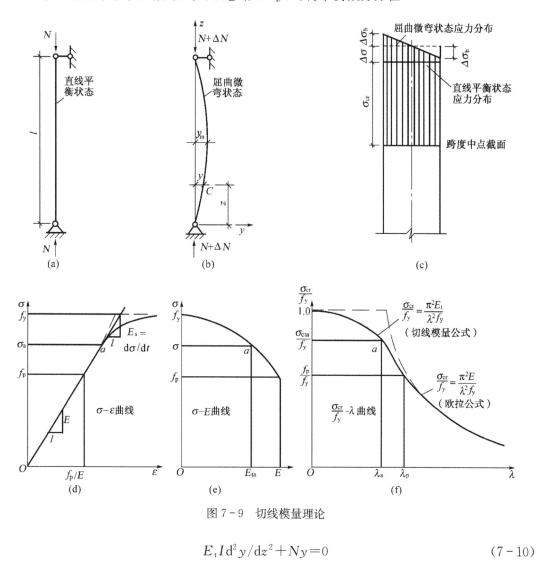

图 7-9 切线模量理论

$$E_t I d^2 y/dz^2 + Ny = 0 \qquad (7-10)$$

此式与弹性屈曲时的式(7-4)一样，只是用 E_t 代替 E。因而可得切线模量临界力（以计

算长度 l_0 代 l）为

$$N_{cr}=\pi^2 E_t I/l_0^2=\pi^2 E_t A/\lambda^2 \qquad (7-11)$$

相应的切线模量临界应力为

$$\sigma_{cr}=\pi^2 E_t/\lambda^2 \qquad (7-12)$$

如令 $\eta=E_t/E$，则式（7-12）与（7-6）可写成统一形式：

$$\sigma_{cr}=\pi^2 E\eta/\lambda^2 \qquad (7-13)$$

当 $\eta=1$（弹性屈曲）时，式（7-13）即为欧拉临界应力式（7-6）。

求解切线模量临界应力的关键问题是确定 E_t，并且式（7-12）中 σ_{cr} 和 E_t 都是未知量，需要利用钢材的 $\sigma-E_t$ 关系联立求解。$\sigma-E_t$ 关系曲线可通过短柱试验先测得 $\sigma-\varepsilon$ 关系曲线，再求出 $\sigma-E_t(\sigma/f_y-E_t/E)$ 关系式或曲线（图7-9d、e）。对 $\sigma-E_t$ 关系已知的轴心受压构件，可以绘出相应的 $\sigma_{cr}-\lambda$（或 $\sigma_{cr}/f_y-\lambda$）关系曲线（图7-9f），得到 σ_{cr} 随长细比变化的全貌。从图中可见，长细比 λ 与临界应力 σ_{cr} 的关系分成两段，当 $\lambda<\lambda_p$ 时，根据切线模量公式确定；当 $\lambda>\lambda_p$ 时，符合经典欧拉公式。

切线模量理论是对经典欧拉理论的拓展，两个理论的协调统一，提供了理想轴心受压构件整体稳定分析的基本理论，为下一步分析实际轴心受压构件的整体稳定奠定了基础。

7.5.4 构件缺陷对屈曲临界力的影响

实际工程结构中，钢构件不可避免地存在初弯曲和初偏心等几何缺陷，以及残余应力和材质不均匀等材料缺陷。这些缺陷的存在将降低钢轴心受压构件的整体稳定承载力。本小节将分别讨论这些缺陷对钢轴心受压构件整体稳定承载能力的影响。

1）构件初弯曲（初挠度）的影响

有初弯曲的构件在未受力前就呈弯曲状态（图7-10），其中 y_0 为任意点 C 处的初挠度。

当构件承受轴心压力 N 时，挠度将增长为 (y_0+y) 并同时存在附加弯矩 $N(y_0+y)$，附加弯矩又使挠度进一步增加。

先讨论两端铰接、具有微小初弯曲、等截面轴心受压构件在弹性稳定状态时，挠度随轴心压力逐渐增加而增长的情况（图7-10）。为了分析方便，假设初弯曲形状为半波正弦曲线

$$y_0=v_0\sin\pi z/l \qquad (7-14)$$

式中　v_0——为构件跨中点的初挠度值。

在构件任意点 C 处，外加轴心力 N 作用下产生挠度 y，总挠度为 y_0+y。以初弯曲状态为基线计算曲率变化，则内力矩为

$$M=-EI\,\mathrm{d}^2 y/\mathrm{d}z^2 \qquad (7-15)$$

由内、外力矩相等，得平衡微分方程：

$$EI\,\mathrm{d}^2 y/\mathrm{d}z^2+N(y_0+y)=0 \qquad (7-16)$$

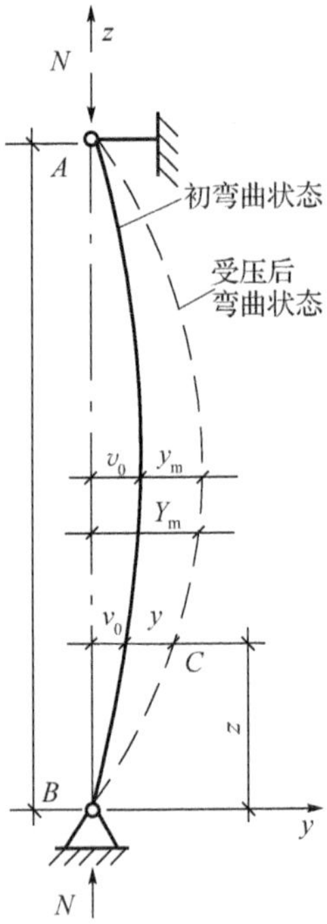

以式（7-15）代入，并令 $k^2=N/EI$，得

图7-10　有初弯曲的轴心受压构件

$$dy^2/dz^2 + k^2 y = -k^2 v_0 \sin \pi z/l$$

其解为

$$y = A\sin kz + B\cos kz + \frac{k^2}{\pi^2/l^2 - k^2} v_0 \sin \frac{\pi z}{l}$$

$$= A\sin kz + B\cos kz + \frac{\alpha}{1-\alpha} v_0 \sin \frac{\pi z}{l}$$

式中 $\alpha = N/N_E$，$N_E = \pi^2 EI/l^2$ 为欧拉临界力。根据边界条件 $z=0$ 和 $z=l$ 时，$y=0$，可得 $B=0$，$A=0$。

$$y = \frac{\alpha}{1-\alpha} v_0 \sin \frac{\pi z}{l} \qquad (7-17)$$

总挠度曲线为

$$Y = y_0 + y = \frac{v_0}{1-\alpha} \sin \frac{\pi z}{l} \qquad (7-18)$$

跨中点挠度和中点总挠度为

$$y_m = y_{(z=l/2)} = \frac{\alpha}{1-\alpha} v_0 \qquad (7-19)$$

$$Y_m = Y_{(z=l/2)} = v_0/(1-\alpha) \qquad (7-20)$$

式(7-20)的 $Y_m/v_0 = 1/(1-N/N_E)$ 为总挠度对初挠度的放大系数，也是对初挠度无量纲化的总挠度。Y_m/v_0 - N/N_E 关系曲线示于图 7-11。

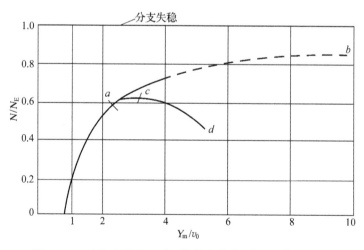

图 7-11　有初弯曲轴心受压构件的荷载-总挠度曲线

考察有初弯曲的轴心受压构件的轴心压力-侧向挠度曲线，分析式(7-17)、式(7-18)后可知：

① 具有初弯曲的轴心受压构件，外加荷载一经作用就产生侧向挠度，其总侧向挠度随轴心压力非线性增加，开始挠度增加较慢，随后增加越来越快，当轴心压力 N 接近欧拉力 N_E

时,跨中侧向挠度趋于无限大。这与理想轴心受压构件截然不同。

② 轴心受压构件的初挠度值 v_0 值越大,相同轴心压力作用下,构件侧向挠度越大。

③ 即使构件的初弯曲很小,实际轴心受压构件的整体稳定承载力也总是小于构件的欧拉临界力,即理想轴心受压构件的欧拉临界力是轴心受压构件稳定承载力的上限值。

有初弯曲的轴心受压构件丧失稳定承载力不是前面讲述的理想直杆的平衡分支(由直线平衡形式转变为微弯平衡形式)问题,而是荷载-变形曲线极值点问题。前者有时叫第一类稳定问题,后者叫第二类稳定问题。

实际上,钢材不是无限弹性的,为了分析方便,假设钢材为弹性-完全塑性材料。当挠度发展到一定程度时,随着附加弯矩 $NY_m = N(v_0 + y_m)$ 增加,构件中点截面最大受压边缘纤维的应力

$$\sigma_{max} = \frac{N}{A} + \frac{NY_m}{W} = \frac{N}{A}\left(1 + \frac{v_0}{W/A} \cdot \frac{1}{1 - N/N_E}\right) \qquad (7-21)$$

就会到达 f_y,进入屈服,如图 7-11 中的 a 点示意;此后 N 继续增加,构件进入弹塑性状态;由于截面弹性区域减小,变形不再像完全弹性那样沿 ab 发展,而是沿 acd 发展。当 N 到达 c 点时,再增加轴心力 N 已不可能,要维持平衡只能随挠度增大而卸载(cd)。N_c 即为有初弯曲轴心受压构件的整体稳定极限承载力。

求解 N_c 比较复杂,一般采用数值法。作为近似求解,常取构件截面边缘纤维开始屈服时的曲线上 a 点代替 c 点,由公式(7-21),令 $\sigma_{max} = f_y$ 求解。

令 $W/A = \rho$(截面核心距),$v_0/\rho = \varepsilon_0$ 为相对初弯曲或初弯曲率 $N/A = \sigma_0$,$N_E/A = \sigma_E = \pi^2 E/\lambda^2$,则式(7-21)中 σ_{max} 达到 f_y 时可写成

$$\sigma_{max} = \sigma_0\left(1 + \varepsilon_0 \frac{\sigma_E}{\sigma_E - \sigma_0}\right) = f_y$$

整理后得

$$\sigma_0^2 - [f_y + (1+\varepsilon_0)\sigma_E] + f_y \sigma_E = 0$$

解得

$$\sigma_0(\sigma_{cr}) = \frac{f_y + (1+\varepsilon_0)\sigma_E}{2} - \sqrt{\left[\frac{f_y + (1+\varepsilon_0)\sigma_E}{2}\right]^2 - f_y \sigma_E} \qquad (7-22)$$

式(7-22)称为佩利公式。如已知构件的相对初弯曲 ε_0、长细比 λ(或 $\sigma_E = \pi^2 E/\lambda^2$)和钢材性能($f_y$ 和 E),就可求得边缘纤维开始屈服的 σ_0 或对应的 N_0,即认为构件的稳定承载力 $N_{cr} = N_0$。

佩利公式是由构件截面边缘屈服准则导出的,求得的 N_0 或 σ_0 代表构件边缘受压纤维刚到达屈服时的最大荷载或最大应力,而并不是实际的稳定临界力(或极限承载力)或临界应力(或极限应力),因此所得结果偏于保守,有些情况比实际屈曲荷载低得多。

如果取轴心受压构件的初弯曲值 $v_0 = l/1\,000$(钢结构验收规范允许值),则初弯曲率为

$$\varepsilon_0 = \frac{1}{1\,000} \cdot \frac{A}{W} = \frac{l}{1\,000} \cdot \frac{1}{\rho} = \frac{\lambda}{1\,000} \cdot \frac{i}{\rho} \qquad (7-23)$$

将 ε_0 代入式(7-22)可得到构件长细比 λ 与稳定临界应力的关系曲线——柱子曲线。一般,钢构件截面绕不同的截面形心轴,其 i/ρ 值也不同,针对焊接工字形截面,$i_x/\rho \approx 1.16$,$i_y/\rho \approx 2.10$,如图7-12所示,因此,在相同初弯曲值 v_0 的情况下,绕弱轴(y轴)的柱子曲线低于绕强轴(x轴)的柱子曲线。这说明,轴心受压构件的稳定承载力与其可能的失稳方向有关。

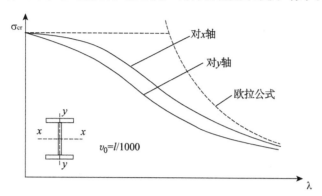

图7-12 考虑初弯曲时的柱子曲线($\sigma_{cr} - \lambda$ 关系曲线)

2) 构件初偏心的影响

图7-13为一两端铰接、等截面轴心受压构件,两端轴心压力具有方向相同的初偏心 e_0。首先研究在弹性稳定状态时,跨中侧向挠度 y 随轴心压力 N 逐渐增加而增长的情况。由任意点 C 处内、外力矩的平衡写出平衡微分方程:

$$EI\mathrm{d}y^2/\mathrm{d}z^2 + N(e_0 + y) = 0 \qquad (7-24)$$

令 $$k^2 = N/EI$$

得 $$\mathrm{d}y^2/\mathrm{d}z^2 + k^2 y = -k^2 e_0$$

其解为 $$y = A\sin kz + B\cos kz - e_0$$

根据边界条件:$z=0$ 和 $z=l$ 时,$y=0$,

得 $$B = e_0$$

和 $$A = (1-\cos kl)/\sin kl = \tan(kl/2)$$

$$y = e_0[\tan(kl/2)\sin kz + \cos kz - 1] \qquad (7-25)$$

中点挠度为

$$y_m = y_{(z=l/2)} = e_0\left(\sec\frac{\pi}{2}\sqrt{\frac{N}{N_E}} - 1\right) \qquad (7-26)$$

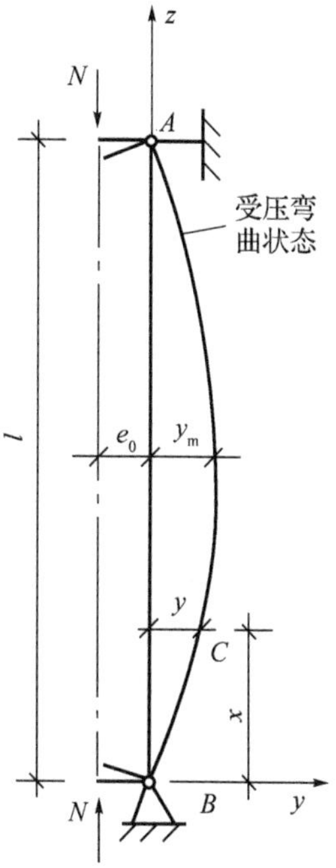

图7-13 有初偏心的轴心构件

现按式(7-26)将 $y_m/e_0 - N/N_E$ 关系曲线示于图7-14。从图中可看出,初偏心对轴心受压构件的影响与初弯曲影响类似(后一曲线通过原点)。

初弯曲对中等长细比的轴心受压构件的不利影响较大,而初偏心对较短的轴心受压构件有较明显的影响。由于两种几何缺陷对轴心受压构件的影响类似,有时为了分析简单,可合并采用一种缺陷(增大初始缺陷值)来模拟两种缺陷的影响。

同样,这种钢轴心受压构件的 $N - y_m$ 关系曲线不可能沿无限弹性的 $0a'b'$ 发展,而是沿弹

性然后弹塑性的 $0a'c'd'$ 发展。也近似地根据截面边缘纤维屈服准则，则有

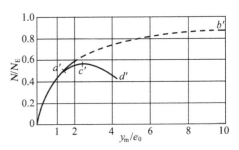

图 7 - 14　有初偏心轴心受压构件的荷载-挠度曲线

$$\sigma_{\max}=\frac{N}{A}+\frac{N(e_0+y_m)}{W}=\frac{N}{A}\left(1+\frac{e_0}{W/A}\sec\frac{\pi}{2}\sqrt{\frac{N}{N_E}}\right)=f_y \tag{7-27}$$

令 $W/A=\rho$，$e_0/\rho=\varepsilon_0$（称为相对初偏心或初偏心率），$N/A=\sigma_0$，$N_E/A=\sigma_E=\pi^2E/\lambda^2$，则式（7-27）可写成：

$$\sigma_0=\frac{f_y}{\left(1+\varepsilon_0\sec\dfrac{\pi}{2}\sqrt{\dfrac{\sigma_0}{\sigma_E}}\right)}=\frac{f_y}{\left(1+\varepsilon_0\sec\dfrac{\lambda}{2}\sqrt{\dfrac{\sigma_0}{E}}\right)} \tag{7-28}$$

或

$$\lambda=2\sqrt{\frac{E}{\sigma_0}}\arccos\frac{\sigma_0\varepsilon_0}{f_y-\sigma_0} \tag{7-29}$$

　　式（7-28）、式（7-29）都叫做正割公式（有时后者使用更方便），也是用应力问题代替稳定问题。如已知钢材性能（f_y 和 E）、构件的相对初偏心 ε_0 和长细比 λ，就可由式（7-28）求得边缘纤维屈服的 $\sigma_0(\sigma_{cr})$。

　　3）残余应力的影响

残余应力产生原因与主要测定方法

　　用切线模量理论计算轴心受压构件弹塑性屈曲时，是根据用短柱试验测定的材料 $\sigma-\varepsilon$ 关系来确定的。但该曲线无法反映残余应力在构件截面上的不同分布对轴心受压构件临界力的影响，有其不足之处。本节将根据实测的残余应力分布和大小，简要分析残余应力对轴心受压构件弹塑性屈曲的影响，这种方法应用更广泛，也是后面综合考虑构件各种初始缺陷按极限承载力方法分析轴心受压构件稳定承载力的基础。

取条法测定残余应力

　　计算时假设无残余应力的钢材为理想弹塑性体；残余应力的大小和分布沿构件长度不变；平截面变形后仍保持平面；构件发生弹塑性弯曲屈曲时，截面上任何点不引起应力变号。

　　为了叙述简明并突出概念，以两端铰接的轧制工字形截面构件为例（图 7-15a），其两翼缘相等，截面面积为 A，并假设腹板面积较小，可以忽略；残余应力为对称折线分布（图 7-15b），翼缘残余应力 $|\sigma_{rc}|=|\sigma_{rt}|=\gamma f_y$（一般 $\gamma=0.3\sim0.4$）。

　　当轴心压力 N 在构件内引起的应力 $\sigma=N/A\leqslant f_p=f_y-\sigma_{rc}$ 时，截面的 $\sigma-\varepsilon$ 关系为弹性（图 7-15c、d）。这时，如构件发生弯曲屈曲，其临界力仍可用欧拉公式计算（适用于 $\lambda\geqslant\sqrt{\pi^2E/f_p}$ 时），即

$$N_{cr}=\pi^2EI/l^2$$

当 $\sigma>f_p=f_y-\sigma_{rc}$ 时，截面的一部分将屈服（图 7-15e），即截面出现塑性区和弹性区两部分。当达到临界应力时，构件发生弯曲屈曲，由于截面上不发生应力变号，所以凸面塑性区的应力不会产生变号，这意味着能抵抗弯曲变形的有效惯性矩只有截面弹性区的惯性矩 I_e，截面的抗弯刚度由 EI 下降为 EI_e，临界力为

$$N_{cr}=\pi^2EI_e/l^2 \tag{7-30}$$

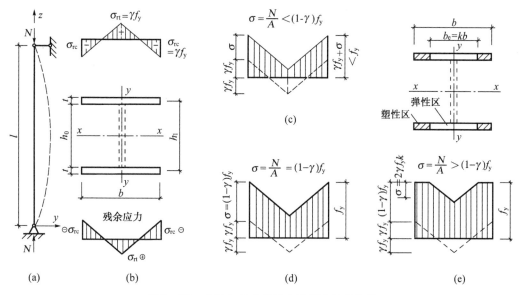

图 7-15 有残余应力的轴心受压构件的失稳

相应的临界应力为

$$\sigma_{cr} = \frac{N_{cr}}{A} = \frac{\pi^2 EI}{Al^2} \cdot \frac{I_e}{I} = \frac{\pi^2 E}{\lambda^2} \cdot \frac{I_e}{I} \tag{7-31}$$

式(7-31)表明考虑残余应力影响时,弹塑性屈曲的临界应力为欧拉临界应力(弹性)乘以折减系数 I_e/I。比值 I_e/I 取决于构件截面形状尺寸、残余应力的分布和大小,以及构件屈曲时的弯曲方向。有的文献称 EI_e/I 为有效弹性模量。

设在临界应力时,截面弹性部分的翼缘宽度为 b_e,令 $k = b_e/b = b_e t/bt = A_e/A$,$A_e$ 为截面弹性部分的面积,则绕 x 轴(忽略腹板面积)和 y 轴的 I_e/I 分别为(图 7-15e):

绕 x(强)轴, $$I_{ex}/I_x = \frac{2t(kb)h_1^2/4}{2t \cdot b \cdot h_1^2/4} = k \tag{7-32}$$

绕 y(弱)轴, $$I_{ey}/I_y = \frac{2t(kb)^3/12}{2t \cdot b^3/12} = k^3 \tag{7-33}$$

将式(7-32)、式(7-33)代入式(7-31),得

绕 x(强)轴, $$\sigma_{cr} = \pi^2 Ek/\lambda_x^2 \tag{7-34}$$

绕 y(弱)轴, $$\sigma_{cr} = \pi^2 Ek^3/\lambda_y^2 \tag{7-35}$$

因 $k < 1$,可看出工字形截面轴心受压构件在图 7-15 所给定的残余应力分布条件下,残余应力对绕弱轴 σ_{cr} 的降低程度将比绕强轴降低程度严重得多。

当构件处于弹塑性受力阶段时,截面继续受力只依靠弹性区面积 A_e,故切线模量

$$E_t = d\sigma/d\epsilon = \frac{dN}{A} / \frac{dN}{EA_e} = EA_e/A = Ek$$

因此,切线模量理论公式(7-13)仅与给定具体情况下的绕强轴计算式(7-34)相当,与绕

弱轴的式(7-35)相差较多。切线模量理论不能完全反映截面内不同残余应力分布对σ_{cr}影响的差别。

因为系数k随σ_{cr}变化,所以求解公式(7-34)或式(7-35)时,尚需建立另一个k与σ_{cr}的关系式。此关系式可根据内外力平衡来确定(为简化,此处仍忽略腹板面积),由图7-15e可得

$$N=Af_y-A_e\sigma_1/2$$
$$A_e=kA$$
$$\sigma_1=(2\gamma f_y)b_e/b=2\gamma f_y k$$

代入上式

$$N=Af_y-kA(2\gamma f_y k)/2=Af_y(1-\gamma k^2)$$
$$\sigma_{cr}=N/A=f_y(1-\gamma k^2) \tag{7-36}$$

利用式(7-34)或式(7-35)与式(7-36)联立求解,可得绕强轴或弱轴的临界应力。

对于其他截面形状和残余应力分布,可用同样方法求解,所得结果将有差别。即使截面不变,而残余应力分布不同时,例如由折线改为抛物线形分布,则$\sigma_{cr}-k$关系式(7-36)也会不一样。又如,若焊接工字形截面翼缘板是火焰切边的,翼缘端部各有一条残余拉应力区(详见第4章残余应力分布),该区屈服较晚,对I_{ey}是有利的,会使绕弱轴的临界应力比翼缘板为轧制边、剪切边或焰切后再刨边的有所提高。

当不忽略腹板面积及其残余应力时,外加应力与残余应力叠加,翼缘和腹板都可能发生部分屈服,并且截面塑性区与弹性区的情况会随外加应力和具体残余应力分布的不同而有多种不同的情况,计算更为复杂,但计算原理相同。

【例7-1】一根两端铰接的 Q235 钢材轧制工字形截面轴心受压构件(图7-15a、b),$l=4.2$ m,截面尺寸(忽略腹板作用)为翼缘$b\times t=300$ mm$\times16$ mm,腹板高$h_0=300$ mm;残余应力分布如图7-15b并且$\gamma=0.3$。试求该轴心受压构件考虑残余应力影响的临界应力和临界力。

【解】(1) 求截面几何特性和长细比

因工字形截面$I_y<I_x$,$I_{ey}(=k^3I_y)\ll I_{ex}(=kI_x)$,因而无论发生弹性或弹塑性屈曲,均为由绕弱轴的临界应力式(7-35)控制。所以只需求绕弱轴的有关特性。

$$A=300\times16\times2=9\,600\ \text{mm}^2$$
$$I_y=2\times16\times300^3/12=72.0\times10^6\ \text{mm}^4$$
$$i_y=\sqrt{72.0\times10^6/9\,600}=86.6\ \text{mm}$$
$$\lambda_y=4\,200/86.6=48.5$$

(2) 求临界应力和临界力

$$f_p=f_y-\sigma_{rc}=0.7f_y$$
$$\lambda_p=\sqrt{\pi^2 E/f_p}=\sqrt{\pi^2\times206\times10^6/(0.7\times235)}=111.2$$

因$\lambda_y<\lambda_p$,构件将发生弹塑性屈曲。

从式(7-35) $\qquad \sigma_{cr}=\pi^2 Ek^3/\lambda_y^2=\pi^2\times206\times10^3 k^3/48.5^2=864.3k^3 \qquad$ (a)

从式(7-36) $\qquad \sigma_{cr}=f_y(1-\gamma k^2)=235(1-0.3k^2) \qquad$ (b)

式(a)和式(b)联立求解：

$$\sigma_{cr} = 864.3k^3 = 235(1 - 0.3k^2)$$
$$3.678k^3 = 1 - 0.3k^2$$

解得

$$k = 0.6217, \ \sigma_{cr} = 207.7 \ \text{N/mm}^2$$
$$N_{cr} = 207.7 \times 9\ 600 = 1\ 994 \times 10^3 \ \text{N} = 1\ 994 \ \text{kN}$$

4）几种缺陷综合影响——极限承载力理论

上面分别讨论了初弯曲、初偏心和残余应力对轴心受压构件整体稳定承载力的影响，这对了解各种缺陷如何影响轴心受压构件整体稳定的本质是必需而且重要的。初弯曲和初偏心的影响是类似的，实质上是使理想轴心受压构件变成（小）偏心受压构件，使稳定的性质从平衡分支（第一类稳定）问题变成极值点（第二类稳定）问题，导致承载力降低。残余应力的存在则使构件（假设钢材符合或接近符合理想弹塑性）受力时更早地进入弹塑性受力状态，使屈曲时截面抵抗弯曲变形的刚度和有效截面积减小，而导致稳定承载力降低。

实际工程结构中，钢构件的各种缺陷总是同时存在的。本小节将介绍综合考虑几种缺陷的计算方法——极限承载力理论，也叫最大强度理论或压溃理论。

图 7-16 表示一根具有残余应力和初弯曲（或初偏心，因为两种几何缺陷性质类似，常取一种作为几何缺陷代表）、两端铰接的轴心受压构件的受力简图和 $N-Y_m$（轴心压力-挠度）图。和具有初弯曲的构件一样，加载一开始，构件就呈弯曲状态。在弹性受力阶段（Oa_1 段），荷载 N 和最大总挠度 Y_m（或挠度 y_m）的关系曲线与没有残余应力时相应的弹性关系曲线完全相同，残余应力对弹性挠度没有影响。当轴心压力 N 增加到构件某个截面中某一点（设为 i 点）处 N 引起的平均压应力 $\sigma_0 = N/A$、附加弯矩引起的弯曲压应力（三角形分布）σ_{bi} 和该点处残余压应力 σ_{ri} 之和达到钢材屈服强度 f_y 时，截面开始进入弹塑性状态。

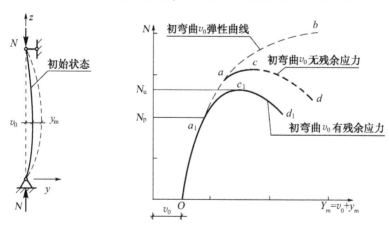

图 7-16　轴心受压构件极限承载力

由于初弯曲和初偏心的不利影响，开始屈服时（图 7-16 的 a_1 点）的平均应力 $\sigma_{a1} = N_{a1}/A$ 总是低于只有残余应力而无初弯曲或初偏心时的 $f_p = f_y - \sigma_{rc}$（σ_{rc} 为截面最大残余压应力）；当构件凹侧边缘纤维为残余压应力时也低于只有初弯曲或初偏心而无残余应力的 a 或 a' 点应力(图7-11、7-14),为残余拉应力时则可能高于 a 或 a' 点。此后截面进入弹塑性状态,挠度随 N 的增加而增加的速度加快,直到 c_1 点,继续增加 N 已不可能,要维持平衡,只能卸载,如曲线 $c_1 d_1$ 段。$N - Y_m$ 曲线的极值点(c_1 点)表示由稳定平衡过渡到不稳定平衡,相应于 c_1 点的 N_u 是临界荷载,是构件的极限承载力,是构件不能维持内、外力平衡时的承载力。由此模型建立的计算理论叫做极限承载力理论。

图7-17表示18号热轧普通工字钢轴心受压构件,考虑 $l/1\,000$ 初弯曲和实测残余应力,按极限承载力理论求得的绕强轴和绕弱轴的两条柱子曲线,同时给出只有残余应力时相应的两条曲线。由于热轧普通工字钢残余应力较小,而且翼缘没有残余压应力,因此只有残余应力的影响时,构件承载力较高。有 $l/1\,000$ 初弯曲和残余应力时,柱子曲线显著下降,而且绕弱轴的降低更多。

　　5)轴心受压构件整体稳定的实用计算方法——现行设计标准中 φ 值的介绍

　　前面讲述了无缺陷理想轴心受压构件临界力 N_{cr} 和临界应力 σ_{cr},以及考虑初弯曲、初偏心和残余应力等缺陷时轴心受压构件极限承载力 N_u 的计算方法。特别指出,当构件钢材种类已定,初始缺陷分布情况和大小已定时,N_u 或 N_{cr}(或 $\varphi = N_u/A f_y$)仅是长细比 λ 的函数。因此,给出实用简便的 $\lambda - \varphi$ 曲线(柱子曲线)或相应的计算表格,将便于轴心受压构件整体稳定的计算和构件设计。

　　迄今为止,世界各国钢结构设计实践中,处理方法可概括为四种。一是按理想轴心受压构件进行计算,在弹性阶段采用欧拉临界应力,在弹塑性阶段采用切线模量临界应力,初弯曲、初偏心等不利影响用一特殊安全系数来考虑。二是按理想轴心受压构件进行计算,在弹性阶段采用欧拉公式,在弹塑性阶段依据试验曲线并考虑初弯曲、初偏心等缺陷影响用一特殊安全系数来考虑。三是把初弯曲、初偏心和残余应力等各种缺陷综合考虑成一个等效的与长细比 λ 有关的初弯曲率或初偏心率,利用边缘纤维屈服准则所导得的佩利公式(7-22)或正割公式(7-28),求出边缘纤维屈服时的截面平均应力作为临界应力。这种方法是用应力问题代替稳定问题,因而计算模型有缺点。四是考虑残余应力、初弯曲、初偏心等缺陷,采用极限承载力理论进行计算。

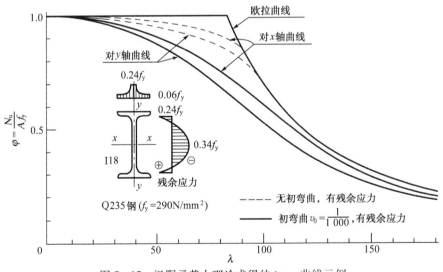

图7-17　极限承载力理论求得的 $\lambda - \varphi$ 曲线示例

前两种方法目前使用较少。我国 1975 年的《薄壁型钢结构技术规范》(TJ 18—75)采用的是第三种方法的佩利公式,综合考虑采用一个与 λ 有关的等效初弯曲率,用表格的形式给出 λ-φ 关系。1987 年的《冷弯薄壁型钢结构技术规范》(GBJ 18—87)仍采用这种方法,但 ε_0 根据试验分析并与计算比较后按长细比分段给出。1988 年《钢结构设计规范》(GBJ 17—88)采用了第四种方法,以多条柱子曲线表达,同时用表格和公式的形式给出 λ-φ 关系。

第四种方法综合考虑了残余应力、初弯曲、初偏心等不利因素,采用极限承载力理论计算,比较符合实际,与试验结果比较一致。美国结构稳定研究委员会(SSRC)和欧洲钢结构协会(ECCS)早在 20 世纪 70 年代就先后用极限承载力理论计算并提出多条柱子曲线。

我国现行《钢结构设计标准》在制订轴心受压构件 λ-φ 曲线时,根据不同截面形状和尺寸,不同加工条件和相应的残余应力分布和大小,不同的弯曲屈曲方向,以及 $l/1\,000$ 的初弯曲(因为各种不利因素的最大值同时存在的概率较小,这里未同时计入与初弯曲影响情况类似的初偏心,$l/1\,000$ 的初弯曲可理解为几何缺陷的代表值),按极限承载力理论,用计算机算出了 96 条柱子曲线。这 96 条曲线形成相当宽的分布带,显然用一条柱子曲线代表这样宽的分布带是不够合理的。标准将 96 条曲线分成 4 组,也就是将分布带分成 4 个窄带,取每组的平均值(50%的分位值)曲线作为该组代表曲线,给出 a、b、c 和 d 共 4 条 λ-φ 曲线,如图 7-18 所示。这种柱子曲线有别于过去采用的单一柱子曲线,常称为多条柱子曲线。

归属于 a、b、c 和 d 柱子曲线的各种截面可根据表 7-4 给出的轴心受压构件截面分类查找。例如,轧制无缝钢管的残余应力很小,因而承载力较高,属 a 类;宽高比小的轧制普通工字钢翼缘上的残余应力全部为拉应力,绕强轴的屈曲承载力较高,所以也属 a 类。又如焊接工字形截面,当翼缘为轧制或剪切边以及焰切后再刨边时,翼缘端部存在较大的残余压应力,对绕弱轴屈曲承载力的降低比绕强轴的高,所以前者属 c 类,后者属 b 类;当翼缘为焰切边时,翼缘端部各有一窄条残余拉应力区,可使绕弱轴屈曲承载力比翼缘为轧制边或剪切的有所提高,所以绕强轴和绕弱轴两种情况的截面分类都属 b 类。

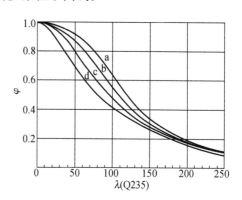

图 7-18 轴心受压构件 λ-φ 曲线

单轴对称的截面绕对称轴弯曲屈曲时总是伴随着扭转变形,属弯扭屈曲,其中 T 形和槽形截面的弯扭屈曲承载力较低,经过分析,按 c 曲线设计计算,可不必再进行弯扭屈曲验算,这样可使 T 形和槽形截面轴心受压构件设计简化。对于无任何对称轴的截面,如不等边角钢,也是根据同样理由列入 c 类的。对于双角钢组成的 T 形截面,由于截面抗扭刚度较大,弯扭屈曲承载力并不太低,故列入 b 类。当槽形截面用作格构式柱的分肢时,由于分肢的扭转变形受到缀件的制约,计算分肢绕其对称轴的稳定承载力时可按 b 类截面选用。

由于高层建筑钢结构和其他重型钢结构的钢柱采用板件厚度超过 40 mm 的焊接 H 形和箱形截面的情况日渐增多,对此类截面的轴心受压构件,残余应力不但沿板宽度方向变化,沿厚度方向的变化也很明显,对构件的稳定承载力影响较大,属于稳定承载力更低的 d 类截面,参见表 7-5 和图 7-18。

表 7-4 轴心受压构件的截面分类(板厚 $t_f < 40\ mm$)

截面形式和对称轴		类别
轧制,$b/h \leq 0.8$,对 x 轴	轧制,对任意轴	a
轧制,$b/h \leq 0.8$,对 y 轴	轧制,$b/h \geq 0.8$,对 x、y 轴	
焊接,翼缘为焰切边,对 x、y 轴	焊接,翼缘为轧制或剪切边,对 x 轴	b
轧制,对 x、y 轴	轧制,对 x、y 轴	
轧制(等边角钢),对 x、y 轴	焊接,对任意轴	
轧制或焊接	轧制或焊接,对 x 轴	
焊接	焊接,板件边缘焰切,对 x、y 轴	
格构式,对 x、y 轴		
焊接,翼缘为轧制或剪切边,对 y 轴		c
焊接,板件边缘轧制或剪切	轧制、焊接,板件宽厚比 ≤ 20	

表 7-5　轴心受压厚壁构件稳定系数 φ 的类别(板厚 $t \geqslant 40$ mm)

截面形式和尺寸			对 x 轴(强轴)φ_x	对 y 轴(弱轴)φ_y
	轧制工字形或 H 形截面	$40 < t < 80$	b	c
		$t \geqslant 80$	c	d
	焊接工字形截面($t>40$)	翼缘为焰切边	b	b
		翼缘为轧制或剪切边	c	d
	焊接箱形截面($t>40$)	$b/t \leqslant 20$	c	
		$b/t > 20$	b	

注:b、h 截面宽度、高度,t 为板件厚度,单位 mm。

为了在设计中使用计算机计算时方便,规范采用最小二乘法将各类截面的 φ 值拟合成公式表达:

$\lambda_n \leqslant 0.215$ 时
$$\varphi = 1 - \alpha_1 \lambda_n^2 \qquad (7-37)$$

$\lambda_n > 0.215$ 时
$$\varphi = \frac{1}{2\lambda_n^2} \left[(\alpha_2 + \alpha_3 \lambda_n + \lambda_n^2) - \sqrt{(\alpha_2 + \alpha_3 \lambda_n + \lambda_n^2)^2 - 4\lambda_n^2} \right] \qquad (7-38)$$

式中　$\lambda_n = \dfrac{\lambda}{\pi}\sqrt{\dfrac{f_y}{E}}$——构件的相对(或正则化)长细比,等于构件长细比 λ 与欧拉临界应力 σ_E

为 f_y 时的长细比($\sigma_E = \sqrt{\pi^2 E/f_y} = \pi\sqrt{E/f_y}$)的比值;这里用 λ_n 代替 λ 是使公式无量纲化并能适用于各种屈服强度 f_y 的钢材;

α_1、α_2、α_3——系数,按表 7-6 查用。

表 7-6　系数 α_1、α_2、α_3 值

截面类别		α_1	α_2	α_3
a 类		0.41	0.986	0.152
b 类		0.65	0.965	0.300
c 类	$\lambda_n \leqslant 1.05$	0.73	0.906	0.595
	$\lambda_n > 1.05$		1.216	0.302
d 类	$\lambda_n \leqslant 1.05$	1.35	0.868	0.915
	$\lambda_n > 1.05$		1.375	0.432

7.5.5 整体稳定计算公式

有了整体稳定系数 φ 值,就可以对轴心受压构件整体稳定进行计算。在钢结构设计计算中习惯采用应力形式表达。轴心受压构件整体稳定计算,应使构件承受的轴心压力设计值(即考虑荷载分项系数等的荷载效应)除以截面面积 A 求得的应力,不超过构件的极限应力 σ_u(极限承载力 N_u 除以截面面积 A)除以抗力分项系数,即 γ_R,即

$$\frac{N}{A} \leqslant \frac{N_u}{A} \cdot \frac{1}{\gamma_R} \quad \text{或} \quad \frac{N}{A} \leqslant \frac{N_u}{A f_y} \cdot \frac{f_y}{\gamma_R} = \varphi f \tag{7-39}$$

式中,$\dfrac{N_u}{A f_y} = \dfrac{\sigma_u}{f_y} = \varphi$,即轴心受压构件整体稳定系数;$f_y/\gamma_R = f$,即钢材的抗压强度设计值。

设计时通常把上式改写成

$$\frac{N}{\varphi A f} \leqslant 1.0 \tag{7-40}$$

式中　φ——轴心受压构件的整体稳定系数,取绕构件截面两主轴稳定系数较小者。根据构件的长细比、钢材屈服强度和相应的截面分类按(附表 3-4)查得或按式(7-38)、式(7-39)计算求得。

构件的长细比按下列规定确定:

(1) 截面为双轴对称或极对称的构件

$$\lambda_x = l_{0x}/i_x, \quad \lambda_y = l_{0y}/i_y \tag{7-41}$$

式中　l_{0x}、l_{0y}——分别是构件对截面主轴 x 和 y 的计算长度;

$\quad\quad i_x$、i_y——分别是构件对截面主轴 x 和 y 的回转半径。

对于双轴对称的十字形截面构件,λ_x 和 λ_y 的取值不得小于 $5.07b/t$(b/t 为截面悬伸板件的宽厚比),以防止构件出现扭转屈曲。

(2) 对截面为单轴对称的构件,见图 7-19,绕非对称轴(x 轴)的长细比仍按式(7-41)计算;而绕对称轴(y 轴)应考虑扭转效应计算换算长细比 λ_{yz} 代替 λ_y。几种常见的单角钢截面和双角钢组合 T 形截面绕对称轴的 λ_{yz} 简化计算如下:

① 等边单角钢截面(图 7-19a)

当 $b/t \leqslant 0.54 l_{0y}/b$ 时,
$$\lambda_{yz} = \lambda_y \left(1 + \frac{0.85b^4}{l_{0y}^2 t^2}\right) \tag{7-42a}$$

当 $b/t > 0.54 l_{0y}/b$ 时,
$$\lambda_{yz} = 4.78 \frac{b}{t}\left(1 + \frac{l_{0y}^2 t^2}{13.5b^4}\right) \tag{7-42b}$$

② 等边双角钢截面(图 7-19b)

当 $b/t \leqslant 0.58 l_{0y}/b$ 时,
$$\lambda_{yz} = \lambda_y \left(1 + \frac{0.475b^4}{l_{0y}^2 t^2}\right) \tag{7-42c}$$

当 $b/t > 0.58 l_{0y}/b$ 时,
$$\lambda_{yz} = 3.9 \frac{b}{t}\left(1 + \frac{l_{0y}^2 t^2}{18.6b^4}\right) \tag{7-42d}$$

③ 长肢相拼不等边双角钢截面(图 7-19c)

当 $b_2/t \leqslant 0.48 l_{0y}/b_2$ 时,
$$\lambda_{yz} = \lambda_y \left(1 + \frac{1.09b_2^4}{l_{0y}^2 t^2}\right) \tag{7-42e}$$

当 $b_2/t > 0.48l_{0y}/b_2$ 时，
$$\lambda_{yz} = 5.1\frac{b_2}{t}\left(1+\frac{l_{0y}^2 t^2}{17.4b_2^4}\right) \tag{7-42f}$$

④ 短肢相拼不等边双角钢截面(图 7-19d)

当 $b_1/t \le 0.56l_{0y}/b_1$ 时，近似取 $\lambda_{yz} = \lambda_y$；

否则取
$$\lambda_{yz} = 3.7\frac{b_1}{t}\left(1+\frac{l_{0y}^2 t^2}{52.7b_1^4}\right) \tag{7-42g}$$

⑤ 计算等边单角钢绕平行轴(图 7-19e 中 u 轴)稳定承载力时，其换算长细比如下式，并按 b 类截面确定 φ 值：

当 $b/t \le 0.69l_{0u}/b$ 时，
$$\lambda_{uz} = \lambda_u\left(1+\frac{0.25b^4}{l_{0u}^2 t^2}\right) \tag{7-42h}$$

当 $b/t > 0.69l_{0u}/b$ 时，
$$\lambda_{uz} = 5.4b/t \tag{7-42i}$$

式中 $\lambda_u = l_{0u}/i_u$。

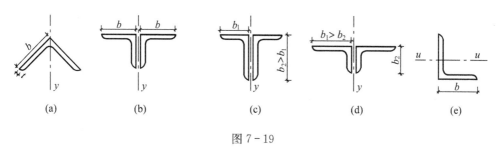

图 7-19

7.6 轴心受压构件的局部稳定

轴心受压构件的设计除考虑强度、刚度和整体稳定外，还应考虑局部稳定问题。例如，实腹式轴心受压构件一般由翼缘和腹板等板件组成，在轴心压力作用下，板件都承受压力。如果这些板件的平面尺寸(宽度或高度)很大，而厚度又相对很薄时，就可能在构件丧失整体稳定或强度破坏之前，先发生屈曲，即板件偏离其原来的平面位置而发生波浪状鼓曲，如图 7-20 所

示。因为板件失稳是发生在整个构件的局部部位，所以此现象称为轴心受压构件丧失局部稳定或局部屈曲。由于部分板件因局部屈曲退出工作将使其他板件受力增大，故局部屈曲有可能导致构件较早地丧失承载能力，属于承载能力极限状态。

轴心受压构件中板件的局部屈曲，实际上是薄板在轴心压力作用下的屈曲问题，而板件的边界条件对其屈曲临界力有很大影响。考虑板件边界条件时应注意到构件中相连板件互为支承。例如工字形截面柱的翼缘相当于单向均匀受压的三边支承(纵向侧边为腹板，横向上下两边为横向加劲肋、横隔或柱头顶板、柱脚底板)、一边自由的矩形薄板(图 7-20b)；腹板相当于单向

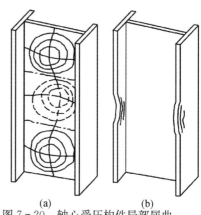

图 7-20 轴心受压构件局部屈曲
(a)腹板屈曲；(b)翼缘屈曲

均匀受压的四边支承(纵向左右两侧为翼缘,横向上下两边为横向加劲肋、横隔等)的矩形薄板(图7-20a)。

上述板件间的相互支承中,有的支承对相连板件无约束转动的能力,可视为简支;有的支承对相邻板件的转动起部分约束(嵌固)作用。由于双向都有支承,板件发生屈曲时表现为双向波浪状鼓曲,每个方向呈一个或多个半波(图7-20a)。

轴心受压薄板也会存在初弯曲、初偏心和残余应力等缺陷,使其屈曲承载力降低。缺陷对薄板性能影响比较复杂,且板件尺寸与厚度之比较大时,有弯曲和无初弯曲的薄板屈曲后强度相差很小。目前在工程设计中,一般仍多以理想受压平板屈曲时的临界应力为准,凭试验或经验综合考虑各种有利和不利因素的影响。

7.6.1 单向均匀受压薄板的屈曲

1) 弹性屈曲

先分析薄板在单向均匀压力作用下的弹性屈曲。图7-21表示一块平面尺寸为 $a \times b$ 的四边简支矩形薄板,坐标参照轴心受压构件腹板坐标轴选取,承受纵向均匀压力 N。当发生弹性屈曲时,微弯曲曲面变形形状如图中所示。其弯曲平衡微分方程,由薄板弹性稳定理论可得

$$D\left(\frac{\partial^4 u}{\partial z^4}+\frac{2\partial^4 u}{\partial z^2\partial y^2}+\frac{\partial^4 u}{\partial y^4}\right)+N\frac{\partial^2 u}{\partial z^2}=0 \quad (7-43)$$

式中　u——薄板的出平面挠度;

　　　N——单位板宽的压力;

　　　D——板的柱面刚度(抗弯刚度),$D=\dfrac{Et^3}{12(1-\nu^2)}$,其

　　　　　中 $t^3/12$ 为单位板宽绕板中面的惯性矩,t 为板厚,ν 为泊松比。

式(7-43)与轴心受压构件弯曲屈曲微分方程 $EI\dfrac{\mathrm{d}^2 y}{\mathrm{d}z^2}+$

$N_y=0$ 对 y 再求导二次后相似;由于板屈曲是在两个方向弯

曲,平衡方程中改用双向偏导数,即 $\dfrac{\partial^4 u}{\partial z^4}$、$\dfrac{\partial^4 u}{\partial y^4}$,此外还多了由于

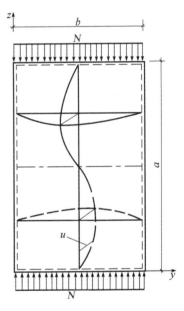

图7-21　薄板在单向均匀压力下的屈曲

扭转产生的 $\dfrac{\partial^4 u}{\partial z^2\partial y^2}$ 项;柱面刚度 D 相当于 EI。由于板为双向应力状态,故应考虑泊松比 ν。

对四边简支矩形板,式(7-43)中挠度 u 的解可用双重三角级数表示,即

$$u=\sum_{m=1}^{\infty}\sum_{n=1}^{\infty}A_{mn}\sin\frac{m\pi z}{a}\sin\frac{n\pi y}{b} \quad (7-44)$$

式中,a、b 分别为板的长度和宽度,m、n 分别为相应的纵向(z)和横向(y)屈曲半波数目(图7-21中 $m=2$,$n=1$)。

上式可满足 $z=0$ 和 $z=a$、$y=0$ 和 $y=b$ 时挠度为零和弯矩为零的边界条件。

将式(7-44)代入式(7-43)求解,可得单位宽度的临界压力。当取 $n=1$ 时,可得最小临界力

$$N_{cr} = \frac{\pi^2 D}{a^2} \left(m + \frac{a^2}{b^2 m} \right)^2 \tag{7-45}$$

或

$$N_{cr} = \frac{\pi^2 D}{b^2} \left(\frac{mb}{a} + \frac{a}{mb} \right)^2 \tag{7-46}$$

令 $k = \left(\frac{mb}{a} + \frac{a}{mb} \right)^2$，$k$ 也称为板的稳定系数，则式(7-46)可写成

$$N_{cr} = k \cdot \frac{\pi^2 D}{b^2} \tag{7-47}$$

对 k 求导，可知 $m = a/b$ 时 k 最小，即 $k_{\min} = 4$。

实际 m 为整数，按 $m = 1、2、3、4$ 将 k 与 a/b 关系绘于图7-22。从图中可以看出，四边简支板单向均匀受压时，相应于最小临界力的屈曲变形为横向一个半波($n = 1$)、纵向多个半波的正方形或接近正方形波形区格(图7-21)；图7-22中实线表示 k 值随 a/b 的变化情况。当 $a/b \geqslant 1$ 时，k 值变化不大，可近似取 $k = 4$。除非 a 小于 b(就轴心受压构件而言，意味着横向加劲肋很密时)，N_{cr} 才可能有较大的提高。从式(7-47)可知，增加 N_{cr} 的有效办法是减小 b。

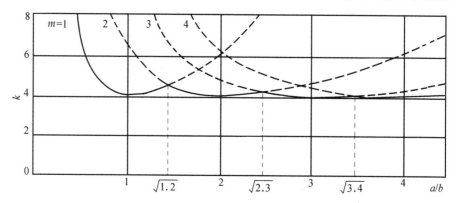

图7-22 四边简支板的稳定系数 k

将 N_{cr} 除以板厚 t，并将柱面刚度 $D = Et^3 / [12(1-\nu^2)]$ 代入，整理后得(按 $E = 2.06 \times 10^5 \text{ N/mm}^2$，$\nu = 0.3$)得到板的临界应力

$$\sigma_{cr} = \frac{k\pi^2 E}{12(1-\nu^2)} \left(\frac{t}{b} \right)^2 = 18.6k \left(\frac{100t}{b} \right)^2 \quad (\text{N/mm}^2) \tag{7-48}$$

前面曾提到构件中相连板件除互相支承外，有的还起部分约束(弹性嵌固)作用，使其相邻板件不能像理想简支那样完全自由转动，弹性嵌固的程度取决于相连板件的相对刚度。弹性嵌固作用的影响可在四边简支板的临界应力公式中引入一个大于或等于1的弹性嵌固系数 χ 来考虑，则式(7-48)变为

$$\sigma_{cr} = \frac{\chi k\pi^2 E}{12(1-\nu^2)} \left(\frac{t}{b} \right)^2 = 18.6\chi k \left(\frac{100t}{b} \right)^2 \quad (\text{N/mm}^2) \tag{7-49}$$

式(7-48)和(7-49)不仅适用于四边简支板，对于其他不同支承条件的单向均匀受压的板也是适用的，所不同的只是稳定系数 k 值不同。

如单向均匀受压的三边简支、一边自由的矩形板,系数 $k \approx 0.425 + b^2/a^2$,当 $a \gg b$ 时(如工字形截面的翼缘),$k \approx 0.425$。

2)弹塑性屈曲

轴心受压构件板件的临界应力常常超过材料的比例极限 f_p,这时薄板将进入弹塑性受力阶段。单向受压板件沿受力方向的弹性模量 E 降为切线模量 E_t,$E_t/E = \eta$;但与压力垂直的方向仍处于弹性受力阶段,其变形模量仍为 E。这时薄板变为正交异性板,以 $E\sqrt{\eta}$ 代替 E,可采用下列近似公式计算板件的弹塑性临界应力

$$\sigma_{cr} = \frac{\chi k \pi^2 E \sqrt{\eta}}{12(1-\nu^2)} \left(\frac{t}{b}\right)^2 = 18.6 \chi k \sqrt{\eta} \left(\frac{100t}{b}\right) (\text{N/mm}^2) \qquad (7-50)$$

式中　η——弹性模量折减系数,根据轴心受压构件的试验资料可取为

$$\eta = 0.1013\lambda^2(1-0.0248\lambda^2 f_y/E) f_y/E \qquad (7-51)$$

7.6.2　轴心受压构件局部稳定的实用计算方法

1)确定板件宽(高)厚比限值的准则

为了保证钢轴心受压构件的局部稳定,通常是采用限制其板件宽厚比的办法来实现,即限制板件的宽度与厚度之比不要过大,否则板件的临界应力 σ_{cr} 很低,导致过早发生局部屈曲。为达此目的,可采用两种准则:其一是保证构件截面最大应力达到屈服应力前其板件不发生局部屈曲,即局部屈曲临界应力大于或等于材料屈服应力;其二是保证构件发生整体屈曲前其板件不发生局部屈曲,即局部屈曲临界应力大于或等于整体临界应力(极限应力),也称作等稳定性准则。后一准则与轴心受压构件的长细比有关系,对中等或较长构件更合理;前一准则则对较短的轴心受压构件比较适合。我国现行《钢结构设计标准》在规定轴心受压构件宽厚比限值时,主要采用后一准则,在构件长细比很小时参照前一准则予以调整。

2)现行设计标准对轴心受压构件板件宽(高)厚比的规定

(1)工字形截面

根据上述后一准则,对工字形截面板件进行分析。

工字形截面翼缘的边界条件为三边简支、一边自由,代入式(7-51)使其大于等于 φf_y,即

$$\sigma_{cr} = \frac{\chi k \pi^2 E \sqrt{\eta}}{12(1-\nu^2)} \left(\frac{t}{b}\right)^2 \geqslant \varphi f_y \qquad (7-52)$$

取 $k=0.425$;腹板对翼缘嵌固作用很小,取 $\chi=1$;考虑不同的钢材种类,将 f_y 表达为 $\frac{1}{\varepsilon_k^2}$,代入其他参数,并注意到 φ 与构件长细比的关系,可得到工字形截面翼缘自由外伸宽度 b' 与厚度 t 之比限值为(图 7-23a)

$$b'/t \leqslant (10+0.1\lambda)\varepsilon_k \qquad (7-53)$$

式中　ε_k——钢号修正系数,其值为 235 与钢材牌号中屈极点数值的比值的平方根,即 $\varepsilon_k = \sqrt{\dfrac{235}{f_y}}$,可参见附表 1-27。

截面的腹板为四边支承板,其中二边简支、二边弹性嵌固,$k=4$;翼缘对腹板的嵌固作用较大,取 $\chi=1.3$,代入式(7-52),可得工字形截面腹板高度 h_0 与厚度 t_w 之比限值为(图 7-23a)

$$h_0/t_w \leqslant (25+0.5\lambda)\varepsilon_k \qquad (7-54)$$

上两式中 λ 为构件两主轴方向长细比的较大值。当 $\lambda \leqslant 30$，取 $\lambda=30$；当 $\lambda \geqslant 100$，取 $\lambda=100$。

当 λ 较大时，弹塑性阶段的公式不再适用；并且板件宽厚比不宜过大。故规范规定当 $\lambda \geqslant 100$ 时，均取 $\lambda=100$，即一律按 $b'/t \leqslant 20\varepsilon_k$ 和 $h_0/t_w \leqslant 75\varepsilon_k$。对 λ 很小的构件，多按短柱考虑，使局部屈曲临界应力达到屈服应力。故规范规定当 $\lambda \leqslant 30$ 时，b'/t 和 h_0/t_w 限值仍用式（7-53）、式（7-54）计算，即一律按 $b'/t \leqslant 13\varepsilon_k$，$h_0/t_w \leqslant 40\varepsilon_k$。此限值与国外规定接近。世界各国和各地区的钢结构设计规范（标准）有关轴心受压构件板件宽厚比限值，在 λ 小时比较接近，λ 较大时则差异较大。

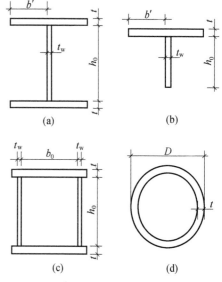

图 7-23 轴心受压构件板件宽厚比

（2）T 形截面

T 形截面轴心受压构件的翼缘与工字形截面翼缘的受力状态相同，其翼缘板自由外伸宽度 b' 与厚度 t 之比和工字形截面一样（图 7-23b），其 b'/t 值按式（7-53）计算。

T 形截面的腹板（图 7-23b）也是三边支承一边自由的板，但它受翼缘弹性嵌固作用稍强，其腹板计算高度与厚度之比 h_0/t_w 的限值根据构件制作工艺的不同按下式计算：

热轧剖分 T 型钢 $\qquad h_0/t_w \leqslant (15+0.2\lambda)\varepsilon_k \qquad (7-55a)$

焊接 T 型钢 $\qquad h_0/t_w \leqslant (13+0.17\lambda)\varepsilon_k \qquad (7-55b)$

（3）箱形截面

箱形截面的轴心受压构件的翼缘和腹板在板件受力状态上并无区别，均为四边支承（图 7-23c）；翼缘和腹板的相对刚度亦接近，可取 $\chi=1$。规范对所有长细比情况规定统一的宽厚比限值，即 $\qquad b_0/t$（或 h_0/t_w）$\leqslant 40\varepsilon_k \qquad (7-56)$

这个限值与工字形截面腹板 $\lambda \leqslant 30$ 情况相同。

（4）圆管截面

圆管属圆柱壳，根据弹性稳定理论，无缺陷的圆柱壳（外径为 D，管壁厚度为 t）在均匀轴心压力下的弹性屈曲临界应力为

$$\sigma_{cr}=1.21Et/D \qquad (7-57)$$

壳体屈曲对缺陷的敏感性大，所以圆管的缺陷对 σ_{cr} 的影响显著，一般需要将理论计算结果折减，并与试验结果比较；并且圆管局部屈曲常常发生在弹塑性受力阶段，弹性临界应力仍需予以修正。圆管轴心受压构件径厚比限值为

$$D/t \leqslant 100\varepsilon_k^2 \qquad (7-58)$$

根据国家相应技术标准生产的热轧型钢（工字钢、H 型钢、槽钢、角钢和钢管等），在截面尺寸确定时已经考虑了局部稳定的要求，对由其制作的轴心受压构件可不进行局部稳定验算。

7.6.3 提高局部稳定的措施

轴心受压构件设计时所选截面如不满足局部稳定所要求的截面板件宽（高）厚比的限值规

定,一般应调整板件厚度或宽度使其满足要求。

对工字形(箱形)截面的腹板,加厚腹板不太经济,办法之一是在腹板中部采用设置纵向加劲肋的方法提高其局部稳定承载力,实质上是减小腹板计算高度(图7-24a)。采用纵向加劲肋加强后的腹板仍可采用式(7-54)或式(7-56)计算,但 h_0 应取翼缘与纵向加劲肋之间的距离。纵向加劲肋宜在腹板两侧成对配置,其一侧外伸宽度不应小于 $10t_w$,厚度不应小于 $3t_w/4$。纵向加劲肋通常在横向加劲肋间设置,横向加劲肋的尺寸要求见图7-24a、图7-25。

另一种方法是允许腹板中间部分屈曲。由于受均匀压力的四边支承板在达到屈曲临界应力后,板件产生出平面挠曲而发生局部失稳,但这并不意味着板件完全丧失承载能力,板件仍能继续承受部分荷载(此现象称为板具有屈曲后强度),只不过此时板内的纵向应力呈不均匀分布。板件发生局部屈曲后恶化了整个构件的工作条件,降低了构件的承载能力。此时,在计算构件的强度和稳定性时,仅考虑腹板计算高度边缘范围内两侧宽度各为 $20t_w\varepsilon_k$ 的部分与翼缘一起作为有效截面(图7-24b)参与工作,但在计算构件整体稳定系数 φ 时仍用全部截面。三边支承的翼缘板件实际上也有屈曲后强度,但其有利影响远小于四边支承板,一般不予考虑,故其宽厚比限值应满足式(7-53)。对于轴心受压构件受局部稳定控制而其强度和整体稳定有富余时,此方法有时较经济。

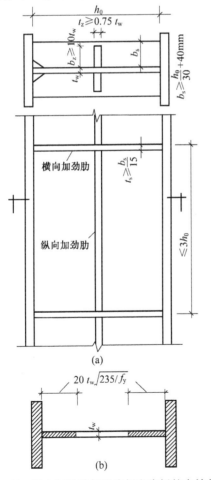

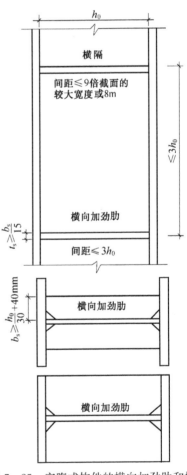

图7-24 纵向加劲肋加强腹板和腹板的有效截面　　图7-25 实腹式构件的横向加劲肋和横隔

7.7 实腹式轴心受压构件的截面设计和构造要求

轴心受压构件的截面形式有多种多样(图7-3~图7-5),但其截面设计的原则、方法和步骤是相同的。本节的讨论着重于实腹式轴心受压构件的截面设计。

实腹式轴心受压构件应进行强度计算、刚度计算、整体稳定计算以及满足为了保证局部稳定而规定的板件宽厚比限值,下面讲述实腹式轴心受压构件的截面设计。

设计实腹式轴心受压构件的截面时应考虑以下几个原则:① 截面材料的分布应尽量远离主轴线,以增加截面的惯性矩和回转半径,从而提高构件的整体稳定性和刚度。具体措施是在满足局部稳定和使用条件下,尽量加大截面轮廓尺寸而减小板厚,在工字形截面中可取腹板较薄而翼缘较厚(两者常用厚度比约为0.6);② 使两个主轴方向的长细比尽量接近,即 $\lambda_x \approx \lambda_y$。这样,当绕两个主轴的屈曲属同一类截面(表7-4)时,其稳定性接近相等,即达到等稳定性;③ 便于与其他构件连接;④ 构造简单,制造省工,节约钢材;⑤ 选用采购容易的标准钢材规格。

实腹式轴心受压柱通常采用双轴对称截面,如工字形(或 H 形)、箱形、圆管、十字形等(图7-3a)。热轧普通工字形,由于绕 x 轴(强轴)的回转半径 i_x 比绕 y 轴(弱轴)的 i_y 大得很多,只有当绕 x 轴的计算长度比绕 y 轴的计算长度大两倍以上时才可能近似满足等稳定性条件,必要时可在翼缘上加焊盖板,以增大 i_y。轧制宽翼工字钢(H 型钢)属高效钢材,我国目前已开始批量生产,规格也比较齐全,但在国外已广泛采用。我国应用最广的是焊接 H 型钢,不仅截面材料分布比较合理,而且制造也比较简单,适合我国国情。焊接箱形截面柱的稳定性和刚度在两主轴方向都接近或相等,近年在我国高层建筑钢结构中用得较多,但制造费工。用两个槽钢焊接而成的箱形截面可用于受力不大的场合。圆管截面没有强、弱轴之分,抗扭刚度大,但与其他构件的连接比较复杂,价格相对较高。钢管和箱形截面的构件端部应封闭,以防内部锈蚀。十字形截面柱也有绕两主轴稳定性和刚度相等的优点,但抗扭刚度小,单独作为轴心受压构件不多,多用于型钢混凝土组合构件中,目前在高层建筑型钢混凝土柱应用较多。

双轴对称截面

在设计轴心受压构件时需确定其计算长度。有关实腹式轴心受压构件计算长度的概念以及铰接、固定等支承情况下的计算长度系数参见式(7-7)和表(7-3),设计时可参阅。有关框架柱和桁架杆件的计算长度问题将在相关结构设计课程时详细论述。

7.7.1 实腹式轴心受压构件的截面选择

当实腹式轴心受压构件所用钢材、截面形式、轴心压力设计值 N 以及两主轴方向的计算长度 l_{0x}、l_{0y} 都已确定时,一般可先按整体稳定要求初选构件截面尺寸,然后验算是否满足容许长细比、整体稳定和局部稳定要求。如有孔洞削弱,还应验算强度。如不满足,则调整截面尺寸,再进行验算,直到满足为止。具体步骤如下:

(1)假设构件的长细比。一般可先在 40~100 范围内选取,当 N 大而且 l_{0x} 和 l_{0y} 小时,λ 取较小值,反之取较大值。根据钢材级别、截面类别和初定的 λ 值,查得轴心受压构件整体稳定系数 φ 值,按下式求所需截面面积,即

$$A = N/(\varphi f) \tag{7-59}$$

(2)求绕两主轴方向所需回转半径,即

$$i_x = l_{0x}/\lambda, \quad i_y = l_{0y}/\lambda \tag{7-60}$$

（3）若采用型钢截面，则可根据 A、i_x、i_y 查型钢规格表，初步选择相应的截面规格。

（4）若采用钢板焊接组合截面，则需根据回转半径与截面高度 h、宽度 b 之间的近似关系，即 $i_x \approx \alpha_1 h$ 和 $i_y \approx \alpha_2 h$（α_1、α_2 近似值参见附表 3-5），求出所需截面的轮廓尺寸，即

$$h = i_x/\alpha_1, \quad b = i_y/\alpha_2 \tag{7-61}$$

根据所需的 A、h、b，并考虑局部稳定和构造要求，可以初选截面尺寸。

由于假定的 λ 值不一定恰当，完全按照所需要的 A、h、b 配置的截面有时可能会使板件厚度太大或太小，这时可适当调整 h 或 b。必要时可重新假定 λ，重复上述步骤。

（5）认为初选截面大致满意后，按式（7-3）、式（7-40）和式（7-53）～式（7-57）等进行刚度、整体稳定和局部稳定验算。如有孔洞削弱，还应按式（7-2）进行强度验算。

如验算结果不完全满足要求，应将截面再作适当修改，重复上述验算，直到满足要求并认为满意为止。一般修改一两次即可得到满意的截面。

运用上述步骤进行轴心受压构件的截面设计有时会出现一些不合理之处，需要一些技巧求解。例如由三块钢板焊成的工字形截面，如图 7-26 所示，若构件计算长度 $l_{0x} = l_{0y}$，对某一假定 λ，根据等稳定性原则可得 $i_x = i_y$，查表可得 $\alpha_1 = 0.43$，$\alpha_2 = 0.24$，则必然

$$(h = i_x/\alpha_1) < (b = i_y/\alpha_2)$$

即截面高度远小于宽度，这个结果对工字形截面的轴心受压构件不尽合理，也不满足施工船形焊的要求。

上述设计步骤中，初选长细比合适与否至关重要，而且一旦初选长细比不太合适，对于初学者而言，调整起来需要一定的经验，计算繁琐。作者根据分析和研究，提供如下简便计算公式供读者参考。

实际上，轴心受压构件的整体稳定系数 φ 与截面面积 A 以及构件两个方向的计算长度并不是完全独立的参数，通常弱轴（y 轴）对构件整体稳定起控制作用，因为一般情况下，$i_x > i_y$，$\lambda_x < \lambda_y$，故重点考察 λ_y，并考虑局部稳定要求，可得如下经验公式

$$\lambda_y = \alpha_1 + \alpha_2 \xi^{-0.25} + \alpha_3 \xi^{-1} \tag{7-62}$$

式中　$\xi = \dfrac{N}{f l_{0y}^2}$；系数 α_1、α_2、α_3 见表 7-7。

表 7-7　计算系数表

	b 类截面			c 类截面		
	α_1	α_2	$\alpha_3(10^{-4})$	α_1	α_2	$\alpha_3(10^{-5})$
Q235	−24.79	11.70	−2.32	−24.68	11.01	−7.57
Q345	−16.90	10.76	−1.95	−16.03	10.23	−12.64
Q390	−15.66	10.63	−1.64	−14.58	10.07	−12.38
Q420	−13.31	10.29	−1.70	−14.08	10.03	−12.69

由 λ_y 可求得

$$b = \frac{l_{0y}}{0.24\lambda_y} \tag{7-63}$$

$$h = 0.558 \left(\frac{l_{0x}}{l_{0y}} \right) \cdot \frac{b}{\eta} \qquad (7-64)$$

可得到焊接工字形截面的高度 h。

式中，η 为截面类型调整系数，取值如下：

① 对于焰切边以及轧制或剪切边的焊接工字形钢，当 $\lambda_y \leqslant 20$ 时，$\eta = 1.0$。

② 对于轧制或剪切边的焊接工字形钢：

当 $20 < \lambda_y \leqslant 36$ 时，$\eta = -3.97 \times 10^{-4} \lambda_y^2 + 0.029 \, 1\lambda_y + 0.773$

当 $36 < \lambda_y \leqslant 54$ 时，$\eta = 1.31$

当 $\lambda_y > 54$ 时，$\eta = 6.46 \times 10^{-6} \lambda_y^2 + 0.078 \, 3\lambda_y^{0.5} + 1.87$

(注：由于施工要求 $h \geqslant b$，所以要求 $0.558 \left(\frac{l_{0x}}{l_{0y}} \right) \cdot \frac{1}{\eta} \geqslant 1$)

根据前面求得的 b，可求得翼缘的厚度

$$t = \frac{b}{2(10 + 0.1\lambda_y)\varepsilon_k} \qquad (7-65)$$

则腹板的高度为

$$h_0 = h - 2t = 0.558 \left(\frac{l_{0x}}{l_{0y}} \right) \frac{b}{\eta} - 2t \qquad (7-66)$$

为了满足腹板的局部稳定

$$t_w = \frac{h_0}{(25 + 0.5\lambda_y)\varepsilon_k} \qquad (7-67)$$

这样就可以初步求得截面的主要参数。

算例表明，采用此方法，构件的长细比可以直接求得，无需事先假定，计算快捷方便，求得的截面基本是经济截面，满足设计要求。进行截面复核时，只需对上述参数进行一些微调、规整即可。

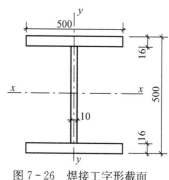

图 7-26 焊接工字形截面

7.7.2 实腹式轴心受压构件构造要求

轴心受压构件中，一般只是由于构件初弯曲、初偏心或偶然横向力作用下才在构件截面中产生弯矩和剪力，但其数值较小。由于焊接实腹式轴心受压构件中翼缘与腹板间的焊缝主要是连接翼缘和腹板并承受它们之间沿构件纵向的剪力，焊缝受力较小，一般按构造确定焊缝尺寸，通常取 $h_f = 4 \sim 8 \, \text{mm}$，具体可参考第 4 章焊缝构造要求。

当实腹式构件的腹板高厚比 (h_0 / t_w) 较大时(例如当 $h_0 / t_w > 80$)，应采用横向加劲肋加强(图 7-25)，其间距不得大于 $3h_0$，这样可提高腹板的局部稳定性，增大构件的抗扭刚度，防止构件制造、运输和安装过程中的截面变形。横向加劲肋通常在腹板两侧成对配置。

此外，为了保证构件截面的几何形状，提高构件抗扭刚度以及传递必要的内力，对大型实腹式构件，在受有较大横向力处和每个运送单元的两端，还应设置横隔。构件较长时还应设置中间横隔，横隔的间距不得大于构件截面较大宽度的 9 倍或 8 m。

【例 7 - 2】有一实腹式轴心受压柱,高(l)为 7 m,两端铰接,轴心压力的设计值 $N = 3\,500\,kN$,钢材为 Q235。试设计此柱的截面:① 采用热轧 H 型钢;② 由三块钢板焊成的工字形柱截面,翼缘板为焰切边。截面无孔洞削弱。

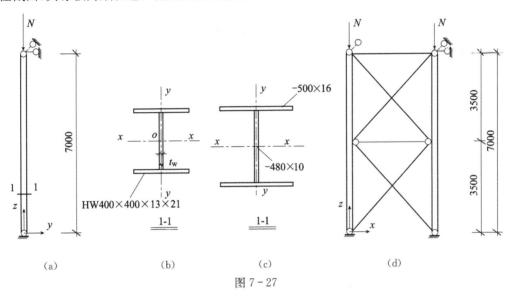

图 7 - 27

【解】(1) 已知条件

$N = 3\,500\,kN$;$l_{0x} = l_{0y} = 7\,m$;$f = 215\,N/mm^2$;翼缘为焰切边的焊接工字形截面,φ_x 和 φ_y 均按 b 类截面。

(2) 初选截面

① 假定 $\lambda = 60$,由附表 3 - 4 查得 $\varphi = 0.807$(b 类),则所需截面面积为

$$A = \frac{N}{\varphi f} = \frac{3\,500 \times 10^3}{0.807 \times 215} = 20\,172.3\,mm^2$$

② 求所需截面回转半径和轮廓尺寸为

$$i_x = i_y = l_{0x}/\lambda = l_{0y}/\lambda = 7\,000/60 = 116.7\,mm$$

(3) 热轧 H 型钢(图 7 - 27b)

考虑到等稳定性,采用宽翼缘 H 型钢,根据所需截面面积 $A = 20\,172.3\,mm^2$,$i_x = i_y = 116.7\,mm$,查附表 1 - 7,初选 HW400×400×13×21,得到实际截面

$$A = 21\,950\,mm^2,\quad i_x = 175\,mm,\quad i_y = 101\,mm$$

截面验算:

因截面无削弱,可不验算强度;又因采用热轧型钢,也可不验算局部稳定。只进行构件整体稳定和刚度的验算。

① 刚度

$$\lambda_x = \frac{l_{0x}}{i_x} = \frac{7\,000}{175} = 40 < [\lambda] = 150$$

$$\lambda_y = \frac{l_{0y}}{i_y} = \frac{7\,000}{101} = 69.3 < [\lambda] = 150$$

可知刚度满足。

② 整体稳定

因截面对 x 轴和 y 轴均属 b 类截面,故由长细比较大的 λ_y 控制整体稳定,由 $\lambda_y = 69.3$ 查附表 3-4 得,$\varphi_y = 0.755\,\text{N/mm}^2$

$$\frac{N}{\varphi_y A f} = \frac{3\,500 \times 10^3}{0.755 \times 21\,950 \times 205} \approx 1.0$$

(上式中 $f = 205\,\text{N/mm}^2$ 是因为截面翼缘厚度为 21 mm,属于第 2 组)

整体稳定勉强满足,误差小于 5%。

(4) 焊接工字形截面(图 7-27c)

分析上述 H 型钢截面可知,构件整体稳定由弱轴(y 轴)控制,且只能勉强满足,故参考上述热轧 H 型钢截面,在保证需要的截面面积和局部稳定的前提下,适当使截面开展,选择焊接工字形截面翼缘为 2-500×16,腹板为 1-480×10,

截面验算:

$$A = 2 \times 500 \times 16 + 480 \times 10 = 20\,800\,\text{mm}^2$$

$$I_x = \frac{1}{12}(500 \times 512^3 - 490 \times 480^3) = 107\,656.5 \times 10^4\,\text{mm}^4$$

$$I_y = 2 \times \frac{1}{12} \times 16 \times 500^3 + \frac{1}{12} \times 480 \times 10^3 = 33\,337.3 \times 10^4\,\text{mm}^4$$

$$i_x = \sqrt{\frac{107\,656.5 \times 10^4}{20\,800}} = 227.5\,\text{mm}$$

$$i_y = \sqrt{\frac{33\,337.3 \times 10^4}{20\,800}} = 126.6\,\text{mm}$$

① 刚度

$$\lambda_x = 7\,000/227.5 = 30.77 < [\lambda] = 150$$
$$\lambda_y = 7\,000/126.6 = 55.3 < [\lambda] = 150$$

可知刚度满足。

② 整体稳定

由 λ_y 查表得,$\varphi_y = 0.831$

$$\frac{N}{\varphi_y A f} = \frac{3\,500 \times 10^3}{0.831 \times 20\,800 \times 215} < 1.0$$

可知构件整体稳定满足要求。

③ 局部稳定($\lambda_{\max} = \lambda_y = 55.3$)

翼缘 $b'/t = 245/16 = 15.3 < 10 + 0.1 \times 55 = 15.5$

腹板 $h_0/t_w = 480/10 = 48.0 < 25 + 0.5 \times 55 = 52.5$

均满足要求。

④ 构造要求

$h_0/t_w = 48.0 < 80$,可以不设加劲肋。

翼缘与腹板连接焊缝采用自动焊,查表 4-4,$h_{f\min} = 5\,\text{mm}$,取 $h_f = 5\,\text{mm}$。

（5）讨论

通过上述计算可知：

① 在荷载、材质和端部约束条件完全相同的情况下，经过合理的设计，采用焊接工字形截面比热轧 H 型钢更节约钢材，本例前者节约钢材 5.5%，且安全性还更高些。

② 采用工字形（H 形）截面的轴心受压构件，当绕 x 轴（强轴）和 y 轴（弱轴）的计算长度相等时，要完全满足等稳定性原则比较困难。

③ 若在构件中部沿 x 轴通过设置交叉支撑增设一侧向支承点，如图 7-27d 所示，则 $l_{0x}=7$ m，$l_{0y}=3.5$ m，读者可发现，此时构件可以实现等稳定性，截面设计将更经济，此问题由读者自行完成。

7.8 格构式轴心受压构件

7.8.1 概述

缀板式格构柱

缀条式格构柱

格构式轴心受压构件中比较常用的截面主要是由两个槽钢或工字钢作为分肢，用缀件（缀条或缀板）连成整体而构成，详见图 7-3b。这种格构式构件因便于调整两分肢间的距离，从而实现构件两主轴方向的稳定性相等。槽钢的翼缘可以朝内或朝外，前者更为合理，应用比较普遍。受力较小、长度较大的轴心受压构件也可采用四个角钢组成的截面，四角均用缀件相连，两主轴都是虚轴，可以用较小的截面面积获得较大的刚度，但制造费高。

格构式轴心受压构件的设计与实腹式轴心受压构件相似，应考虑强度、刚度（长细比）、整体稳定和局部稳定（分肢的稳定和板件的稳定）几个方面的要求，但每个方面的计算都有其特点。此外，格构式轴心受压构件的设计还包括缀件的设计。下面将分别讨论。

7.8.2 格构式轴心受压构件整体稳定承载力

格构式轴心受压构件的截面通常具有对称轴，当柱的分肢采用槽钢和工字钢时，柱丧失整体稳定时往往是绕截面主轴弯曲屈曲，不大可能发生扭转屈曲和弯扭屈曲，因此，计算整体稳定时只需计算绕截面实轴和虚轴抵抗弯曲屈曲的承载力，如图 7-28 所示。

1）格构式轴心受压构件绕实轴的整体稳定承载力

格构式轴心受压构件绕实轴的弯曲屈曲情况与实腹式轴心受压构件没有区别，因此稳定承载力计算也相同。可以采用式（7-40），即

$$\frac{N}{\varphi A f} \leqslant 1.0$$

按 b 类截面（表 7-4）进行计算。

2）格构式轴心受压构件绕虚轴的整体稳定承载力

格构式轴心受压构件绕虚轴弯曲屈曲时，由于两个分肢不是实体相连，连接两分肢的缀件的抗剪刚度比实腹式构件腹板弱，考察构件微弯平衡状态时，除弯曲变形外，还需要考虑剪切变形的影响（在实腹式构件弯曲屈曲时，剪切变形影响很小，一般忽略不计），因此稳定承载力有所降低。

如果格构式轴心受压构件绕虚轴（设为 x 轴）的长细比为 λ_x，则其临界力将低于长细比相同（λ_x）的实腹式轴心受压构件，而仅相当于长细比为 λ_{0x}（$\lambda_{0x} > \lambda_x$）的实腹式构件。经放大的等效长细比 λ_{0x} 称为格构式构件绕虚轴的换算长细比。如果能求得 λ_{0x}，用以代替原始长细比 λ_x，则格构式轴心受压构件绕虚轴稳定性计算与实腹式构件相同。下面将推导此换算长细比。

图 7-28 表示长度为 l_0、两端铰接的理想等截面格构式轴心受压构件,轴心压力 N 达到临界值时,处于绕虚轴(x 轴)弯曲屈曲的微弯平衡状态。在任一点 C,总变形 y 为弯曲变形 y_1 与剪切变形 y_2 之和,即 $y = y_1 + y_2$;对 z 求导两次得

$$\mathrm{d}^2 y/\mathrm{d}z^2 = \mathrm{d}^2 y_1/\mathrm{d}z^2 + \mathrm{d}^2 y_2/\mathrm{d}z^2 \qquad (7-68)$$

弯矩 $M = Ny$;剪力 $V = \mathrm{d}M/\mathrm{d}z = N\mathrm{d}y/\mathrm{d}z$,即力 N 沿构件轴线法线方向的分力。

弯曲变形关系为

$$\mathrm{d}^2 y_1/\mathrm{d}z^2 = -M/(EI) = -Ny/(EI) \qquad (7-69)$$

剪切角应变为

$$\gamma = \mathrm{d}y_2/\mathrm{d}z$$

设单位剪力 $V = 1$ 时的剪切角应变为 γ_1(详见图 7-28、图 7-29),则

$$\gamma = \mathrm{d}y_2/\mathrm{d}z = \gamma_1 V = \gamma_1 (N\mathrm{d}y/\mathrm{d}z)$$

求导一次得

$$\mathrm{d}^2 y_2/\mathrm{d}z^2 = N\gamma_1 \mathrm{d}^2 y/\mathrm{d}z^2 \qquad (7-70)$$

将式(7-69)、式(7-70)代入式(7-68),并类似欧拉公式求解方式,得

$$N_{cr} = \frac{\pi^2 EI}{l_0^2} \cdot \frac{1}{1 + \gamma_1 \pi^2 EI / l_0^2} = \frac{\pi^2 EA}{\lambda_x^2} \cdot \frac{1}{1 + \gamma_1 \pi^2 EA / \lambda_x^2} = \frac{\pi^2 EA}{\lambda_x^2 + \pi^2 EA \gamma_1}$$

$$(7-71)$$

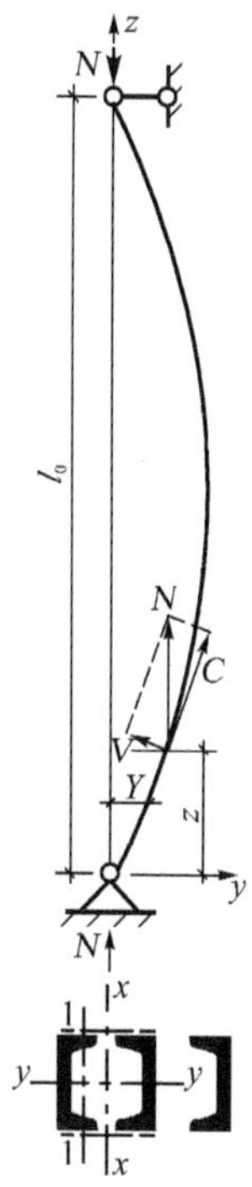

$$\sigma_{cr} = \frac{N_{cr}}{A} = \frac{\pi^2 E}{\lambda_x^2 + \pi^2 EA \gamma_1} \qquad (7-72)$$

将式(7-72)与 $\sigma_{cr} = \pi^2 E / \lambda_{0x}^2$ 比较,可得换算长细比

$$\lambda_{0x} = \sqrt{\lambda_x^2 + \pi^2 EA \gamma_1} \qquad (7-73)$$

可见,如果用 λ_{0x} 代替 λ_x,则可采用与实腹式轴心受压构件相同的稳定计算公式计算格构式构件绕虚轴的稳定性。

上述 λ_{0x} 是按弹性屈曲推导的,只要知道单位剪切角应变 γ_1,即可求出 λ_{0x}。下面以两分肢用缀条和缀板联系的格构式构件为例分别推导其 γ_1 和 λ_{0x}。

3)缀条式轴心受压格构构件的换算长细比

图 7-29 表示两分肢用缀条联系的格构轴心受压构件的受力和变形情况。斜缀条和构件轴线间夹角为 θ,剪切角应变 γ_1 取一个缀条节间(长度为 a,见图 7-29b)进行计算。前后两个平面内斜缀条内力总和为 N_d、截面面积总和为 A_{1x},下标 x 表示垂直于 x 轴(虚轴)缀条平面内的斜缀条。当 $V = 1$ 时,$N_d = 1/\sin\theta$,斜缀条长度

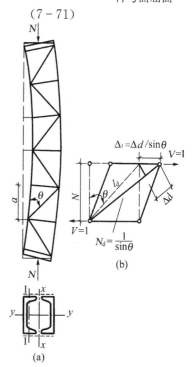

图 7-28 格构式轴心受压构件弯曲屈曲

图 7-29 缀条式格构轴心受压构件的受力和变形

$l_d = a/\cos\theta$，则斜缀条伸长为

$$\Delta d = \frac{N_d l_d}{EA_{1x}} = \frac{1}{\sin\theta\cos\theta} \cdot \frac{a}{EA_{1x}}$$

$$\gamma_1 = \frac{\Delta_1}{a} = \frac{\Delta d/\sin\theta}{a} = \frac{1}{\sin^2\theta\cos\theta} \cdot \frac{1}{EA_{1x}} \qquad (7-74)$$

将式(7-74)代入式(7-73)，得

$$\lambda_{0x} = \sqrt{\lambda_x^2 + \frac{\pi^2}{\sin^2\theta\cos\theta} \cdot \frac{A}{A_{1x}}} \qquad (7-75)$$

在 $\theta = 40° \sim 70°$ 范围内，$\pi^2/\sin^2\theta\cos\theta = 25.6 \sim 32.7$。为了简便，规范规定统一用27，得简化式

$$\lambda_{0x} = \sqrt{\lambda_x^2 + 27A/A_{1x}} \qquad (7-76)$$

当 θ 不在 $40° \sim 70°$ 之间，式(7-76)误差偏大，宜采用式(7-75)。式(7-75)仅适用于不设横缀条或设横缀条但横缀条不参加传递剪力的缀条布置(图7-30a～d)；当用于横缀条参加传递剪力的缀条布置(图7-30e、f，图(f)中柔性斜缀条按只能承受拉力设计，受压力时因屈曲而退出受力)时，式(7-75)中还需补入横缀条(截面面积总和 A_{2x})变形影响项，其值为 $\pi^2 \cdot \tan\theta \cdot A/A_{2x}$，推导从略。

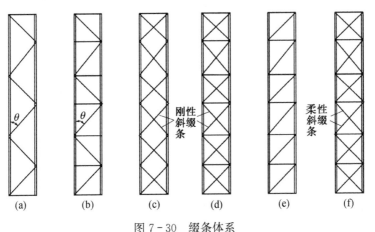

图 7-30　缀条体系

4) 缀板式轴心受压格构构件的换算长细比

图7-31a表示缀板式格构轴心受压构件的弯曲屈曲变形(包括弯曲和剪切变形)情况，内力和变形可按单跨多层刚架进行分析，并假定反弯点在每层分肢和每个缀板(横梁)的中点。

研究单位剪力 $V=1$ 产生的剪切角应变时，取出多层刚架相邻两组反弯点间的一层，在其上下反弯点处施加单位剪力 $V=1$(每个分肢 $V/2=1/2$)，这时该层的变形情况如图7-31b所示。内力如图7-31c所示，其中 V_1 为每个缀板面内承受的剪力。

每层分肢水平位移 Δ_1 包括由于缀板弯曲变形 δ_1 和分肢弯曲变形 δ_2 两部分的2倍(图7-31b)，可分别求算。

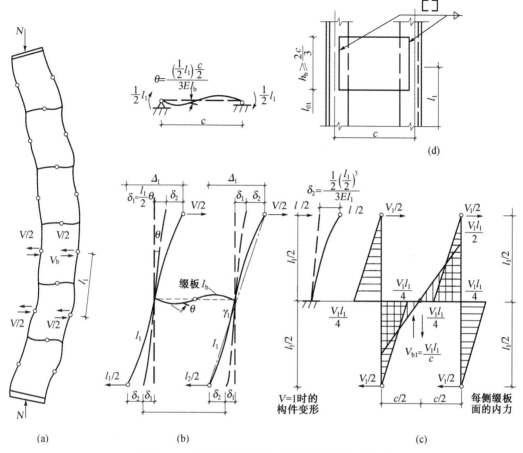

图 7 - 31 缀板式格构轴心受压构件的受力和变形

缀板与分肢相交节点的转角 θ 可按缀板端部作用有端弯矩 $Vl_1/2 = l_1/2$ 的简支梁求得，由 θ 可求出 δ_1，即

$$\theta = \frac{(l_1/2)c}{6EI_b} = \frac{l_1 c}{12EI_b}, \quad \delta_1 = \frac{l_1}{2}\theta = \frac{l_1}{2} \cdot \frac{l_1 c}{12EI_b} = \frac{l_1^2}{24EI_b}$$

δ_2 可按悬臂构件求得

$$\delta_2 = \frac{V}{2} \cdot \left(\frac{l_1}{2}\right)^3 \cdot \frac{1}{3EI_1} = \frac{l_1^3}{48EI_1}$$

$$\therefore \quad \Delta_1 = 2(\delta_1 + \delta_2) = 2\left(\frac{l_1^2 c}{24EI_b} + \frac{l_1^3 c}{48EI_1}\right) = \frac{l_1^3}{24EI_1}\left(1 + 2\frac{I_1/l_1}{I_b/c}\right) = \frac{l_1^3}{24EI_1}\left(1 + \frac{2}{k}\right)$$

剪切角变为

$$\gamma_1 = \frac{\Delta_1}{l_1} = \frac{l_1^2}{24EI_1}\left(1 + \frac{2}{k}\right) = \frac{l_1^2}{24E(A/2)i_1^2}\left(1 + \frac{2}{k}\right) = \frac{\lambda_1^2}{12EA}\left(1 + \frac{2}{k}\right) \tag{7-77}$$

将式(7-77)代入式(7-73)，得换算长细比

$$\lambda_{0x} = \sqrt{\lambda_x^2 + \frac{\pi^2}{12}\left(1 + \frac{2}{k}\right)\lambda_1^2} \tag{7-78}$$

各式中　l_1——相邻两缀板间的中心距；

　　　　c——两分肢的轴线间距；

　　　　A——构件的毛截面面积；

　　　　I_1、i_1——每个分肢绕其平行于虚轴的形心轴的惯性矩和回转半径；

　　　　$\lambda_1=l_1/i_1$——相应的分肢长细比；

　　　　I_b——构件截面中各缀板(通常为前后两个)的截面惯性矩之和；

　　　　$k=(I_b/c)/(I_1/l_1)$——缀板与分肢线刚度比值。

通常情况下，k 值较大。当 $k\geqslant 6$ 时，$\pi^2(1+2/k)/12$ 接近于 1。换算长细比统一按下式计算：

$$\lambda_{0x}=\sqrt{\lambda_x^2+\lambda_1^2} \tag{7-79}$$

同时规定，缀板与分肢线刚度比 k 不得小于 6(两分肢不相等时，k 按较大分肢计算)；否则 λ_{0x} 误差较大，宜用式(7-78)计算。

缀板式构件分肢在缀板连接范围内刚度较大而变形很小，故规范规定按式(7-79)计算时，分肢长细比取 $\lambda_1=l_{01}/i_1$，其中计算长度 l_{01} 为相邻两缀板间的净距(缀板与分肢焊接时，见图 7-2)或最近边缘螺栓间的距离(缀板与分肢螺栓连接时)。

现行规范对四肢和三肢组成的格构式轴心受压构件采用缀条或缀板联系时绕虚轴的换算长细比也都给出了计算公式。

5)其他情况格构式轴心受压构件的换算长细比

(1)四肢格构式轴心受压构件(图 7-32a)

当缀件为缀条时

$$\left.\begin{aligned}\lambda_{0x}=\sqrt{\lambda_x^2+40A/A_{1x}}\\\lambda_{0y}=\sqrt{\lambda_y^2+40A/A_{1y}}\end{aligned}\right\} \tag{7-80}$$

当缀件为缀板时

$$\left.\begin{aligned}\lambda_{0x}=\sqrt{\lambda_x^2+\lambda_1^2}\\\lambda_{0y}=\sqrt{\lambda_y^2+\lambda_1^2}\end{aligned}\right\} \tag{7-81}$$

式中　λ_x、λ_y——整个构件对 x 和 y 轴的长细比；

　　　　A_{1x}、A_{1y}——构件截面中垂直于 x 或 y 轴的斜缀条毛截面面积之和。

(2)缀件为缀条的三肢组合构件(图 7-32b)

$$\left.\begin{aligned}\lambda_{0x}=\sqrt{\lambda_x^2+\dfrac{42A}{A_1(1.5-\cos^2\theta)}}\\\lambda_{0y}=\sqrt{\lambda_y^2+\dfrac{42A}{A_1\cos^2\theta}}\end{aligned}\right\} \tag{7-82}$$

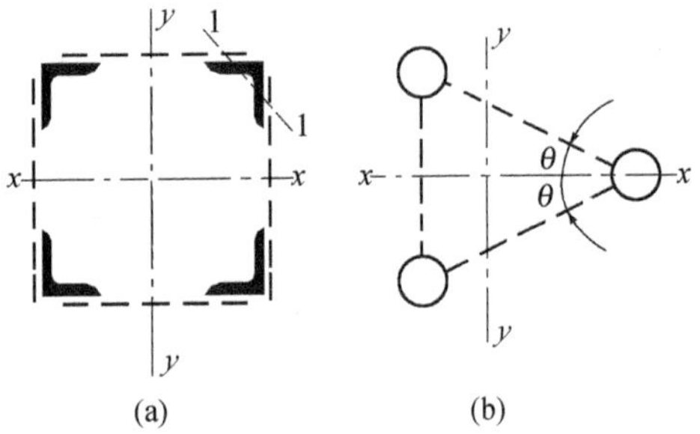

图 7-32　四肢和三肢格构式截面

式中　A_1——构件截面中各斜缀条毛截面面积之和；

　　　　θ——构件截面内缀条所在平面与 x 轴的夹角。

7.8.3 格构式轴心受压构件分肢的稳定性

格构式轴心受压构件的分肢既是组成整体截面的一部分,在缀件节点之间又是一个单独的实腹式受压构件。所以,对格构式构件除作为整体需计算其稳定、刚度和强度外,还应计算各分肢的稳定、刚度和强度。分肢稳定的计算原则是保证各分肢不先于构件整体丧失稳定,即理论上应满足 $\lambda_1 < \lambda_{max}(\lambda_{0x}, \lambda_y)$。

计算分肢的稳定和强度时需考虑格构式构件中必然存在的初始缺陷(初弯曲、初偏心、残余应力等),因而整个构件除受轴心压力外还受弯矩作用,从而使各个分肢所受轴力并不相等,而且在缀板式格构构件中还使分肢兼受弯矩,这些因素都将降低分肢的稳定性。故综合分析后规定:分肢强度和稳定性可以满足而不必另行计算的条件为

缀条式构件 $\qquad\qquad\qquad \lambda_1 \leqslant 0.7\lambda_{max}$ $\qquad\qquad$ (7-83)

缀板式构件 $\qquad\qquad\qquad \lambda_1 \leqslant 0.5\lambda_{max}$ 且 $\lambda_1 \leqslant 40$ $\qquad\quad$ (7-84)

式中 λ_{max}——格构式构件两方向长细比的较大值,其中对虚轴取换算长细比。对缀板式构件,当 $\lambda_{max} \leqslant 50$ 时,取 $\lambda_{max} = 50$。

λ_1——各单肢对平行于虚轴的自身形心轴的长细比。对缀条式构件,其计算长度取相邻两节点中心距离;对于缀板式构件,其计算长度取缀板间的净距。

格构式轴心受压构件的分肢承受压力,因而有板件的局部稳定问题。分肢常采用轧制型钢,翼缘和腹板相对较厚(宽厚比相对较小),一般都能满足局部稳定要求。当分肢采用焊接工字形或槽形截面时,其翼缘和腹板宽厚比应按式(7-53)、式(7-54)进行验算,以满足局部稳定要求。

7.8.4 格构式轴心受压构件的截面设计

这里具体讨论由两个相同实腹式分肢组成的、缀件布置在分肢翼缘平面的格构式轴心受压构件(图7-33)的截面选择和设计问题。其他截面类型的格构式轴心受压构件的设计原则相同。

第7.7节中提到的实腹轴心受压构件的截面设计应考虑的原则在格构式柱截面设计中也是适用的。但格构式构件是由分肢组成的,具体设计步骤上有其特点。当格构式轴心受压构件的压力 N 设计值、计算长度 l_{0x} 和 l_{0y}、钢材强度设计值 f 和截面类型都已知时,在截面选择中主要分两大步骤:首先按实轴稳定要求选择截面两分肢的尺寸,其次按虚轴与实轴等稳定性原则确定分肢间距。

1) 按实轴(设为 y 轴)稳定条件选定截面尺寸(图7-33)

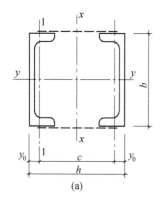 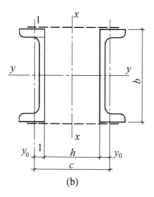 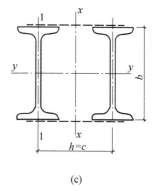

图 7-33 格构式构件截面设计

— 301 —

（1）假定绕实轴长细比 λ_y，一般可先在 60～100 范围选取，当 N 较大而 l_{0y} 较小时取较小值，反之取较大值。根据 λ_y 及钢号和截面类别查得整体稳定系数 φ_y 值，按公式（7-40）求所需截面面积

$$A=N/(\varphi f) \tag{7-85}$$

（2）求所需绕实轴回转半径 i_y

$$i_y=l_{0y}/\lambda_y \quad (b=i_y/h_2) \tag{7-86}$$

（3）根据所需 A、i_y 初选分肢型钢规格，并进行绕实轴的整体稳定和刚度验算，必要时还应进行强度验算和板件宽度宽厚比验算。如假定的 λ_y 恰当，则可从型钢表上找到一个几乎同时满足所需 A 和 i_y 的截面规格。若无合适型钢型号，可重新假定 λ_y 试算，直至满意为止。

2）按虚轴（设为 x 轴）与实轴等稳定性原则确定两分肢间距 c 及截面高度 h（图7-33）

（1）根据等稳定性原则，换算长细比 $\lambda_{0x}=\lambda_y$，则可得所需要的 λ_x 最大值

对缀条式格构构件 $\quad \lambda_x=\sqrt{\lambda_{0x}^2-27A/A_{1x}}=\sqrt{\lambda_y^2-27A/A_{1x}} \tag{7-87}$

对缀板式格构构件 $\quad \lambda_x=\sqrt{\lambda_{0x}^2-\lambda_1^2}=\sqrt{\lambda_y^2-\lambda_1^2} \tag{7-88}$

式中 A_{1x}——为两个缀条平面内的斜缀条毛截面面积之和，可按初估缀条角钢尺寸确定；

λ_1——为缀板式构件的分肢长细比，可按规定的最大值（或稍小）取用，参考式（7-84）。

（2）根据 λ_x 求所需 i_x

$$i_x=l_{0x}/\lambda_x \tag{7-89}$$

（3）根据 i_x 和 i_1 求两分肢轴线间距 c 和 h（图7-33）

$$2A_c i_x^2=2[I_1+A_c(c/2)^2]=2[A_c i_1^2+A_c(c/2)^2]$$

$$c=2\sqrt{i_x^2-i_1^2} \tag{7-90}$$

$$h=c\pm2y_0 \tag{7-91}$$

两分肢翼缘间的净空应大于 100～150 mm，以便于油漆保护。h 的实际尺寸应调整到 10 mm 的倍数。

7.8.5 格构式轴心受压构件的缀件设计

1）格构式轴心受压构件的剪力

缀材的主要作用是将各肢件连成整体并承受构件绕虚轴弯曲失稳时产生的横向剪力。考虑到初弯曲等初始缺陷的影响，图7-34为格构式轴心受压构件弯曲失稳时的弯矩和横向剪力分布。

根据构件边缘屈服准则可求得构件达到极限承载力时的最大剪力为

$$V_{max}=NY_m\frac{\pi}{l}=\varphi f_y A\cdot\frac{W}{A}\left(\frac{1}{\varphi}-1\right)\frac{\pi}{l}=\frac{\pi f_y W(1-\varphi)}{l} \tag{7-92}$$

由于 $i_x\approx\alpha_1 h,\lambda_{0x}=l/i_x$ 以及 $W=I/(h/2)\approx2\alpha_1 A i_x$，则得

$$V_{max}=A f_y\cdot\frac{2\alpha_1\pi(1-\pi)}{\lambda_{0x}}=\frac{A f_y}{\psi} \tag{7-93}$$

式中 $\psi=\lambda_{0x}/[2\alpha_1\pi(1-\varphi)]$。此 ψ 是 λ_{0x} 的函数，但在常用的 λ_{0x} 范围内变化不大。经过计算分析，为方便可偏安全取统一常值，并引入抗力分项系数，以 f 代替 f_y，得到

$$V = \frac{Af}{85} \cdot \frac{1}{\varepsilon_k} \qquad (7-94)$$

为了设计方便,此剪力 V 可认为沿构件全长不变,方向可以是正或负(图7-34d中实线);由承受该剪力的各缀件面共同承担,对图7-33所示双肢格构式构件有两个缀件面,每面承担 $V_1 = V/2$。

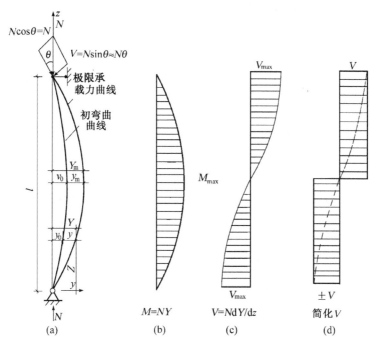

图 7-34 格构式轴心受压构件的弯矩和剪力

2)缀件设计

(1)缀条设计

在缀条式格构构件中,每个缀条面内的缀条与构件分肢翼缘(包括邻近腹板)组成平面桁架体系,缀条内力可按铰接桁架进行分析。

对单杆斜缀条(图7-30a、b、e)或交叉斜缀条按柔性杆(只受拉不受压,见图7-30f)设计时,斜缀条内力为

$$N_{d1} = V_1/\sin\theta \qquad (7-95)$$

对交叉斜缀条按刚性杆(一根受拉、一根受压,见图7-30c、d)设计时,斜缀条内力为

$$N_{d1} = V_1/2\sin\theta \qquad (7-96)$$

式中 V_1——每面缀条所受的剪力;

θ——斜缀条与构件轴线间的夹角。

因为剪力方向可以正或负,除柔性斜缀条内力为拉力(横缀条受压)外,其他 N_{d1} 或 N_{d2} 可能受拉或受压,设计时应按轴心受压计算。缀条通常采用单等边角钢,最小尺寸∟45×4~∟50×5。

单角钢缀条通常与构件分肢单面连接,计算其强度、稳定和连接时,应考虑相应的强度设计值折减系数。计算缀条强度或连接强度时,强度设计值折减系数为0.85;计算缀条稳定性时,等边角钢折减系数 $0.6+0.0015\lambda$,并取 $\geqslant0.63$(λ 为缀条的长细比)。缀条一般直接搭焊在构件分肢上,为了保证必要的焊缝长度,节点处缀条轴线交汇点可稍向外移至分肢形心轴线以外,但不应超出分肢翼缘的外侧(图7-2b)。

不承受剪力的横缀条(图7-30b、d)主要用来减少分肢的计算长度,其截面尺寸通常取与斜缀条相同规格。

(2)缀板设计

在缀板式构件中,缀板与构件两个分肢组成单跨多层空间刚架体系,在进行内力分析时将多层空间刚架每一缀板平面简化为多层平面刚架,承受该面的剪力 V_1,并近似取反弯点均在各段分肢和缀板的中点(图7-31a)。

为了分析多层刚架,需要先确定缀板间距。根据分肢稳定和强度条件,缀板间净距 $l_{01}\leqslant\lambda_1 i_1$,其中 $\lambda_1\leqslant40$,且 $\lambda_1\leqslant0.5\lambda_{max}$。

为了保证缀板有一定刚度,规范要求在同一截面处各缀板(或型钢横杆)的线刚度之和不得小于构件较大分肢线刚度的6倍,即 $\sum(I_b/c)\geqslant6(I_1/l_1)$。缀板常采用钢板,其纵向高度 $h_b\geqslant2c/3$,厚度 $t_b\geqslant c/40$ 和6mm,c 为分肢轴线间距,一般可满足线刚度比、受力和连接等要求(图7-31d)。

计算缀板内力时,取每个缀板中点和与其相连的一个分肢相邻两反弯点之间的刚架部分作为隔离体(图7-31c),根据内力平衡可得每个缀板剪力 V_{b1} 和弯矩 M_{b1}:

$$\left.\begin{array}{l}V_{b1}=V_1 l_1/c\\ M_{b1}=V_1 l_1/2\end{array}\right\}\tag{7-97}$$

根据 M_{b1} 和 V_{b1} 验算缀板的弯曲强度和剪切强度(详见例题7-3)。

缀板通常用角焊缝与分肢相连,承受 V_{b1} 和 M_{b1} 的共同作用。搭接长度一般可采用20~30mm,可以采用三面围焊,或只用缀板端部纵向焊缝。

7.8.6 格构式轴心受压构件的横隔

同大型实腹式柱相似,格构式构件在受有较大水平力处和每个运送单元的两端,应设置横隔,以保证截面几何形状不变,提高构件抗扭刚度,以及传递必要的内力;构件较长时还应设置中间横隔,横隔的间距不得大于构件截面较大宽度的9倍或8m。格构式构件的横隔可用钢板或交叉角钢做成(图7-35)。

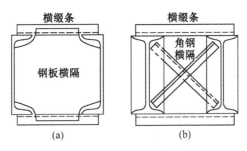

图7-35 格构式构件的横隔

【例 7 - 3】某一缀板式格构式轴心受压柱,截面采用一对槽钢,翼缘肢尖向内;柱高 6 m,两端铰接,承受压力设计值 $N = 1\,420$ kN(静力荷载,包括柱自重);钢材为 Q235,焊条为 E43 型,截面无削弱。试选择其截面并设计缀板和横隔。

【解】(1) 已知条件

$N = 1\,420$ kN;两端铰接,$l_{0x} = l_{0y} = l = 6$ m;Q235 钢,$f = 215$ N/mm²,$f_v = 125$ N/mm²;E43 焊条,$f_f^w = 160$ N/mm²。

(2) 按绕实轴(y 轴)稳定性要求,确定分肢截面尺寸(图 7 - 36)

假定 $\lambda_y = 60$,按 Q235 钢 b 类截面从附表 3 - 4 查得 $\varphi = 0.807$。

所需截面面积

$$A = N/(\varphi f) = 1\,420 \times 10^3/(0.807 \times 215) = 8\,184 \text{ mm}^2$$

所需回转半径

$$i_y = l_{0y}/\lambda_y = 6\,000/60 = 100 \text{ mm}$$

分肢采用一对槽钢,翼缘向内,从槽钢表中试选 2[28a,实际截面特性:$A = 2 \times 4\,000 = 8\,000$ mm²,$i_y = 109.0$ mm,$i_1 = 23.3$ mm,$y_0 = 20.9$ mm,$I_1 = 2.18 \times 10^6$ mm⁴。

验算绕实轴稳定:

$$\lambda_y = l_{0y}/i_y = 6\,000/109.0 = 55.0 < [\lambda] = 150$$

刚度满足要求。

查表得 $\varphi = 0.833$(b 类截面),则

$$N/(\varphi \cdot A) = 1\,420 \times 10^3/(0.833 \times 8\,000)$$
$$= 213.1 \text{ N/mm}^2 < f = 215 \text{ N/mm}^2$$

绕实轴整体稳定满足。

(3) 按绕虚轴(x 轴)稳定确定分肢轴线间距 c 和柱截面高度 h(图 7 - 36)

按等稳定原则 $\lambda_{0x} = \lambda_y$,求 λ_x 和 i_x。

因为 $\lambda_y = 55.0$,分肢长细比 $\lambda_1 \leqslant 0.5\lambda_{max} = 0.5 \times 55 = 27.5$,取 25。

对缀板式格构构件:

$$\lambda_x = \sqrt{\lambda_y^2 - \lambda_1^2} = \sqrt{55.0^2 - 25^2} = 49.0$$
$$i_x = l_{0x}/\lambda_x = 6\,000/49.0 = 122.4 \text{ mm}$$
$$c = 2\sqrt{i_x^2 - i_1^2} = 2\sqrt{122.4^2 - 23.3^2} = 240.3 \text{ mm}$$
$$h = c + 2y_0 = 240.3 + 2 \times 20.9 = 282.1 \text{ mm}$$

采用 $h = 290$ mm,实际 $c = 290 - 2 \times 20.9 = 248.2$ mm。

$l_{01} = \lambda_1 i_1 = 25 \times 23.3 = 582.5$ mm,采用 580 mm

$\lambda_1 = 580/23.3 = 24.9$

$$i_x = \sqrt{(c/2)^2 + i_1^2} = \sqrt{(248.2/2)^2 + 23.3^2} = 126.3 \text{ mm}$$

$\lambda_x = 6\,000/126.3 = 47.5$

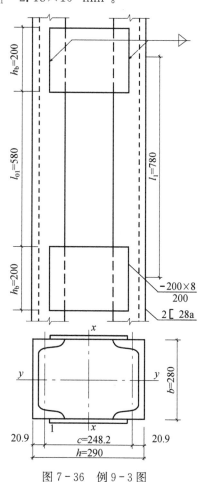

图 7 - 36　例 9 - 3 图

$$\lambda_{0x} = \sqrt{\lambda_x^2 + \lambda_1^2} = \sqrt{47.5^2 + 24.9^2} = 53.7 < [\lambda] = 150$$

查表得 $\varphi_{0x} = 0.839$(b 类截面)，

$$N/(\varphi \cdot A) = 1\,420 \times 10^3/(0.839 \times 8\,000) = 211.6 < f = 215 \text{ N/mm}^2$$

绕虚轴整体稳定满足。

$$\lambda_{max} = 55.0, \lambda_1 = 24.9 < 0.5\lambda_{max} = 27.5$$

无须验算单肢整体稳定和强度。单肢采用型钢，也不必验算分肢局部稳定。至此可认为所选截面满意。

(4) 缀板设计

① 柱的剪力

$$V = (Af/85)\varepsilon_k = 8\,000 \times 215/85 = 20.24 \times 10^3 \text{ N} = 20.24 \text{ kN}$$

每个缀板面剪力 $V_1 = V/2 = 20.24/2 = 10.12 \text{ kN}$

② 初选缀板尺寸

纵向高度 $h_b \geqslant \dfrac{2}{3}c = \dfrac{2}{3} \times 248.2 = 165.5 \text{ mm}$

厚度 $t_b \geqslant c/40 = 248.2/40 = 6.2 \text{ mm}$，取 $h_b \times t_b = 200 \times 8$

相邻缀板中心距 $l_1 = l_{01} + h_b = 580 + 200 = 780 \text{ mm}$

缀板线刚度之和与分肢线刚度比值

$$\frac{\sum I_b/c}{I_1/l_1} = \frac{2 \times (8 \times 200^3/12)/248.2}{2.18 \times 10^6/780} = 15.4 > 6(满足)$$

③ 验算缀板强度

弯矩 $M_{b1} = V_1 l_1/2 = 10.12 \times 780/2 = 3\,947 \text{ kN} \cdot \text{mm}$

剪力 $V_{b1} = V_1 l_1/c = 10.12 \times 780/248.2 = 31.8 \text{ kN}$

$$\sigma = 6M_{b1}/t_b h_b^2 = 6 \times 3\,947 \times 10^3/(8 \times 200^2) = 74.0 \text{ N/mm}^2 < f = 215 \text{ N/mm}^2$$

$$\tau = 1.5V_{b1}/t_b h_b = 1.5 \times 31.8 \times 10^3/(8 \times 200) = 29.8 \text{ N/mm}^2 < f_v = 125 \text{ N/mm}^2$$

缀板强度满足要求。

④ 缀板焊缝计算

采用三面周围角焊缝。计算时偏安全地只取端部纵向焊缝，l_w 取 200 mm，焊角尺寸 h_f。

$$\tau_f = \sqrt{\left(\frac{1}{\beta_f} \cdot \frac{M_{b1}}{W_f}\right)^2 + \left(\frac{V_{b1}}{A_f}\right)^2} = \sqrt{\frac{1}{1.5} \times \left(\frac{6M_{b1}}{0.7h_f h_b^2}\right)^2 + \left(\frac{V_{b1}}{0.7h_f h_b}\right)^2}$$

$$= \sqrt{\frac{1}{1.5} \times \left(\frac{6 \times 3\,947 \times 10^3}{0.7h_f \times 200^2}\right)^2 + \left(\frac{31.8 \times 10^3}{0.7h_f \times 200}\right)^2}$$

$$= 727.0/h_f \leqslant f_f^w = 160 \text{ N/mm}^2$$

$$h_f = 4.54 \text{ mm}，取 6 \text{ mm}$$

(5) 横隔

采用钢板式横隔，厚 8 mm，与缀板配合设置。间距要求 $\leqslant 9h = 2.61$ m 或 8 m。因柱高 6 m，故沿柱中间三分点处设两道横隔，见图 7-36。

【例 7 - 4】题目同例题 7 - 3,但缀材采用缀条。

【解】(1) 按绕实轴(y 轴)稳定条件选择槽钢尺寸

同例 7 - 3,选用 2[28a(图 7 - 37),$\lambda_y = 55.0$。

(2) 按虚轴(x 轴)稳定条件确定截面高度 h

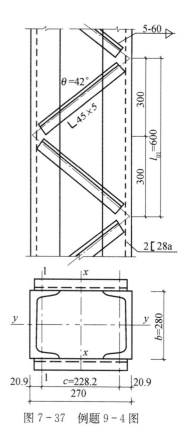

柱内力 N 不大,缀条采用∟45×5。两缀条面内斜缀条毛截面面积之和 $A_{1x} = 2 \times 429 = 858 \ \text{mm}^2$。

按等稳原则 $\lambda_{0x} = \lambda_y$,得

$$\lambda_x = \sqrt{\lambda_y^2 - 27A/A_{1x}} = \sqrt{55.0^2 - 27 \times 8\,000/858} = 52.7$$

$$i_x = l_{0x}/\lambda_x = 6\,000/52.7 = 113.9 \ \text{mm}$$

$$c = 2\sqrt{i_x^2 - i_1^2} = 2\sqrt{113.9^2 - 23.3^2} = 223.0 \ \text{mm}$$

$$h = c + 2y_0 = 223.0 + 2 \times 20.9 = 264.8 \ \text{mm}$$

采用 $h = 270 \ \text{mm}$,实际 $c = 270 - 2 \times 20.9 = 228.2 \ \text{mm}$

两槽钢净距 $= 270 - 2 \times 82 = 106 \ \text{mm} > 100 \ \text{mm}$

验算虚轴稳定:

$$i_x = \sqrt{(c/2)^2 + i_1^2} = \sqrt{(228.2/2)^2 + 23.3^2} = 116.5 \ \text{mm}$$

$$\lambda_x = l_{0x}/i_x = 6\,000/116.5 = 51.5$$

$$\lambda_{0x} = \sqrt{\lambda_x^2 + 27A/A_{1x}} = \sqrt{51.5^2 + 27 \times 8\,000/858}$$
$$= 53.9 < [\lambda] = 150$$

图 7 - 37　例题 9 - 4 图

查表得 $\varphi = 0.838$(b 类截面)。

$$N/(\varphi \cdot A) = 1\,420 \times 10^3/(0.838 \times 8\,000) = 211.8 \ \text{N/mm}^2 < f = 215 \ \text{N/mm}^2$$

绕虚轴整体稳定满足。

$$\lambda_{\max} = \lambda_y = 55.0$$

$$\lambda_1 \leqslant 0.7\lambda_{\max} = 38.5$$

$$l_{01} = \lambda_1 i_1 \leqslant 38.5 \times 23.3 = 897 \ \text{mm}$$

如采用人字式单斜杆缀条体系,初定 $\theta = 40°$,交汇于分肢槽钢边线,则

$$l_{01} = 2(h/\tan\theta) = 2(270/\tan 40°) = 644 \ \text{mm},采用 \ l_{01} = 600 \ \text{mm}。$$

$$\theta = \arctan[270/(600/2)] = 41.99°$$

满足规范要求,不必验算分肢稳定和强度。槽钢为轧制型钢,也无须验算分肢局部稳定。

(3) 缀条设计

① 柱的剪力:同例 7 - 3,$V = 20.24 \ \text{kN}$,$V_1 = 10.12 \ \text{kN}$。

② 缀条尺寸已经初步确定∟45×5,$A_{d1} = 429 \ \text{mm}^2$,$i_{\min} = 8.8 \ \text{mm}$。

采用人字形单缀条体系　　　$\theta = 41.99°$

分肢计算长度　　　　　　　$l_{01} = 600 \ \text{mm}$

斜缀条长度　　　　　　　　$l_d = 270/\sin 41.99° = 403.6 \ \text{mm}$。

③ 缀条内力和稳定计算:

单根缀条内力　$N_{d1} = V_1/\sin\theta = 10.12/\sin 41.99° = 15.13 \ \text{kN}$

缀条 $\qquad \lambda_1 = l_d/i_{min} = 403.6/8.8 = 45.9 < [\lambda] = 150$

按 b 类截面、Q235 钢查得 $\varphi = 0.874$

单面连接等边角钢按轴心受压计算稳定时，强度设计值折减系数

$$\eta = 0.6 + 0.005\ 1\lambda = 0.6 + 0.001\ 5 \times 45.9 = 0.669$$

$\sigma = N_{d1}/\eta(\varphi A) = 15.13 \times 10^3/(0.669 \times 0.874 \times 429) = 60.3\ \text{N/mm}^2 < f = 215\ \text{N/mm}^2$

缀条稳定承载力满足。

④ 缀条连接：单面连接单角钢按轴心受力计算连接时，强度设计值折减系数为 0.85。

缀条焊缝采用角焊缝，肢背 $h_{f1}l_{w1} = 0.7\ N_{d1}/(0.85 \times 0.7 f_f^w) = 111.3\ \text{mm}^2$；按构造要求，焊缝采用 $h_{f1} = 5\ \text{mm}$，$l_{w1} = 50\ \text{mm}$（计算长度 40 mm），实际值 $h_f l_w = 5 \times 40 = 200\ \text{mm}^2$，满足。

（4）横隔

柱截面最大宽度为 280 mm，横隔间距 $\leqslant 9 \times 0.28 = 2.52\ \text{m}$ 和 8 m。柱高 6 m，上下两端有柱头和柱脚，中间三分点处设两道钢板横隔，与斜缀条节点配合设置。

7.9 拉弯构件和压弯构件

7.9.1 概述

拉弯构件和压弯构件是指同时承受轴心拉力或压力 N 以及弯矩 M 的构件。拉弯和压弯构件的弯矩可以是由轴向荷载不通过构件截面形心（即偏心）所引起（图 7-38a），也可由横向荷载所引起（图 7-38b），或由构件端部转角约束（如固端、连续或框架梁、柱等）产生的端部弯矩所引起（图 7-38c）。

拉弯和压弯构件的工程应用

钢结构中常采用拉弯和压弯构件，尤其是压弯构件的应用更为广泛。例如单层厂房的柱、多层或高层房屋的框架柱、承受不对称荷载的工作平台柱，以及支架柱、塔架、桅杆塔等多为压弯构件；桁架中承受节间内荷载的杆件则是压弯或拉弯构件。

拉弯和压弯构件通常采用双轴对称或单轴对称的截面形式，可以是实腹式或格构式截面（图 7-39、图 7-40）。双轴对称截面（图 7-39a）常用于弯矩较小或正、负弯矩绝对值大致相等以及构造或使用上宜采用对称截面的构件或柱；单轴对称截面（图 7-39b）常用于正、负弯矩相差较大的构件或柱，即把截面的受力较大一侧适当加大，以节省钢材。

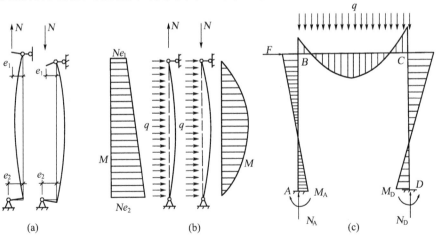

(a)　　　　　　　　　(b)　　　　　　　　　(c)

图 7-38　拉弯构件和压弯构件

拉弯和压弯构件的截面通常做成在弯矩作用方向具有较大的截面尺寸,使在该方向有较大的截面抵抗矩、回转半径和抗弯刚度,以便更好地承受弯矩。在格构式构件中,通常使虚轴垂直于弯矩作用平面,以便根据承受弯矩的需要,便于灵活地调整和适当加大两分肢间的距离,满足受力要求。

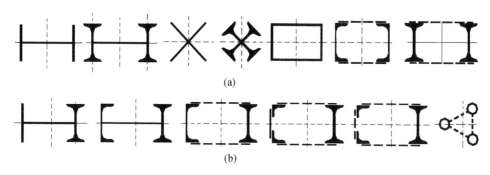

(a)

(b)

图 7-39　拉弯和压弯构件的截面形式

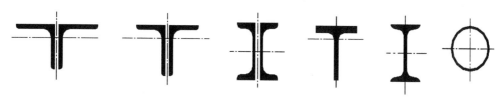

图 7-40　普通桁架拉弯和压弯杆件的截面形式

与轴心受压构件和受弯构件相仿,基于(承载能力和正常使用)极限状态设计法,压弯构件的设计应考虑强度、刚度、整体稳定和局部稳定等4个方面的要求。

强度计算一般可考虑截面塑性变形的发展;对直接承受动力荷载的构件和格构式构件则通常按弹性受力计算。刚度和整体稳定计算通常应分别考虑对 x 轴和 y 轴两个方向,对承受单向弯矩作用的压弯构件亦即为在弯矩作用平面内和在弯矩作用平面外两个方向。

刚度计算一般是控制构件的最大长细比不超过规定的容许值,对框架梁等以承受弯矩为主的压弯构件则需计算弯矩作用方向的挠度不超过容许值。

局部稳定计算一般是保证构件各组成板件在受力过程中的局部稳定或控制各板件的宽厚比不超过规定的最大限值。对格构式构件则还应计算各分肢的稳定性是否满足要求。

拉弯构件的设计一般只需考虑强度和刚度两个方面。但对以承受弯矩为主的拉弯构件(即拉力较小),当截面一侧最外边纤维存在较大的压应力时,则也应考虑和计算构件的整体稳定以及受压板件或分肢的局部稳定。

本节将主要叙述拉弯和压弯构件的强度、刚度、整体稳定和局部稳定等计算原则及有关的构造,着重阐明压弯构件,但其基本原则同样适用于拉弯构件。

在计算拉弯或压弯构件的刚度时,有关确定构件长细比、计算长度和计算长度系数的原则和方法与轴心受拉或轴心受压构件完全相同。本节还要对框架柱的计算长度做一些补充说明。现行《钢结构设计标准》规定拉弯和压弯构件的容许长细比分别采用与轴心受拉和轴心受压完全相同的数值,参见表 7-1 和表 7-2。

7.9.2 拉弯构件和压弯构件的强度计算

对拉弯构件、截面有孔洞等削弱以及构件端部弯矩大于跨间弯矩的压弯构件,需要进行强度计算。

现以弯矩 M 仅作用于对称主平面内的双轴或单轴对称截面的压弯(拉弯)构件为例(图 7 - 41)。轴心力 N 与弯矩 M 按比例增加,当 N 产生的均匀正应力(图 7 - 41 中的虚线)与 M 引起的弯曲正应力叠加后,截面上压(拉)应力大的一侧最外纤维处为最大压(拉)应力,另一侧最外纤维为最大拉(压)应力(当 M 较大时,图 7 - 41a 中①)或最小压(拉)应力(当 M 较小时,图 7 - 41b 中①)。当最大压(拉)应力小于钢材屈服强度 f_y 时,构件处于弹性工作状态。随着 N 和 M 继续增加,最大压(拉)应力达到 f_y(图 7 - 41a、b 中②)时,构件截面强度达到弹性阶段极限状态。当 N 和 M 再增加,最大压(拉)应力一侧发展塑性变形,并且塑性区随内力增加逐渐向内发展(图 7 - 41a、b 中③),这时构件处于弹塑性受力状态。接着,截面另一侧的最外纤维达到受拉(压)屈服强度(图 7 - 41a 中④),并且塑性区也随 N 和 M 的增加逐渐向内发展(图 7 - 41a 中⑤)。当两侧塑性区发展到全截面时(图 7 - 41a、b 中⑥),即形成塑性铰,构件达到塑性受力阶段极限状态,为构件强度的承载能力极限状态。

结构设计时可视构件所受荷载的性质、截面的形状和受力特点等,规定不同的截面应力状态作为强度计算的极限状态。通常有下列两种。

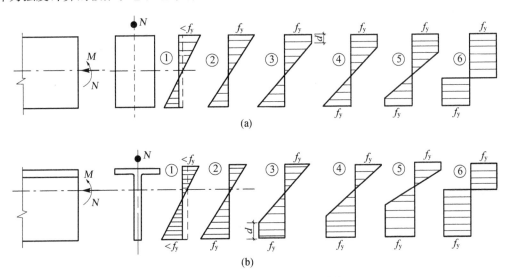

图 7 - 41 压弯构件截面的应力分布

1) 以弹性受力阶段极限状态作为强度计算的承载能力极限状态

对于直接承受动力荷载的实腹式拉弯和压弯构件,由于目前对构件在动力荷载下的截面塑性性能研究还不够成熟,规范规定以截面边缘屈服作为构件强度计算的极限状态。又如格构式拉弯和压弯构件,当弯矩绕虚轴作用时,由于截面腹部无实体部件,截面边缘屈服时的强度与其全截面达到塑性时的强度相差不大。为了简便,也规定按弹性受力阶段极限状态作为强度计算的极限状态。

和轴心受力构件及受弯构件一样,强度计算以净截面为对象,再考虑构件抗力分项系数,以 f 代替 f_y,则此时拉弯或压弯构件的强度计算式为

$$N/A_n + M_x/W_{nx} \leqslant f \qquad (7-98)$$

式中　W_{nx}——拉弯(压弯)构件最大受拉(压)纤维的净截面抵抗矩;

　　　A_n——构件的净截面面积。

上式是一简化计算公式,是轴力和弯矩的线性相关公式,没有考虑因弯矩作用使构件产生侧向挠度从而导致轴力引起附加弯矩的二阶效应的影响,公式结果偏于安全且计算简便。

单轴对称截面的压弯(拉弯)构件,弯矩作用在对称轴主平面且使较大翼缘受压(拉)时,有可能在较小翼缘最外边纤维发生最大拉(压)应力(图7-41b中①)。对这种压弯(拉弯)构件,弹性极限状态强度由较小翼缘最外纤维的拉(压)应力控制(图7-41b中②),该处净截面抵抗矩为 W_{nx2},则计算公式为

$$|N/A - M_x/W_{nx2}| \leqslant f \qquad (7-99)$$

式(7-98)、式(7-99)是适用于压弯和拉弯构件直接承受动力荷载时的强度计算公式。

2)以截面部分塑性发展作为强度计算的承载能力极限状态

为了充分发挥材料的承载潜力,但又不使构件产生过大的变形,可以允许构件截面有部分塑性开展。现行《钢结构设计标准》规定:压弯和拉弯构件承受静力荷载或间接动力荷载时,按下列近似直线公式计算其强度:

只在一个主轴平面(通常为对称平面)有弯矩作用时

$$N/A_n \pm M_x/(\gamma_x W_{nx}) \leqslant f \qquad (7-100a)$$
$$N/A_n \pm M_y/(\gamma_y W_{ny}) \leqslant f \qquad (7-100b)$$

在两个主轴平面有弯矩作用时

$$N/A_n \pm M_x/(\gamma_x W_{nx}) \pm M_y/(\gamma_y W_{ny}) \leqslant f \qquad (7-100c)$$

式中　γ_x、γ_y——截面塑性发展系数,按附录1-29采用。例如对工字形截面取 $\gamma_x = 1.05$,$\gamma_y = 1.20$。

截面塑性发展系数应按规定取值,见附录1-29。

当构件直接承受动力荷载时,取 $\gamma_x = \gamma_y = 1.0$,格构式构件绕虚轴弯曲时,也取 γ_x 或 γ_y 为1.0,这与边缘纤维屈服计算准则一致。

当 $N = 0$,式(7-101)变为梁的设计公式;当 $M_x = M_y = 0$ 时,式(7-101)又变成轴心受力构件的设计公式。这样就使轴心受力构件、受弯构件、拉弯构件和压弯构件的强度计算协调一致。

弯矩作用在两个主平面内的圆形截面拉弯构件和压弯构件,其截面强度应按下式计算:

$$\frac{N}{A_n} + \frac{\sqrt{M_x^2 + M_y^2}}{\gamma_m W_n} \leqslant f \qquad (7-101)$$

式中　N——同一截面处轴心压力设计值(N);

　　　M_x、M_y——分别为同一截面处对 x 轴和 y 轴的弯矩设计值(N·mm);

　　　γ_x、γ_y——截面塑性发展系数,根据其受压板件的内力分布情况确定其截面板件宽厚比等级,当截面板件宽厚比等级不满足S3级要求时取1.0,满足S3级要求时,可按附录1-29采用;需要验算疲劳强度的拉弯、压弯构

件,宜取 1.0;

γ_m——圆形截面构件的塑性发展系数,对于实腹圆形截面取 1.2,当圆管截面板件宽厚比等级不满足 S3 级要求时取 1.0,满足 S3 级要求时取 1.15;需要验算疲劳强度的拉弯、压弯构件,宜取 1.0;

A_n——构件的净截面面积(mm^2);

W_n——构件的净截面模量(mm^3)。

【例 7 - 5】 一悬臂三角形支架由水平上弦杆和下斜撑杆组成,上弦杆采用热轧普通工字钢截面,承受轴心拉力设计值 $N = 200 \text{ kN}$ 和弯矩 $M = 35 \text{ kN} \cdot \text{m}$(静力荷载);杆长 $l = 3 \text{ m}$,两端有侧向支承,按铰接设计,截面无削弱,钢材为 Q235 - A·F。试选择此上弦杆截面。

【解】 此弦杆为拉弯构件,初步选用 I20a,A $= 3\,555 \text{ mm}^2$, $W_x = 237 \times 10^3 \text{ mm}^3$, $i_x = 81.6 \text{ mm}$, $i_y = 21.1 \text{ mm}$。

强度验算:查附表 1 - 29, $\gamma_x = 1.05$

$$\sigma = N/A_n + M_x/(\gamma_x W_{nx}) = 200 \times 10^3/3\,555 + 35 \times 10^6/(1.05 \times 237 \times 10^3)$$

$$= 196.9 < f = 215 \text{ N/mm}^2$$

刚度验算: $$l_{0x} = l_{0y} = 3\,000 \text{ mm}$$

$$\lambda_{max} = \lambda_y = 3\,000/21.1 = 142.2 < [\lambda] = 350$$

所选截面满足要求,采用 I20a。

7.9.3 实腹式单向压弯构件在弯矩作用平面内的稳定计算

1) 概述

压弯构件的承载能力通常是由整体稳定性决定的。现以弯矩在一个主平面内作用的理想压弯构件(简称单向压弯构件)为例,说明压弯构件丧失整体稳定的现象(图 7 - 42)。在 N 和 M 同时作用下,一开始构件就在弯矩作用平面内发生变形,呈弯曲状态,当 N 和 M 同时增加到极限值,要维持内外力平衡,只能减小 N 和 M,此时结构达到承载能力极限。这种现象称为压弯构件丧失弯矩作用平面内的整体稳定,或在弯矩作用平面内整体屈曲(图 7 - 42a)。

对侧向刚度较小的压弯构件则有另一种可能。当 N 和 M 增加到一定大小时,构件在弯矩作用平面外不能保持平面,突然发生平面外的弯曲变形,并伴随着绕纵向剪切中心轴(扭转轴)扭转。这种现象称为压弯构件丧失弯矩作用平面外的整体稳定,或在弯矩作用平面外整体屈曲(图 7 - 42b)。两种整体失稳的性质不完全相同,将分别叙述。

本节先讨论压弯构件在弯矩作用平面内的整体稳定。

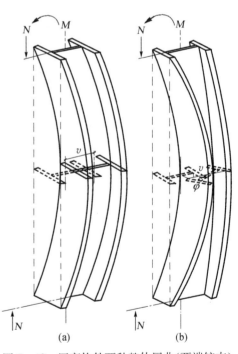

图 7 - 42 压弯构件两种整体屈曲(两端铰支)
(a) 弯矩作用平面内(弯曲)屈曲
(b) 弯矩作用平面外(弯扭)屈曲

研究压弯构件在弯矩作用平面内的整体稳定时,应注意其所承受的轴心压力 N 和弯矩 M 可能有不同的加载途径(过程)。例如 N 与 M 可以按相同比例增加(如偏心受压构件),也可以先加完 N 再逐渐施加 M(如高耸结构),也可先加完 M 再逐渐施加 N。在弹性受力阶段,构件的承载力与加载途径无关;在弹塑性受力阶段,则与加载途径有关。一般情况下,不同加载途径所导致的构件承载力的差异不大。下面主要以 N 与 M 按比例增加进行说明。

现以图 7-43 所示两端铰接的压弯构件为例,除轴心压力外,两端各作用弯矩 M。这种压弯构件在弯矩作用平面内整体稳定的工作性状与有初弯曲和初偏心等几何缺陷的轴心受压构件一样。对轴心受压构件,引起弯矩的初始缺陷是偶然因素引起的,M 数值相对较小;而压弯构件中的弯矩 M 则与轴心力 N 同是主要内力。

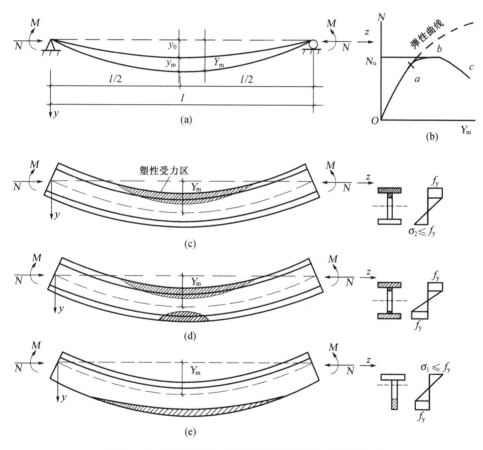

图 7-43 单向压弯构件在弯矩作用平面内的整体稳定

压弯构件由于轴心压力 N 和弯矩 M 同时作用,在弯矩作用平面内失稳时不会出现理想轴心受压构件那样的平衡分支现象,再加上不可避免的初始弯曲等缺陷,构件受力一开始即产生弯曲变形,压力(N)-挠度(Y_m)曲线如图 7-43b 中 $Oabc$ 所示。Oa 段为弹性工作阶段,但由于附加弯矩 Ny 的存在而呈非线性关系;a 点之后进入弹塑性状态,曲线 ab 段呈上升状,挠度随 N 的增加才能增加,平衡是稳定的;在 bc 段为了维持平衡,N 要不断减小,且挠度不断增加,是不稳定的。b 点为稳定平衡状态过渡到不稳定平衡状态的曲线极值点,与之相应的 N 值(N_u)为构件在弯矩作用平面内的稳定极限承载力,相应的截面平均应力称为极限应力。

b 点位置可按 N-Y_m 曲线的极值问题,即 $dN/dY_m=0$ 求得。

压弯构件在弯矩作用平面内失稳时,视构件截面形状、尺寸比较、构件长度以及残余应力分布的不同,构件进入塑性的区域可能只在构件长度的中间部分截面受压最大的一侧,或同时在截面两侧,或仅在截面受拉一侧(图 7-43c、d、e),最后一种情况可能在单轴对称截面的压弯构件中出现。

2)弯矩作用平面内整体稳定的实用计算公式

我国现行《钢结构设计标准》采用相关公式进行压弯构件弯矩作用平面内整体稳定的计算。目前世界各国多采用两项相关公式来计算压弯构件在弯矩作用平面内的整体稳定性。其中一项主要反映 N 的影响,另一项主要反映 M 的影响,比较直观,各主要因素对不同情况构件稳定承载力的影响程度容易看出。公式中的稳定系数 φ_x 针对 a、b、c、d 四类截面,大体反映了不同构件截面、失稳方向和初始缺陷(包括残余应力)的影响。

由图(7-43a)并参考式(7-21),注意到构件两端有大小相等、方向相反的集中弯矩作用(受力状态为轴压+纯弯),可知构件截面最大应力为

$$\sigma_{\max} = \frac{N}{A} + \frac{NY_m}{W} = \frac{N}{A} + \frac{M_x + Nv_0}{W_{1x}\left(1 - \frac{N}{N_{Ex}}\right)} \leqslant f_y \tag{7-102}$$

上式中第二项为轴心压力引起的附加弯矩(二阶弯矩)和外加弯矩产生的应力。

若令 $M_x = 0$,则此时的轴心压力为有初弯曲缺陷的轴心受压构件的极限承载力,即,$N = N_x = A\varphi_x f_y$,代入式(7-102),可求得

$$v_0 = \left(\frac{1}{\varphi_x} - 1\right)\left(1 - \varphi_x \frac{A f_y}{N_{Ex}}\right)\frac{W_{1x}}{A} \tag{7-103}$$

将此式代入式(7-102),考虑压弯构件其他受力状态(非轴压+纯弯)而采用等效弯矩 $\beta_{mx}M_x$ 代替 M_x 后,得到按边缘纤维屈曲准则并考虑压弯构件二阶效应和构件缺陷的相关公式

$$\frac{N}{\varphi_x A} + \frac{\beta_{mx}M_x}{W_{1x}(1 - \varphi_x N/N_{Ex})} = f_y \tag{7-104}$$

考虑构件抗力分项系数,并写成设计式,得

$$\frac{N}{\varphi_x A} + \frac{\beta_{mx}M_x}{W_{1x}(1 - \varphi_x N/N_{Ex})} \leqslant \frac{f_y}{\gamma_R} = f \tag{7-105}$$

实际设计时还需作适当调整,使其更符合于各种具体情况下的试验结果和精确的理论分析结果。

对于实腹式压弯构件,理论计算需要考虑塑性变形发展。采用式(7-105)计算常用的几种截面形式的压弯构件时发现,对于部分长细比较小的实腹构件,公式计算结果偏于安全;而对部分细长的实腹构件,偏于不安全。经过比较,对式(7-105)作了部分修正(第 2 项分母增加 γ_x 系数和将 φ_x 改为 0.8)后计算结果与精确数值方向和试验结果最为接近,故实腹压弯构件在弯矩作用平面内的稳定计算式为

$$\frac{N}{\varphi_x A f} + \frac{\beta_{mx}M_x}{\gamma_x W_{1x}(1 - 0.8 N/N'_{Ex})f} \leqslant 1.0 \tag{7-106}$$

式中　N——压弯构件轴心压力设计值;

φ_x——弯矩作用平面内的轴心受压构件稳定系数;

M_x——所计算构件段范围内的最大弯矩设计值；

W_{1x}——弯矩作用平面内受压最大纤维的毛截面抵抗矩；

γ_x——截面塑性发展系数；

β_{mx}——等效弯矩系数；

N'_{Ex}——参数，为欧拉临界力除以抗力分项系数 $\gamma_R(\gamma_R=1.1)$，即 $N'_{Ex}=\pi^2 EA/(1.1\lambda_x^2)$。

对单轴对称截面(如 T 形或槽形)压弯构件，当弯矩作用在对称轴平面内且使较大翼缘受压时，有可能在较小翼缘一侧产生较大的拉应力并在其边缘纤维首先到达 f_y(受拉)(图 7-43e)而丧失稳定承载力。这时，轴心压力 N 引起的压应力对弯矩引起的拉应力起抵消作用。对这种情况的压弯构件尚应按下式计算

$$\left| \frac{N}{Af} - \frac{\beta_{mx}M_x}{\gamma_x W_{2x}(1-1.25N/N'_{Ex})f} \right| \leqslant 1.0 \tag{7-107}$$

式中 W_{2x}——对受拉侧最外边纤维的毛截面抵抗矩；

γ_x——与 W_{2x} 对应的截面塑性发展系数，其值见附录 1-29。

等效弯矩系数 β_{mx} 应按下列规定采用：

(1) 无侧移框架柱和两端支承的构件：

① 无横向荷载作用时，β_{mx} 应按下式计算：

$$\beta_{mx}=0.6+0.4\frac{M_2}{M_1} \tag{7-108}$$

式中 M_1、M_2——端弯矩(N·mm)，构件无反弯点时取同号；构件有反弯点时取异号，$|M_1|\geqslant|M_2|$。

② 无端弯矩但有横向荷载作用时，β_{mx} 应按下列公式计算：

跨中单个集中荷载

$$\beta_{mx}=1-0.36N/N_{cr} \tag{7-109}$$

全跨均布荷载

$$\beta_{mx}=1-0.18N/N_{cr} \tag{7-110}$$

$$N_{cr}=\frac{\pi^2 EI}{(\mu l)^2} \tag{7-111}$$

式中 N_{cr}——弹性临界力(N)；

μ——构件的计算长度系数。

③ 端弯矩和横向荷载同时作用时，式(7-107)的 $\beta_{mx}M_x$ 应按下式计算：

$$\beta_{mx}M_x=\beta_{mqx}M_{qx}+\beta_{m1x}M_1 \tag{7-112}$$

式中 M_{qx}——横向荷载产生的弯矩最大值(N·mm)；

β_{m1x}——取按式(7-108)计算的等效弯矩系数。

(2) 有侧移框架柱和悬臂构件，等效弯矩系数 β_{mx} 应按下列规定采用：

① 除第 2 项规定之外的框架柱，β_{mx} 应按下式计算：

$$\beta_{mx} = 1 - 0.36 N/N_{cr} \tag{7-113}$$

② 有横向荷载的柱脚铰接的单层框架柱和多层框架的底层柱,$\beta_{mx} = 1.0$;

③ 自由端作用有弯矩的悬臂柱,β_{mx} 应按下式计算:

$$\beta_{mx} = 1 - 0.36(1-m) N/N_{cr} \tag{7-114}$$

式中 m——自由端弯矩与固定端弯矩之比,当弯矩图无反弯点时取正号,有反弯点时取负号。

(3) 有侧移的框架柱

有侧移的框架柱,例如柱下端铰接、上端刚接(横梁刚度无穷大)的单层单跨框架,当柱顶有水平荷载作用发生侧移时,按反弯点概念,可把柱看作跨长为 2 倍柱高的两端简支构件,承受轴心压力 N 和跨中集中荷载,由此可导出 $\beta_{mx} = 1 - 0.178 N/N_{Ex}$。实际框架的情况多种多样,$N/N_{Ex}$ 又常常较小,可偏于安全地近似取 1.0。

上述无侧移框架柱是指框架中设有支撑架、剪力墙、电梯井等支撑结构,且其抗侧移刚度等于或大于框架本身抗侧移刚度的 5 倍者。有侧移框架系指框架中未设支撑结构,或支撑结构的抗侧移刚度小于框架本身抗侧移刚度的 5 倍者。

7.9.4　实腹式单向压弯构件在弯矩作用平面外的整体稳定计算

实腹式压弯构件在丧失弯矩作用平面内的整体稳定之前,可能由于构件在弯矩作用平面外的抗弯刚度太小、抗扭刚度太小或弯矩作用平面外侧向支承不足而产生侧向弯曲变形,并伴随着绕扭转中心(剪切中心)轴扭转,也就是所谓丧失了弯矩作用平面外的整体稳定或在弯矩作用平面外屈曲(图 7-42b)。

1) 理想压弯构件在弯矩作用平面外的弹性屈曲

设有两端铰接双轴对称工字形截面构件,两端承受轴心压力 N 和弯矩 $M_x = Ne$(图 7-44)。现求解此理想压弯构件在弯矩作用平面外弹性屈曲时的临界力。

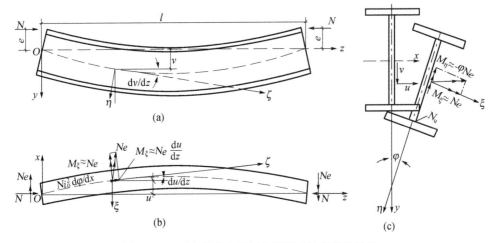

图 7-44　压弯构件在弯矩作用平面外的弹性屈曲

图 7-44 所示压弯构件可以分解为纯弯曲和轴心受压两种受力情况。沿 x 轴弯曲的受力情况与工字形截面钢梁纯弯曲受力情况相同。而当出现弯矩作用平面外的屈曲时,绕 y 轴的弯曲和绕扭转轴的扭转是相伴随出现的。其控制方程为

$$(N_{Ey}-N)(N_\omega-N)-M_x^2/i_0^2=0 \qquad (7-115)$$

$$(N_{Ey}-N)(N_\omega-N)-N^2e^2/i_0^2=0 \qquad (7-115a)$$

$$N=\frac{(N_\omega+N_{Ey})-\sqrt{(N_\omega-N_{Ey})^2+4N_\omega N_{Ey}e^2/i_0^2}}{2(1-e^2/i_0^2)} \qquad (7-115b)$$

式中 N_{Ey}——轴心受压构件绕 y 轴弯曲屈曲临界力，$N_{Ey}=\pi^2EI_y/l_{0y}^2$；

N_ω——轴心受压构件扭转屈曲临界力，$N_\omega=(\pi^2EI_\omega/l_\omega^2+GI_t)/i_0^2$。

对两端铰接构件，$l_{0y}=l$，$l_\omega=l$。

由上式可知，临界力 N 与 N_{Ey}、N_ω 和 e/i_0 有关。N 总是小于 N_{Ey} 和 N_ω 的较小者（通常是 N_{Ey} 较小），当 e/i_0 愈大时，N_{Ey} 小得愈甚。

当 $e=0$（即 $M_x=0$），从式(7-115a)得构件轴心受压时的弯曲和扭转屈曲临界力，即 $N=N_{Ey}$ 和 $N=N_\omega$，二者互不相关，由较小者控制。当 $N=0$ 时，从式(7-115a)也可得构件纯弯曲屈曲时的临界弯矩，即 $M_{cr}=i_0\sqrt{N_{Ey}N_\omega}$。

当压弯构件的弯矩是沿构件长度变化的，无论是双轴或单轴对称截面，微分方程的求解将较为复杂，一般情况只能用数值法求解或求适当简化近似的解。

2）弯矩作用平面外整体稳定的实用计算公式

对于压弯构件在弯矩作用平面外整体稳定的实用计算公式，我国现行《钢结构设计标准》规定设计时采用相关公式。

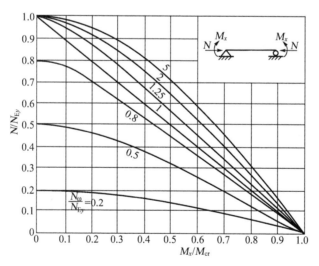

图 7-45 压弯构件在弯矩作用平面外弯扭屈曲
的 N/N_{Ey}-N_ω/N_{Ey}-M_x/M_{cr} 关系曲线

当 $N=0$ 可得构件纯弯曲时的临界弯矩

$$M_{cr}=i_0\sqrt{N_{Ey}N_\omega}$$

将 $i_0^2=M_{cr}^2/(N_{Ey}N_\omega)$ 代入式(7-115)，得

$$\left(1-\frac{N}{N_{Ey}}\right)\left(1-\frac{N}{N_\omega}\right)-\left(\frac{M_x}{M_{cr}}\right)^2=0$$

或
$$\left(1-\frac{N}{N_{Ey}}\right)\left(1-\frac{N}{N_{Ey}}\Big/\frac{N_\omega}{N_{Ey}}\right)-\left(\frac{M_x}{M_{cr}}\right)=0 \tag{7-116}$$

N/N_{Ey}-N_ω/N_{Ey}-M_x/M_{cr} 的关系曲线示于图 7-45。一般情况，$N_\omega/N_{Ey}\geqslant 1$；如近似取 $N_\omega/N_{Ey}=1$，则得简单直线方程

$$N/N_{Ey}+M_x/M_{cr}=1 \tag{7-117}$$

上式是从双轴对称工字形截面压弯构件弹性屈曲公式近似导得的，经分析，对弹塑性屈曲以及单轴对称截面压弯构件也近似适用。一般情况下 $N_\omega > N_{Ey}$，此时计算结果偏于安全(图 7-45)。

将 N_{Ey} 和 M_{cr} 分别用 $\varphi_y f_y A$ 和 $\varphi_b f_y W_x$ 代替；并考虑其他荷载(非轴压＋纯弯)作用下构件弯矩分布的情况，将 M_x 乘以等效弯矩系数 β_{tx}，且用 f 代替 f_y，则式(7-117)为

$$\frac{N}{\varphi_y A f}+\eta\frac{\beta_{tx}M_x}{\varphi_b W_x f}\leqslant 1.0 \tag{7-118}$$

此即规范采用的单向压弯构件在弯矩作用平面外稳定计算公式。

式中 M_x——所计算构件段范围内最大弯矩设计值；

φ_y——弯矩作用平面外的轴心受压构件稳定系数；

φ_b——均匀弯曲的受弯构件整体稳定系数；对工字形和 T 形截面，当 $\lambda\leqslant 120\varepsilon_k$ 时，可按近似公式确定，参见附录 3 中钢梁整体稳定系数的近似计算；对箱形截面等闭口截面，取 $\varphi_b=1.0$；由于近似计算公式考虑了弹塑性失稳，故当计算出的 $\varphi_b>0.6$ 时，不必再修正；

η——调整系数，对箱形截面 $\eta=0.7$；对其他截面 $\eta=1.0$；

β_{tx}——等效弯矩系数，两端支承的构件段取其中央 1/3 范围内的最大弯矩与全段最大弯矩之比，但不小于 0.5；悬臂段取 $\beta_{tx}=1.0$。

7.9.5 实腹式双向压弯构件的稳定计算

双向压弯构件是指弯矩同时作用在截面两个主轴平面内的压弯构件。双向压弯构件失稳属空间失稳形式，尤其是钢材应力进入弹塑性阶段后，理论计算比较复杂，目前常用数值法分析求解。

为了设计应用方便，并与单向压弯构件计算衔接，采用相关公式表达形式来计算，即近似地采用包括 N、M_x、M_y 三项简单叠加的公式。现行规范规定：弯矩作用在两个主轴平面内的双轴对称实腹式工字形和箱形截面的压弯构件，其稳定性应按下列公式计算：

$$\frac{N}{\varphi_x A f}+\frac{\beta_{mx}M_x}{\gamma_x W_{1x}(1-0.8N/N'_{Ex})f}+\eta\frac{\beta_{ty}M_y}{\varphi_{by}W_{1y}f}\leqslant 1.0 \tag{7-119}$$

$$\frac{N}{\varphi_y A f}+\eta\frac{\beta_{tx}M_x}{\varphi_{bx}W_{1x}f}+\frac{\beta_{my}M_y}{\gamma_y W_{1y}(1-0.8N/N'_{Ey})f}\leqslant 1.0 \tag{7-120}$$

式中符号意义同前，下标 x 和 y 分别指绕 x 和 y 轴。其中 φ_{bx} 和 φ_{by}，对工字形截面一般以 x 为强轴，φ_{bx} 可按近似公式确定；φ_{by} 可取 1.0(认为 M_y 不会引起绕强轴发生侧扭屈曲)。对箱形截面，可取 $\varphi_{bx}=\varphi_{by}=1.0$。

上述线性相关公式实际是单向压弯构件整体稳定计算公式的推广，属于实用经验公式，理

论计算和工程实践表明偏于安全且计算便利。

【例 7-6】某单向压弯构件的简图、截面尺寸、受力和侧向支承情况如图 7-46 所示,试验算所用截面是否满足强度、刚度和整体稳定要求。钢材为 Q235 钢,翼缘为焰切边;构件承受静力荷载设计值(标准值)$F = 100$ kN ($F_k = 75$ kN)和 $N = 900$ kN($N_k = 700$ kN);容许挠度 $[w] = l/300$。

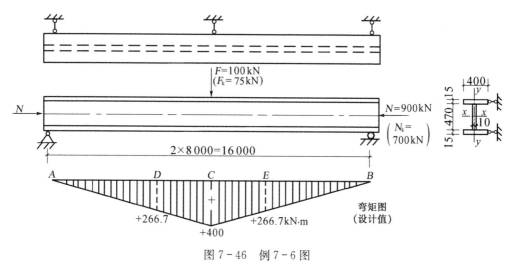

图 7-46 例 7-6 图

【解】(1) 求内力(设计值)

弯矩作用平面内构件段最大弯矩 $M_x = Fl/4 = 100 \times 16/4 = 400$ kN·m

轴心力 $N = 900$ kN

(2) 截面特性和长细比

$l_{0x} = 16$ m,$l_{0y} = 8$ m

$A = 470 \times 10 + 2 \times 400 \times 15 = 16\,700$ mm²

$I_x = (400 \times 500^3 - 390 \times 470^3)/12 = 792.4 \times 10^6$ mm⁴

$W_x = 792.4 \times 10^6/250 = 3.17 \times 10^6$ mm³

$i_x = \sqrt{792.4 \times 10^6/16\,700} = 217.8$ mm, $\lambda_x = 16\,000/217.8 = 73.5 < [\lambda] = 150$

$I_y = (2 \times 15 \times 400^3 + 470 \times 10^3)/12 = 160.0 \times 10^6$ mm⁴

$i_y = \sqrt{160.0 \times 10^6/16\,700} = 97.9$ mm, $\lambda_y = 8\,000/97.9 = 81.7 < [\lambda] = 150$

(3) 强度验算

$\gamma_x = 1.05$

$N/A_n + M_x/(\gamma_x W_{nx}) = 900 \times 10^3/16\,700 + 400 \times 10^6/(1.05 \times 3.170 \times 10^6)$

$= 53.9 + 120.2 = 174.1$ N/mm² $< f = 215$ N/mm²

强度满足要求。

(4) 刚度验算

λ_x 和 λ_y 均小于 $[\lambda] = 150$

$N_{Ex} = \pi^2 EA/\lambda_x^2 = \pi^2 \times 206 \times 10^3 \times 16\,700/73.5^2 = 6\,285 \times 10^3$ N $= 6\,285$ kN

$w_{max} = \dfrac{F_k l^3}{48 E I_x} \cdot \dfrac{1}{1 - N_k/N_{Ex}} = \dfrac{75 \times 10^3 \times 16\,000^3}{48 \times 206 \times 10^3 \times 792.4 \times 10^6 (1 - 700/6\,285)}$

$$=44.1 \text{ mm} < [w] = 16\,000/300 = 53.5 \text{ mm}$$

刚度要求满足。

（5）弯矩作用平面内的稳定性验算

$$\lambda_x = 73.5, \varphi_x = 0.729 (\text{b 类截面})$$

$$\gamma_x = 1.05$$

$$\beta_{mx} = 1 - 0.36 N/N_{Ex} = 1 - 0.36 \times 900/6\,285 = 0.948$$

$$\frac{N}{\varphi_x A f} + \frac{\beta_{mx} M_x}{\gamma_x W_x (1 - 0.8 N/N'_{Ex}) f}$$

$$= \frac{900 \times 10^3}{0.729 \times 16\,700 \times 215} + \frac{0.948 \times 400 \times 10^6}{1.05 \times 3.170 \times 10^6 (1 - 0.8 \times 900/5\,713.6) \times 215}$$

$$= 0.950 < 1.0$$

弯矩作用平面内整体稳定下满足要求。

（6）弯矩作用平面外的稳定性验算

$$\lambda_y = 81.7, \quad \varphi_y = 0.677 (\text{b 类截面})$$

由于 $\lambda_y < 120$，可用近似公式计算 φ_b：

$$\varphi_b (\varphi'_b) = 1.07 - \lambda_y^2/44\,000 = 1.07 - 81.7^2/44\,000 = 0.918$$

段内无横向荷载：

$$\beta_{tx} = \frac{2}{3} = 0.66$$

$$\frac{N}{\varphi_y A f} + \eta \frac{\beta_{tx} M_x}{\varphi_b W_x f} = \frac{900 \times 10^3}{0.677 \times 16\,700 \times 215} + 1.0 \frac{0.66 \times 400 \times 10^6}{0.918 \times 3.170 \times 10^6 \times 215}$$

$$= 0.792 < 1.0$$

弯矩作用平面外整体稳定下满足要求。

讨论：本例题中若中间侧向支承点由中央一个改为两个（各在 $l/3$ 点即 D 和 E 点），则 $\lambda_y = (16\,000/3)/97.9 = 54.5, \varphi_y = 0.836, \varphi_b (\varphi'_b) = 1.07 - 54.5^2/44\,000 = 1.002$，取 1.0。

对于弯矩作用平面外稳定性应验算跨中 $l/3$ 段即 DE 段（图 7-46 下图），该段最大弯矩 $M_x = 400 \text{ kN·m}$，该段内有端弯矩（D、E 点弯矩均为 266.7 kN·m）和横向荷载同时作用，全段产生同向曲率，故取 $\beta_{tx} = 1.0$。

$$\frac{N}{\varphi_y A f} + \eta \frac{\beta_{tx} M_x}{\varphi_b W_x f} = \frac{900 \times 10^3}{0.836 \times 16\,700 \times 215} + 1.0 \times \frac{1 \times 400 \times 10^6}{1 \times 3.170 \times 10^6 \times 215}$$

$$= 0.887 < 1.0 (\text{但大于 } 0.792)$$

由上述计算可知，在此例题中，设置两个中间侧向支承点对于构件中段反而不利。这在设计中应特别注意。

7.9.6 实腹式压弯构件的局部稳定

实腹式压弯构件中组成截面的板件与轴心受压构件和受弯构件的板件相似，在均匀压应力（如受压翼缘均匀受压）、不均匀压应力和剪应力（如腹板）作用下，当应力达到一定大小时，板件可能偏离其平面位置，发生波状凸曲，即板件发生屈曲，构件发生局部屈曲，也称丧失局部稳定性。压弯构件的局部稳定性常采用限制板件宽(高)厚比的办法来加以保证。

1) 实腹式压弯构件翼缘的宽厚比限值

工字形和箱形截面压弯构件的翼缘主要是承受压应力,剪应力很小,可忽略不计。长细比较大且承受轴力 N 为主时,最大压应力可能低于 f_y;长细比较小或承受 M 为主时,其值可能较大,常达到 f_y,甚至部分截面进入塑性区。可见压弯构件翼缘的应力状态与轴心受压或受弯构件的受压翼缘基本相同,其翼缘在均匀压应力下丧失局部稳定的机理也一样。故现行《钢结构设计标准》对压弯构件受压翼缘规定的宽厚比限值如下(图 7-47):

(1) 工字形和 T 形截面压弯构件受压翼缘自由外伸宽度 b' 与其厚度 t 之比应满足下式要求:

$$b'/t \leqslant 15\epsilon_k$$

或 $\qquad b'/t \leqslant 13\epsilon_k$ (当考虑截面部分塑性开展时) $\qquad$ (7-121)

上式规定与受弯构件受压翼缘 b'/t 的限值相同。

(2) 箱形截面压弯构件受压翼缘在两腹板之间的宽度 b_0 与其厚度 t 之比应满足下式要求:

$$b_0/t \leqslant 40\epsilon_k \qquad (7-122)$$

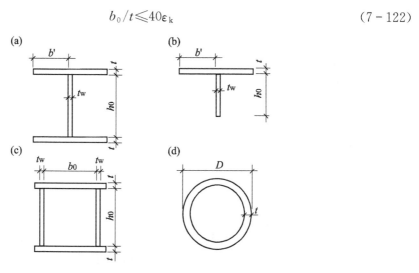

图 7-47　实腹式压弯构件板件宽厚比(高厚比)

2) 实腹式压弯构件腹板的高厚比限值

压弯构件腹板除承受不均匀压应力外,还有剪应力作用。不均匀压应力可能使腹板处于弹性状态(图 7-48a),也可能处于弹塑性状态(图 7-48b),因此其稳定性计算比较复杂。

腹板的稳定问题与其压应力的不均匀分布的梯度 $\alpha_0 = (\sigma_{max} - \sigma_{min})/\sigma_{max}$($\sigma_{min}$ 为拉应力时取负值)有关:$\alpha_0 = 0$ 表示腹板均匀受压;$\alpha_0 = 1$ 表示腹板正应力呈三角形分布受压;$\alpha_0 = 2$ 表示腹板处于纯弯曲状态。腹板的剪应力可认为是均匀分布。

四边简支板在不均匀正应力 $\sigma(\sigma_{max})$ 和平均剪应力共同作用下的弹性屈曲应力可用下列相关公式表达:

$$\left(\frac{\alpha_0}{2}\right)^5 \left(\frac{\sigma}{\sigma_0}\right)^2 + \left[1 - \left(\frac{\alpha_0}{2}\right)^5\right]\frac{\sigma}{\sigma_0} + \left(\frac{\tau}{\tau_0}\right)^2 = 1 \qquad (7-123)$$

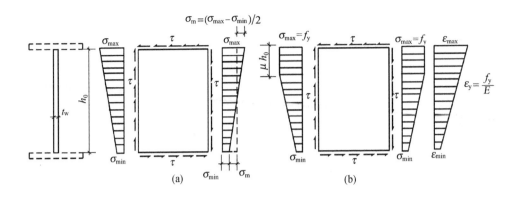

图 7-48　压弯构件腹板的局部稳定

式中 σ_0 和 τ_0 分别为腹板受 σ 和 τ 单独作用时的临界应力,参见本书第 5 章钢受弯构件腹板局部稳定一节。

当 $\alpha_0 = 2$ 时,式(7-123)变成

$$\left(\frac{\sigma}{\sigma_0}\right)^2 + \left(\frac{\tau}{\tau_0}\right)^2 = 1$$

即受弯构件腹板在弯曲应力 σ 和平均剪应力 τ 共同作用下的稳定相关公式。

一般情况,剪应力较小,τ 可近似取 $\tau = 0.3\sigma_m = 0.3(\sigma_{max} - \sigma_{min})/2 = 0.15\alpha_0\sigma_{max}$。这样,可求出 σ 和 τ 共同作用下腹板弹性屈曲时的临界压应力

$$\sigma_{cr} = \beta_e \frac{\pi^2 E}{12(1-\nu^2)} \left(\frac{t_w}{h_0}\right)^2 \qquad (7-124)$$

式中　β_e——正应力和剪应力联合作用时的弹性屈曲系数,与 σ/τ、应力梯度 α_0 有关。

运用上式可求得腹板 h_0/t_w 的最大限值。

实际上,压弯构件的腹板还通常在弹塑性状态下发生局部屈曲,此时构件截面在受压较大的一侧发展一定深度的塑性区,其截面塑性开展深度与应力梯度 α_0(图 7-48b)和构件长细比 λ 有关。σ 和 τ 共同作用下腹板弹塑性屈曲时的临界压应力

$$\sigma_{cr} = \beta_P \frac{\pi^2 E}{12(1-\nu^2)} \left(\frac{t_w}{h_0}\right)^2 \qquad (7-125)$$

式中　β_P——四边支承板在不均匀正应力和剪应力联合作用时的弹塑性屈曲系数,与 σ/τ、应变梯度 $\alpha_{\varepsilon 0}$ 和腹板的塑性开展深度有关。

腹板的塑性开展深度随构件与弯矩作用平面内的长细比 λ 有关。当 λ 较大时,塑性区深度较小(小于 $h_0/4$);而当 λ 较小时,塑性区深度较大。由此可知,腹板高厚比限值与构件弯矩作用平面内的长细比 λ 有关。注意到当 $\alpha_0 = 0$ 时,h_0/t_w 限值应与轴心受压构件的 h_0/t_w 限值协调一致;而当 $\alpha_0 = 2$ 时应与受弯构件的 h_0/t_w 要求一致。经过比较计算和简化,现行《钢结构设计标准》规定(图 7-47):

（1）工字形截面压弯构件腹板的 h_0/t_w 应满足：

当 $0\leqslant\alpha_0\leqslant1.6$ 时 　　　　　$h_0/t_w\leqslant(16\alpha_0+0.5\lambda+25)\varepsilon_k$ 　　　　(7-126)

当 $1.6<\alpha_0\leqslant2.0$ 时 　　　　　$h_0/t_w\leqslant(48\alpha_0+0.5\lambda-26.2)\varepsilon_k$ 　　　(7-127)

式中　λ——构件在弯矩作用平面内的长细比,当 $\lambda<30$ 时,取 $\lambda=30;\lambda>100$ 时,取 $\lambda=100$。

（2）箱形截面压弯构件腹板的受力情况与工字形截面的腹板一样,但考虑到两块腹板的受力状况可能有差别,腹板的嵌固条件不如工字形截面,故箱形截面压弯构件腹板的 h_0/t_w 不应超过式(7-126)、式(7-127)右边乘以 0.8 后的值,当此计算值小于 $40\varepsilon_k$ 时,采用 $40\varepsilon_k$。

（3）T 形截面压弯构件腹板高厚比限制规定得比较简单。当 α_0 较小时,应力分布比较均匀,近似按翼缘取,即当 $\alpha_0\leqslant1.0$ 时,不应超过 $15\varepsilon_k$；当 $\alpha_0>1.0$ 时,不均匀正应力分布对腹板局部稳定有利,高厚比可适当提高,放宽到 $18\varepsilon_k$。

当压弯构件腹板的高厚比不满足要求时,解决方法有：

（1）增大腹板厚度,但当腹板高度较大时此法不经济。

（2）设置纵向加劲肋加强腹板(图 7-24a),这时应验算纵向加劲肋与翼缘间腹板高厚比,特别是受压较大翼缘与纵向加劲肋之间的腹板高厚比,使其满足上述规定。

（3）对工字形和箱形截面压弯构件的腹板也可在计算构件的强度和稳定性时采用有效截面,即将腹板的截面仅考虑计算高度边缘范围内两侧宽度各为 $20t_w\varepsilon_k$ 的部分(图 7-24b,计算构件的稳定系数 φ 或 φ_{bx} 时,仍用全部截面)。

【例 7-7】试验算例题 7-6 中压弯构件的局部稳定是否满足要求。

【解】已知条件：Q235 钢,翼缘尺寸 400×15,腹板尺寸 470×10。

（1）翼缘：$b'/t=195/15=13=[b'/t]=13$(截面计算时考虑了部分发展塑性),满足。

（2）腹板：构件弯矩作用平面内的长细比 $\lambda_x=73.5$,

$$\sigma_{min}^{max}=\frac{N}{A}\pm\frac{M_x}{I_x}\cdot\frac{h_0}{2}=\frac{900\times10^3}{16\ 700}\pm\frac{400\times10^6\times235}{792.4\times10^6}=53.9\pm118.6=\begin{matrix}172.5\\-64.7\end{matrix}\text{ N/mm}^2$$

$$\alpha_0=(\sigma_{max}-\sigma_{min})/\sigma_{max}=(172.5+64.7)/172.5=1.375$$

$$[h_0/t_w]=16\alpha_0+0.5\lambda_x+25=16\times1.375+0.5\times73.5+25=83.8$$

$$h_0/t_w=470/10=47<[h_0/t_w]=83.8$$

故该压弯构件的翼缘和腹板均满足局部稳定要求。

7.9.7　格构式压弯构件

对于截面高度较大的压弯构件,采用格构式构件可以节约材料。由于构件受到较大的横向剪力,故一般采用缀条式。格构式压弯构件一般用于高度较大的工业厂房框架柱和高大的独立支柱。

常用的格构式压弯构件截面如图 7-49 所示,多采用两个分肢形式。当构件所受弯矩不大或正负弯矩的绝对值相差不大时,可采用对称截面(图 7-49a、b、c);若构件所受弯矩较大或正负弯矩的绝对值相差较大时,宜采用不对称截面,并在受压较大的一侧设置较大的分肢(图 7-49d、e)。

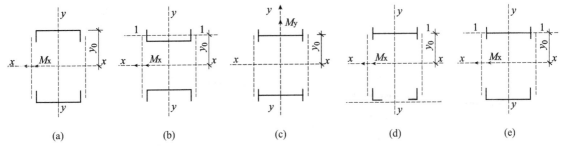

(a)　　　　　　(b)　　　　　　(c)　　　　　　(d)　　　　　　(e)

图 7-49　常用格构式压弯构件截面

格构式压弯构件的强度计算、刚度计算和局部稳定要求基本与实腹式压弯构件相同,不再叙述,但其整体稳定计算有不同点。

1) 弯矩绕实轴(y 轴)作用的整体稳定性计算

对弯矩绕实轴作用的格构式压弯构件,其弯矩作用平面内和平面外的整体性稳定计算方法和实腹式压弯构件相同。但是,在计算其弯矩作用平面外的稳定性时,绕虚轴(x 轴)的长细比应采用换算长细比 λ_{0x},稳定系数 $\varphi_b = 1.0$。

2) 弯矩绕虚轴作用的整体稳定性计算

(1) 弯矩作用平面内的整体稳定性应按下列公式计算:

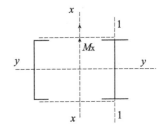

$$\frac{N}{\varphi_x A f} + \frac{\beta_{mx} M_x}{W_{1x}\left(1 - \dfrac{N}{N'_{Ex}}\right) f} \leqslant 1.0 \qquad (7-128)$$

$$W_{1x} = I_x / y_0 \qquad (7-129)$$

式中　I_x——对虚轴毛截面的惯性矩(mm^4);

　　　y_0——由虚轴到压力较大分肢的轴线距离或者到压力较大分肢腹板外边缘的距离,二者取较大者(mm);

　　　φ_x、N'_{Ex}——分别为弯矩作用平面内轴心受压构件稳定系数和参数,由换算长细比确定。

(2) 弯矩作用平面外的整体稳定性可不计算,但应计算分肢的稳定性,分肢的轴心力应按桁架的弦杆计算。对缀板柱的分肢尚应考虑由剪力引起的局部弯矩。

3) 分肢稳定性计算

格构式压弯构件弯矩绕虚轴作用时,两个分肢受力不相等。如图 7-50 所示,整个构件视为一平面桁架,两个分肢为桁架的弦杆,受到轴心压(拉)力作用。分肢的轴心力按下式计算:

分肢 1:

$$N_1 = N \frac{y_2}{a} - \frac{M}{a}$$

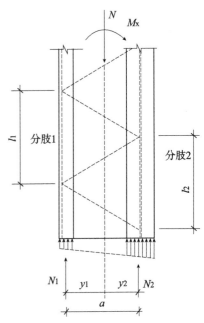

图 7-50　格构式压弯构件

— 324 —

分肢2：

$$N_2 = N - N_1$$

缀条式压弯格构构件的分肢按轴心受压构件计算。分肢的计算长度,在缀材平面内取缀条的节间长度,如图 7-50 中的 l_1 和 l_2;在缀材平面外,取构件侧向支承点之间的距离。

缀板式压弯格构构件的分肢除承受轴心力 N_1(或 N_2)外,还应考虑剪力引起的局部弯矩作用,参见图 7-31c,按实腹式压弯构件验算分肢的稳定性。

格构式压弯构件缀条的受力原理与格构式轴心受压构件缀条相同,但所受剪力应取构件的实际剪力和按式(7-94)计算值的较大者,按轴心受力构件计算并注意到相应的材料强度设计值和连接强度设计值的折减系数。

复习思考题

7-1　轴心受压构件的整体失稳有哪几种形式?

7-2　轴心受压构件的稳定承载力与哪些因素有关?

7-3　残余应力对轴心受压构件的强度与稳定有什么影响?

7-4　工字形截面轴心受压构件翼缘和腹板的局部稳定性计算公式中,λ 为什么应取构件两个方向长细比的较大值?

7-5　压弯构件采用什么样的截面形式较合理?

7-6　如何计算实腹式压弯构件在弯矩作用平面内的稳定性?

7-7　为什么要采用等效弯矩系数?

7-8　怎样计算实腹式压弯构件在弯矩作用平面外的稳定性?

7-9　轴心受压柱 $l_{0x}=10\text{ m}$,$l_{0y}=5\text{ m}$,钢材采用 Q235-F,截面为轧制 I30a,截面无削弱。试问其最大承载力是多少?

7-10　两端铰接的焊接工字形截面轴心受压柱,高度为 10 m,采用图中两种截面(截面面积相等),翼缘为轧制边,钢材为 Q235。试计算这两种截面柱所能承受的轴心压力设计值、验算局部稳定并作比较说明。

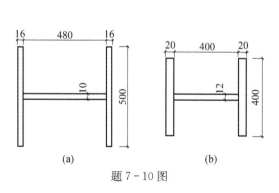

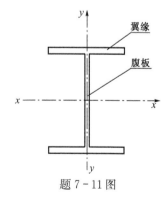

题 7-10 图　　　　　　　　　　题 7-11 图

7-11　试验算如图所示焊接工字形截面柱。已知柱承受轴心压力 N 值,计算长度 l_{0x}、l_{0y} 值,翼缘边缘加工方法,截面尺寸及钢种见下表,截面无削弱。

序号	轴心压力 /kN	l_{0x}/m	l_{0y}/m	翼缘边缘 加工方法	翼缘尺寸 /mm×mm	腹板尺寸 /mm×mm	钢种
1	6 000	6	6	焰切边	600×20	640×12	Q235-F
2	3 000	10	10	剪切边	400×25	400×10	Q235-F
3	3 000	10	10	剪切边	500×20	500×8	Q235-F
4	900	4	4	轧制边	280×10	240×6	Q345
5	1 000	5	5	轧制边	250×10	200×6	Q345
6	1 800	6	3	焰切边	200×16	450×10	Q345

7-12 试验算一 I 28a 型钢支柱。柱的计算长度值为 $l_{0x}=15$ m，$l_{0y}=5$ m，轴心力 $N=150$ kN，$[\lambda]=200$，用 Q345 钢制作，x 轴为强轴。

7-13 某轴心受压柱为工字形焊接组合截面，上端铰接，下端固接。已知 $l_{0x}=20$ m，$l_{0y}=5$ m，轴心力 $N=3\,500$ kN，钢材为 Q235-F。试验算整体稳定（截面尺寸为翼缘 400× 16，腹板 780×14，翼缘边为轧制边）。

7-14 试设计一工作平台柱的截面。已知柱高 6 m，两端铰接，截面为焊接工字形，翼缘为轧制边，柱的轴心压力设计值为 5 000 kN，钢材为 Q235-F，焊条为 E43 型，采用自动焊。

7-15 某用缀条联系的 Q235 钢格构式轴心受压柱的截面如图所示。已知柱高 12 m，两端两方向均为铰接，并在绕 y 轴方向跨中设置侧向支承点对两个槽钢作可靠支承。试求该柱轴心受压承载力设计值（不要求验算缀条）。

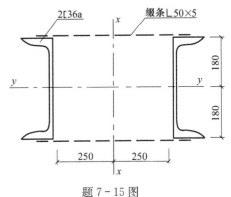

题 7-15 图

7-16 某压弯杆长 15 m，两端铰接，承受轴心力 $N=1\,000$ kN，中央横向集中荷载 $F=150$ kN，钢材采用 Q345，在弯矩作用平面外跨中有两个侧向支承点（位置在三分点处），截面如图所示。试验算整体稳定（翼缘为焰切边）（荷载均为设计值）。

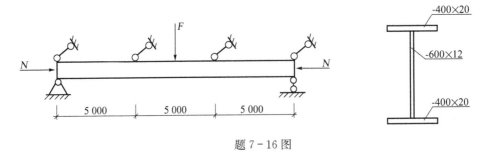

题 7-16 图

7-17 某焊接工字形截面柱，其翼缘边缘采用火焰切割（焰割边）。已知柱上端作用有轴心力 $N=2\,000$ kN，水平力 $H=75$ kN（包括自重，均为设计值）；柱上端自由。侧向支承和截面尺寸如图所示，钢材为 Q235-F。试验算柱的整体稳定。

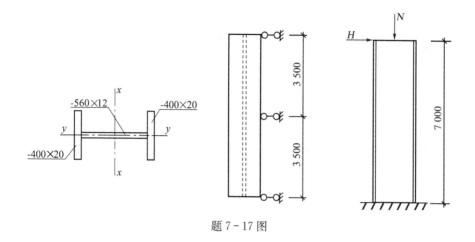

题 7-17 图

7-18 某压弯杆件的受力支承情况及截面尺寸如图所示,钢材为 Q345。试验算弯矩作用平面外的稳定。

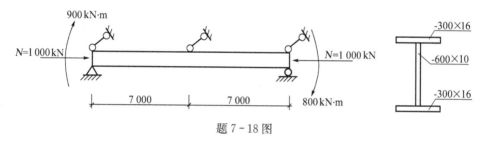

题 7-18 图

7-19 某厂房柱如图所示。上柱计算长度系数为 2.88,下柱计算长度系数为 2.33。上柱轴心力 $N=750\ kN$,弯矩 $M_x=290\ kN\cdot m$,下柱 $N=2\ 500\ kN$,$M_x=590\ kN\cdot m$,钢材为 Q235。试验算其整体稳定。

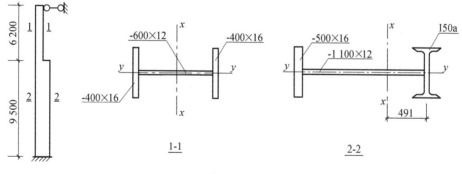

题 7-19 图

7-20 某缀条压弯柱的截面如图所示。缀条倾角为 45°,计算长度 $l_{0x}=18.2\ m$,$l_{0y}=29.3\ m$,钢材为 Q235-F,最大轴心力(包括自重)$N=2\ 500\ kN$,绕虚轴弯矩 $M_y=\pm 2\ 200\ kN\cdot m$。试验算此柱整体稳定。

7-21 某厂房车间边柱截面如图所示。钢材为 Q235-F,受轴心力 $N=1\ 140\ kN$,弯矩 $M_y=1\ 320\ kN\cdot m$,工字形柱肢受压 $l_{0x}=12\ m$,$l_{0y}=6\ m$。试验算此柱弯矩平面内的稳定。

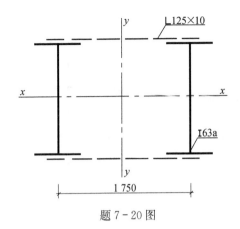

题 7-20 图

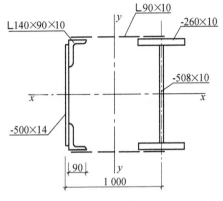

题 7-21 图

7-22 某天窗架的侧柱,受屋面传来的集中力 $N=45$ kN,作用侧向的风荷载为 $W=3.6$ kN/m,柱长 4.2 m,两端铰接,钢材为 Q235 钢,截面为 2∟110×70 ×6,长肢相拼,如图所示。试验算该柱的整体稳定。

7-23 验算习题 7-16 压弯杆件的翼缘和腹板的 局部稳定。

7-24 验算习题 7-19 厂房上下柱的局部稳定。

7-25 验算习题 7-20 压弯柱的单肢稳定。

7-26 验算习题 7-21 压弯柱的单肢稳定。

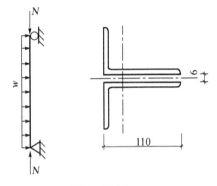

题 7-22 图

8 混凝土柱设计计算原理

本章介绍了钢筋混凝土轴心受压、偏心受压、轴心受拉和偏心受拉构件的设计计算方法。通过本章的学习,应掌握轴心和偏心受力构件正截面应力分布特点、受力全过程和截面破坏类型及特征;了解螺旋箍筋柱的工作原理,掌握配有普通箍筋和螺旋箍筋轴心受压构件正截面承载力计算公式的建立和设计计算方法;掌握偏心受力构件正截面计算的基本假设、简化方法以及正截面承载力计算公式的建立和设计计算方法;了解偏心受力构件斜截面受力特点和计算原理,掌握斜截面抗剪承载力的设计计算方法;掌握混凝土构件截面弯矩和轴力相关曲线的概念和应用。

8.1 截面形式及破坏类型

8.1.1 轴向受力构件

当轴向压力或拉力作用在截面形心(构件轴心线)处,截面上的正应力均匀分布时,称为轴心受力构件。在工程结构中,由于材料性能不均匀或制作、构造误差等因素,几乎没有真正的轴心受力构件。一般设计时,只要轴向力作用点与构件截面形心重合,就可以近似按轴心受力构件计算。

若轴向力作用点位于截面一个形心主轴上并有偏心距 $e_0(N、e_0)$,或同时作用轴心力和绕一个形心主轴的弯矩$(N、M)$时,称为(单向)偏心受力构件,此时截面上的应力不均匀分布。

8.1.2 截面形式

在工程结构中,常用的钢筋混凝土柱的截面形式如图 8-1 所示。

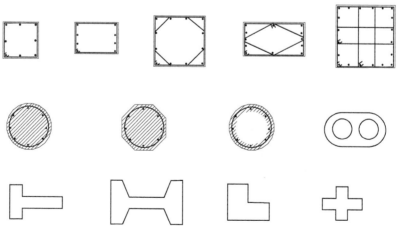

图 8-1 截面形式

对大跨度房屋中的柱,轴向力偏心距较大,此时可对受拉区预加压力,即采用预应力混凝土柱。

对于大跨、重载结构,解决"胖"柱的主要方法之一就是采用钢-混凝土组合柱。目前采用较多的是钢管混凝土柱及型钢混凝土柱。钢管混凝土柱可以为单肢柱,当荷载及偏心均较大时,也可以采用格构柱(图 8-2a～d);型钢混凝土柱周边设纵向钢筋,内部设工字形、十字形或箱形钢骨(图 8-2e～h)。此外,也有采用角钢或槽钢外包于混凝土柱角部(或边部)的外包钢混凝土柱,这同样是钢-混凝土组合柱。

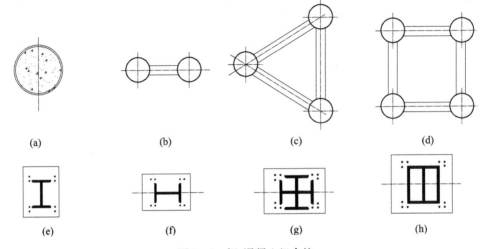

图 8-2 钢-混凝土组合柱

(a) 钢管混凝土单肢柱;(b)、(c)、(d) 钢管混凝土格构柱;

(e)、(f) 工字形钢骨混凝土柱;(g) 十字形钢骨混凝土柱;(h) 箱形钢骨混凝土柱

8.1.3 破坏类型

1) 截面强度破坏

普通钢筋混凝土轴心和偏心受压柱均配有纵向受力钢筋和横向箍筋。轴心受压时,截面上的钢筋与混凝土应变相同,且均匀分布。发生强度破坏时,混凝土达到极限压应变 ε_0,柱四周出现明显的纵向裂缝,箍筋间的纵筋屈服并外鼓,混凝土被压碎(图 8-3)。此时,对普通钢筋混凝土柱,一般两种材料均可发挥作用。

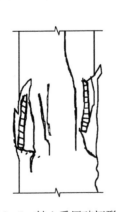

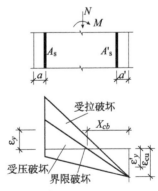

图 8-3 轴心受压破坏形态　　图 8-4 偏心受压柱截面应变

偏心受压柱发生强度破坏特征类似于钢筋混凝土梁,截面上的平均应变分布情况如图8-4所示。当材料性能及截面尺寸一定时,由于荷载、偏心距、受拉及受压钢筋量等的不同,将发生受拉破坏和受压破坏。发生两类强度破坏时,不论截面上钢筋的应力或应变如何,受压边缘混凝土都将因达到极限压应变 ε_{cu} 而破坏。

(1)受拉破坏。当偏心距较大且受拉钢筋配置不多时,在荷载的作用下,截面受拉一侧首先出现横向裂缝,受拉混凝土逐渐退出工作。之后,随着荷载的增大,逐渐形成主裂缝,受拉钢筋应力明显增加。随着荷载的进一步增大,受拉钢筋屈服,裂缝明显开展,然后受压边缘混凝土达极限压应变 ε_{cu} 而压碎,截面达到极限状态。此时,一般情况下受压钢筋 A'_s 都会受压屈服。受拉破坏属于延性破坏。

(2)受压破坏。当偏心距较小,或虽然偏心距较大,但所配受拉钢筋 A_s 过多时,在荷载的作用下,截面全部或大部分受压。随着荷载的增大,在受拉钢筋屈服之前,受压边缘混凝土达到极限压应变 ε_{cu} 而压碎,构件丧失继续承载的能力。此时,钢筋 A_s 受压或受拉,但受拉时未屈服。受压破坏属脆性破坏性质。

在受拉破坏与受压破坏之间存在着一种界限状态,称为界限破坏,即在受拉钢筋 A_s 受拉屈服的同时,受压边缘混凝土达极限压应变 ε_{cu}。

2)构件失稳破坏

整体失稳破坏是各种材料柱的主要破坏形式。

对轴心受压中长柱,随着轴向压力的增大,会从稳定平衡状态过渡到随遇平衡状态,也称临界状态,这时的轴向压力称为临界压力。钢筋混凝土矩形截面柱一般发生的是弯曲失稳,因此,钢筋混凝土柱截面承载力计算时,要综合考虑受压柱特点,引入轴心受压柱的稳定系数 φ 以考虑纵向弯曲影响。

对偏心受压中长柱,当在一个对称轴平面内作用有弯矩时,如果非弯矩作用方向有足够支承可以阻止发生侧向位移时,则只会在弯矩作用平面内发生弯曲失稳破坏;若侧向缺乏足够支承,则也可能发生弯矩作用平面外的弯曲失稳。因此,单向偏心受压柱的整体失稳可分为弯矩作用平面内和平面外两种情况。

在弯矩作用平面内,如图8-5所示,外荷载偏心距为 $e_0(M=Ne_0)$,由于纵向弯曲变形产生侧向挠度 f,则将引起附加弯矩 Nf,此称为"二阶效应",习称"$p-\delta$"效应,这是一种非线性效应,使外弯矩效应增加至 $M=N(e_0+f)$。此时,外弯矩增量随轴向压力增大而非线性增长,从而使轴向压力和侧向位移间呈现出更明显的非线性。与轴心受压柱一样,一旦轴向压力超过临界值时,柱不能维持平衡状态,便发生失稳破坏。因此,对钢筋混凝土柱进行设计时,应在考虑纵向弯曲影响的基础上,进行截面承载力计算。

无论轴心受压柱还是偏心受压柱,发生失稳时,材料没有或尚未完全破坏,即受压混凝土尚未压碎。失稳破坏不只是未能充分利用材料,更主要的是破坏突然,后果严重。

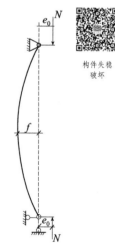

构件失稳破坏

图8-5
偏心受压柱

8.2 轴心受压柱的承载力计算

8.2.1 配有普通箍筋柱正截面承载力计算

轴心受压柱的最常见配筋形式如图8-6所示,包括纵向钢筋和普通箍筋。纵筋可以承受部分轴向压力,以减少截面尺寸;增加柱子的延性,防止突然的脆性破坏;还可以减少混凝土收缩徐变引起的变形。箍筋能与纵筋形成骨架;防止纵筋屈曲外凸;当密排时可以约束核心混凝土,从而提高其强度和极限压应变。

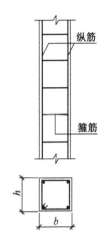

图 8-6 配有普通箍筋的柱

1) 截面的受力全过程

根据第 2 章的介绍,在轴心压力作用下,钢筋和混凝土分别有图 8-7a 和 8-7b 所示的应力-应变关系(本构关系)。在轴心受压柱截面上,压应变是均匀分布的,随着轴向压力 N 的增大,由于混凝土应力和应变的非线性关系,截面上钢筋应力和混凝土应力的比值不断调整,即出现应力重分布。如图 8-7c 所示,在轴力 N 较小时,截面混凝土和钢筋基本处于弹性阶段(第Ⅰ阶段),钢筋应力 σ'_s 和混凝土应力 σ_c 与 N 基本呈线性关系;随着轴力 N 的增大,混凝土进入明显非线性阶段,在相同的应变增量下,混凝土应力增加的速度减缓,而导致钢筋的应力增加速度加快,构件进入弹塑性阶段(第Ⅱ阶段);当钢筋受压屈服后,构件进入破坏阶段(第Ⅲ阶段),此时钢筋应变增加但应力不增大,反过来导致混凝土压应力迅速增大,直至破坏。

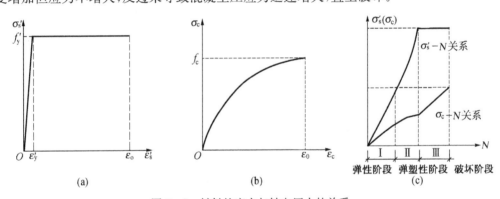

图 8-7 材料的应力与轴向压力的关系

(a) 钢筋的本构关系;(b) 混凝土的本构关系;(c) 截面应力与轴向压力的关系

上述分析表明,在截面发生破坏之前,虽然根据变形协调条件,钢筋和混凝土的压应变是相同的,但是由于材料性能的差异,钢筋和混凝土之间存在应力重分布现象,不同的受力阶段应力重分布的特征是不一样的。因此,不同受力阶段钢筋和混凝土的应力值,应根据变形协调条件及各自的应力应变关系,通过平衡条件求解。

2) 正截面内力分析及承载力

(1) 短期荷载作用下截面的应力分析

根据图 8-8 所示轴心受压钢筋混凝土短柱的正截面计算简图,在正常使用荷载 N 作用下,截面应满足下述平衡条件:

$$\sigma'_s A'_s + \sigma_c A_c = N \tag{8-1}$$

式中 σ'_s、σ_c——分别表示截面中纵向受压钢筋和混凝土的压应力;

A'_s、A_c——分别表示截面中纵向受压钢筋和混凝土的面积。

根据钢筋和混凝土材料的应力应变关系,在钢筋达到屈服前,钢筋和混凝土的应力可以表示为

$$\sigma'_s = E_s \varepsilon'_s \tag{8-2}$$

$$\sigma_c = E'_c \varepsilon_c = \nu'_c E_c \varepsilon_c \tag{8-3}$$

式中　E_s、E_c——分别表示钢筋和混凝土的弹性模量；

　　　ε'_s、ε_c——分别表示纵向受压钢筋和混凝土的压应变；

　　　ν'_c——混凝土的弹性系数。

钢筋和混凝土的应变满足：

$$\varepsilon'_s = \varepsilon_c \tag{8-4}$$

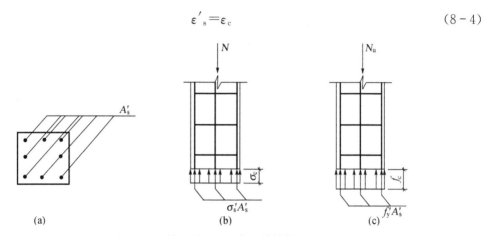

图 8-8　轴心受压柱正截面计算简图
(a) 截面示意图；(b) 正常使用荷载作用下；(c) 极限荷载作用下

将式(8-2)~式(8-1)中,并引入纵向受压钢筋配筋率 $\rho'(=A'_s/(A_c+A'_s)$ $\approx A'_s/A_c)$ 和钢筋与混凝土弹性模量比 $\alpha_E(=E_s/E_c)$,整理后可以得到在正常使用荷载 N 作用下,混凝土和钢筋的压应力

$$\sigma_c = \frac{N}{A_c + \dfrac{\alpha_E}{\nu'_c} A'_s} = \frac{N}{\left(1 + \dfrac{\alpha_E \rho'}{\nu'_c}\right) A_c} \tag{8-5}$$

$$\sigma'_s = \frac{N}{A_c + \dfrac{\alpha_E}{\nu'_c} A'_s} \cdot \frac{\alpha_E}{\nu'_c} = \frac{N}{\left(1 + \dfrac{\alpha_E \rho'}{\nu'_c}\right) A_c} \cdot \frac{\alpha_E}{\nu'_c} \tag{8-6}$$

式(8-5)和式(8-6)分别是图 8-7c 中钢筋应力和混凝土应力随着轴向力变化曲线的方程。由于随着荷载(混凝土压应力)的增加,混凝土的弹性系数逐渐减小,所以混凝土应力的增加速度逐渐减缓而钢筋应力的增加速度逐渐加快。

(2) 长期荷载作用下截面的应力分析

在长期荷载作用下,混凝土将产生徐变,但是由于钢筋对混凝土徐变的约束作用,混凝土的徐变得不到自由发展,因此在截面内将产生应力重分布。

如果假设在长期荷载作用下混凝土的自由徐变值为 ε_{cr},则混凝土的总变形由两部分组成,即混凝土的受力变形 ε_c 和混凝土的徐变值 ε_{cr},由于钢筋和混凝土的共同工作,钢筋和混凝土的应变满足:

$$\varepsilon'_s = \varepsilon_c + \varepsilon_{cr} \tag{8-7}$$

将式(8-2)、式(8-3)和式(8-7)代入截面平衡方程式(8-1)中,整理后可以得到在长期荷载 N 作用下,混凝土和钢筋的压应力

长期荷载作用下混凝土和钢筋的应力重分布曲线

$$\sigma_c = \frac{N - \varepsilon_{cr} A'_s E_s}{A_c + \dfrac{\alpha_E}{\nu'_c} A'_s} \tag{8-8}$$

$$\sigma'_s = \frac{\dfrac{\alpha_E}{\nu'_c} N + \varepsilon_{cr} A_c E_s}{A_c + \dfrac{\alpha_E}{\nu'_c} A'_s} \tag{8-9}$$

与短期荷载作用下的截面应力相比较,混凝土和钢筋的应力均发生了变化,即产生了应力重分布,混凝土的应力降低了,而钢筋的应力增大了。其变化量分别为

$$\Delta \sigma_c = -\frac{\varepsilon_{cr} A'_s E_s}{A_c + \dfrac{\alpha_E}{\nu'_c} A'_s} = -\frac{\varepsilon_{cr} \rho' E_s}{1 + \dfrac{\alpha_E}{\nu'_c} \rho'} \tag{8-10}$$

$$\Delta \sigma'_s = \frac{\varepsilon_{cr} A_c E_s}{A_c + \dfrac{\alpha_E}{\nu'_c} A'_s} = \frac{\varepsilon_{cr} E_s}{1 + \dfrac{\alpha_E}{\nu'_c} \rho'} \tag{8-11}$$

分析上述计算结果不难看出:混凝土的徐变(或收缩)引起的应力重分布的程度与截面钢筋的配筋率有关,截面配筋率越高,混凝土的徐变(或收缩)引起混凝土应力降低的程度越大;截面配筋率越低,混凝土的徐变(或收缩)引起钢筋应力增加的程度越大。因此,对于截面配筋率很高,而且较高的长期荷载突然卸除时,由于混凝土的徐变变形大部分不能恢复,钢筋的回弹将使混凝土的应力降低过多而产生拉应力;而当截面配筋率过低时,混凝土的徐变(或收缩)引起钢筋应力增量过大,可能使钢筋过早地达到屈服强度,导致构件破坏。所以在钢筋混凝土柱的设计时,应适当地控制截面的配筋率,纵向受力钢筋的数量不能过多,也不能过少。

(3) 极限荷载作用下截面的应力分析

当混凝土达到极限压应变(压碎)时,轴心受压柱正截面达到承载能力极限状态。

若纵向钢筋采用低强度等级钢筋($f'_y \leqslant E_s \varepsilon_0$),当混凝土达到极限压应变 ε_0 时,钢筋达到屈服强度,因此按照图 8-8c 所示的计算简图,根据截面平衡条件,截面的极限承载能力为

$$N_u = f_c A_c + f'_y A'_s \tag{8-12}$$

若纵向钢筋采用较高强度等级钢筋($f'_y > E_s \varepsilon_0$),则当混凝土达到极限压应变 ε_0 时,钢筋仍未屈服,此时钢筋的应力只能达到 $E_s \varepsilon_0$,因此根据截面平衡条件,截面的极限承载能力为

$$N_u = f_c A_c + E_s \varepsilon_0 A'_s \tag{8-13}$$

3) 设计计算方法

(1) 计算公式

按照现行设计规范,对配有普通箍筋的钢筋混凝土轴心受压构件,考虑柱子纵向弯曲对承载力影响后,其正截面承载能力设计值应按照下列公式计算:

$$R = N_u = 0.9\varphi(f_c A_c + f'_y A'_s) \tag{8-14}$$

式中 N_u——正截面受压承载力设计值；

0.9——修正系数；

φ——稳定系数，其值与构件的长细比有关：根据实验结果，当 $l_0/b \leqslant 8$，或 $l_0/d \leqslant 7$，或 $l_0/i \leqslant 28$ 时，一般称为短柱，此时稳定系数取值 1；当不满足短柱条件时，随着长细比增大，稳定系数逐渐降低，其值可以在表 8-1 中查出，或直接按照下述公式计算：

对矩形截面：$\varphi = \left[1 + 0.002 \left(\dfrac{l_0}{b} - 8 \right)^2 \right]^{-1}$；

对圆形截面：以 $b = \sqrt{3}\,d/2$ 代入上式；

对其他任意截面：以 $b = \sqrt{12}\,i$ 代入上式；

l_0——构件的计算长度，可以按照有关规范的规定取值；

b——矩形截面的短边尺寸；

d——圆形截面的直径；

i——任意截面的最小回转半径；

f_c——混凝土抗压强度设计值；

A_c——构件截面混凝土的面积，其值为 $(A - A_s')$，当纵向钢筋配筋率小于 3% 时，可以近似取截面面积 A；

A——构件截面面积；

A_s'——全部纵向钢筋的截面面积。采用 500 MPa 级钢筋时，其配筋率不应低于 0.5%；采用 400 MPa 级钢筋时，不应低于 0.55%；采用 300 MPa 或 335 MPa 级钢筋时，不应低于 0.6%。同时，一侧钢筋配筋率不应低于 0.2%。

表 8-1　钢筋混凝土轴心受压构件的稳定系数

l_0/b	$\leqslant 8$	10	12	14	16	18	20	22	24	26	28
l_0/d	$\leqslant 7$	8.5	10.5	12	14	15.5	17	19	21	22.5	24
l_0/i	$\leqslant 28$	35	42	48	55	62	69	76	83	90	97
φ	1.0	0.98	0.95	0.92	0.87	0.81	0.75	0.70	0.65	0.60	0.56
l_0/b	30	32	34	36	38	40	42	44	46	48	50
l_0/d	26	28	29.5	31	33	34.5	36.5	38	40	41.5	43
l_0/i	104	111	118	125	132	139	146	153	160	167	174
φ	0.52	0.48	0.44	0.40	0.36	0.32	0.29	0.26	0.23	0.21	0.19

因此，根据公式(2-60)，配有普通箍筋的钢筋混凝土轴心受压构件正截面承载能力设计公式可以表示为

$$\gamma_0 N \leqslant 0.9 \varphi (f_c A_c + f_y' A_s') \qquad (8-15)$$

式中　N——轴向力设计值。

（2）截面设计

在进行截面设计时，一般在初步设计中根据设计经验和构造要求确定截面尺寸和材料强度，再根据构件的长细比查表 8-1 确定稳定系数 φ，然后按照式(8-15)计算确定钢筋面积。

如果需要，也可以首先假设截面配筋率 ρ'、稳定系数 φ 以及材料强度，根据式(8-15)初步计算确定截面面积 A 和形式，然后再根据构件的长细比查表 8-1 确定稳定系数 φ，最后按照公式 (8-15)计算确定钢筋面积。

【例 8-1】 已知某安全等级为二级的钢筋混凝土柱，承受轴向压力设计值 $N=3\,280$ kN，计算长度 $l_0=4.5$ m，试设计该构件截面。

【解】 ① 确定材料强度等级

采用 C25 混凝土强度($f_c=11.9$ N/mm²)，HRB335 级钢筋($f'_y=300$ N/mm²)。

② 确定截面面积及形式

假设 $\rho'=1\%$，$\varphi=1$，根据公式(8-15)可求得

$$A=\frac{\gamma_0 N}{0.9\varphi(f_c+\rho'f'_y)}=\frac{1\times3\,280\,000}{0.9\times1\times(11.9+0.01\times300)}=244\,594 \text{ mm}^2$$

采用正方形截面，则 $b=h=495$ mm，取 $b=h=500$ mm。

③ 计算稳定系数 φ

根据 $l_0/b=4\,500/500=9.0$，由表 8-1 得 $\varphi=0.99$。

④ 计算受压钢筋

根据式(8-15)，得

$$A'_s=\frac{\dfrac{\gamma_0 N}{0.9\varphi}-f_c A}{f'_y}=\frac{\dfrac{1\times3\,280\,000}{0.9\times0.99}-11.9\times500^2}{300}=2\,354 \text{ mm}^2$$

选用 12 Φ 16，$A'_s=2\,412$ mm²，$\rho=\dfrac{A'_s}{A}=\dfrac{2\,412}{500^2}=0.96\%\geqslant\rho_{min}=0.6\%$。

(3) 截面复核

在进行截面复核时，截面尺寸和材料强度等均为已知条件，则可以根据实际的长细比查表求出 φ 后，带入公式(8-14)计算确定轴心抗压承载力设计值 N_u。

【例 8-2】 已知某安全等级为二级的钢筋混凝土柱，计算长度 $l_0=3.70$ m，截面尺寸 $b\times h=350\times350$ mm²，配有 8 Φ 16 钢筋($A'_s=1\,607$ mm²)，混凝土强度等级 C20($f_c=9.6$ N/mm²)，采用 HRB335 级钢筋($f'_y=300$ N/mm²)，承受轴向压力设计值 $N=1\,400$ kN。试复核该柱的承载能力。

【解】 ① 计算稳定系数 φ

根据 $l_0/b=3\,700/350=10.60$，由表 8-1 查得 $\varphi=0.971$。

② 求 N_u 并验算承载力

根据式(8-14)，得

$$N_u=0.9\varphi(f_c A_c+f'_y A'_s)=0.9\times0.971\times(9.6\times350^2+300\times1\,607)$$
$$=1\,449\,014 \text{ N}\approx1\,449 \text{ kN}>N=1\,400 \text{ kN}$$

8.2.2　配有螺旋箍筋柱正截面承载力计算

1) 受力全过程和破坏特征

(1) 受力全过程

当在柱内配有螺旋箍筋或焊接环筋(也称为间接钢筋)时，如图 8-9 所示，由于轴向压力

作用下引起的混凝土横向变形受到约束,导致核心区内混凝土处于三向受压状态,因此混凝土力学性能产生了变化,所以配有螺旋箍筋或焊接环筋柱的受力全过程和破坏特征与普通箍筋柱有明显不同。

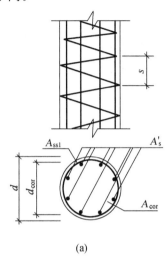

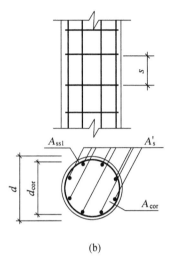

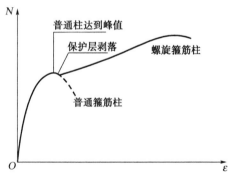

图 8-9　螺旋箍筋柱和焊接环筋柱
(a) 螺旋箍筋柱;(b) 焊接环筋柱

图 8-10 示出了其他条件相同的普通箍筋柱和螺旋箍筋柱荷载-应变全过程曲线示意图。可以看出,在接近普通箍筋柱承载能力之前,由于混凝土横向变形量较小,螺旋箍筋对混凝土的横向约束作用不明显,螺旋箍筋柱的变形曲线和普通箍筋柱的变形曲线基本相同;当荷载继续增加,普通柱混凝土因达到极限变形而破坏,达到极限承载能力,此时螺旋筋柱箍筋外面的保护层开始崩裂剥落,有效截面减少,曲线有一定的回落,但由于箍筋内的混凝土,即核心混凝土的横向变形受到约束,处于三向受压状态,其抗压强度明显提高,因此仍可以继续受力,承担的外荷载可以逐渐提高,曲线逐渐回升;随着荷载的不断增大,螺旋筋对核心混凝土的约束作用越来越大,螺旋筋的环向拉力也不断增大,直至螺旋筋达到屈服,不能再约束新增加荷载导致的横向变形,核心混凝土受到的约束作用达到最大,混凝土的强度也不再提高,螺旋箍筋柱达到承载能力极限状态。

图 8-10　螺旋箍筋柱的受力全过程

(2) 破坏特征

螺旋箍筋短柱的破坏是以螺旋筋屈服为标志的。与普通混凝土柱相比,螺旋箍筋柱不但承载能力可以提高,其延性也明显改善。达到承载能力极限状态时,混凝土的压应变可达 0.01 以上,其值与螺旋筋的配置量有关,螺旋筋的直径越大,间距越小,其值越大。

2) 正截面承载力计算

在螺旋箍筋柱中,被螺旋箍筋所包围的核心混凝土处于约束受压状态,其抗压强度高于混凝土轴心抗压强度,根据式(3-27):

$$f_{cc} = f_c + k\sigma_r \qquad (8-16)$$

式中 σ_r——作用于核心混凝土侧面单位面积上的压力；

k——侧向压力效应系数。

根据前面介绍的螺旋箍筋柱破坏特征，当达到承载能力极限状态时，螺旋箍筋达到屈服，此时螺旋箍筋对核心混凝土产生的侧向约束应力可以根据图 8-11 所示计算简图计算。在图 8-11 中，沿径向把箍筋切开，则在箍筋间距 s 范围内，作用在核心混凝土上的约束应力 σ_r 的合力应与一道箍筋的拉力平衡，即

$$\sigma_r s d_{cor} = 2 f_{yv} A_{ss1} \qquad (8-17)$$

所以

$$\sigma_r = \frac{2 f_{yv} A_{ss1}}{s d_{cor}} \qquad (8-18)$$

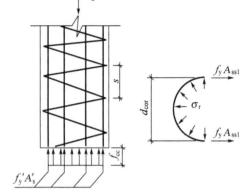

当达到极限状态时，螺旋箍筋外混凝土已经严重剥落，仅核心混凝土和钢筋参与受力，按照图 8-11，根据截面平衡条件，截面的极限承载能力为

$$N_u = f_{cc} A_{cor} + f'_y A'_s \qquad (8-19)$$

图 8-11　达到极限状态时截面计算简图

将式(8-16)和式(8-18)代入，整理可得

$$N_u = f_c A_{cor} + f'_y A'_s + \frac{2 k f_{yv} A_{ss1}}{s d_{cor}} A_{cor} \qquad (8-20)$$

若令 $A_{ss0} = \pi d_{cor} A_{ss1}/s$，即按照体积相等的原则将间距为 s 的箍筋换算成截面面积为 A_{ss0} 的纵向钢筋，则公式(8-20)可以表示为

$$N_u = f_c A_{cor} + f'_y A'_s + k f_{yv} A_{ss0}/2 \qquad (8-20a)$$

3) 设计计算方法

(1) 计算公式

按照现行设计规范，对配有螺旋式或焊接环式间接钢筋的混凝土轴心受压构件，其正截面承载能力设计值应按照下列公式计算：

$$R = N_u = 0.9(f_c A_{cor} + f'_y A'_s + 2\alpha f_{yv} A_{ss0}) \qquad (8-21)$$

式中 N_u——正截面受压承载力设计值；

0.9——修正系数；

f_c——混凝土抗压强度设计值；

f'_y——钢筋抗压强度设计值；

f_{yv}——间接钢筋抗拉强度设计值；

A_{cor}——构件核心截面面积，取间接钢筋内表面范围内的混凝土面积；

d_{cor}——构件的核心截面直径，取间接钢筋内表面之间的距离；

A'_s——全部纵向钢筋的截面面积；

A_{ss0}——螺旋箍筋的换算截面面积 $A_{ss0} = \pi d_{cor} A_{ss1}/s$；

A_{ss1}——单根间接钢筋的截面面积;

s——间接钢筋间距;

α——间接钢筋对混凝土约束的折减系数,当混凝土强度等级不超过 C50 时,取 1.0;当混凝土强度等级为 C80 时,取 0.85;当混凝土强度等级介于 C50 至 C80 之间时,可按线性内插法确定。

因此,根据式(2-60),配有间接钢筋的钢筋混凝土轴心受压构件正截面承载能力设计公式可以表示为

$$\gamma_0 N \leqslant 0.9(f_{\mathrm{c}} A_{\mathrm{cor}} + f_{\mathrm{y}}' A_{\mathrm{s}}' + 2\alpha f_{\mathrm{yv}} A_{\mathrm{ss0}}) \tag{8-22}$$

式中　N——轴向力设计值。

(2) 适用条件

① 为了保证螺旋箍筋柱在正常使用条件下混凝土保护层不至于过早剥落,按照式(8-21)确定的螺旋箍筋柱受压承载力设计值不应高于按照式(8-14)确定的普通箍筋柱受压承载力设计值的 1.5 倍;

② 对长细比 $l_0/d>12$ 的柱,由于纵向弯曲的影响,破坏时螺旋箍筋的约束效果不明显,故不考虑螺旋箍筋的作用,应按照普通箍筋柱进行设计;

③ 为保证螺旋箍筋的约束效果,螺旋箍筋不应太少,其换算面积 A_{ss0} 不应小于全部纵筋截面面积的 25%;

④ 当按照式(8-21)确定的螺旋箍筋柱受压承载力设计值小于按照式(8-14)确定的普通箍筋柱受压承载力设计值时,构件的承载力设计值应按照普通箍筋柱确定。

【例 8-3】某安全等级为二级的钢筋混凝土轴心受压柱,承受轴心压力设计值 $N=2\,500$ kN,根据建筑要求,柱截面为圆形,直径 $d_{\mathrm{c}}=400$ mm。已知该柱计算长度 $l_0=4$ m,混凝土强度等级为 C30($f_{\mathrm{c}}=14.3$ N/mm^2),纵向钢筋采用 HRB335 级钢筋($f_{\mathrm{y}}'=300$ N/mm^2),箍筋采用 HPB300 级钢筋($f_{\mathrm{yv}}=270$ N/mm^2),混凝土保护层厚度 30 mm,试确定该柱的配筋。

【解】① 判别是否能采用螺旋箍筋柱

$$\frac{l_0}{d_{\mathrm{c}}} = \frac{4\,000}{400} = 10 < 12\,(可以采用螺旋箍筋柱)$$

② 确定纵向钢筋 A_{s}'

假定柱的纵筋配筋率 $\rho'=2.5\%$,则

$$A_{\mathrm{s}}' = \rho' \frac{\pi d_{\mathrm{c}}^2}{4} = 0.025 \times \frac{3.14 \times 400^2}{4} = 3\,140 \text{ mm}^2$$

选 10 Φ 20,$A_{\mathrm{s}}'=3\,140$ mm^2。

③ 计算需要的螺旋箍筋的换算截面面积 A_{ss0}

$$d_{\mathrm{cor}} = 400 - 2 \times 30 = 340 \text{ mm}$$

$$A_{\mathrm{cor}} = \frac{\pi d_{\mathrm{cor}}^2}{4} = \frac{3.14 \times 340^2}{4} = 90\,746 \text{ mm}^2$$

混凝土强度等级 C30,小于 C50,取 $\alpha=1.0$。

根据式(8-22),即 $\gamma_0 N \leqslant 0.9(f_{\mathrm{c}} A_{\mathrm{cor}} + f_{\mathrm{y}}' A_{\mathrm{s}}' + 2\alpha f_{\mathrm{yv}} A_{\mathrm{ss0}})$,得

$$A_{ss0} \geqslant \frac{\gamma_0 N / 0.9 - (f_c A_{cor} + f_y' A_s')}{2\alpha f_{yv}}$$

$$= \frac{2\,500\,000 / 0.9 - (14.3 \times 90\,746 + 300 \times 3\,140)}{2 \times 270}$$

$$= 996\ \text{mm}^2 > 0.25\ A_s' = 785\ \text{mm}^2$$

④ 确定螺旋箍筋的直径和间距

取箍筋直径为 $d = 10$ mm,则

$$A_{ss1} = \pi d^2 / 4 = 78.5\ \text{mm}^2$$

根据 A_{ss0} 的定义,应有

$$s = \frac{\pi d_{cor} A_{ss1}}{A_{ss0}} = \frac{3.14 \times 340 \times 78.5}{996} = 84.1\ \text{mm},\text{取}\ s = 80\ \text{mm}$$

⑤ 验算其他适用条件

按照普通箍筋受压柱计算:

$$N_{u1} = 0.9\varphi(f_c A_c + f_y' A_s') = 0.9 \times 0.958 \times \left(14.3 \times \frac{3.14 \times 400^2}{4} + 300 \times 3\,140\right) = 2\,360\,000\ \text{N}$$

按照螺旋箍筋受压柱计算:

$$N_{u2} = 0.9(f_c A_{cor} + f_y' A_s' + 2\alpha f_{yv} A_{ss0})$$

$$= 0.9 \times \left(14.3 \times 90\,746 + 300 \times 3\,140 + 2 \times 270 \times \frac{3.14 \times 340 \times 78.5}{80}\right) = 2\,524\,826\ \text{N}$$

$$1.5 N_{u1} = 3\,540\ \text{kN} > N_{u2} > N_{u1}$$

满足要求。

8.3 偏心受压构件计算的基本原则

根据前面的介绍,偏心受压构件的破坏类型与构件的长细比有关,有材料破坏和失稳破坏两种。构件产生材料破坏(即强度破坏)时,其承载力大小受纵向弯曲影响,此时柱截面的破坏可以分为受拉破坏(大偏心受压破坏)和受压破坏(小偏心受压破坏)两种类型,其界限则称为界限破坏。本节讨论偏心受压构件计算的基本假设、轴向力初始偏心距、二阶效应的影响以及受拉破坏和受压破坏的判别等基本计算原则问题。

1) 基本假设

由于偏心受压构件正截面破坏特征与受弯构件相似,因此,对偏心受压构件正截面承载力计算时,采用与受弯构件正截面承载力计算相同的假设。对受压区混凝土曲线应力图形也采用受弯构件正截面承载力计算采用的等效矩形应力图形,即受压区高度取按照平截面假设确定的受压区高度乘以 β_1,矩形应力图形的应力取为混凝土抗压强度设计值乘以 α_1。α_1、β_1 的取值与受弯构件计算时的取值相同。

2) 轴向力的初始偏心距

从理论上讲,对钢筋混凝土偏心受压构件,按照一般结构力学方法求出作用在控制截面的弯矩 M 和轴向力 N 后,即可以得到轴向力的偏心距 e_0($e_0 = M/N$),但是,实际工程中,可能由于荷载作用位置的不定性、混凝土质量的不均匀性以及施工造成的截面尺寸偏差等,将使轴

向力产生附加偏心距,因此在对偏心受压构件进行设计计算时,轴向力的初始偏心距应考虑附加偏心距的影响,取

$$e_i = e_0 + e_a \qquad (8-23)$$

式中　e_i——承载力计算时采用的初始偏心距;

　　　　e_0——轴向力对截面重心的偏心距,$e_0 = M/N$,当需要考虑二阶效应时,M 的取值应考虑构件两端的弯矩值、长细比等的影响,按式(8-25)计算;

　　　　e_a——轴向力在偏心方向的附加偏心距,现行规范中取其值为 20 mm 和偏心方向截面尺寸 1/30 两者的较大值。

3)二阶效应的影响

对结构中的受压杆件,由于结构侧移和杆件挠曲的影响,会出现二阶效应。

当结构分析计算时已经考虑侧移的影响,得到杆件两端弯矩时,轴向压力在挠曲杆件中产生的二阶效应是偏压杆件中由轴向压力在产生了挠曲变形的杆件内引起的曲率和弯矩增量。当挠曲二阶效应可能使作用效应显著增大时,在结构设计时应考虑二阶效应的不利影响。

考虑二阶效应
的主要方法

显然,杆件长细比较大,或轴向压力较大时,挠曲二阶效应明显。当杆件两端的弯矩方向相同且大小相当时,由于挠曲二阶效应的影响,偏心受压杆件中部弯矩有可能超过柱端的弯矩,挠曲二阶效应的不利影响较为明显;当杆件两端的弯矩方向相反或方向虽相同但大小相差较大时,挠曲二阶效应虽能增大杆件中部区域各截面的弯矩,但是增大后的弯矩一般不会超过柱端的弯矩,挠曲二阶效应一般不会产生明显的不利影响。

按照现行规范,在偏心受压构件设计时,当同时满足下列条件时,可以不考虑二阶效应的不利影响。

$$M_1/M_2 \leqslant 0.9 \qquad (8-24a)$$
$$N/f_c A \leqslant 0.9 \qquad (8-24b)$$
$$l_c/i \leqslant 34 - 12(M_1/M_2) \qquad (8-24c)$$

式中　M_1、M_2——分别为已考虑侧移影响的偏心受压构件两端截面按结构弹性分析确定的对同一主轴的组合弯矩设计值,绝对值较大端是 M_2,绝对值较小端是 M_1,当构件按单曲率弯曲时,M_1/M_2 取正值,否则取负值;

　　　　l_c——构件的计算长度,可近似取偏心受压构件相应主轴方向上下支撑点之间的距离;

　　　　i——偏心方向的截面回转半径。

当不满足上述任一条件时,应考虑二阶效应的不利影响,计算轴向压力产生的附加弯矩影响。除排架结构柱外,其他偏心受压构件考虑二阶效应后控制截面的弯矩设计值应该按照下列公式计算:

$$M = C_m \eta_{ns} M_2 \qquad (8-25a)$$

$$C_m = 0.7 + 0.3 \frac{M_1}{M_2} \qquad (8-25b)$$

$$\eta_{ns} = 1 + \frac{1}{1\,300(M_2/N + e_a)/h_0} \left(\frac{l_c}{h}\right)^2 \zeta_c \qquad (8-25c)$$

$$\zeta_c = \frac{0.5 f_c A}{N} \qquad (8-25d)$$

当 $C_m\eta_{ns}$ 小于 1.0 时取 1.0;对剪力墙及核心筒墙,可以取 $C_m\eta_{ns}$ 等于 1.0。

式中 C_m——构件端截面偏心距调节系数,当小于 0.7 时取 0.7;

        η_{ns}——弯矩增大系数;

        N——与弯矩设计值 M_2 相应的轴向压力设计值;

        ζ_c——截面曲率修正系数,当计算值大于 1.0 时取 1.0;

        h——截面高度,对环形截面,取外直径;对圆形截面,取直径;

        h_0——截面有效高度;

        A——构件截面面积。

排架结构柱应同时考虑侧移和杆件挠曲的影响,考虑二阶效应的弯矩设计值可以按照下列公式计算:

$$M=\eta_s M_0 \tag{8-25e}$$

$$\eta_s=1+\frac{1}{1\,500e_i/h_0}\left(\frac{l_0}{h}\right)^2\zeta_c \tag{8-25f}$$

式中 M_0——一阶弹性分析柱端弯矩设计值;

        e_i——初始偏心距;

        e_0——轴向压力对截面重心的偏心距,取为:$e_0=M_0/N$;

        l_0——排架柱的计算长度,见表 8-2;

        A——柱的截面面积,对于工字形截面取:$A=bh+2(b_f-b)h'_f$。

表 8-2   刚性屋盖单层房屋排架柱、露天吊车柱和栈桥柱的计算长度

柱的类别		l_0		
		排架方向	垂直排架方向	
			有柱间支撑	无柱间支撑
无吊车房屋柱	单跨	$1.5H$	$1.0H$	$1.2H$
	两跨及多跨	$1.25H$	$1.0H$	$1.2H$
有吊车房屋柱	上柱	$2.0H_u$	$1.25H_u$	$1.5H_u$
	下柱	$1.0H_l$	$0.8H_l$	$1.0H_l$
露天吊车柱和栈桥柱		$2.0H_l$	$1.0H_l$	—

注:(1) 表中 H 为从基础顶面算起的柱子全高;H_l 为从基础顶面至装配式吊车梁底面或现浇式吊车梁顶面的柱子下部高度;H_u 为从装配式吊车梁底面或从现浇式吊车梁顶面算起的柱子上部高度;

(2) 表中有吊车房屋排架柱的计算长度,当计算中不考虑吊车荷载时,可按无吊车房屋柱的计算长度采用,但上柱的计算长度仍可按有吊车房屋采用;

(3) 表中有吊车房屋排架柱的上柱在排架方向的计算长度,仅适用于 H_u/H_l 不小于 0.3 的情况;当 H_u/H_l 小于 0.3 时,计算长度宜采用 $2.5H_u$。

4) 大小偏心受压破坏的判别条件

通常偏心距较大时易发生受拉破坏,偏心距较小时发生受压破坏,因而习惯上分别对受拉破坏、受压破坏称为大偏心受压破坏和小偏心受压破坏,简称大偏压破坏和小偏压破坏。

根据界限破坏时截面的应变特点,即受拉钢筋屈服时($\varepsilon_s = f_y/E_s$),受压区边缘混凝土刚好达到极限压应变 ε_{cu},和受弯构件正截面界限破坏一样,根据平截面假设,可以求出偏心受压破坏界限破坏时的受压区高度:

$$x_b = \xi_b h_0 \tag{8-26}$$

和界限破坏时相对受压区高度系数:

$$\xi_b = \frac{\beta_1}{1 + \dfrac{f_y}{\varepsilon_{cu} E_s}} \tag{8-27}$$

于是,当符合下列条件时,截面产生大偏心受压破坏,即

$$x \leqslant \xi_b h_0 \tag{8-28a}$$

或

$$\xi \leqslant \xi_b \tag{8-28b}$$

反之,截面产生小偏心受压破坏。

8.4 矩形截面偏心受压构件正截面承载力设计

8.4.1 基本计算公式

1) 大偏心受压

(1) 计算公式

对矩形截面偏心受压构件,当截面产生大偏心受压破坏时,截面的实际应力图形和计算应力图形如图 8-12a 和 8-12b 所示。在截面的受拉区,钢筋的拉应力达到其抗拉强度设计值 f_y;根据偏心受压构件正截面计算的基本假设,忽略受拉区混凝土承担的拉应力。在截面的受压区,混凝土的应力图形等效为矩形分布,其应力达到 $\alpha_1 f_c$;受压钢筋的应力取决于截面的受压区高度,在受压区高度不是很小的情况下,受压钢筋能够受压屈服,故在一般情况下,先假设其达到抗压强度设计值 f_y',然后验算受压区高度。

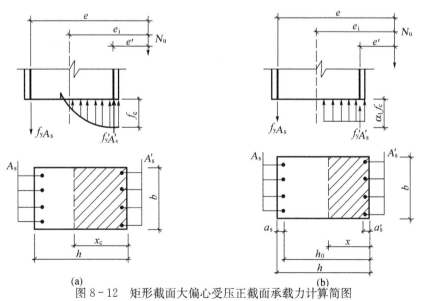

(a) **(b)**

图 8-12 矩形截面大偏心受压正截面承载力计算简图

(a) 截面实际应力图;(b) 截面简化应力图

按照图8-12b,根据截面内外力平衡条件就可以得到大偏心受压构件的极限承载能力。

根据截面内外合力等于零,得

$$N_u = \alpha_1 f_c bx + f'_y A'_s - f_y A_s \tag{8-29}$$

根据截面内外力对受拉钢筋合力作用点的力矩之和等于零,得

$$N_u e = \alpha_1 f_c bx \left(h_0 - \frac{x}{2}\right) + f'_y A'_s (h_0 - a'_s) \tag{8-30}$$

式中 N_u——截面破坏时所能承担的轴向压力设计值;

e——轴向力作用点至受拉钢筋合力点之间的距离,$e = e_i + h/2 - a_s$;

x——混凝土受压区高度。

因此,根据式(2-60),大偏心受压构件正截面承载能力设计公式可以表示为

$$\gamma_0 N \leqslant \alpha_1 f_c bx + f'_y A'_s - f_y A_s \tag{8-31}$$

$$\gamma_0 Ne \leqslant \alpha_1 f_c bx \left(h_0 - \frac{x}{2}\right) + f'_y A'_s (h_0 - a'_s) \tag{8-32}$$

式中 N——轴向力设计值。

(2)适用条件

为了保证截面为大偏心受压破坏,即破坏时受拉钢筋应力达到其抗拉强度设计值,截面混凝土受压区高度应满足 $x \leqslant \xi_b h_0$ 或 $\xi \leqslant \xi_b$。

在上述式(8-29)~式(8-32)中,是假设了受压钢筋达到其抗压强度设计值而建立的,因此应对其进行验证。与双筋受弯截面相似,如果截面破坏时受压钢筋达到其抗压强度设计值,则截面混凝土受压区高度应满足:

$$x \geqslant 2a'_s \tag{8-33}$$

否则,受压钢筋没有达到其抗压强度设计值。此时,可以近似假设受压钢筋合力与受压区混凝土合力作用点位于一点,即受压钢筋合力作用点处,对该作用点取矩,可得

$$N_u e' = f_y A_s (h_0 - a'_s) \tag{8-34}$$

式中 e'——轴向力作用点至受压钢筋合力作用点之间的距离,$e' = e_i - h/2 + a'_s$。

2)小偏心受压

(1)计算公式

对矩形截面偏心受压构件,当截面产生小偏心受压破坏时,截面的实际应力图形和计算应力图形如图8-13所示。一般情况下,小偏心受压构件破坏时,靠近轴向力一侧的混凝土先被压碎,此时,截面可能部分受压部分受拉(如图8-13a所示),也可能全截面受压(如图8-13c所示)。当破坏时截面部分受压部分受拉时,其实际应力图形和计算应力图形分别如图8-13a、b所示。这时,截面受拉区钢筋受拉但其应力 σ_s 小于抗拉强度设计值,受拉区混凝土承担的拉应力忽略不计,截面受压区混凝土的应力图形等效为矩形分布,其应力达到 $\alpha_1 f_c$,受压钢筋应力达到其抗压强度设计值 f'_y。当破坏时全截面受压,其实际应力图形和计算应力图形分别如图8-13c、d所示。这时,混凝土的应力图形仍等效为矩形分布,其应力达到 $\alpha_1 f_c$,靠近轴向力一侧的受压钢筋应力达到其抗压强度设计值 f'_y,而离轴向力较远一侧的钢筋应力可能

达到其抗压强度设计值,也可能未达到其抗压强度设计值。

若以 σ_s 表示截面破坏时受拉钢筋的应力,这里受拉钢筋是指上述受拉区的钢筋或离轴向力较远的受压钢筋,并以正号表示拉应力,负号表示压应力,按照图 8-13b 或 8-13d,根据截面内外力平衡条件就可以得到小偏心受压构件靠近轴向力一侧的混凝土先被压碎时的极限承载能力。

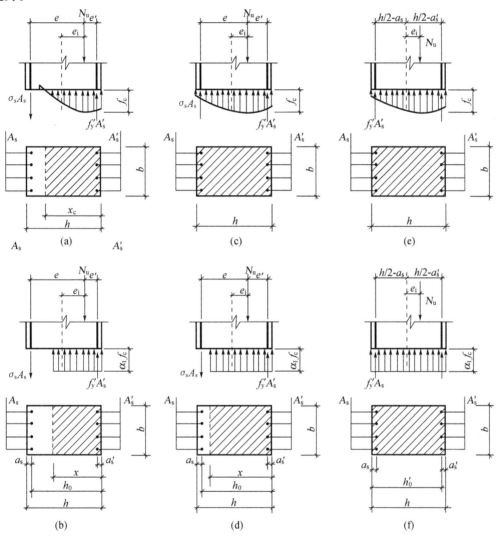

图 8-13 矩形截面小偏心受压正截面承载力计算简图

根据截面内外合力等于零,得

$$N_u = \alpha_1 f_c bx + f'_y A'_s - \sigma_s A_s \tag{8-35}$$

根据截面内外力对受拉钢筋或受压钢筋合力作用点的力矩之和等于零,得

$$N_u e = \alpha_1 f_c bx \left(h_0 - \frac{x}{2} \right) + f'_y A'_s (h_0 - a'_s) \tag{8-36}$$

或

$$N_u e' = \alpha_1 f_c bx \left(\frac{x}{2} - a'_s \right) - \sigma_s A_s (h_0 - a'_s) \tag{8-37}$$

式中 $e' = h/2 - e_i - a'_s$。

当小偏心受压构件破坏时,如果离轴向力较远一侧的混凝土先被压碎,此时,全截面受压且 $N > \alpha_1 f_c bh$,其实际应力图形和计算应力图形分别如图 8-13e、f 所示。这时,混凝土的应力图形仍采用矩形分布,受压区高度为 h,其应力达到 $\alpha_1 f_c$,离轴向力较远一侧的钢筋应力达到其抗压强度设计值 f'_y,而靠近轴向力一侧的钢筋应力可能达到其抗压强度设计值,也可能未达到其抗压强度设计值。

按照图 8-13f,根据截面内外力对靠近轴向力一侧的受压钢筋合力作用点的力矩之和等于零,就可以得到小偏心受压构件远离轴向力一侧的混凝土先被压碎时的极限承载能力

$$N_u e' = \alpha_1 f_c bh \left(h'_0 - \frac{h}{2} \right) + f'_y A_s (h_0 - a'_s) \tag{8-38}$$

式中,$h'_0 = h - a'_s$。

此时,轴向力作用力至受压钢筋合力作用点之间的距离 e' 越大(即初始偏心距 e_i 越小),截面承载力越小。因此,应反向考虑附加偏心距 e_a,即取初始偏心距 $e_i = e_0 - e_a$,$e' = h/2 - (e_0 - e_a) - a'_s$。

因此,根据公式(2-60),小偏心受压构件正截面承载能力设计公式可以表示为

$$\gamma_0 N \leqslant \alpha_1 f_c bx + f'_y A'_s - \sigma_s A_s \tag{8-39}$$

$$\gamma_0 Ne \leqslant \alpha_1 f_c bx \left(h_0 - \frac{x}{2} \right) + f'_y A'_s (h_0 - a'_s) \tag{8-40}$$

或

$$\gamma_0 Ne' \leqslant \alpha_1 f_c bx \left(\frac{x}{2} - a'_s \right) - \sigma_s A_s (h_0 - a'_s) \tag{8-41}$$

以及

$$\gamma_0 N \left[\frac{h}{2} - (e_0 - e_a) - a'_s \right] \leqslant \alpha_1 f_c bh \left(h'_0 - \frac{h}{2} \right) + f'_y A_s (h_0 - a'_s) \tag{8-42}$$

式中 N——轴向力设计值。

应该指出,对于偏心受压构件,尤其是小偏心受压构件,尚应按照轴心受压构件验算垂直于弯矩作用平面的承载力。

(2)受拉钢筋的应力

受拉钢筋的应力 σ_s 应按照平截面假设,首先根据变形协调条件确定其应变 ε_s,然后根据钢筋的应力应变关系确定其应力,当计算结果为正值时表示拉应力,当计算结果为负值时表示压应力。

按照图 8-14 所示偏心受压截面应变分布图,根据几何关系应有

$$\varepsilon_s = \frac{h_0 - x/\beta_1}{x/\beta_1} \varepsilon_{cu} = \frac{\beta_1 - \xi}{\xi} \varepsilon_{cu} \tag{8-43}$$

根据钢筋的应力应变关系,可得

$$\sigma_s = E_s \varepsilon_s = \frac{\beta_1 - \xi}{\xi} \varepsilon_{cu} E_s \tag{8-44}$$

又根据前面关于界限破坏的定义,当 $\xi = \xi_b$ 时,受拉钢筋刚好屈服,因此应有

$$f_y = \frac{\beta_1 - \xi_b}{\xi_b} \varepsilon_{cu} E_s \qquad (8-45)$$

联立式(8-44)和式(8-45),整理可得

$$\sigma_s = E_s \varepsilon_s = \frac{(\beta_1 - \xi)\xi_b}{(\beta_1 - \xi_b)\xi} f_y \qquad (8-46)$$

但是,由于 σ_s 与受压区高度系数 ξ 呈非线性关系,带入平衡方程计算截面承载力时将出现三次方程,计算比较复杂。从式(8-46)中,不难看出:当 $\xi = \xi_b$ 时,$\sigma_s = f_y$;当 $\xi = \beta_1$ 时,$\sigma_s = 0$。因此,为了简化计算,一般以上述两点为基准,近似假设 σ_s 与受压区高度系数 ξ 呈线性关系,于是可得

$$\sigma_s = \frac{\beta_1 - \xi}{\beta_1 - \xi_b} f_y \qquad (8-47)$$

显然公式 σ_s 的计算值应满足

$$-f_y' \leqslant \sigma_s \leqslant f_y \qquad (8-48)$$

(3) 适用条件

为了保证截面为小偏心受压破坏,即破坏时受拉钢筋应力没有达到其抗拉强度设计值,截面混凝土受压区高度应满足:

$$x > \xi_b h_0 \qquad (8-49a)$$

或

$$\xi > \xi_b \qquad (8-49b)$$

另外,实际截面高度为 h,因此受压区高度的计算值还应满足:

$$x \leqslant h \qquad (8-50a)$$

或

$$\xi \leqslant 1 + a_s/h_0 \qquad (8-50b)$$

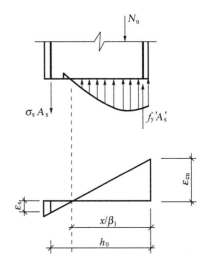

图 8-14 偏心受压截面应变分布示意图

8.4.2 $N_u - M_u$ 相关曲线及其规律

不论是大偏心受压还是小偏心受压,其正截面承载力包括 N_u 及 M_u。当截面尺寸、配筋、混凝土和钢筋强度等级均确定时,由基本计算公式可知:若长细比 l_0/h 一定时,偏心距 e_i 不同,N_u、M_u 不同;反之,当偏心距 e_i 一定时,长细比 l_0/h 不同,N_u、M_u 亦不同;如果偏心距 e_i 和长细比 l_0/h 均为定值时,只有一组 N_u、M_u。因此,$N_u - M_u$ 间有相关关系且存在一定的变化规律。

1) $N_u - M_u$ 的相关关系

当不考虑二阶效应的影响,随着偏心距 e_i 的变化,由基本计算公式可以得出某确定截面尺寸、配筋及材料强度等级等情况下的 $N_u - M_u$ 相关曲线(图 8-15a)。该曲线上每一个点,均是在相应的偏心距 e_i 下产生材料破坏时的 N_u、M_u 值,因此也可以称其为材料破坏曲线。从 $N_u - M_u$ 相关曲线可以得到下述规律:

（1）在某确定截面尺寸、配筋和材料强度等级情况下，有一确定的 $N_u - M_u$ 相关曲线，即材料破坏曲线。

（2）偏心距 e_i 由小到大，N_u 逐渐降低，在曲线 ABC 段，产生小偏心受压破坏，在曲线 CDE 段产生大偏心受压破坏，C 点产生界限破坏。在 A 点 $M=0$，产生轴心受压破坏，$N_u = N_0$；而在 E 点，$N=0$，产生受弯破坏，$M_u = M_0$。

（3）在产生小偏心受压破坏的 ABC 段内，随着轴力的增加，受弯承载力逐渐减小；而在产生大偏心受压破坏的 CDE 段内，随着轴力的增大，受弯承载力逐渐增大；当产生界限破坏时，截面受弯承载力达到最大值。

（4）当 N 已知时，只有一个相应的 M_u 值。然而，当 M 已知时，有一个或两个相应的 N_u 值，从图 8-15a 中可以看出，当 $M < M_0$ 时，产生小偏心受压破坏，只有与小偏心受压破坏相应的 N_u；而当 $M \geqslant M_0$ 时，可能产生小偏心受压破坏，也可能产生大偏心受压破坏，此时将有与大、小偏心受压破坏相应的两个 N_u。

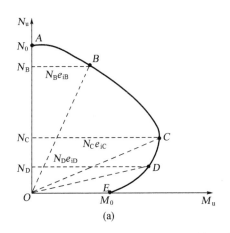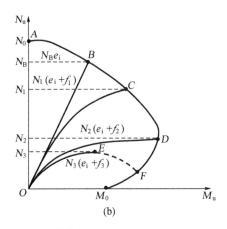

图 8-15　偏心受压构件 $N_u - M_u$ 相关曲线

(a) 仅偏心距 e_i 变化时；(b) 仅长细比 l_0/h 变化时

2）从 $N_u - M_u$ 相关曲线看二阶效应的影响

设有图 8-15a 相同的 $N_u - M_u$ 相关曲线，现在讨论偏心距 e_i 为一定值的前提下，考虑二阶效应影响后截面产生材料破坏时，N_u、M_u 在曲线上位置的变化（图 8-15b）。

当忽略二阶效应的影响时（长细比很小），加载过程中截面内 M、N 线性变化（直线 OB），直至最后达到 B 点而破坏，此时相应的 $(N_u，M_u)$ 为 $(N_B，M_B = N_B e_i)$；当二阶效应影响不大（长细比不太大），达到极限状态时的附加挠度 (f_1) 较小时，加载过程中截面内 M、N 非线性变化（曲线 OC），在曲线上升段的 C 点产生材料破坏，此时相应的 $(N_u，M_u)$ 为 $[N_1，M_1 = N_1(e_i + f_1)]$，位于小偏心受压破坏段；当二阶效应影响较大（长细比较大），达到极限状态时的附加挠度 (f_2) 较大时，可能使产生材料破坏时相应的 $(N_2，M_u)$ 为 $[N_2，M_2 = N_2(e_i + f_2)]$，位于大偏心受压破坏段；当二阶效应影响很大（长细比很大），加载过程中产生失稳（曲线 OE），失稳时的附加挠度为 f_3，此时相应的 $(N_u，M_u)$ 为 $[N_3，M_3 = N_3(e_i + f_3)]$，尚未产生材料破坏，若控制轴向力，失稳后仍会产生材料破坏（图中的虚线段 EF）。

图 8-15b 表明，随着长细比从小到大，二阶效应影响逐渐加大，受压承载不断降低，截面

可能由小偏心受压破坏转变为大偏心受压破坏,甚至产生失稳破坏。

8.4.3 不对称配筋构件正截面承载力计算方法

1)截面设计

(1)大小偏心受压的判别方法

进行截面设计时,一般应首先判别大小偏心受压破坏,然后按照大小偏压各自的设计公式进行设计计算。显然,按照式(8－28)判别截面的破坏形态,需要知道截面的受压区高度,而受压区高度需要计算确定,因此,直接采用公式(8－28)是有困难的。因此在进行截面设计时,需要建立一种比较简单可行的初步判别大小偏心受压破坏的方法。

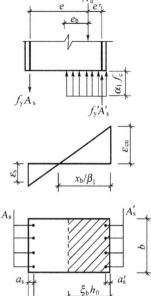

截面设计一般是已知轴向力设计值和轴向力偏心距(或弯矩),显然偏心距越大越有可能产生大偏心受压破坏,而偏心距越小越容易产生小偏心受压破坏,因此,若能够直接用偏心距初步判别大小偏心受压破坏,这就可以使得判别过程非常简单。下面我们依据图8－16示出的界限破坏时截面的计算简图,对界限破坏时的轴向力偏心距 e_b 的取值范围进行分析。

根据内外力对轴向力作用点的力矩之和等于零,可得

$$f_y A_s e + f'_y A'_s e' = \xi_b b h_0 \alpha_1 f_c (0.5 \xi_b h_0 - e' - a'_s) \quad (8-51)$$

图 8－16　界限破坏时的正截面计算简图

将 $e = h/2 + e_b - a_s$, $e' = h/2 - e_b - a'_s$ 代入式,整理可得

$$e_b = \frac{\xi_b b h_0 \alpha_1 f_c (h/2 - \xi_b h_0/2) + f_y A_s (h/2 - a_s) + f'_y A'_s (h/2 - a'_s)}{\xi_b b h_0 \alpha_1 f_c + f'_y A'_s - f_y A_s} \quad (8-52)$$

为了便于分析,近似取 $a_s = a'_s$, $f_y = f'_y$, $\xi'_s = a'_s/h_0$,代入上式,整理可得

$$\frac{e_b}{h_0} = \frac{0.5 \left[\xi_b (1 + \xi'_s - \xi_b) + \left(\dfrac{f_y}{\alpha_1 f_c} \right)(1 - \xi'_s)(\rho + \rho') \right]}{\xi_b + \dfrac{f_y}{\alpha_1 f_c}(\rho - \rho')} \quad (8-53)$$

显然,e_b/h_0 不是定值,它与截面尺寸、材料性能和配筋量等有关。经分析可以看出,e_b/h_0 随着 ξ'_s、ρ、ρ'、f_y 和 f'_y 的减少而减少,随着 $\alpha_1 f_c$ 的减少而增大,在规范规定的正常配筋及材料强度范围内,e_b/h_0 的取值约在 0.3 至无穷大之间。因此,在进行截面设计时,两种偏心受压的判别可以采用下述根据轴向力偏心距进行判别的方法:

当 $e_i \leqslant 0.3 h_0$ 时,一般为小偏心受压;

当 $e_i > 0.3 h_0$ 时,可先按照大偏心受压进行设计。

但是应该指出,采用上述用轴向力偏心距进行判别后进行计算得到的结果,仍应按照式(8－28)进行核验。

(2)大偏心受压时

①A_s 和 A'_s 和均未知情况下

与双筋受弯构件一样,两个基本方程式(8－31)和式(8－32)中有 A_s、A'_s 和 x 三个未知数,不能得出唯一解。因此,可以先确定一个未知数,为了使总用钢量($A_s + A'_s$)最少,可取

$x = \xi_b h_0$，代入式(8-32)可得

$$A_s' = \frac{\gamma_0 Ne - \alpha_1 f_c b h_0^2 \xi_b (1 - 0.5\xi_b)}{f_y'(h_0 - a_s')} \tag{8-54}$$

按上式计算得到的 A_s' 不应小于最小配筋量，否则 A_s' 应按照最小配筋量或构造要求配置，然后按照 A_s' 已知的情况进行设计。当按上式计算得到的 A_s' 满足最小配筋量要求时，将求出的 A_s' 及 $x = \xi_b h_0$ 代入式(8-31)，可得

$$A_s = \frac{\alpha_1 f_c \xi_b b h_0 + f_y' A_s' - \gamma_0 N}{f_y} \tag{8-55}$$

显然，按上式计算得到的 A_s 不应小于最小配筋量，否则 A_s 应按照最小配筋量或构造要求配置，此时，截面实际上是小偏心受压。

② A_s' 为已知情况下

当 A_s' 为已知时，两个基本方程式(8-31)和式(8-32)中只有 A_s 和 x 两个未知数，可以直接按照公式进行计算，此时，混凝土受压区高度不一定等于 $\xi_b h_0$。

根据式(8-32)，解关于 x 的一元二次方程可得

$$x = h_0 \left(1 - \sqrt{1 - \frac{2[\gamma_0 Ne - f_y' A_s'(h_0 - a_s')]}{\alpha_1 f_c b h_0^2}} \right) \tag{8-56}$$

按照该式得到的混凝土受压区高度 x 应满足 $x \leqslant \xi_b h_0$，否则，说明给定的 A_s' 偏少，截面是小偏心受压破坏。此时可以按照 A_s' 为未知的情况按照大偏心受压重新设计，或不改变 A_s' 按照小偏压进行设计。

按照该式得到的混凝土受压区高度 x 还应满足 $x \geqslant 2a_s'$，否则，说明受压钢筋没有达到其抗压强度设计值。此时，可直接按照式(8-34)计算所需要的受拉钢筋面积 A_s，即

$$A_s = \frac{\gamma_0 Ne'}{f_y(h_0 - a_s')} \tag{8-57}$$

当混凝土受压区高度 x 满足 $2a_s' \leqslant x \leqslant \xi_b h_0$ 时，将求得的 x 代入式(8-31)，可得

$$A_s = \frac{\alpha_1 f_c b x + f_y' A_s' - \gamma_0 N}{f_y} \tag{8-58}$$

按上式计算得到的 A_s 不应小于最小配筋量，否则 A_s 应按照最小配筋量或构造配置。

(3) 小偏心受压时

① A_s 和 A_s' 均未知情况下

此时，两个基本方程式(8-39)和式(8-40)[或式(8-41)]中有 A_s、A_s' 和 x 三个未知数(受拉钢筋的应力 σ_s 可以表示成 x 的函数)不能得出唯一解，因此，可以先确定一个未知数。对于小偏心受压构件，当产生靠近轴向力一侧混凝土先被压碎破坏时，受拉钢筋一般没有充分利用，因此可以按照最小配筋率或构造要求确定 A_s，但是为了防止产生离轴向力较远一侧的混凝土先被压碎，受拉钢筋的面积不应小于：

$$A_s = \frac{\gamma_0 N[\frac{h}{2} - (e_0 - e_a) - a_s'] - \alpha_1 f_c b h \left(h_0' - \frac{h}{2} \right)}{f_y'(h_0 - a_s')} \tag{8-59}$$

这样就变成了已知受拉钢筋 A_s 情况下的截面设计。

② A_s 为已知情况下

当 A_s 为已知时，两个基本方程式(8-39)和式(8-40)[或式(8-41)]中只有 A'_s 和 x 两个未知数(受拉钢筋的应力 σ_s 可以表示成 x 的函数)，可以直接按照公式进行计算。

将 σ_s 的计算式(8-47)代入基本方程(8-41)，整理得

$$\gamma_0 N\left(\frac{h}{2}-e_i-a'_s\right)=\alpha_1 f_c \xi b h_0^2\left(\frac{\xi}{2}-\frac{a'_s}{h_0}\right)-\frac{\beta_1-\xi}{\beta_1-\xi_b}f_y A_s(h_0-a'_s) \qquad (8-60)$$

解此关于 ξ 的一元二次方程可得

$$\xi=u+\sqrt{u^2+v} \qquad (8-61)$$

式中 $u=\dfrac{a'_s}{h_0}+\dfrac{f_y A_s}{(\xi_b-\beta_1)\alpha_1 f_c b h_0}\left(1-\dfrac{a'_s}{h_0}\right)$

$v=\dfrac{2\gamma_0 Ne'}{\alpha_1 f_c b h_0^2}-\dfrac{2\beta_1 f_y A_s}{(\xi_b-\beta_1)\alpha_1 f_c b h_0}\left(1-\dfrac{a'_s}{h_0}\right)$

按照该式得到的混凝土受压区高度系数应满足：$\xi>\xi_b$，否则，说明截面是大偏心受压破坏。

按照该式得到的混凝土受压区高度系数还应满足：$\xi\leqslant 2\beta_1-\xi_b$，否则，说明受拉钢筋受压屈服。此时，应以 $\sigma_s=-f'_y$ 带入基本方程式(8-41)，重新求解混凝土受压区高度。

当按照该式得到的混凝土受压区高度系数 $\xi>h/h_0$ 时，取 $x=h$，代入(8-40)可以求出受压钢筋面积。

当混凝土受压区高度系数 ξ 满足 $\xi_b<\xi<2\beta_1-\xi_b$，且 $x\leqslant h$ 时，将 ξ 代入式(8-47)，求出受拉钢筋的应力 σ_s 后，再代入基本方程式(8-39)，可以求出受压钢筋面积

$$A'_s=\frac{\gamma_0 N-\alpha_1 f_c \xi b h_0+\sigma_s A_s}{f'_y} \qquad (8-62)$$

按上式计算得到的 A'_s 不应小于最小配筋量，否则应按照最小配筋量或构造配置。根据现行规范，对受压构件，一侧纵向钢筋的配筋率不应小于 0.20%，全部纵向钢筋的最小配筋率与钢筋等级有关，对 500 MPa 级钢筋，为 0.50%；对 400 MPa 级钢筋，为 0.55%；对 300 MPa 或 330 MPa 级钢筋，为 0.60%。

2) 截面复核

进行截面复核时，已知构件计算长度、截面尺寸、配筋和材料强度等级等所有构件及截面信息，以及荷载作用情况，需要验算截面能否承担该荷载，或求该截面能承担的最大荷载。在进行大小偏心受压判别时，应根据已知的荷载情况，可以采用和截面设计时相同的以轴向力偏心距进行判别的方法，或者按照大偏心受压直接计算受压区高度后按照式(8-28a)进行判别。

(1) 已知轴向力偏心距 e_0 求轴向承载力 N_u

当已知轴向力偏心距时，一般按照轴向力偏心距初步判别大小偏心受压：当 $e_i\leqslant 0.3h_0$ 时，先按小偏心受压计算；当 $e_i>0.3h_0$ 时，先按照大偏心受压计算。

① 大偏心受压时

在图 8-12 所示计算简图中，根据截面内力对轴向力 N 作用点的力矩之和等于零，可得

$$f_y A_s e=f'_y A'_s e'+\alpha_1 f_c b x\left(e-h_0+\frac{x}{2}\right) \qquad (8-63)$$

解关于 x 的一元二次方程可得

$$x = h_0 \left[\sqrt{\left(\frac{e}{h_0} - 1 \right)^2 + \frac{2(f_y A_s e - f'_y A'_s e')}{\alpha_1 f_c b h_0^2}} - \left(\frac{e}{h_0} - 1 \right) \right] \tag{8-64}$$

按照该式得到的混凝土受压区高度 x 应满足 $x \leqslant \xi_b h_0$，否则截面是小偏心受压破坏，应按照小偏心受压计算。

按照该式得到的混凝土受压区高度 x 还应满足 $x \geqslant 2a'_s$，否则，说明受压钢筋没有达到其抗压强度设计值。此时，可直接按照式(8-34)计算轴向力承载力

$$N_u = \frac{f_y A_s (h_0 - a'_s)}{\gamma_0 e'} \tag{8-65}$$

当混凝土受压区高度 x 满足 $2a'_s \leqslant x \leqslant \xi_b h_0$ 时，将求得的 x 代入式(8-31)，可得

$$N_u = \frac{\alpha_1 f_c b x + f'_y A'_s - f_y A_s}{\gamma_0} \tag{8-66}$$

② 小偏心受压时

在图 8-13 所示计算简图中，根据截面内力对轴向力 N 作用点的力矩之和等于零，并将 σ_s 的计算式(8-47)代入，可得

$$\frac{x/h_0 - \beta_1}{\xi_b - \beta_1} f_y A_s e + f'_y A'_s e' = \alpha_1 f_c b x \left(\frac{x}{2} - e' - a'_s \right) \tag{8-67}$$

解此关于 x 的一元二次方程可得

$$x = u_1 + \sqrt{u_1^2 + v_1} \tag{8-68}$$

式中

$$u_1 = e' + a'_s + \frac{f_y A_s e}{(\xi_b - \beta_1) \alpha_1 f_c b h_0}$$

$$v_1 = \frac{2 f'_y A'_s e'}{\alpha_1 f_c b} - \frac{2 \beta_1 f_y A_s e}{(\xi_b - \beta_1) \alpha_1 f_c b}$$

按照该式得到的混凝土受压区高度 x 应满足 $x > \xi_b h_0$；否则，说明截面是大偏心受压破坏，应按大偏心受压计算。

按照该式得到的混凝土受压区高度还应满足 $x \leqslant (2\beta_1 - \xi_b) h_0$；否则，说明受拉钢筋受压屈服，此时，取 $\sigma_s = -f'_y$，在图 8-13 所示计算简图中，根据截面内力对轴向力 N 作用点的力矩之和等于零，可得

$$-f_y A_s e + f'_y A'_s e' = \alpha_1 f_c b x \left(\frac{x}{2} - e' - a'_s \right) \tag{8-69}$$

然后，根据该方程重新求解混凝土受压区高度。

当按照该式得到的混凝土受压区高度 $x > h$ 时，取 $x = h$，代入式(8-40)可以直接求出轴向承载力。

当混凝土受压区高度系数满足 $\xi_b h_0 < x < (2\beta_1 - \xi_b) h_0$，且 $x \leqslant h$ 时，将 x 代入式(8-47)，求出受拉钢筋的应力 σ_s 后，再代入基本方程式(8-39)，可以求出轴向承载力

$$N_u = \frac{\alpha_1 f_c bx + f_y' A_s' - \sigma_s A_s}{\gamma_0} \qquad (8-70)$$

上述计算式是依据近轴向力端混凝土先被压碎而建立的,因此为保证不产生离轴向力较远一侧混凝土先压碎,上述计算得到的轴向承载力 N_u 尚应满足式(8-42),否则应以按式(8-42)计算得到的轴向承载力为准。

(2) 已知轴向力 N,求受弯承载力 M_u

当已知轴向力 N 时,一般先假设为大偏心受压,根据截面内外合力等于零求混凝土受压区高度

$$x = \frac{\gamma_0 N + f_y A_s - f_y' A_s'}{\alpha_1 f_c b} \qquad (8-71)$$

当 $x \leqslant \xi_b h_0$ 按大偏心受压计算;当 $x > \xi_b h_0$ 时,按小偏心受压计算。

① 大偏心受压时

当按照式(8-71)计算出的混凝土受压区高度 x 满足 $2a_s' \leqslant x \leqslant \xi_b h_0$ 时,根据大偏心受压截面内外力对受拉钢筋合力作用点的力矩之和等于零[式(8-32)],得

$$e = \frac{\alpha_1 f_c bx \left(h_0 - \dfrac{x}{2}\right) + f_y' A_s'(h_0 - a_s')}{\gamma_0 N} \qquad (8-72)$$

再根据 e 和轴向力偏心距 e_0 的关系,可得

$$e_0 = e - \frac{h}{2} + a_s - e_a \qquad (8-73)$$

再根据前面提到的考虑二阶效应的条件,判定是否要考虑二阶弯矩的影响,如果不需要考虑二阶效应的影响,则此 $M = e_0 N$ 便为所要求的构件弯矩设计值;如果需要考虑二阶效应的影响,则通过公式(8-25)反推得出构件相应的弯矩设计值,但是由于涉及因素较多,此处不深入分析。

当混凝土受压区高度 $x < 2a_s'$,按照公式(8-34)可得

$$e' = \frac{f_y A_s(h_0 - a_s')}{\gamma_0 N} \qquad (8-74)$$

再根据 e' 和轴向力偏心距 e_0 的关系,按照上述相似的方法可以求出 e_0。

② 小偏心受压时

当按照式(8-71)计算出的混凝土受压区高度 $x > \xi_b h_0$ 时,需要按照小偏心受压截面重新计算受压取高度 x。将 σ_s 的计算式(8-47)代入基本方程(8-39),得

$$\gamma_0 N = \alpha_1 f_c bx + f_y' A_s' - \frac{x/h_0 - \beta_1}{\xi_b - \beta_1} f_y A_s \qquad (8-75)$$

如果计算出的 x 满足有关适用条件,则代入式(8-40)即可以求出 e[表达式同式(8-72)]。然后按照大偏心受压相同的方法求能承担的极限弯矩 M_u。如果计算出的 x 不能满足有关适用条件,应根据具体的情况,按照前面介绍的有关处理方法进行处理后重新计算。

(3) 已知截面弯矩 M 求轴向力承载力 N_u

从图 8-15a 中可以看出,当 $M < M_0$ 时,只有一个相应的轴压承载力 N_u,显然轴向力

$N < N_u$ 时，截面是安全的；当 $M \geqslant M_0$ 时，将有两个相应的轴压承载力 N_{u1}（对应小偏心受压破坏）和 N_{u2}（对应大偏心受压破坏）。显然轴向力满足 $N_{u1} > N > N_{u2}$ 时，截面是安全的。如果考虑二阶效应的影响，此类问题求解非常繁琐，下面近似按照不考虑二阶效应的影响，简要说明此类问题的求解思路。

① $M < M_0$ 时

根据图 8-15a，此时只有相应小偏心受压破坏的 N_u。依据图 8-17 所示计算简图，根据截面内外力对中心轴的力矩之和等于零建立平衡方程，并将 σ_s 的计算式(8-47)代入，得

$$M = f'_y A'_s \left(\frac{h}{2} - a'_s \right) + \alpha_1 f_c b x \left(\frac{h}{2} - \frac{x}{2} \right) + \frac{x/h_0 - \beta_1}{\xi_b - \beta_1} f_y A_s \left(\frac{h}{2} - a_s \right) \quad (8-76)$$

解该方程求出 x 后，验算有关适用条件。当满足适用条件时，根据截面内外合力等于零就可以求出相应的轴向力 N_u。当 x 不满足有关适用条件，应根据具体的情况，按照前面介绍的有关处理方法进行处理后重新计算。

② $M \geqslant M_0$ 时

此时，截面承担的轴向力过小或过大都可能导致截面产生破坏，即存在相应与大、小偏心受压破坏的两个 N_u 值：N_{u1}（对应小偏心受压破坏）和 N_{u2}（对应大偏心受压破坏）。

当截面轴向力 N 降低至 N_{u2} 时，截面产生大偏心受压破坏。在方程式(8-76)中，以 $\sigma_s = f_y$ 替代 $f_y(x/h_0 - \beta_1)/(\xi_b - \beta_1)$，解方程可得此时相应的受压区高度，然后根据上述方法计算相应的轴向力 N_{u2}。

当截面轴向力 N 增大到 N_{u1} 时，截面产生小偏心受压破坏。解方程式(8-76)可得此时相应的受压区高度（应注意解的有效性和适用条件），然后根据上述方法计算另一个相应的轴向力 N_{u1}。

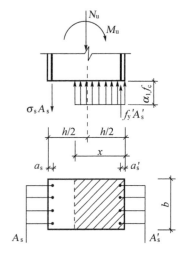

图 8-17 已知截面
M 求 N_u 的计算简图

【例题 8-4】 某框架结构中的钢筋混凝土偏心受压柱，安全等级为一级，构件计算长度 $l_c = 8$ m，承受轴向压力设计值 $N = 550$ kN，弯矩设计值 $M_1 = M_2 = 280$ kN·m，已知该柱的截面尺寸 $b \times h = 400$ mm $\times 550$ mm，$a_s = a'_s = 40$ mm，混凝土强度等级为 C20($f_c = 9.6$ N/mm^2)，纵向钢筋采用 HRB335 级钢筋($f_y = f'_y = 300$ N/mm^2)。试计算该柱所需要的钢筋面积 A_s 和 A'_s。

【解】 ① 验证杆端弯矩的比值

$$\frac{M_1}{M_2} = 1 > 0.9 \quad （需要考虑二阶效应的影响）$$

② 计算控制截面的弯矩设计值

$$e_a = h/30 = 550/30 = 18.33 \text{ mm} < 20 \text{ mm}，取 e_a = 20 \text{ mm}$$

$$\zeta_c = \frac{0.5 f_c A}{N} = \frac{0.5 \times 9.6 \times 400 \times 550}{550\,000} = 1.92 > 1.0，取 \zeta_c = 1.0$$

$$\eta_{ns} = 1 + \frac{1}{1\,300(M_2/N + e_a)/h_0} \left(\frac{l_c}{h} \right)^2 \zeta_c$$

$$= 1 + \frac{1}{1\,300 \times (280\,000/550 + 20)/510} \times \left(\frac{8\,000}{550} \right)^2 \times 1 = 1.16$$

$$C_m = 0.7 + 0.3 \frac{M_1}{M_2} = 0.7 + 0.3 = 1$$

$$M = C_m \eta_{ns} M_2 = 1 \times 1.16 \times 280\ 000 = 324\ 800\ \text{N} \cdot \text{m}$$

③ 确定初始偏心距

$$e_0 = M/N = 324\ 800/550 = 591\ \text{mm}$$

$$e_i = e_0 + e_a = 591 + 20 = 611\ \text{mm} > 0.3h_0 = 153\ \text{mm}$$

所以先按照大偏心受压进行设计。

④ 求轴向力到纵向钢筋作用点的距离

$$e = e_i + h/2 - a_s = 611 + 550/2 - 40 = 846\ \text{mm}$$

⑤ 确定受压区高度

该题属于 A_s 和 A'_s 均未知的情况,所以取 $x = \xi_b h_0$

$$\xi_b = \frac{\beta_1}{1 + \dfrac{f_y}{\varepsilon_{cu} E_s}} = \frac{0.8}{1 + \dfrac{300}{0.003\ 3 \times 2 \times 10^5}} = 0.55$$

⑥ 计算受压钢筋面积

$$\begin{aligned} A'_s &= \frac{\gamma_0 Ne - \alpha_1 f_c b h_0^2 \xi_b (1 - 0.5\xi_b)}{f'_y (h_0 - a'_s)} \\ &= \frac{1.1 \times 550\ 000 \times 846 - 1 \times 9.6 \times 400 \times 510^2 \times 0.55 \times (1 - 0.5 \times 0.55)}{300 \times (510 - 40)} \\ &= 805\ \text{mm} > \rho_{min} bh = 0.002 \times 400 \times 550 = 440\ \text{mm}^2 \end{aligned}$$

⑦ 计算受拉钢筋面积

$$\begin{aligned} A_s &= \frac{\alpha_1 f_c \xi_b b h_0 + f'_y A'_s - \gamma_0 N}{f_y} \\ &= \frac{1 \times 9.6 \times 0.55 \times 400 \times 510 + 300 \times 805 - 1.1 \times 550\ 000}{300} \\ &= 2\ 378\ \text{mm}^2 > \rho_{min} bh = 440\ \text{mm}^2 \end{aligned}$$

⑧ 选配钢筋

受压钢筋选用 3 Φ 20,$A'_s = 942\ \text{mm}^2$;受拉钢筋选用 5 Φ 25,$A_s = 2\ 454\ \text{mm}^2$。

【例 8-5】已知受压钢筋采用 4 Φ 20,$A'_s = 1\ 256\ \text{mm}^2$,其余同例题 8-4。试计算该柱所需要的钢筋面积 A_s。

【解】① 确定初始偏心距

同例题 8-4,得偏心距为 611 mm $> 0.3h_0$,所以先按照大偏心受压进行设计。

② 计算受压区高度

该题属于 A'_s 为已知的情况,应通过求解基本方程求 x

$$x = h_0 \left(1 - \sqrt{1 - \frac{2[\gamma_0 Ne - f'_y A'_s (h_0 - a'_s)]}{\alpha_1 f_c b h_0^2}} \right)$$

$$=510\left(1-\sqrt{1-\frac{2\times[1.1\times550\,000\times846-300\times1\,256\times(510-40)]}{9.6\times400\times510^2}}\right)$$

$$=217\ \text{mm}$$

$$2a'_s=80\ \text{mm}<x=217\ \text{mm}<\xi_b h_0=281\ \text{mm}$$

满足适用条件。

③ 计算受拉钢筋面积

$$A_s=\frac{\alpha_1 f_c bx+f'_y A'_s-\gamma_0 N}{f_y}$$

$$=\frac{1\times9.6\times400\times217+300\times1\,256-1.1\times550\,000}{300}$$

$$=2\,016\ \text{mm}^2>\rho_{min}bh=440\ \text{mm}^2$$

④ 选配钢筋

受拉钢筋选用 $5\,\Phi\,25$，$A_s=2\,454\ \text{mm}^2$。

【例 8-6】 某安全等级为二级的钢筋混凝土偏压柱，承受的轴向压力设计值为 $N=200\ \text{kN}$，柱端弯矩设计值 $M_1=280\ \text{kN}\cdot\text{m}$，$M_2=300\ \text{kN}\cdot\text{m}$。已知柱的弯矩作用平面内的柱上下两端的支撑长度为 4.2 m，截面尺寸 $b\times h=500\ \text{mm}\times500\ \text{mm}$，$a_s=a'_s=40\ \text{mm}$。混凝土强度等级为 C30（$f_c=14.3\ \text{N/mm}^2$），纵向钢筋采用 HRB400 钢筋（$f_y=f'_y=360\ \text{N/mm}^2$），由于构造要求，截面配置受压钢筋 $3\,\Phi\,25$，$A'_s=1\,472\ \text{mm}^2$。试求该柱所需要的钢筋面积 A_s。

【解】 ① 验证杆端弯矩的比值

$$\frac{M_1}{M_2}=0.93>0.9 \qquad（需要考虑二阶效应的影响）$$

② 计算控制截面的弯矩设计值

$$e_a=h/30=500/30=16.67\ \text{mm}<20\ \text{mm}，取\ e_a=20\ \text{mm}$$

$$\zeta_c=\frac{0.5f_c A}{N}=\frac{0.5\times14.3\times500\times500}{200\,000}=8.937\,5>1.0，取\ \zeta_c=1.0$$

$$\eta_{ns}=1+\frac{1}{1\,300(M_2/N+e_a)/h_0}\left(\frac{l_c}{h}\right)^2\zeta_c$$

$$=1+\frac{1}{1\,300\times(300\,000/200+20)/460}\times\left(\frac{4\,200}{500}\right)^2\times1$$

$$=1.016$$

$$C_m=0.7+0.3\frac{M_1}{M_2}=0.7+0.3\times0.93=0.979$$

由于 $C_m\eta_{ns}=0.979\times1.016=0.995<1$，取 $C_m\eta_{ns}=1$

$$M=C_m\eta_{ns}M_2=1\times300=300\ \text{kN}\cdot\text{m}$$

③ 确定初始偏心距

$$e_0=M/N=300\,000/200=1\,500\ \text{mm}$$

$$e_i=e_0+e_a=1\,500+20=1\,520\ \text{mm}>0.3h_0=153\ \text{mm}$$

所以先按照大偏心受压进行设计。

④ 求轴向力到纵向钢筋作用点的距离

$$e = e_i + h/2 - a_s = 1\,520 + 500/2 - 40 = 1\,730 \text{ mm}$$

⑤ 计算受压区高度

该题属于 A'_s 为已知的情况,应通过求解基本方程求 x

$$x = h_0\left(1 - \sqrt{1 - \frac{2[\gamma_0 Ne - f'_y A'_s(h_0 - a'_s)]}{\alpha_1 f_c b h_0^2}}\right)$$

$$= 460\left(1 - \sqrt{1 - \frac{2 \times [1.0 \times 200\,000 \times 1\,730 - 360 \times 1\,472 \times (460 - 40)]}{14.3 \times 500 \times 460^2}}\right)$$

$$= 39.2 \text{ mm}$$

$$x = 39.2 \text{ mm} < \xi_b h_0 = 281 \text{ mm}$$

$$x = 39.2 \text{ mm} < 2a'_s = 80 \text{ mm}$$

近似取 $x = 2a'_s = 80 \text{ mm}$

⑥ 计算受拉钢筋面积

$$e' = e_i - h/2 + a'_s = 1\,520 - 500/2 + 40 = 1\,310 \text{ mm}$$

$$A_s = \frac{\gamma_0 Ne'}{f_y(h_0 - a'_s)} = \frac{1 \times 200\,000 \times 1\,310}{360 \times (460 - 40)} = 1\,733 \text{ mm}^2 > \rho_{min}bh = 500 \text{ mm}^2$$

⑦ 选配钢筋

受拉钢筋选用 $4 \oplus 25$,$A_s = 1\,964 \text{ mm}^2$。

【例 8-7】某安全等级为二级的钢筋混凝土偏压柱,承受的轴向压力设计值为 $N = 1\,550 \text{ kN}$,弯矩设计值 $M_1 = -80 \text{ kN·m}$,$M_2 = 100 \text{ kN·m}$,已知该柱的计算长度 $l_c = 6 \text{ m}$,截面尺寸 $b \times h = 300 \text{ mm} \times 500 \text{ mm}$,$a_s = a'_s = 40 \text{ mm}$。混凝土强度等级为 C30($f_c = 14.3 \text{ N/mm}^2$),纵向钢筋采用 HRB335 级钢筋($f_y = f'_y = 300 \text{ N/mm}^2$),试计算该柱所需要的钢筋面积。

【解】① 验证是否考虑二阶效应

$$\frac{M_1}{M_2} = -\frac{80}{100} = -0.8 < 0.9$$

$$\frac{N}{f_c A} = \frac{1\,550\,000}{14.3 \times 300 \times 500} = 0.723 < 0.9$$

$$A = bh = 300 \times 500 = 150\,000 \text{ mm}^2$$

$$I = \frac{1}{12}bh^3 = \frac{1}{12} \times 300 \times 500^3 = 3\,125 \times 10^6 \text{ mm}^4$$

$$i = \sqrt{\frac{I}{A}} = \sqrt{\frac{3\,125 \times 10^6}{150\,000}} = 144.3 \text{ mm}$$

$$\frac{l_c}{i} = \frac{6\,000}{144.3} = 41.58 < 34 - 12\left(\frac{M_1}{M_2}\right) = 34 - 12 \times \left(\frac{-80}{100}\right) = 43.6$$

所以可以不考虑二阶效应的影响。

② 确定初始偏心距

$$e_0 = M/N = 100\,000/1\,550 = 64.5 \text{ mm}$$

$$e_a = h/30 = 500/30 = 16.67 \text{ mm} < 20 \text{ mm},取 e_a = 20 \text{ mm}$$

$$e_i = e_0 + e_a = 64.5 + 20 = 84.5 \text{ mm} < 0.3h_0 = 0.3 \times 460 = 138 \text{ mm}$$

按小偏心受压设计。

③ 确定受拉钢筋的面积

根据最小配筋率，$A_s = \rho_{min}bh = \max(0.002, 0.45f_t/f_y)bh = 323 \text{ mm}^2$

为了防止远端混凝土先被压碎：

$$A_s = \frac{\gamma_0 N\left[\dfrac{h}{2} - (e_0 - e_a) - a'_s\right] - \alpha_1 f_c bh\left(h'_0 - \dfrac{h}{2}\right)}{f'_y(h_0 - a'_s)}$$

$$= \frac{1\,550\,000 \times [500/2 - (64.5 - 20) - 40] - 1 \times 14.3 \times 300 \times 500 \times (460 - 500/2)}{300 \times (460 - 40)}$$

$$< 0$$

因此 A_s 取最小配筋率满足要求，选用 3 Φ 14，$A_s = 461 \text{ mm}^2$。

④ 确定受压区高度系数

$$e' = h/2 - e_i - a'_s = 500/2 - 84.5 - 40 = 125.5 \text{ mm}$$

$$u = \frac{a'_s}{h_0} + \frac{f_y A_s}{(\xi_b - \beta_1)\alpha_1 f_c bh_0}\left(1 - \frac{a'_s}{h_0}\right)$$

$$= \frac{40}{460} + \frac{300 \times 461}{(0.55 - 0.8) \times 1 \times 14.3 \times 300 \times 460} \times \left(1 - \frac{40}{460}\right) = -0.169$$

$$v = \frac{2\gamma_0 Ne'}{\alpha_1 f_c bh_0^2} - \frac{2\beta_1 f_y A_s}{(\xi_b - \beta_1)\alpha_1 f_c bh_0}\left(1 - \frac{a'_s}{h_0}\right)$$

$$= \frac{2 \times 1\,550\,000 \times 125.5}{1 \times 14.3 \times 300 \times 460^2} - \frac{2 \times 0.8 \times 300 \times 461}{(0.55 - 0.8) \times 1 \times 14.3 \times 300 \times 460} \times \left(1 - \frac{40}{460}\right) = 0.838$$

$$\xi = u + \sqrt{u^2 + v} = -0.169 + \sqrt{(-0.169)^2 + 0.838} = 0.762$$

$\xi > \xi_b = 0.55$；$\xi < 2\beta_1 - \xi_b = 1.05$；$\xi h_0 = 339 < h = 500 \text{ mm}$，满足适用条件。

⑤ 确定受压钢筋面积

$$\sigma_s = \frac{\beta_1 - \xi}{\beta_1 - \xi_b}f_y = \frac{0.8 - 0.762}{0.8 - 0.55} \times 300 = 45.6 \text{ N/mm}^2$$

$$A'_s = \frac{\gamma_0 N - \alpha_1 f_c \xi bh_0 + \sigma_s A_s}{f_y}$$

$$= \frac{1\,550\,000 - 1 \times 14.3 \times 0.762 \times 300 \times 460 + 45.6 \times 461}{300}$$

$$= 225 \text{ mm}^2 < \rho_{min}bh = 0.002\,bh = 300 \text{ mm}^2$$

⑥ 选配钢筋

受压钢筋选用 3 Φ 14，$A'_s = 461 \text{ mm}^2$；受拉钢筋选用 3 Φ 14，$A_s = 461 \text{ mm}^2$。

⑦ 垂直于弯矩作用平面的承载力验算

按照轴心受压验算，此处略。

【例 8-8】某框架结构中安全等级为二级的钢筋混凝土偏压柱，承受的轴向压力设计值为 $N = 1\,100 \text{ kN}$，弯矩设计值 $M_1 = 360 \text{ kN} \cdot \text{m}$，$M_2 = 385 \text{ kN} \cdot \text{m}$，已知该柱的计算长度

$l_c = 7.2$ m,截面尺寸为 $b \times h = 400$ mm $\times 600$ mm，$A_s = 1\,964$ mm^2（4 Φ 20），$A'_s = 1\,472$ mm^2（4 Φ 22），$a_s = a'_s = 40$ mm，混凝土强度等级为 C30（$f_c = 14.3$ N/mm^2），纵向钢筋采用 HRB335 级钢筋（$f_y = f'_y = 300$ N/mm^2），试复核该构件。

【解】① 验证是否考虑二阶效应

$$\text{杆端弯矩比 } \frac{M_1}{M_2} = \frac{360}{385} = 0.935 > 0.9$$

需要考虑二阶效应。

② 计算控制截面的弯矩设计值

$$e_a = h/30 = 600/30 = 20 \text{ mm} = 20 \text{ mm}, \text{取 } e_a = 20 \text{ mm}$$

$$\zeta_c = \frac{0.5 f_c A}{N} = \frac{0.5 \times 14.3 \times 400 \times 600}{1\,100\,000} = 1.56 > 1.0, \text{取 } \zeta_c = 1.0$$

$$\eta_{ns} = 1 + \frac{1}{1\,300(M_2/N + e_a)/h_0} \left(\frac{l_c}{h} \right)^2 \zeta_c$$

$$= 1 + \frac{1}{1\,300 \times (385\,000/1\,100 + 20)/560} \times \left(\frac{7\,200}{600} \right)^2 \times 1$$

$$= 1.168$$

$$C_m = 0.7 + 0.3 \frac{M_1}{M_2} = 0.7 + 0.3 \times 0.935 = 0.981$$

由于 $C_m \eta_{ns} = 0.981 \times 1.168 = 1.145 > 1$

$$M = C_m \eta_{ns} M_2 = 1.145 \times 385 = 440.8 \text{ kN} \cdot \text{m}$$

③ 确定初始偏心距

$$e_0 = M/N = 440\,800/1\,100 = 401 \text{ mm}$$

$$e_i = e_0 + e_a = 401 + 20 = 421 \text{ mm} > 0.3 h_0 = 0.3 \times 560 = 168 \text{ mm}$$

所以先按照大偏心受压计算。

④ 确定受压区高度

$$e = e_i + h/2 - a_s = 421 + 600/2 - 40 = 681 \text{ mm}$$

$$e' = e_i - h/2 + a'_s = 421 - 600/2 + 40 = 161 \text{ mm}$$

$$x = h_0 \left[\sqrt{\left(\frac{e}{h_0} - 1 \right)^2 + \frac{2 \times (f_y A_s e - f'_y A'_s e')}{\alpha_1 f_c b h_0^2}} - \left(\frac{e}{h_0} - 1 \right) \right]$$

$$= 560 \times \left[\sqrt{\left(\frac{681}{560} - 1 \right)^2 + \frac{2 \times (300 \times 1\,256 \times 681 - 300 \times 1\,520 \times 161)}{1 \times 14.3 \times 400 \times 560^2}} - \left(\frac{681}{560} - 1 \right) \right]$$

$$= 159.8 \text{ mm}$$

$$\xi_b h_0 = 0.55 \times 560 = 308 \text{ mm} > 159.8 \text{ mm}, 2a'_s = 80 \text{ mm} < 159.8 \text{ mm}$$

满足适用条件。

⑤ 验算最小配筋率

$$A'_s = 1\,520 \text{ mm}^2 > \rho_{min} bh = 0.002 bh = 480 \text{ mm}^2$$

$$A_s = 1\,256 \text{ mm}^2 > \rho_{min} bh = 480 \text{ mm}^2$$

配筋符合要求

⑥ 计算 N_u

$$N_u = \frac{\alpha_1 f_c bx + f'_y A'_s - f_y A_s}{\gamma_0}$$
$$= 1 \times 14.3 \times 400 \times 159.8 + 1\,520 \times 300 - 1\,256 \times 300$$
$$= 994 \text{kN} < 1\,100 \text{kN}$$

构件不满足要求。

【例 8-9】某构件截面条件同例题 8-8，承受轴向压力设计值 $N = 2\,200$ kN，求该构件不考虑二阶效应影响时，可承担的最大弯矩设计值。

【解】① 判别大小偏心

$$x = \frac{N + f_y A_s - f'_y A'_s}{\alpha_1 f_c b} = \frac{2\,200\,000 + 300 \times 1\,256 - 300 \times 1\,520}{1 \times 14.3 \times 400}$$
$$= 371 \text{ mm} > \xi_b h_0 = 308 \text{ mm}$$

为小偏心受压破坏。

② 确定受压区高度

$$\gamma_0 N = \alpha_1 f_c bx + f'_y A'_s - \frac{x/h_0 - \beta_1}{\xi_b - \beta_1} f_y A_s$$

代入题中已有数据，得

$$2\,200\,000 = 1 \times 14.3 \times 400\,x + 300 \times 1\,520 - \frac{x/560 - 0.8}{0.55 - 0.8} \times 300 \times 1\,256$$

解得：$x = 351$ mm

$$\xi_b h_0 = 0.55 \times 560 = 308 \text{ mm} < 351 \text{ mm} \quad (\text{为小偏心受压})$$
$$(2\beta_1 - \xi_b) h_0 = 588 \text{ mm} > 351 \text{ mm} \quad (\text{受拉钢筋没有受压屈服})$$
$$h = 600 \text{ mm} > 351 \text{ mm} \quad (\text{受压区高度处于有效范围})$$

③ 计算轴向力偏心距

$$e = \frac{\alpha_1 f_c bx \left(h_0 - \dfrac{x}{2}\right) + f'_y A'_s (h_0 - a'_s)}{\gamma_0 N}$$
$$= \frac{1 \times 14.3 \times 400 \times 351(560 - 351/2) + 1\,520 \times 300 \times (560 - 40)}{1 \times 2\,200\,000} = 459 \text{ mm}$$
$$e_i = e - h/2 + a_s = 459 - 300 + 40 = 199 \text{ mm}$$
$$e_a = \max(h/30, 20 \text{ mm}) = 20 \text{ mm}$$
$$e_0 = e_i - e_a = 179 \text{ mm}$$

④ 计算弯矩设计值

假设不考虑二阶效应的影响，则

$$M = e_0 N = 2\,200 \times 0.179 = 394 \text{ kN} \cdot \text{m}$$

8.4.4 对称配筋构件正截面承载力计算方法

1) 截面设计

(1) 大小偏心受压的判别方法

当截面 $A_s=A'_s$、$f_y=f'_y$、$a_s=a'_s$ 时,称为对称配筋截面。对称配筋构件进行截面设计时,一般根据轴向力的大小判别大小偏心受压。然后按照大小偏压各自的设计公式进行设计计算。依据图 8-16,根据界限破坏时截面内外力之和等于零,可以求出界限破坏时的轴向压力为

$$N_b=\alpha_1 f_c b h_0 \xi_b + f'_y A'_s - f_y A_s = \alpha_1 f_c b h_0 \xi_b \qquad (8-77)$$

显然,大小偏心受压可以根据轴向力设计值 N 按照下列条件判断:当 $N \leqslant N_b$ 时,属于大偏心受压,按照大偏心受压设计;当 $N>N_b$ 时,属于小偏心受压,按照小偏心受压设计。

(2) 大偏心受压时

根据公式(8-31)可得

$$x=\frac{\gamma_0 N}{\alpha_1 f_c b} \qquad (8-78)$$

当 $x \geqslant 2a'_s$ 时,由式(8-32)可得

$$A_s=A'_s=\frac{\gamma_0 Ne - \gamma N(h_0-x/2)}{f'_y(h_0-a'_s)} \qquad (8-79)$$

当 $x<2a'_s$ 时,由式(8-34)可得

$$A'_s=A_s=\frac{\gamma_0 Ne'}{f_y(h_0-a'_s)} \qquad (8-80)$$

当按上式计算得到的 A_s 小于最小配筋量时,应按照最小配筋量或构造要求配置,此时说明给定的截面尺寸偏大。

(3) 小偏心受压时

根据基本公式(8-39)、式(8-40)和式(8-47)可以求出受压区高度,但是由于联立方程是关于 x 的三次方程,因此手算求解时,一般采用迭代法。用迭代法求解对称配筋小偏心受压构件可按照下述步骤进行。

第一步:在 x 的有效范围内取初值,$\xi_b h_0 < x < \dfrac{\gamma_0 N}{\alpha_1 f_c b}$。

第二步:根据式(8-40)和式(8-47)计算相应的 $A'_s(A_s)$ 和 σ_s:

$$A_s=A'_s=\frac{\gamma_0 Ne-\alpha_1 f_c bx(h_0-x/2)}{f'_y(h_0-a'_s)} \qquad (8-81)$$

$$\sigma_s=\frac{x/h_0-\beta_1}{\xi_b-\beta_1}f_y \geqslant -f'_y \qquad (8-82)$$

第三步:将 A'_s 和 σ_s 代入式(8-39)求新的 x:

$$x=\frac{\gamma_0 N-f'_y A'_s+\sigma_s A_s}{\alpha_1 f_c b} \qquad (8-83)$$

第四步:与上一次 x 相比较,如果误差较小则可以停止迭代,以最后一次结果为准。若两次结果误差较大,则应以最后一次计算结果 x(或两次计算的平均值)作为初始值,重复第二至第四步。

在设计时,也可以采用规范建议的近似公式求 x:

$$x=\left[\xi_b+\frac{\gamma_0 N-\alpha_1 f_c b h_0 \xi_b}{\frac{\gamma_0 Ne-0.43\alpha_1 f_c b h_0^2}{(\beta_1-\xi_b)(h_0-a'_s)}+\alpha_1 f_c b h_0}\right]h_0 \qquad (8-84)$$

钢筋应力与
受压区高度
的关系

2) 截面复核

对称配筋截面复核可以按照不对称配筋截面的复核方法进行。

【例 8-10】 已知条件同例题 8-4,按照对称配筋设计

【解】 ① 验证杆端弯矩的比值

$$\frac{M_1}{M_2}=1>0.9 \quad (需要考虑二阶效应的影响)$$

② 计算控制截面的弯矩设计值

同例题 8-4。

③ 判别大小偏心受压

$$N_b=\alpha_1 f_c b h_0 \xi_b=1.0\times9.6\times400\times510\times0.55=1\ 077\ 120\ \text{N}>\gamma_0 N=605\ 000\ \text{N}$$

属于大偏心受压。

④ 计算 A_s 和 A'_s。

$$e_0=M/N=324\ 800/550=591\ \text{mm}$$
$$e_i=e_0+e_a=591+20=611\ \text{mm}$$
$$e=e_i+h/2-a_s=611+550/2-40=846\ \text{mm}$$
$$A_s=A'_s=\frac{\gamma_0 Ne-\alpha_1 f_c b x(h_0-x/2)}{f'_y(h_0-a'_s)}$$
$$=\frac{1.1\times550\ 000\times846-1\times9.6\times400\times158(510-158/2)}{300\times(510-40)}$$
$$=1\ 775\ \text{mm}^2>\rho_{min}bh=440\ \text{mm}^2$$

⑤ 选配钢筋

受压钢筋、受拉钢筋各选 4 Φ 25,$A_s=A'_s=1\ 964\ \text{mm}^2$。

【例 8-11】 已知条件同例题 8-7,按照对称配筋计算所需钢筋面积。

【解】 ① 验证是否考虑二阶效应

验算过程同例题 8-7,可以不考虑二阶效应的影响。

② 判别大小偏心受压

$$N_b=\alpha_1 f_c b h_0 \xi_b=1\times14.3\times300\times460\times0.55=1\ 085\ 370\ \text{N}<\gamma_0 N=1\ 550\ 000\ \text{N}$$

按小偏心受压设计。

③ 计算受压区高度及钢筋面积

$$e=e_i+h/2-a_s=84.5+500/2-40=294.5\ \text{mm}$$

根据 $\xi_b h_0<x<\dfrac{\gamma_0 N}{\alpha_1 f_c b}$,取 $x_1=(\xi_b h_0+\dfrac{\gamma_0 N}{\alpha_1 f_c b})/2=(0.55\times460+361)/2=307\ \text{mm}$

进行第一次迭代：

$$A_s = A'_s = \frac{\gamma_0 Ne - \alpha_1 f_c bx(h_0 - x/2)}{f'_y(h_0 - a'_s)}$$

$$= \frac{1 \times 1\,550\,000 \times 294.5 - 1 \times 14.3 \times 300 \times 307(460 - 307/2)}{300 \times (460 - 40)} = 419\ \text{mm}^2$$

$$\sigma_s = \frac{x/h_0 - \beta_1}{\xi_b - \beta_1} \times f_y = \frac{307/460 - 0.8}{0.55 - 0.8} \times 300 = 159\ \text{N/mm}^2 \geqslant -f'_y$$

$$x_2 = \frac{\gamma_0 N - f'_y A'_s + \sigma_s A_s}{\alpha_1 f_c b} = \frac{1\,550\,000 - 300 \times 419 + 159 \times 419}{1 \times 14.3 \times 300} = 347.5\ \text{mm}$$

以 $x = 347.5$ 进行第二次迭代：

$$A_s = A'_s = \frac{\gamma_0 Ne - \alpha_1 f_c bx(h_0 - x/2)}{f'_y(h_0 - a'_s)}$$

$$= \frac{1 \times 1\,550\,000 \times 294.5 - 1 \times 14.3 \times 300 \times 347.5(460 - 347.5/2)}{300 \times (460 - 40)} = 236\ \text{mm}^2$$

$$\sigma_s = \frac{x/h_0 - \beta_1}{\xi_b - \beta_1} \times f_y = \frac{347.5/460 - 0.8}{0.55 - 0.8} \times 300 = 53.5\ \text{N/mm}^2 \geqslant -f'_y$$

$$x_3 = \frac{\gamma_0 N - f'_y A'_s + \sigma_s A_s}{\alpha_1 f_c b} = \frac{1\,550\,000 - 300 \times 236 + 53.5 \times 236}{1 \times 14.3 \times 300} = 347.7\ \text{mm}$$

若以公式(8-84)计算，得

$$x = \left[\xi_b + \frac{\gamma_0 N - \alpha_1 f_c bh_0 \xi_b}{\frac{\gamma_0 Ne - 0.43\alpha_1 f_c bh_0^2}{(\beta_1 - \xi_b)(h_0 - a'_s)} + \alpha_1 f_c bh_0}\right] h_0$$

$$= \left[0.55 + \frac{1\,550\,000 - 14.3 \times 300 \times 460 \times 0.55}{\frac{1\,550\,000 \times 294.5 - 0.43 \times 14.3 \times 300 \times 460^2}{(0.8 - 0.55)(460 - 40)} + 14.3 \times 300 \times 460}\right] \times 460$$

$$= 335\ \text{mm}$$

$$A_s = A'_s = \frac{\gamma_0 Ne - \alpha_1 f_c bx(h_0 - x/2)}{f'_y(h_0 - a'_s)}$$

$$= \frac{1 \times 1\,550\,000 \times 294.5 - 1 \times 14.3 \times 300 \times 335(460 - 335/2)}{300 \times (460 - 40)} = 287\ \text{mm}^2$$

按构造配筋

$$A'_s > \rho_{\min}bh = 0.002\,bh = 300\ \text{mm}^2$$

$$A_s > \rho_{\min}bh = 0.002\,bh = 300\ \text{mm}^2$$

④ 选配钢筋

受压钢筋、受拉钢筋各选 $3 \phi 12$，$A_s = A'_s = 339\ \text{mm}^2$。

8.5 工字形及 T 形截面偏心受压构件正截面承载力计算

当偏心受压构件截面尺寸较大时，为了减轻结构自重和节省混凝土，有时采用工字形或 T

形截面。工字形或 T 形截面偏心受压柱的破坏特征与矩形截面柱相似,因此其计算方法也与矩形截面柱相似,区别在于翼缘参与受力。T 形截面是工字形截面的一种特例,所以下面仅以工字形为例建立公式。

8.5.1　基本计算公式

1) 大偏心受压

当受压区高度 x 满足 $x \leqslant \xi_b h_0$ 时,为大偏心受压,此时按照混凝土受压区高度 x 的大小,可以分为两种情况。

(1) $x \leqslant h'_f$ 时

当混凝土受压区高度 $x \leqslant h'_f$ 时,如图 8-18a 所示,受压区位于翼缘中,这时可以按照截面宽度为 b'_f 的矩形截面进行计算,即

$$N_u = \alpha_1 f_c b'_f x + f'_y A'_s - f_y A_s \qquad (8-85)$$

$$N_u e = \alpha_1 f_c b'_f x \left(h_0 - \frac{x}{2} \right) + f'_y A'_s (h_0 - a'_s) \qquad (8-86)$$

式中　b'_f——工字形截面受压翼缘的宽度。

上式中,截面混凝土受压区高度应满足 $x \geqslant 2a'_s$,否则,截面破坏时受压钢筋没有达到其抗压强度设计值,此时可按照矩形截面相同的方法近似计算。

(2) $h'_f \leqslant x \leqslant \xi_b h_0$ 时

如图 8-18b 所示,受压区进入腹板内,这时翼缘和受压部分的腹板仍采用矩形截面等效应力的处理结果,取其应力为 $\alpha_1 f_c$,根据截面平衡条件,可得

$$N_u = \alpha_1 f_c [bx + (b'_f - b)h'_f] + f'_y A'_s - f_y A_s \qquad (8-87)$$

$$N_u e = \alpha_1 f_c bx \left(h_0 - \frac{x}{2} \right) + \alpha_1 f_c (b'_f - b)h'_f \left(h_0 - \frac{h'_f}{2} \right) + f'_y A'_s (h_0 - a'_s) \qquad (8-88)$$

式中　h'_f——工字形截面受压翼缘的厚度。

2) 小偏心受压

当受压区高度 $x > \xi_b h_0$ 时,为小偏心受压,此时按照混凝土受压区高度 x 的大小,也可以分为两种情况。

(1) $\xi_b h_0 < x \leqslant h - h_f$ 时

如图 8-18c 所示,受压区进入腹板内,此时受拉钢筋没有受拉屈服,其应力 σ_s 仍可采用矩形截面相同的计算方法计算,同时取翼缘和受压部分的腹板的应力为 $\alpha_1 f_c$,根据截面平衡条件,可得

$$N_u = \alpha_1 f_c [bx + (b'_f - b)h'_f] + f'_y A'_s - \sigma_s A_s \qquad (8-89)$$

$$N_u e = \alpha_1 f_c bx \left(h_0 - \frac{x}{2} \right) + \alpha_1 f_c (b'_f - b)h'_f \left(h_0 - \frac{h'_f}{2} \right) + f'_y A'_s (h_0 - a'_s) \qquad (8-90)$$

(2) $h - h'_f < x \leqslant h$ 时

如图 8-18d 所示,受压区进入受拉翼缘,这时受拉钢筋的应力 σ_s 采用矩形截面相同的计算方法计算,并取翼缘和受压部分的腹板的应力为 $\alpha_1 f_c$,根据截面平衡条件,可得

$$N_u = \alpha_1 f_c \{bx + (b'_f - b)h'_f + (b_f - b)[x - (h - h_f)]\} + f'_y A'_s - \sigma_s A_s \qquad (8-91)$$

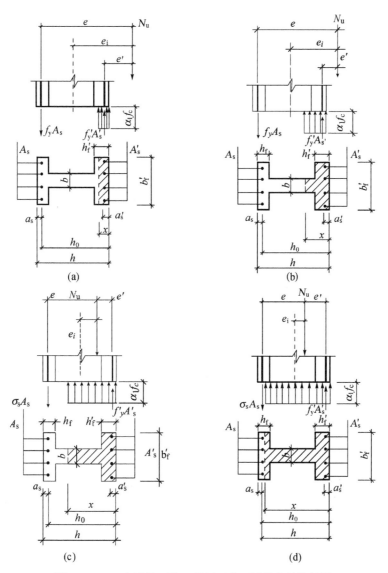

图 8-18 工字形截面偏心受压正截面承载力计算简图

$$N_u e = \alpha_1 f_c b x \left(h_0 - \frac{x}{2}\right) + \alpha_1 f_c (b_f' - b) h_f' \left(h_0 - \frac{h_f'}{2}\right)$$

$$+ \alpha_1 f_c (b_f - b)(x - h + h_f) \left(\frac{h + h_f - x}{2} - a_s\right) + f_y' A_s' (h_0 - a_s') \qquad (8-92)$$

式中 h_f——工字形截面受拉翼缘的厚度；

b_f——工字形截面受拉翼缘的宽度。

当 $h - h_f' < x \leqslant h$ 时，由于轴向力的偏心距较小，实际应力状态一般处于全截面受压，若靠近轴向力一侧钢筋 A_s' 的数量较多而离轴向力较远一侧钢筋 A_s 的数量较少时，可能会产生离轴向力较远一侧混凝土先被压碎。因此，应采用矩形截面相似的方法进行验算。

另外，与矩形截面柱一样，对工字形截面偏心受压构件，尚应按照轴心受压构件验算垂直于弯矩作用平面的承载力。

8.5.2　计算方法

当工字形截面柱采用不对称配筋时,其设计计算方法类似与矩形截面柱,可以参考矩形截面的思路进行。在实际工程中,工字形截面柱一般采用对称配筋,因此下面仅介绍对称配筋工字形截面的计算方法。

1）大偏心受压时

（1）两种类型的判别

令 $x=h_{\mathrm{f}}'$,代入平衡方程式（8-85）可得

$$N_{\mathrm{1b}}=\alpha_1 f_{\mathrm{c}} b_{\mathrm{f}}' h_{\mathrm{f}}' \tag{8-93}$$

令 $x=\xi_{\mathrm{b}} h_0$,代入平衡方程式（8-87）可得

$$N_{\mathrm{b}}=\alpha_1 f_{\mathrm{c}}[bh_0\xi_{\mathrm{b}}+(b_{\mathrm{f}}'-b)h_{\mathrm{f}}'] \tag{8-94}$$

显然,大偏心受压工字形截面可以根据轴向力设计值 N 的大小按照下列条件进行分类:当 $\gamma_0 N \leqslant N_{\mathrm{1b}}$ 时,受压区位于翼缘中;当 $N_{\mathrm{1b}} < \gamma_0 N \leqslant N_{\mathrm{b}}$ 时,受压区进入腹板内。

（2）$\gamma_0 N \leqslant \alpha_1 f_{\mathrm{c}} b_{\mathrm{f}}' h_{\mathrm{f}}'$ 时

根据平衡方程式（8-85）可得

$$x=\frac{\gamma_0 N}{\alpha_1 f_{\mathrm{c}} b_{\mathrm{f}}'} \tag{8-95}$$

当 $x \geqslant 2a_{\mathrm{s}}'$ 时,公式（8-86）可得

$$A_{\mathrm{s}}=A_{\mathrm{s}}'=\frac{\gamma_0 Ne-\gamma N(h_0-x/2)}{f_{\mathrm{y}}'(h_0-a_{\mathrm{s}}')} \tag{8-96}$$

当 $x < 2a_{\mathrm{s}}'$ 时,按照矩形截面的方法简化计算,即

$$A_{\mathrm{s}}'=A_{\mathrm{s}}=\frac{\gamma_0 Ne'}{f_{\mathrm{y}}(h_0-a_{\mathrm{s}}')} \tag{8-97}$$

（3）$\alpha_1 f_{\mathrm{c}} bh_{\mathrm{f}}' < \gamma_0 N \leqslant \alpha_1 f_{\mathrm{c}}[bh_0\xi_{\mathrm{b}}+(b_{\mathrm{f}}'-b)h_{\mathrm{f}}']$ 时

根据平衡方程（8-87）可得

$$x=\frac{\gamma_0 N-\alpha_1 f_{\mathrm{c}}(b_{\mathrm{f}}'-b)h_{\mathrm{f}}'}{\alpha_1 f_{\mathrm{c}} b} \tag{8-98}$$

然后根据式（8-88）可得

$$A_{\mathrm{s}}=A_{\mathrm{s}}'=\frac{\gamma_0 Ne-\alpha_1 f_{\mathrm{c}}(b_{\mathrm{f}}'-b)h_{\mathrm{f}}'(h_0-h_{\mathrm{f}}'/2)-\alpha_1 f_{\mathrm{c}} bx(h_0-x/2)}{f_{\mathrm{y}}'(h_0-a_{\mathrm{s}}')} \tag{8-99}$$

2）小偏心受压时

当 $\gamma_0 N > N_{\mathrm{b}}=\alpha_1 f_{\mathrm{c}}[bh_0\xi_{\mathrm{b}}+(b_{\mathrm{f}}'-b)h_{\mathrm{f}}']$ 时,为小偏心受压构件。

对小偏心受压构件,根据基本式（8-89）、式（8-90）和式（8-47）或式（8-91）、式（8-92）和式（8-47）可以求出受压区高度。但是由于联立方程求解烦琐,因此手算求解时,一般和对称配筋矩形截面一样采用迭代法计算。在应用迭代法计算时,应根据 x 的范围选用式（8-89）和式（8-90）或式（8-91）和式（8-92）。

在设计时,也可以近似采用下式求 x:

$$x=\left\{\xi_b+\frac{\gamma_0 N-\alpha_1 f_c[bh_0\xi_b+(b'_f-b)h'_f]}{\dfrac{\gamma_0 Ne-\alpha_1 f_c[0.43bh_0^2+(b'_f-b)h'_f(h_0-h'_f/2)]}{(\beta_1-\xi_b)(h_0-a'_s)}+\alpha_1 f_c bh_0}\right\}h_0 \qquad (8-100)$$

【例 8-12】工字形截面钢筋混凝土偏心受压柱,柱计算长度为 $l_c=5.5$ m,截面尺寸 $b=100$ mm,$h=900$ mm,$b_f=b'_f=400$ mm,$h_f=h'_f=150$ mm,$a_s=a'_s=40$ mm。混凝土强度等级为 C35,纵筋采用 HRB400 级钢筋。截面承受轴向压力设计值 $N=877$ kN,考虑二阶效应的弯矩设计值 $M=914$ kN·m,采用对称配筋,试计算所需钢筋面积。

【解】① 计算偏心距 e

$e_0=M/N=914\,000/877=1\,042$ mm

$e_a=h/30=900/30=30$ mm>20 mm,取 $e_a=30$ mm

$e_i=e_0+e_a=1\,042+30=1\,072$ mm

$e=e_i+h/2-a_s=1\,072+900/2-40=1\,482$ mm

② 判别偏压类型,计算 $A_s=A'_s$

先假定中和轴在受压翼缘内,计算受压区高度

$$x=\frac{\gamma_0 N}{\alpha_1 f_c b'_f}=\frac{877\times10^3}{1\times16.7\times400}=131 \text{ mm}<h'_f=150 \text{ mm}$$

且 $x>2a'_s=2\times40=80$ mm

为大偏心受压构件,受压区在受压翼缘内

$$A_s=A'_s=\frac{\gamma_0 Ne-\alpha_1 f_c b'_f x(h_0-x/2)}{f'_y(h_0-a'_s)}$$

$$=\frac{877\,000\times1\,482-1\times16.7\times400\times131\times(860-131/2)}{360\times(860-40)}$$

$=2\,048 \text{ mm}^2>\rho_{min}A=0.002\times180\,000=360 \text{ mm}^2$

③ 钢筋配置

受拉钢筋、受压钢筋各选用 $2\,\phi\,28+2\,\phi\,25$,$A_s=A'_s=2\,214$ mm^2

【例 8-13】某安全等级为二级的钢筋混凝土偏心受压柱,承受的轴向压力设计值为 $N=700$ kN,考虑二阶效应的弯矩设计值 $M=380$ kN·m,截面尺寸为 $b_f=b'_f=400$ mm,$b=100$ mm,$h_f=h'_f=100$ mm,$h=600$ mm,混凝土强度等级为 C30($f_c=14.3$ N/mm^2),纵向钢筋采用 HRB335 级钢筋($f_y=f'_y=300$ N/mm^2),已知 $a_s=a'_s=40$ mm,对称配筋,试计算该柱所需要的钢筋面积。

【解】① 计算偏心距 e

$e_0=M/N=380\,000/700=543$ mm

$e_a=h/30=600/30=20$ mm$=20$ mm,取 $e_a=20$ mm

$e_i=e_0+e_a=543+20=563$ mm

$e=e_i+h/2-a_s=563+600/2-40=823$ mm

② 判定截面类型

$$N_{1b} = \alpha_1 f_c b'_f h'_f = 1 \times 14.3 \times 400 \times 100 = 572\,000 \text{ N}$$

$$N_b = \alpha_1 f_c [bh_0 \xi_b + (b'_f - b) h'_f]$$
$$= 1 \times 14.3 \times [100 \times 560 \times 0.55 + (400 - 100) \times 100] = 869\,440 \text{ N}$$

$$N_{1b} < \gamma_0 N = 700\,000 \text{ N} \leqslant N_b$$

属于受压区进入腹板的大偏心受压。

③ 计算受压区高度

$$x = \frac{\gamma_0 N - \alpha_1 f_c (b'_f - b) h'_f}{\alpha_1 f_c b} = \frac{1 \times 700\,000 - 1 \times 14.3 \times (400 - 100) \times 100}{1 \times 14.3 \times 100} = 190 \text{ mm}$$

④ 计算钢筋面积

$$A_s = A'_s = \frac{\gamma_0 Ne - \alpha_1 f_c (b'_f - b) h'_f (h_0 - h'_f/2) - \alpha_1 f_c bx (h_0 - x/2)}{f'_y (h_0 - a'_s)}$$

$$= \frac{1 \times 700\,000 \times 823 - 1 \times 14.3 \times 100 \times (400 - 100)(560 - 100/2) - 1 \times 14.3 \times 100 \times 190 \times (560 - 190/2)}{300 \times (560 - 40)}$$

$$= 1\,481 \text{ mm}^2$$

$$A_s > \rho_{min} A = 0.002 \times [100 \times 600 + 2(400 - 100) \times 100] = 240 \text{ mm}^2$$

满足要求。

⑤ 选配钢筋

受拉钢筋、受压钢筋各选用 4 Φ 22，$A_s = A'_s = 1\,520 \text{ mm}^2$。

【例 8-14】 某偏心受压柱，承受的轴向压力设计值为 $N = 1\,200$ kN，考虑二阶效应的弯矩设计值 $M = 212$ kN·m，其余条件同例题 8-13，按对称配筋，试计算该柱所需要的钢筋面积。

【解】 ① 计算偏心距 e

$$e_0 = M/N = 212\,000/1\,200 = 177 \text{ mm}$$

$$e_a = h/30 = 600/30 = 20 \text{ mm} = 20 \text{ mm}，取 e_a = 20 \text{ mm}$$

$$e_i = e_0 + e_a = 177 + 20 = 197 \text{ mm}$$

② 判定截面类型

$$N_{1b} = \alpha_1 f_c b'_f h'_f = 1 \times 14.3 \times 400 \times 100 = 572\,000 \text{ N}$$

$$N_b = \alpha_1 f_c [bh_0 \xi_b + (b'_f - b) h'_f]$$
$$= 1 \times 14.3 \times [100 \times 560 \times 0.55 + (400 - 100) \times 100] = 869\,440 \text{ N} < \gamma_0 N$$
$$= 1\,200\,000 \text{ N}$$

属于小偏压受压。

③ 计算受压区高度及钢筋面积

$$由于 \xi_b h_0 < x < \frac{\gamma_0 N - \alpha_1 f_c (b'_f - b) h'_f}{\alpha_1 f_c b}$$

$$取 x_1 = (\xi_b h_0 + \frac{\gamma_0 N - \alpha_1 f_c (b'_f - b) h'_f}{\alpha_1 f_c b})/2$$

$$= (0.55 \times 560 + \frac{1\,200\,000 - 1 \times 14.3 \times (400 - 100) \times 100}{1 \times 14.3 \times 100})/2$$

$$=(308+539)/2=424 \text{ mm}<h-h_f=500 \text{ mm}$$

进行第一次迭代：

$$e=e_i+h/2-a_s=196+600/2-40=457 \text{ mm}$$

$$A_s=A'_s=\frac{\gamma_0 Ne-\alpha_1 f_c(b'_f-b)h'_f(h_0-h'_f/2)-\alpha_1 f_c bx(h_0-x/2)}{f'_y(h_0-a'_s)}$$

$$=\frac{1\,200\,000\times457-14.3\times100\times(400-100)(560-100/2)-14.3\times100\times424\times(560-424/2)}{300\times(560-40)}$$

$$=760 \text{ mm}^2$$

$$\sigma_s=\frac{x/h_0-\beta_1}{\xi_b-\beta_1}\times f_y=\frac{424/560-0.8}{0.55-0.8}\times300=51 \text{ N/mm}^2\geqslant-f'_y$$

$$x_2=\frac{\gamma_0 N-\alpha_1 f_c(b'_f-b)h'_f-f'_y A'_s+\sigma_s A_s}{\alpha_1 f_c b}$$

$$=\frac{1\times1\,200\,000-1\times14.3\times(400-100)\times100-300\times760+51\times760}{1\times14.3\times100}=407 \text{ mm}$$

以 $x=407$ 进行第二次迭代：

$$A_s=A'_s$$

$$=\frac{1\,200\,000\times457-14.3\times100\times(400-100)(560-100/2)-14.3\times100\times407\times(560-407/2)}{300\times(560-40)}$$

$$=783 \text{ mm}^2$$

$$\sigma_{sy}=\frac{407/560-0.8}{0.55-0.8}\times300=88 \text{ N/mm}^2\geqslant-f'_y$$

$$x_2=\frac{1\times1\,200\,000-1\times14.3\times(400-100)\times100-300\times760+88\times760}{1\times14.3\times100}=423 \text{ mm}$$

以 $x=(423+407)/2=415 \text{ mm}$ 进行第三次迭代可得：$A_s=772 \text{ mm}^2$，$x=416 \text{ mm}$。

若以公式(8-100)计算得到

$$x=\left[\xi_b+\frac{\gamma_0 N-\alpha_1 f_c[bh_0\xi_b+(b'_f-b)h'_f]}{\dfrac{\gamma_0 Ne-\alpha_1 f_c[0.43bh_0^2+(b'_f-b)h'_f(h_0-h'_f/2)]}{(\beta_1-\xi_b)(h_0-a'_s)}+\alpha_1 f_c bh_0}\right]h_0$$

$$=\left[0.55+\frac{1\,200\,000-14.3\times[100\times560\times0.55+(400-100)\times100]}{\dfrac{1\,200\,000\times457-14.3[0.43\times100\times560^2+300\times100(560-50)]}{(0.8-0.55)(560-40)}+14.3\times100\times560}\right]\times560$$

$$=408 \text{ mm}$$

$$A_s=A'_s$$

$$=\frac{1\,200\,000\times457-14.3\times100\times(400-100)(560-100/2)-14.3\times100\times408\times(560-408/2)}{300\times(560-40)}$$

$$=781 \text{ mm}^2$$

④ 选配钢筋

受拉钢筋、受压钢筋各选用 3 Φ 18，$A_s=A'_s=1\,763 \text{ mm}^2>\rho_{min}A=240 \text{ mm}^2$。

8.6 受拉构件正截面承载力计算

8.6.1 轴心受拉构件正截面承载力计算

对于钢筋混凝土轴心受拉构件,混凝土开裂前,钢筋和混凝土共同承担拉力;但是混凝土开裂后,裂缝截面混凝土退出工作,拉力全由钢筋承担。当钢筋的拉应力达到屈服强度时,钢筋混凝土轴心受拉构件达到承载能力极限状态,因此轴心受拉构件的承载力设计值可以表示为

$$N_u = f_y A_s \tag{8-101}$$

式中 A_s——截面全部纵向受拉钢筋截面面积,一般应沿截面周边布置,一侧钢筋的最小配筋率应取 0.20% 和 $45 f_t / f_y$ 中的较大值。

8.6.2 偏心受拉构件正截面承载力计算

偏心受拉构件截面上作用有轴向拉力和弯矩,一般表示偏心距为 e_0 的轴向拉力。根据偏心距 e_0 的大小,偏心受拉构件可以分为大偏心受拉和小偏心受拉两种:当轴向拉力作用点位于截面钢筋 A_s 合力点和钢筋 A_s' 合力点之间时,称为小偏心受拉构件;当轴向拉力作用点位于截面钢筋 A_s 合力点和钢筋 A_s' 合力点之外时,称为大偏心受拉构件。

1）小偏心受拉构件的计算

（1）截面应力特点

对于小偏心受拉构件,即轴向拉力作用点位于截面钢筋 A_s 合力点和钢筋 A_s' 合力点之间时,在混凝土开裂前,截面内钢筋和混凝土共同工作,此时,截面内混凝土应力分布可以按照材料力学的方法进行分析。随着荷载增大,截面拉应力较大一侧混凝土首先开裂,然后裂缝贯穿全截面。随着荷载的继续增大,当钢筋 A_s 或 A_s' 的应力达到屈服强度时,截面达到承载能力极限状态,此时裂缝截面裂缝贯通,混凝土已经退出工作,偏心拉力完全由钢筋 A_s 和 A_s' 平衡,如图 8-19 所示。

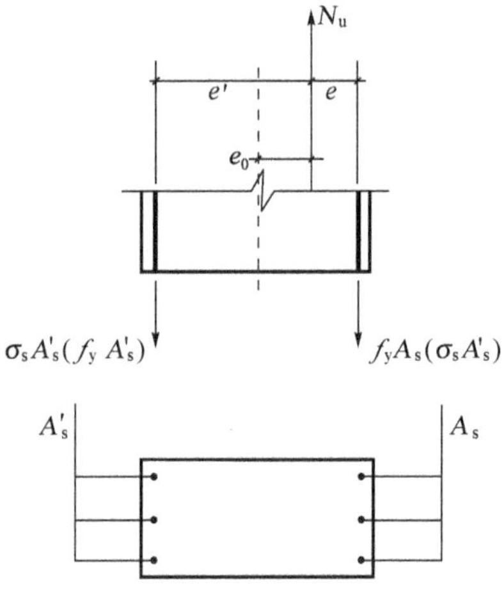

（2）基本计算公式

图 8-19 示出了小偏心受拉截面承载力计算简图。图中钢筋 A_s 和 A_s' 的应力可能均达到屈服强度,也可能只有一侧（或者 A_s,或者 A_s'）达到屈服,而另一侧钢筋没有达到屈服。

图 8-19 小偏心受拉截面
承载力计算简图

当钢筋 A_s 达到屈服时,根据内外力对钢筋 A_s' 合力点产生的力矩相等的平衡条件,可得

$$N_u e' = f_y A_s (h_0 - a_s') \tag{8-102}$$

当钢筋 A_s' 达到屈服时,根据内外力对钢筋 A_s 合力点产生的力矩相等的平衡条件,可得

$$N_u e = f_y A_s' (h_0 - a_s') \tag{8-103}$$

式中 e'——轴向力距钢筋 A_s' 合力点的距离, $e' = h/2 + e_0 - a_s'$;

e——轴向力距钢筋 A_s 合力点的距离, $e = h/2 - e_0 - a_s'$;

N_u——截面破坏时所能承担的轴向拉力设计值。

（3）计算方法

进行截面设计时，根据 $\gamma_0 N \leqslant N_u$，得

$$A_s \geqslant \frac{\gamma_0 N e'}{f_y(h_0 - a'_s)} \qquad (8-104)$$

$$A'_s \geqslant \frac{\gamma_0 N e}{f_y(h_0 - a'_s)} \qquad (8-105)$$

式中　N——表示截面承担的偏心拉力设计值。

当采用对称配筋截面时，达到极限状态时离轴向力较远一侧钢筋 A'_s 的应力达不到屈服强度，因此钢筋 A'_s 和 A_s 均按照式(8-104)确定。

2）大偏心受拉构件的计算

（1）截面应力特点

对于大偏心受拉构件，即轴向拉力作用点位于截面钢筋 A_s 合力点和钢筋 A'_s 合力点之外时，混凝土开裂前，截面存在受拉和受压两个区域。随着荷载增大，截面拉应力较大一侧（即靠近轴向力一侧）混凝土开裂，而离轴向力较远一侧仍处于受压状态，裂缝不会贯穿截面。随着荷载的继续增大截面达到极限状态，如图8-20所示，此时：受压边缘（离轴向力较远一侧）混凝土达到极限压应变 ε_{cu}；受拉钢筋 A_s 的应力与截面的配筋特征有关，对于正常配筋的截面，钢筋 A_s 达到屈服强度设计值，但当 A_s 配置过多，且 A'_s 数量又很少时，钢筋 A_s 达不到屈服强度设计值，设计中应予避免；受压钢筋 A'_s 应力可以根据平截面假设确定。显然，正常条件下大偏心受拉构件破坏时，其正截面内力特征与大偏心受压构件（或受弯构件适筋截面）相同，可以采用相同的方法进行计算。

（2）基本计算公式

图8-20示出了大偏心受拉截面承载力计算简图。根据正截面计算的基本假设：在截面的受拉区，钢筋 A_s 的拉应力达到其抗拉强度设计值 f_y，忽略受拉区混凝土承担的拉应力；在截面的受压区，混凝土的应力图形等效为矩形分布，其应力达到 $\alpha_1 f_c$，受压钢筋的应力取决于截面的受压区高度，在受压区高度不是很小的情况下，受压钢筋能够受压屈服，故在一般情况下，先假设其达到抗压强度设计值 f'_y，然后验算受压区高度。

根据截面内外合力等于零，得

$$N_u = f_y A_s - f'_y A'_s - \alpha_1 f_c b x \qquad (8-106)$$

根据截面内外力对受拉钢筋合力作用点的力矩之和等于零，得

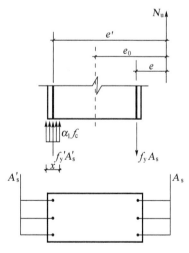

图 8-20　大偏心受拉截面
承载力计算简图

$$N_u e = \alpha_1 f_c b x \left(h_0 - \frac{x}{2}\right) + f'_y A'_s (h_0 - a'_s) \qquad (8-107)$$

式中　N_u——截面破坏时所能承担的轴向拉力设计值；

　　　　e——轴向力作用点至受拉钢筋合力点之间的距离，$e = e_0 - h/2 + a_s$；

x——混凝土受压区高度。

为了保证截面破坏时受拉钢筋应力达到其抗拉强度设计值,截面混凝土受压区高度应满足 $x \leqslant \xi_b h_0$。另外,上述公式是先假设受压钢筋达到其抗压强度设计值而建立的,因此应按照双筋受弯截面或大偏心受压截面相似的方法对其进行验证,即截面混凝土受压区高度应满足 $x \geqslant 2a'_s$,否则,受压钢筋没有达到其抗压强度设计值,此时可以近似假设受压钢筋合力与受压区混凝土合力作用点位于一点,即受压钢筋合力作用点处,对该作用点取矩,可得

$$N_u e' = f_y A_s (h_0 - a'_s) \tag{8-108}$$

式中 e'——轴向力作用点至受压钢筋合力作用点之间的距离,$e' = h/2 + e_0 - a'_s$。

对对称配筋截面,由于受压钢筋没有达到其抗压强度设计值($x \geqslant 2a'_s$),可直接按照式(8-108)计算。

(3)计算方法

根据上述截面大偏心受拉应力特点和基本计算公式可见,大偏心受拉和大偏心受压破坏是相似的,所不同的是轴向力作用方向不同。因此,大偏心受拉的计算方法与大偏心受压的计算方法相似,可以参照进行。

【例8-15】某安全等级为一级的偏心受拉构件,承受轴向拉力设计值 $N = 700$ kN,弯矩设计值 $M = 65$ kN·m,已知截面尺寸 $b \times h = 300$ mm×450 mm,$a_s = a'_s = 40$ mm,混凝土强度等级 C30,纵向钢筋采用 HRB335 级钢筋。试求钢筋面积 A_s 和 A'_s。

【解】① 判别大小偏心

$$e_0 = \frac{M}{N} = \frac{65 \times 10^6}{700\,000} = 93 \text{ mm} < \frac{h}{2} - a_s = \frac{450}{2} - 40 = 185 \text{ mm}$$

属于小偏心受拉构件。

② 求 A_s 和 A'_s

$$e' = \frac{h}{2} + e_0 - a'_s = \frac{450}{2} + 93 - 40 = 278 \text{ mm}$$

$$e = \frac{h}{2} - e_0 - a'_s = \frac{450}{2} - 93 - 40 = 92 \text{ mm}$$

$$A_s \geqslant \frac{\gamma_0 N e'}{f_y (h_0 - a'_s)} = \frac{1.1 \times 700\,000 \times 278}{300 \times (410 - 40)} = 1\,928 \text{ mm}^2$$

$$A'_s \geqslant \frac{\gamma_0 N e}{f_y (h_0 - a'_s)} = \frac{1.1 \times 700\,000 \times 92}{300 \times (410 - 40)} = 628 \text{ mm}^2$$

A_s 选用 4 Φ 25,$A_s = 1\,964$ mm^2;A'_s 选用 2 Φ 20,$A'_s = 628$ mm^2。

$\max(0.002, 0.45 f_t/f_y) bh = 0.002\,15\,bh = 290$ mm^2 满足最小配筋率要求。

【例8-16】某水池池壁,壁厚 300 mm,$a_s = a'_s = 35$ mm,已知池壁每米高度承受环向拉力设计值 $N = 315$ kN,弯矩设计值 $M = 90$ kN·m,混凝土强度等级 C20($f_c = 9.6$ N/mm^2),纵向钢筋采用 HRB335 级钢筋($f_y = f'_y = 300$ N/mm^2),试配钢筋。

【解】① 判别大小偏心

$$e_0 = \frac{M}{N} = \frac{90 \times 10^6}{315\,000} = 286\ \text{mm} > \frac{h}{2} - a_s = \frac{300}{2} - 35 = 115\ \text{mm}$$

属于大偏心受拉构件。

② 确定受压区高度

参考大偏心受压的计算方法,该题属于 A_s 和 A_s' 均未知的情况,所以取 $x = \xi_b h_0$

$$\xi_b = \frac{\beta_1}{1 + \dfrac{f_y}{\varepsilon_{cu} E_s}} = \frac{0.8}{1 + \dfrac{300}{0.003\,3 \times 2 \times 10^5}} = 0.55$$

$$x = \xi_b h_0 = 0.55 \times 265 = 146\ \text{mm}$$

③ 计算 A_s'

$$e = e_0 - \frac{h}{2} + a_s' = 286 - \frac{300}{2} + 35 = 171\ \text{mm}$$

$$\begin{aligned}
A_s' &= \frac{\gamma_0 Ne - \alpha_1 f_c b h_0^2 \xi_b (1 - 0.5\xi_b)}{f_y'(h_0 - a_s')}\\[2mm]
&= \frac{1 \times 315\,000 \times 171 - 1 \times 9.6 \times 1\,000 \times 265^2 \times 0.55(1 - 0.5 \times 0.55)}{300 \times (265 - 35)} < 0
\end{aligned}$$

按照构造要求,取 $\Phi 14@200$,$A_s' = 769\ \text{mm}^2$。

$$\rho' = 769/1\,000 \times 300 = 0.256\% > \rho_{\min} = \max(0.002, 0.45 f_t/f_y) = 0.2\%$$

④ 重新确定受压区高度

参考大偏心受压的计算方法,该题已经转换为已知 A_s' 的情况,应通过求解基本方程求 x:

$$\begin{aligned}
x &= h_0 \left\{ 1 - \sqrt{1 - \frac{2[\gamma_0 Ne - f_y' A_s'(h_0 - a_s')]}{\alpha_1 f_c b h_0^2}} \right\}\\[2mm]
&= 265 \left\{ 1 - \sqrt{1 - \frac{2[1 \times 315\,000 \times 171 - 300 \times 769(265 - 35)]}{1 \times 9.6 \times 1\,000 \times 265^2}} \right\}\\[2mm]
&= 0.3\ \text{mm} < 2a_s'
\end{aligned}$$

受压钢筋没有达到其抗压强度设计值,近似取 $x = 2a_s' = 70\ \text{mm}$。

⑤ 计算受拉钢筋面积

$$e' = e_0 + h/2 - a_s' = 286 + 300/2 - 35 = 401\ \text{mm}$$

$$A_s = \frac{\gamma_0 Ne'}{f_y(h_0 - a_s')} = \frac{1 \times 315\,000 \times 401}{300 \times (265 - 35)} = 1\,831\ \text{mm}^2$$

⑥ 配置钢筋

受压钢筋取 $\Phi 14@200$,$A_s' = 769\ \text{mm}^2$,受拉钢筋取 $\Phi 22@200$,$A_s = 1\,900\ \text{mm}^2$。

$$\rho = 1\,900/(1\,000 \times 300) = 0.63\% > \rho_{\min} = \max(0.002, 0.45 f_t/f_y) = 0.2\%$$

8.7 斜截面受剪承载力计算

8.7.1 受压构件斜截面受剪承载力计算

（1）轴向压力对受剪承载力的影响

试验研究表明，轴向压力对截面受剪承载力是有利的。轴向压力可延迟斜裂缝的出现，抑制斜裂缝的发展，因此增加了斜裂面剪压区的面积，提高了剪压区承担的剪力，同时也提高了裂面咬合力。当有轴向压力时，斜裂缝水平投影长度与对应无轴向压力的受弯构件变化不大，故轴向压力对箍筋的受剪作用无明显影响。

轴向压力对受剪承载力提高的程度是有限的。试验结果表明，当轴向压力较小时，随着轴向压力的提高，斜截面受剪承载力逐渐增大，当轴向压力增大至 $(0.3\sim0.5)f_cbh$ 时，斜截面受剪承载力达到最大值，如果轴向压力继续增大，受剪承载力将随着压力的增大逐渐降低。

（2）计算公式

为了和受弯构件计算公式相协调，受压构件斜截面受剪承载力的计算公式可以在受弯构件斜截面承载力计算公式的基础上，增加压力影响一项。对于矩形截面受压构件，其斜截面受剪承载力可以按照下列公式计算：

$$\gamma_0 V \leqslant V_u = \frac{1.75}{\lambda+1}f_tbh_0 + f_{yv}\frac{A_{sv}}{s}h_0 + 0.07N \qquad (8-109)$$

式中　V_u——受压构件受剪承载力设计值；

　　　N——与剪力设计值相应的轴向压力设计值，当 $N > 0.3f_cbh$ 时，取 $N=0.3f_cbh$；

　　　λ——计算截面的剪跨比：对于各类结构的框架柱，宜取 $\lambda=M/(Vh_0)$；对框架结构中的框架柱，当其反弯点在层高范围内时，可以取 $\lambda=H_n/2h_0$（H_n 为柱净高）；当 $\lambda < 1$ 时，取 $\lambda=1$，当 $\lambda > 3$ 时，取 $\lambda=3$；对于其他受压构件，当承受均布荷载时，取 $\lambda=1.5$，当承受集中荷载时，取 $\lambda=a/h_0$（a 为集中荷载至支座或节点边缘的距离），如果计算结果 $\lambda < 1.5$，取 $\lambda=1.5$，如果计算结果 $\lambda > 3$，取 $\lambda=3$。

对于矩形截面受压构件，如果符合

$$\gamma_0 V \leqslant V_u = \frac{1.75}{\lambda+1}f_tbh_0 + 0.07N \qquad (8-110)$$

则可以不进行斜截面受剪承载力计算，而仅需按照构造要求配置箍筋。

对于矩形截面受压构件，其受剪截面应符合

$$\gamma_0 V \leqslant 0.25\beta_c f_c bh_0 \qquad (8-111)$$

8.7.2 受拉构件斜截面受剪承载力计算

轴向拉力对截面受剪承载力是不利的。与无轴向力构件相比较，承受轴向拉力的构件斜裂缝宽度较大，斜裂面末端剪压区较小，甚至没有，因此剪压区承担的剪力和裂面咬合力降低。

和受压构件一样，受拉构件斜截面受剪承载力的计算公式可以在受弯构件斜截面承载力计算公式的基础上，增加拉力影响一项。对于矩形截面受拉构件，其斜截面受剪承载力可以按照下列公式计算：

$$\gamma_0 V \leqslant V_u = \frac{1.75}{\lambda+1}f_tbh_0 + f_{yv}\frac{A_{sv}}{s}h_0 - 0.2N \qquad (8-112)$$

轴压力对受剪
承载力的影响

式中　V_u——受拉构件受剪承载力设计值，当 $V_u < f_{yv}\dfrac{A_{sv}}{s}h_0$ 时，取 $V_u = f_{yv}\dfrac{A_{sv}}{s}h_0$，这相当于

不考虑混凝土的受剪作用，仅考虑箍筋的受剪作用，也就是轴向拉力最多完全

抵消混凝土的受剪承载力，但此时 $f_{yv}\dfrac{A_{sv}}{s}h_0$ 不得小于 $0.36f_t bh_0$；

　　N——与剪力设计值相应的轴向拉力设计值；

　　λ——计算截面的剪跨比，按照受压构件的规定取用。

对于矩形截面受拉构件，其受剪截面也应符合式(8-111)。

复习思考题

本章其他
资源

8-1　简述柱的破坏形式，钢筋混凝土柱破坏的类型有哪些？

8-2　何谓"界限破坏"？

8-3　何谓"$p-\delta$"效应？如何理解"二阶效应"？

8-4　偏心受力构件正截面承载力计算的基本假设有哪些？

8-5　偏心受压构件在纵向弯曲影响下的破坏形态有哪几种？设计时怎样考虑纵向弯曲的影响？如何判定是否需要考虑二阶效应的影响？

8-6　偏心受压构件正截面达到极限状态时截面的应力状态如何？在建立计算模式时的计算简图怎样？

8-7　讨论大小偏心受压破坏的判别条件。

8-8　小偏心受压构件受拉钢筋应力是如何确定的？

8-9　根据小偏心受压构件的计算原理，能否建立超筋梁抗弯计算公式？

8-10　对于不对称偏心受压构件，当 A_s 和 A'_s 均未知时，如何计算？当计算结果出现小于最小配筋率甚至负值时，如何处理？

8-11　大小偏心受拉构件是如何区分的？达到极限状态时截面应力状态如何？

8-12　分析受弯构件、偏心受压构件和偏心受拉构件正截面基本计算公式的异同性。

8-13　钢筋混凝土构件正截面抗弯和抗压(拉)承载力的相互关系如何？如何根据 $M_u - N_u$ 相关曲线确定在不同内力组合下正截面的安全性？

8-14　轴向力对偏心受力构件斜截面抗剪承载力的影响如何？其计算公式是如何建立的？

8-15　如何理解计算长度 l_c 和 l_0 的区别？

8-16　已知某框架短柱荷载效应设计值 $N=300$ kN，$M=160$ kN·m，不考虑二阶效应，截面尺寸 $b×h=300$ mm×400 mm，$a_s=a'_s=40$ mm，$l_c/h=5$，采用 C25 混凝土及 HRB335 级钢筋，求 A_s 和 A'_s。

8-17　已知某框架柱荷载效应设计值 $N=300$ kN，$M_1=M_2=90$ kN·m，柱子的截面尺寸为 $b×h=300$ mm×400 mm，$a_s=a'_s=40$ mm，$l_c/h=12$，采用 C25 混凝土及 HRB335 级钢筋，求 A_s 和 A'_s。

8-18　已知条件同题 8-17，且 $A'_s=806$ mm²，求 A_s 并与题 8-17 进行对比。

8-19　已知荷载效应设计值 $N=130$ kN，$M_1=185$ kN·m，$M_2=208$ kN·m，构件的截

面尺寸为 $b \times h = 300 \text{ mm} \times 500 \text{ mm}$，$a_s = a'_s = 40 \text{ mm}$，$l_c = 4 \text{ m}$，受压钢筋 4$\Phi$25，采用 C25 混凝土及 HRB335 级钢筋。求 A_s。

8-20　已知荷载效应设计值 $N = 650 \text{ kN}$，$M_1 = M_2 = 200 \text{ kN} \cdot \text{m}$，构件的截面尺寸为 $b \times h = 300 \text{ mm} \times 700 \text{ mm}$，$a_s = a'_s = 40 \text{ mm}$，$l_c = 5 \text{ m}$，采用 C25 混凝土及 HRB335 级钢筋。求 A_s 和 A'_s。

8-21　已知荷载效应设计值 $N = 950 \text{ kN}$，$M_1 = M_2 = 165 \text{ kN} \cdot \text{m}$，构件的截面尺寸 $b \times h = 300 \text{ mm} \times 500 \text{ mm}$，$a_s = a'_s = 40 \text{ mm}$，$l_c = 4.5 \text{ m}$，采用 C25 混凝土及 HRB335 级钢筋。求 A_s 和 A'_s。

8-22　已知荷载效应设计值 $N = 3\,060 \text{ kN}$，$M_1 = 80$，$M_2 = 100 \text{ kN} \cdot \text{m}$，构件的截面尺寸为 $b \times h = 400 \text{ mm} \times 600 \text{ mm}$，$a_s = a'_s = 40 \text{ mm}$，$l_c = 7.2 \text{ m}$，采用 C25 混凝土及 HRB335 级钢筋，求 A_s 和 A'_s 并验算垂直于弯矩平面的承载力。

8-23　已知荷载效应设计值 $N = 3\,100 \text{ kN}$，$M_1 = M_2 = 85 \text{ kN} \cdot \text{m}$，构件的截面尺寸为 $b \times h = 400 \text{ mm} \times 600 \text{ mm}$，$a_s = a'_s = 40 \text{ mm}$，$l_c = 6 \text{ m}$，受压钢筋 4$\Phi$25，受拉钢筋 3$\Phi$16，采用 C25 混凝土及 HRB400 级钢筋，试复核该构件的正截面承载力。

8-24　已知荷载效应设计值 $N = 300 \text{ kN}$，$M_1 = M_2 = 160 \text{ kN} \cdot \text{m}$，构件的截面尺寸为 $b \times h = 300 \text{ mm} \times 400 \text{ mm}$，$a_s = a'_s = 40 \text{ mm}$，$l_c/h = 5$，采用 C25 混凝土及 HRB335 级钢筋，对称配筋，求配筋。

8-25　已知荷载效应设计值 $N = 3\,060 \text{ kN}$，$M_1 = 80$，$M_2 = 100 \text{ kN} \cdot \text{m}$，构件的截面尺寸为 $b \times h = 400 \text{ mm} \times 600 \text{ mm}$，$a_s = a'_s = 40 \text{ mm}$，$l_c = 7.2 \text{ m}$，采用 C25 混凝土及 HRB335 级钢筋，对称配筋，求配筋。

8-26　已知荷载效应设计值 $N = 200 \text{ kN}$，$M_1 = 280 \text{ kN} \cdot \text{m}$，$M_2 = 300 \text{ kN} \cdot \text{m}$，构件的截面尺寸为 $b \times h = 500 \text{ mm} \times 500 \text{ mm}$，$a_s = a'_s = 50 \text{ mm}$，$l_c = 4.2 \text{ m}$，采用 C35 混凝土及 HRB500 级钢筋，对称配筋，求配筋。

8-27　某工字形截面柱，已知控制截面荷载效应设计 $N = 870 \text{ kN}$，$M_1 = M_2 = 420 \text{ kN} \cdot \text{m}$，截面尺寸 $b = 80 \text{ mm}$，$h = 700 \text{ mm}$，$b_f = b'_f = 350 \text{ mm}$，$h_f = h'_f = 112 \text{ mm}$，$l_c = 5.7 \text{ m}$，$a_s = a'_s = 40 \text{ mm}$，采用 C30 混凝土及 HRB335 级钢筋，对称配筋，求配筋。

8-28　某工字形截面柱，已知荷载效应设计值 $N = 300 \text{ kN}$，考虑二阶效应的弯矩设计值为 $M = 210 \text{ kN} \cdot \text{m}$，$a_s = a'_s = 45 \text{ mm}$，采用 C30 混凝土及 HRB400 级钢筋，截面尺寸为 $b = 100 \text{ mm}$，$h = 600 \text{ mm}$，$b_f = b'_f = 400 \text{ mm}$，$h_f = h'_f = 100 \text{ mm}$，$l_c = 5.5 \text{ m}$，对称配筋，求配筋。

8-29　某工字形截面柱，已知控制截面荷载效应设计值 $N = 805 \text{ kN}$，$M_1 = M_2 = 130 \text{ kN} \cdot \text{m}$，截面尺寸 $b = 80 \text{ mm}$，$h = 700 \text{ mm}$，$b_f = b'_f = 350 \text{ mm}$，$h_f = h'_f = 112 \text{ mm}$，$l_c = 5.7 \text{ m}$，$a_s = a'_s = 40 \text{ mm}$，采用 C25 混凝土及 HRB335 级钢筋，对称配筋，求配筋。

8-30　已知某料仓壁厚 200 mm，$a_s = a'_s = 25 \text{ mm}$，控制截面荷载效应设计值（沿竖向每米）$N = 400 \text{ kN}$，$M = 23 \text{ kN} \cdot \text{m}$，采用 C25 混凝土及 HRB335 级钢筋，求 A_s 和 A'_s（每延米）。

8-31　已知某料仓壁厚 200 mm，$a_s = a'_s = 25 \text{ mm}$，控制截面荷载效应设计值（沿竖向每米）$N = 315 \text{ kN}$，$M = 80 \text{ kN} \cdot \text{m}$，采用 C25 混凝土及 HRB335 级钢筋，求 A_s 和 A'_s（每延米）。

8-32　已知截面尺寸 $b \times h = 400 \text{ mm} \times 600 \text{ mm}$，$a_s = a'_s = 40 \text{ mm}$，采用 C25 混凝土及 HRB335 级钢筋，受拉钢筋和受压钢筋各 4Φ22，不考虑二阶效应的影响，绘制 N_u—M_u 曲线。

9 砌体构件承载力计算原理

本章介绍了砌体构件承载力计算原理和计算方法。通过本章的学习,应掌握影响砌体受压构件承载力的主要因素,承载力计算公式的建立和计算方法;熟悉局部受压砌体构件的破坏类型和计算方法;了解配筋砌体构件、组合砌体构件的受力特点;了解砌体构件的构造措施。

砌体由块体和砂浆砌筑而成。房屋建筑中使用的块体材料有砖、石和砌块;桥梁极少使用砖,一般以石材作为块体材料。在桥梁中,把砌体和素混凝土结构称为圬工。

砌体构件仅需进行承载能力极限状态的计算,包括承载力(强度)和稳定,正常使用极限状态的要求一般可由相应的构造措施保证。其中承载力是每种构件都需要计算的,稳定验算仅限于受压构件,一般采用控制长细比的办法。

根据是否配筋,砌体构件可以分为无筋砌体构件和配筋砌体构件;根据不同的受力状态,无筋砌体构件的承载力有受压承载力、局部受压承载力、轴心受拉承载力、受弯承载力和受剪承载力。

9.1 无筋砌体受压构件

受压构件是最常见的砌体构件,包括轴心受压和偏心受压,如砌体房屋的墙、柱,圬工桥中的主拱圈和墩台等。

9.1.1 受力特性

理想的轴心受压构件在荷载作用下截面产生均匀的压应力,但当构件的长细比较大时,材料的不均匀使几何形心偏离物理形心导致的侧向变形增大,截面除了有轴向力作用下的压应力外,还存在附加弯矩作用下的弯曲应力,构件可能发生纵向弯曲破坏,导致受压承载力的降低。构件越细长,承载力的降低越多。

偏心受压构件,截面上同时存在轴压应力和弯曲应力,因而与相同条件的理想轴心受压构件相比,受压承载力将减小。显然,减小的程度与偏心距 e 有关。较长偏心受压构件的承载力将同时受到偏心距和长细比的影响。

1) 偏心影响系数

图 9-1 是砌体偏心受压构件截面的应力分布,由于砌体的非弹性性能(应力-应变关系为曲线),应力图形为曲线分布。偏心距较小时($e<i^2/s$),全截面受压(图 9-1a),当近轴力一侧截面的应变达到砌体的极限压应变时,砌体纵向压碎,构件破坏。

偏心距较大时($e>i^2/s$),远轴力一侧将出现拉应力(图 9-1b)。当受拉边缘的拉应变达到砌体的极限拉应变时,截面会出现横向裂缝。截面开裂后,有效截面减小,实际偏心距相应减小(由 e 变为 e'),剩余截面可以维持新的平衡,还可以继续加载;最后当远轴力一侧截面的应变达到砌体的极限压应变时,构件破坏。

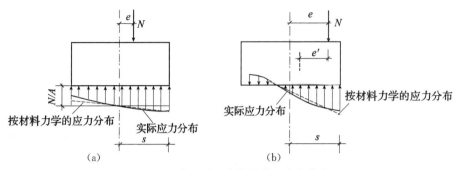

图 9-1 偏心受压构件的截面应力分布

如果是全截面受压,按材料力学,截面最大压应力达到砌体抗压强度 f_m 时,承载力达到极限,$N_u = \alpha_0 A f_m$,其中

$$\alpha_0 = \frac{1}{1 + es/i^2}$$

式中 α_0——偏心影响系数,反映了由于偏心受压承载力的降低;

s——近轴力一侧边缘至中和轴的距离;

i——轴向力偏心作用方向的截面回转半径,$i = \sqrt{I/A}$,I 是截面的惯性矩,A 是截面积。

对于矩形截面,$s = h/2$;$i^2 = h^2/12$。代入上式后有

$$\alpha_0 = \frac{1}{1 + 6e/h} \qquad (A)$$

如果是部分截面受压,近似忽略砌体的受拉作用(即认为砌体没有抗拉强度),由材料力学,可得到矩形截面的偏心影响系数

$$\alpha_0 = 0.75 - 1.5e/h \qquad (B)$$

截面承载力还可以按下述方法估算:取 2 倍的轴向力作用点到近轴力侧边缘的距离作为有效截面,按均匀受压考虑。则

$$\alpha_0 = 1 - 2e/h \qquad (C)$$

显然,式(C)是一种保守估计,应该是实际承载力的下限。由图 9-2a 可见,根据式(A)和式(B)绘制的曲线均位于式(C)的下方,说明材料力学公式大大低估了实际承载力。

各种截面类型(矩形、T 形、十字形和环形)的试验结果表明,偏心影响系数 α_0 大致与 (e/i) 呈反二次抛物线关系,即

$$\alpha_0 = \frac{1}{1 + (e/i)^2} \qquad (9-1)$$

图 9-2b 是式(9-1)与试验结果的比较,两者的变化趋势基本一致。

2) 稳定系数

受压构件存在纵向弯曲现象,产生附加应力,从而降低抗压承载力。当构件的长细比较大时,这种影响不可忽略。根据材料力学中的欧拉公式,临界应力

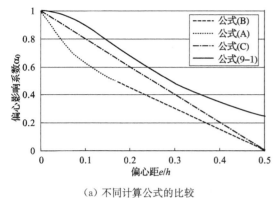

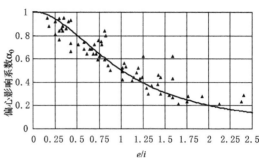

（a）不同计算公式的比较 （b）计算公式与试验的比较

图 9-2 偏心影响系数 α_0

$$\sigma_{cri}=\frac{\pi^2 E}{\lambda^2}$$

式中 $\lambda=H_0/i$，为构件的长细比。

临界状态时，砌体的切线模量可根据应力-应变关系（式 3-36）确定，

$$E=\frac{\mathrm{d}\sigma}{\mathrm{d}\varepsilon}\bigg|_{\sigma=\sigma_{cri}}=\xi f_m\left(1-\frac{\sigma_{cri}}{f_m}\right)$$

代入上式后有

$$\sigma_{cri}=\frac{\pi^2 \xi f_m\left(1-\dfrac{\sigma_{cri}}{f_m}\right)}{\lambda^2}$$

承载力 $N_u=A\sigma_{cri}=Af_m\sigma_{cri}/f_m=\varphi_0 Af_m$，$\varphi_0$ 反映了由于长细比较大，承载力的降低，称为稳定系数（也称为纵向弯曲系数），可表示为

$$\varphi_0=\frac{\sigma_{cri}}{f_m}=\frac{\pi^2 \xi(1-\varphi_0)}{\lambda^2}$$

可得

$$\varphi_0=\frac{\pi^2 \xi}{\lambda^2+\pi^2 \xi}=\frac{1}{1+\alpha\beta^2} \tag{9-2}$$

式中 β——构件的高厚比，$\beta^2=\lambda^2/12$；

α——与砂浆强度有关的系数，$\alpha=12/(\pi^2 \xi)$；对于大于等于 M5 的砂浆，取 $\alpha=0.0015$；对于 M2.5 砂浆，取 $\alpha=0.002$；当砂浆强度为零时，取 $\alpha=0.009$。

式（9-2）是根据理想弹性材料建立的。当荷载偏心作用时，截面开裂将导致有效截面减小，构件刚度下降，承载力降低。故规范《砖石结构设计规范》（GBJ3—73）在偏心距 $e/s>0.5$ 时，对上述稳定系数用修正系数 η 进行折减。

$$\eta=1-0.15(\beta-3)(e/s-0.5)$$

四川省建筑科学研究院通过 75 个矩形、45 个 T 形截面的砌体构件的试验发现：只要是偏心作用，稳定系数总是比轴心受压低。为此，他们建议以 $\beta=3$ 为基准（即这时 $\varphi_0=1$），直接用下列公式计算：

$$\varphi_0 = \cfrac{1}{1+\alpha\beta(\beta-3)\left[1+\cfrac{4}{3}\left(\cfrac{e}{i}\right)^2\right]} \qquad (9-2a)$$

式中的 α 与式(9-2)不同,有相应的调整。

9.1.2 受压承载力计算公式

1) 单向偏心受压构件承载力影响系数 φ

一般的偏心受压构件,同时受到偏心距和长细比的影响。现行规范在试验的基础上,采用一个系数 φ 来综合考虑两者对承载力的影响。

《砌体结构设计规范》GB 50003—2011(以下简称 GB 50003—2011)和《公路圬工桥涵设计规范》JTG D61—2005(以下简称 JTG D61—2005)在 φ 的表达形式上有所不同。

规范 GB 50003—2011 对于单向偏心受压构件,当构件的高厚比 $\beta \leqslant 3$ 时,不考虑纵向弯曲的影响,取

$$\varphi = \alpha_0 = \frac{1}{1+(e/i)^2} = \frac{1}{1+12(e/h_T)^2} \qquad (9-3)$$

当高厚比 $\beta > 3$ 时,同时考虑偏心距和纵向弯曲对受压承载力的影响,并将纵向弯曲的影响用附加偏心距 e_i 来反映(如图9-3),即取

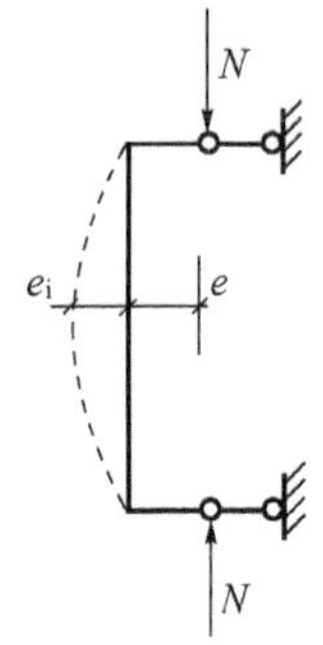

$$\varphi = \frac{1}{1+\left(\cfrac{e}{i}+\cfrac{e_i}{i}\right)^2}$$

图9-3 附加
偏心距

上式中取 $e=0$,此时的 φ 应等于式(9-2)的 φ_0。可求得 $e_i/i=\sqrt{1/\varphi_0-1}$,代入上式后有

$$\varphi = \cfrac{1}{1+\left(\cfrac{e}{i}+\sqrt{\cfrac{1}{\varphi_0}-1}\right)^2} \qquad (9-4)$$

其中 φ_0 按式(9-2)计算。

规范 JTG D61—2005 对于单向偏心受压构件,其承载力影响系数 φ 取偏心影响系数 α_0 与稳定系数 φ_0 的乘积,其中稳定系数采用式(9-2a)的形式;偏心影响系数在式(9-1)的基础上考虑了截面类型的影响,采用下列公式:

$$\alpha_0 = \frac{1-(e/s)^m}{1+(e/i)^2} \qquad (9-1a)$$

其中 m 为截面形状系数,对于圆形截面取 2.5;对于 T 形或 U 形截面取 3.5;对于箱形截面或矩形截面取 8.0。

最终的受压构件承载力影响系数表达式为

$$\varphi = \cfrac{1-(e/s)^m}{1+(e/i)^2} \cdot \cfrac{1}{1+\alpha\beta(\beta-3)\left[1+1.33\left(\cfrac{e}{i}\right)^2\right]} \qquad (9-5)$$

式中的 α 当砂浆强度等级大于等于 M5 时,取 $\alpha=0.002$;当砂浆强度为零时,取 $\alpha=0.013$;$\beta < 3$ 时,取 $\beta=3$。

式(9-4)和式(9-5)中的高厚比 β 按下式计算:

$$\beta = \gamma_\beta \frac{H_0}{h_T} \tag{9-6}$$

式中 γ_β——不同砌体材料高厚比的修正系数,按表 9-1 采用;

H_0——受压构件的计算高度(计算长度);

h_T——非矩形截面的折算厚度,可近似取 $h_T = 3.5i$;对矩形截面,$h_T = h$。

表 9-1 不同砌体材料高厚比的修正系数

房屋结构		桥梁结构	
砌体材料类别	γ_β	砌体材料类别	γ_β
烧结普通砖、烧结多孔砖	1.0	混凝土预制砌块或组合构件	1.0
混凝土多孔砖、混凝土普通砖、混凝土及轻集料混凝土砌块	1.1	细料石、半细料石	1.1
蒸压灰砂普通砖、蒸压粉煤灰普通砖、细料石	1.2	粗料石、块石、片石	1.3
粗料石、毛石	1.5		

2) 双向偏心受压构件承载力影响系数 φ

双向偏心受压构件承载力计算,用得最多的是倪克勤(匈牙利工程师)方法。该方法根据材料力学的应力叠加原理,得出

$$N_u = \frac{1}{\dfrac{1}{N_{ux}} + \dfrac{1}{N_{uy}} - \dfrac{1}{N_{u0}}}$$

其中 N_{u0}——轴心受压时构件的承载力,不考虑纵向弯曲的影响;

N_{ux}、N_{uy}——分别为 x、y 方向偏心受压时构件的承载力。

上式等号两边同除以 N_{u0},可得到

$$\varphi = \frac{1}{\dfrac{1}{\varphi_x} + \dfrac{1}{\varphi_y} - 1} \tag{9-5a}$$

式中 φ——双向偏心受压时承载力影响系数;

φ_x、φ_y——分别为 x、y 方向单向偏心受压时的承载力影响系数。

规范 JTG D61—2005 直接采用式(9-5a)计算双向偏心受压时的承载力影响系数,其中的 φ_x、φ_y 分别根据两个方向的偏心距 e_x、e_y,高厚比 β_x、β_y 和回转半径 i_x、i_y 按式(9-5)计算。

规范 GB 50003—2011 对于双向偏心受压的纵向弯曲影响,沿用了单向偏心受压附加偏心距的概念。当不考虑纵向弯曲影响时,由式(9-6a)和式(9-3),双向偏心受压的偏心影响系数可以表示为

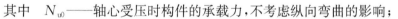

$$\varphi = \frac{1}{1 + (e_x/i_x)^2 + 1 + (e_y/i_y)^2 - 1} = \frac{1}{1 + (e_x/i_x)^2 + (e_y/i_y)^2}$$

参照单向偏心受压,将纵向弯曲的影响用附加偏心距反映。于是,上式可以改写成

$$\varphi = \frac{1}{1 + \left(\dfrac{e_x + e_{xi}}{i_x}\right)^2 + \left(\dfrac{e_y + e_{yi}}{i_y}\right)^2} \tag{9-4a}$$

扩展阅读:
无筋砌体双向偏心受压构件承载力计算

其中的附加偏心距 e_{xi}、e_{yi}（见图 9-4）分别为

$$e_{xi}=\frac{e_x/b}{e_x/b+e_y/h}i_x\sqrt{1/\varphi_0-1}$$

$$e_{yi}=\frac{e_y/b}{e_x/b+e_y/h}i_y\sqrt{1/\varphi_0-1}$$

式中的 φ_0 按式(9-2)计算。

3) 承载力计算公式及偏心距限值

砌体受压构件的承载力按下式计算

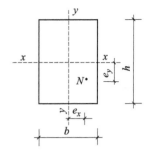

图 9-4　双向偏心受压

$$\gamma_0 N \leqslant \varphi f A ^{①} \tag{9-7}$$

式中　γ_0——结构重要性系数,对安全等级为一级、二级和三级,分别取 1.1、1.0 和 0.9;

N——轴向力的基本组合值(设计值);

φ——构件高厚比和轴向力偏心距对受压构件承载力的影响系数,对于砌体房屋,单向偏心受压和双向偏心受压分别按式(9-4)、式(9-4a)计算;对于砌体桥梁,单向偏心受压和双向偏心受压分别按式(9-5)、式(9-5a)计算;

f——砌体抗压强度设计值;

A——截面面积。

轴向力偏心距过大,截面在使用阶段会过早出现裂缝,影响正常使用。为了满足正常使用极限状态的要求,规范要求:轴向力偏心距 $e \leqslant 0.6s$,其中 s 是截面形心到轴向力偏心方向截面边缘的距离。

【例 9-1】某房屋结构的安全等级为二级,其窗间墙截面尺寸如图 9-5 所示,计算高度 $H_0=10.5$ m,承受轴心压力的基本组合值 $N=600$ kN,偏心距 $e=120$ mm,偏向翼缘。采用 MU10 砖、M5 的混合砂浆砌筑,试按规范 GB 50003—2011 验算承载力是否满足要求。

窗间墙示意

【解】截面面积

$$A=3.6\times0.24+0.49\times0.49=1.10 \text{ m}^2$$

中心轴离翼缘边的距离

$$s_1=\frac{3.6\times0.24\times0.12+0.49\times0.49\times0.485}{1.10}=0.20 \text{ m}$$

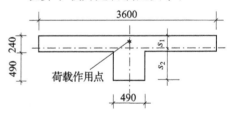

图 9-5　窗间墙截面尺寸

中心轴离肋边的距离

$$s_2=0.49+0.24-0.20=0.53 \text{ m}$$

截面惯性矩

$$I=\frac{3.6\times0.24^3}{12}+3.6\times0.24\times(0.20-0.12)^2+\frac{0.49^4}{12}+0.49^2\times(0.53-0.245)^2$$

$$=0.004\,15+0.005\,53+0.004\,80+0.019\,5$$

$$=0.034\,0 \text{ m}^4$$

---

① 《公路圬工桥涵设计规范》(JTG D61—2005)中该公式的符号稍有不同,N 用 N_d 表示;f 用 f_{cd}。

回转半径

$$i=\sqrt{I/A}=\sqrt{0.034/1.10}=0.18 \text{ m}$$

折算厚度

$$h_T=3.5i=3.5\times0.18=0.63 \text{ m}$$

由式(9-6),高厚比

$$\beta=\gamma_\beta H_0/h_T=1.0\times10.5/0.63=16.67$$

M5 砂浆,$\alpha=0.0015$。由式(9-2),稳定系数

$$\varphi_0=\frac{1}{1+\alpha\beta^2}=\frac{1}{1+0.0015\times16.67^2}=0.71$$

由式(9-4),承载力影响系数

$$\varphi=\frac{1}{1+\left(\dfrac{e}{i}+\sqrt{\dfrac{1}{\varphi_0}-1}\right)^2}=\frac{1}{1+\left(\dfrac{0.12}{0.18}+\sqrt{\dfrac{1}{0.71}-1}\right)^2}=0.37$$

MU10 砖、M5 的混合砂浆,砌体抗压强度设计值 $f=1.50$ MPa;截面积 $A>0.3 \text{ m}^2$,强度调整系数 $\gamma_a=1.0$;安全等级为二级,结构重要性系数 $\gamma_0=1$。则构件承载力

$$\gamma_0\varphi fA=1\times0.37\times1\,100\,000\times1.50=610\,500 \text{ N}=610.5 \text{ kN}>600 \text{ kN}$$

承载力满足要求。

$$e/s_1=120/200=0.6(\text{偏心距满足限值})$$

【例 9-2】一等跨 40 m 的石砌板拱桥,设计安全等级为二级,净跨径 $l_n=40$ m,净矢高 $f_n=8$ m,拱圈纵向计算长度 $H_0=16.2$ m。拱圈宽度 $b=9$ m,拱圈厚度 $d=0.9$ m,采用 M10 砂浆、MU50 粗料石砌筑。已求得温度上升时的荷载效应基本组合值(每米拱宽)$M_{yd}=-160$ kN·m,$M_{xd}=0$,$N_d=1\,700$ kN。试用规范 JTG D61—2005 验算拱圈的承载力是否满足要求。

石砌板拱
桥示意

【解】因拱圈宽度与跨径之比 $9/40.63=1/4.5$,大于 $1/20$,可令 $\beta_x=3$,即不考虑拱圈宽度方向的纵向弯曲影响;另外,因宽度方向(横桥方向)无偏心($M_{xd}=0$),由式(9-5),$\varphi_x=0$。

拱圈厚度方向(y 方向)偏心距

$e_y=M_{yd}/N_d=-160/1\,700=-0.094$ m(负值代表偏向中和轴以下)

粗料石高厚比修正系数 $\gamma_\beta=1.3$,由式(9-6),拱圈纵向高厚比

$$\beta_y=\gamma_\beta\frac{H_0}{h_T}=1.3\times16.2/0.9=23.4$$

截面回转半径 $i_y=h_T/3.5=0.257$ m;砂浆强度等级大于 M5,$\alpha=0.002$;矩形截面 $m=8$。由式(9-5a)和式(9-5)

$$\varphi=\frac{1}{\dfrac{1}{\varphi_x}+\dfrac{1}{\varphi_y}-1}=\varphi_y=\frac{1-(e_y/y)^m}{1+(e_y/i_y)^2}\cdot\frac{1}{1+\alpha\beta_y(\beta_y-3)\left[1+1.33\left(\dfrac{e_y}{i_y}\right)^2\right]}$$

$$=\frac{1-(0.094/0.45)^8}{1+(0.094/0.257)^2}\cdot\frac{1}{1+0.002\times23.4(23.4-3)\left[1+1.33(0.094/0.257)^2\right]}$$

$$=0.415$$

M10 砂浆、MU50 粗料石,砌体抗压强度设计值 $f_{cd}=4.62$ MPa。由式(9-7),受压承载力

$\varphi f_{cd}A=0.415\times4.62\times1\,000\times0.9=1\,725.7 \text{ kN}>\gamma_0 N_d=1.0\times1\,700=1\,700 \text{ kN}(\text{满足要求})$

9.2 无筋砌体局部受压

如果压力不是作用在整个截面,而是作用在局部面积上时,称为局部受压。当局部面积上作用的是均匀压力时,称局部均匀受压;当局部面积上作用的是不均匀压力时,称局部不均匀受压,如梁端局部受压。

9.2.1 局部均匀受压

当在局部面积 A_l 上施加均匀压力时,见图 9-6,按局部面积计算的抗压强度大大超过轴心抗压强度 f,这种提高作用被解释为"套箍效应"和"扩散效应"。即一方面由于周边未直接受荷的部分对中间直接受荷部分的横向膨胀变形起着箍束作用,使直接受荷部分处于三向应力状态,从而使抗压强度显著提高;另一方面应力将向四周扩散,使距离表面的局部面积上的应力水平下降。

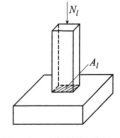

图 9-6　局部均匀受压

局部抗压的强度提高程度与周围的约束面积有关。试验表明,强度提高系数 γ 大致和周围约束面积与局部受压面积比值的平方根呈线性关系;当局部受压区域不是受到四面约束,而是受到三面约束时,强度的提高程度将下降。

在对常见的墙中部、端部、角部局部受压试验研究结果基础上,GB 50003—2011 按下式计算砌体局部抗压强度提高系数:

$$\gamma = 1 + 0.35\sqrt{A_0/A_l - 1} \tag{9-8}$$

式中　A_0、A_l——分别为影响局部抗压强度的计算面积和局部受压面积,见表 9-2。

局部面积受压时,周围部分将产生环向拉应力。当环向拉应力超过砌体抗拉强度时,将发生劈裂破坏。规范是通过对 γ 规定一个限值来避免这种破坏的,局部受压情况下 γ 的限值见表 9-2。

对于局部受压的构件,除了按 9.1 节进行受压承载力计算外,还需要按下式进行局部受压承载力的验算:

$$\gamma_0 N_l \leqslant \gamma A_l f \tag{9-9}$$

式中　γ_0——结构重要性系数;

　　　N_l——局部受压面积上轴向力设计值;

　　　γ——砌体局部抗压强度提高系数,按式(9-8)计算。

表 9-2　局部受压的计算面积 A_0 与强度提高系数 γ 的限值

局部受压情况	计算面积 A_0	强度提高系数 γ 的限值	
		普通砖砌体	灌孔砌块砌体
	$h(a+c+h)$	$\leqslant 2.5$	$\leqslant 1.5$

局部受压情况	计算面积 A_0	强度提高系数 γ 的限值	
		普通砖砌体	多孔砖与灌孔砌块砌体
	$h(b+2h)$	≤2.0	≤1.5
	$h(a+h)+h_1(b+h_1-h)$	≤1.5	≤1.5
	$h(a+h)$	≤1.25	≤1.25

9.2.2 梁端局部受压

在砌体混合房屋中,楼面(屋面)梁的荷载作用在砌体墙上的局部区域,因而属于局部受压。但与局部均匀受压不同,由于梁的变形,梁端支承面受到的压应力不是均匀分布,而是曲线分布,因而支承面的局部受压不同于均匀局部受压。

1) 特点

(1) 梁的有效支承长度 a_0 一般小于实际搁置长度 a

由于梁的挠曲变形和支承处砌体压缩变形的影响,梁端支承长度将由实际搁置长度 a 变为有效支承长度 a_0 (图 9-7),砌体局部受压面积应为 $A_l=a_0 b$ (b 为梁宽)。

假定梁端砌体的变形呈线性分布,压应力与应变成正比,则墙边最大压应力可以表示为 $\sigma_l=k y_{max}$,其中 k 为刚度系数,$y_{max}=a_0\tan\theta$ 为墙边缘沉降(变形),$\tan\theta$ 为梁变形时的梁端轴线倾角的正切。

设梁端平均压应力与墙边最大压应力的比值为 η(称为压应力图形完整系数),根据平衡条件,有 $N_l=\eta\sigma_l a_0 b$,可以得到 $a_0=[N_l/(\eta k b\tan\theta)]^{1/2}$。试验表明,$\eta k/f$ 基本为常数。

对于承受均布荷载 q 的钢筋混凝土简支梁,可取 $N_l=ql/2$,$\tan\theta\approx\theta=ql^3/(24B_c)$ (B_c 为梁的刚度);取梁的高跨比 $h_c/l=1/11$;考虑到钢筋混凝土梁可能产生裂缝以及长期荷载效应

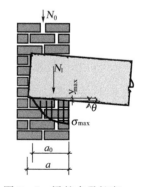

图 9-7 梁的支承长度

的影响,取 $B_c = 0.3E_cI_c$,当采用 C20 混凝土时,$E_c = 25.5$ MPa。将有关数据代入后,可得到简化的有效支承长度计算公式

$$a_0 = 10\sqrt{h_c/f} \tag{9-10}$$

(2) 在局部承压面上还有上部荷载产生的 σ_0 的作用

由于梁端下陷,σ_0 的一部分或全部将通过拱作用传至梁的两侧(见图 9-8),而传至梁上的部分为 $\psi\sigma_0$,其中 ψ 为上部荷载的折减系数。

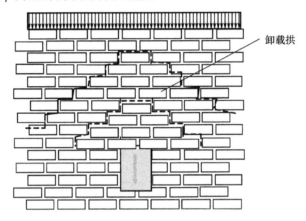

卸载拱

图 9-8 卸载拱的形成

2) 计算公式

为了满足局部受压承载力要求,梁端支承边的最大应力 $\sigma_{max} = \bar{\sigma}/\eta$,不应超过砌体局部受压强度 γf,即要求

$$\sigma_{max} = \frac{\bar{\sigma}}{\eta} = \frac{N_l + \psi\sigma_0 A_l}{\eta A_l} \leqslant \gamma f$$

得到

$$\gamma_0(\psi N_0 + N_l) \leqslant \eta\gamma A_l f \tag{9-11}$$

式中　γ_0——结构重要性系数;

　　　$N_0 = \sigma_0 A_l$——局部受压面积范围内上部轴力设计值;

　　　ψ——上部荷载的折减系数,$\psi = 1.5 - 0.5A_0/A_l \geqslant 0$;

　　　$A_l = a_0 b$——局部受压面积,a_0 为梁端有效支承长度,按式(9-10)计算;b 为梁宽;

　　　η——梁端底面压应力图形的完整系数,一般可取 0.7,对于过梁和墙梁取 1.0。

3) 梁垫设计

如果梁端局部受压不能满足要求,需设置梁垫,扩大局部受压面积。梁垫有预制垫块、现浇垫块和垫梁三种。当垫块与梁一起整浇时,相当于梁在支承处加宽,仍可用上述公式计算,只需用垫块宽代替梁宽。

(1) 预制刚性垫块设计

所谓刚性垫块是指垫块厚度不小于 180 mm,自梁边算起的垫块挑出长度不大于垫块厚度,$c \leqslant t_b$。当设置预制刚性垫块时,试验表明垫块面积以外的砌体对局部受压强度能产生有

利影响，但考虑到垫块底面压应力分布不均匀，偏于安全取 $\gamma_1 = 0.8\gamma$。由于翼墙位于压应力较小的边（当壁柱向房屋内部凸出时），墙参加工作的程度有限，所以在计算面积 A_0 时只取壁柱截面而不计入翼墙从壁柱挑出的部分，即在图 9-9 中取 $A_0 = h_p b_p$。不过从构造上要求壁柱上垫块伸入翼墙内的长度不应小于 120 mm。

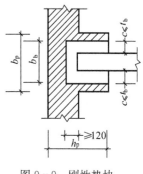

图 9-9　刚性垫块

垫块下砌体的局部受压承载力可借用偏心受压的计算公式，且不考虑卸载拱作用。

$$\gamma_0(N_0 + N_l) \leqslant \varphi\gamma_1 f A_b \qquad (9-12)$$

式中，$\gamma_1 = 0.8\gamma$；$A_b = a_b b_b$ 为垫块面积；φ 按式（9-3）计算，计算偏心距 e 时，垫块上 N_l 的合力点位置可取 $0.4a_0$，a_0 按下式计算：

$$a_0 = \delta_1 \sqrt{h/f} \qquad (9-13)$$

式中　δ_1——刚性垫块 a_0 计算公式的系数，按表 9-3 采用。

表 9-3　系数 δ_1

σ_0/f	0	0.2	0.4	0.6	0.8
δ_1	5.4	5.7	6.0	6.9	7.8

（2）柔性垫梁设计

对于长度大于 πh_0 的垫梁，置于墙上，其受力相当于承受集中荷载 N_l 的弹性地基梁。此时的地基宽度即墙厚 h。可求得垫梁下最大压应力（见图 9-10）

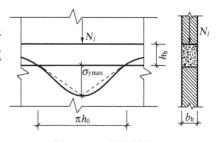

$$\sigma_{ymax} = 0.306 \sqrt[3]{\frac{Eh}{E_c I_c}} \cdot \frac{N_l}{b_b}$$

图 9-10　柔性梁垫

式中　E_c、I_c——分别为垫梁的弹性模量和截面惯性矩；

　　　E——砌体弹性模量；

　　　b_b、h_b——分别为垫梁的宽度和高度。

当用三角形压应力图形代替曲线的压应力图形，如图 9-10 中虚线所示，则有 $N_l = 0.5\pi h_0 b_b \sigma_{ymax}$，代入上式后可得到垫梁的折算高度

$$h_0 = 2 \sqrt[3]{\frac{E_c I_c}{Eh}} \qquad (9-14)$$

由于应力不均匀，最大应力发生在局部范围，砌体抗压强度可以提高。试验表明，按弹性理论计算的最大压应力 σ_{ymax} 与砌体强度 f_m 的比值 γ：对于钢筋混凝土垫梁 $\gamma = 1.59 \sim 1.6$；对于钢垫梁 $\gamma > 2.5$。规范建议按 $\sigma_{ymax} \leqslant 1.5f$ 验算。当考虑垫梁 $\pi b_b h_0/2$ 范围内上部荷载设计值产生的轴向力，即 $N_0 = \pi b_b h_0/2$ 后，垫梁下砌体的承载力应满足下式

$$\gamma_0(N_0 + N_l) \leqslant 2.4 h_0 b_b \delta_2 f \qquad (9-15)$$

式中　δ_2——荷载沿墙厚方向分布不均匀系数，当分布均匀时，取 1.0；当分布不均匀时，取 0.8。

　　　h_0——垫梁折算高度。

【例 9-3】窗间墙截面尺寸 1 200 mm × 370 mm,采用 MU10 砖、M5 的混合砂浆砌筑。大梁的截面尺寸 200 mm × 550 mm,在墙上的搁置长度 240 mm。已求得大梁的支座反力 N_l 为 100 kN,窗间墙范围内梁底截面处的上部荷载设计值 240 kN,房屋的安全等级为二级。试计算大梁端部下砌体局部受压承载力,如不满足试设计刚性垫块。

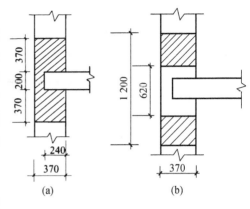

图 9-11 例 9-3 图

【解】① 梁端砌体局部受压承载力计算

MU10 砖、M5 的混合砂浆,$f=1.50$ MPa。由式(9-10),梁端有效支承长度

$$a_0=10\sqrt{h/f}=10\sqrt{550/1.5}=191 \text{ mm}$$

$A_l=a_0 b=191 \times 200=38\ 200 \text{ mm}^2$,$A_0=370(2 \times 370+200)=347\ 800 \text{ mm}^2$(见图 9-11a),$A_0/A_l=9>3$,取 $\psi=0$。

$$\gamma=1+0.35\sqrt{A_0/A_l-1}=1+0.35\sqrt{9-1}=1.99<2.0, \text{ 取 } \gamma=1.99。$$

由式(9-11)

$$\eta\gamma A_l f=0.7 \times 1.99 \times 0.038\ 2 \times 1.50 \times 10^3$$
$$=79.8 \text{ kN}<\gamma_0(\psi N_0+N_l)=100 \text{ kN} \quad (\text{不满足要求})$$

② 设计垫块

设预制垫块的尺寸为 370 mm × 620 mm,则 $A_b=a_b \times b_b=370 \times 620=229\ 400 \text{ mm}^2$。

计算影响局部受压强度的面积,$b_0=2 \times 370+620=1\ 360 \text{ mm}>1\ 200 \text{ mm}$(窗间墙宽度),取 $b_0=1\ 200 \text{ mm}$,则 $A_0=370 \times 1\ 200=444\ 000 \text{ mm}^2$,见图 9-11b。

$$\gamma=1+0.35\sqrt{A_0/A_b-1}=1+0.35\sqrt{1.94-1}=1.34<2.0, \text{ 取 } \gamma=1.34$$
$$\gamma_1=0.8\gamma=1.07。$$

上部荷载产生的平均压应力 $\sigma_0=240 \times 10^3/(370 \times 1\ 200)=0.54 \text{ MPa}$,$\sigma_0/f=0.54/1.50=0.36$,查表 9-3,$\delta_1=5.94$。由式(9-13),梁端有效支承长度为

$$a_0=\delta_1\sqrt{h/f}=5.94 \times 19.1=113.5 \text{ mm}$$

N_l 对垫块中心的偏心距为

$$e_l=a_b/2-0.4 a_0=370/2-0.4 \times 113.5=139.6 \text{ mm}$$

垫块范围内上部设计荷载

$$N_0=\sigma_0 A_b=0.54 \times 229\ 400 \times 10^{-3}=123.9 \text{ kN}$$

轴向力 $N=N_0+N_l$ 对垫块中心的偏心距为

$$e=\frac{N_l e_l}{N_0+N_l}=\frac{100 \times 139.6}{123.9+100}=62.3 \text{ mm}$$

$e/h=62.3/370=0.168$,由式(9-3),$\varphi=0.747$。

$$\varphi\gamma_1 f A_b=0.747 \times 1.07 \times 1.50 \times 10^3 \times 0.229\ 4$$
$$=275 \text{ kN}>\gamma_0(N_0+N_l)=223.9 \text{ kN} \quad (\text{满足要求})$$

9.3 无筋砌体的其他构件

砌体结构中除了受压构件,还有一些其他构件。圆形水池或圆形筒仓环向截面可按轴心受拉构件计算(图9-12a);砖砌过梁(图9-12b)、砖石挡土墙(图9-12c)等属于砌体受弯构件;拱支座截面承受水平推力,属于受剪构件(图9-12d)。

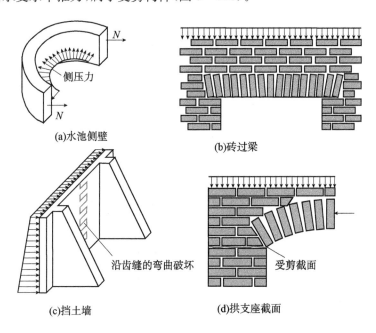

(a)水池侧壁
(b)砖过梁
(c)挡土墙
(d)拱支座截面

图9-12 砌体构件的受力状态

9.3.1 剪压共同作用下的砌体抗剪性能

受剪构件的截面上除了剪力外,一般还有压力。砌体在剪应力和压应力共同作用下的复合强度和正应力与剪应力的相对比值有关。

当压应力为零时,砌体单元处于纯剪状态(见图9-13a),主拉应力和主压应力的数值相同;但由于砌体的抗拉强度比抗压强度低得多,破坏由主拉应力控制,截面将发生沿通缝的剪切破坏(由于块体的抗拉强度比砂浆的抗拉强度高,破坏面不贯通块体,而是沿水平灰缝)。

随着压应力的增加,主压应力增加、主拉应力减小;当压应力比较小时,破坏仍由主拉应力控制。抗剪强度比剪切破坏高。这一方面是由于主拉应力的减小;另一方面是当破坏面发生相对滑移时,截面正压力将产生摩擦力。这种破坏类型称为剪摩破坏,见图9-13b。

如果剪应力为零,砌体单元处于单向受压状态,主拉应力为0、主压应力等于压应力,破坏由主压应力控制。破坏面竖直贯通灰缝和块体,为受压破坏,如图9-13e所示。

当压应力较大时,破坏仍由主压应力决定,发生图9-13d所示的斜压破坏,抗压强度比受压破坏时低。

当压应力介于图9-13b、d之间时,主拉应力和主压应力可能同时起控制作用,破坏面呈阶梯形,称为剪压破坏,如图9-13c。

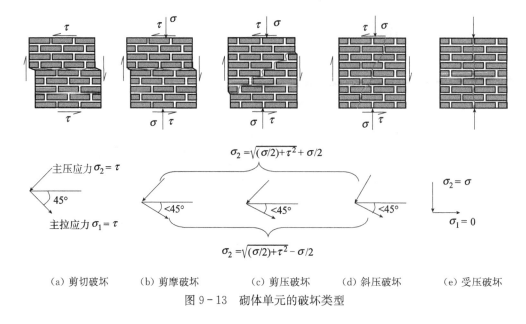

(a) 剪切破坏   (b) 剪摩破坏   (c) 剪压破坏   (d) 斜压破坏   (e) 受压破坏

图 9-13　砌体单元的破坏类型

图 9-14 绘出了根据试验数据拟合的强度曲线,图中的横坐标是压应力 σ 与砌体抗压强度 f 的比值,纵坐标是剪应力 τ 与砌体抗压强度的比值。在剪、压共同作用下,随着压应力的增加,砌体将出现剪摩破坏、剪压破坏和斜压破坏三种破坏类型。试验结果表明,当 $\sigma/f \leqslant 0.3$ 时一般发生剪摩破坏;当 $\sigma/f \geqslant 0.6$ 时一般发生斜压破坏。在剪摩破坏区域,随着压应力的增加,抗剪强度提高,但提高的程度逐渐减小;而在斜压破坏区域,随着压应力的增加,抗剪强度下降。

目前,剪、压复合强度的计算理论主要有库仑理论和摩尔理论两种。

根据库仑理论,剪、压共同作用下的抗剪强度 $f_{v,\sigma}$ 与压应力 σ 呈线性关系[①]

$$f_{v,\sigma} = f_v + \mu\sigma$$

式中　μ——砌体摩擦系数;

f_v——砌体剪切破坏的抗剪强度。

摩尔理论认为,剪、压共同作用下,如果主拉应力 σ_1 达到砌体剪切破坏时的抗剪强度 f_v,将发生破坏。主拉应力 $\sigma_1 = \sqrt{(\sigma/2)^2 + \tau^2} - \sigma/2$,因而,摩尔理论的剪、压共同作用下的抗剪强度公式可表示为

$$f_{v,\sigma} = f_v\sqrt{1 + \sigma/f_v}$$

当压应力很小时,对根号内的式子线性化后有(泰勒级数展开后取线性项)$f_{v,\sigma} = f_v + 0.5\sigma$。

比较摩尔理论和库仑理论可以发现(见图 9-14,其中摩尔理论曲线有两段组成:一段是主拉应力控制;另一段是主压应力控制),库仑理论的抗剪强度是随压应力线性增加的,而摩尔理论抗剪强度的增加程度随压应力的增加而减小,就这一点而言,摩尔理论比库仑理论更符合实际情况;但摩尔理论没有反映摩擦力的作用,无法解释工程中即使砌体出现通裂,仍能承受

[①]　此公式与粘性土的抗剪强度公式类似。

一定的剪力这一现象；两者在压应力较小的情况下比较接近，抗剪强度都低于试验值，而在压应力较高的情况下理论值都高于试验值。作为比较，图9-14还绘出了混凝土的试验强度曲线，可以发现，压应力对抗剪强度的提高程度砌体比混凝土高。

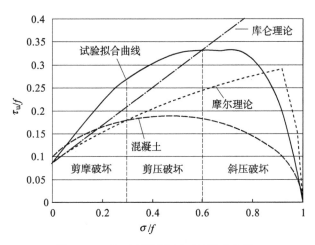

图9-14　剪、压共同作用时的强度曲线

现行设计规范 GB 50003—2011 和 JTG D61—2005 中的砌体受剪构件承载力计算公式基本上是以库仑理论为基础的；而摩尔理论则是现行《建筑抗震设计规范》（GB 50011-2010）中，砌体抗震承载力（地震剪力和压力共同作用下的承载力）计算公式的理论依据。规范公式都结合了大量试验的统计结果。

9.3.2　受剪构件的承载力计算公式

JTG D61—2005 采用下列公式计算受剪构件的承载力：

$$\gamma_0 V_d \leqslant A f_{vd} + \frac{\mu_f N_k}{1.4} \tag{9-16}$$

式中　V_d——剪力设计值；

　　　　A——受剪截面面积；

　　　　f_{vd}——砌体的抗剪强度设计值；

　　　　μ_f——摩擦系数，采用0.7；

　　　　N_k——与受剪截面垂直的压力标准值。

在 GB 50003—2011 中，摩擦系数不再是定值，而是随压应力的增加而下降；另外，为了方便，计算压应力时采用荷载的设计值而不是标准值，其差异和摩擦系数合并在一起，统一用剪压复合受力影响系数表示。承载力计算公式为

$$\gamma_0 V \leqslant (f_v + \alpha \mu \sigma_0) A \tag{9-17}$$

式中　V——剪力设计值；

　　　　A——受剪截面面积，当有孔洞时取净截面面积；

　　　　f_v——砌体的抗剪强度设计值；

　　　　α——修正系数，当永久荷载的分项系数取 $\gamma_G = 1.2$ 时，对砖砌体取0.6，对混凝土砌块砌体取0.64；当 $\gamma_G = 1.35$ 时，对砖砌体取0.64，对混凝土砌块砌体取0.66；

σ_0——永久荷载设计值产生的平均压应力，$\sigma_0 = N/A$；

μ——剪压复合受力影响系数，当 $\gamma_G = 1.2$ 时，$\mu = 0.26 - 0.082\sigma_0/f$；当 $\gamma_G = 1.35$ 时，$\mu = 0.23 - 0.065\sigma_0/f$；$\sigma_0/f$ 不大于 0.8，f 为砌体抗压强度设计值。

【例 9 - 4】 例 9 - 2 石拱桥，已求得温度上升时拱脚截面的剪力设计值（基本组合值）$V_d = 215$ kN，垂直于受剪面的压力标准值 $N_k = 2\,170$ kN。试按规范 JTG D61—2005 验算拱脚截面的受剪承载力是否满足要求。

【解】 M10 砂浆、MU50 粗料石，砌体抗剪强度设计值 $f_{vd} = 0.073$ MPa。由式（9 - 16），受剪承载力

$$Af_{vd} + \frac{1}{1.4}\mu_f N_k = 0.9 \times 0.073 \times 1\,000 + 0.7 \times 2\,170/1.4$$

$$= 1\,150.7 \text{ kN} > \gamma_0 V_d = 1.0 \times 215 = 215 \text{ kN} \quad （满足要求）$$

9.3.3　轴心受拉和受弯构件的承载力计算公式

砌体轴心受拉和受弯构件的承载力计算均采用材料力学公式。

轴心受拉构件的承载力按下式计算：

$$\gamma_0 N_t \leqslant f_t A \tag{9-18}$$

式中　N_t——轴向拉力设计值；

　　　f_t——砌体的轴心抗拉强度设计值。

对于受弯构件，其受弯承载力按下式计算：

$$\gamma_0 M \leqslant f_{tm} W \tag{9-19}$$

式中　M——弯矩设计值；

　　　f_{tm}——砌体的弯曲抗拉强度设计值；

　　　W——截面抵抗矩。

受弯构件的受剪承载力按下式计算：

$$\gamma_0 V \leqslant f_v b(S/I)$$

式中　V——剪力设计值；

　　　f_v——砌体的抗剪强度设计值；

　　　b——截面宽度；

　　　S、I——分别为截面的面积矩和惯性矩。

9.4　配筋砖砌体构件简介

在砌体中配置钢筋或钢筋混凝土，称为配筋砌体，一般用于房屋结构。它可以提高砌体结构的承载能力，扩大砌体在工程中的应用范围。我国目前采用的配筋砌体有配筋砖砌体和配筋砌块砌体两大类，其中配筋砖砌体有水平放置的网状配筋砖砌体、配有纵向钢筋的组合砖砌体、砖砌体和钢筋混凝土构造柱组合墙。

9.4.1　网状配筋砖砌体构件

网状配筋砖砌体是将事先制作好的钢筋网设置在砖砌体灰缝内，如图 9 - 15 所示。由于摩擦力和砂浆的粘结力，钢筋被完全嵌固在灰缝内并和砖砌体共同工作。

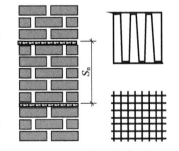

图 9 - 15　网状配筋砖砌体

网状钢筋的作用体现在两个方面:第一,砌体纵向受压时,横向膨胀,由于钢筋弹性模量相对砂浆大得多,变形很小,可阻止横向变形的发展,减小单个块体的弯、剪应力,提高块体抗压能力的发挥程度。第二,避免了无筋砌体被分割成若干 1/2 砖的小立柱,防止砌体过早失稳而破坏。因而可以间接地提高砌体承受纵向荷载的能力,故这种配筋有时又称间接配筋。

网状配筋砖砌体构件的受压承载力计算方法与无筋砌体受压构件类似。网状配筋的作用体现在两个参数中,砌体抗压强度和承载力影响系数。前者反映了钢筋对砌体横向变形的约束作用;后者反映了对稳定的提高作用。

网状配筋砌体适用于高厚比和偏心距比较小的情况,因为钢筋作用的发挥有赖于砌体的横向膨胀,当高厚比或偏心距过大时,极限状态砌体截面的平均压应力减小,无法保证破坏时钢筋达到屈服强度。

9.4.2 组合砖砌体构件

在砌体外侧附有钢筋混凝土面层或钢筋砂浆面层的组合砌体构件(图 9-16a),以及由砖墙和钢筋混凝土构造柱组成的组合墙(图 9-16b)统称为组合砖砌体。

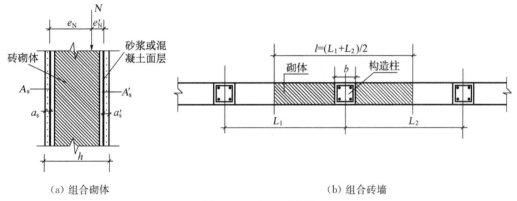

(a) 组合砌体　　　　　　　　　　　　　　(b) 组合砖墙

图 9-16　组合砖砌体

当荷载过大,无筋砖砌体承载力不足而截面尺寸又受到限制时,或偏心距超过限值($e>0.6s$)时,可以采用组合砌体构件。组合砌体构件由面层部分和砌体部分共同受力,承载力计算方法与混凝土受压构件类似。

如果墙体内均匀布置(间距不大于 4 m)的混凝土构造柱是在砌墙后浇筑的,并与混凝土圈梁有可靠连接时,可考虑混凝土构造柱参与受力,按组合砖墙计算(图 9-16b 中的阴影部分面积)。

复习思考题

本章其他
资源

9-1　无筋砌体的偏心影响系数 α 和稳定系数 φ_0 是如何确定的?

9-2　为什么局部受压时,砌体的抗压强度能提高?

9-3　砌体局部受压有哪些破坏形态? 相应的对策是什么?

9-4　梁端局部受压的特点是什么?

9-5　梁垫有哪几种? 各自的计算方法如何?

9-6 砌体在剪、压共同作用下有哪几种破坏类型?

9-7 网状配筋提高砌体抗压承载力的机理是什么?

9-8 砖柱截面为 490 mm×620 mm,采用 MU10 烧结普通砖及 M2.5 混合砂浆砌筑。柱的计算高度 $H_0=6.8$ m。柱顶的轴向力设计值 $N=180$ kN,砌体的容重为 19 kN/m²。试验算柱底截面受压承载力是否满足要求。

9-9 窗间墙截面尺寸如图所示,承受轴向力设计值 $N=520$ kN,弯矩设计值 $M=40$ kN·m,计算高度 $H_0=4.5$ m。采用 MU10 烧结普通砖及 M5 混合砂浆砌筑。试验算截面受压承载力。

9-10 如图所示,带壁柱窗间墙,墙厚为 240 mm,宽度为 1 400 mm,采用 MU10 烧结普通砖及 M5 混合砂浆砌筑。混凝土梁的截面尺寸为 250 mm×600 mm。已求得梁端支座反力设计值为 $N_l=80$ kN,上部传来的轴向荷载设计值为 $N_0=240$ kN。试进行梁端下部砌体局部受压承载力计算,如不满足,试设计刚性垫块。

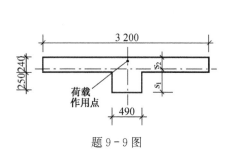

题 9-9 图

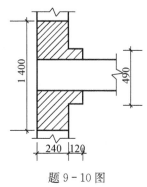

题 9-10 图

10 预应力混凝土构件设计原理

10.1 预应力混凝土结构的基本原理

10.1.1 预应力混凝土的基本概念

1) 预应力的概念

日常生活中应用预加应力原理的情况随处可见,如用铁环(或竹箍)箍紧木桶、麻绳绷紧木锯的锯条、辐条收紧车轮钢圈等等,其原理是利用预先施加的拉应力抵抗使用过程中出现的压应力,或利用预先施加的压应力抵抗使用过程中出现的拉应力。

预应力工程结构

混凝土的抗拉性能远低于抗压性能,其抗拉强度仅为抗压强度的 $1/18\sim1/8$,极限拉应变仅为 $0.10\times10^{-3}\sim0.15\times10^{-3}$。钢筋混凝土构件在混凝土开裂前钢筋的拉应力一般大约只有其屈服强度的 $1/10(20\sim30\ \mathrm{MPa})$。当钢筋应力超过此值时,混凝土将产生裂缝。因此,在正常使用阶段,普通钢筋混凝土梁一般是带裂缝工作的,截面的开裂导致构件刚度降低、变形增大,结构的耐久性降低。

普通钢筋是被动参加工作的,高强度的钢筋达到其屈服强度时可能混凝土裂缝宽度已经超过使用要求,所以高强度钢筋不能充分发挥作用。提高混凝土强度等级对提高其极限拉应变作用很小,因此在普通钢筋混凝土梁中无法利用高强度的材料,而采用低强度的材料必然造成构件尺寸、自重过大,这在一定程度上限制了普通钢筋混凝土结构的使用范围。

预应力的原理

采用预加应力的方法可以弥补上述普通钢筋混凝土结构的缺点。在构件受荷载作用之前预先对荷载作用将产生拉应力的混凝土施加压力,结构受荷载作用而产生的拉应力必须先抵消混凝土上预先施加的压应力,然后才能使混凝土受拉。预压应力可减少甚至抵消荷载在混凝土中产生的拉应力,使混凝土结构(构件)在正常使用荷载作用下不产生过大的裂缝,甚至不出现裂缝。

通过张拉预应力筋来施加预应力是最常用的方法。现以图 $10-1$ 所示简支梁为例,进一步说明预应力混凝土的基本概念。

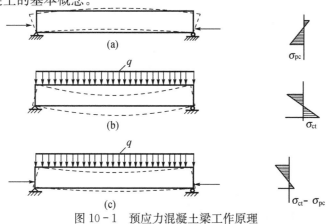

图 $10-1$ 预应力混凝土梁工作原理

(a) 预压力作用下;(b) 外荷载作用下;(c) 预压力与外荷载共同作用

如图 10 - 1a 所示,荷载作用之前,在梁的受拉区(截面下部)施加预应力 σ_{pc},截面的下边缘产生压应力,上边缘产生拉应力或较小的压应力(取决于预压力 N_p 的偏心程度)。在荷载 q 作用下,梁截面下部受拉,上部受压,如图 10 - 1b 所示,跨中截面下边缘产生拉应力 σ_{ct}(此时截面可能已经开裂,为便于说明预应力的原理,假设截面未开裂)。显然,在预应力和荷载共同作用下,该梁跨中截面应力分布等于预压力 N_p 单独作用下截面应力分布与荷载 q 单独作用下截面应力分布的叠加,如图 10 - 1c 所示。根据截面的下边缘预压应力值 σ_{pc} 和荷载产生的拉应力值 σ_{ct} 相对大小的变化,叠加后的截面应力状态可以有以下几种:当 $\sigma_{pc} > \sigma_{ct}$(即 $\sigma_{ct} - \sigma_{pc}$ < 0)时,荷载产生的拉应力不足以抵消预压应力,截面下边缘仍处于受压状态;当 $\sigma_{pc} = \sigma_{ct}$($\sigma_{ct}$ $-\sigma_{pc} = 0$)时,荷载产生的拉应力和预压应力刚好相互抵消,截面下边缘的应力为零;当 $\sigma_{pc} < \sigma_{ct}$(即 $\sigma_{ct} - \sigma_{pc} > 0$)时,荷载产生的拉应力全部抵消预压应力后,在截面下边缘产生拉应力,若其拉应力值未超过混凝土抗拉能力,截面不会开裂,若其拉应力超过混凝土抗拉能力,截面将开裂。由此可见,由于预压应力 σ_{pc} 全部或部分抵消了荷载作用下产生的拉应力 σ_{ct},因而使梁不开裂或延缓裂缝的出现和开展。这表明,施加预应力可以显著地提高混凝土构件的抗裂能力或延缓裂缝的开展,提高刚度,且高强钢材可以使用。

2)施加预应力的目的

林同炎提出用下述三种不同的概念来分析预应力混凝土,可以全面地理解预应力混凝土的基本概念:

(1)预加应力的目的是将混凝土变成弹性材料

预加应力的目的只是为了改变混凝土的性能,变脆性材料为弹性材料。这种概念认为预应力混凝土与普通钢筋混凝土是两种完全不同的材料,预应力筋的作用不是配筋,而是施加预压应力以改变混凝土性能的一种手段。如果预压应力大于荷载产生的拉应力,则混凝土就不承受拉应力。这种概念要求将无拉应力或零应力作为预应力混凝土设计准则。这样可以用材料力学公式计算混凝土的应力、应变和挠度、反拱,十分方便。

(2)预加应力的目的是使高强钢材和混凝土能够共同工作

这种概念是将预应力混凝土看作由高强钢材与混凝土两种材料组成的一种特殊的钢筋混凝土。预先将预应力筋张拉到一定的应力状态,在使用阶段预应力筋的应力(应变)增加的幅度较小,混凝土不开裂或裂缝较细,这样高强钢材就可以与混凝土一起正常工作。

可以利用这种概念,将预应力筋与普通钢筋作等强代换,减少用钢量,解决受拉钢筋数量过多不便施工的矛盾。很多情况下这种做法是经济的。

(3)预加应力的目的是荷载平衡

预加应力可认为是对混凝土构件预先施加与使用荷载相反的荷载,以抵消部分或全部工作荷载。用荷载平衡的概念调整预应力与外荷载的关系,概念清晰,计算简单,可以方便地控制构件的挠度及裂缝,其优点在超静定预应力结构的设计中尤为突出。

10.1.2 预加应力的效果

1)预应力混凝土与钢筋混凝土的比较

(1)裂缝及变形

预应力混凝土裂缝出现迟、裂宽小,因此刚度大;同时施加预应力会产生反拱,所以挠度很小。而钢筋混凝土出裂早、刚度降低多、挠度大,如图 10 - 2 所示。

反拱示意图

（2）钢筋应力变化情况

两种梁截面承受的弯矩均由钢筋合力和受压区混凝土压应力的合力组成的力矩平衡,但钢筋应力变化有很大不同:开裂后的钢筋混凝土梁中的钢筋应力随外荷载的增加而增加,内力臂的变化不大,抵抗弯矩的增大主要靠钢筋应力的增加。而预应力筋由于已有较高的预拉应力,在使用荷载范围内,随着外载的增加,抵抗弯矩的增大主要靠内力臂的增加。预应力筋应力增长比例小,因此在使用荷载下,即使预应力梁开裂,裂宽也较小。

（3）裂缝闭合

预应力程度高的预应力梁,超载时可能开裂,但卸载后裂缝会闭合。钢筋混凝土梁裂缝闭合程度较差。

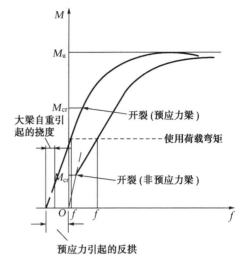

图 10 - 2　弯矩-变形曲线比较

（4）预应力被克服后

一旦预应力被克服,预应力混凝土和钢筋混凝土之间就没有本质的不同,预应力混凝土梁的受弯承载力或轴拉构件的承载力与钢筋混凝土相同,与是否施加预应力无关。

2）预应力混凝土结构的优点

预应力混凝土结构主要有以下几方面的优点:

（1）预应力结构可充分发挥结构工程师的主观能动性,变被动设计为主动设计。

（2）在使用荷载作用下不开裂或延迟开裂、限制裂缝开展,提高结构的耐久性。

（3）可以合理、有效地利用高强钢筋和高强混凝土,从而节省材料,减轻结构自重。

（4）可以提高结构或构件的刚度,使混凝土结构的应用范围进一步扩大。

（5）施加预应力相当于对结构或构件作了一次检验,有利于保证质量。

（6）由于在正常使用阶段钢筋和混凝土的应力变化幅度较小,重复荷载下的抗疲劳性能较好。

（7）具有良好的裂缝闭合性能。

（8）提高抗剪性能。

预应力混凝土结构主要适用于受弯、受拉和大偏心受压等构件。预应力混凝土结构的计算、构造、施工等方面比钢筋混凝土结构复杂,设备及技术要求也较高,应注意预应力结构的合理性、经济性。

10.1.3　预加应力的方法

预加应力的方法有多种,如通过预应力筋对混凝土施加压力,在结构构件和其支墩之间用千斤顶顶压,用绕丝法对环形结构造成环向压力,采用膨胀水泥使钢筋受拉、混凝土受压,使超静定结构的一部分对另一部分产生位移或转角以形成需要的内应力等等。

施加应力的方法

张拉预应力筋的方法有千斤顶张拉、机械张拉、电热法张拉、化学张拉等。目前应用最普遍的是用液压千斤顶张拉预应力筋。千斤顶张拉可分为先张法和后张法两类。

1）先张法

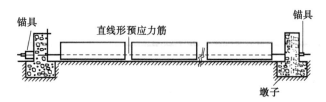

图 10-3　先张法示意

先张法在混凝土浇筑前张拉预应力筋，其主要的施工工艺如下（图 10-3）：

（1）在生产台座上张拉钢筋至要求的控制应力，并将其临时锚固于台座上。

（2）制作混凝土构件。

（3）待构件混凝土达到一定的强度（《规范》规定，不宜低于混凝土设计强度等级的 75%）后，放松预应力筋。由于预应力筋的回缩受到混凝土构件的约束，混凝土构件受压产生预压应力。

在先张法预应力混凝土构件中，预应力的传递主要是通过预应力筋与混凝土之间的粘结力，有时也补充设置特殊的锚具。

先张法生产有台座法和钢模法。先张法工艺简单，生产效率高，质量易保证，成本低，是目前我国生产预应力混凝土构件的主要方法之一。为了便于运输，先张法一般用于生产中小型构件，如楼板、屋面板、檩条和中小型吊车梁等。

2）后张法

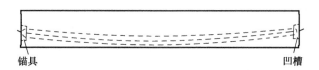

图 10-4　后张法示意

后张法在混凝土达到一定强度后直接在构件上张拉预应力筋（图 10-4），其主要的施工工艺如下：

（1）制作混凝土构件（或块体），并在预应力筋位置处预留孔道。

（2）待混凝土达到一定强度（《规范》规定，不宜低于混凝土设计强度等级的 75%）后，穿预应力筋，然后直接在构件上张拉预应力筋，同时混凝土受压。

（3）当预应力筋张拉至要求的控制应力值时，在张拉端用锚具将其锚固，使构件的混凝土维持受压状态。

在后张法预应力混凝土构件中，预应力的传递主要是依靠设置在预应力筋两端的锚固装置（锚具及其垫板等）。

后张法预应力混凝土构件施工时不需要台座，且预应力筋可以按预留孔道的形状成折线或曲线布置，因而，可更好地根据结构的受力特点，调整预应力沿结构（构件）的分布。但是，与先张法构件相比，后张法需要锚具，构造和施工工艺较复杂，成本较高，一般适用于现场施工的大型构件或结构。

10.1.4　预应力混凝土分类

1）全预应力混凝土和部分预应力混凝土

如前面所述,在正常使用荷载作用下,随预应力和荷载相对大小的变化,预应力混凝土构件受拉区的应力状态有3种可能:受拉区混凝土不出现拉应力,仍处于受压状态;受拉区混凝土已出现拉应力,但截面尚未开裂;受拉区混凝土已经开裂。根据预应力混凝土构件受拉区的应力状态,一般可把预应力混凝土结构分为全预应力混凝土构件和部分预应力混凝土构件。

预应力度

2）全预应力混凝土

在正常使用荷载作用下受拉区不出现拉应力的预应力混凝土构件称为全预应力混凝土构件。

全预应力混凝土构件抗裂性好、刚度大和抗疲劳性能好,但存在一些显著的缺点,主要有以下几个方面:

(1)浪费钢材。全预应力设计以使用荷载下不出现拉应力为控制条件,其受弯承载力富余较多,预应力筋用量大。

(2)反拱值较大。由于要求施加的预应力较大,引起结构的反拱较大,且预压区混凝土长期处于高压应力状态,混凝土的徐变使反拱不断增长。对于正常使用时永久荷载相对较小而活荷载相对较大,且活荷载最大值较少出现的结构,其不利影响将更大。

(3)预拉区易开裂。在制作、运输、堆放和安装等施工过程中,截面预拉区往往会开裂,甚至在预拉区也需要设置预应力筋。

(4)延性较差。全预应力混凝土构件虽然抗裂能力提高,但开裂荷载与极限荷载较接近,导致结构延性较差,这对结构的抗震性能和内力重分布是不利的。

(5)施工难度大、费用高。全预应力混凝土构件,一般须对全部纵向受拉钢筋施加预应力,且张拉控制应力取值较高,因此,对张拉设备及锚具等要求较高,施工难度较大,费用也较高。另外,在张拉或放张预应力筋时,锚具下混凝土受到较大的局部应力,所需要的附加钢筋数量也较多。

3）部分预应力混凝土

在正常使用荷载作用下受拉区已出现拉应力或裂缝的预应力混凝土构件,称为部分预应力混凝土构件,其中,在正常使用荷载作用下受拉区已出现拉应力,但不出现裂缝的预应力混凝土构件,可称为有限预应力混凝土构件。

与全预应力混凝土构件相比,部分预应力混凝土构件可以克服延性差、反拱值过大等不足,同时,可以合理地控制构件在使用荷载下裂缝的产生和发展,减少预应力值或预应力筋的数量,简化了施工,因此,具有较好的结构性能和综合经济效果。试验研究和工程实践表明,采用部分预应力混凝土构件较为合理。可以认为,部分预应力混凝土是预应力混凝土结构设计和应用的主要发展方向。因此,在设计预应力混凝土结构时,构件的抗裂要求不宜过高。

4）无粘结和有粘结

对后张法预应力混凝土构件,根据预应力筋与混凝土之间的粘结状态,可以分为有粘结预应力混凝土构件和无粘结预应力混凝土构件。当预应力筋张拉至要求的应力后,以有粘结的材料通过压力灌浆将预留孔道填实封闭,使预应力筋沿全长与周围混凝土粘结,这种构件即称为有粘结预应力混凝土构件;当预应力筋沿全长与周围混凝土不粘结,可发生相对滑动,靠锚具传力,这种构件即称为无粘结预应力混凝土构件。对无粘结预应力混凝土构件,为了防止预

有粘结和无粘结预应力混凝土构件示意图

应力筋的腐蚀,可采用在预应力筋上镀锌、涂油脂或其他防腐措施。需要时,预应力混凝土构件可以做成部分为无粘结、部分有粘结。

10.1.5　预应力混凝土材料及锚夹具

1)预应力混凝土材料

(1)混凝土

在预应力混凝土结构中,应采用高强度、低徐变和低收缩的混凝土。高强度混凝土可以适应高强度预应力筋的要求,建立尽可能高的预应力,从而提高结构构件的抗裂度和刚度。同时,高强度混凝土的弹性模量较高,徐变和收缩较小,相应预应力损失较小。选择混凝土强度等级时,应考虑构件的跨度、使用条件、施工方法及预应力筋的种类等因素。《规范》规定,预应力混凝土结构的混凝土强度等级不应低于 C30;不宜低于 C40。为了适应现代预应力混凝土结构发展的需要,混凝土应向快硬、高强、轻质方向发展。

预应力材料

(2)预应力筋

在预应力混凝土结构中,预应力筋要求高强度、低松弛。混凝土预应力的大小主要取决于预应力筋的数量、张拉控制应力及预应力损失。在结构构件的施工和使用过程中,由于各种因素的影响,预应力筋将会产生预应力损失(降低),其值有时可达到 $200\ \text{N/mm}^2$ 左右。因此,必须采用高强度、低松弛的钢材,才可以建立较高的预应力值,以达到预期效果。同时,预应力筋应具有一定的塑性,保证结构在达到承载力极限状态时具有一定的延性。尤其是当结构处于低温或受冲击荷载作用时,更应注意预应力筋的塑性和抗冲击韧性,以免发生脆性断裂。预应力筋还应具有良好的加工性能(可焊性和冷镦性以及热镦后原有的力学指标基本不变的性能)。此外,钢筋还应具有耐腐蚀性能及与混凝土间良好的粘结性能等。预应力筋宜采用预应力钢丝、钢绞线和预应力螺纹钢筋。

(3)灌浆材料

灌浆材料一般采用纯水泥浆,强度等级不应低于 M20,水胶比宜为 0.40～0.45。搅拌后 3 小时的泌水率宜控制在 2%,最大不超过 3%。

2)预应力混凝土结构的锚夹具

预应力 FRP 筋(索)张拉锚固

锚具和夹具是锚固预应力筋的工具,它主要是依靠摩阻、握裹和承压来固定预应力筋。能够重复使用的称为夹具;留在构件上不再取下的称为锚具。锚具、夹具应具有足够的强度和刚度,以保证预应力混凝土构件的安全可靠;同时,应使预应力筋尽可能不产生滑移,以可靠地传递预应力。此外,还应制作简单,使用方便,节省钢材。下面介绍几种预应力筋常用的锚具。

(1)群锚锚具

群锚锚具是在一块多孔的锚板上,利用每个锥形孔装一副夹片夹持一根钢绞线束的一种楔紧式锚具。这种锚具的优点是任何一根钢绞线锚固失效,都不会引起整束锚固失效,但构件端部需要扩孔。每束钢绞线的根数不受限制,锚下构造措施一般采用铸铁喇叭管及螺旋筋。铸铁喇叭管是将端头垫板与喇叭管铸成整体,可解决混凝土承受大吨位局部压力及预应力孔道与端头垫板的垂直问题。

群锚各部分的尺寸是按照钢绞线抗拉强度 $1\ 860\ \text{N/mm}^2$、张拉时锚固区混凝土强度不低于 $35\ \text{N/mm}^2$ 设计的,满足上述要求可不进行局部承压验算。

国内的群锚有 QM、OVM、HVM 及 XM 等多种,其原理相同,仅局部构造处理方法不同。

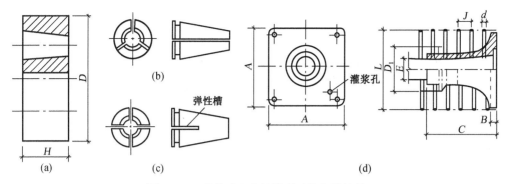

图 10-5　群锚及配套铸铁喇叭管与螺旋筋

(a) 锚板；(b) 三片式夹片；(c) 二片式夹片；(d) 铸铁喇叭管及螺旋筋

（2）JM 型锚具

JM 型锚具由锚环和楔块（夹片）组成，楔块的两个侧面设有带齿的半圆槽，每个楔块卡在两根预应力筋之间，楔块与预应力筋共同形成组合式锚塞，将预应力筋束楔紧。JM 型锚具可锚固钢绞线和粗钢筋。这种锚具的优点是各预应力筋距离较近，锚具体积较小，构件端部不需扩孔。但一个楔块的损坏将导致整束预应力筋失效。JM 锚具锚固的预应力筋根数一般不超过 6 根。

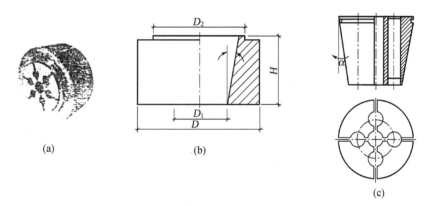

图 10-6　JM 型锚具

(a) 实物图片；(b) 锚环；(c) 楔块

（3）螺丝端杆锚具

螺丝端杆锚具用于锚固粗钢筋。螺丝端杆锚具由螺丝端杆、螺母和垫板组成。预应力钢筋两端与短的螺丝端杆通过对焊连接，张拉后，拧紧螺帽，预应力钢筋通过螺帽和垫板将预压力传到构件上。

这种支承式锚具使用简单，受力可靠，滑移量小，对预应力筋长度短的情况尤其适用。

精轧螺纹钢筋整根都轧有规则的非完整的外螺纹，可利用特制的螺母直接锚固，这样避免了高强钢筋焊接难的问题。

（4）镦头锚具

钢丝束镦头锚具是利用钢丝的镦粗头来锚固预应力钢丝的一种支承式锚具（图 10-7）。这种锚具加工简单，张拉方便，锚固可靠，成本低廉，预应力钢丝节省，但对钢丝等下料要求较

螺丝端杆
锚具

严,人工较费。

（5）弗式锚具

弗式锚具属于锥形锚具，最初仅用于锚固平行钢丝束，后来扩大到钢绞线束。弗式锚具由锚环和锚塞组成，张拉用双作用（或三作用）千斤顶，张拉完毕后千斤顶将锚塞顶入锚环，将预应力筋锚固在锚塞与锚环之间。图 10-8 所示为锚固平行钢丝束的弗式锚具。与镦头锚相比，弗式锚对钢丝下料要求不高，施工方便，但滑移大。

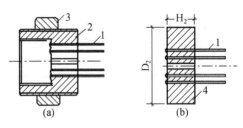

图 10-7 镦头锚具

（a）张拉端锚具；（b）固定端锚具

1—钢丝；2—锚杯；3—螺母；4—锚板

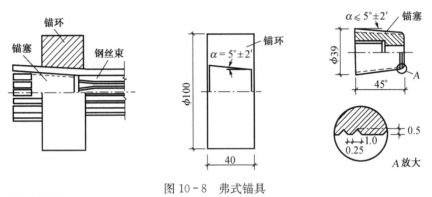

图 10-8 弗式锚具

10.1.6 预应力损失

1）张拉控制应力

张拉控制应力 σ_{con} 是张拉预应力钢筋时，张拉设备所控制的总张拉力除以预应力钢筋截面面积得到的应力值。

为了充分发挥预应力的优点，张拉控制应力 σ_{con} 宜定得高一点，以使混凝土获得较高的预压应力，提高构件的抗裂性。但 σ_{con} 过高，构件开裂时的荷载与破获时的荷载接近，构件开裂不久即丧失承载力。另外，多根预应力筋组成的预应力束，各根预应力筋的应力有差别，还可能采用超张拉以减少预应力损失，如果 σ_{con} 过高，则可能引起个别钢筋的屈服或断裂。因此，张拉控制应力不能过高。

张拉控制应力限值还与施加预应力的方法有关。先张法构件，张拉预应力筋时的张拉力由台座承担，混凝土是在放松钢筋时才受到压缩；而后张法构件在张拉的同时混凝土的弹性压缩已经完成。另外，先张法的混凝土收缩、徐变引起的预应力损失比后张法要大。所以，在张拉控制应力相同时，后张法的实际预应力效果高于先张法。因此，对于相同种类的钢筋，先张法的张拉控制应力可高于后张法。

《规范》规定，张拉控制应力 σ_{con} 应符合表 10-1 的规定。

在符合下列情况之一时，表 10-1 中的张拉控制应力限值可相应提高 $0.05f_{ptk}$ 或 $0.05f_{pyk}$：

（1）要求提高构件在施工阶段的抗裂性能而在使用阶段受压区内设置的预应力筋。

（2）要求部分抵消由于应力松弛、摩擦、钢筋分批张拉以及预应力筋与张拉台座之间的温差等因素产生的预应力损失。

表 10 - 1 张拉控制应力限值

预应力筋种类	张拉控制应力限值
消除应力钢丝、钢绞线	$0.75f_{ptk}$
中强度预应力钢丝	$0.70f_{ptk}$
预应力螺纹钢筋	$0.85f_{prk}$

注:(1) 消除应力钢丝、钢绞线、中强度预应力钢丝的张拉控制应力不应小于 $0.4f_{ptk}$;

(2) 预应力螺纹钢筋的张拉应力控制值不宜小于 $0.5f_{prk}$。

2) 预应力损失

由于预应力施工工艺和材料性能等原因,预应力筋中的初始预应力在施工及使用过程中将不断降低,这种现象称为预应力损失。预应力损失会降低预应力的效果。早期由于没有认识到这一问题,施加预应力后效果差,在相当长的时间内影响了预应力混凝土的应用。

预应力损失对承载力影响很小,但对裂缝、变形影响较大。因此,准确地预估和尽可能地减少预应力损失,对预应力混凝土结构的设计有十分重要的意义。

引起预应力损失的因素很多,且各种因素之间相互影响,精确地计算是非常困难的。下面讨论各项预应力损失的特点及影响因素、《规范》建议的预应力损失值计算方法和减少预应力损失的措施。

(1) 预应力钢筋与孔道壁之间的摩擦引起的预应力损失 σ_{l2}

在后张法预应力混凝土构件的张拉过程中,由于预应力钢筋与孔道壁之间的摩擦作用,或在先张法预应力混凝土构件的张拉过程中,由于预应力钢筋在转向装置处的摩擦作用,将使预应力钢筋产生预应力损失,该损失可按下列公式计算(图 10 - 9):

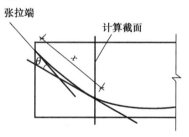

$$\sigma_{l2} = \sigma_{con}\left(1 - \frac{1}{e^{\kappa x + \mu\theta}}\right) \quad (10 - 1)$$

图 10 - 9 预应力摩擦损失计算

式中 x——从张拉端至计算截面的孔道长度,亦可近似取该段孔道在纵轴上的投影长度(m);

θ——从张拉端至计算截面曲线孔道部分切线的夹角(rad);

κ——考虑孔道每米长度局部偏差的摩擦系数,按表 10 - 2 取用;

μ——预应力筋与孔道壁之间的摩擦系数。

系数 μ、κ 按表 10 - 2 取用。

孔道成形方式	κ	μ	
		钢绞线、钢丝束	预应力螺纹钢筋
预埋金属波纹管	0.001 5	0.25	0.50
预埋塑料波纹管	0.001 5	0.15	—
预埋钢管	0.001 0	0.30	—
抽芯成型	0.001 4	0.55	0.60
无粘结预应力筋	0.004 0	0.09	—

注:摩擦系数也可根据实测数据确定。

当 $\kappa x + \mu\theta \leqslant 0.3$ 时,σ_{l2} 可按下列近似公式计算:

$$\sigma_{l2} = (\kappa x + \mu\theta)\sigma_{con} \tag{10-2}$$

当采用夹片式群锚体系时,在 σ_{con} 中宜扣除锚口摩擦损失。

为了减少摩擦损失,可采用两端张拉或超张拉。

(2) 锚具变形和预应力筋内缩引起的预应力损失 σ_{l1}

预应力筋在锚固时,由于锚具变形(包括锚具各部件之间和锚具与构件之间缝隙压缩)和预应力筋在锚具中内缩滑移等因素的影响,将产生预应力损失。计算这项损失时,只需考虑张拉端,不需考虑锚固端,因为锚固端的锚具变形等在张拉过程中已经完成。

对直线预应力筋,σ_{l1} 可按下列公式计算:

$$\sigma_{l1} = \frac{a}{l}E_s \tag{10-3}$$

式中 a——张拉端锚具变形和预应力筋内缩值,按表 10‐3 取用(mm);

l——张拉端至锚固端之间的距离(mm);

E_s——预应力钢筋的弹性模量。

式(10‐3)没有考虑摩擦作用,所计算的预应力损失沿预应力筋全长是一致的。对块体拼成的结构,预应力损失计算时尚应计及块体间填缝的预压变形。当采用混凝土或砂浆为填缝材料时,每条填缝的预压变形值可取为 1 mm。

表 10‐3 锚具变形和钢筋内缩值 a 　　　　　　单位:mm

锚具类别		a
支承式锚具 (钢丝束镦头锚具等)	螺帽缝隙	1
	每块后加垫板的缝隙	1
夹片式锚具	有顶压时	5
	无顶压时	6～8

注:(1) 表中的锚具变形和预应力筋内缩值也可根据实测数据确定;

(2) 其他类型的锚具变形和预应力筋内缩值应根据实测数据确定。

为了减少张拉端锚具变形和钢筋内缩引起的预应力损失,应尽量减少垫片数量,增加台座的长度。

对于后张法构件采用曲线预应力筋或折线预应力筋时,当锚具变形、预应力筋内缩时,将产生反向摩擦。由于反向摩擦作用,张拉端锚具变形和预应力筋内缩引起的预应力损失在张拉端最大,随着与张拉端距离的增大而逐渐减小,直至消失。对于曲线预应力筋或折线预应力筋,由于锚具变形和预应力筋内缩引起的预应力损失值 σ_{l1},应根据曲线预应力筋或折线预应力筋与孔道壁之间反向摩擦影响长度 l_f 范围内的预应力筋变形值等于锚具变形和预应力筋内缩值的条件确定。下面给出后张预应力筋常用束形的预应力损失值。

抛物线形预应力筋可近似按圆弧形曲线预应力筋考虑。当其对应的圆心角 θ 不大于 $30°$时(图 $10-10$),其预应力损失值可按下式计算:

$$\sigma_{l1}=2\sigma_{con}l_f\left(\frac{\mu}{r_c}+k\right)\left(1-\frac{x}{l_f}\right) \tag{10-4}$$

式中　r_c——圆弧形曲线预应力钢筋的曲率半径(m);

　　　μ——预应力筋与孔道壁之间的摩擦系数,按表 $10-2$ 取用;

　　　l_f——反向摩擦的影响长度(m)。

l_f 可按下式计算:

$$l_f=\sqrt{\frac{aE_s}{1\,000\sigma_{con}(\mu/r_c+k)}} \tag{10-5}$$

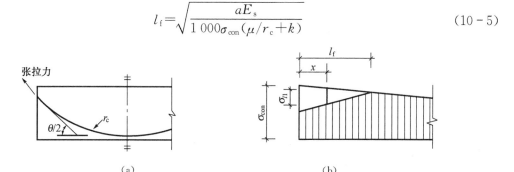

(a)　　　　　　　　　　　　　　　　(b)

图 $10-10$　圆弧形曲线预应力筋因锚具变形和预应力筋内缩所引起的损失值

(a) 圆弧形曲线预应力筋;(b) 预应力损失值 σ_{l1} 分布

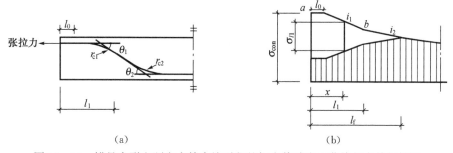

(a)　　　　　　　　　　　　　　　　(b)

图 $10-11$　锚具变形和预应力筋内缩引起的损失值消失于曲线拐点外的情况

(a) 预应力筋轮廓;(b) 预应力损失值 σ_{l1} 分布

当预应力筋在端部为直线时,其初始长度为 l_0,而后由两条圆弧形曲线组成(图 $10-11$)。当两条圆弧对应的圆心角 θ 不大于 $30°$时,其预应力损失 σ_{l1} 可按下式计算:

当 $x \leqslant l_0$ 时

$$\sigma_{l1} = 2i_1(l_1 - l_0) + 2i_2(l_f - l_1) \quad (10-6a)$$

当 $l_0 < x \leqslant l_1$ 时

$$\sigma_{l1} = 2i_1(l_1 - x) + 2i_2(l_f - l_1) \quad (10-6b)$$

当 $l_1 < x \leqslant l_f$ 时

$$\sigma_{l1} = 2i_2(l_f - x) \quad (10-6c)$$

反向摩擦影响长度 $l_f(\mathrm{m})$ 可按下式计算：

$$l_f = \sqrt{\frac{aE_s}{1\,000i_2} - \frac{i_1(l_1^2 - l_0^2)}{i_2} + l_1^2} \quad (10-6d)$$

$$i_1 = \sigma_a(k + \mu/r_{c1}) \quad (10-6e)$$

$$i_2 = \sigma_b(k + \mu/r_{c2}) \quad (10-6f)$$

式中　l_1——预应力筋张拉端起点至反弯点的水平投影长度；

i_1、i_2——第一、二段圆弧形曲线预应力筋中应力近似直线变化的斜率；

r_{c1}、r_{c2}——第一、二段圆弧形曲线预应力筋的曲率半径；

σ_a、σ_b——预应力钢筋在 a、b 点的应力。

折线形预应力筋当锚固损失消失于折点之外（图 10 - 12）时，其预应力损失可按下式计算：

当 $x \leqslant l_0$ 时

$$\sigma_{l1} = 2i_1(l_1 - l_0) + 2\sigma_1 + 2\sigma_2 + 2i_2(l_f - l_1) \quad (10-7a)$$

当 $l_0 < x \leqslant l_1$ 时

$$\sigma_{l1} = 2i_1(l_1 - x) + 2\sigma_2 + 2i_2(l_f - l_1) \quad (10-7b)$$

当 $l_1 < x \leqslant l_f$ 时

$$\sigma_{l1} = 2i_2(l_f - x) \quad (10-7c)$$

反向摩擦影响长度 $l_f(\mathrm{m})$ 可按下式计算：

$$l_f = \sqrt{\frac{aE_s}{1\,000i_2} - \frac{i_1(l_1 - l_0)^2 + 2i_1l_0(l_1 - l_0) + 2\sigma_1l_0 + 2\sigma_2l_1}{i_2} + l_1^2} \quad (10-7d)$$

$$i_1 = \sigma_{con}(1 - \mu\theta)k \quad (10-7e)$$

$$i_2 = \sigma_{con}[1 - k(l_1 - l_0)](1 - \mu\theta)^2 k \quad (10-7f)$$

$$\sigma_1 = \sigma_{con}\mu\theta \quad (10-7g)$$

$$\sigma_2 = \sigma_{con}[1 - k(l_1 - l_0)](1 - \mu\theta)\mu\theta \quad (10-7h)$$

式中　i_1——预应力筋在 bc 段中应力近似直线变化的斜率；

i_2——预应力筋在折点 c 以外应力近似直线变化的斜率；

l_1——张拉端起点至预应力筋折点 c 的水平投影长度。

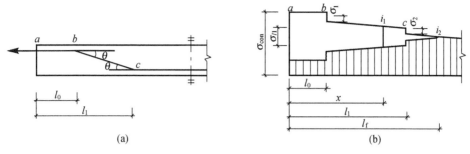

图 10-12　锚具变形和预应力筋内缩引起的损失值消失于折点外的情况
(a) 折线预应力筋;(b) 预应力损失值 σ_{l1} 分布

(3) 混凝土加热养护时预应力筋与承受拉力的设备之间的温差引起的预应力损失 σ_{l3}

为了缩短生产周期,先张法预应力混凝土构件常采用蒸汽养护。升温时,预应力筋温度上升,与承受拉力的设备(台座)之间存在温差。因此,预应力筋因受热膨胀而产生的自由伸长量比台座大。但是,由于预应力筋是锚固在台座上的,其实际长度保持与台座相同,所以,预应力筋的膨胀导致其实际拉应力降低。这时,混凝土尚未硬化凝固成形,与预应力筋未粘结成一整体,不能共同变形。降温时,因混凝土已凝固成形,与预应力筋粘结成一整体,二者将产生相同的回缩变形。因此,预应力筋在升温时引起的应力降低值不能恢复,从而产生预应力损失,以符号 σ_{l3} 表示。σ_{l3} 可按下式计算:

$$\sigma_{l3}=E_s\alpha\Delta t=2\Delta t \tag{10-8}$$

式中　α——钢筋的温度线膨胀系数,近似取 $1\times10^{-5}/\text{℃}$;

　　Δt——混凝土加热养护时,受张拉的预应力筋与承受拉力的设备之间的温差。

为了减少混凝土加热养护温差所引起的预应力损失,可采用二次升温养护,即首先按设计允许的温差范围控制升温,待混凝土凝固并具有一定的强度后,再进行二次升温。由于第二次升温时混凝土与预应力筋已形成整体,故不再因养护温差而产生预应力损失。对于在钢模上张拉预应力筋的构件,当采用升温养护时,由于钢模与构件同时升温,故可不考虑这项损失。

(4) 预应力筋的应力松弛引起的预应力损失 σ_{l4}

预应力筋在高应力作用下,具有随时间增长而产生塑性变形的性能,因此在预应力筋长度保持不变的情况下,预应力筋的应力会随时间的增长而不断降低,这种现象称为应力松弛。应力松弛将导致预应力筋的预应力损失。该损失与预应力筋应力的大小和应力作用时间有关。根据试验研究结果,σ_{l4} 可按下列公式计算:

① 消除应力钢丝、钢绞线

A. 普通松弛

$$\sigma_{l4}=0.4(\sigma_{con}/f_{ptk}-0.5)\sigma_{con} \tag{10-9}$$

B. 低松弛

当 $\sigma_{con}\leqslant0.7f_{ptk}$ 时　　　　$\sigma_{l4}=0.125(\sigma_{con}/f_{ptk}-0.5)\sigma_{con}$ 　　　(10-10a)

当 $0.7f_{ptk} < \sigma_{con} \leqslant 0.8f_{ptk}$ 时　　　$\sigma_{l4} = 0.2(\sigma_{con}/f_{ptk} - 0.575)\sigma_{con}$ $\qquad$ (10-10b)

② 中强度预应力钢丝

$$\sigma_{l4} = 0.08\sigma_{con} \qquad (10-11)$$

③ 预应力螺纹钢筋

$$\sigma_{l4} = 0.03\sigma_{con} \qquad (10-12)$$

当 $\sigma_{con}/f_{ptk} \leqslant 0.5$ 时,预应力筋的应力松弛损失值可取为零。

(5) 混凝土的收缩和徐变引起的预应力损失 σ_{l5}、σ'_{l5}

预应力混凝土
构件由收缩和
徐变引起的预
应力损失
计算简图

在压应力作用下,混凝土将产生徐变;在正常条件下,混凝土将产生收缩。这两种现象均导致构件缩短,从而引起预应力筋产生预应力损失。因这两种现象引起的预应力损失往往是同时发生,并相互影响,难以准确区分,为简化计算,一般合并考虑,并以符号 σ_{l5}(对受拉区预应力筋)和 σ'_{l5}(对受压区预应力筋)表示。混凝土收缩和徐变引起的预应力损失与混凝土强度、混凝土应力及其作用时间、预应力混凝土的施工方法、环境条件以及构件的配筋率等有关。根据试验研究结果,σ_{l5}、σ'_{l5} 可按下列公式计算:

先张法构件:

$$\sigma_{l5} = \frac{60 + 340\sigma_{pc}/f'_{cu}}{1 + 15\rho} \qquad (10-13)$$

$$\sigma'_{l5} = \frac{60 + 340\sigma'_{pc}/f'_{cu}}{1 + 15\rho'} \qquad (10-14)$$

后张法构件:

$$\sigma_{l5} = \frac{55 + 300\sigma_{pc}/f'_{cu}}{1 + 15\rho} \qquad (10-15)$$

$$\sigma'_{l5} = \frac{55 + 300\sigma'_{pc}/f'_{cu}}{1 + 15\rho'} \qquad (10-16)$$

式中　f'_{cu}——施加预应力时的混凝土立方体抗压强度;

σ_{pc}、σ'_{pc}——受拉区、受压区预应力筋在各自合力点处混凝土法向压应力;

ρ、ρ'——受拉区、受压区预应力筋和普通钢筋的配筋率:对先张法构件,$\rho = (A_s + A_p)/A_0$,$\rho' = (A'_s + A'_p)/A_0$;对后张法构件,$\rho = (A_s + A_p)/A_n$,$\rho' = (A'_s + A'_p)/A_n$;对于对称配置预应力筋和普通钢筋的构件,取 $\rho = \rho'$,此时配筋率应按其钢筋总截面面积的一半进行计算;

A_0——构件换算截面面积,包括扣除孔道、凹槽等削弱部分以外的混凝土全部截面面积与全部纵向预应力筋和普通钢筋的换算截面面积(按钢筋与混凝土的弹性模量比换算成混凝土的截面面积);

A_n——构件净截面面积,即换算截面面积减去全部纵向预应力筋截面面积;

受拉、受压区预应力筋在合力点处混凝土的法向压应力 σ_{pc}、σ'_{pc},计算时仅考虑混凝土预压前(第一批)损失,其普通钢筋的应力值应取为零,并可根据施工情况考虑构件自重的影响,σ_{pc}、σ'_{pc} 不得大于 $0.5f'_{cu}$。

在计算 σ_{pc}、σ'_{pc} 时,当 σ_{pc}/f'_{cu}(σ'_{pc}/f'_{cu})小于 0.5 时,混凝土产生线性徐变。但当 σ_{pc}/f'_{cu}(σ'_{pc}/f'_{cu})大于 0.5 时,混凝土将产生非线性徐变,此时,由混凝土徐变产生的预应力损失将大幅度增加。因此,《规范》规定,σ_{pc}、σ'_{pc} 不得大于 $0.5f'_{cu}$。当 σ_{pc} 为拉应力时,式(10-14)、式(10-16)中的 σ_{pc} 应取为零。

式(10-13)~式(10-16)是根据一般环境条件下的试验结果确定的。对处于干燥环境的结构(年平均相对湿度低于 40% 的环境下),由于混凝土的收缩和徐变较大,按式(10-13)~式(10-16)计算的 σ_{l5} 及 σ'_{l5} 应增加 30%。

从混凝土受预压到构件承受外荷载的时间,对混凝土收缩和徐变损失有影响。因此,当需要考虑施加预应力时混凝土龄期的影响,以及需要考虑松弛、收缩、徐变损失随时间的变化和较精确计算时,可按《规范》提供的方法计算。

由于混凝土的收缩和徐变损失一般在总的预应力损失中占的比例较大(在曲线配筋构件中,一般占预应力总损失值的 30% 左右;在直线配筋构件中,一般可达预应力总损失值的 60% 左右),因此,在设计和施工中,应尽量采取措施减少混凝土的收缩和徐变引起的预应力损失。一般可采用提高混凝土的质量,增加普通钢筋等措施。

(6)螺旋式预应力筋局部挤压混凝土引起的预应力损失 σ_{l6}

在用螺旋式预应力筋作配筋的环形构件中,混凝土由于受环向预应力筋的挤压,产生径向局部挤压变形,导致预应力筋产生预应力损失。这项预应力损失与构件的直径有关,直径越大损失越小。因此,《规范》规定,当构件直径小于或等于 3 m 时,取 $\sigma_{l6}=30\ \text{N/mm}^2$;当构件直径大于 3 m 时,可忽略其影响。

除上述 6 种预应力损失外,在后张法构件中,当预应力筋采用分批张拉时,受后批张拉时构件弹性压缩(或伸长)的影响,前批张拉的预应力筋的应力将降低(或增大),其值为 $\alpha_E\sigma_{pci}$,此处,σ_{pci} 为后批张拉预应力筋时在已张拉预应力筋合力作用点处产生的混凝土法向应力。因此,设计计算时,应考虑其影响,或采取措施消除其影响,如将先批张拉的预应力筋的张拉应力值 σ_{con} 增加(或减少)$\alpha_E\sigma_{pci}$。

3)预应力损失的组合

由于各种预应力损失是分批产生的,而对预应力混凝土构件除应根据使用条件进行承载力计算及变形、裂缝和应力验算外,还需对构件制作、运输、吊装等施工阶段进行验算,不同的受力阶段应考虑相应的预应力损失,因此,需要分阶段对预应力损失值进行组合。通常把混凝土预压前产生的预应力损失称为第一批损失,其值以符号 $\sigma_{lⅠ}$ 表示;把混凝土预压后产生的预应力损失称为第二批损失,其值以符号 $\sigma_{lⅡ}$ 表示。$\sigma_{lⅠ}$ 和 $\sigma_{lⅡ}$ 可按表 10-4 的规定确定。

表 10-4　各阶段预应力损失值的组合

预应力损失值的组合	先张法构件	后张法构件
混凝土预压前(第一批)的损失 $\sigma_{lⅠ}$	$\sigma_{l1}+\sigma_{l2}+\sigma_{l3}+\sigma_{l4}$	$\sigma_{l1}+\sigma_{l2}$
混凝土预压后(第二批)的损失 $\sigma_{lⅡ}$	σ_{l5}	$\sigma_{l4}+\sigma_{l5}+\sigma_{l6}$

注:先张法构件由于预应力筋应力松弛所引起的损失在第一批和第二批中所占的比例如需区分,可按实际情况确定。

由于预应力损失的计算值和实际值有一定的误差,而且有时误差较大,因此为了保证预应力效果,《规范》规定,当按计算求得的预应力总损失值($\sigma_l=\sigma_{lⅠ}+\sigma_{lⅡ}$)小于以下数值时,则按以下数值取用:先张法构件:$100\ \text{N/mm}^2$;后张法构件:$80\ \text{N/mm}^2$。

10.1.7 预应力的传递和局部承压

1) 先张法预应力筋的预应力传递长度和锚固长度

(1) 预应力筋的预应力传递长度

先张法构件中,预应力筋端部无锚固措施,预应力是靠预应力筋和混凝土之间的粘结力传递的,这种方式称为自锚。当放松预应力筋时,钢筋回缩,直径变粗,挤压混凝土。预应力筋回缩受到混凝土的阻止,从而在构件中产生预应力。如图10-13所示,此时,在构件端部预应力筋的应力等于零,并由端部向中间逐渐增大,至一定长度后才达到最大值。预应力筋应力由零增至最大值所需要的长度称为预应力的传递长度,以符号 l_{tr} 表示。

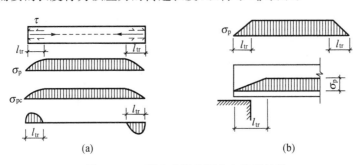

图10-13 预应力筋的预应力传递长度

在进行先张法构件端部斜截面受剪承载力计算以及正截面、斜截面抗裂验算时,应考虑预应力筋在其预应力传递长度 l_{tr} 范围内的实际应力变化。在传递长度 l_{tr} 范围内,预应力筋和混凝土的实际应力按曲线规律变化(图10-13a),为简化计算,《规范》规定,在预应力传递长度 l_{tr} 范围内,预应力钢筋和混凝土的应力可近似地按线性规律增大(如图10-13b)。在预应力传递起点处取为零,在其预应力传递长度的末端取为有效预应力值 σ_{pe}。

预应力传递长度的大小与预应力筋的种类和直径、预压时混凝土的强度等有关,应按下式计算:

$$l_{tr} = \alpha \frac{\sigma_{pe}}{f'_{tk}} d \qquad (10-17)$$

式中 σ_{pe}——放张时预应力筋的有效预应力值;

d——预应力筋的公称直径;

α——预应力筋的外形系数,按表10-5的规定确定;

f'_{tk}——与放张时混凝土立方体抗压强度 f'_{cu} 相应的抗拉强度标准值,可按《规范》值以线性内插法采用。

表10-5 锚固钢筋的外形系数

钢筋类型	光圆钢筋	带肋钢筋	螺旋肋钢丝	三股钢绞线	七股钢绞线
α	0.16	0.14	0.13	0.16	0.17

当采用骤然放松预应力筋的施工工艺时,l_{tr} 的起点应从距构件末端 $0.25 l_{tr}$ 处开始计算。

(2) 预应力筋的锚固长度

预应力筋的锚固长度 l_a 应较其传递长度 l_{tr} 大。预应力筋的锚固长度可按下式计算:

$$l_a = \alpha_a \frac{f_{py}}{f_t}d \qquad (10-18)$$

式中 α_a——预应力筋的外形系数,同表 10-5 中的 α;

f_{py}——预应力筋抗拉强度设计值。

在进行先张法构件端部锚固区的正截面和斜截面受弯承载力计算时,锚固区内的预应力筋抗拉强度设计值在锚固起点处应取零,在锚固终点处应取 f_{py},在两点之间可按直线内插法取值。当采用骤然放张预应力的施工工艺时,对光面预应力钢丝的锚固长度应从距构件末端 $l_{tr}/4$ 处开始计算。

2)局部受压承载力计算

后张法构件的预应力是通过锚具经垫板传递给混凝土的。一般情况下预应力很大,而锚具下的垫板与混凝土的传力接触面往往较小,锚具下的混凝土将承受较大的局部应力。为保证构件端部的局部受压承载力,一般需要在锚固区配置间接钢筋。对配置间接钢筋的预应力混凝土构件锚固区,其局部受压验算应按下述方法进行。

局部承压
保证措施

(1)局部受压面积验算

配置间接钢筋的混凝土结构构件,其局部受压区的截面尺寸应符合下列要求:

$$F_l \leqslant 1.35\beta_c\beta_l f_c A_{ln} \qquad (10-19)$$

$$\beta_l = \sqrt{\frac{A_b}{A_l}} \qquad (10-20)$$

式中 F_l——局部受压面上作用的局部压力设计值,对后张法预应力混凝土构件中的锚头局压区,取 1.2 倍的张拉控制力,即 $F_l = 1.2\sigma_{con}A_p$;在无粘结预应力混凝土构件中,尚应与 $f_{ptk}A_p$ 值相比较,取其中的较大值;

β_l——混凝土局部受压时的强度提高系数;

f_c——预压时混凝土的轴心抗压强度设计值;

A_l——混凝土局部受压面积;

A_{ln}——锚具垫圈下的混凝土局部受压净面积,当有垫板时,可考虑预压力沿锚具垫圈边缘在垫板中按 45°角扩散后传递至混凝土的受压面积,对后张法构件,应在混凝土局部受压面积中扣除孔道、凹槽部分的面积;

A_b——局部受压时的计算底面积,可由局部受压面积与计算底面积按同心、对称的原则确定,一般情况可按图 10-14 取用。

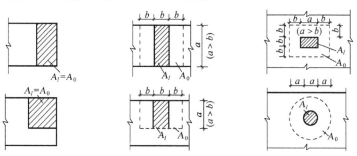

图 10-14 确定局部受压计算底面积

满足了上述截面限制条件,一般不会发生受压面过大的下沉及表面的开裂。当截面尺寸不符合式(10-19)的要求时,可以根据具体情况,扩大端部锚固区的截面尺寸,调整锚具位置或提高混凝土强度等级等。

(2) 局部受压承载力验算

配置方格网式或螺旋式间接钢筋的锚固区段,当其核芯面积 A_{cor} 大于等于混凝土局部受压面积 A_l 时,局部受压承载力可按下列公式计算:

$$F_l \leqslant 0.9(\beta_c \beta_l f_c + 2\alpha \rho_v \beta_{cor} f_{yv}) A_{ln} \tag{10-21}$$

式中 β_{cor}——配置间接钢筋的局部受压承载力提高系数,仍按式(10-20)计算,但应以 A_{cor} 代替 A_b,即 $\beta_{cor} = \sqrt{A_{cor}/A_l}$;且当 A_{cor} 大于 A_b 时,A_{cor} 取 A_b;当 A_{cor} 不大于混凝土局部受压面积 A_l 的 1.25 倍时,β_{cor} 取 1.0。

  α——间接钢筋对混凝土约束的折减系数,当混凝土强度等级不超过 C50 时,取 1.0;当混凝土强度等级为 C80 时,取 0.85;其间按线性内插法取用。

当为方格网配筋时(图 10-15a),其体积配筋率应按下式计算:

$$\rho_v = \frac{n_1 A_{s1} l_1 + n_2 A_{s2} l_2}{A_{cor} s} \tag{10-22}$$

  A_{cor}——配置方格网或螺旋式间接钢筋内表面范围以内的混凝土核心面积,但不应大于 A_b,且其重心应与 A_l 的重心重合;

  ρ_v——间接钢筋的体积配筋率(核心面积 A_{cor} 范围内单位混凝土体积所含间接钢筋的体积);

  n_1、A_{s1}——方格网沿 l_1 方向的钢筋根数、单根钢筋的截面面积;

  n_2、A_{s2}——方格网沿 l_2 方向的钢筋根数、单根钢筋的截面面积。

此时,在钢筋网两个方向的单位长度内,其钢筋截面面积相差不应大于 1.5 倍。

当为螺旋配筋时(图 10-15b),其体积配筋率应按下式计算:

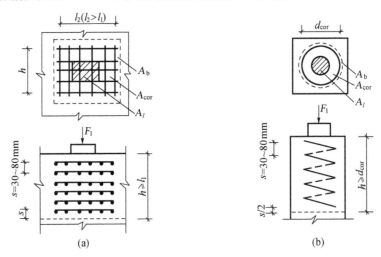

图 10-15 局部受压配筋

(a)方格网配筋;(b)螺旋式配筋

$$\rho_{v} = \frac{4A_{ss1}}{d_{cor}s} \tag{10-23}$$

A_{ss1}——螺旋式单根间接钢筋的截面面积；

d_{cor}——配置螺旋式间接钢筋范围以内的混凝土直径；

s——方格网或螺旋式间接钢筋的间距。

间接钢筋应配置在图 10-15 所规定的 h 范围内。配置方格网钢筋不应少于 4 片,配置螺旋式钢筋不应少于 4 圈。

10.1.8 等效荷载

可以用一组等效荷载来代替预应力筋对梁的作用。等效荷载一般由两部分组成:一是在结构锚固区引入的压力(和弯矩);二是由预应力筋曲率引起的垂直于预应力筋中心线的横向分布力,或由预应力筋转折引起的集中力(即预应力筋曲率发生改变的位置)。

等效荷载有 3 种典型情况:一是梁端作用等效外弯矩(预加力偏心引起);二是曲线预应力筋产生的等效均布荷载;三是折线预应力筋在折点处产生的等效集中力。图 10-16 所示为典型的预应力产生的等效荷载及其组合。

等效荷载法

用等效荷载可以求出施加预应力对结构或构件产生的内力和变形,便于设计时预估预应力筋数量。预应力设计常用的荷载平衡法是以等效荷载为基础的,该方法概念清晰,分析简单,对超静定预应力混凝土结构的分析十分方便。

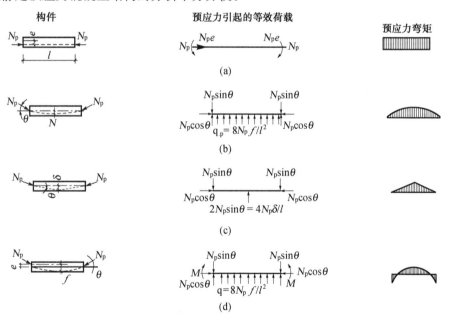

图 10-16 预应力引起的等效荷载及弯矩

10.1.9 预应力技术的发展

目前,预应力不仅广泛地应用于混凝土结构,而且也应用于钢结构、组合结构、砌体结构等其他工程结构。预应力不仅用于结构设计,同时也用作施工手段。随着材料科学、计算理论以及施工技术的不断发展,预应力技术作为一种"主动设计"的方法将发挥越来越重要的作用。

预应力技术
在钢结构中
的应用

10.2 预应力混凝土轴心受拉构件

10.2.1 承载力计算

当预应力混凝土轴心受拉构件达到承载力极限状态时,全部轴向拉力由预应力筋和普通钢筋共同承担(如图 10-17 所示)。此时,预应力筋和普通钢筋均已屈服,设计计算时,取其应力等于钢筋抗拉强度设计值。于是,轴心受拉构件的承载力应按下列公式计算:

$$N \leqslant f_y A_s + f_{py} A_p \tag{10-24}$$

式中　N——轴向拉力设计值;

　　　A_p、A_s——分别为全部预应力筋和普通钢筋的截面面积;

　　　f_{py}、f_y——分别为预应力筋和普通钢筋的抗拉强度设计值。

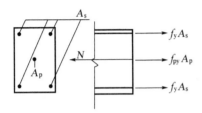

图 10-17　预应力混凝土轴心
受拉构件计算简图

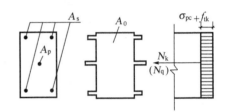

图 10-18　预应力混凝土轴心
受拉构件抗裂度验算图式

10.2.2 使用阶段抗裂度及裂缝宽度验算

如图 10-18 所示,当荷载加至换算截面上的应力超过 $\sigma_{pc} + f_{tk}$ 时,截面将开裂。如前所述,由于结构的使用功能及所处环境的不同,对构件裂缝控制的要求也应不同。因此,对预应力混凝土轴心受拉构件,应根据《规范》规定,按所处环境类别和使用要求,选用相应的裂缝控制等级,并按下列规定进行受拉边缘应力或正截面裂缝宽度验算。

1) 一级——严格要求不出现裂缝的构件

对使用阶段严格要求不出现裂缝的预应力混凝土轴心受拉构件,在荷载标准组合下应符合下列规定:

$$\sigma_{ck} - \sigma_{pc} \leqslant 0 \tag{10-25}$$

2) 二级——一般要求不出现裂缝的构件

对使用阶段一般要求不出现裂缝的预应力混凝土轴心受拉构件,在荷载标准组合下应符合下列规定。

$$\sigma_{ck} - \sigma_{pc} \leqslant f_{tk} \tag{10-26}$$

式中　σ_{ck}——荷载标准组合下的混凝土法向应力,可按式(10-27)计算;

　　　σ_{pc}——扣除全部预应力损失后在抗裂验算边缘混凝土的预压应力,可按式(10-28)计算;

　　　f_{tk}——混凝土抗拉强度标准值。

$$\sigma_{ck} = N_k / A_0 \tag{10-27}$$

式中　N_k——按荷载的标准组合计算的轴向拉力；

A_0——换算截面面积，$A_0=A_c+\alpha_E A_s+\alpha_E A_P$，其中 A_c 为混凝土净截面面积。

先张法轴拉构件

$$\sigma_{pc}=N_{p0}/A_0 \tag{10-28a}$$

后张法轴拉构件

$$\sigma_{pc}=N_p/A_n \tag{10-28b}$$

式中　A_n——净截面面积；

N_{p0}、N_p——先张法构件、后张法构件的预应力筋及普通钢筋的合力，按式(10-29)计算。

先张法构件

$$N_{p0}=\sigma_{p0}A_p-\sigma_{l5}A_s \tag{10-29a}$$

式中　σ_{p0}——受拉区预应力筋合力点处混凝土法向应力等于零时的预应力筋应力，$\sigma_{p0}=\sigma_{con}-\sigma_l$。

后张法构件

$$N_p=\sigma_{pe}A_p-\sigma_{l5}A_s \tag{10-29b}$$

式中　σ_{pe}——预应力筋的有效预应力，$\sigma_{pe}=\sigma_{con}-\sigma_l$。

3) 三级——允许出现裂缝的构件

对使用阶段允许出现裂缝的预应力混凝土轴心受拉构件，按荷载的标准组合并考虑长期作用影响的效应计算的最大裂缝宽度不应超过最大裂缝宽度允许值。

预应力混凝土轴心受拉构件在荷载作用下混凝土消压后，在继续增加的荷载($\Delta N=N_k-N_{p0}$)作用下，截面的内力特征和应变变化规律与普通钢筋混凝土构件相同。因此，参照钢筋混凝土轴心受拉构件，对于使用阶段允许出现裂缝的预应力混凝土轴心受拉构件，按荷载的标准组合计算，并考虑荷载准永久组合影响的最大裂缝宽度 w_{max} 的计算及最大裂缝宽度验算公式同式(6-190)、(6-191)，其中预应力混凝土轴心受拉构件的构件受力特征系数 α_{cr} 为 2.2。

对环境类别为二 a 类的预应力混凝土构件，在荷载准永久组合下，受拉边缘应力尚应符合下列规定：

$$\sigma_{cq}-\sigma_{pc}\leqslant f_{tk} \tag{10-30}$$

式中　σ_{cq}——荷载准永久组合下抗裂验算边缘的混凝土法向应力，可按式(10-31)计算。

$$\sigma_{cq}=\frac{N_q}{A_0} \tag{10-31}$$

式中　N_q——按荷载准永久组合计算的轴向拉力。

10.2.3　施工阶段的验算

在后张法预应力混凝土构件张拉预应力筋时，或先张法预应力混凝土构件放松预应力筋时，由于预应力损失尚未完成，混凝土受到的压力最大，而此时混凝土的强度一般最低(混凝土一般只达到设计强度的 75%)。此外，对于后张法预应力混凝土构件，预应力是通过锚具传递的,在构件端部锚具下将产生很大的局部压力。因此,不论是后张法预应力混凝土构件还是先张法预应力混凝土构件,都必须进行施工阶段的验算。

1) 张拉或放松钢筋时的强度验算

对预应力混凝土轴心受拉构件,预压时,一般处于全截面均匀受压。为保证此时截面的受压承载力,截面上混凝土法向压应力 σ_{cc} 应符合下列条件:

$$\sigma_{cc} \leqslant 0.8 f'_{ck} \qquad (10-32)$$

式中　f'_{ck}——预压时混凝土的抗压强度标准值。

计算 σ_{cc} 时,对先张法构件,按锚具变形和钢筋内缩引起的预应力损失完成后计算;对后张法构件,按不考虑应力损失计算,即

先张法构件 $\qquad \sigma_{cc} = (\sigma_{con} - \sigma_{lI}) A_p / A_0 \qquad (10-33)$

后张法构件 $\qquad \sigma_{cc} = \sigma_{con} A_p / A_n \qquad (10-34)$

对后张法构件,必要时,应考虑孔道及预应力筋偏心的影响。

对运输或安装等施工阶段,应考虑预加压力、自重及施工荷载(必要时应考虑动力系数)的共同作用,对截面进行验算。详见 10.3.5 节。

2) 局部承压验算

按 10.1.7 节所述方法进行。

【例 10-1】24 m 后张法预应力混凝土折线形屋架下弦杆的轴向拉力设计值 $N=750$ kN,荷载效应标准组合轴向拉力 $N_k=600$ kN,荷载效应准永久组合轴向拉力 $N_q=500$ kN。下弦杆截面尺寸及非预应力筋配置如图 10-19 所示。混凝土采用 C40 级,当混凝土达到设计强度时张拉。预应力筋采用 $\phi^s 5$ 低松弛 1860 级高强钢丝,一端张拉,镦头锚。一般要求不出现裂缝。试计算所需预应力筋数量,验算使用阶段抗裂性。

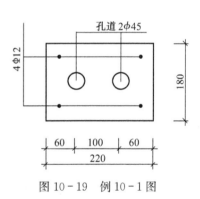

图 10-19　例 10-1 图

【解】(1) 计算所需预应力筋数量

由式(10-24)可得

$$A_p = \frac{N - f_y A_s}{f_{py}} = \frac{750\,000 - 300 \times 4 \times 113}{1\,320} = 466 \text{ mm}^2$$

选取预应力筋 26 $\phi^s 5$($A_p=510$ mm^2),分为两束,每束 13 根,预留孔道直径 45 mm。

(2) 使用阶段的抗裂验算

① 截面几何特性计算

$$A_c = 220 \times 180 - 2 \times (\pi/4) \times 45^2 - 4 \times 113 = 35\,969 \text{ mm}^2$$

$$\alpha_{E1} = 1.95 \times 10^5 / 3.25 \times 10^4 = 6$$

$$\alpha_{E2} = 2.0 \times 10^5 / 3.25 \times 10^4 = 6.15$$

$$A_n = 35\,969 + 6.15 \times 4 \times 113 = 38\,749 \text{ mm}^2$$

$$A_0 = A_c + \alpha_{E1} A_p + \alpha_{E2} A_s = 35\,969 + 6 \times 510 + 6.15 \times 4 \times 113 = 41\,809 \text{ mm}^2$$

② 预应力损失计算

取 $\sigma_{con} = 0.75 f_{ptk} = 0.75 \times 1\,860 = 1\,395 \text{ N/mm}^2$

$$\sigma_{l1} = \frac{a}{l} E_p = \frac{1}{24\,000} \times 1.95 \times 10^5 = 8.125 \text{ N/mm}^2$$

$$\sigma_{l2} = \sigma_{con}(kx + \mu\theta) = 1\,395 \times 0.001\,5 \times 24 = 50.2 \text{ N/mm}^2$$

第一批损失为 $\sigma_{lI} = \sigma_{l1} + \sigma_{l2} = 8.1 + 50.2 = 58.3 \text{ N/mm}^2$

$$\sigma_{l4} = 0.2(\sigma_{con}/f_{ptk} - 0.575)\sigma_{con}$$
$$= 0.2(0.75 - 0.575) \times 1\,395 = 48.8 \text{ N/mm}^2$$

$$\sigma_{pc} = \sigma_{pcI} = (\sigma_{con} - \sigma_{lI})A_p/A_n$$
$$= (1\,395 - 48.8) \times 510/38\,749 = 17.7 \text{ N/mm}^2$$

$$\sigma_{l5} = \frac{35 + 280\sigma_{pc}/f'_{cu}}{1 + 15\rho}$$
$$= \frac{35 + 280 \times 17.7/40}{1 + 15 \times (4 \times 113 + 510)/38\,749} = 115.8 \text{ N/mm}^2$$

第二批损失为 $\sigma_{lII} = \sigma_{l4} + \sigma_{l5} = 48.8 + 115.8 = 164.6 \text{ N/mm}^2$

总损失 $\sigma_l = \sigma_{lI} + \sigma_{lII} = 58.3 + 164.6 = 222.9 \text{ N/mm}^2$

③ 计算混凝土应力

混凝土预压应力为

$$\sigma_{pc} = [(\sigma_{con} - \sigma_l)A_p - \sigma_{l5}A_s]/A_n$$
$$= [(1\,395 - 222.9) \times 510 - 115.8 \times 452]/38\,749$$
$$= 14.1 \text{ N/mm}^2$$

荷载作用引起下弦杆截面拉应力为

荷载标准组合下

$$\sigma_{ck} = N_k/A_0 = 600\,000/41\,809 = 14.4 \text{ N/mm}^2$$

④ 抗裂验算

荷载标准组合下

$$\sigma_{ck} - \sigma_{pc} = 14.4 - 14.1 = 0.3 \text{ N/mm}^2 < f_{tk} = 2.4 \text{ N/mm}^2 \quad (满足要求)$$

满足一般要求不出现裂缝。

（3）施工阶段混凝土应力验算

$$\sigma_{cc} = \sigma_{con}A_p/A_n$$
$$= 1\,395 \times 510/38\,749 = 18.4 \text{ N/mm}^2$$

$$0.8f'_{ck} = 0.8 \times 26.8 = 21.4 \text{ N/mm}^2$$

$$\sigma_{cc} < 0.8f'_{ck}$$

满足要求。

10.3 预应力混凝土受弯构件

10.3.1 应力分析

预应力混凝土受弯构件的承载力及抗裂设计计算中,常常用到施工阶段到使用阶段各种应力值。限于篇幅,我们仅介绍承载力计算、抗裂验算及裂缝宽度验算时涉及的主要应力,详细的各阶段应力分析见有关参考文献。这里指的主要应力是由预加力产生的混凝土法向应力 σ_{pc}、预应力筋的有效预应力 σ_{pe}、预应力钢筋合力点处混凝土法向应力等于零时的预应力钢筋应力 σ_{p0}。有关超静定预应力结构的次内力问题暂不讨论。

由预加力产生的混凝土法向应力及相应阶段预应力钢筋的应力分别按下列公式计算:

先张法构件:

由预加力产生的混凝土法向应力

$$\sigma_{pc} = \frac{N_{p0}}{A_0} \pm \frac{N_{p0}e_{p0}}{I_0}y_0 \tag{10-35}$$

相应阶段预应力钢筋的有效预应力

$$\sigma_{pe} = \sigma_{con} - \sigma_l - \alpha_E\sigma_{pc} \tag{10-36}$$

预应力钢筋合力点处混凝土法向应力等于零时的预应力筋应力

$$\sigma_{p0} = \sigma_{con} - \sigma_l \tag{10-37}$$

后张法构件:

由预加力产生的混凝土法向应力

$$\sigma_{pc} = \frac{N_p}{A_n} \pm \frac{N_pe_{pn}}{I_n}y_n + \sigma_{p2} \tag{10-38}$$

相应阶段预应力筋的有效预应力

$$\sigma_{pe} = \sigma_{con} - \sigma_l \tag{10-39}$$

预应力钢筋合力点处混凝土法向应力等于零时的预应力钢筋应力

$$\sigma_{p0} = \sigma_{con} - \sigma_l + \alpha_E\sigma_{pc} \tag{10-40}$$

式中 e_{p0}、e_{pn}——换算截面重心、净截面重心至预应力钢筋及普通钢筋合力点的距离,按式 (10-41)、(10-42)计算;

y_0、y_n——换算截面重心、净截面重心至所计算纤维处的距离;

N_{p0}、N_p——先张法构件、后张法构件的预应力钢筋及普通钢筋的合力;

σ_{p2}——由预应力次内力引起的混凝土截面法向应力。

公式(10-35)、(10-38)中右边第二项与第一项的应力方向相同时取加号,方向相反时取减号。

如图 10-20 所示,计算预应力筋及普通钢筋合力位置时,需要知道普通钢筋的应力。由于混凝土收缩徐变的影响,普通钢筋中存在压应力,这些压应力减少了混凝土的预压应力,必须考虑。为简化计,假定普通钢筋的应力为混凝土收缩徐变引起的预应力损失值(σ_{l5}、σ'_{l5})。当预应力钢筋和普通钢筋的重心位置不一致时,这种简化有一定的误差。

预应力筋及普通钢筋的合力以及合力点的偏心距按下列公式计算(图10-20)：

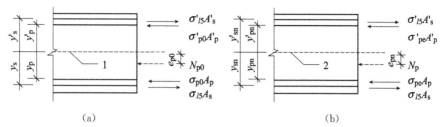

图10-20 预应力钢筋及非预应力钢筋合力位置
(a)先张法构件；(b)后张法构件
1—换算截面重心轴；2—净截面重心轴

先张法构件：

$$N_{p0}=\sigma_{p0}A_p+\sigma'_{p0}A'_p-\sigma_{l5}A_s-\sigma'_{l5}A'_s$$
$$=(\sigma_{con}-\sigma_l)A_p+(\sigma'_{con}-\sigma'_l)A'_p-\sigma_{l5}A_s-\sigma'_{l5}A'_s \tag{10-41}$$

$$e_{p0}=\frac{(\sigma_{con}-\sigma_l)A_py_p-(\sigma'_{con}-\sigma'_l)A'_py'_p-\sigma_{l5}A_sy_s+\sigma'_{l5}A'_sy'_s}{(\sigma_{con}-\sigma_l)A_p+(\sigma'_{con}-\sigma'_l)A'_s-\sigma_{l5}A_s-\sigma'_{l5}A'_s} \tag{10-42}$$

后张法构件：

$$N_p=\sigma_{pe}A_p+\sigma'_{pe}A'_p-\sigma_{l5}A_s-\sigma'_{l5}A'_s$$
$$=(\sigma_{con}-\sigma_l)A_p+(\sigma'_{con}-\sigma'_l)A'_p-\sigma_{l5}A_s-\sigma'_{l5}A'_s \tag{10-43}$$

$$e_{pn}=\frac{(\sigma_{con}-\sigma_l)A_py_{pn}-(\sigma'_{con}-\sigma'_l)A'_py'_{pn}-\sigma_{l5}A_sy_{sn}+\sigma'_{l5}A'_sy'_{sn}}{(\sigma_{con}-\sigma_l)A_p+(\sigma'_{con}-\sigma'_l)A'_p-\sigma_{l5}A_s-\sigma'_{l5}A'_s} \tag{10-44}$$

式中 A_0、I_0——分别为换算截面面积和换算截面惯性矩；

y_0——换算截面重心至计算纤维处的距离；

y_p、y'_p——分别为受拉区、受压区的预应力钢筋合力点至换算截面重心的距离；

y_s、y'_s——分别为受拉区、受压区的普通钢筋合力点至换算截面重心的距离；

σ_{p0}、σ'_{p0}——分别为受拉区、受压区的预应力钢筋合力点处混凝土法向应力等于零时的预应力钢筋应力。

A_n、I_n——分别为混凝土净截面面积、净截面惯性矩；

y_n——净截面重心至计算纤维处的距离；

y_{pn}、y'_{pn}——分别为受拉区、受压区的预应力钢筋合力点至净截面重心的距离；

y_{sn}、y'_{sn}——分别为受拉区、受压区的普通钢筋合力点至净截面重心的距离；

σ_{pe}、σ'_{pe}——分别为受拉区、受压区的预应力钢筋的有效预应力。

在预应力混凝土构件的承载力和裂缝宽度计算中,常常用到混凝土法向预应力等于零时预应力钢筋及非预应力钢筋(普通钢筋)的合力 N_{p0},以及相应的合力点偏心距 e_{p0},由截面应力分析可知,无论先张法还是后张法,这种消压状态下的 N_{p0} 及 e_{p0} 均应按公式(10-41)、(10-42)计算,但是公式中的应力 σ_{p0}、σ'_{p0} 应按先张法、后张法各自的计算公式计算(公式(10-37)、(10-40))。

10.3.2 正截面受弯承载力计算

1) 计算简图

对仅在受拉区配置预应力筋的预应力混凝土受弯构件,当达到正截面受弯承载力极限状态时,其截面应力状态和钢筋混凝土受弯构件相同,因此,正截面受弯承载力计算的四个基本假定同 6.2.3 节。对于适筋截面,受拉区的预应力筋的应力取等于其抗拉强度设计值 f_{py}。当受压区也配置预应力筋时,由于预拉应力(应变)的影响,受压区预应力筋的应力与钢筋混凝土受弯构件中的受压钢筋不同,其状态较复杂,可能是拉应力,也可能是压应力,其值可以按平截面假定确定,但计算十分复杂。为了简化计算,当 $x \geqslant 2a'$ 时,(a' 纵向受压钢筋截面重心至受压区边缘的距离),可近似取受压区预应力筋的应力 $\sigma'_p = \sigma'_{p0} - f'_{py}$,其中 f'_{py} 为预应力筋的抗压强度设计值;σ'_{p0} 为受压区预应力筋重心处混凝土法向应力等于零时预应力筋应力。对先张法构件,$\sigma'_{p0} = \sigma'_{con} - \sigma'_l$;对后张法构件,$\sigma'_{p0} = \sigma'_{con} - \sigma'_l + \alpha_E \sigma'_{pc}$。

受压区预应力 σ'_p 钢筋应力确定了以后,预应力混凝土受弯构件正截面受弯承载力即可参照钢筋混凝土受弯构件的方法计算。图 10-21 所示为矩形截面预应力混凝土受弯构件正截面受弯承载力计算简图。

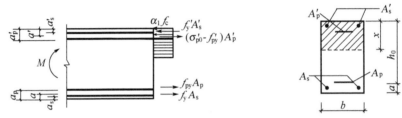

图 10-21 矩形截面受弯构件正截面受弯承载力计算简图

2) 基本公式

(1) 矩形截面

对于矩形截面或翼缘位于受拉区的 T 形截面,按照图 10-21 所示的计算简图,根据力的平衡条件可得:

$$\alpha_1 f_c b x = f_y A_s - f'_y A'_s + f_{py} A_p + (\sigma'_{p0} - f'_{py}) A'_p \tag{10-45}$$

$$M \leqslant \alpha_1 f_c b x (h_0 - x/2) + f'_y A'_s (h_0 - a'_s) - (\sigma'_{p0} - f'_{py}) A'_p (h_0 - a'_p) \tag{10-46}$$

(2) T 形截面

对于翼缘位于受压区的 T 形截面,当满足条件

$$x \leqslant h'_f \tag{10-47}$$

或

$$f_y A_s + f_{py} A_p \leqslant \alpha_1 f_c b'_f h'_f + f'_y A'_s - (\sigma'_{p0} - f'_{py}) A'_p \tag{10-48}$$

为第一类 T 形截面构件,如图 10-22a 所示,可按宽度为 b'_f 的矩形截面计算。

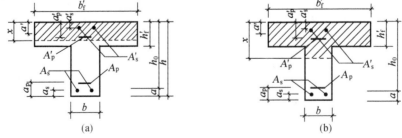

图 10-22 T 形截面受弯构件受压区高度位置

(a) $x \leqslant h'_f$; (b) $x > h'_f$

对于翼缘位于受压区的 T 形截面,当不满足公式(10-47)或(10-48)的条件时,称为第二类 T 形截面构件,如图 10-22b 所示,根据力的平衡条件可得

$$\alpha_1 f_c [bx + (b'_f - b)h'_f] = f_y A_s - f'_y A'_s + f_{py} A_p + (\sigma'_{p0} - f'_{py})A'_p \qquad (10-49)$$

$$M \leqslant \alpha_1 f_c bx \left(h_0 - \frac{x}{2}\right) + \alpha_1 f_c (b'_f - b)h'_f \left(h_0 - \frac{h'_f}{2}\right) + f'_y A'_s (h_0 - a'_s) - (\sigma'_{p0} - f'_{py})A'_p (h_0 - a'_p)$$
$$(10-50)$$

3) 适用条件

截面受压区高度 x 应符合下列条件:

$$x \leqslant \xi_b h_0 \qquad (10-51)$$

$$x \geqslant 2a' \qquad (10-52)$$

式中 a'——纵向受压钢筋合力点至受压区边缘的距离,当受压区未配置纵向预应力钢筋或纵向预应力钢筋的应力为拉应力或受压区配置无粘结预应力筋时,应以 a'_s 代替;

ξ_b——界限破坏时截面受压区高度系数(或称界限破坏时的相对受压区高度)。

当受压区高度不满足条件 $x \geqslant 2a'$,且 $(\sigma'_{p0} - f'_{py})$ 为拉应力时,正截面受弯承载力可按下列公式计算:

$$M \leqslant f_{py} A_p (h - a_p - a'_s) + f_y A_s (h - a_s - a'_s) + (\sigma'_{p0} - f'_{py})A'_p (a'_p - a'_s) \quad (10-53)$$

式中 a_s、a_p——受拉区非预应力纵向钢筋合力点,受拉区预应力纵向钢筋合力点至受拉边缘的距离。

必须指出,对于预应力混凝土受弯构件,由于受拉区预应力钢筋预拉应变的影响,其界限破坏截面受压区高度系 ξ_b 与钢筋混凝土受弯构件不同。

当预应力拉钢筋为预应力钢丝、钢绞线和热处理钢筋时,ξ_b 可按下式计算:

$$\xi_b = \frac{\beta_1}{1 + \dfrac{0.002}{\varepsilon_{cu}} + \dfrac{f_{py} - \sigma_{p0}}{E_s \varepsilon_{cu}}} \qquad (10-54)$$

如果受拉区内配置钢筋种类不同或预应力值不同,ξ_b 应分别计算,并取较小值。

10.3.3 使用阶段正截面抗裂度、裂缝宽度及变形验算

1) 正截面抗裂度验算

正截面抗裂度验算参照预应力轴心受拉构件进行。

(1) 一级——严格要求不出现裂缝的构件

对使用阶段严格要求不出现裂缝的预应力混凝土受弯构件,在荷载标准组合下应符合下列规定:

$$\sigma_{ck} - \sigma_{pc} \leqslant 0 \qquad (10-55)$$

(2) 二级——一般要求不出现裂缝的构件

对使用阶段一般要求不出现裂缝的预应力混凝土受弯构件应符合下列规定:

在荷载的标准组合下

$$\sigma_{ck} - \sigma_{pc} \leqslant f_{tk} \qquad (10-56)$$

式中 σ_{pc}——扣除全部预应力损失后在抗裂验算边缘混凝土的预压应力,可按式(10-35)、

(10-38)计算;

σ_{ck}——荷载标准组合下抗裂验算边缘混凝土的法向应力。

$$\sigma_{ck} = M_k / W_0 \qquad (10-57)$$

式中 M_k——按荷载的标准组合计算的弯矩;

W_0——换算截面受拉边缘的弹性抵抗矩;

f_{tk}——混凝土抗拉强度标准值。

对在施工阶段预拉区出现裂缝的区段,公式(10-55)至(10-57)中的 σ_{pc} 需乘以系数 0.9。

(3)三级——允许出现裂缝的构件

对使用阶段允许出现裂缝的预应力混凝土受弯构件,按荷载的标准组合计算并考虑荷载的准永久组合影响的最大裂缝宽度不应超过最大裂缝宽度允许值。

对环境类别为二 a 类的预应力混凝土构件,在荷载准永久组合下,受拉边缘应力尚应符合下列规定:

$$\sigma_{cq} - \sigma_{pc} \leqslant f_{tk} \qquad (10-58)$$

式中 σ_{cq}——荷载准永久组合下抗裂验算边缘的混凝土法向应力,可按式(10-59)计算。

$$\sigma_{cq} = \frac{M_q}{W_0} \qquad (10-59)$$

式中 M_q——按荷载准永久组合计算的弯矩。

2)正截面裂缝宽度验算

对于在使用阶段允许出现裂缝的预应力混凝土受弯构件,应进行裂缝宽度验算。对于使用阶段允许出现裂缝的预应力混凝土受弯构件,按荷载的标准组合计算,并考虑荷载准永久组合影响的最大裂缝宽度 w_{max} 的验算公式同公式(6-190),其中:

预应力混凝土受弯构件的构件受力特征系数 α_{cr} 为 1.7; $\rho_{te} = \dfrac{A_s + A_p}{A_{te}}$; $A_{te} = 0.5bh + (b_f - b)b_f$。

按荷载标准组合计算的预应力混凝土构件纵向受拉钢筋的等效应力为

$$\sigma_{sk} = \frac{M_k - N_{p0}(z - e_p)}{(A_s + A_p)z} \qquad (10-60)$$

式中 z——受拉区纵向预应力筋和非预应力钢筋合力点至受压区合力点的距离;

$$z = 0.87h_0 - 0.12(1 - \gamma_f')\left(\frac{h_0}{e}\right)^2 h_0 \qquad (10-61)$$

$$e = e_p + \frac{M_k}{N_{p0}} \qquad (10-62)$$

e_p——混凝土法向应力为零时全部纵向预应力钢筋和非预应力钢筋的合力 N_{p0} 的作用点至受拉区纵向预应力钢筋和非预应力钢筋合力点的距离;

γ_f'——受压翼缘截面面积与腹板有效截面面积的比值, $\gamma_f' = \dfrac{(b_f' - b)h_f'}{bh_0}$,当 $h_f' > 0.2h_0$

时,取 $h_f' = 0.2h_0$。

3) 变形验算

预应力混凝土受弯构件的挠度由两个部分组成,一部分是由荷载作用产生的挠度 v_0,另一部分是由预加应力作用产生的反拱 v_p,两者均可根据构件的刚度用结构力学的方法计算。计算 v_0 时,截面刚度应区分开裂截面和不开裂截面。

矩形、(倒)T 形和 I 形截面受弯构件的刚度按式(6-168a)计算,预应力混凝土受弯构件的短期刚度 B_s 按式(10-63a、b)计算:

要求不出现裂缝的构件

$$B_s = 0.85 E_c I_0 \tag{10-63a}$$

允许出现裂缝的构件

$$B_s = \frac{0.85 E_c I_0}{\kappa_{cr} + (1 - \kappa_{cr})\omega} \tag{10-63b}$$

$$\kappa_{cr} = \frac{M_{cr}}{M_k} \tag{10-64}$$

$$\omega = \left(1.0 + \frac{0.21}{\alpha_E \rho}\right)(1 + 0.45\gamma_f) - 0.7 \tag{10-65}$$

$$M_{cr} = (\sigma_{pc} + \gamma f_{tk}) W_0 \tag{10-66}$$

$$\gamma = \left(0.7 + \frac{120}{h}\right)\gamma_m \tag{10-67}$$

式中 κ_{cr}——预应力混凝土受弯构件正截面的开裂弯矩 M_{cr} 与荷载标准组合弯矩 M_k 的比值,当 $\kappa_{cr} > 1.0$ 时,取 $\kappa_{cr} = 1.0$;

γ——混凝土构件的截面抵抗矩塑性影响系数;

γ_m——混凝土构件的截面抵抗矩塑性影响系数基本值,见表 10-6;

表 10-6 截面抵抗矩塑性影响系数基本值 γ_m

项次	1	2	3		4		5
截面形状	矩形截面	翼缘位于受压区的 T 形截面	对称 I 形截面或箱形截面		翼缘位于受拉区的倒 T 形截面		圆形和环形截面
			$b_f/b \leqslant 2, h_f/h$ 为任意值	$b_f/b > 2$, $h_f/h < 0.2$	$b_f/b \leqslant 2$, h_f/h 为任意值	$b_f/b > 2$, $h_f/h < 0.2$	
γ_m	1.55	1.50	1.45	1.35	1.50	1.40	$1.6 - 0.24 r_1/r$

计算 v_p 时,按不开裂截面计算,短期刚度 B_s 按式(10-63a)计算,考虑预加应力长期影响下的反拱值,将荷载标准组合下的反拱值乘以放大系数 2。在计算中,预应力筋的应力应扣除全部预应力损失。

预应力混凝土构件在使用阶段的挠度

$$v = v_0 - v_p \tag{10-68}$$

10.3.4 斜截面承载力计算

1) 斜截面受剪承载力计算

试验表明,预应力混凝土受弯构件斜截面受剪破坏时,其破坏形态与钢筋混凝土受弯构件相似。由于预应力的作用延缓了斜裂缝的出现和发展，增加了混凝土剪压区的高度，提高了斜裂缝处混凝土的咬合作用，因此，与钢筋混凝土受弯构件相比，预应力混凝土受弯构件具有较高的斜截面受剪承载力。预应力混凝土受弯构件斜截面受剪承载力的提高程度主要与预应力的大小及其作用点的位置有关。预应力程度愈高，受剪承载力提高愈多。但是，预应力对受剪承载力的提高作用有一定限度，当换算截面重心处的混凝土预压应力与混凝土的抗压强度之比超过 $0.3 \sim 0.4$ 时，预应力的有利影响将有下降的趋势。

预应力混凝土受弯构件斜截面受剪承载力下降的趋势。钢筋混凝土受弯构件截面受剪承载力的计算公式的基础上，加上预应力作用所提高的受剪承载力 V_p。由于预应力筋合力点至换算截面重心的相对距离一般变化不大（约在 $h/2.5 \sim h/3.5$ 之间），不为简化计算，在确定预应力作用所提高的受剪承载力 V_p 时，忽略这一因素的影响，只考虑预应力筋合力大小的影响。根据试验结果，偏安全地取

$$V_p = 0.05 N_{p0} \tag{10-69}$$

式中　N_{p0}——计算截面上全截面混凝土法向应力等于零时的预应力筋及普通钢筋的合力，当时 $N_{p0} > 0.3 f_c A_0$ 时，取 $N_{p0} = 0.3 f_c A_0$。

对矩形、T 形和 I 形截面的受弯构件，当仅配有箍筋时，其斜截面受剪承载力应按下式计算：

$$V \leqslant V_u = V_{cs} + V_p \tag{10-70}$$

式中　V——计算截面的剪力设计值；

　　　V_u——计算截面的受剪承载力设计值；

　　　V_{cs}——计算截面混凝土和箍筋的受剪承载力设计值，按与钢筋混凝土构件相同的方法确定；

　　　V_p——由预应力所提高的斜截面承载力设计值，按（10-69）计算，但计算 N_{p0} 时不考虑预应力弯起钢筋的作用。

对配置箍筋和弯起钢筋的矩形、T 形和 I 形截面的受弯构件，其斜截面受剪承载力应按下式计算：

$$V \leqslant V_u = V_{cs} + V_p + 0.8 f_y A_{sb} \sin\alpha_s + 0.8 f_{py} A_{pb} \sin\alpha_p \tag{10-71}$$

式中　A_{sb}、A_{pb}——同一弯起平面内弯起普通钢筋、弯起预应力筋的截面面积；

　　　α_s、α_p——斜截面上弯起普通钢筋、弯起预应力筋的切线与构件纵轴的夹角。

为了防止斜压破坏，与钢筋混凝土受弯构件相同，预应力混凝土受弯构件受剪截面应符合式（6-88）、式（6-89）的要求。

当预应力混凝土受弯构件受剪截面符合下列条件时：

对于一般受弯构件

$$V \leqslant 0.7 f_t b h_0 + 0.05 N_{p0} \tag{10-72}$$

对于集中荷载作用下的独立梁

$$V \leqslant \frac{1.75}{\lambda + 1.0} f_t b h_0 + 0.05 N_{p0} \tag{10-73}$$

则可不进行斜截面的受剪承载力计算，仅需按构造要求配置箍筋。

应用上述公式时注意下述两点：

（1）对 N_{p0} 引起的截面弯矩与荷载弯矩方向相同的构件以及预应力混凝土连续梁和允许出现裂缝的预应力混凝土简支梁，均取 $V_p=0$。

（2）对采用预应力钢丝、钢绞线的先张法预应力混凝土梁，在计算 N_{p0} 时，应考虑预应力钢筋传递长度的影响。

2）斜截面受弯承载力计算

如图 10-23 所示，预应力混凝土受弯构件的斜截面受弯承载力按下式计算：

$$M \leqslant (f_y A_s + f_{py} A_p)z + \sum f_y A_{sb} z_{sb} + \sum f_{py} A_{pb} z_{pb} + \sum f_{yv} A_{sv} z_{sv} \quad (10-74)$$

此时，斜截面的水平投影长度 c 可按下列条件确定：

$$V = \sum f_y A_{sb} \sin\alpha_s + \sum f_{py} A_{pb} \sin\alpha_p + \sum f_{yv} A_{sv} \quad (10-75)$$

式中　V——斜截面受压区末端的剪力设计值；

z——纵向受拉普通钢筋和预应力筋的合力至受压区合力点的距离，可近似取 $z = 0.9h_0$；

z_{sb}、z_{pb}——同一弯起平面内的弯起普通钢筋、弯起预应力筋的合力至斜截面受压区合力点的距离；

z_{sv}——同一斜截面上箍筋的合力至斜截面受压区合力点的距离。

在计算先张法预应力混凝土构件端部锚固区的斜截面受弯承载力时，公式中的 f_{py} 应按下列规定确定：

锚固区的纵向预应力筋抗拉强度设计值在锚固起点处应取为零，在锚固终点处应取为 f_{py}，在两点之间可按线性内插法确定。此时纵向预应力筋的锚固长度应满足有关规定。

预应力混凝土受弯构件中配置的纵向钢筋和箍筋，如果符合《规范》中关于纵筋的锚固、截断、弯起及箍筋的直径、间距等构造要求，可不进行斜截面的受弯承载力计算。

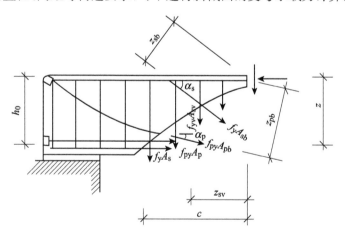

图 10-23　受弯构件斜截面受弯承载力计算

10.3.5　斜截面抗裂度验算

对于预应力混凝土受弯构件斜截面的裂缝控制，主要是验算在荷载标准组合下斜截面上混凝土的主拉应力和主压应力。

1）混凝土主拉应力和主压应力

对严格要求不出现裂缝的构件，在荷载标准组合下斜截面上混凝土的主拉应力 σ_{tp} 应符合下列规定：

$$\sigma_{tp} \leqslant 0.85 f_{tk} \qquad (10-76)$$

对一般要求不出现裂缝的构件，在荷载标准组合下斜截面上混凝土的主拉应力应 σ_{tp} 应符合下列规定：

$$\sigma_{tp} \leqslant 0.95 f_{tk} \qquad (10-77)$$

其中系数 0.85、0.95 为考虑张拉力的不准确性和构件质量变异影响的经验系数。

2）混凝土主压应力验算

对严格要求不出现裂缝的构件和一般要求不出现裂缝的构件，在荷载标准组合下斜截面上混凝土的主压应力 σ_{cp} 应符合下列规定：

$$\sigma_{cp} \leqslant 0.6 f_{ck} \qquad (10-78)$$

其中系数 0.6 为考虑防止梁截面在预应力和外荷载作用下压坏的经验系数。

10.3.6 施工阶段的验算

对于预应力混凝土受弯构件，除应根据使用条件进行承载力、裂缝控制及变形验算外，尚应根据具体条件，进行制作、运输和安装等施工阶段的验算。

对制作、运输、堆放和安装等施工阶段出现受拉区，但不允许出现裂缝的构件，或预压时全截面受压的构件，在预加应力、自重及施工荷载作用下（必要时应考虑动力系数）截面边缘的混凝土法向应力应符合下列规定（图 10-24）：

$$\sigma_{ct} \leqslant 1.0 f'_{tk} \qquad (10-79)$$

$$\sigma_{cc} \leqslant 0.8 f'_{ck} \qquad (10-80)$$

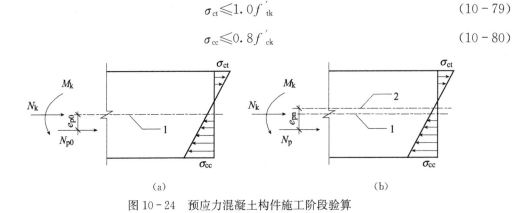

图 10-24 预应力混凝土构件施工阶段验算

(a) 先张法构件；(b) 后张法构件

1—换算截面重心轴；2—净截面重心轴

截面边缘的混凝土法向应力可按下列公式计算：

$$\sigma_{cc} \text{ 或 } \sigma_{ct} = \sigma_{pc} + \frac{N_k}{A_0} \pm \frac{M_k}{W_0} \qquad (10-81)$$

式中 σ_{ct}、σ_{cc}——相应各施工阶段计算截面边缘处的混凝土的拉应力、压应力；

f'_{tk}、f'_{ck}——与各施工阶段混凝土立方体抗压强度相应的抗拉强度 f'_{cu} 标准值、抗压强度标准值；

N_k、M_k——构件自重及施工荷载的标准组合在计算截面产生的轴向力值、弯矩值；

W_0——验算边缘的换算截面弹性抵抗矩。

对制作、运输、堆放和安装等施工阶段预拉区允许出现裂缝的构件，当预拉区不配置预应力钢筋时，除应满足最小配筋率要求外，在预加应力、自重及施工荷载作用下截面边缘的混凝土法向应力应符合下规定：

$$\sigma_{ct} \leqslant 2.0 f'_{tk} \qquad\qquad (10-82)$$

$$\sigma_{cc} \leqslant 0.8 f'_{ck} \qquad\qquad (10-83)$$

σ_{ct}、σ_{cc} 仍按公式(10-81)计算。

施工阶段预拉区不允许出现裂缝的构件，预拉区纵向钢筋的配筋率 $(A'_s+A'_p)/A$ 不应小于 0.2%，对后张法构件不应计入 A'_p。

施工阶段预拉区允许出现裂缝而在预拉区不配置纵向预应力钢筋的构件，当 $\sigma_{ct}=2f'_{tk}$ 时，预拉区纵向钢筋的配筋率 A'_s/A 不应小于 0.4%；当 $f'_{tk}<\sigma_{ct}<2f'_{tk}$ 时，则在 0.2% 和 0.4% 之间按线性内插法确定。预拉区的纵向非预应力钢筋的直径不宜大于 14 mm，并应沿构件预拉区的外边缘均匀布置。

此外，对后张法预应力混凝土受弯构件尚应进行锚固区局部受压承载力验算(参见10.1.7节)。

复习思考题

10-1 为什么要对构件施加预应力？其主要优点是什么？其基本原理是什么？

10-2 先张法与后张法有什么异同点？

10-3 为什么在预应力混凝土中应采用较高强度等级的混凝土？

10-4 何谓张拉控制应力？为什么先张法的张拉控制应力比后张法的高一些？

10-5 张拉控制应力过高和过低将出现什么问题？

10-6 预应力损失有哪些？先张法与后张法时怎样组合？怎样减少预应力损失值？

10-7 由混凝土收缩、徐变引起的预应力损失应怎样计算？为什么必须认真对待该项损失值？

10-8 何谓预应力的传递长度？什么情况下应考虑该范围内的实际预应力值的变化？传递长度与锚固长度有何不同？

10-9 有关锚固区的局部承压应验算哪些内容？

10-10 何谓全预应力混凝土？何谓部分预应力混凝土？是否预应力越大越好、张拉钢筋数量越多越好？

10-11 预应力混凝土轴心受拉构件的截面应力状态阶段及各阶段的相应应力如何？何谓有效预应力？它与张拉控制应力有何不同？

10-12 当钢号相同时，未施加预应力与施加预应力对轴拉构件承载能力有无影响？为什么？

本章其他资源

10 - 13　试总结先张法与后张法构件计算中的异同点。

10 - 14　预应力混凝土受弯构件的应力状态阶段及各阶段的相应应力如何？预应力混凝土受弯构件应计算哪些项目？

10 - 15　同尺寸、同材料的预应力混凝土受弯构件与钢筋混凝土受弯构件的正截面和斜截面承载力计算方法有何异同？为什么？

10 - 16　绘图说明预应力混凝土受弯构件（与条件相同的钢筋混凝土受弯构件相比）在受拉钢筋应力很高情况下仍能承受足够的外荷载的主要原因。

10 - 17　预应力混凝土受弯构件挠度计算与钢筋混凝土的挠度计算相比，有何特点？

10 - 18　试总结预应力对构件承载力（拉、弯、剪、扭）、抗裂度、挠度等的影响。

10 - 19　预应力混凝土构件的主要构造有哪些？

10 - 20　为什么预应力混凝土构件中一般还需放置适量的非预应力钢筋？

10 - 21　已知某 24 m 预应力折线型屋架下弦的端部及杆件截面尺寸如图所示。承受轴向拉力设计值 $N = 1120$ kN，按荷载标准组合计算的轴向力 $N_k = 784$ kN，采用 C55 等级混凝土；预应力钢筋采用公称直径 15.20 mm 的 1860 级低松弛钢绞线；非预应力钢筋为 HRB400 级钢筋，不少于 4 根，直径为 12 mm。张拉工艺为后张法，一端张拉；采用预埋波纹管，管径 55 mm；群锚。初步确定达到 75% 混凝土设计强度时张拉，按使用阶段一般要求不出现裂缝计算。

　　求：(1) 所需预应力与非预应力筋数量；

　　　　(2) 进行使用阶段抗裂度验算，当不满足时采取相应措施予以满足；

　　　　(3) 验算张拉时的强度；

　　　　(4) 设计端部锚固区并验算局部承压承载力。

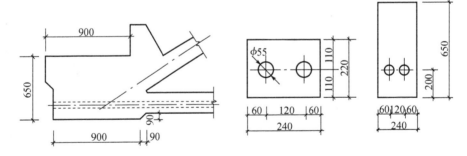

题 10 - 21 图

11 板的设计原理

11.1 板的类型

板是其厚度方向尺寸远小于其余两个方向尺寸、承受垂直于板面的横向荷载的结构构件。在土木工程中,板被广泛地用于桥面(图 11-1a)、楼面(图 11-1b)、路面(图 11-1f)、基础(图 11-1e)、水池(图 11-1d)以及支挡结构(图 11-1c)、闸门等。

板的分类

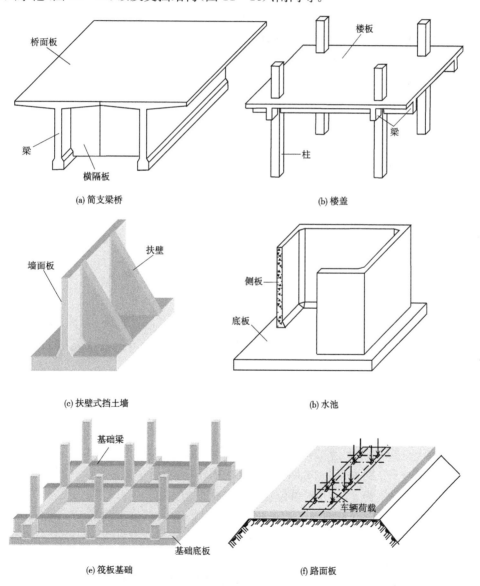

(a) 简支梁桥

(b) 楼盖

(c) 扶壁式挡土墙

(b) 水池

(e) 筏板基础

(f) 路面板

图 11-1 土木工程中的板

现浇空心楼
板施工视频

板的支承方式有边支承、点支承和面支承三种。图 11-1a、b 中的板均支承在梁上,属边支承板;如果板直接支承于柱上(在图 11-1b 中去掉梁)则属于点支承板;直接放置在地面或地基上的板属于面支承板(图 11-1f)。

边支承可以是单边支承(悬臂板)、两对边支承、两相邻边支承、三边支承和四边支承。图 11-1c 中的挡土墙面板,两对边支承在扶壁上、另一边支承在底板上,属三边支承板;图 11-1d 中水池侧板也是三边支承板(两对边支承在相邻侧板上、另一边支承在底板上),如果存在顶板(盖板),并与侧板有可靠连接,则侧板是四边支承板。

根据对板的转动约束情况边支承可以分为简支和固支两种,前者对板的转动无任何约束;后者板在支承处无任何转角。

对于边支承板和点支承板,可以是单跨的、也可以是连续多跨的。

板的荷载形式有集中荷载和分布荷载两类,前者如图 11-1f 中的车辆荷载;后者又可以分为均匀分布荷载和非均匀分布荷载两种情况。房屋楼面的可变荷载一般按均布荷载考虑;水池底板承受均匀的水压力;水池侧板则承受沿高度线性变化的水压力(静水压力),侧向土压力也是非均匀分布荷载。

11.2 板的受力性能

11.2.1 弹性薄板的基本方程

当板的厚度 t 小于平面最小尺寸的 $1/8 \sim 1/5$ 时称为薄板。

弹性薄板理
论假设条件

平分厚度 t 的平面称为板的中间平面,简称中面。板弯曲后,中面内各点在垂直于中面方向的位移称为挠度,用 $w(x,y)$ 表示。根据弹性薄板理论,板中内力均可表示为挠度 w 的函数(采用图 11-2a 所示的直角坐标系):

$$\left.\begin{array}{l} m_x = -B\left(\dfrac{\partial^2 w}{\partial x^2} + \nu \dfrac{\partial^2 w}{\partial y^2}\right) \\[2mm] m_y = -B\left(\dfrac{\partial^2 w}{\partial y^2} + \nu \dfrac{\partial^2 w}{\partial x^2}\right) \\[2mm] m_{xy} = m_{yx} = -B(1-\nu)\dfrac{\partial^2 w}{\partial x \partial y} \\[2mm] V_x = -B\dfrac{\partial}{\partial x}\nabla^2 w \\[2mm] V_y = -B\dfrac{\partial}{\partial y}\nabla^2 w \end{array}\right\} \qquad (11-1)$$

式中　m_x、m_y——分别为 x、y 方向单位宽度内的弯矩;

　　　m_{xy}、m_{yx}——分别为 x、y 方向单位宽度内的扭矩;

　　　V_x、V_y——分别为 x、y 方向单位宽度内的横向剪力;

　　　ν—— 材料的横向变形系数或泊松比,对于钢材 $\nu=0.3$,对于混凝土 $\nu=1/6$;

　　　B——板的弯曲刚度,$B = Et^3/[12(1-\nu^2)]$;

　　　∇^2——二维拉普拉斯算子,$\nabla^2 = \partial^2/\partial x^2 + \partial^2/\partial y^2$。

如果取泊松比 $\nu=0$ 时,方程组(11-1)中的前两式与梁的弯矩——曲率公式 $M = -EI\varphi$ 非常相似,弯矩与曲率成正比。

合成弯矩 m_x、m_y 的正应力和合成横向剪力 V_x、V_y 的剪应力沿板厚的变化规律也与一般的梁相同：正应力呈线性变化，在上下板面达到最大；剪应力呈抛物线变化，在中和轴达到最大，如图 11-2c 所示。合成扭矩的剪应力沿板厚呈线性变化，在上下板面达到最大，见图 11-2d。

一旦得到了板中面的挠度方程，即可由方程(11-1)求出板的全部内力。中面挠度需满足下式以及相应的边界条件：

$$B \nabla^4 w = q(x、y) \tag{11-2}$$

上式是薄板弯曲的基本微分方程，其中 $q(x、y)$ 为作用在板面的横向分布荷载（面荷载）。

在薄板弯曲中，弯曲应力和扭应力的数值最大，是主要应力；横向剪应力的数值较小，是次要应力。因此，在分析薄板内力时，一般仅考虑弯矩和扭矩。

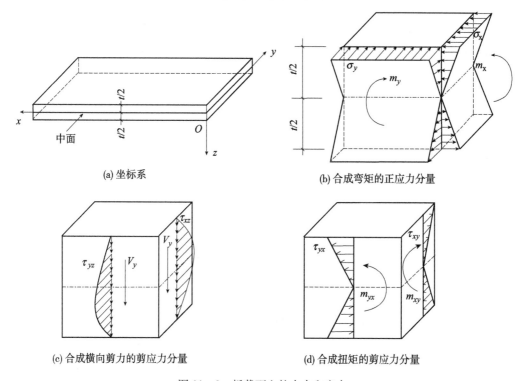

(a) 坐标系 (b) 合成弯矩的正应力分量

(c) 合成横向剪力的剪应力分量 (d) 合成扭矩的剪应力分量

图 11-2 板截面上的内力和应力

板的受力性能与板的几何形状、支承条件和荷载形式有关。

11.2.2 四边支承矩形板

图 11-3a 是受均布面荷载 q、四边简支矩形板的挠度示意图，竖向位移成碟形，两个方向的板带都将产生弯曲、参与受力。图 11-3b 是板中的弯矩分布，短跨方向(y)各板带的最大弯矩始终在中点、而长跨方向(x)各板带的最大弯矩则偏离中点；跨中板带上的扭矩为零，弯矩达到最大；支座边板带的弯矩为零，扭矩达到最大，见图 11-3d。由于扭矩的作用，板角将产生集中上举力 R_0；板传给四边支座的压力沿边长也是不均匀的，中部大、两端小，短跨方向大、长跨方向小，见图 11-3d。

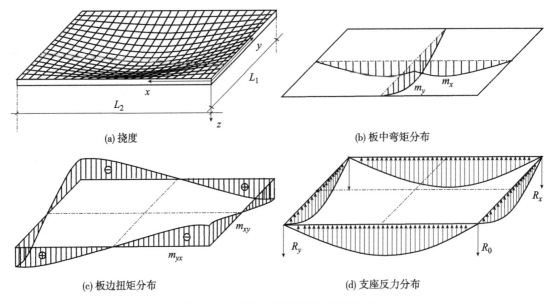

(a) 挠度　　　　　　　　　　　　(b) 板中弯矩分布

(c) 板边扭矩分布　　　　　　　(d) 支座反力分布

图 11-3　受均布面荷载的四边简支板

在材料力学和弹性力学中曾介绍过主应力和主平面的概念,由主应力合成的弯矩相应的称为主弯矩。当忽略板中较小的应力分量 σ_z 和 τ_{zx}、τ_{zy} 时,主弯矩 m_{I}、m_{II} 与弯矩 m_x、m_y 及扭矩 m_{xy} 存在以下关系:

$$\left.\begin{array}{r} m_{\mathrm{I}} \\ m_{\mathrm{II}} \end{array}\right\} = \frac{m_x + m_y}{2} \pm \frac{1}{2}\sqrt{(m_x - m_y)^2 + 4m_{xy}^2} \qquad (11-3)$$

而主平面法线与 x 轴的夹角 φ 由下式确定:

$$\tan 2\varphi = \frac{2m_{xy}}{m_x - m_y} \qquad (11-4)$$

对于正方形板,对角线截面上始终有 $m_x = m_y$,由式(11-4),$\varphi = 45°$。这表明对角线方向就是其中的一个主平面方向(另一个主平面与

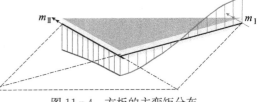

图 11-4　方板的主弯矩分布

之垂直)。在板的中点,没有扭矩,两个相互垂直的主弯矩就等于弯矩;在板角,弯矩为零,两个主弯矩等于扭矩。图 11-4 是沿对角线的主弯矩分布,图中用矢量表示弯矩方向。可见,与对角线平行的主弯矩 m_{II} 均为板底受拉,数值变化不大,在混凝土板试验中出现的板底对角裂缝(见图 11-5a)即由 m_{II} 所致;与对角线垂直的主弯矩 m_{I} 在板边为板面受拉,混凝土板的板面环状裂缝(见图 11-5b)即由 m_{I} 所致。

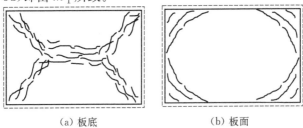

（a）板底　　　　　　　　　（b）板面

图 11-5　承受均布荷载混凝土矩形板裂缝分布示意

当板的支承为固支时,板边除了有扭矩外,还有板面受拉的负弯矩。

11.2.3 周边支承圆板

圆板采用极坐标最为方便。式(11-2)通过坐标变换可以表示为

$$B \nabla_r^2 \nabla_r^2 w = q(r,\theta) \tag{11-2a}$$

式中∇_r^2是极坐标下的拉普拉斯算子,$\nabla_r^2 = \dfrac{\partial^2}{\partial r^2} + \dfrac{1}{r^2}\dfrac{\partial^2}{\partial \theta^2} + \dfrac{1}{r}\dfrac{\partial}{\partial r}$;$B$是板的弯曲刚度。

截面内力与挠度w的关系也可以相应的用极坐标表示。当荷载和边界条件也轴对称时,挠度与θ无关,

$$\left.\begin{aligned}
m_r &= -B\left[\frac{\mathrm{d}^2 w}{\mathrm{d}r^2} + \nu\left(\frac{1}{r}\frac{\mathrm{d}w}{\mathrm{d}r}\right)\right] \\
m_\theta &= -B\left[\frac{1}{r}\frac{\mathrm{d}w}{\mathrm{d}r} + \nu\left(\frac{\mathrm{d}^2 w}{\mathrm{d}r^2}\right)\right] \\
m_{r\theta} &= m_{\theta r} = 0 \\
V_r &= -B\frac{\mathrm{d}}{\mathrm{d}r}\nabla_r^2 w \\
V_\theta &= 0
\end{aligned}\right\} \tag{11-1a}$$

对于图11-6所示承受均布荷载p的周边固支圆板,容易验证挠度方程

$$w(r) = \frac{pr_0^4}{64B}\left(1 - \frac{r^2}{r_0^2}\right)^2 \tag{11-5}$$

满足基本微分方程(11-2a)以及边界条件$w(r)_{r=r_0} = 0$、$(\mathrm{d}w/\mathrm{d}r)_{r=r_0} = 0$,因而是正确解。

由式(11-1a)可得到板内力

$$\left.\begin{aligned}
m_r &= \frac{pr_0^2}{16}\left[(1+\nu) - (3+\nu)\frac{r^2}{r_0^2}\right] \\
m_\theta &= \frac{pr_0^2}{16}\left[(1+\nu) - (1+3\nu)\frac{r^2}{r_0^2}\right] \\
V_r &= -\frac{pr}{2}
\end{aligned}\right\} \tag{11-1b}$$

径向弯矩m_r和环向弯矩m_θ的分布见图11-6b。因扭矩为零,坐标方向即为主弯矩方向;在圆心$m_r = m_\theta$,在板边负弯矩$m_r > m_\theta$,所以混凝土板的板面一般出现环状裂缝。

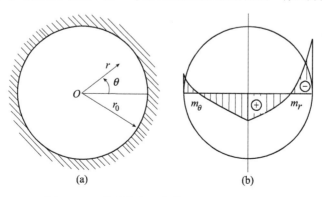

图11-6 承受均布面荷载的周边固支圆形板

433

11.2.4 单向板与双向板

图 11-7a 所示的两对边简支矩形板,分布面荷载 $q(x)$ 在板跨方向非均匀、在板宽方向均匀。从板中任意取出一条横向板带,在荷载作用下板带沿板宽方向并不发生弯曲,即挠度 w 并不随 y 变化。由式(11-1),当不考虑横向变形效应(即取泊松比 $\nu=0$ 时),板宽方向没有弯矩和剪力;而任意两条纵向板带的受力性能完全相同。于是板内力和变形的计算可采用图 11-7b 所示的简支梁计算模型。这种仅在一个方向受力或另一个方向的受力可以忽略的板称为单向受力板,简称单向板,又称梁式板。与此相对应,两个方向的受力都不能忽略的板称为双向板。

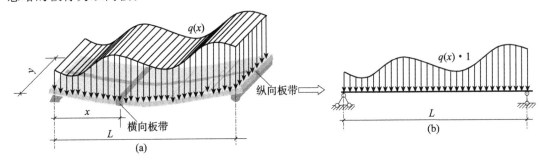

图 11-7 对边简支承板受板宽方向均匀分布荷载

当对边支承为固支时,可相应的采用两端固支梁计算模型;单边固支时可采用悬臂梁计算模型。对于多跨板则可采用连续梁计算模型。

四边支承板两个方向的内力大小与两个方向的跨度比 L_2/L_1 有关(参见图 11-3),随着跨度比的增加,短跨方向的内力越来越大、而长跨方向的内力越来越小。图 11-8 是两个方向跨中弯矩与单向板跨中弯矩($qL_2 \cdot L_1^2/8$)、板中心点挠度与单向板跨中挠度、短跨方向的支承反力与单向板支承反力($qL_2 \cdot L_1$)的比值。可以看出,当 L_2/L_1 达到 3 时,长跨方向的弯矩已很小,而短跨方向的弯矩非常接近单向板的弯矩;板中心点的挠度以及短跨方向的支承反力也非常接近单向板跨中挠度。所以,在工程设计中,当四边支承

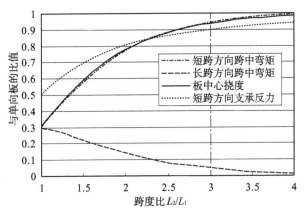

图 11-8 四边简支板弯矩、挠度和支承反力与跨度比的关系

板两个方向的跨度比达到一定数值后,常常按单向板进行设计,在满足工程精度的前提下可以使问题大大简化。

图 11-9 所示受局部荷载的对边支承板,由于荷载在板宽方向是不均匀的,板宽方向的板带也将发生弯曲(见图 11-9a),因而属于双向受力板。不过,与四边支承板相比,板宽方向的弯矩(图 11-9b 中的 m_y)要小得多,一般不起控制作用,所以仍可以按单向板(梁)仅计算板跨方向的截面总弯矩。需要注意的是,由于板跨方向的弯矩(图 11-9 中的 m_x)沿板宽方向是不均匀的,如果将截面总弯矩 M_x 除以板宽 b 作为单位宽度板的弯矩进行截面承载力计算将会

导致不安全。工程中常采用荷载的有效分布宽度来处理这类问题,即仅考虑一定宽度 b'(图 11-9b)范围内的板参与受力。

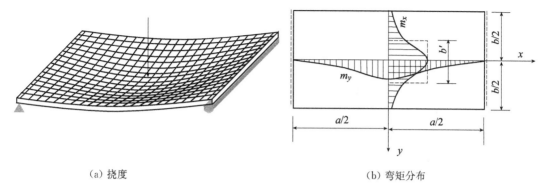

（a）挠度 　　　　　　（b）弯矩分布

图 11-9　局部荷载的有效分布宽度

当桥梁与所跨越的障碍(河道或道路)斜交时,板桥和梁桥的桥面板为斜板(板与支承边斜交),见图 11-10。对边简支的斜板即使是承受均布荷载,也是处于双向受力状态。除了在板跨方向的跨中产生正弯矩外,板宽方向也有较大的弯矩。此外,在钝角处还有负弯矩以及扭矩。必须按双向板进行分析。

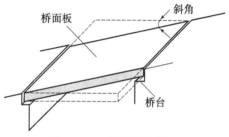

图 11-10　桥梁中的斜板

11.2.5　柱支承板

在房屋楼盖中,楼板有时直接支承在柱子上,如图 11-11 所示。与边支承板不同,柱支承板长跨方向的曲率比短跨方向大,因而前者单位板宽的弯矩大于后者。弯矩的分布规律也与边支承板不同,边板带的弯矩大,中间板带的弯矩小。

两个方向截面的总弯矩是很容易根据静力平衡条件求得的,所以如果掌握了沿宽度的分布规律,可以方便地确定单位板宽的弯矩。

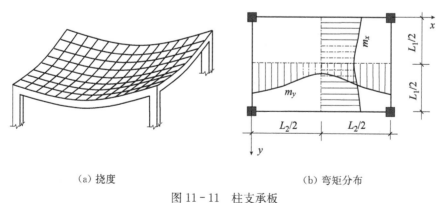

无梁楼盖
抗冲切验算

（a）挠度 　　　　　　（b）弯矩分布

图 11-11　柱支承板

11.2.6　弹性地基板

放置在地基上的板,除了在板面作用有横向荷载外,在板底还有地基反力的作用。土反力的分布与地基模型有关,最常见的地基模型是文克勒模型。该模型认为,某点的地基反力 $p(x,y)$ 与该点的沉降成正比,$p(x,y)=k\,S(x,y)$,其中比例系数 k 称为基床系数。

根据接触条件,地基各点沉降 $S(x,y)$ 等于相应各点板的挠度 $w(x,y)$。忽略对板横向挤压应力 σ_z 的影响,板面荷载和板底反力可以合并在一起。于是式(11-2)的基本微分方程变成为

$$B\,\nabla^4 w = q - kw$$

或

$$B\,\nabla^4 w + kw = q \qquad (11\text{-}2b)$$

板内力的表达式不变,仍可采用式(11-1)。

11.2.7　正交各向异性板

前面所讨论的都是所谓各向同性板,即材料的弹性性能(弹性模量、泊松比、剪切模量)在各个方向都是相同的。当弹性性能在各个方向并不完全相同时称为各向异性板;而如果板存在两个相互垂直的弹性主向,则称为正交各向异性板,如木板(顺纹和横纹是两个弹性主向)。

除了材料性能的各向异性外,在工程中还有因构造原因引起的各向异性板,如波纹钢板、混凝土板在两个方向配筋不同。此外,当板的支承梁刚度不是足够大,需要考虑梁挠度对板内力的影响时,可以将板连同支承的梁整体按各向异性板进行近似分析;带肋的各向同性钢板变换为不带肋的各向异性钢板进行分析更为简便。

如果直角坐标系的方向与弹性主向一致,则正交各向异性板的基本微分方程可以表示为

$$B_x\frac{\partial^4 w}{\partial x^4} + B_y\frac{\partial^4 w}{\partial y^4} + 2B\frac{\partial^4 w}{\partial x^2\partial y^2} = q(x,y)$$

式中　B_x、B_y——板两个弹性主向的弯曲刚度,$B_x = \dfrac{E_x t^3}{12(1-\nu_x\nu_y)}$、$B_y = \dfrac{E_y t^3}{12(1-\nu_x\nu_y)}$;

　　　　B——正交各向异性板的有效抗扭刚度,$B = 0.5(\nu_x B_x + \nu_y B_y + 4B_t)$,其中 $B_t = 0.5(1-\sqrt{\nu_x\nu_y})\sqrt{B_x B_y} = 0.5(1-\nu_{xy})B_{xy}$,是板的扭转刚度。

板弯矩和扭矩与挠度的关系为

$$\left.\begin{aligned}
m_x &= -B_x\left(\frac{\partial^2 w}{\partial x^2} + \nu_y\frac{\partial^2 w}{\partial y^2}\right) \\
m_y &= -B_y\left(\frac{\partial^2 w}{\partial y^2} + \nu_x\frac{\partial^2 w}{\partial x^2}\right) \\
m_{xy} &= m_{yx} = -(1-\nu_{xy})B_{xy}\frac{\partial^2 w}{\partial x\partial y}
\end{aligned}\right\} \qquad (11\text{-}1c)$$

对于构造正交各向异性板,如何选取合适的主刚度是一个关键问题。

11.3　板的弹性设计方法

板的设计步骤包括结构分析、截面计算和细部构造。其中截面计算可按前面章节介绍的受弯构件进行,各类板的细部构造将在后续的《建筑结构设计》《桥梁工程》《地下结构工程》《路面工程》《特种结构》等各门课程中一一介绍,下面主要介绍结构分析方法,包括弹性分析方法和塑性分析方法。

11.3.1　单向板

单向板称作梁式板,其结构分析方法与梁相同,可以应用结构力学方法。

工程中的可变荷载(如桥面的车辆荷载、楼面的均布活荷载)其作用位置常常是变化的,所

以需要研究可变荷载的最不利作用位置,利用影响线确定结构中的最大内力。

图 11-12 是五跨连续梁的第 1 跨跨内正弯矩的影响线。从图中可以看出,1、3、5 跨的可变荷载,在第一跨跨内所产生的都是正弯矩,而 2、4 跨的可变荷载在第一跨跨内产生负弯矩,即起减小跨内正弯矩的作用。由此可知,为了求第 1 跨跨内的最大正弯矩,可变荷载应布置在 1、3、5 跨。

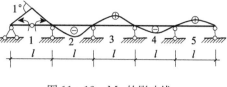

图 11-12　M_1 的影响线

通过研究不同截面内力的影响线,不难发现可变荷载不利布置的规律:

(1) 求某跨跨内最大正弯矩时,应在本跨布置可变荷载,然后隔跨布置;

(2) 求某跨跨内最小正弯矩(或最大负弯矩)时,本跨不布置可变荷载,而在其左右邻跨布置,然后隔跨布置;

(3) 求某支座最大负弯矩时,应在该支座左右两跨布置可变荷载,然后隔跨布置;

(4) 求某支座左、右最大剪力时,可变荷载布置方式与求该支座最大负弯矩时的布置相同。

可变荷载不利布置明确后,便可按《结构力学》中讲述的方法求出相应的内力(弯矩和剪力)和变形(挠度)。对于等跨连续梁,还可以直接查专门的图表。

对于沿跨度方向等强度的构件,求出了支座截面和跨内截面的最大弯矩、最大剪力后,便可进行截面设计。但如果每个截面的承载能力不同(如混凝土构件中将一部分跨中钢筋弯起),需要知道每一跨内其他截面最大弯矩和最大剪力的变化情况,这就需要画出内力包络图。

内力包络图由内力叠合图形的外包线构成。现以承受均布线荷载的五跨连续梁的弯矩包络图来说明。

根据可变荷载的不同布置情况,每一跨都可以画出四个弯矩图形,分别对应于跨内最大正弯矩、跨内最小正弯矩(或负弯矩)和左、右支座截面的最大负弯矩。当端支座是简支时,边跨只有三个弯矩图形。把这些弯矩图形全部叠画在一起,就是弯矩叠合图形。弯矩叠合图形的外包线所对应的弯矩值代表了各截面可能出现的弯矩上、下限,如图 11-13a 所示。由弯矩叠合图形外包线所构成的弯矩图称作弯矩包络图(图 11-13a 中用粗黑线表示)。

同理可画出剪力包络图,如图 11-13b 所示。剪力叠合图形可只画两个:左支座最大剪力和右支座最大剪力。

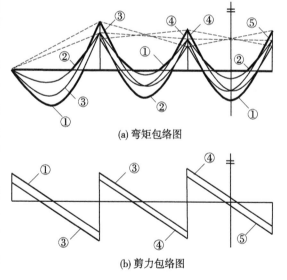

(a) 弯矩包络图

(b) 剪力包络图

注:①—1、3、5 跨布可变荷载;②—2、4 跨布可变荷载;
③—1、2、4 跨布可变荷载;④—2、3、5 跨布可变荷载;
⑤—1、3、4 跨布可变荷载。

图 11-13　连续梁内力包络图

11.3.2　边支承双向板

1) 单块双向板

当板的两个方向内力都不能忽略时,应按双向板设计。

仅有少数几种类型的双向板能得到精确的解析解,且这些解的表达式相当复杂。工程中常用的一些板只能得到近似解析解或数值解(如差分法、有限单元法等)。为了工程应用的方便,对于边支承的矩形板已制成相应的表格,包括固支边、简支边和自由边,承受均布面荷载和线性分布面荷载(三角形分布荷载)。

为了适用于不同的材料,表格中的系数一般是按照材料波松比 $\nu=0$ 制定的,当 $\nu\neq0$ 时,跨中弯矩可按下式计算:

$$\left.\begin{array}{l} m_x^{\nu}=m_x+\nu m_y \\ m_y^{\nu}=m_y+\nu m_x \end{array}\right\} \tag{11-6}$$

2)连续双向板

连续双向板有一些近似的计算方法,如布鲁纳的弯矩分配法、马尔科斯的板带法等。工程中用得最为普遍的还是以单块板图表为基础的实用计算方法。此法假定支承梁不产生竖向位移且不受扭;同时还规定双向板沿同一方向相邻跨度的比值 $l_{min}/l_{max}\geqslant0.75$,以免计算误差过大。

为了求连续双向板跨内最大正弯矩,可变荷载应按图 11-14 所示的棋盘式布置。这种荷载分布形式可以分解成满布荷载 $(g+q)/2$ 及间隔布置 $\pm q/2$ 两种情况。这里 g 是均布永久荷载,q 是均布可变荷载。对于前一种荷载情况,可近似认为内支承都是固支的;对于后一种荷载情况,可近似认为内支承是简支的。沿板周边则根据实际支承情况确定。于是可以利用单块双向板的计算图表分别求出单区格板的跨中弯矩,然后叠加,得到各区格板的跨中最大弯矩。

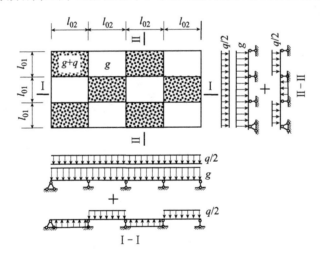

图 11-14 连续双向板的计算图式

求支座最大负弯矩时,可变荷载可按满布考虑。这时认为各区格板内支承都是固支的,板周边仍按实际支承情况确定。然后按单块双向板计算出各支座的负弯矩。如果由相邻区格板分别求得的同一支座负弯矩不相等时,取绝对值较大值作为该支座最大负弯矩。

11.4 板的塑性设计方法

塑性设计方法是一种极限分析方法,仅能得到承载能力极限状态下的内力,而无法获得正常使用阶段的变形。但由于塑性分析方法适用于任意形状、各类边界条件的板,因而在工程中有比较广泛的应用。

11.4.1 超静定结构的塑性内力重分布

1）塑性铰的概念

在结构力学的塑性极限分析中介绍过理想塑性铰的概念。工程结构中常用的钢和钢筋混凝土均属弹塑性材料,而非理想塑性材料。

图 11-15 是钢受弯构件截面正应力发展的三个阶段:从开始受力到梁最外边缘的正应力不超过屈服强度的弹性工作阶段(Ⅰ);梁边缘部分出现塑性,应力达到屈服强度,而中和轴附近材料仍处于弹性的弹塑性阶段(Ⅱ);梁截面全部进入塑性,各点应力均达到屈服强度的全塑性阶段。从图 11-15b 可以看到,进入弹塑性阶段后,在弯矩变化不大的情况下,截面曲率激增,截面形成了一个能转动的"铰",可以认为受弯构件已进入"屈服"阶段。

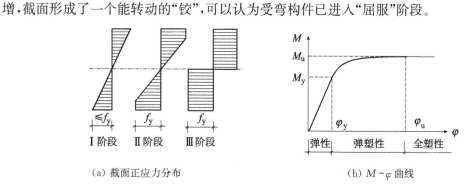

| (a) 截面正应力分布 | (b) M-φ 曲线 |

图 11-15　钢受弯构件正应力三个阶段

混凝土受弯构件的正截面受力全过程也有三个工作阶段:开始受力到混凝土开裂的弹性阶段(Ⅰ);混凝土开裂到受拉钢筋屈服的带裂缝工作阶段(Ⅱ);钢筋屈服后的破坏阶段(Ⅲ)。11-16a 为混凝土受弯构件截面的 M-φ 曲线,当纵向受拉钢筋屈服后,塑性应变增大而钢筋应力维持不变,随着截面受压区高度的减小,内力臂略有增大,截面的弯矩也有所增加,而截面的变形急剧增加。

工程中的塑性铰并不限于首先屈服的那个截面。在图 11-16b 中,当跨中截面弯矩达到 M_y 时,该截面首先出现塑性铰;随着荷载的增加,有更多的截面进入"屈服";当跨中弯矩达到 M_u 时,构件的承载力达到极限。弯矩图上 $M > M_y$ 的部分是塑性铰的区域,该范围称塑性铰长度 l_P。通常把这一塑性变形集中产生的区域理想化为集中于一个截面上的塑性铰。

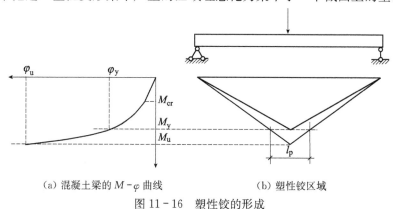

| (a) 混凝土梁的 M-φ 曲线 | (b) 塑性铰区域 |

图 11-16　塑性铰的形成

可见，工程中的塑性铰与理想塑性铰是有区别的。首先理想塑性铰集中于一点，而工程中的塑性铰则有一定的长度；其次，对于混凝土构件的塑性铰，其转动能力是有限的，一旦截面压区边缘混凝土应变达到极限压应变 ε_{cu} 即告破坏。所谓转动能力是指破坏前塑性铰的转角。

混凝土构件塑性铰的转动能力主要取决于纵向钢筋的配筋率、钢材的品种和混凝土的极限压应变值。极限状态截面的曲率可以表示为 $\varphi = \varepsilon_{cu}/x$，配筋率越低，受压区高度越小，塑性铰转动能力越大；混凝土的极限压应变值 ε_{cu} 越大，塑性铰转动能力也越大。混凝土强度等级高时，极限压应变值减少，转动能力下降。

2）内力重分布过程

静定结构的内力与截面抗弯刚度无关，与荷载成正比。随着荷载的增加，各截面内力的比值（称为内力分布）保持不变。超静定结构的内力不仅与荷载有关，还与截面抗弯刚度的比值有关。但对于弹性材料，由于截面刚度不随荷载变化，因而各截面的内力比值，也即内力分布并不发生变化。而对于非弹性的超静定结构，在弹性阶段，刚度不变，内力与荷载成正比，各截面的内力比值仍保持常数；进入弹塑性阶段后，各截面间的抗弯刚度比值不断变化，故各截面的内力比值也将不断改变；个别截面出现塑性铰后，使内力比值又有更大的变化。超静定结构的这种因刚度比值改变或因出现塑性铰，而引起的内力不再服从弹性内力分布规律的现象称为塑性内力重分布或内力重分布。

图 11-27 为跨中受集中荷载的两跨钢连续梁从开始加载直到破坏的全过程，下面通过分析说明塑性内力重分布过程。

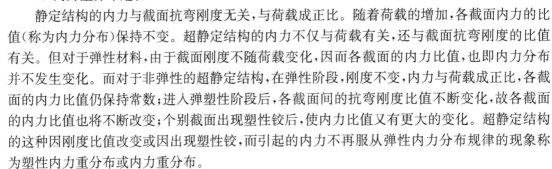

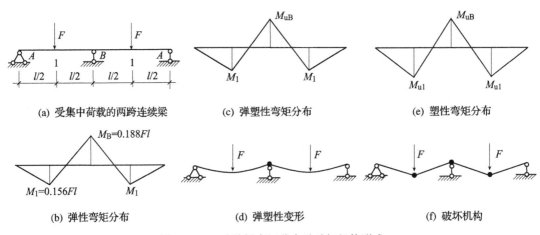

图 11-17　连续梁弯矩分布及破坏机构形成

假定梁的截面双轴对称，则支座和跨内的截面抗弯极限承载力相同。梁的工作阶段可以分为三个阶段：

（1）一开始梁各部分的截面刚度不变，截面弯矩按弹性分布，如图 11-17b 所示。随着荷载增加，支座截面和跨中截面的弯矩比值（$0.188Fl/0.156Fl = 1.205$）始终保持不变，见图 11-18 的弹性内力分布段。

（2）支座截面首先屈服后，截面抗弯刚度下降，但跨内截面刚度仍保持初始刚度。由于支座与跨内截面抗弯刚度的比值降低，致使支座截面弯矩 M_B 的增长率低于跨中截面弯矩 M_1 的增长率，见图 11-18 的弹塑性内力分布段。

（3）当荷载增加到支座塑性铰形成后，梁从一次超静定的连续梁转变成了两跨简支梁（图 11-17d），支座截面 B 的弯矩维持在 M_{uB}。由于跨内截面承载力尚未耗尽，因此还可以继续增加荷载，直至跨中截面 1 也出现塑性铰，梁成为几何可变体系而破坏，见图 11-17f。

若按弹性方法分析，M_B 和 M_1 的大小始终与外荷载呈线性关系，在 $M-F$ 图上应为两条虚直线，但梁的实际弯矩分布却如图 11-18 中实线所示，即出现了内力重分布。

由上述分析可知，钢超静定结构的内力重分布可概括为两个过程：第一过程发生在截面开始屈服，到第一个塑性铰形成之前，主要是由于结构各部分抗弯刚度比值的改变而引起的内力重分布；第二过程发生在第一个塑性铰形成以后直到形成机构、结构破坏，由于结构计算简图的改变而引起的内力重分布。第一过程称为弹塑性内力重分布，第二过程称为塑性内力重分布。显然，第二过程的内力重分布比第一过程显著得多。

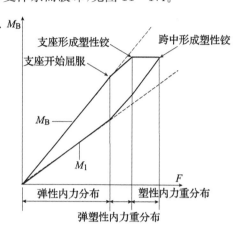

图 11-18　支座和跨中截面的弯矩变化过程

3）影响内力重分布的因素

若超静定结构中各塑性铰均具有足够的转动能力，保证结构加载后能按照预期的顺序，先后形成足够数目的塑性铰，以致最后形成机动体系而破坏，这种情况称为充分的内力重分布。但塑性铰的转动能力是有限的，如果完成充分的内力重分布过程所需要的转角超过了塑性铰的转动能力，则在尚未形成预期的破坏机构以前，早出现的塑性铰已经发生破坏，这种情况属于不充分的内力重分布。另外，如果在形成破坏机构之前，截面因其他承载力不足而破坏（如混凝土构件的斜截面破坏、钢构件的整体失稳破坏和局部失稳破坏），内力也不可能充分地重分布。此外，在设计中除了要考虑承载能力极限状态外，还要考虑正常使用极限状态，结构在正常使用阶段，挠度等不至于过大。

可见，内力重分布需考虑以下三个因素：

（1）塑性铰的转动能力；

（2）除受弯以外的其他承载能力；

（3）正常使用条件。如果在承载能力极限状态下最初出现的塑性铰转动幅度过大，在正常使用阶段塑性铰附近截面的裂缝（就混凝土构件而言）就可能展开过宽，结构的挠度过大，不能满足正常使用的要求。因此，在考虑内力重分布时，应对塑性铰的允许转动量予以控制，也就是要控制内力重分布的幅度。一般要求在正常使用阶段不出现塑性铰。

11.4.2　连续单向板按调幅法的内力计算

连续单向板的计算模型为多跨连续梁。连续梁的塑性内力分析可以采用结构力学中的机动法和静力法。不过，在工程设计中，考虑到塑性铰的转动能力和正常使用条件的要求，需要对内力重分布的程度加以控制。目前在设计中采用弯矩调幅法来计算连续梁（板）的内力。

所谓弯矩调幅法，就是对结构按弹性方法所算得的弯矩值和剪力值进行适当的调整。通常是对那些弯矩绝对值较大的截面弯矩进行调整，然后按调整后的内力进行截面设计，是一种实用设计方法。

截面弯矩的调整幅度用弯矩调幅系数 β 来表示,即

$$\beta = \frac{M_e - M_a}{M_e} \tag{11-7}$$

式中　M_e——按弹性方法算得的弯矩值;

　　　　M_a——调幅后的弯矩值。

【例11-1】用弯矩调幅法计算图11-17a所示两等跨连续梁的支座和跨中弯矩。

【解】首先按弹性方法计算支座弯矩 $M_e = -0.188Fl$,跨度中点的弯矩 $M_1 = 0.156Fl$,如图11-17b所示。现将支座弯矩调整为 $M_a = -0.15Fl$,则支座弯矩调幅系数

$$\beta = \frac{(0.188 - 0.15)Fl}{0.188Fl} = 0.202$$

此时,跨度中点的弯矩值可根据静力平衡条件确定。设 M_0 为按简支梁确定的跨度中心弯矩,由图11-19,$M_1' + \dfrac{0 + M_a}{2} = M_0$,可求得

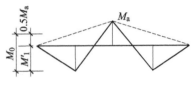

图11-19　弯矩调幅中力的平衡

$$M_1' = \frac{1}{4}Fl - \frac{1}{2} \times 0.15Fl = 0.175Fl$$

11.4.3　双向板按塑性铰线法的内力计算

双向板按塑性理论计算的方法很多,塑性铰线法是最常用的方法之一。塑性铰线(也称为屈服线)与塑性铰的概念是相仿的。塑性铰出现在杆系结构中,而板式结构则形成塑性铰线,两者都是因截面屈服所致。

一般将与正弯矩相对应的塑性铰线称为正塑性铰线;与负弯矩相对应的塑性铰线称为负塑性铰线。用塑性铰线法计算双向板分两步:首先假定板的破坏机构,即由一系列塑性铰线分割成的几何可变体系;然后利用虚功原理,建立外荷载与作用在塑性铰线上的弯矩之间的关系,从而求出各塑性铰线上的弯矩,以此作为各截面的弯矩设计值进行截面设计。

1)塑性铰线法的基本假定

(1)沿塑性铰线单位长度上的弯矩为常数,等于相应板的极限弯矩;

(2)形成破坏机构时,整块板由若干个刚性板块和若干条塑性铰线组成,忽略各刚性板块的弹性变形和塑性铰线上的剪切变形及扭转变形,即整块板仅考虑塑性铰线上的弯曲转动变形。

2)破坏机构的确定

确定板的破坏机构,实际上是要确定塑性铰线的位置。判别塑性铰线的位置可以依据以下四个原则进行:

(1)对称结构具有对称的塑性铰线分布,如图11-20a中的四边简支正方形板,在两个方向都对称,因而塑性铰线也应该在两个方向对称。

(2)正弯矩部位出现正塑性铰线,负塑性铰线则出现在负弯矩区域(如图11-20b中四边固支板的支座边)。

(3)塑性铰线应满足转动要求。每一条塑性铰线都是两相邻刚性板块的公共边界,应能随两相邻板块一起转动,因而塑性铰线必须通过相邻板块转动轴的交点。在图11-20b中,板块Ⅰ和Ⅱ、Ⅱ和Ⅲ、Ⅲ和Ⅳ以及Ⅳ和Ⅰ的转动轴交点分别在四角,因而塑性铰线①、②、③、④需通过这些点,塑性铰线⑤与长向支承边(即板块Ⅰ、Ⅲ的转动轴)平行,意味着它们在无穷远处相交。

（4）塑性铰线的数量应使整块板成为一个几何可变体系。

 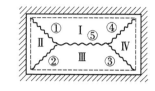 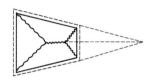 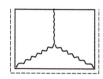

（a）四边简支正方形　　　（b）四边固支矩形板　　　（c）四边简支梯形板　　　（d）三边简支矩形板

图 11-20　支座和跨中截面

有时破坏机构不止一个，这时需要研究各种破坏机构，求出最小的极限荷载。当不同的破坏机构可以用若干变量来描述时，可通过极限荷载对变量求导的方法得到最小极限荷载。

3）基本原理

根据虚功原理，外力所做功应该等于内力所做功。设任一条塑性铰线的长度为 l，单位长度塑性铰线承受的弯矩为 m，塑性铰线的转角为 θ。

由于除塑性铰线上的塑性转动变形外，其余变形均忽略不计，因而内力虚功 U 等于各条塑性铰线上的弯矩向量与转角向量点乘的总和，即

$$U = \sum (\vec{M} \cdot \vec{\theta}) = \sum l \, \vec{m} \cdot \vec{\theta} \tag{11-8}$$

式中 $\sum$ 是对各条塑性铰线求和。

向量可以用坐标分量表示，式（11-8）用直角坐标可以表示为

$$U = \sum (M_x \theta_x + M_y \theta_y) = \sum (m_x l_x \theta_x + m_y l_y \theta_y) \tag{11-8a}$$

外力虚功 W 等于微元 $\mathrm{d}s$ 上的外力值与该处竖向位移乘积的面积分。设板内各点的竖向位移为 w、各点的荷载集度为 p，则外力虚功为

$$W = \iint wp\,\mathrm{d}s$$

对于均布荷载，各点的荷载集度相同，p 可以提到积分号的外面，板发生位移后倒角锥体体积用 V 表示，可利用几何关系求得。于是上式可写成

$$W = pV \tag{11-9}$$

虚功方程可表示为

$$\sum l \, \vec{m} \cdot \vec{\theta} = pV \tag{11-10}$$

从上式可以得到极限荷载与截面弯矩的关系。

【例 11-2】图 11-21 所示三边简支的各向同性正方形板，单位长度塑性铰线所能承受的弯矩为 m，用塑性铰线法计算极限均布荷载 p_u。

【解】利用对称性，假定板的塑性铰线如图 11-21 所示。该板有多种破坏机构，但不同的破坏机构可以用一个变量 y 来表示。

令三条塑性铰线的交点 O 处产生单位向下的位移，则塑性铰线①、②绕 x 轴的转角 $\theta_{1x} = \theta_{2x} = 1/y$，绕 y 轴的转角 $\theta_{1y} = \theta_{2y} = 2/l$；塑性铰线③绕 x 轴的转角 $\theta_{3x} = 0$、绕 y 轴的转角 $\theta_{3y} = 4/l$。

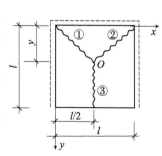

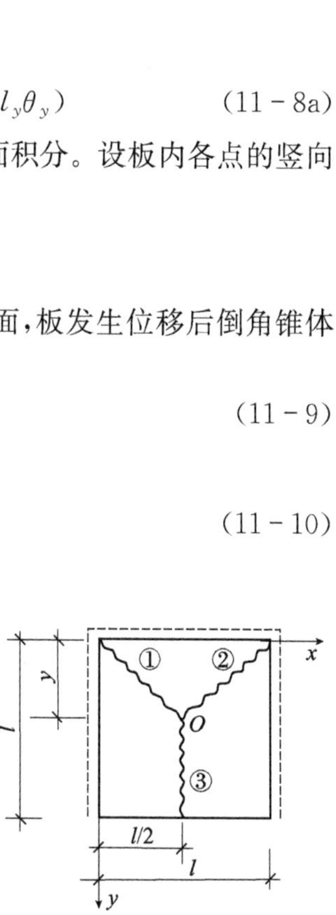

图 11-21　例 11-2 图

由式(11-8a),内力虚功

$$U=\left(ym\times\frac{2}{l}+\frac{l}{2}m\times\frac{1}{y}\right)\times2+(l-y)m\times\frac{4}{l}=\frac{l}{y}m+4m$$

由式(11-9),外力虚功

$$W=p\left(l\times l\times\frac{1}{2}-\frac{1}{2}\times l\times y\times\frac{1}{3}\right)=p\left(\frac{l^2}{2}-\frac{ly}{6}\right)$$

由虚功方程,可得到

$$p=\frac{(l/y+4)m}{l^2/2-ly/6}$$

当 $\mathrm{d}p/\mathrm{d}y=0$ 时,得到最小的极限荷载,此时

$$y=\left(\sqrt{3\frac{1}{4}}-\frac{1}{2}\right)\frac{l}{2}\approx0.6514l$$

相应的极限荷载

$$p_\mathrm{u}=14.14m/l^2$$

【例11-3】图 11-22 所示周边简支的各向同性圆形板,承受均布荷载,单位长度塑性铰线所能承受的弯矩为 m,用塑性铰线法计算极限荷载 p_u。

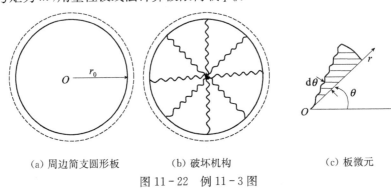

(a) 周边简支圆形板　　　(b) 破坏机构　　　(c) 板微元

图 11-22　例 11-3 图

【解】圆形板可以看成无限多边形,塑性铰线必须通过多边形的角点,结合轴对称,塑性铰线呈放射状(理论上有无限多条),如图 11-22b 所示。

采用极坐标 $(r、\theta)$。从圆板中取出图 11-22c 所示的微元 $\mathrm{d}\theta$。设圆心处发生竖向位移 δ,该微元包含的塑性铰线绕 $r、\theta$ 轴的转角,即转角 α 在极坐标上的分量为

$$\alpha_\theta=\delta/r_0、\alpha_r=0$$

塑性铰线的弯矩分量

$$M_\theta=m\times r_0\times\mathrm{d}\theta;\quad M_R=m\times r_0\times\cos(\mathrm{d}\theta)$$

于是,内力虚功

$$U=\int_0^{2\pi}(M_\theta\times\alpha_\theta+M_R\times\alpha_r)=2\pi m\ \delta$$

变形后的板呈圆锥体,外力虚功

$$W=\frac{1}{3}\pi r_0^2\delta p_\mathrm{u}$$

最后得到　　　　　　　　　　　　$p_\mathrm{u}=6m/r_0^2$。

4) 四边支承双向板的基本公式

四边支承矩形板是最常见的板,现在来分析四边固支矩形板的极限承载力。根据前面介绍的判别塑性铰线位置的方法,可以确定板的破坏机构,如图 11-23 所示。共有 5 条正塑性铰线(因 4 条斜向塑性铰线相同均用①表示,水平塑性铰线用②表示)和 4 条负塑性铰线(分别用③、④、⑤、⑥表示),这些塑性铰线将板划分为 4 个板块。短跨(l_{01})方向跨中极限承载力用 M_{1u} 表示,两支座的极限承载力分别用 M'_{1u} 和 M''_{1u} 表示;长跨(l_{02})方向跨中极限承载力用 M_{2u} 表示,两支座的极限承载力分别用 M'_{2u} 和 M''_{2u} 表示。则

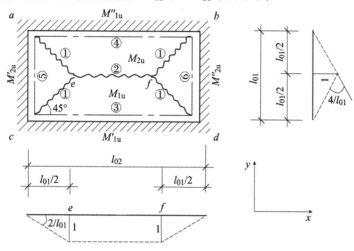

图 11-23　四边固支板的破坏机构

单位长度正塑性铰线的受弯承载力
$$m_1 = M_{1u}/l_{02} \qquad m_2 = M_{2u}/l_{02}$$
单位长度负塑性铰线的受弯承载力
$$m'_1 = M'_{1u}/l_{02} \qquad m''_1 = M''_{1u}/l_{02} \qquad m'_2 = M'_{2u}/l_{01} \qquad m''_2 = M''_{2u}/l_{01}$$
为了简化,近似取斜向塑性铰线与板边的夹角为 45°。设点 e、f 发生单位竖向位移,则各条塑性铰线的转角分量及塑性铰线在 x、y 方向的投影长度为

塑性铰线①(共 4 条)
$$\theta_{1x} = \theta_{1y} = 2/l_{01} \qquad l_{1x} = l_{1y} = l_{01}/2$$
塑性铰线②
$$\theta_{2x} = 4/l_{01} \qquad \theta_{2y} = 0 \qquad l_{2x} = l_{02} - l_{01} \qquad l_{2y} = 0$$
塑性铰线③、④
$$\theta_{3x} = \theta_{4x} = 2/l_{01} \qquad \theta_{3y} = \theta_{4y} = 0 \qquad l_{3x} = l_{4x} = l_{02} \qquad l_{3y} = l_{4y} = 0$$
塑性铰线⑤、⑥
$$\theta_{5x} = \theta_{6x} = 0 \qquad \theta_{5y} = \theta_{6y} = 2/l_{01} \qquad l_{5x} = l_{6x} = 0 \qquad l_{5y} = l_{6y} = l_{01}$$
于是,内力虚功
$$U = 4(m_1 l_{1x}\theta_{1x} + m_2 l_{1y}\theta_{1y}) + m_1 l_{2x}\theta_{2x} + m'_1 l_{3x}\theta_{3x} + m''_1 l_{4x}\theta_{4x} + m'_2 l_{5y}\theta_{5y} + m''_2 l_{6y}\theta_{6y}$$
$$= \frac{1}{l_{01}}[4(l_{02}m_1 + l_{01}m_2) + 2(l_{02}m'_1 + l_{02}m''_1) + 2(l_{01}m'_2 + l_{01}m''_2)]$$

$$= \frac{2}{l_{01}} [2M_{1u} + 2M_{2u} + M'_{1u} + M''_{1u} + M'_{2u} + M''_{2u}]$$

可求得外力虚功

$$W = p_u \left[\frac{l_{01}}{2} \times l_{02} - 2 \times \frac{l_{01}}{2} \times \frac{1}{3} \times \frac{l_{01}}{2} \right] = \frac{p_u l_{01}}{6} (3l_{02} - l_{01})$$

最后由虚功方程,得到

$$2M_{1u} + 2M_{2u} + M'_{1u} + M''_{1u} + M'_{2u} + M''_{2u} = \frac{p_u l_{01}^2}{12} (3l_{02} - l_{01}) \quad (11-11)$$

式(11-14)表示了双向板内总的截面受弯承载力与极限均布荷载 p_u 之间的关系。

本章其他资源

复习思考题

11-1 板在土木工程中有哪些应用?这些板的支承条件和荷载情况是怎样的?

11-2 板中有哪些内力?这些内力与挠度存在什么样的关系?

11-3 何谓"单向板"?何谓"双向板"?

11-4 如何确定连续梁内力的最不利荷载布置方式?

11-5 工程中的塑性铰与理想塑性铰有什么异同?

11-6 何谓充分内力重分布?何谓不充分内力重分布?充分内力重分布需要什么样的条件?

11-7 何谓弯矩调幅法?为什么要控制弯矩调幅的幅度?

11-8 塑性铰线法的基本假定是什么?

11-9 试确定图中板的塑性铰线。

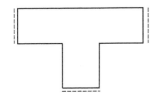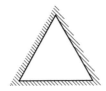

题 11-9 图

11-10 某两跨等截面连续梁,跨度为 l,承受均布荷载 q。假定支座截面和跨中截面的抗弯承载力均为 M_u。按弹性理论和塑性理论该连续梁所能承受的均布荷载 q 分别为多少?支座截面的弯矩调幅系数 β 为多少?

11-11 如图所示的各向同性板,任意方向单位宽度板所能承受的正弯矩和负弯矩均为 m。求该板的极限均布荷载值 q_u。

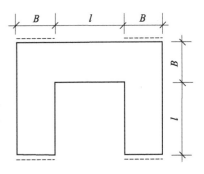

题 11-11 图

附录 1 材料规格、性能及截面特性

附表 1－1 热轧等边角钢的规格及截面特性

（按 GB 9787－88）

b——边宽；　　　　　　　I——截面惯性矩；　　　z_0——形心距离；

d——边厚；　　　　　　　W——截面抗扭矩；　　　$r_1 = d/3$（边端圆弧半径）。

r——内圆弧半径；　　　　i——回转半径；

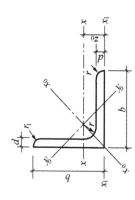

尺寸/mm			截面面积 A/cm^2	重量 $/(\text{kg}\cdot\text{m}^{-1})$	$x-x$				x_0-x_0			y_0-y_0				x_1-x_1	z_0 /cm
b	d	r			I_x /cm⁴	i_x /cm	$W_{x\min}$ /cm³	$W_{x\max}$ /cm³	I_{x0} /cm⁴	i_{x0} /cm	W_{x0} /cm³	I_{y0} /cm⁴	i_{y0} /cm	$W_{y0\min}$ /cm³	$W_{y0\max}$ /cm³	I_{x1} /cm⁴	
20	3	3.5	1.132	0.889	0.40	0.59	0.29	0.66	0.63	0.75	0.45	0.17	0.39	0.20	0.23	0.81	0.60
	4		1.459	1.145	0.50	0.58	0.36	0.78	0.78	0.73	0.55	0.22	0.38	0.24	0.29	1.09	0.64
25	3	3.5	1.432	1.124	0.82	0.76	0.46	1.12	1.29	0.95	0.73	0.34	0.49	0.33	0.37	1.57	0.73
	4		1.859	1.459	1.03	0.74	0.59	1.34	1.62	0.93	0.92	0.43	0.48	0.40	0.47	2.11	0.76
30	3	4.5	1.749	1.373	1.46	0.91	0.68	1.72	2.31	1.15	1.09	0.61	0.59	0.51	0.56	2.71	0.85
	4		2.276	1.787	1.84	0.90	0.87	2.08	2.92	1.13	1.37	0.77	0.58	0.62	0.71	3.63	0.89
36	3	4.5	2.109	1.656	2.58	1.11	0.99	2.59	4.09	1.39	1.61	1.07	0.71	0.76	0.82	4.67	1.00
	4		2.756	2.163	3.29	1.09	1.28	3.18	5.22	1.38	2.05	1.37	0.70	0.93	1.05	6.25	1.04
	5		3.382	2.655	3.95	1.08	1.56	3.68	6.24	1.36	2.45	1.65	0.70	1.09	1.26	7.84	1.07
40	3	5	2.359	1.852	3.59	1.23	1.23	3.28	5.69	1.55	2.01	1.49	0.79	0.96	1.03	6.41	1.09
	4		3.086	2.423	4.60	1.22	1.60	4.05	7.29	1.54	2.58	1.91	0.79	1.19	1.31	8.56	1.13
	5		3.792	2.977	5.53	1.21	1.96	4.72	8.76	1.52	3.10	2.30	0.78	1.39	1.58	10.74	1.17
45	3	5	2.659	2.088	5.17	1.39	1.58	4.25	8.20	1.76	2.58	2.14	0.90	1.24	1.31	9.12	1.22
	4		3.486	2.737	6.65	1.38	2.05	5.29	10.56	1.74	3.32	2.75	0.89	1.54	1.69	12.18	1.26
	5		4.292	3.369	8.04	1.37	2.51	6.20	12.74	1.72	4.00	3.33	0.88	1.81	2.04	15.25	1.30
	6		5.076	3.985	9.33	1.36	2.95	6.99	14.76	1.71	4.64	3.89	0.88	2.06	2.38	18.36	1.33

续附表 1-1

尺寸/mm			截面面积 A/cm²	重量 /(kg·m⁻¹)	$x-x$				x_0-x_0			y_0-y_0				x_1-x_1	z_0
b	d	r			I_x /cm⁴	i_x /cm	$W_{x\min}$ /cm³	$W_{x\max}$ /cm³	I_{x0} /cm⁴	i_{x0} /cm	W_{x0} /cm³	I_{y0} /cm⁴	i_{y0} /cm	$W_{y0\min}$ /cm³	$W_{y0\max}$ /cm³	I_{x1} /cm⁴	/cm
50	3	5.5	2.971	2.332	7.18	1.55	1.96	5.36	11.37	1.96	3.22	2.98	1.00	1.57	1.64	12.50	1.34
	4		3.897	3.059	9.26	1.54	2.56	6.70	14.69	1.94	4.16	3.82	0.99	1.96	2.11	16.69	1.38
	5		4.803	3.770	11.21	1.53	3.13	7.90	17.79	1.92	5.03	4.63	0.98	2.31	2.56	20.90	1.42
	6		5.688	4.465	13.05	1.51	3.68	8.95	20.68	1.91	5.85	5.42	0.98	2.63	2.98	25.14	1.46
56	3	6	3.343	2.624	10.19	1.75	2.48	6.86	16.14	2.20	4.08	4.24	1.13	2.02	2.09	17.56	1.48
	4		4.390	3.446	13.18	1.73	3.24	8.63	20.92	2.18	5.28	5.45	1.11	2.52	2.69	23.43	1.53
	5		5.415	4.251	16.02	1.72	3.97	10.22	25.42	2.17	6.42	6.61	1.10	2.98	3.26	29.33	1.57
	8		8.367	6.568	23.63	1.68	6.03	14.06	37.37	2.11	9.44	9.89	1.09	4.16	4.85	47.24	1.68
63	4	7	4.978	3.907	19.03	1.96	4.13	11.22	30.17	2.46	6.77	7.89	1.26	3.29	3.45	33.35	1.70
	5		6.143	4.822	23.17	1.94	5.08	13.33	36.77	2.45	8.25	9.57	1.25	3.90	4.20	41.73	1.74
	6		7.288	5.721	27.12	1.93	6.00	15.26	43.03	2.43	9.66	11.20	1.24	4.46	4.91	50.14	1.78
	8		9.515	7.469	34.45	1.90	7.75	18.59	54.56	2.39	12.25	14.33	1.23	5.47	6.26	67.11	1.85
	10		11.657	9.151	41.09	1.88	9.39	21.34	64.85	2.36	14.56	17.33	1.22	6.37	7.53	84.31	1.93
70	4	8	5.570	4.372	26.39	2.18	5.14	14.16	41.80	2.74	8.44	10.99	1.40	4.17	4.32	45.74	1.86
	5		6.875	5.397	32.21	2.16	6.32	16.89	51.08	2.73	10.32	13.34	1.39	4.95	5.26	57.21	1.91
	6		8.160	6.406	37.77	2.15	7.48	19.39	59.93	2.71	12.11	15.61	1.38	5.67	6.16	68.73	1.95
	7		9.424	7.398	43.09	2.14	8.59	21.68	68.35	2.69	13.81	17.82	1.38	6.34	7.02	80.29	1.99
	8		10.667	8.373	48.17	2.13	9.68	23.79	76.37	2.68	15.43	19.98	1.37	6.98	7.86	91.92	2.03
75	5	9	7.412	5.818	39.96	2.32	7.30	19.73	63.30	2.92	11.94	16.61	1.50	5.80	6.10	70.36	2.03
	6		8.797	6.905	46.91	2.31	8.63	22.69	74.38	2.91	14.02	19.43	1.49	6.65	7.14	84.51	2.07
	7		10.160	7.976	53.57	2.30	9.93	25.42	84.96	2.89	16.02	22.18	1.48	7.44	8.15	98.71	2.11
	8		11.503	9.030	59.96	2.28	11.20	27.93	95.07	2.87	17.93	24.86	1.47	8.19	9.13	112.97	2.15
	10		14.126	11.089	71.98	2.26	13.64	32.40	113.92	2.84	21.48	30.05	1.46	9.56	11.01	141.71	2.22

续附表 1 - 1

尺寸/mm			截面面积 A/cm²	重量 /(kg·m⁻¹)	$x-x$				x_0-x_0			y_0-y_0				x_1-x_1	z_0 /cm
b	d	r	A/cm²	/(kg·m⁻¹)	I_x /cm⁴	i_x /cm	$W_{x\min}$ /cm³	$W_{x\max}$ /cm³	I_{x0} /cm⁴	i_{x0} /cm	W_{x0} /cm³	I_{y0} /cm⁴	i_{y0} /cm	$W_{y0\min}$ /cm³	$W_{y0\max}$ /cm³	I_{x1} /cm⁴	z_0 /cm
80	5	9	7.912	6.211	48.79	2.48	8.34	22.70	77.33	3.13	13.67	20.25	1.60	6.66	6.98	85.36	2.15
	6		9.397	7.376	57.35	2.47	9.87	26.16	90.98	3.11	16.08	23.72	1.59	7.65	8.18	102.50	2.19
	7		10.860	8.525	65.58	2.46	11.37	29.38	104.07	3.10	18.40	27.10	1.58	8.58	9.35	119.70	2.23
	8		12.303	9.658	73.50	2.44	12.83	32.36	116.60	3.08	20.61	30.39	1.57	9.46	10.48	136.97	2.27
	10		15.126	11.874	88.43	2.42	15.64	37.68	140.09	3.04	24.76	36.77	1.56	11.08	12.65	171.74	2.35
90	6	10	10.637	8.350	82.77	2.79	12.61	33.99	131.26	3.51	20.63	34.28	1.80	9.95	10.51	145.87	2.44
	7		12.301	9.656	94.83	2.78	14.54	38.28	150.47	3.50	23.64	39.18	1.78	11.19	12.02	170.30	2.48
	8		13.944	10.946	106.47	2.76	16.42	42.30	168.97	3.48	26.55	43.97	1.78	12.35	13.49	194.80	2.52
	10		17.167	13.476	128.58	2.74	20.07	49.57	203.90	3.45	32.04	53.26	1.76	14.52	16.31	244.08	2.59
	12		20.306	15.940	149.22	2.71	23.57	55.93	236.21	3.41	37.12	62.22	1.75	16.49	19.01	293.77	2.67
100	6	12	11.932	9.367	114.95	3.10	15.68	43.04	181.98	3.91	25.74	47.92	2.00	12.69	13.18	200.07	2.67
	7		13.796	10.830	131.86	3.09	18.10	48.57	208.98	3.89	29.55	54.74	1.99	14.26	15.08	233.54	2.71
	8		15.639	12.276	148.24	3.08	20.47	53.78	235.07	3.88	33.24	61.41	1.98	15.75	16.93	267.09	2.76
	10		19.261	15.120	179.51	3.05	25.06	63.29	284.68	3.84	40.26	74.35	1.96	18.54	20.49	334.48	2.84
	12		22.800	17.898	208.90	3.03	29.47	71.72	330.95	3.81	46.80	86.84	1.95	21.08	23.89	402.34	2.91
	14		26.256	20.611	236.53	3.00	33.73	79.19	374.06	3.77	52.90	98.99	1.94	23.44	27.17	470.75	2.99
	16		29.627	23.257	262.53	2.98	37.82	85.81	414.16	3.74	58.57	110.89	1.93	25.63	30.34	539.80	3.06
110	7	12	15.196	11.929	177.16	3.41	22.05	59.78	280.94	4.30	36.12	73.38	2.20	17.51	18.41	310.64	2.96
	8		17.239	13.532	199.46	3.40	24.95	66.36	316.49	4.28	40.69	82.42	2.19	19.39	20.70	355.21	3.01
	10		21.261	16.690	242.19	3.38	30.60	78.48	384.39	4.25	49.42	99.98	2.17	22.91	25.10	444.65	3.09
	12		25.200	19.782	282.55	3.35	36.05	89.34	448.17	4.22	57.62	116.93	2.15	26.15	29.32	534.60	3.16
	14		29.056	22.809	320.71	3.32	41.31	99.07	508.01	4.18	65.31	133.40	2.14	29.14	33.38	625.16	3.24

| 尺寸/mm | | | 截面面积 A/cm² | 重量 /(kg·m⁻¹) | $x-x$ | | | | x_0-x_0 | | | y_0-y_0 | | | | x_1-x_1 | z_0 /cm |
b	d	r			I_x /cm⁴	i_x /cm	$W_{x\min}$ /cm³	$W_{x\max}$ /cm³	I_{x0} /cm⁴	i_{x0} /cm	W_{x0} /cm³	I_{y0} /cm⁴	i_{y0} /cm	$W_{y0\min}$ /cm³	$W_{y0\max}$ /cm³	I_{x1} /cm⁴	
125	8	14	19.750	15.504	297.03	3.88	32.52	88.20	470.89	4.88	53.28	123.16	2.50	25.86	27.18	521.01	3.37
	10		24.373	19.133	361.67	3.85	39.97	104.81	573.89	4.85	64.93	149.46	2.48	30.62	33.01	651.93	3.45
	12		28.912	22.696	423.16	3.83	47.17	119.88	671.44	4.82	75.96	174.88	2.46	35.03	38.61	783.42	3.53
	14		33.367	26.193	481.65	3.80	54.16	133.56	763.73	4.78	86.41	199.57	2.45	39.13	44.00	915.61	3.61
140	10	14	27.373	21.488	514.65	4.34	50.58	134.55	817.27	5.46	82.56	212.04	2.78	39.20	41.91	915.11	3.82
	12		32.512	25.522	603.68	4.31	59.80	154.62	958.79	5.43	96.85	248.57	2.77	45.02	49.12	1 099.28	3.90
	14		37.567	29.490	688.81	4.28	68.75	173.02	1 093.56	5.40	110.47	284.06	2.75	50.45	56.07	1 284.22	3.98
	16		42.539	33.393	770.24	4.26	77.46	189.90	1 221.81	5.36	123.42	318.67	2.74	55.55	62.81	1 470.07	4.06
160	10	16	31.502	24.729	779.53	4.97	66.70	180.77	1 237.30	6.27	109.36	321.76	3.20	52.76	55.63	1 365.33	4.31
	12		37.441	29.391	916.58	4.95	78.98	208.58	1 455.68	6.24	128.67	377.49	3.18	60.74	65.29	1 639.57	4.39
	14		43.296	33.987	1 048.36	4.92	90.95	234.37	1 665.02	6.20	147.17	431.70	3.16	68.24	74.63	1 914.68	4.47
	16		49.067	38.518	1 175.08	4.89	102.63	258.27	1 865.57	6.17	164.89	484.59	3.14	75.31	83.70	2 190.82	4.55
180	12	16	42.241	33.159	1 321.35	5.59	100.82	270.03	2 100.10	7.05	165.00	542.61	3.58	78.41	83.60	2 332.80	4.89
	14		48.896	38.383	1 514.48	5.57	116.25	304.57	2 407.42	7.02	189.15	621.53	3.57	88.38	95.73	2 723.48	4.97
	16		55.467	43.542	1 700.99	5.54	131.35	336.86	2 703.37	6.98	212.40	698.60	3.55	97.83	107.52	3 115.29	5.05
	18		61.955	48.635	1 881.12	5.51	146.11	367.05	2 988.24	6.94	234.78	774.01	3.53	106.79	119.00	3 508.42	5.13
200	14	18	54.642	42.894	2 103.55	6.20	144.70	385.08	3 343.26	7.82	236.40	863.83	3.98	111.82	119.75	3 734.10	5.46
	16		62.013	48.680	2 366.15	6.18	163.65	426.99	3 760.88	7.79	265.93	971.41	3.96	123.96	134.62	4 270.39	5.54
	18		69.301	54.401	2 620.64	6.15	182.22	466.45	4 164.54	7.75	294.48	1 076.74	3.94	135.52	149.11	4 808.13	5.62
	20		76.505	60.056	2 867.30	6.12	200.42	503.58	4 554.55	7.72	322.06	1 180.04	3.93	146.55	163.26	5 347.51	5.69
	24		90.661	71.168	3 338.20	6.07	235.78	571.45	5 294.97	7.64	374.41	1 381.43	3.90	167.22	190.63	6 431.99	5.84

附表1-2 热轧不等边角钢的规格及截面特性

（按 GB 9787-88）

B——长边宽度；　　I——截面惯性矩；　　x_0, y_0——形心距离；
b——短边宽度；　　W——截面抵抗矩；　　r——内圆弧半径；
d——边厚；　　　　i——回转半径；　　　$r_1 = d/3$（边端圆弧半径）。

尺寸/mm				截面面积	重量	$x-x$				$y-y$				x_1-x_1		y_1-y_1		$u-u$			
B	b	d	r	A/cm²	/(kg·m⁻¹)	I_x/cm⁴	i_x/cm	$W_{x min}$/cm³	$W_{x max}$/cm³	I_y/cm⁴	i_y/cm	$W_{y min}$/cm³	$W_{y max}$/cm³	I_{x1}/cm⁴	y_0/cm	I_{y1}/cm⁴	x_0/cm	I_u/cm⁴	i_u/cm	W_u/cm³	$\tan\theta$
25	16	3	3.5	1.162	0.912	0.70	0.78	0.43	0.82	0.22	0.44	0.19	0.53	1.56	0.86	0.43	0.42	0.13	0.34	0.16	0.392
		4		1.499	1.176	0.88	0.77	0.55	0.98	0.27	0.43	0.24	0.60	2.09	0.90	0.59	0.46	0.17	0.34	0.20	0.381
32	20	3	3.5	1.492	1.171	1.53	1.01	0.72	1.41	0.46	0.55	0.30	0.93	3.27	1.08	0.82	0.49	0.28	0.43	0.25	0.382
		4		1.939	1.522	1.93	1.00	0.93	1.72	0.57	0.54	0.39	1.08	4.37	1.12	1.12	0.53	0.35	0.42	0.32	0.374
40	25	3	4	1.890	1.484	3.08	1.28	1.15	2.32	0.93	0.70	0.49	1.59	6.39	1.32	1.59	0.59	0.56	0.54	0.40	0.386
		4		2.467	1.936	3.93	1.26	1.49	2.88	1.18	0.69	0.63	1.88	8.53	1.37	2.14	0.63	0.71	0.54	0.52	0.381
45	28	3	5	2.149	1.687	4.45	1.44	1.47	3.02	1.34	0.79	0.62	2.08	9.10	1.47	2.23	0.64	0.80	0.61	0.51	0.383
		4		2.806	2.203	5.70	1.43	1.91	3.76	1.70	0.78	0.80	2.49	12.14	1.51	3.00	0.68	1.02	0.60	0.66	0.380
50	32	3	5.5	2.431	1.908	6.24	1.60	1.84	3.89	2.02	0.91	0.82	2.78	12.49	1.60	3.31	0.73	1.20	0.70	0.68	0.404
		4		3.177	2.494	8.02	1.59	2.39	4.86	2.58	0.90	1.06	3.36	16.65	1.65	4.45	0.77	1.53	0.69	0.87	0.402
56	36	3	6	2.743	2.153	8.88	1.80	2.32	5.00	2.92	1.03	1.05	3.63	17.54	1.78	4.70	0.80	1.73	0.79	0.87	0.408
		4		3.590	2.818	11.45	1.79	3.03	6.28	3.74	1.02	1.36	4.43	23.39	1.82	6.31	0.85	2.21	0.78	1.12	0.407
		5		4.415	3.466	13.86	1.77	3.71	7.43	4.49	1.01	1.65	5.09	29.24	1.87	7.94	0.88	2.67	0.78	1.36	0.404
63	40	4	7	4.058	3.185	16.49	2.02	3.87	8.10	5.23	1.14	1.70	5.72	33.30	2.04	8.63	0.92	3.12	0.88	1.04	0.398
		5		4.993	3.920	20.02	2.00	4.74	9.62	6.31	1.12	2.07	6.61	41.63	2.08	10.86	0.95	3.76	0.87	1.71	0.396
		6		5.908	4.638	23.36	1.99	5.59	11.01	7.31	1.11	2.43	7.36	49.98	2.12	13.14	0.99	4.38	0.86	2.01	0.393
		7		6.802	5.339	26.53	1.97	6.41	12.27	8.24	1.10	2.78	8.00	58.34	2.16	15.47	1.03	4.97	0.86	2.29	0.389

续附表 1-2

B	b	d	r	截面面积 A/cm²	重量 /(kg·m⁻¹)	I_x /cm⁴	i_x /cm	$W_{x\min}$ /cm³	$W_{x\max}$ /cm³	I_y /cm⁴	i_y /cm	$W_{y\min}$ /cm³	$W_{y\max}$ /cm³	I_{x1} /cm⁴	y_0 /cm	I_{y1} /cm⁴	x_0 /cm	I_u /cm⁴	i_u /cm	W_u /cm³	$\tan\theta$
70	45	4	7.5	4.547	3.570	22.97	2.25	4.82	10.28	7.55	1.29	2.17	7.43	45.68	2.23	12.26	1.02	4.47	0.99	1.79	0.408
		5		5.609	4.403	27.95	2.23	5.92	12.26	9.13	1.28	2.65	8.64	57.10	2.28	15.39	1.06	5.40	0.98	2.19	0.407
		6		6.644	5.215	32.70	2.22	6.99	14.08	10.62	1.26	3.12	9.69	68.54	2.32	18.59	1.10	6.29	0.97	2.57	0.405
		7		7.657	6.011	37.22	2.20	8.03	15.75	12.01	1.25	3.57	10.60	79.99	2.36	21.84	1.13	7.16	0.97	2.94	0.402
75	50	5	8	6.125	4.808	35.09	2.39	6.87	14.65	12.61	1.43	3.30	10.75	70.23	2.40	21.04	1.17	7.32	1.09	2.72	0.436
		6		7.260	5.699	41.12	2.38	8.12	16.86	14.70	1.42	3.88	12.12	84.30	2.44	25.37	1.21	8.54	1.08	3.19	0.435
		8		9.467	7.431	52.39	2.35	10.52	20.79	18.53	1.40	4.99	14.39	112.50	2.52	34.23	1.29	10.87	1.07	4.10	0.429
		10		11.590	9.098	62.71	2.33	12.79	24.15	21.96	1.38	6.04	16.14	140.82	2.60	43.43	1.36	13.10	1.06	4.99	0.423
80	50	5	8	6.375	5.005	41.96	2.57	7.78	16.11	12.82	1.42	3.32	11.28	85.21	2.60	21.06	1.14	7.66	1.10	2.74	0.388
		6		7.560	5.935	49.21	2.55	9.20	18.58	14.95	1.41	3.91	12.71	102.26	2.65	25.41	1.18	8.94	1.09	3.23	0.386
		7		8.724	6.848	56.16	2.54	10.58	20.87	16.96	1.39	4.48	13.96	119.32	2.69	29.82	1.21	10.18	1.08	3.70	0.384
		8		9.867	7.745	62.83	2.52	11.92	23.00	18.85	1.38	5.03	15.06	136.41	2.73	34.32	1.25	11.38	1.07	4.16	0.381
90	56	5	9	7.212	5.661	60.45	2.90	9.92	20.81	18.33	1.59	4.21	14.70	121.32	2.91	29.53	1.25	10.98	1.23	3.49	0.385
		6		8.557	6.717	71.03	2.88	11.74	24.06	21.42	1.58	4.97	16.65	145.59	2.95	35.58	1.29	12.82	1.22	4.10	0.384
		7		9.880	7.756	81.22	2.87	13.53	27.12	24.36	1.57	5.70	18.38	169.87	3.00	41.71	1.33	14.60	1.22	4.70	0.383
		8		11.183	8.779	91.03	2.85	15.27	29.98	27.15	1.56	6.41	19.91	194.17	3.04	47.93	1.36	16.34	1.21	5.29	0.380
100	63	6	10	9.617	7.550	99.06	3.21	14.64	30.62	30.94	1.79	6.35	21.69	199.71	3.24	50.50	1.43	18.42	1.38	5.25	0.394
		7		11.111	8.722	113.45	3.20	16.88	34.59	35.26	1.78	7.29	24.06	233.00	3.28	59.14	1.47	21.00	1.37	6.02	0.393
		8		12.584	9.878	127.37	3.18	19.08	38.33	39.39	1.77	8.21	26.18	266.32	3.32	67.88	1.50	23.50	1.37	6.78	0.391
		10		15.467	12.142	153.81	3.15	23.32	45.18	47.12	1.75	9.98	29.83	333.06	3.40	85.73	1.58	28.33	1.35	8.24	0.387
100	80	6	10	10.637	8.350	107.04	3.17	15.19	36.24	61.24	2.40	10.16	31.03	199.83	2.95	102.68	1.97	31.65	1.73	8.37	0.627
		7		12.301	9.656	122.73	3.16	17.52	40.96	70.08	2.39	11.71	34.79	233.20	3.00	119.98	2.01	36.17	1.71	9.60	0.626
		8		13.944	10.946	137.92	3.15	19.81	45.40	78.58	2.37	13.21	38.27	266.61	3.04	137.37	2.05	40.58	1.71	10.80	0.625
		10		17.167	13.476	166.87	3.12	24.24	53.54	94.65	2.35	16.12	44.45	333.63	3.12	172.48	2.13	49.10	1.69	13.12	0.622

续附表 1-2

尺寸/mm B	b	d	r	截面面积 A/cm²	重量 /(kg·m⁻¹)	x-x I_x/cm⁴	i_x/cm	W_{xmin}/cm³	W_{xmax}/cm³	y-y I_y/cm⁴	i_y/cm	W_{ymin}/cm³	W_{ymax}/cm³	x1-x1 I_{x1}/cm⁴	y_0/cm	y1-y1 I_{y1}/cm⁴	x_0/cm	u-u I_u/cm⁴	i_u/cm	W_u/cm³	$\tan\theta$
110	70	6	10	10.637	8.350	133.37	3.54	17.85	37.80	42.92	2.01	7.90	27.36	265.78	3.53	69.08	1.57	25.36	1.54	6.53	0.403
		7		12.301	9.656	153.00	3.53	20.60	42.82	49.02	2.00	9.09	30.48	310.07	3.57	80.83	1.61	28.96	1.53	7.50	0.402
		8		13.944	10.946	172.04	3.51	23.30	47.57	54.87	1.98	10.25	33.31	354.39	3.62	92.70	1.65	32.45	1.53	8.45	0.401
		10		17.167	13.476	208.39	3.48	28.54	56.36	65.88	1.96	12.48	38.24	443.13	3.70	116.83	1.72	39.20	1.51	10.29	0.397
125	80	7	11	14.096	11.066	227.98	4.02	26.86	56.81	74.42	2.30	12.01	41.24	454.99	4.01	120.32	1.80	43.81	1.76	9.92	0.408
		8		15.989	12.551	256.77	4.01	30.41	63.28	83.49	2.29	13.56	45.28	519.99	4.06	137.85	1.84	49.15	1.75	11.18	0.407
		10		19.712	15.474	312.04	3.98	37.33	75.35	100.67	2.26	16.56	52.41	650.09	4.14	173.40	1.92	59.45	1.74	13.64	0.404
		12		23.351	18.330	364.41	3.95	44.01	86.34	116.67	2.24	19.43	58.46	780.39	4.22	209.67	2.00	69.35	1.72	16.01	0.400
140	90	8	12	18.039	14.160	365.64	4.50	38.48	81.30	120.69	2.59	17.34	59.15	730.53	4.50	195.79	2.04	70.83	1.98	14.31	0.411
		10		22.261	17.475	445.50	4.47	47.31	97.19	146.03	2.56	21.22	68.94	913.20	4.58	245.93	2.12	85.82	1.96	17.48	0.409
		12		26.400	20.724	521.59	4.44	55.87	111.81	169.79	2.54	24.95	77.38	1 096.09	4.66	296.89	2.19	100.21	1.95	20.54	0.406
		14		30.456	23.908	594.10	4.42	64.18	125.26	192.10	2.51	28.54	84.68	1 279.26	4.74	348.82	2.27	114.13	1.94	23.52	0.403
160	100	10	13	25.315	19.872	668.69	5.14	62.13	127.69	205.03	2.85	26.56	89.94	1 362.89	5.24	336.59	2.28	121.74	2.19	21.92	0.390
		12		30.054	23.592	784.91	5.11	73.49	147.54	239.06	2.82	31.28	101.45	1 635.56	5.32	405.94	2.36	142.33	2.18	25.79	0.388
		14		34.709	27.247	896.30	5.08	84.56	165.97	271.20	2.80	35.83	111.53	1 908.50	5.40	476.42	2.43	162.23	2.16	29.56	0.385
		16		39.281	30.835	1 003.05	5.05	95.33	183.11	301.60	2.77	40.24	120.37	2 181.79	5.48	548.22	2.51	181.57	2.15	33.25	0.382
180	110	10	14	28.373	22.273	956.25	5.81	78.96	162.37	278.11	3.13	32.49	113.91	1 940.40	5.89	447.22	2.44	166.50	2.42	26.88	0.376
		12		33.712	26.464	1 124.72	5.78	93.53	188.23	325.03	3.11	38.32	129.03	2 328.38	5.98	538.94	2.52	194.87	2.40	31.66	0.374
		14		38.967	30.589	1 286.91	5.75	107.76	212.46	369.55	3.08	43.97	142.41	2 716.60	6.06	631.95	2.59	222.30	2.39	36.32	0.372
		16		44.139	34.649	1 443.06	5.72	121.64	235.16	411.85	3.05	49.44	154.26	3 105.15	6.14	726.46	2.67	248.94	2.37	40.87	0.369
200	125	12	14	37.912	29.761	1 570.90	6.44	116.73	240.10	483.16	3.57	49.90	170.46	3 193.85	6.54	787.74	2.83	285.79	2.75	41.23	0.392
		14		43.867	34.436	1 800.97	6.41	134.65	271.86	550.83	3.54	57.44	189.24	3 726.17	6.62	922.47	2.91	326.58	2.73	47.34	0.390
		16		49.739	39.045	2 023.35	6.38	152.18	301.81	615.44	3.52	64.69	206.12	4 258.85	6.70	1 058.86	2.99	366.21	2.71	53.32	0.388
		18		55.526	43.588	2 238.30	6.35	169.33	330.05	677.19	3.49	71.74	221.30	4 792.00	6.78	1 197.13	3.06	404.83	2.70	59.18	0.385

附表 1－3 热轧普通工字钢的规格及截面特性

（按 GB 706－2008）

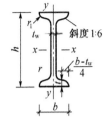

I——截面惯性矩；

W——截面抵抗矩；

S——半截面面积矩；

i——截面回转半径。

| 型号 | 尺寸/mm | | | | | | 截面面积 A /cm² | 单位重量 /(kg·m⁻¹) | 截面特征 | | | | | | |
| | | | | | | | | | $x-x$ 轴 | | | | $y-y$ 轴 | | |
	h	b	t_w	t	r	r_1			I_x /cm⁴	W_x /cm³	S_x /cm³	i_x /cm	I_y /cm⁴	W_y /cm³	i_y /cm
I 10	100	68	4.5	7.6	6.5	3.3	14.33	11.25	245	49.0	28.2	4.14	32.8	9.6	1.51
I 12.6	126	74	5.0	8.4	7.0	3.5	18.10	14.21	488	77.4	44.2	5.19	46.9	12.7	1.61
I 14	140	80	5.5	9.1	7.5	3.8	21.50	16.88	712	101.7	58.4	5.75	64.3	16.1	1.73
I 16	160	88	6.0	9.9	8.0	4.0	26.11	20.50	1127	140.9	80.8	6.57	93.1	21.1	1.89
I 18	180	94	6.5	10.7	8.5	4.3	30.74	24.13	1699	185.4	106.5	7.37	122.9	26.2	2.00
I 20a	200	100	7.0	11.4	9.0	4.5	35.55	27.91	2 369	236.9	136.1	8.16	157.9	31.6	2.11
I 20b	200	102	9.0	11.4	9.0	4.5	39.55	31.05	2 502	250.2	146.1	7.95	169.0	33.1	2.07
I 22a	220	110	7.5	12.3	9.5	4.8	42.10	33.05	3 406	309.6	177.7	8.99	225.9	41.1	2.32
I 22b	220	112	9.5	12.3	9.5	4.8	46.50	36.50	3 583	325.8	189.8	8.78	240.2	42.9	2.27
I 25a	250	116	8.0	13.0	10.0	5.0	48.51	38.08	5 017	401.4	230.7	10.17	280.4	48.4	2.40
I 25b	250	118	10.0	13.0	10.0	5.0	53.51	42.01	5 278	422.2	246.3	9.93	297.3	50.4	2.36
I 28a	280	122	8.5	13.7	10.5	5.3	55.37	43.47	7 115	508.2	292.7	11.34	344.1	56.4	2.49
I 28b	280	124	10.5	13.7	10.5	5.3	60.97	47.86	7 481	534.4	312.3	11.08	363.8	58.7	2.44
I 32a	320	130	9.5	15.0	11.5	5.8	67.12	52.69	11 080	692.5	400.5	12.85	459.0	70.6	2.62
I 32b	320	132	11.5	15.0	11.5	5.8	73.52	57.71	11 626	726.7	426.1	12.58	483.8	73.3	2.57
I 32c	320	134	13.5	15.0	11.5	5.8	79.92	62.74	12 173	760.8	451.7	12.34	510.1	76.1	2.53
I 36a	360	136	10.0	15.8	12.0	6.0	76.44	60.00	15 796	877.6	508.8	12.38	554.9	81.6	2.69
I 36b	360	138	12.0	15.8	12.0	6.0	83.64	65.66	16 574	920.8	541.2	14.08	583.6	84.6	2.64
I 36c	360	140	14.0	15.8	12.0	6.0	90.84	71.31	17 351	964.0	573.6	13.82	614.0	87.7	2.60
I 40a	400	142	10.5	16.5	12.5	6.3	86.07	67.56	21 714	1 085.7	631.2	15.88	659.9	92.9	2.77
I 40b	400	144	12.5	16.5	12.5	6.3	94.08	73.84	22 781	1 139.0	671.2	15.56	692.8	96.2	2.71
I 40c	400	146	14.5	16.5	12.5	6.3	102.07	80.12	23 847	1 192.4	711.2	15.29	727.5	99.7	2.67
I 45a	450	150	11.5	18.0	13.5	6.8	102.40	80.38	32 241	1 432.9	836.4	17.74	855.0	114.0	2.89
I 45b	450	152	13.5	18.0	13.5	6.8	111.40	87.45	33 759	1 500.4	887.1	17.41	895.4	117.8	2.84
I 45c	450	154	15.5	18.0	13.5	6.8	120.40	94.51	35 278	1 567.9	937.7	17.12	938.0	121.8	2.79
I 50a	500	158	12.0	20.0	14.0	7.0	119.25	93.61	46 472	1 858.9	1 084.1	19.74	1 121.5	142.0	3.07
I 50b	500	160	14.0	20.0	14.0	7.0	129.25	101.46	48 556	1 942.2	1 146.6	19.38	1 171.4	146.4	3.01
I 50c	500	162	16.0	20.0	14.0	7.0	139.25	109.31	50 639	2 025.6	1 209.1	19.07	1 223.9	151.1	2.96
I 56a	560	166	12.5	21.0	14.5	7.3	135.38	106.27	65 576	2 342.5	1 368.8	22.01	1 365.8	164.6	3.18
I 56b	560	168	14.5	21.0	14.5	7.3	146.58	115.06	68 503	2 446.5	1 447.2	21.62	1 423.8	169.5	3.12
I 56c	560	170	16.5	21.0	14.5	7.3	157.78	123.85	71 430	2 551.1	1 525.6	21.28	1 484.8	174.7	3.07
I 63a	630	176	13.0	22.0	15.0	7.5	154.59	121.36	94 004	2 984.3	1 747.4	24.66	1 702.4	193.5	3.32
I 63b	630	178	15.0	22.0	15.0	7.5	167.19	131.35	98 171	3 116.6	1 846.6	24.23	1 770.7	199.0	3.25
I 63c	630	180	17.0	22.0	15.0	7.5	179.79	141.14	102 339	3 248.9	1 945.9	23.86	1 842.4	204.7	3.20

注：普通工字钢的通常长度：I 10～I 18，为 5～19 m；I 20～I 63，为 6～19 m。

附表 1-4 热轧轻型工字钢的规格及截面特性
(按 YB 163-63)

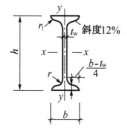

I——截面惯性矩；

W——截面抵抗矩；

S——半截面面积矩；

i——截面回转半径。

型号	尺寸/mm						截面面积 A /cm²	单位重量 /(kg·m⁻¹)	截面特征						
									$x-x$ 轴				$y-y$ 轴		
	h	b	t_w	t	r	r_1			I_x /cm⁴	W_x /cm³	S_x /cm³	i_x /cm	I_y /cm⁴	W_y /cm³	i_y /cm
I 10	100	55	4.5	7.2	7.0	2.5	12.05	9.46	198	39.7	23.0	4.06	17.9	6.5	1.22
I 12	120	64	4.8	7.3	7.5	3.0	14.71	11.55	351	58.4	33.7	4.88	27.9	8.7	1.38
I 14	140	73	4.9	7.5	8.0	3.0	17.43	13.68	572	81.7	46.8	5.73	41.9	11.5	1.55
I 16	160	81	5.0	7.8	8.5	3.5	20.24	15.89	873	109.2	62.3	6.57	58.6	14.5	1.70
I 18	180	90	5.1	8.1	9.0	3.5	23.38	18.35	1 288	143.1	81.4	7.42	82.6	18.4	1.88
I 18a	180	100	5.1	8.3	9.0	3.5	25.38	19.92	1 431	159.0	89.8	7.51	114.2	22.8	2.12
I 20	200	100	5.2	8.4	9.5	4.0	26.81	21.04	1 840	184.0	104.2	8.28	115.4	23.1	2.08
I 20a	200	110	5.2	8.6	9.5	4.0	28.91	22.69	2 027	202.7	114.1	8.37	154.9	28.2	2.32
I 22	220	110	5.4	8.7	10.0	4.0	30.62	24.04	2 554	232.1	131.2	9.13	157.4	28.6	2.27
I 22a	220	120	5.4	8.9	10.0	4.0	32.82	25.76	2 792	253.8	142.7	9.22	205.9	34.3	2.50
I 24	240	115	5.6	9.5	10.5	4.0	34.83	27.35	3 465	288.7	163.1	9.97	198.5	34.5	2.39
I 24a	240	125	5.6	9.8	10.5	4.0	37.45	29.40	3 801	316.7	177.9	10.07	260.0	41.6	2.63
I 27	270	125	6.0	9.8	11.0	4.5	40.17	31.54	5 011	371.2	210.0	11.17	259.6	41.5	2.54
I 27a	270	135	6.0	10.2	11.0	4.5	43.17	33.89	5 500	407.4	229.1	11.29	337.5	50.0	2.80
I 30	300	135	6.5	10.2	12.0	5.0	46.48	36.49	7 084	472.3	267.8	12.35	337.0	49.9	2.69
I 30a	300	145	6.5	10.7	12.0	5.0	49.91	39.18	7 776	518.4	292.1	12.48	435.8	60.1	2.95
I 33	330	140	7.0	11.2	13.0	5.0	53.82	42.25	9 845	596.6	339.2	13.52	419.4	59.9	2.79
I 36	360	145	7.5	12.3	14.0	6.0	61.86	48.56	13 377	743.2	423.3	14.71	515.8	71.2	2.89
I 40	400	155	8.0	13.0	15.0	6.0	71.44	56.08	18 932	946.6	540.1	16.28	666.3	86.0	3.05
I 45	450	160	8.6	14.2	16.0	7.0	83.03	65.18	27 446	1 219.8	699.0	18.18	806.9	100.9	3.12
I 50	500	170	9.5	15.2	17.0	7.0	97.84	76.81	39 295	1 571.8	905.0	20.04	1 041.8	122.6	3.26
I 55	550	180	10.3	16.5	18.0	7.0	114.43	89.83	55 155	2 005.6	1 157.7	21.95	1 353.0	150.3	3.44
I 60	600	190	11.1	17.8	20.0	8.0	132.46	103.98	75 456	2 515.2	1 455.0	23.07	1 720.1	181.1	3.60
I 65	650	200	12.0	19.2	22.0	9.0	152.80	119.94	101 412	3 120.4	1 809.4	25.76	2 170.1	217.0	3.77
I 70	700	210	13.0	20.8	24.0	10.0	176.03	138.18	134 609	3 846.0	2 235.1	27.65	2 733.3	260.3	3.94
I 70a	700	210	15.0	24.0	24.0	10.0	201.67	158.31	152 706	4 363.0	2 547.5	27.52	3 243.5	308.9	4.01
I 70b	700	210	17.5	28.2	24.0	10.0	234.14	183.80	175 374	5 010.7	2 941.6	27.37	3 914.7	372.8	4.09

注:轻型工字钢的通常长度:I 10~I 18,为 5~19 m;I 20~I 70,为 6~19 m。

附表 1－5 热轧普通槽钢的规格及截面特性
（按 GB 707－88）

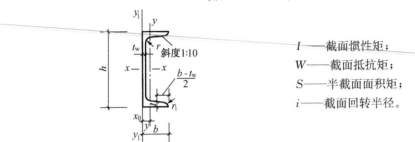

I——截面惯性矩；
W——截面抵抗矩；
S——半截面面积矩；
i——截面回转半径。

型号	尺寸/mm						截面面积 A /cm²	单位重量 /(kg·m⁻¹)	x_0 /cm	$x-x$ 轴				$y-y$ 轴				y_1-y_1 轴
	h	b	t_w	t	r	r_1				I_x /cm⁴	W_x /cm³	S_x /cm³	i_x /cm	I_y /cm⁴	W_{ymax} /cm³	W_{ymin} /cm³	i_y /cm	I_{y1} /cm⁴
[5	50	37	4.5	7.0	7.0	3.50	6.92	5.44	1.35	26.0	10.4	6.4	1.94	8.3	6.2	3.5	1.10	20.9
[6.3	63	40	4.8	7.5	7.5	3.75	8.45	6.63	1.39	51.2	16.3	9.8	2.46	11.9	8.5	4.6	1.19	28.3
[8	80	43	5.0	8.0	8.0	4.00	10.24	8.04	1.42	101.3	25.3	15.1	3.14	16.6	11.7	5.8	1.27	37.4
[10	100	48	5.3	8.5	8.5	4.25	12.74	10.00	1.52	198.3	39.7	23.5	3.94	25.6	16.9	7.8	1.42	54.9
[12.6	126	53	5.5	9.0	9.0	4.50	15.69	12.31	1.59	388.5	61.7	36.4	4.98	38.0	23.9	10.3	1.56	77.8
[14a	140	58	6.0	9.5	9.5	4.75	18.51	14.53	1.71	563.7	80.5	47.5	5.52	53.2	31.1	13.0	1.70	107.2
[14b	140	60	8.0	9.5	9.5	4.75	21.31	16.73	1.67	609.4	87.1	52.4	5.35	61.2	36.6	14.1	1.69	120.6
[16a	160	63	6.5	10.0	10.0	5.00	21.95	17.23	1.79	866.2	108.3	63.9	6.28	73.4	40.9	16.3	1.83	144.1
[16b	160	65	8.5	10.0	10.0	5.00	25.15	19.75	1.75	934.5	116.8	70.3	6.10	83.4	47.6	17.6	1.82	160.8
[18a	180	68	7.0	10.5	10.5	5.25	25.69	20.17	1.88	1 272.7	141.4	83.5	7.04	98.6	52.3	20.0	1.96	189.7
[18b	180	70	9.0	10.5	10.5	5.25	29.29	22.99	1.84	1 369.9	152.2	91.6	6.84	111.0	60.4	21.5	1.95	210.1
[20a	200	73	7.0	11.0	11.0	5.50	28.83	22.63	2.01	1 780.4	178.0	104.7	7.86	128.0	63.8	24.2	2.11	244.0
[20b	200	75	9.0	11.0	11.0	5.50	32.83	25.77	1.95	1 913.7	191.4	114.7	7.64	143.6	73.7	25.9	2.09	268.4
[22a	220	77	7.0	11.5	11.5	5.75	31.84	24.99	2.10	2 393.9	217.6	127.6	8.67	157.8	75.1	28.2	2.23	298.2
[22b	220	79	9.0	11.5	11.5	5.75	36.24	28.45	2.03	2 571.3	233.8	139.7	8.42	176.5	86.8	30.1	2.21	326.3
[25a	250	78	7.0	12.0	12.0	6.00	34.91	27.40	2.07	3 359.1	268.7	157.8	9.81	175.9	85.1	30.7	2.24	324.8
[25b	250	80	9.0	12.0	12.0	6.00	39.91	31.33	1.99	3 619.5	289.6	173.5	9.52	196.4	98.5	32.7	2.22	355.1
[25c	250	82	11.0	12.0	12.0	6.00	44.91	35.25	1.96	3 880.0	310.4	189.1	9.30	215.9	110.1	34.6	2.19	388.6
[28a	280	82	7.5	12.5	12.5	6.25	40.02	31.42	2.09	4 752.5	339.5	200.2	10.90	217.9	104.1	35.7	2.33	393.3
[28b	280	84	9.5	12.5	12.5	6.25	45.62	35.81	2.02	5 118.4	365.6	219.8	10.59	241.5	119.3	37.9	2.30	428.5
[28c	280	86	11.5	12.5	12.5	6.25	51.22	40.21	1.99	5 484.3	391.7	239.4	10.35	264.1	132.6	40.0	2.27	467.3
[32a	320	88	8.0	14.0	14.0	7.00	48.50	38.07	2.24	7 510.6	469.4	276.9	12.44	304.7	136.2	46.4	2.51	547.5
[32b	320	90	10.0	14.0	14.0	7.00	54.90	43.10	2.16	8 056.8	503.5	302.5	12.11	335.6	155.0	491	2.47	592.9
[32c	320	92	12.0	14.0	14.0	7.00	61.30	48.12	2.13	8 602.9	537.7	328.1	11.85	365.0	171.5	51.6	2.44	642.7
[36a	360	96	9.0	16.0	16.0	8.00	60.89	47.80	2.44	11 874.1	659.7	389.6	13.96	455.0	186.2	63.6	2.73	818.5
[36b	360	98	11.0	16.0	16.0	8.00	68.09	53.45	2.37	12 651.7	702.9	422.3	13.63	496.7	209.2	66.9	2.70	880.5
[36c	360	100	13.0	16.0	16.0	8.00	75.29	59.10	2.34	13 429.3	746.1	454.7	13.36	536.6	229.5	70.0	2.67	948.0
[40a	400	100	10.5	18.0	18.0	9.00	75.04	58.91	2.49	17 577.7	878.9	524.4	15.30	592.0	237.6	78.8	2.81	1 057.9
[40b	400	102	12.5	18.0	18.0	9.00	83.04	65.19	2.44	18 644.5	932.2	564.4	14.98	640.6	262.4	82.6	2.78	1 135.8
[40c	400	104	14.5	18.0	18.0	9.00	91.04	71.47	2.42	19 711.0	985.6	604.4	14.71	687.8	284.4	86.2	2.75	1 220.3

注：普通槽钢的通常长度：[5～[8，为 5～12 m；[10～[18，为 5～19 m；[20～[40，为 6～19 m。

附表1-6 热轧轻型槽钢的规格及截面特性

(按 YB 164-63)

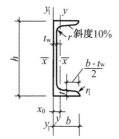

I——截面惯性矩；

W——截面抵抗矩；

S——半截面面积矩；

i——截面回转半径。

型号	尺 寸/mm						截面面积 A /cm²	单位重量 /(kg·m⁻¹)	截 面 特 征									
									x_0 /cm	$x-x$ 轴				$y-y$ 轴				y_1-y_1 轴
	h	b	t_w	t	r	r_1				I_x /cm⁴	W_x /cm³	S_x /cm³	i_x /cm	I_y /cm⁴	W_{ymax} /cm³	W_{ymin} /cm³	i_y /cm	I_{y1} /cm⁴
[5	50	32	4.4	7.0	6.0	2.5	6.16	4.84	1.16	22.8	9.1	5.6	1.92	5.6	4.8	2.8	0.95	13.9
[6.5	65	36	4.4	7.2	6.0	2.5	7.51	5.70	1.24	48.6	15.0	9.0	2.54	8.7	7.0	3.7	1.08	20.2
[8	80	40	4.5	7.4	6.5	2.5	8.98	7.05	1.31	89.4	22.4	13.3	3.16	12.8	9.8	4.8	1.19	28.2
[10	100	46	4.5	7.6	7.0	3.0	10.94	8.59	1.44	173.9	34.8	20.4	3.99	20.4	14.2	6.5	1.37	43.0
[12	120	52	4.8	7.8	7.5	3.0	13.28	10.43	1.54	303.9	50.6	29.6	4.78	31.2	20.2	8.5	1.53	62.8
[14	140	58	4.9	8.1	8.0	3.0	15.65	12.28	1.67	491.1	70.2	40.8	5.60	45.4	27.1	11.0	1.70	89.2
[14a	140	58	4.9	8.1	8.0	3.0	15.65	12.28	1.67	491.1	70.2	40.8	5.60	45.4	27.1	11.0	1.70	89.2
[16	160	64	5.0	8.4	8.5	3.5	18.12	14.22	1.80	747.0	93.4	54.1	6.42	63.3	35.1	13.8	1.87	122.2
[16a	160	68	5.0	9.0	8.5	3.5	19.54	15.34	2.00	823.3	102.9	59.4	6.49	78.8	39.4	16.4	2.01	157.1
[18	180	70	5.1	8.7	9.0	3.5	20.71	16.25	1.94	1 086.3	120.7	69.8	7.24	86.0	44.4	17.0	2.04	163.6
[18a	180	74	5.1	9.3	9.0	3.5	22.23	17.45	2.14	1 190.7	132.3	76.1	7.32	105.4	49.4	20.0	2.18	206.7
[20	200	76	5.2	9.0	9.5	4.0	23.40	18.37	2.07	1 522.0	152.2	87.8	8.07	113.4	54.9	20.5	2.20	213.3
[20a	200	80	5.2	9.7	9.5	4.0	25.16	19.75	2.28	1 672.4	167.2	95.9	8.15	138.6	60.8	24.2	2.35	269.3
[22	220	82	5.4	9.5	10.0	4.0	26.72	20.97	2.21	2 109.5	191.8	110.2	8.89	150.6	68.0	25.1	2.37	281.4
[22a	220	87	5.4	10.2	10.0	4.0	28.81	22.62	2.46	2 327.3	211.6	121.1	8.99	187.1	76.1	30.0	2.55	361.3
[24	240	90	5.6	10.0	10.5	4.0	30.64	24.05	2.42	2 901.1	241.8	138.8	9.73	207.6	85.7	31.6	2.60	387.4
[24a	240	95	5.6	10.7	10.5	4.0	32.89	25.82	2.67	3 181.2	265.1	151.3	9.83	253.6	95.0	37.2	2.78	488.5
[27	270	95	6.0	10.5	11.0	4.5	35.23	27.66	2.47	4 163.3	308.4	177.6	10.87	261.8	105.8	37.3	2.73	477.5
[30	300	100	6.5	11.0	12.0	5.0	40.47	31.77	2.52	5 808.3	387.2	224.0	11.98	326.6	129.8	43.6	2.84	582.9
[33	330	105	7.0	11.7	13.0	5.0	46.52	36.52	2.59	7 984.1	483.9	280.6	13.10	410.1	158.3	51.8	2.97	722.2
[36	360	110	7.5	12.6	14.0	6.0	53.37	41.90	2.68	10 815.5	600.9	349.6	14.24	513.6	191.3	61.8	3.10	898.2
[40	400	115	8.0	13.5	15.0	6.0	61.53	48.30	2.75	15 219.6	761.0	444.3	15.73	642.3	233.1	73.4	3.23	1 109.2

注:轻型槽钢的通常长度:[5～[8,为5～12 m;[10～[18,为5～19 m;[20～[40,为6～19 m。

附表 1-7 热轧 H 型钢的规格及截面特性
（按 GB/T 11263—2010）

类型	型号（高度×宽度）	截面尺寸/mm				截面面积/cm²	理论重量/(kg·m⁻¹)	截面特性参数					
								惯性矩/cm⁴		惯性半径/cm		截面抵抗矩/cm³	
		$H×B$	t_1	t_2	r			I_x	I_y	i_x	i_y	W_x	W_y
HW	100×100	100×100	6	8	10	21.90	17.2	383	134	4.18	2.47	76.5	26.7
	125×125	125×125	6.5	9	10	30.31	23.8	847	294	5.29	3.11	136	47.0
	150×150	150×150	7	10	13	40.55	31.9	1 660	564	6.39	3.73	221	75.1
	175×175	175×175	7.5	11	13	51.43	40.3	2 900	984	7.50	4.37	331	112
	200×200	200×200	8	12	16	64.28	50.5	4 770	1 600	8.61	4.99	477	160
		♯200×204	12	12	16	72.28	56.7	5 030	1 700	8.35	4.85	503	167
	250×250	250×250	9	14	16	92.18	72.4	10 800	3 650	10.8	6.29	867	292
		♯250×255	14	14	16	104.7	82.2	11 500	3 880	10.5	6.09	919	304
	300×300	♯294×302	12	12	20	108.3	85.0	17 000	5 520	12.5	7.14	1 160	365
		300×300	10	15	20	120.4	94.5	20 500	6 760	13.1	7.49	1 370	450
		300×305	15	15	20	135.4	106	21 600	7 100	12.6	7.24	1 440	466
	350×350	♯344×348	10	16	20	146.0	115	33 300	11 200	15.1	8.78	1 940	646
		350×350	12	19	20	173.9	137	40 300	13 600	15.2	8.84	2 300	776
	400×400	♯388×402	15	15	24	179.2	141	49 200	16 300	16.6	9.52	2 540	809
		♯394×398	11	18	24	187.6	147	56 400	18 900	17.3	10.0	2 860	951
		400×400	13	21	24	219.5	172	66 900	22 400	17.5	10.1	3 340	1 120
		♯400×408	21	21	24	251.5	197	71 100	23 800	16.8	9.73	3 560	1 170
		♯414×405	18	28	24	296.2	233	93 000	31 000	17.7	10.2	4 490	1 530
		♯428×407	20	35	24	361.4	284	119 000	39 400	18.2	10.4	5 580	1 930
		＊458×417	30	50	24	529.3	415	187 000	60 500	18.8	10.7	8 180	2 900
		＊498×432	45	70	24	770.8	605	298 000	94 400	19.7	11.1	12 000	4 370
HM	150×100	148×100	6	9	13	27.25	21.4	1 040	151	6.17	2.35	140	30.2
	200×150	194×150	6	9	16	39.76	31.2	2 740	508	8.30	3.57	283	67.7
	250×175	244×175	7	11	16	56.24	44.1	6 120	985	10.4	4.18	502	113
	300×200	294×200	8	12	20	73.03	57.3	11 400	1 600	12.5	4.69	779	160
	350×250	340×250	9	14	20	101.5	79.7	21 700	3 650	14.6	6.00	1 280	292
	400×300	390×300	10	16	24	136.7	107	38 900	7 210	16.9	7.26	2 000	481
	450×300	440×300	11	18	24	157.4	124	56 100	8 110	18.9	7.18	2 550	541
	500×300	482×300	11	15	28	146.4	115	60 800	6 770	20.4	6.80	2 520	451
		488×300	11	18	28	164.4	129	71 400	8 120	20.8	7.03	2 930	541
	600×300	582×300	12	17	28	174.5	137	103 000	7 670	24.3	6.63	3 530	511
		588×300	12	20	28	192.5	151	118 000	9 020	24.8	6.85	4 020	601
		♯594×302	14	23	28	222.4	175	137 000	10 600	24.9	6.90	4 620	701

续附表 1－7

类型	型号（高度×宽度）	截面尺寸/mm				截面面积/cm²	理论重量/(kg·m⁻¹)	截面特性参数					
		$H \times B$	t_1	t_2	r			惯性矩/cm⁴		惯性半径/cm		截面抵抗矩/cm³	
								I_x	I_y	i_x	i_y	W_x	W_y
HW	100×50	100×50	5	7	10	12.16	9.54	192	14.9	3.98	1.11	38.5	5.96
	125×60	125×60	6	8	10	17.01	13.3	417	29.3	4.95	1.31	66.8	9.75
	150×75	150×75	5	7	10	18.16	14.3	679	49.6	6.12	1.65	90.6	13.2
	175×90	175×90	5	8	10	23.21	18.2	1 220	97.6	7.26	2.05	140	21.7
	200×100	198×99	4.5	7	13	23.59	18.5	1 610	114	8.27	2.20	163	23.0
		200×100	5.5	8	13	27.57	21.7	1 880	134	8.25	2.21	188	26.8
	250×125	248×124	5	8	13	32.89	25.8	3 560	255	10.4	2.78	287	41.1
		250×125	6	9	13	37.87	29.7	4 080	294	10.4	2.79	326	47.0
	300×150	298×149	5.5	8	16	41.55	32.6	6 460	443	12.2	3.26	433	59.4
		300×150	6.5	9	16	47.53	37.3	7 350	508	12.4	3.27	490	67.7
	350×175	346×174	6	9	16	53.19	41.8	11 200	792	14.5	3.86	649	91.0
		350×175	7	11	16	63.66	50.0	13 700	985	14.7	3.93	782	113
	♯400×150	♯400×150	8	13	16	71.12	55.8	18 800	734	16.3	3.21	942	97.9
	400×200	396×199	7	11	16	72.16	56.7	20 000	1 450	16.7	4.48	1 010	145
		400×200	8	13	16	84.12	66.0	23 700	1 740	16.8	4.54	1 190	174
	♯450×150	♯450×150	9	14	20	83.41	65.5	27 100	793	18.0	3.08	1 200	106
	450×200	446×199	8	12	20	84.95	66.7	29 000	1 580	18.5	4.31	1 300	159
		450×200	9	14	20	97.41	76.5	33 700	1 870	18.6	4.38	1 500	187
	♯500×150	♯500×150	10	16	20	98.23	77.1	38 500	907	19.8	3.04	1 540	121
	500×200	496×199	9	14	20	101.3	79.5	41 900	1 840	20.3	4.27	1 690	185
		500×200	10	16	20	114.2	89.6	47 800	2 140	20.5	4.33	1 910	214
		♯506×201	11	19	20	131.3	103	56 500	2 580	20.8	4.43	2 230	257
	600×200	596×199	10	15	24	121.2	95.1	69 300	1 980	23.9	4.04	2 330	199
		600×200	11	17	24	135.2	106	78 200	2 280	24.1	4.11	2 610	228
		♯606×201	12	20	24	153.3	120	91 000	2 720	24.4	4.21	3 000	271
	700×300	♯692×300	13	20	28	211.5	166	17 200	9 020	28.6	6.53	4 980	602
		700×300	13	24	28	235.5	185	201 000	10 800	29.3	6.78	5 760	722
	＊800×300	＊792×300	14	22	28	243.4	191	254 000	9 930	32.3	6.39	6 400	662
		＊800×300	14	26	28	267.4	210	292 000	11 700	33.0	6.62	7 290	782
	900×300	＊890×299	15	23	28	270.9	213	345 000	10 300	35.7	6.16	7 760	688
		＊900×300	16	28	28	309.8	243	411 000	12 600	36.4	6.39	9 140	843
		＊912×302	18	34	38	364.0	286	498 000	15 700	37.0	6.56	10 900	1 040

注:(1)"♯"表示的规格为非常用规格;

(2)"＊"表示的规格,目前国内尚未生产;

(3)型号属同一范围的产品,其内侧尺寸高度是一致的;

(4)截面面积计算公式为 $t_1(H-2t_2)+2Bt_2+0.858r^2$。

附表 1-8 热轧 T 型钢的规格及截面特性
(按 GB/T 11263-2010)

类别	型号(高度×宽度)	截面尺寸/mm					截面面积/cm²	理论重量/(kg·m⁻¹)	惯性矩/cm⁴		惯性半径/cm		截面抵抗矩/cm³		重心/cm	对应H型钢系列型号
		h	B	t_1	t_2	r			I_x	I_y	i_x	i_y	W_x	W_y	C_x	
TW	50×100	50	100	6	8	10	10.95	8.56	16.1	66.9	1.21	2.47	4.03	13.4	1.00	100×100
	62.5×125	62.5	125	6.5	9	10	15.16	11.9	35.0	147	1.52	3.11	6.91	23.5	1.19	125×125
	75×150	75	150	7	10	13	20.28	15.9	66.4	282	1.81	3.73	10.8	37.6	1.37	150×150
	87.5×175	87.5	175	7.5	11	13	25.71	20.2	115	492	2.11	4.37	15.9	56.2	1.55	175×175
	100×200	100	200	8	12	16	32.14	25.2	185	801	2.40	4.99	22.3	80.1	1.73	200×200
		♯100	204	12	12	16	36.14	28.3	256	851	2.66	4.85	32.4	83.5	2.09	
	125×250	125	250	9	14	16	46.09	36.2	412	1 820	2.99	6.29	39.5	146	2.08	250×250
		♯125	255	14	14	16	52.34	41.1	589	1 940	3.36	6.09	59.4	152	2.58	
	150×300	♯147	302	12	12	20	54.16	42.5	858	2 760	3.98	7.14	72.3	183	2.83	300×300
		150	300	10	15	20	60.22	47.3	798	3 380	3.64	7.49	63.7	225	2.47	
		150	305	15	15	20	67.72	53.1	1 110	3 550	4.05	7.24	92.5	283	3.02	
	175×350	♯172	348	10	16	20	73.00	57.3	1 230	5 620	4.11	8.78	84.7	323	2.67	350×350
		175	350	12	20	20	86.94	68.2	1 520	6 790	4.18	8.84	104	388	2.86	
	200×400	♯194	402	15	15	24	89.62	70.3	2 480	8 130	5.26	9.52	158	405	3.69	400×400
		♯197	398	11	18	24	93.80	73.6	2 050	9 460	4.67	10.0	123	476	3.01	
		200	400	13	21	24	109.7	86.1	2 480	11 200	4.75	10.1	147	560	3.21	
		♯200	408	21	21	24	125.7	98.7	3 650	11 900	5.39	9.73	229	584	4.07	
		♯207	405	18	28	24	148.1	116	3 620	15 500	4.95	10.2	213	766	3.68	
		♯214	407	20	35	24	180.7	142	4 380	19 700	4.92	10.4	250	967	3.90	
TM	74×100	74	100	6	9	13	13.63	10.7	51.7	75.4	1.95	2.35	8.80	15.1	1.55	150×100
	97×150	97	150	6	9	16	19.88	15.6	125	254	2.50	3.57	15.8	33.9	1.78	200×150
	122×175	122	175	7	11	16	28.12	22.1	289	492	3.20	4.18	29.1	56.3	2.27	250×175
	147×200	147	200	8	12	20	36.52	28.7	572	802	3.96	4.69	48.2	80.2	2.82	300×200
	170×250	170	250	9	14	20	50.76	39.9	1 020	1 830	4.48	6.00	73.1	146	3.09	350×250
	200×300	195	300	10	16	24	68.37	53.7	1 730	3 600	5.03	7.26	108	240	3.40	400×300
	220×300	220	300	11	18	24	78.69	61.8	2 680	4 060	5.84	7.18	150	270	4.05	450×300
	250×300	241	300	11	15	28	73.23	57.5	3 420	3 380	6.83	6.80	178	226	4.90	500×300
		244	300	11	18	28	82.23	64.5	3 620	4 060	6.64	7.03	184	271	4.65	
	300×300	291	300	12	17	28	87.25	68.5	6 360	3 830	8.54	6.63	280	256	6.39	600×300
		294	300	12	20	28	96.25	75.5	6 710	4 510	8.35	6.85	288	301	6.08	
		♯297	302	14	23	28	111.2	87.3	7 920	5 290	8.44	6.90	339	351	6.33	

类别	型号（高度×宽度）	截面尺寸/mm					截面面积/cm²	理论重量/(kg·m⁻¹)	截面特性参数							对应H型钢系列型号
									惯性矩/cm⁴		惯性半径/cm		截面抵抗矩/cm³		重心/cm	
		h	B	t_1	t_2	r			I_x	I_y	i_x	i_y	W_x	W_y	C_x	
TN	50×50	50	50	5	7	10	6.079	4.79	11.9	7.45	1.40	1.11	3.18	2.98	1.27	100×50
	62.5×60	62.5	60	6	8	10	8.499	6.67	27.5	14.6	1.80	1.31	5.96	4.88	1.63	125×60
	75×75	75	75	5	7	10	9.079	7.14	42.7	24.8	2.17	1.65	7.46	6.61	1.78	150×75
	87.5×90	87.5	90	5	8	10	11.60	9.14	70.7	48.8	2.47	2.05	10.4	10.8	1.92	175×90
	100×100	99	99	4.5	7	13	11.80	9.26	94.0	56.9	2.82	2.20	12.1	11.5	2.13	200×100
		100	100	5.5	8	13	13.79	10.8	115	67.1	2.88	2.21	14.8	13.4	2.27	
	125×125	124	124	5	8	13	16.45	12.9	208	128	3.56	2.78	21.3	20.6	2.62	250×125
		125	125	6	9	13	18.94	14.8	249	147	3.62	2.79	25.6	23.5	2.78	
	150×150	149	149	5.5	8	16	20.77	16.3	395	221	4.36	3.26	33.8	29.7	3.22	300×150
		150	150	6.5	9	16	23.76	18.7	465	254	4.42	3.27	40.0	33.9	3.38	
	175×175	173	174	6	9	16	26.60	20.9	681	396	5.06	3.86	50.0	45.5	3.68	350×175
		175	175	7	11	16	31.83	25.0	816	492	5.06	3.93	59.3	56.3	3.74	
	200×200	198	199	7	11	16	36.08	28.3	1 190	724	5.76	4.48	76.4	72.7	4.17	400×200
		200	200	8	13	16	42.06	33.0	1 400	868	5.76	4.54	88.6	86.8	4.23	
	225×200	223	199	8	12	20	42.54	33.4	1 880	790	6.65	4.31	109	79.4	5.07	450×200
		225	200	9	14	20	48.71	38.2	2 160	936	6.66	4.38	124	93.6	5.13	
	250×200	248	199	9	14	20	50.64	39.7	2 840	922	7.49	4.27	150	92.7	5.90	500×200
		250	200	10	16	20	57.12	44.8	3 210	1 070	7.50	4.33	169	107	5.96	
		♯253	201	11	19	20	65.65	51.5	3 670	1 290	7.48	4.43	190	128	5.95	
	300×200	298	199	10	15	24	60.62	47.6	5 200	991	9.27	4.04	236	100	7.76	600×200
		300	200	11	17	24	67.60	53.1	5 820	1 140	9.28	4.11	262	114	7.81	
		♯303	201	12	20	24	76.63	60.1	6 580	1 360	9.26	4.21	292	135	7.76	

注："♯"表示的规格为非常用规格。

附表 1-9 热轧无缝钢管的规格及截面特性
(按 YB 231-70)

I——截面惯性矩；

W——截面抵抗矩；

i——截面回转半径。

尺寸/mm		截面面积 A /cm²	单位重量 /(kg·m⁻¹)	截面特性			尺寸/mm		截面面积 A /cm²	单位重量 /(kg·m⁻¹)	截面特性		
d	t			I /cm⁴	W /cm³	i /cm	d	t			I /cm⁴	W /cm³	i /cm
32	2.5	2.32	1.82	2.54	1.59	1.05	60	3.0	5.37	4.22	21.88	7.29	2.02
	3.0	2.73	2.15	2.90	1.82	1.03		3.5	6.21	4.88	24.88	8.29	2.00
	3.5	3.13	2.46	3.23	2.02	1.02		4.0	7.04	5.52	27.73	9.24	1.98
	4.0	3.52	2.76	3.52	2.20	1.00		4.5	7.85	6.16	30.41	10.14	1.97
38	2.5	2.79	2.19	4.41	2.32	1.26		5.0	8.64	6.78	32.94	10.98	1.95
	3.0	3.30	2.59	5.09	2.68	1.24		5.5	9.42	7.39	35.32	11.77	1.94
	3.5	3.79	2.98	5.70	3.00	1.23		6.0	10.18	7.99	37.56	12.52	1.92
	4.0	4.27	3.35	6.26	3.29	1.21	63.5	3.0	5.70	4.48	26.15	8.24	2.14
42	2.5	3.10	2.44	6.07	2.89	1.40		3.5	6.60	5.18	29.79	9.38	2.12
	3.0	3.68	2.89	7.03	3.35	1.38		4.0	7.48	5.87	33.24	10.47	2.11
	3.5	4.23	3.32	7.91	3.77	1.37		4.5	8.34	6.55	36.50	11.50	2.09
	4.0	4.78	3.75	8.71	4.15	1.35		5.0	9.19	7.21	39.60	12.47	2.08
45	2.5	3.34	2.62	7.56	3.36	1.51		5.5	10.02	7.87	42.52	13.39	2.06
	3.0	3.96	3.11	8.77	3.90	1.49		6.0	10.84	8.51	45.28	14.26	2.04
	3.5	4.56	3.58	9.89	4.40	1.47	68	3.0	6.13	4.81	32.42	9.54	2.30
	4.0	5.15	4.04	10.93	4.86	1.46		3.5	7.09	5.57	36.99	10.88	2.28
50	2.5	3.73	2.93	10.55	4.22	1.68		4.0	8.04	6.31	41.34	12.16	2.27
	3.0	4.43	3.48	12.28	4.91	1.67		4.5	8.98	7.05	45.47	13.37	2.25
	3.5	5.11	4.01	13.90	5.56	1.65		5.0	9.90	7.77	49.41	14.53	2.23
	4.0	5.78	4.54	15.41	6.16	1.63		5.5	10.80	8.48	53.14	15.63	2.22
	4.5	6.43	5.05	16.81	6.72	1.62		6.0	11.69	9.17	56.68	16.67	2.20
	5.0	7.07	5.55	18.11	7.25	1.60	70	3.0	6.31	4.96	35.50	10.14	2.37
54	3.0	4.81	3.77	15.68	5.81	1.81		3.5	7.31	5.74	40.53	11.58	2.35
	3.5	5.55	4.36	17.79	6.59	1.79		4.0	8.29	6.51	45.33	12.95	2.34
	4.0	6.28	4.93	19.76	7.32	1.77		4.5	9.26	7.27	49.89	14.26	2.32
	4.5	7.00	5.49	21.61	8.00	1.76		5.0	10.21	8.01	54.24	15.50	2.30
	5.0	7.70	6.04	23.34	8.64	1.74		5.5	11.14	8.75	58.38	16.68	2.29
	5.5	8.38	6.58	24.96	9.24	1.73		6.0	12.06	9.47	62.31	17.80	2.27
	6.0	9.05	7.10	26.46	9.80	1.71	73	3.0	6.60	5.18	40.48	11.09	2.48
57	3.0	5.09	4.00	18.61	6.53	1.91		3.5	7.64	6.00	46.26	12.67	2.46
	3.5	5.88	4.62	21.14	7.42	1.90		4.0	8.67	6.81	51.78	14.19	2.44
	4.0	6.66	5.23	23.52	8.25	1.88		4.5	9.68	7.60	57.04	15.63	2.43
	4.5	7.42	5.83	25.76	9.04	1.86		5.0	10.68	8.38	62.07	17.01	2.41
	5.0	8.17	6.41	27.86	9.78	1.85		5.5	11.66	9.16	66.87	18.32	2.39
	5.5	8.90	6.99	29.84	10.47	1.83		6.0	12.63	9.91	71.43	19.57	2.38
	6.0	9.61	7.55	31.69	11.12	1.82	76	3.0	6.88	5.40	45.91	12.08	2.58
								3.5	7.97	6.26	52.50	13.82	2.57
								4.0	9.05	7.10	58.81	15.48	2.55
								4.5	10.11	7.93	64.85	17.07	2.53
								5.0	11.15	8.75	70.62	18.59	2.52
								5.5	12.18	9.56	76.14	20.04	2.50
								6.0	13.19	10.36	81.41	21.42	2.48

续附表 1-9

d	t	A /cm²	单位重量 /(kg·m⁻¹)	I /cm⁴	W /cm³	i /cm	d	t	A /cm²	单位重量 /(kg·m⁻¹)	I /cm⁴	W /cm³	i /cm
83	3.5	8.74	6.86	69.19	16.67	2.81	127	4.0	15.46	12.13	292.61	46.08	4.35
	4.0	9.93	7.79	77.64	18.71	2.80		4.5	17.32	13.59	325.29	51.23	4.33
	4.5	11.10	8.71	85.76	20.67	2.78		5.0	19.16	15.04	357.14	56.24	4.32
	5.0	12.25	9.62	93.56	22.54	2.76		5.5	20.99	16.48	388.19	61.13	4.30
	5.5	13.39	10.51	101.04	24.35	2.75		6.0	22.81	17.90	418.44	65.90	4.28
	6.0	14.51	11.39	108.22	26.08	2.73		6.5	24.61	19.32	447.92	70.54	4.27
	6.5	15.62	12.26	115.10	27.74	2.71		7.0	26.39	20.72	476.63	75.06	4.25
	7.0	16.71	13.12	121.69	29.32	2.70		7.5	28.16	22.10	504.58	79.46	4.23
89	3.5	9.40	7.38	86.05	19.34	3.03		8	29.91	23.48	531.80	83.75	4.22
	4.0	10.68	8.38	96.68	21.73	3.01	133	4.0	16.21	12.73	337.53	50.76	4.56
	4.5	11.95	9.38	106.92	24.03	2.99		4.5	18.17	14.26	375.42	56.45	4.55
	5.0	13.19	10.36	116.79	26.24	2.98		5.0	20.11	15.78	412.40	62.02	4.53
	5.5	14.43	11.33	126.29	28.38	2.96		5.5	22.03	17.29	448.50	67.44	4.51
	6.0	15.65	12.28	135.43	30.43	2.94		6.0	23.94	18.79	483.72	72.74	4.50
	6.5	16.85	13.22	144.22	32.41	2.93		6.5	25.83	20.28	518.07	77.91	4.48
	7.0	18.03	14.16	152.67	34.31	2.91		7.0	27.71	21.75	551.58	82.94	4.46
95	3.5	10.06	7.90	105.45	22.20	3.24		7.5	29.57	23.21	584.25	87.86	4.45
	4.0	11.44	8.98	118.60	24.97	3.22		8	31.42	24.66	616.11	92.65	4.43
	4.5	12.79	10.04	131.31	27.64	3.20	140	4.5	19.16	15.04	440.12	62.87	4.79
	5.0	14.14	11.10	143.58	30.23	3.19		5.0	21.21	16.65	483.76	69.11	4.78
	5.5	15.46	12.14	155.43	32.72	3.17		5.5	23.24	18.24	526.40	75.20	4.76
	6.0	16.78	13.17	166.86	35.13	3.15		6.0	25.26	19.83	568.06	81.15	4.74
	6.5	18.07	14.19	177.89	37.45	3.14		6.5	27.26	21.40	608.76	86.97	4.73
	7.0	19.35	15.19	188.51	39.69	3.12		7.0	29.25	22.96	648.51	92.64	4.71
102	3.5	10.83	8.50	131.52	25.79	3.48		7.5	31.22	24.51	687.32	98.19	4.69
	4.0	12.32	9.67	148.09	29.04	3.47		8.0	33.18	26.04	725.21	103.60	4.68
	4.5	13.78	10.82	164.14	32.18	3.45		9.0	37.04	29.08	798.29	114.04	4.64
	5.0	15.24	11.96	179.68	35.23	3.43		10	40.84	32.06	867.86	123.98	4.61
	5.5	16.67	13.09	194.72	38.18	3.42	146	4.5	20.00	15.70	501.16	68.65	5.01
	6.0	18.10	14.21	209.28	41.03	3.40		5.0	22.15	17.39	551.10	75.49	4.99
	6.5	19.50	15.31	223.35	43.79	3.38		5.5	24.28	19.06	599.95	82.19	4.97
	7.0	20.89	16.40	236.96	46.46	3.37		6.0	26.39	20.72	647.73	88.73	4.95
114	4.0	13.82	10.85	209.35	36.73	3.89		6.5	28.49	22.36	694.44	95.13	4.94
	4.5	15.48	12.15	232.41	40.77	3.87		7.0	30.57	24.00	740.12	101.39	4.92
	5.0	17.12	13.44	254.81	44.70	3.86		7.5	32.63	25.62	784.77	107.50	4.90
	5.5	18.75	14.72	276.58	48.52	3.84		8.0	34.68	27.23	828.41	113.48	4.89
	6.0	20.36	15.98	297.73	52.23	3.82		9.0	38.74	30.41	912.71	125.03	4.85
	6.5	21.95	17.23	318.26	55.84	3.81		10	42.73	33.54	993.16	136.05	4.82
	7.0	23.53	18.47	338.19	59.33	3.79	152	4.5	20.85	16.37	567.61	74.69	5.22
	7.5	25.09	19.70	357.58	62.73	3.77		5.0	23.09	18.13	624.43	82.16	5.20
	8.0	26.64	20.91	376.30	66.02	3.76		5.5	25.31	19.87	680.06	89.48	5.18
121	4.0	14.70	11.54	251.87	41.63	4.14		6.0	27.52	21.60	734.52	96.65	5.17
	4.5	16.47	12.93	279.83	46.25	4.12		6.5	29.71	23.32	787.82	103.66	5.15
	5.0	18.22	14.30	307.05	50.75	4.11		7.0	31.89	25.03	839.99	110.52	5.13
	5.5	19.96	15.67	333.54	55.13	4.09		7.5	34.05	26.73	891.03	117.24	5.12
	6.0	21.68	17.02	359.32	59.39	4.07		8.0	36.19	28.41	940.97	123.81	5.10
	6.5	23.38	18.35	384.40	63.54	4.05		9.0	40.43	31.74	1 037.59	136.53	5.07
	7.0	25.07	19.68	408.80	67.57	4.04		10	44.61	35.02	1 129.99	148.68	5.03
	7.5	26.74	20.99	432.51	71.49	4.02							
	8.0	28.40	22.29	455.57	75.30	4.01							

续附表 1-9

尺寸/mm		截面面积 A/cm²	单位重量/(kg·m⁻¹)	截面特性			尺寸/mm		截面面积 A/cm²	单位重量/(kg·m⁻¹)	截面特性		
d	t			I/cm⁴	W/cm³	i/cm	d	t			I/cm⁴	W/cm³	i/cm
159	4.5	21.84	17.15	652.27	82.05	5.46	219	6.0	40.15	31.52	2 278.74	208.10	7.53
	5.0	24.19	18.99	717.88	90.30	5.45		6.5	43.39	34.06	2 451.64	223.89	7.52
	5.5	26.52	20.82	782.18	98.39	5.43		7.0	46.62	36.60	2 622.04	239.46	7.50
	6.0	28.84	22.64	845.19	106.31	5.41		7.5	49.83	39.12	2 789.96	254.79	7.48
	6.5	31.14	24.45	906.92	114.08	5.40		8.0	53.03	41.63	2 955.43	269.90	7.47
	7.0	33.43	26.24	967.41	121.69	5.38		9.0	59.38	46.61	3 279.12	299.46	7.43
	7.5	35.70	28.02	1 026.65	129.14	5.36		10	65.66	51.54	3 593.29	328.15	7.40
	8.0	37.95	29.79	1 084.67	136.44	5.35		12	78.04	61.26	4 193.81	383.00	7.33
	9.0	42.41	33.29	1 197.12	150.58	5.31		14	90.16	70.78	4 758.50	434.57	7.26
	10	46.81	36.75	1 304.88	164.14	5.28		16	102.04	80.10	5 288.81	483.00	7.20
168	4.5	23.11	18.14	772.96	92.02	5.78	245	6.5	48.70	38.23	3 465.46	282.89	8.44
	5.0	25.60	20.10	851.14	101.33	5.77		7.0	52.34	41.08	3 709.06	302.78	8.42
	5.5	28.08	22.04	927.85	110.46	5.75		7.5	55.96	43.93	3 949.52	322.49	8.40
	6.0	30.54	23.97	1 003.12	119.42	5.73		8.0	59.56	46.76	4 186.87	341.79	8.38
	6.5	32.98	25.89	1 076.95	128.21	5.71		9.0	66.73	52.38	4 652.32	379.78	8.35
	7.0	35.41	27.79	1 149.36	136.83	5.70		10	73.83	57.95	5 105.63	416.79	8.32
	7.5	37.82	29.69	1 220.38	145.28	5.68		12	87.84	68.95	5 976.67	487.89	8.25
	8.0	40.21	31.57	1 290.01	153.57	5.66		14	101.60	79.76	6 801.68	555.24	8.18
	9.0	44.96	35.29	1 425.22	169.67	5.63		16	115.11	90.36	7 582.30	618.96	8.12
	10	49.64	38.97	1 555.13	185.13	5.60	273	6.5	54.42	42.72	4 834.18	354.15	9.42
180	5.0	27.49	21.58	1 053.17	117.02	6.19		7.0	58.50	45.92	5 177.30	379.29	9.41
	5.5	30.15	23.67	1 148.79	127.64	6.17		7.5	62.56	49.11	5 516.47	404.14	9.39
	6.0	32.80	25.75	1 242.72	138.08	6.16		8.0	66.60	52.28	5 851.71	428.70	9.37
	6.5	35.43	27.81	1 335.00	148.33	6.14		9.0	74.64	58.60	6 510.56	476.96	9.34
	7.0	38.04	29.87	1 425.63	158.40	6.12		10	82.62	64.86	7 154.09	524.11	9.31
	7.5	40.64	31.91	1 514.64	168.29	6.10		12	98.39	77.24	8 396.14	615.10	9.24
	8.0	43.23	33.93	1 602.04	178.00	6.09		14	113.91	89.42	9 579.75	701.81	9.17
	9.0	48.35	37.95	1 772.12	196.90	6.05		16	129.18	101.41	10 706.79	784.38	9.10
	10	53.41	41.92	1 936.01	215.11	6.02	299	7.5	68.68	53.92	7 300.02	488.30	10.31
	12	63.33	49.72	2 245.84	249.54	5.95		8.0	73.14	57.41	7 747.42	518.22	10.29
194	5.0	29.69	23.31	1 326.54	136.76	6.68		9.0	82.00	64.37	8 628.09	577.13	10.26
	5.5	32.57	25.57	1 447.86	149.26	6.67		10	90.79	71.27	9 490.15	634.79	10.22
	6.0	35.44	27.82	1 567.21	161.57	6.65		12	108.20	84.93	11 159.52	746.46	10.16
	6.5	38.29	30.06	1 684.61	173.67	6.63		14	125.35	98.40	12 757.61	853.35	10.09
	7.0	41.12	32.28	1 800.08	185.57	6.62		16	142.25	111.67	14 286.48	955.62	10.02
	7.5	43.94	34.50	1 913.64	197.28	6.60	325	7.5	74.81	58.73	9 431.80	580.42	11.23
	8.0	46.75	36.70	2 025.31	208.79	6.58		8.0	79.67	62.54	10 013.92	616.24	11.21
	9.0	52.31	41.06	2 243.08	231.25	6.55		9.0	89.35	70.14	11 161.33	686.85	11.18
	10	57.81	45.38	2 453.55	252.94	6.51		10	98.96	77.68	12 286.52	756.09	11.14
	12	68.61	53.86	2 853.25	294.15	6.45		12	118.00	92.63	14 471.45	890.55	11.07
203	6.0	37.13	29.15	1 803.07	177.64	6.97		14	136.78	107.38	16 570.98	1 019.75	11.01
	6.5	40.13	31.50	1 938.81	191.02	6.95		16	155.32	121.93	18 587.38	1 143.84	10.94
	7.0	43.10	33.84	2 072.43	204.18	6.93	351	8.0	86.21	67.67	12 684.36	722.76	12.13
	7.5	46.06	36.16	2 203.94	217.14	6.92		9.0	96.70	75.91	14 147.55	806.13	12.10
	8.0	49.01	38.47	2 333.37	229.89	6.90		10	107.13	84.10	15 584.62	888.01	12.06
	9.0	54.85	43.06	2 586.08	254.79	6.87		12	127.80	100.32	18 381.63	1 047.39	11.99
	10	60.63	47.60	2 830.72	278.89	6.83		14	148.22	116.35	21 077.86	1 201.02	11.93
	12	72.01	56.52	3 296.49	324.78	6.77		16	168.39	132.19	23 675.75	1 349.05	11.86
	14	83.13	65.25	3 732.07	367.69	6.70							
	16	94.00	73.79	4 138.78	407.76	6.64							

注:热轧无缝钢管的通常长度为 3～12 m。

附表 1-10　电焊钢管的规格及截面特性(按 YB 242-63)

I——截面惯性矩；
W——截面抵抗矩；
i——截面回转半径。

尺寸/mm d	t	截面面积 A/cm²	单位重量/(kg·m⁻¹)	I/cm⁴	W/cm³	i/cm	尺寸/mm d	t	截面面积 A/cm²	单位重量/(kg·m⁻¹)	I/cm⁴	W/cm³	i/cm
32	2.0	1.88	1.48	2.13	1.35	1.06	89	2.0	5.47	4.29	51.75	11.63	3.08
	2.5	2.32	1.82	2.54	1.59	1.05		2.5	6.79	5.33	63.59	14.29	3.06
38	2.0	2.26	1.78	3.68	1.93	1.27		3.0	8.11	6.36	75.02	16.86	3.04
	2.5	2.79	2.19	4.41	2.32	1.26		3.5	9.40	7.38	86.05	19.34	3.03
40	2.0	2.39	1.87	4.32	2.16	1.35		4.0	10.68	8.38	96.68	21.73	3.01
	2.5	2.95	2.31	5.20	2.60	1.33		4.5	11.95	9.38	106.92	24.03	2.99
42	2.0	2.51	1.97	5.04	2.40	1.42	95	2.0	5.84	4.59	63.20	13.31	3.29
	2.5	3.10	2.44	6.07	2.89	1.40		2.5	7.26	5.70	77.76	16.37	3.27
45	2.0	2.70	2.12	6.26	2.78	1.52		3.0	8.67	6.81	91.83	19.33	3.25
	2.5	3.34	2.62	7.56	3.36	1.51		3.5	10.06	7.90	105.45	22.20	3.24
	3.0	3.96	3.11	8.77	3.90	1.49	102	2.0	6.28	4.93	78.57	15.41	3.54
51	2.0	3.08	2.42	9.26	3.63	1.73		2.5	7.81	6.13	96.77	18.97	3.52
	2.5	3.81	2.99	11.23	4.40	1.72		3.0	9.33	7.32	114.42	22.43	3.50
	3.0	4.52	3.55	13.08	5.13	1.70		3.5	10.83	8.50	131.52	25.79	3.48
	3.5	5.22	4.10	14.81	5.81	1.68		4.0	12.32	9.67	148.09	29.04	3.47
53	2.0	3.20	2.52	10.43	3.94	1.80		4.5	13.78	10.82	164.14	32.18	3.45
	2.5	3.97	3.11	12.67	4.78	1.79		5.0	15.24	11.96	179.68	35.23	3.43
	3.0	4.71	3.70	14.48	5.58	1.77	108	3.0	9.90	7.77	136.49	25.28	3.71
	3.5	5.44	4.27	16.75	6.32	1.75		3.5	11.49	9.02	157.02	29.08	3.70
57	2.0	3.46	2.71	13.08	4.59	1.95		4.0	13.07	10.26	176.95	32.77	3.68
	2.5	4.28	3.36	15.93	5.59	1.93	114	3.0	10.46	8.21	161.24	28.29	3.93
	3.0	5.09	4.00	18.61	6.53	1.91		3.5	12.15	9.54	185.63	32.57	3.91
	3.5	5.88	4.62	21.14	7.42	1.90		4.0	13.82	10.85	209.35	36.73	3.89
60	2.0	3.64	2.86	15.34	5.11	2.05		4.5	15.48	12.15	232.41	40.77	3.87
	2.5	4.52	3.55	18.70	6.23	2.03		5.0	17.12	13.44	254.81	44.70	3.86
	3.0	5.37	4.22	21.88	7.29	2.02	121	3.0	11.12	8.73	193.69	32.01	4.17
	3.5	6.21	4.88	24.88	8.29	2.00		3.5	12.92	10.14	223.17	36.89	4.16
63.5	2.0	3.86	3.03	18.29	5.76	2.18		4.0	14.70	11.54	251.87	41.63	4.14
	2.5	4.79	3.76	22.32	7.03	2.16	127	3.0	11.69	9.17	224.75	35.39	4.39
	3.0	5.70	4.48	26.15	8.24	2.14		3.5	13.58	10.6	259.11	40.80	4.37
	3.5	6.60	5.18	29.79	9.38	2.12		4.0	15.46	12.13	292.61	46.08	4.35
70	2.0	4.27	3.35	24.72	7.06	2.41		4.5	17.32	13.59	325.29	51.23	4.33
	2.5	5.30	4.16	30.23	8.64	2.39		5.0	19.16	15.04	357.10	56.24	4.32
	3.0	6.31	4.96	35.50	10.14	2.37	133	3.5	14.24	11.18	298.71	44.92	4.58
	3.5	7.31	5.74	40.53	11.58	2.35		4.0	16.21	12.73	337.53	50.76	4.56
	4.5	9.26	7.27	49.89	14.26	2.32		4.5	18.17	14.26	375.42	56.45	4.55
76	2.0	4.65	3.65	31.85	8.38	2.62		5.0	20.11	15.78	412.40	62.02	4.53
	2.5	5.77	4.53	39.03	10.27	2.60	140	3.5	15.01	11.78	349.79	49.97	4.83
	3.0	6.88	5.40	45.91	12.08	2.58		4.0	17.09	13.42	395.47	56.50	4.81
	3.5	7.97	6.26	52.50	13.82	2.57		4.5	19.16	15.04	440.12	62.87	4.79
	4.0	9.05	7.10	58.81	15.48	2.55		5.0	21.21	16.65	483.76	69.11	4.78
	4.5	10.11	7.93	64.85	17.07	2.53		5.5	23.24	18.24	526.40	75.20	4.76
83	2.0	5.09	4.00	41.76	10.06	2.86	152	3.5	16.33	12.82	450.35	59.26	5.25
	2.5	6.32	4.96	51.26	12.35	2.85		4.0	18.60	14.60	509.59	67.05	5.23
	3.0	7.54	5.92	60.40	14.56	2.83		4.5	20.85	16.37	567.61	74.69	5.22
	3.5	8.74	6.86	69.19	16.67	2.81		5.0	23.09	18.13	624.43	82.16	5.20
	4.0	9.93	7.79	77.64	18.71	2.80		5.5	25.31	19.87	680.06	89.48	5.18
	4.5	11.10	8.71	85.76	20.67	2.78							

注:电焊钢管的通常长度:$d=32\sim70$ mm 时,为 $3\sim10$ m;$d=76\sim152$ mm 时,为 $4\sim10$ m。

附表 1-11　热轧(普通)钢筋强度标准值和强度设计值 /(N·mm^{-2})

种类	符号	d/mm	f_{yk}	f_y	f_y'
HPB300	Φ	6～14	300	270	270
HRB335	Φ	6～14	335	300	300
HRB400 HRBF400 RRB400	Φ Φ^F Φ^R	6～50	400	360	360
HRB500 HRBF500	Φ Φ^F	6～50	500	435	435

注:用作受剪、受扭、受冲切承载力计算的箍筋,抗拉设计强度 f_{yv} 按表中 f_y 的数值取用,但其数值不应大
于 360 N/mm^2。

附表 1-12　钢筋混凝土结构中钢筋疲劳应力幅限值 /(N·mm^{-2})

疲劳应力比值 $\rho_s{}^f$	疲劳应力幅限值 Δf_y^t	
	HRB335	HRB400
0	175	175
0.1	162	162
0.2	154	156
0.3	144	149
0.4	131	137
0.5	115	123
0.6	97	106
0.7	77	85
0.8	54	60
0.9	28	31

注:当纵向受拉钢筋采用闪光接触对焊连接时,其接头处的钢筋疲劳应力幅限值应按表中数值乘以 0.8 取用。

附表 1-13　预应力钢筋强度标准值和强度设计值 /(N·mm^{-2})

种类		符号	d/mm	f_{ptk}	f_{py}	f_{py}'
中强度预应力钢丝	光面螺旋肋	Φ^{pM} Φ^{HM}	5、7、9	800	510	410
				970	650	
				1 270	810	
预应力螺纹钢筋	螺纹	Φ^{T}	18、25、32、40、50	980	650	410
				1 080	770	
				1 230	900	
消除应力钢丝	光面螺旋肋	Φ^{P} Φ^{H}	5	1 570	1 110	410
				1 860	1 320	
			7	1 570	1 110	
			9	1 470	1 040	
				1 570	1 110	
钢绞线	1×3（三股）	Φ^{S}	8.6、10.8、12.9	1 570	1 110	390
				1 860	1 320	
				1 960	1 390	
	1×7（七股）		9.5、12.7、15.2、17.8	1 720	1 220	
				1 860	1 320	
				1 960	1 390	
			21.6	1 860	1 320	

注:(1) 极限强度标准值为 1 960 N/mm^2 的钢绞线作为后张预应力配筋时,应有可靠的工程经验;

(2) 当预应力筋的强度标准值不符合表中规定时,其强度设计值应该进行相应的比例换算;

(3) 钢绞线直径 d 系指钢绞线外接圆直径。

附表 1-14　钢筋弹性模量 /(N·mm^{-2})

牌号或种类	弹性模量 E_s
HPB300 钢筋	2.10×10^5
HRB335、HRB400、HRB500 钢筋 HRBF400、HRBF500 钢筋 RRB400 钢筋 预应力螺纹钢筋	2.00×10^5
消除应力钢丝、中强度预应力钢丝	2.05×10^5
钢绞线	1.95×10^5

注:必要时可采用实测的弹性模量。

附表 1－15　混凝土强度的力学性能指标

强度等级		C15	C20	C25	C30	C35	C40	C45	C50	C55	C60	C65	C70	C75	C80
标准值	轴心抗压 f_{ck} /(N·mm^{-2})	10.0	13.4	16.7	20.1	23.4	26.8	29.6	32.4	35.5	38.5	41.5	44.5	47.4	50.2
	轴心抗拉 f_{tk} /(N·mm^{-2})	1.27	1.54	1.78	2.01	2.20	2.39	2.51	2.64	2.74	2.85	2.93	2.99	3.05	3.10
设计值	轴心抗压 f_c /(N·mm^{-2})	7.2	9.6	11.9	14.3	16.7	19.1	21.1	23.1	25.3	27.5	29.7	31.8	33.8	35.9
	轴心抗拉 f_t /(N·mm^{-2})	0.91	1.10	1.27	1.43	1.57	1.71	1.80	1.89	1.96	2.04	2.09	2.14	2.18	2.22
弹性模量 E_c ×10^4/(N·mm^{-2})		2.20	2.55	2.80	3.00	3.15	3.25	3.35	3.45	3.55	3.60	3.65	3.70	3.75	3.80

注：(1) 当有可靠试验依据时，弹性模量可以根据实测数据确定；
　　(2) 当混凝土中掺有大量的矿物掺合料时，弹性模量可以按照规定龄期根据实测数据确定。

附表 1－16－1　混凝土受压疲劳强度修正系数

ρ_c^f	$0 \leqslant \rho_c^f < 0.1$	$0.1 \leqslant \rho_c^f < 0.2$	$0.2 \leqslant \rho_c^f < 0.3$	$0.3 \leqslant \rho_c^f < 0.4$	$0.4 \leqslant \rho_c^f < 0.5$	$\rho_c^f \geqslant 0.5$
γ_p	0.68	0.74	0.80	0.86	0.93	1.00

附表 1－16－2　混凝土受拉疲劳强度修正系数

ρ_c^f	$0 < \rho_c^f < 0.1$	$0.1 \leqslant \rho_c^f < 0.2$	$0.2 \leqslant \rho_c^f < 0.3$	$0.3 \leqslant \rho_c^f < 0.4$	$0.4 \leqslant \rho_c^f < 0.5$	$0.5 \leqslant \rho_c^f < 0.6$
γ_p	0.63	0.66	0.69	0.72	0.74	0.76

ρ_c^f	$0.6 \leqslant \rho_c^f < 0.7$	$0.7 \leqslant \rho_c^f < 0.8$	$\rho_c^f \geqslant 0.8$
γ_p	0.80	0.90	1.00

注：直接承受疲劳荷载的混凝土构件，当采用蒸汽养护时，养护温度不宜高于60℃。

附表 1－17　烧结普通砖和烧结多孔砖砌体抗压强度标准值和设计值

类别	砖强度等级	砂浆强度等级					砂浆强度
		M15	M10	M7.5	M5	M2.5	0
强度标准值	MU30	6.30	5.23	4.69	4.15	3.61	1.84
	MU25	5.75	4.77	4.28	3.79	3.30	1.68
	MU20	5.15	4.27	3.83	3.39	2.95	1.50
	MU15	4.46	3.70	3.32	2.94	2.56	1.30
	MU10	3.64	3.02	2.71	2.40	2.09	—
强度设计值	MU30	3.94	3.27	2.93	2.59	2.26	1.15
	MU25	3.60	2.98	2.68	2.37	2.06	1.05
	MU20	3.22	2.67	2.39	2.12	1.84	0.94
	MU15	2.79	2.31	2.07	1.83	1.60	0.82
	MU10	—	1.89	1.69	1.50	1.30	0.67

附表 1-18　混凝土普通砖和混凝土多孔砖砌体抗压强度设计值/MPa

砖强度等级	砂浆强度等级					砂浆强度
	Mb20	Mb15	Mb10	Mb7.5	Mb5	0
MU30	4.61	3.94	3.27	2.93	2.59	1.15
MU25	4.21	3.60	2.98	2.68	2.37	1.05
MU20	3.77	3.22	2.67	2.39	2.12	0.94
MU15	—	2.79	2.31	2.07	1.83	0.82

注：当烧结多孔砖的孔洞率大于30%时，表中数值乘以0.9。

附表 1-19　毛料石砌体抗压强度设计值/MPa

类别	石材强度等级	砂浆强度等级			砂浆强度
		M7.5	M5	M2.5	0
强度设计值	MU100	5.42	4.80	4.18	2.13
	MU80	4.85	4.29	3.73	1.91
	MU60	4.20	3.71	3.23	1.65
	MU50	3.83	3.39	2.95	1.51
	MU40	3.43	3.04	2.64	1.35
	MU30	2.97	2.63	2.29	1.17
	MU20	2.43	2.15	1.87	0.95

注：(1) 适用于块体高度180～350 mm。

（2）对细料石砌体、粗料石砌体和干砌勾缝石砌体，表中数值应分别乘以调整系数1.4、1.2和0.8。

附表 1-20　毛石砌体抗压强度设计值/MPa

类别	石材强度等级	砂浆强度等级			砂浆强度
		M7.5	M5	M2.5	0
强度设计值	MU100	1.27	1.12	0.98	0.34
	MU80	1.13	1.00	0.87	0.30
	MU60	0.98	0.87	0.76	0.26
	MU50	0.90	0.80	0.69	0.23
	MU40	0.80	0.71	0.62	0.21
	MU30	0.69	0.61	0.53	0.18
	MU20	0.56	0.51	0.44	0.15

附表 1-21   沿砌体灰缝截面破坏时砌体的轴心抗拉、弯曲抗拉和抗剪强度设计值/MPa

受力特征	破坏特征	砌体种类	砂浆强度等级			
			≥M10	M7.5	M5	M2.5
轴心抗拉	沿齿缝	烧结普通砖、烧结多孔砖	0.19	0.16	0.13	0.09
		混凝土普通砖、混凝土多孔砖	0.19	0.16	0.13	—
		蒸压灰砂普通砖、蒸压粉煤灰普通砖	0.12	0.10	0.08	—
		混凝土和轻集料混凝土砌块	0.09	0.08	0.07	—
		毛石	—	0.07	0.06	0.04
弯曲抗拉	沿齿缝	烧结普通砖、烧结多孔砖	0.33	0.29	0.23	0.17
		混凝土普通砖、混凝土多孔砖	0.33	0.29	0.23	—
		蒸压灰砂普通砖、蒸压粉煤灰普通砖	0.24	0.20	0.16	—
		混凝土和轻集料混凝土砌块	0.11	0.09	0.08	—
		毛石	—	0.11	0.09	0.07
	沿通缝	烧结普通砖、烧结多孔砖	0.17	0.14	0.11	0.08
		混凝土普通砖、混凝土多孔砖	0.17	0.14	0.11	—
		蒸压灰砂普通砖、蒸压粉煤灰普通砖	0.12	0.10	0.08	—
		混凝土和轻集料混凝土砌块	0.08	0.06	0.05	—
抗剪		烧结普通砖、烧结多孔砖	0.17	0.14	0.11	0.08
		混凝土普通砖、混凝土多孔砖	0.17	0.14	0.11	—
		蒸压灰砂普通砖、蒸压粉煤灰普通砖	0.12	0.10	0.08	—
		混凝土和轻集料混凝土砌块	0.09	0.08	0.06	—
		毛石	—	0.19	0.16	0.11

注:(1) 对于用形状规则的块体砌筑的砌体,当搭接长度与块体高度的比值小于1时,其轴心抗拉强度设计值和弯曲抗拉强度设计值应该按表中数值乘以搭接长度与块体高度的比值后采用;

(2) 表中数值是依据普通砂浆砌筑的砌体确定,采用经研究性试验且通过技术鉴定的专用砂浆砌筑的蒸压灰砂普通砖、蒸压粉煤灰普通砖砌体,其抗剪强度应按相应普通砂浆强度等级砌筑的烧结普通砖砌体采用;

(3) 对混凝土普通砖、混凝土多孔砖、混凝土和轻集料混凝土砌块砌体,表中的砂浆强度分别为≥Mb10、Mb7.5 和 Mb5。

砌体种类	砂浆强度等级			
	≥M10	M7.5	M5	M2.5
烧结普通砖、烧结多孔砖砌体	1 600f	1 600f	1 600f	1 390f
混凝土普通砖、混凝土多孔砖砌体	1 600f	1 600f	1 600f	—
蒸压灰砂普通砖、蒸压粉煤灰普通砖	1 060f	1 060f	1 060f	—
非灌孔混凝土砌块砌体	1 700f	1 600f	1 500f	—
粗料石、毛料石、毛石砌体	—	5 650	4 000	2 250
细料石砌体	—	17 000	12 000	6 750

注:(1) 轻集料混凝土砌块砌体的弹性模量可按表中混凝土砌块砌体的弹性模量采用;
　　(2) 表中砌体抗压强度设计值不按《砌体结构设计规范》GB5003—2011 中 3.2.3 条进行调整;
　　(3) 表中砂浆为普通砂浆,采用专用砂浆砌筑的砌体的弹性模量也按此表取值;
　　(4) 对混凝土普通砖、混凝土多孔砖、混凝土和轻集料混凝土砌块砌体,表中的砂浆强度等级分别为:≥Mb10、
　　　　Mb7.5 和 Mb5;
　　(5) 对蒸压灰砂普通砖和蒸压粉煤灰普通砖砌体,当采用专用砂浆砌筑时,其强度设计值按表中数值采用。

附表 1－23　砌体的线膨胀系数和收缩率

砌体种类	线膨胀系数	收缩率(mm/m)
烧结粘土砖	$5 \times 10^{-6}/℃$	−0.1
蒸压灰砂普通砖和蒸压粉煤灰普通砖	$8 \times 10^{-6}/℃$	−0.2
混凝土砌块	$10 \times 10^{-6}/℃$	−0.2
轻集料混凝土砌块	$10 \times 10^{-6}/℃$	−0.3
料石、毛石	$8 \times 10^{-6}/℃$	—

注:表中收缩率系由达到收缩允许标准的块体砌筑 28 天的砌体收缩率系数,当有可靠试验数据时,亦可采用当地的试
　　验数据。

附表 1－24　砌体轴心抗压强度平均值计算的有关系数

砌体种类	k_1	α	k_2
烧结普通砖、烧结多孔砖、 蒸压灰砂普通砖、蒸压粉煤灰普通砖	0.78	0.5	当 $f_2 < 1$ 时,$k_2 = 0.6 + 0.4 f_2$
混凝土砌块	0.46	0.9	当 $f_2 = 0$ 时,$k_2 = 0.8$
料　石	0.79	0.5	当 $f_2 < 1$ 时,$k_2 = 0.6 + 0.4 f_2$
毛　石	0.22	0.5	当 $f_2 < 2.5$ 时,$k_2 = 0.4 + 0.24 f_2$

注:(1) k_2 在表列条件以外时均等于 1;
　　(2) 对混凝土砌块,当 $f_2 > 10$ 时,应乘以系数 $1.1 - 0.01 f_2$,MU20 的砌体应乘以系数 0.95,且满足 $f_1 \geqslant f_2$,f_1
　　　　$\leqslant 20$。

附表 1-25 砌体轴心抗拉、弯曲抗拉和抗剪强度平均值计算系数

砌体种类	k_3	k_4		k_5
		沿齿缝	沿通缝	
烧结普通砖、烧结多孔砖	0.141	0.250	0.125	0.125
蒸压灰砂普通砖、蒸压粉煤灰普通砖	0.09	0.18	0.09	0.09
混凝土砌块	0.069	0.081	0.056	0.069
毛石	0.075	0.113	—	0.188

附表 1-26 焊缝的强度指标（N/mm²）

焊接方法和焊条型号	构件钢材		对接焊缝强度设计值				角焊缝强度设计值 抗拉、抗压和抗剪 f_f^w	对接焊缝抗拉强度 f_u^w	角焊缝抗拉、抗压和抗剪强度 f_u^f
	牌号	厚度或直径（mm）	抗压 f_c^w	焊缝质量为下列等级时，抗拉 f_t^w		抗剪 f_v^w			
				一级、二级	三级				
自动焊、半自动焊和 E43 型焊条手工焊	Q235	≤16	215	215	185	125	160	415	240
		>16,≤40	205	205	175	120			
		>40,≤100	200	200	170	115			
自动焊、半自动焊和 E50、E55 型焊条手工焊	Q345	≤16	305	305	260	175	200	480(E50) 540(E55)	280(E50) 315(E55)
		>16,≤40	295	295	250	170			
		>40,≤63	290	290	245	165			
		>63,≤80	280	280	240	160			
		>80,≤100	270	270	230	155			
	Q390	≤16	345	345	295	200	200(E50) 220(E55)		
		>16,≤40	330	330	280	190			
		>40,≤63	310	310	265	180			
		>63,≤100	295	295	250	170			
自动焊、半自动焊和 E55、E60 型焊条手工焊	Q420	≤16	375	375	320	215	220(E55) 240(E60)	540(E55) 590(E60)	315(E55) 340(E60)
		>16,≤40	355	355	300	205			
		>40,≤63	320	320	270	185			
		>63,≤100	305	305	260	175			
自动焊、半自动焊和 E55、E60 型焊条手工焊	Q460	≤16	410	410	350	235	220(E55) 240(E60)	540(E55) 590(E60)	315(E55) 340(E60)
		>16,≤40	390	390	330	225			
		>40,≤63	355	355	300	205			
		>63,≤100	340	340	290	195			
自动焊、半自动焊和 E50、E55 型焊条手工焊	Q345GJ	>16,≤35	310	310	265	180	200	480(E50) 540(E55)	280(E50) 315(E55)
		>35,≤50	290	290	245	170			
		>50,≤100	285	285	240	165			

注：表中厚度系指计算点的钢材厚度，对轴心受拉和轴心受压构件系指截面中较厚板件的厚度。

钢材牌号		钢材厚度或直径(mm)	强度设计值			屈服强度 f_y	抗拉强度 f_u
			抗拉、抗压、抗弯 f	抗剪 f_v	端面承压(刨平顶紧) f_{ce}		
碳素结构钢	Q235	≤16	215	125	320	235	370
		>16,≤40	205	120		225	
		>40,≤100	200	115		215	
低合金高强度结构钢	Q345	≤16	305	175	400	345	470
		>16,≤40	295	170		335	
		>40,≤63	290	165		325	
		>63,≤80	280	160		315	
		>80,≤100	270	155		305	
	Q390	≤16	345	200	415	390	490
		>16,≤40	330	190		370	
		>40,≤63	310	180		350	
		>63,≤100	295	170		330	
	Q420	≤16	375	215	440	420	520
		>16,≤40	355	205		400	
		>40,≤63	320	185		380	
		>63,≤100	305	175		360	
	Q460	≤16	410	235	470	460	550
		>16,≤40	390	225		440	
		>40,≤63	355	205		420	
		>63,≤100	340	195		400	

注:(1) 表中直径指实芯棒材直径,厚度系指计算点的钢材或钢管壁厚度,对轴心受拉和轴心受压构件系指截面中较厚板件的厚度。

(2) 冷弯型材和冷弯钢管,其强度设计值应按现行有关国家标准的规定采用。

螺栓直径 d/mm	螺　距 p/mm	螺栓有效直径 d_e/mm	螺栓有效面积 A_e/mm^2
16	2.0	14.1236	156.7
18	2.5	15.6545	192.5
20	2.5	17.6545	244.8
22	2.5	19.6545	303.4
24	3.0	21.1854	352.5
27	3.0	24.1854	459.4
30	3.5	26.7163	560.6
33	3.5	29.7163	693.6
36	4.0	32.2472	816.7
39	4.0	35.2472	975.8
42	4.5	37.7781	1 121
45	4.5	40.7781	1 306

注:表中的螺栓有效面积 A_e 值系按下式算得

$$A_e = \frac{\pi}{4}\left(d - \frac{13}{24}\sqrt{3}\,p\right)^2$$

附录 1 - 29　截面塑性发展系数应按下列规定取值

1. 对工字形和箱形截面,当截面板件宽厚比等级为 S4 或 S5 级时,截面塑性发展系数应取为 1.0,当截面板件宽厚比等级为 S1、S2 及 S3 时,截面塑性发展系数应按下列规定取值:

(1) 工字形截面(x 轴为强轴,y 轴为弱轴):$\gamma_x = 1.05$,$\gamma_y = 1.20$;

(2) 箱形截面:$\gamma_x = \gamma_y = 1.05$。

2. 其他截面应根据其受压板件的内力分布情况确定其截面塑性发展系数。

3. 对需要计算疲劳的梁,宜取 $\gamma_x = \gamma_y = 1.0$。

附录 2　宽厚比等级规定

进行受弯和压弯构件计算时,截面板件宽厚比等级及限值应符合附表 2-1 的规定,其中参数 α_0 应按下式计算:

$$\alpha_0 = \frac{\sigma_{max} - \sigma_{min}}{\sigma_{max}} \qquad (附 2-1)$$

式中　σ_{max}——腹板计算边缘的最大压应力(N/mm^2);

　　　σ_{min}——腹板计算高度另一边缘相应的应力(N/mm^2),压应力取正值,拉应力取负值。

附表 2-1　压弯和受弯构件的截面板件宽厚比等级及限值

构件	截面板件宽厚比等级		S1 级	S2 级	S3 级		S4 级	S5 级
压弯构件(框架柱)	H 形截面	翼缘 b/t	$9\varepsilon_k$	$11\varepsilon_k$	$13\varepsilon_k$		$15\varepsilon_k$	20
		腹板 h_0/t_w	$(33+13\alpha_0^{1.3})\varepsilon_k$	$(38+13\alpha_0^{1.39})\varepsilon_k$	$0\leqslant\alpha_0\leqslant1.6$　$(16\alpha_0+0.5\lambda+25)\varepsilon_k$		$(45+25\alpha_0^{1.66})\varepsilon_k$	250
					$1.6<\alpha_0\leqslant2.0$　$(48\alpha_0+0.5\lambda-26.2)\varepsilon_k$			
	箱形截面	壁板(腹板)间翼缘 b_0/t	$30\varepsilon_k$	$35\varepsilon_k$	$0\leqslant\alpha_0\leqslant1.6$	$(12.8\alpha_0+0.4\lambda+20)\varepsilon_k$ 且不小于 $40\varepsilon_k$	$45\varepsilon_k$	—
					$1.6<\alpha_0\leqslant2.0$	$(38.4\alpha_0+0.4\lambda-21)\varepsilon_k$		
	圆钢管截面	径厚比 D/t	$50\varepsilon_k^2$	$70\varepsilon_k^2$	$90\varepsilon_k^2$		$100\varepsilon_k^2$	—
受弯构件(梁)	工字形截面	翼缘 b/t	$9\varepsilon_k$	$11\varepsilon_k$	$13\varepsilon_k$		$15\varepsilon_k$	20
		腹板 h_0/t_w	$65\varepsilon_k$	$72\varepsilon_k$	$(40.4+0.5\lambda)\varepsilon_k$		$124\varepsilon_k$	250
	箱形截面	壁板(腹板)间翼缘 b_0/t	$25\varepsilon_k$	$32\varepsilon_k$	$37\varepsilon_k$		$42\varepsilon_k$	—

注:(1) ε_k 为钢号修正系数,其值为 235 与钢材牌号中屈服点数值的比值的平方根。

(2) b 为工字形、H 形截面的翼缘外伸宽度,t、h_0、t_w 分别是翼缘厚度、腹板净高和腹板厚度。对轧制型截面,腹板净高不包括翼缘腹板过渡处圆弧段;对于箱形截面,b_0、t 分别为壁板间的距离和壁板厚度;D 为圆管截面外径;λ 为构件在弯矩平面内的长细比。

(3) 箱形截面梁及单向受弯的箱形截面柱,其腹板限值可根据 H 形截面腹板采用。

(4) 腹板的宽厚比可通过设置加劲肋减小。

(5) 当按国家标准《建筑抗震设计规范》GB 50011-2010 第 9.2.14 条第 2 款的规定设计,S5 级截面的板件宽厚比小于 S4 级经 ε_σ 修正的板件宽厚比时,可归属为 S4 级截面。ε_σ 为应力修正因子,$\varepsilon_\sigma = \sqrt{f_y/\sigma_{max}}$。

当进行抗震性能化设计时,支撑截面板件宽厚比等级及限值应符合附表 2-2 的规定。

附表 2-2　支撑截面板件宽厚比等级及限值

截面板件宽厚比等级		BS1 级	BS2 级	BS3 级
H 形截面	翼缘 b/t	$8\varepsilon_k$	$9\varepsilon_k$	$10\varepsilon_k$
	腹板 h_0/t_w	$30\varepsilon_k$	$35\varepsilon_k$	$42\varepsilon_k$
箱形截面	壁板间翼缘 b_0/t	$25\varepsilon_k$	$28\varepsilon_k$	$32\varepsilon_k$
角钢	角钢肢宽厚比 w/t	$8\varepsilon_k$	$9\varepsilon_k$	$10\varepsilon_k$
圆钢管截面	径厚比 D/t	$40\varepsilon_k^2$	$56\varepsilon_k^2$	$72\varepsilon_k^2$

注:w 为角钢平直段长度。

附录 3   钢构件的强度与稳定

一、钢梁的整体稳定系数

1. 焊接工字形等截面简支梁

焊接工字形等截面(附图 3-1)简支梁的整体稳定系数 φ_b 应按下式计算:

$$\varphi_b = \beta_b \frac{4\,320}{\lambda_y^2} \cdot \frac{Ah}{W_x}\left[\sqrt{1+\left(\frac{\lambda_y t_1}{4.4h}\right)^2}+\eta_b\right]\varepsilon_k^2 \tag{附 3-1}$$

式中　β_b——梁整体稳定的等效弯矩系数,按附表 3-1 采用;

　　　$\lambda_y = l_1/i_y$——梁在侧向支承点间对截面弱轴 $y-y$ 的长细比,i_y 为梁毛截面对 y 轴的截面回转半径;

　　　A——梁的毛截面面积;

　　　h、t_1——梁截面的全高和受压翼缘厚度;

　　　η_b——截面不对称影响系数;

　　　　　对双轴对称工字形截面(附图 3-1a)　$\eta_b = 0$

　　　　　对单轴对称工字形截面(附图 3-1b、c)

　　　　　　　加强受压翼缘　　　$\eta_b = 0.8(2\alpha_b - 1)$

　　　　　　　加强受拉翼缘　　　$\eta_b = 2\alpha_b - 1$

$\alpha_b = \dfrac{I_1}{I_1 + I_2}$,$I_1$ 和 I_2 分别为受压翼缘和受拉翼缘对 y 轴的惯性矩。

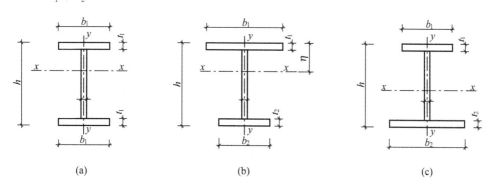

附图 3-1　焊接工字形截面

(a) 双轴对称工字形截面;(b) 加强受压翼缘的单轴对称工字形截面;(c) 加强受拉翼缘的单轴对称工字形截面

当按公式(附 3-1)算得的 φ_b 值大于 0.60 时,应用下式计算的 φ_b' 代替 φ_b 值:

$$\varphi_b' = 1.07 - \frac{0.282}{\varphi_b} \leqslant 1.0 \tag{附 3-2}$$

公式(附 3-1)亦适用于等截面铆接(或高强度螺栓连接)简支梁,其受压翼缘厚度 t_1 包括翼缘角钢厚度在内。

项次	侧向支承	荷载		$\xi=\dfrac{l_1 t_1}{b_1 h}$		适用范围
				$\xi\leqslant 2.0$	$\xi>2.0$	
1	跨中无侧向支承	均布荷载作用在	上翼缘	$0.69+0.13\xi$	0.95	附图 3-1 a、b 的截面
2			下翼缘	$1.73-0.20\xi$	1.33	
3		集中荷载作用在	上翼缘	$0.73+0.18\xi$	1.09	
4			下翼缘	$2.23-0.28\xi$	1.67	
5	跨度中点有一个侧向支承点	均布荷载作用在	上翼缘	1.15		附图 3-1 中的所有截面
6			下翼缘	1.40		
7		集中荷载作用在截面高度上任意位置		1.75		
8	跨中有不少于 2 个等距离侧向支承点	任意荷载作用在	上翼缘	1.20		
9			下翼缘	1.40		
10	梁端有弯矩,但跨中无荷载作用			$1.75-1.05\left(\dfrac{M_2}{M_1}\right)+0.3\left(\dfrac{M_2}{M_1}\right)^2$, 但小于等于 2.3		

注:(1) $\xi=\dfrac{l_1 t_1}{b_1 h}$, ξ 为参数。

(2) M_1、M_2 为梁的端弯矩,使梁产生同向曲率时 M_1 和 M_2 取同号,产生反向曲率时取异号,$|M_1|\geqslant|M_2|$。

(3) 表中项次 3、4 和 7 的集中荷载是指一个或少数几个集中荷载位于跨中央附近的情况,对其他情况的集中荷载,应按表中项次 1、2、5、6 内的数值采用。

(4) 表中项次 8、9 的 β_b,当集中荷载作用在侧向支承点处时,取 $\beta_b=1.20$。

(5) 荷载作用在上翼缘系指荷载作用点在翼缘表面,方向指向截面形心;荷载作用在下翼缘系指荷载作用点在翼缘表面,方向背向截面形心。

(6) 对 $\alpha_b>0.8$ 的加强受压翼缘工字形截面,下列情况的 β_b 值应乘以相应的系数:

项次 1　当 $\xi\leqslant 1.0$ 时　　0.95

项次 3　当 $\xi\leqslant 0.5$ 时　　0.90

　　　　当 $0.5<\xi\leqslant 1.0$ 时　0.95

2. 轧制 H 型钢简支梁

轧制 H 型钢简支梁整体稳定系数 φ_b 应按公式(附 3-1)计算,取 η_b 等于零,当所得的 φ_b 值大于 0.6 时,应按公式(附 3-2)算得相应的 φ_b' 代替 φ_b 值。

3. 轧制普通工字钢简支梁

轧制普通工字钢简支梁整体稳定系数 φ_b 应按附表 3-2 采用,当所得的 φ_b 值大于 0.60 时,应按公式(附 3-2)算得相应的 φ_b' 代替 φ_b 值。

4. 轧制槽钢简支梁

轧制槽钢简支梁的整体稳定系数,不论荷载的形式和荷载作用点在截面高度上的位置,均可按下式计算:

$$\varphi_b=\frac{570bt}{l_1 h}\cdot\varepsilon_k^2 \qquad (附 3-3)$$

式中　h、b、t——分别为槽钢截面的高度、翼缘宽度和平均厚度。

按公式(附3-3)算得的 $\varphi_b > 0.6$ 时,应按公式(附3-2)算得相应的 φ_b' 值代替 φ_b 值。

附表 3-2 轧制普通工字钢简支梁的 φ_b

项次	荷载情况			工字钢型号	自由长度 l_1/m								
					2	3	4	5	6	7	8	9	10
1	跨中无侧向支承点的梁	集中荷载作用于	上翼缘	10~20	2.00	1.30	0.99	0.80	0.68	0.58	0.53	0.48	0.43
				22~32	2.40	1.48	1.09	0.86	0.72	0.62	0.54	0.49	0.45
				36~63	2.80	1.60	1.07	0.83	0.68	0.56	0.50	0.45	0.40
2			下翼缘	10~20	3.10	1.95	1.34	1.01	0.82	0.69	0.63	0.57	0.52
				22~40	5.50	2.80	1.84	1.37	1.07	0.86	0.73	0.64	0.56
				45~63	7.30	3.60	2.30	1.62	1.20	0.96	0.80	0.69	0.60
3		均布荷载作用于	上翼缘	10~20	1.70	1.12	0.84	0.68	0.57	0.50	0.45	0.41	0.37
				22~40	2.10	1.30	0.93	0.73	0.60	0.51	0.45	0.40	0.36
				45~63	2.60	1.45	0.97	0.73	0.59	0.50	0.44	0.38	0.35
4			下翼缘	10~20	2.50	1.55	1.08	0.83	0.68	0.56	0.52	0.47	0.42
				22~40	4.00	2.20	1.45	1.10	0.85	0.70	0.60	0.52	0.46
				45~63	5.60	2.80	1.80	1.25	0.95	0.78	0.65	0.55	0.49
5	跨中有侧向支承点的梁(不论荷载作用点在截面高度上的位置)			10~20	2.20	1.39	1.01	0.79	0.66	0.57	0.52	0.47	0.42
				22~40	3.00	1.80	1.24	0.96	0.76	0.65	0.56	0.49	0.43
				45~63	4.00	2.20	1.38	1.01	0.80	0.66	0.56	0.49	0.43

注:(1) 同附表 3-1 的注(3)、(5);
  (2) 表中的 φ_b 适用于 Q235 钢,对其他钢号,表中数值应乘以 ε_k^2。

5. 双轴对称工字形等截面(含 H 型钢)悬臂梁

双轴对称工字形等截面(含 H 型钢)悬臂梁的整体稳定系数,可按公式(附3-1)计算,但式中系数 β_b 应按附表 3-3 查得,$\lambda_y = l_1/i_y$(l_1 为悬臂梁的悬伸长度)。当求得的 $\varphi_b > 0.6$ 时,应按公式(附3-2)算得相应的 φ_b' 值代替 φ_b 值。

附表 3-3 双轴对称工字形等截面(含 H 型钢)悬臂梁的系数 β_b

项次	荷载形式		$\xi = \dfrac{l_1 t}{bh}$		
			$0.60 \leqslant \xi \leqslant 1.24$	$1.24 < \xi \leqslant 1.96$	$1.96 < \xi \leqslant 3.10$
1	自由端一个集中荷载作用在	上翼缘	$0.21 + 0.67\xi$	$0.72 + 0.26\xi$	$1.17 + 0.03\xi$
2		下翼缘	$2.94 - 0.65\xi$	$2.64 - 0.40\xi$	$2.15 - 0.15\xi$
3	均布荷载作用在上翼缘		$0.62 + 0.82\xi$	$1.25 + 0.31\xi$	$1.66 + 0.10\xi$

注:本表是按支承端为固定的情况确定的。当用于由邻跨延伸出来的伸臂梁时,应在构造上采取措施加强支承处的抗扭能力。

6. 受弯构件整体稳定系数的近似计算

均匀弯曲的受弯构件,当 $\lambda_y \leqslant 120\varepsilon_k^2$ 时,其整体稳定系数 φ_b 可按下列近似公式计算:

(1) 工字形截面(含 H 型钢)

双轴对称时

$$\varphi_b = 1.07 - \frac{\lambda_y^2}{44\ 000\varepsilon_k^2} \tag{附 3-4}$$

单轴对称时

$$\varphi_b = 1.07 - \frac{W_x}{(2\alpha_b + 0.1)Ah} \cdot \frac{\lambda_y^2}{14\ 000\varepsilon_k^2} \tag{附 3-5}$$

（2）T 形截面（弯矩作用在对称轴平面，绕 x 轴）

① 弯矩使翼缘受压时

双角钢 T 形截面

$$\varphi_b = 1 - 0.001\ 7\lambda_y/\varepsilon_k \tag{附 3-6}$$

两板组合 T 形截面

$$\varphi_b = 1 - 0.002\ 2\lambda_y/\varepsilon_k \tag{附 3-7}$$

② 弯矩使翼缘受拉时

$$\varphi_b = 1.0$$

按公式（附 3-4）至公式（附 3-7）算得的 $\varphi_b > 0.60$ 时，不需按公式（附 3-2）换算成 φ_b' 值；当按公式（附 3-4）和公式（附 3-5）算得的 $\varphi_b > 1.0$ 时，取 $\varphi_b = 1.0$。

二、钢轴心受压构件的稳定系数

附表 3-4-1　a 类截面轴心受压构件的稳定系数 φ

λ/ε_k	0	1	2	3	4	5	6	7	8	9
0	1.000	1.000	1.000	1.000	0.999	0.999	0.998	0.998	0.997	0.996
10	0.995	0.994	0.993	0.992	0.991	0.989	0.988	0.986	0.985	0.983
20	0.981	0.979	0.977	0.976	0.974	0.972	0.970	0.968	0.966	0.964
30	0.963	0.961	0.959	0.957	0.955	0.952	0.950	0.948	0.946	0.944
40	0.941	0.939	0.937	0.934	0.932	0.929	0.927	0.924	0.921	0.919
50	0.916	0.913	0.910	0.907	0.904	0.900	0.897	0.894	0.890	0.886
60	0.883	0.879	0.875	0.871	0.867	0.863	0.858	0.854	0.849	0.844
70	0.839	0.834	0.829	0.824	0.818	0.813	0.807	0.801	0.795	0.789
80	0.783	0.776	0.770	0.763	0.757	0.750	0.743	0.736	0.728	0.721
90	0.714	0.706	0.699	0.691	0.684	0.676	0.668	0.661	0.653	0.645
100	0.638	0.630	0.622	0.615	0.607	0.600	0.592	0.585	0.577	0.570
110	0.563	0.555	0.548	0.541	0.534	0.527	0.520	0.514	0.507	0.500
120	0.494	0.488	0.481	0.475	0.469	0.463	0.457	0.451	0.445	0.440
130	0.434	0.429	0.423	0.418	0.412	0.407	0.402	0.397	0.392	0.387
140	0.383	0.378	0.373	0.369	0.364	0.360	0.356	0.351	0.347	0.343
150	0.339	0.335	0.331	0.327	0.323	0.320	0.316	0.312	0.309	0.305
160	0.302	0.298	0.295	0.292	0.289	0.286	0.283	0.281	0.248	0.246
170	0.270	0.267	0.264	0.262	0.259	0.256	0.253	0.251	0.248	0.246
180	0.243	0.241	0.238	0.236	0.233	0.231	0.229	0.226	0.224	0.222
190	0.220	0.218	0.215	0.213	0.211	0.209	0.207	0.205	0.203	0.201
200	0.199	0.198	0.196	0.194	0.192	0.190	0.189	0.187	0.185	0.183
210	0.182	0.180	0.179	0.177	0.175	0.174	0.172	0.171	0.169	0.168
220	0.166	0.165	0.164	0.162	0.161	0.159	0.158	0.157	0.155	0.154
230	0.153	0.152	0.150	0.149	0.148	0.147	0.146	0.144	0.143	0.142
240	0.141	0.140	0.139	0.138	0.136	0.135	0.134	0.133	0.132	0.131
250	0.130									

λ/ε_k	0	1	2	3	4	5	6	7	8	9
0	1.000	1.000	1.000	0.999	0.999	0.998	0.997	0.996	0.995	0.994
10	0.992	0.991	0.989	0.987	0.985	0.983	0.981	0.978	0.976	0.973
20	0.970	0.967	0.963	0.960	0.957	0.953	0.950	0.946	0.943	0.939
30	0.936	0.932	0.929	0.925	0.922	0.918	0.914	0.910	0.906	0.903
40	0.899	0.895	0.891	0.887	0.882	0.878	0.874	0.870	0.865	0.861
50	0.856	0.852	0.847	0.842	0.838	0.833	0.828	0.823	0.818	0.813
60	0.807	0.802	0.797	0.791	0.786	0.780	0.774	0.769	0.763	0.757
70	0.751	0.745	0.739	0.732	0.726	0.720	0.714	0.707	0.701	0.694
80	0.688	0.681	0.675	0.668	0.661	0.655	0.648	0.641	0.635	0.628
90	0.621	0.614	0.608	0.601	0.594	0.588	0.581	0.575	0.568	0.561
100	0.555	0.549	0.542	0.536	0.529	0.523	0.517	0.511	0.505	0.499
110	0.493	0.487	0.481	0.475	0.470	0.464	0.458	0.453	0.447	0.442
120	0.437	0.432	0.426	0.421	0.416	0.411	0.406	0.402	0.397	0.392
130	0.387	0.383	0.378	0.374	0.370	0.365	0.361	0.357	0.353	0.349
140	0.345	0.341	0.337	0.333	0.329	0.326	0.322	0.318	0.315	0.311
150	0.308	0.304	0.301	0.298	0.295	0.291	0.288	0.285	0.282	0.279
160	0.276	0.273	0.270	0.267	0.265	0.262	0.259	0.256	0.254	0.251
170	0.249	0.246	0.244	0.241	0.239	0.236	0.234	0.232	0.229	0.227
180	0.225	0.223	0.220	0.218	0.216	0.214	0.212	0.210	0.208	0.206
190	0.204	0.202	0.200	0.198	0.197	0.195	0.193	0.191	0.190	0.188
200	0.186	0.184	0.183	0.181	0.180	0.178	0.176	0.175	0.173	0.172
210	0.170	0.169	0.167	0.166	0.165	0.163	0.162	0.160	0.159	0.158
220	0.156	0.155	0.154	0.153	0.151	0.150	0.149	0.148	0.146	0.145
230	0.144	0.143	0.142	0.141	0.140	0.138	0.137	0.136	0.135	0.134
240	0.133	0.132	0.131	0.130	0.129	0.128	0.127	0.126	0.125	0.124
250	0.123									

附表 3-4-3　c类截面轴心受压构件的稳定系数 φ

λ/ε_k	0	1	2	3	4	5	6	7	8	9
0	1.000	1.000	1.000	0.999	0.999	0.998	0.997	0.996	0.995	0.993
10	0.992	0.990	0.988	0.986	0.983	0.981	0.978	0.976	0.973	0.970
20	0.966	0.959	0.953	0.947	0.940	0.934	0.928	0.921	0.915	0.909
30	0.902	0.896	0.890	0.884	0.877	0.871	0.865	0.858	0.852	0.846
40	0.839	0.833	0.826	0.820	0.814	0.807	0.801	0.794	0.788	0.781
50	0.775	0.768	0.762	0.755	0.748	0.742	0.735	0.729	0.722	0.715
60	0.709	0.702	0.695	0.689	0.682	0.676	0.669	0.662	0.656	0.649
70	0.643	0.636	0.629	0.623	0.616	0.610	0.604	0.597	0.591	0.584
80	0.578	0.572	0.566	0.559	0.553	0.547	0.541	0.535	0.529	0.523
90	0.517	0.511	0.505	0.500	0.494	0.488	0.483	0.477	0.472	0.467
100	0.463	0.458	0.454	0.449	0.445	0.441	0.436	0.432	0.428	0.423
110	0.419	0.415	0.411	0.407	0.403	0.399	0.395	0.391	0.387	0.383
120	0.379	0.375	0.371	0.367	0.364	0.360	0.356	0.353	0.349	0.346
130	0.342	0.339	0.335	0.332	0.328	0.325	0.322	0.319	0.315	0.312
140	0.309	0.306	0.303	0.300	0.297	0.294	0.291	0.288	0.285	0.282
150	0.280	0.277	0.274	0.271	0.269	0.266	0.264	0.261	0.258	0.256
160	0.254	0.251	0.249	0.246	0.244	0.242	0.239	0.237	0.235	0.233
170	0.230	0.228	0.226	0.224	0.222	0.220	0.218	0.216	0.214	0.212
180	0.210	0.208	0.206	0.205	0.203	0.201	0.199	0.197	0.196	0.194
190	0.192	0.190	0.189	0.187	0.186	0.184	0.182	0.181	0.179	0.178
200	0.176	0.175	0.173	0.172	0.170	0.169	0.168	0.166	0.165	0.163
210	0.162	0.161	0.159	0.158	0.157	0.156	0.154	0.153	0.152	0.151
220	0.150	0.148	0.147	0.146	0.145	0.144	0.143	0.142	0.140	0.139
230	0.138	0.137	0.136	0.135	0.134	0.133	0.132	0.131	0.130	0.129
240	0.128	0.127	0.126	0.125	0.124	0.124	0.123	0.122	0.121	0.120
250	0.119									

附表 3-4-4　d 类截面轴心受压构件的稳定系数 φ

λ/ε_k	0	1	2	3	4	5	6	7	8	9
0	1.000	1.000	0.999	0.999	0.998	0.996	0.994	0.992	0.990	0.987
10	0.984	0.981	0.978	0.974	0.969	0.965	0.960	0.955	0.949	0.944
20	0.937	0.927	0.918	0.909	0.900	0.891	0.883	0.874	0.865	0.857
30	0.848	0.840	0.831	0.823	0.815	0.807	0.799	0.790	0.782	0.774
40	0.766	0.759	0.751	0.743	0.735	0.728	0.720	0.712	0.705	0.697
50	0.690	0.683	0.675	0.668	0.661	0.654	0.646	0.639	0.632	0.625
60	0.618	0.612	0.605	0.598	0.591	0.585	0.578	0.572	0.565	0.559
70	0.552	0.546	0.540	0.534	0.528	0.522	0.516	0.510	0.504	0.498
80	0.493	0.487	0.481	0.476	0.470	0.465	0.460	0.454	0.449	0.444
90	0.439	0.434	0.429	0.424	0.419	0.414	0.410	0.405	0.401	0.397
100	0.394	0.390	0.387	0.383	0.380	0.376	0.373	0.370	0.366	0.363
110	0.359	0.356	0.353	0.350	0.346	0.343	0.340	0.337	0.334	0.331
120	0.328	0.325	0.322	0.319	0.316	0.313	0.310	0.307	0.304	0.301
130	0.299	0.296	0.293	0.290	0.288	0.285	0.282	0.280	0.277	0.275
140	0.272	0.270	0.267	0.265	0.262	0.260	0.258	0.255	0.253	0.251
150	0.248	0.246	0.244	0.242	0.240	0.237	0.235	0.233	0.231	0.229
160	0.227	0.225	0.223	0.221	0.219	0.217	0.215	0.213	0.212	0.210
170	0.208	0.206	0.204	0.203	0.201	0.199	0.197	0.196	0.194	0.192
180	0.191	0.189	0.188	0.186	0.184	0.183	0.181	0.180	0.178	0.177
190	0.176	0.174	0.173	0.171	0.170	0.168	0.167	0.166	0.164	0.163
200	0.162									

附表 3-5 各种截面回转半径的近似值

$i_x=0.30h$ $i_y=0.30b$ $i_z=0.195h$	$i_x=0.40h$ $i_y=0.21b$	$i_x=0.38h$ $i_y=0.60b$	$i_x=0.41h$ $i_y=0.22b$
$i_x=0.32h$ $i_y=0.28b$ $i_z=0.18b\dfrac{h+b}{2}$	$i_x=0.45h$ $i_y=0.235b$	$i_x=0.38h$ $i_y=0.44b$	$i_x=0.32h$ $i_y=0.49b$
$i_x=0.30h$ $i_y=0.215b$	$i_x=0.44h$ $i_y=0.28b$	$i_x=0.32h$ $i_y=0.58b$	$i_x=0.29h$ $i_y=0.50b$
$i_x=0.32h$ $i_y=0.20b$	$i_x=0.43h$ $i_y=0.43b$	$i_x=0.32h$ $i_y=0.40b$	$i_x=0.29h$ $i_y=0.45b$
$i_x=0.28h$ $i_y=0.24b$	$i_x=0.39h$ $i_y=0.20b$	$i_x=0.38h$ $i_y=0.21b$	$i_x=0.29h$ $i_y=0.29b$
$i_x=0.30h$ $i_y=0.17b$	$i_x=0.42h$ $i_y=0.22b$	$i_x=0.44h$ $i_y=0.32b$	$i_x=0.24h_{平}$ $i_y=0.41b_{平}$
$i_x=0.28h$ $i_y=0.21b$	$i_x=0.43h$ $i_y=0.24b$	$i_x=0.44h$ $i_y=0.38b$	$i_x=0.35d$
$i_x=0.21h$ $i_y=0.21b$ $i_z=0.185b$	$i_x=0.365h$ $i_y=0.275b$	$i_x=0.37h$ $i_y=0.54b$	$i=0.35h\dfrac{D+d}{2}$
$i_x=0.21h$ $i_y=0.21b$	$i_x=0.35h$ $i_y=0.56b$	$i_x=0.37h$ $i_y=0.45b$	$i_x=0.39h$ $i_y=0.53b$
$i_x=0.45h$ $i_y=0.24b$	$i_x=0.39h$ $i_y=0.29b$	$i_x=0.40h$ $i_y=0.24b$	

附表 4　钢筋的计算截面面积及理论重量

公称直径 /mm	不同根数钢筋的计算截面面积/mm²									单根钢筋理论重量 /(kg·m⁻¹)
	1	2	3	4	5	6	7	8	9	
6	28.3	57	85	113	142	170	198	226	255	0.222
6.5	33.2	66	100	133	166	199	232	265	299	0.260
8	50.3	101	151	201	252	302	352	402	453	0.395
8.2	52.8	106	158	211	264	317	370	423	475	0.432
10	78.5	157	236	314	393	471	550	628	707	0.617
12	113.1	226	339	452	565	678	791	904	1017	0.888
14	153.9	308	461	615	769	923	1077	1231	1385	1.21
16	201.1	402	603	804	1005	1206	1407	1608	1809	1.58
18	254.5	509	763	1017	1272	1527	1781	2036	2290	2.00
20	314.2	628	942	1256	1570	1884	2199	2513	2827	2.47
22	380.1	760	1140	1520	1900	2281	2261	3041	3421	2.98
25	490.9	982	1473	1964	2454	2945	3436	3927	4418	3.85
28	615.8	1232	1847	2463	3079	3695	4310	4926	5542	4.83
32	804.2	1609	2413	3217	4021	4826	5630	6434	7238	6.31
36	1017.9	2036	3054	4072	5089	6107	7125	8143	9161	7.99
40	1256.6	2513	3770	5027	6283	7540	8796	10053	11310	9.87
50	1964	3928	5892	7856	9820	11784	13748	15712	17676	15.42

注:表中直径 d=8.2 mm 的计算截面面积及理论重量仅适用于有纵肋的热处理钢筋。

附表 5　钢绞线公称直径、公称截面面积及理论重量

种类	公称直径/mm	公称截面面积/mm²	理论重量/(kg·m⁻¹)
1×3	8.6	37.4	0.295
	10.8	59.3	0.465
	12.9	85.4	0.671
1×7 标准型	9.5	54.8	0.432
	11.1	74.2	0.580
	12.7	98.7	0.774
	15.2	139	1.101

附表 6　钢丝公称直径、公称截面面积及理论重量

公称直径/mm	公称截面面积/mm²	理论重量/(kg·m⁻¹)
4.0	12.57	0.099
5.0	19.63	0.154
6.0	28.27	0.222
7.0	38.48	0.302
8.0	50.26	0.394
9.0	63.62	0.499

附表 7 钢筋混凝土矩形和 T 形截面受弯构件正截面受弯承载力计算系数表

ξ	γ_s	α_s	ξ	γ_s	α_s
0.01	0.995	0.010	0.32	0.840	0.269
0.02	0.990	0.020	0.33	0.835	0.275
0.03	0.985	0.030	0.34	0.830	0.282
0.04	0.980	0.039	0.35	0.825	0.289
0.05	0.975	0.048	0.36	0.820	0.295
0.06	0.970	0.053	0.37	0.815	0.301
0.07	0.965	0.067	0.38	0.810	0.309
0.08	0.960	0.077	0.39	0.805	0.314
0.09	0.955	0.085	0.40	0.800	0.320
0.10	0.950	0.095	0.41	0.795	0.326
0.11	0.945	0.104	0.42	0.790	0.332
0.12	0.940	0.113	0.43	0.785	0.337
0.13	0.935	0.121	0.44	0.780	0.343
0.14	0.930	0.130	0.45	0.775	0.349
0.15	0.925	1.139	0.46	0.770	0.354
0.16	0.920	0.147	0.47	0.765	0.359
0.17	0.915	0.155	0.48	0.760	0.365
0.18	0.910	0.164	0.49	0.755	0.370
0.19	0.905	0.172	0.50	0.750	0.375
0.20	0.900	0.180	0.51	0.745	0.380
0.21	0.895	0.188	0.518	0.741	0.384
0.22	0.890	0.196	0.52	0.740	0.385
0.23	0.885	0.203	0.53	0.735	0.390
0.24	0.880	0.211	0.54	0.730	0.394
0.25	0.875	0.219	0.55	0.725	0.400
0.26	0.870	0.226	0.56	0.720	0.404
0.27	0.865	0.234	0.57	0.715	0.403
0.28	0.860	0.241	0.58	0.710	0.412
0.29	0.855	0.243	0.59	0.705	0.416
0.30	0.850	0.255	0.60	0.700	0.420
0.31	0.845	0.262	0.614	0.693	0.426

参 考 文 献

1　建筑结构可靠度设计统一标准:GB 50068—2001[S]. 北京:中国建筑工业出版社,2001.

2　混凝土结构设计规范:GB 50010—2010[S]. 北京:中国建筑工业出版社,2010.

3　钢结构设计标准:GB 50017—2017[S]. 北京:中国建筑工业出版社,2017.

4　冷弯薄壁型钢结构技术规范:GB 50018—2002[S]. 北京:中国计划出版社,2002.

5　钢结构工程施工质量验收规范:GB 50205—2001[S]. 北京:中国计划出版社,2001.

6　高层民用建筑钢结构技术规程:JGJ 99—98[S]. 北京:中国建筑工业出版社,1998.

7　砌体结构设计规范:GB 50003—2011[S]. 北京:中国建筑工业出版社,2011.

8　公路圬工桥涵设计规范:JTG D61—2005[S]. 北京:人民交通出版社,2005.

9　公路钢筋混凝土及预应力混凝土桥涵设计规范:JTG D62—2004[S]. 北京:人民交通出版社,2004.

10　东南大学,同济大学,郑州大学. 砌体结构[M]. 北京:中国建筑工业出版社,2004.

11　东南大学,同济大学,天津大学. 混凝土结构[M]. 北京:中国建筑工业出版社,2001.

12　蓝宗建. 混凝土结构[M]. 南京:东南大学出版社,1998.

13　丁大钧. 混凝土结构学[M]. 修订版. 北京:中国铁道出版社,1991.

14　江见鲸. 混凝土结构工程学[M]. 北京:中国建筑工业出版社,1998.

15　张誉. 混凝土结构基本原理[M]. 北京:中国建筑工业出版社,2000.

16　魏明钟. 钢结构[M]. 武汉:武汉理工大学出版社,2002.

17　陈绍蕃,等. 钢结构设计原理[M]. 2版. 北京:科学出版社,1998.

18　夏志斌,等. 钢结构[M]. 杭州:浙江大学出版社,1998.

19　王国周,等. 钢结构:原理与设计[M]. 北京:清华大学出版社,1993.

20　王肇民,等. 钢结构设计原理[M]. 上海:同济大学出版社,1991.

21　曹平周,等. 钢结构[M]. 北京:科学技术文献出版社,1999.

22　《钢结构设计手册》编委会. 钢结构设计手册[M]. 北京:中国建筑工业出版社,2004.

23　聂建国,等. 钢-混凝土组合结构[M]. 北京:中国建筑工业出版社,2005.

24　周起敬,等. 钢与混凝土组合结构设计施工手册[M]. 北京:中国建筑工业出版社,1991.

25　舒赣平,王恒华,范圣刚. 轻型钢结构民用与工业建筑设计[M]. 北京:中国电力出版社,2006.

26　马怀忠,王天贤. 钢-混凝土组合结构[M]. 北京:中国建材工业出版社,2006.

27　郑廷银. 高层钢结构设计[M]. 北京:机械工业出版社,2005.

28　陈汉忠,胡夏闽. 组合结构设计[M]. 北京:中国建筑工业出版社,2000.

29　刘坚,周东华,王文达. 钢与混凝土组合结构设计原理[M]. 北京:科学出版社,2005.

30　蒋永生.《混凝土结构》及《砌体结构》复习思考题及习题集[M]. 北京:中国建筑工业出版

社,1996.

31　东南大学,天津大学,同济大学. 混凝土结构设计原理[M]. 2 版. 北京:中国建筑工业出版社,2002.

32　蓝宗建. 混凝土结构设计原理[M]. 南京:东南大学出版社,2002.

33　滕智明,朱金铨. 混凝土结构及砌体结构:上册[M]. 2 版. 北京:中国建筑工业出版社,2003.

34　沈蒲生. 混凝土结构设计原理[M]. 北京:高等教育出版社,2002.

35　徐有邻,周氏. 混凝土结构设计规范理解与应用[M]. 北京:中国建筑工业出版社,2002.